全国高职高专测绘类精品规划教材
示范性高等职业院校重点建设专业课程改革系列教材

GIS应用技术

主　编　王庆光
副主编　潘燕芳

中国水利水电出版社
www.waterpub.com.cn

内 容 提 要

本书是一本地理信息系统理论和实践相结合的教材，内容针对性强，条理清晰。本书内容包括：GIS软件认识、地图投影、GIS数据采集与处理、GIS空间分析、GIS产品输出等学习情境，每个学习情境都是由基础知识和若干个任务组成，有助于学生找到快速学习GIS软件的方法，加深对知识的理解，达到事半功倍的效果。此外，在每一个学习情境后面都有知识链接，扩宽学生的知识面。

本书适合工程测量、地学、市政工程等专业的高职高专学生学习使用，同时也可作为GIS入门读者的参考书。

图书在版编目（CIP）数据

GIS应用技术/王庆光主编．—北京：中国水利水电出版社，2012.3（2018.1重印）

全国高职高专测绘类精品规划教材　示范性高等职业院校重点建设专业课程改革系列教材

ISBN 978-7-5084-9579-8

Ⅰ.①G…　Ⅱ.①王…　Ⅲ.①地理信息系统-高等职业教育-教材　Ⅳ.①P208

中国版本图书馆CIP数据核字（2012）第049248号

书　　名	全国高职高专测绘类精品规划教材 示范性高等职业院校重点建设专业课程改革系列教材 **GIS应用技术**
作　　者	主编　王庆光　副主编　潘燕芳
出版发行	中国水利水电出版社 （北京市海淀区玉渊潭南路1号D座　100038） 网址：www.waterpub.com.cn E-mail：sales@waterpub.com.cn 电话：(010) 68367658（营销中心）
经　　售	北京科水图书销售中心（零售） 电话：(010) 88383994、63202643、68545874 全国各地新华书店和相关出版物销售网点
排　　版	中国水利水电出版社微机排版中心
印　　刷	北京瑞斯通印务发展有限公司
规　　格	184mm×260mm　16开本　9印张　213千字
版　　次	2012年3月第1版　2018年1月第3次印刷
印　　数	4101—5100册
定　　价	**22.00**元

前　言

QIANYAN

地理信息系统（Geographic Information System，简称 GIS）是在计算机硬、软件系统支持下，对整个或部分地球表层（包括大气层）空间中的有关地理分布数据进行采集、储存、管理、运算、分析、显示和描述的技术系统，并且广泛应用于测绘信息化、水政水资源管理、环境保护、城乡规划等领域，发挥着越来越重要的作用，已经成为一种特定的、十分重要的空间信息系统。

本教材《GIS 应用技术》作为高等职业技术院校工程测量技术专业的核心课程，目标是让学生掌握地理空间数据和属性数据的采集与处理，利用 GIS 技术进行数据的分析和应用，掌握地图制图的基本理论、基本方法和技能等，满足 GIS 数据采集员、数据处理员、数据分析员以及 GIS 高级管理和应用人员等地理信息系统应用工作岗位的需要。为此，将课程内容序化为以下 5 个学习情境：GIS 软件认识、地图投影、GIS 数据采集与处理、GIS 空间分析、GIS 产品输出。内容通俗易懂，应用性强，注重理论知识和实践技能的有机结合，重点培养学生的实践技能。

本书由广东水利电力职业技术学院王庆光担任主编并统稿，广东省食品药品职业技术学校潘燕芳担任副主编。

本书在编写过程中，除参考文献列出的文献外，还参考了大量的网络文献，未能一一列出，在此对其作者们表示衷心的感谢。

由于作者水平和时间有限，书中难免存在错误和不足之处，恳请读者不吝指正。

编者

2011 年 11 月

前言

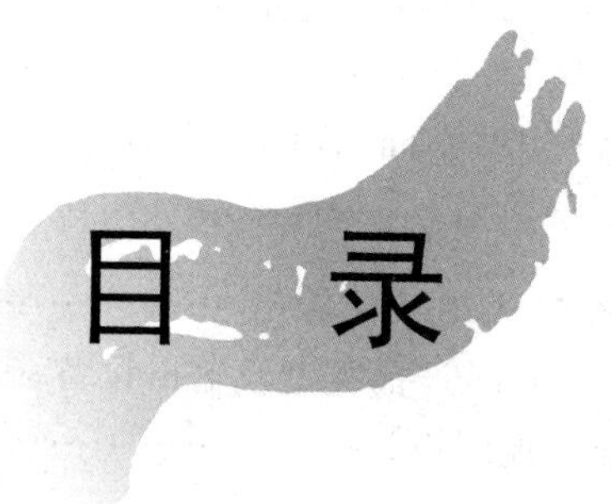

目 录

MULU

学习情境1 GIS 软件认识

任务一 GIS 基本知识

一、GIS的基本概念

1. 信息和数据

信息（Information）是用文字、数字、符号、语言、图像等介质来表示事件、事物、现象等的内容、数量或特征，从而向人们（或系统）提供关于现实世界新的事实和知识，作为生产、建设、经营、管理、分析和决策的依据。信息具有客观性、适用性、可传输性和共享性等特征。

数据（Data）是一种未经加工的原始资料。数字、文字、符号、图像都是数据。数据是客观对象的表示，而信息则是数据内涵的意义，是数据的内容和解释。例如，从实地或社会调查数据中可获取到各种专门信息；从测量数据中可以抽取出地面目标或物体的形状、大小和位置等信息；从遥感图像数据中可以提取出各种地物的图形大小和专题信息。信息来源于数据。

信息与数据是不可分离的。信息由与物理介质有关的数据表达，数据中所包含的意义就是信息。数据是记录下来的某种可以识别的符号，具有多种多样的形式，也可以由一种数据形式转换为其他数据形式，但其中包含的信息的内容不会改变。数据是信息的载体，但并不就是信息。只有理解了数据的含义，对数据做出解释，才能提取数据中所包含的信息。对数据进行处理（运算、排序、编码、分类、增强等）就是为了得到数据中包含的信息。虽然日常生活中数据和信息概念分得不是很清，但它们有着不同的含义。可以把数据比作原材料，而信息是对原材料处理的结果。如同一个木匠，在一些工具的帮助下，可以把木材做成有用的家具。同样，计算机专业人员应用计算机的硬件和软件把原始数据转换成信息。这种转换过程可用图 1－1 说明。

2. 地理信息和地理数据

地理信息（Geographic Information）是有关地理实体的性质、特征和运动状态的表征和一切有用的知识，它是对表达地理特征与地理现象之间关系的地理数据的解释。而地理数据则是各种地理特征和现象之间关系的符号化表示，包括空间位置、属性特征（简称属性）及时域特征三部分。空间位置数据描述地物所在位置，这种位置既可以根据大地参照系定

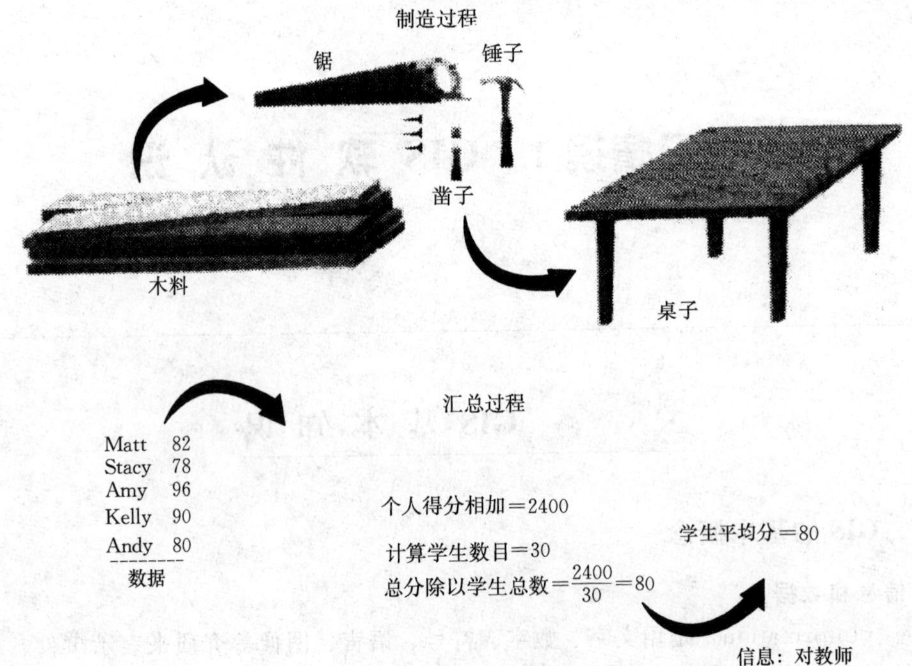

图1-1 数据和信息

义，如大地经纬度坐标，也可以定义为地物间的相对位置关系，如空间上的相邻、包含等；属性数据有时又称非空间数据，是属于一定地物、描述其特征的定性或定量指标。时域特征是指地理数据采集或地理现象发生的时刻/时段。时间数据对环境模拟分析非常重要，正受到地理信息系统学界越来越多的重视。空间位置、属性及时间是地理空间分析的三大基本要素。

地理信息除了具有信息的一般特性，还具有以下独特特性：

(1) 空间分布性。地理信息具有空间定位的特点，先定位后定性，并在区域上表现出分布式特点，其属性表现为多层次，因此地理数据库的分布或更新也应是分布式。

(2) 数据量大。地理信息既有空间特征，又有属性特征，另外地理信息还随着时间的变化而变化，具有时间特征，因此其数据量很大。尤其是随着全球对地观测计划不断发展，我们每天都可以获得上万亿兆的关于地球资源、环境特征的数据，这必然对数据处理与分析带来很大压力。

(3) 信息载体的多样性。地理信息的第一载体是地理实体的物质和能量本身，除此之外，还有描述地理实体的文字、数字、地图和影像等符号信息载体以及纸质、磁带、光盘等物理介质载体。对于地图来说，它不仅是信息的载体，也是信息的传播媒介。

从地理实体到地理数据、从地理数据到地理信息的发展，反映了人类认识的一个巨大飞跃。

3. 地理信息系统

地理信息系统（Geographic Information System 或 Geo—Information system，GIS）有时又称为“地学信息系统”或“资源与环境信息系统”。它是一种特定的十分重要的空间信息系统。它是在计算机硬、软件系统支持下，对整个或部分地球表层（包括大气层）空间中的有关地理分布数据进行采集、储存、管理、运算、分析、显示和描述的技术系统。地理信息系统处理、管理的对象是多种地理空间实体数据及其关系，包括空间定位数据、图形数据、遥感图像数据、属性数据等，用于分析和处理在一定地理区域内分布的各种现象和过程，解决复杂的规划、决策和管理问题。

通过上述的分析和定义可提出 GIS 的如下基本概念。

（1）GIS 的物理外壳是计算机化的技术系统，它又由若干个相互关联的子系统构成，如数据采集子系统、数据管理子系统、数据处理和分析子系统、图像处理子系统、数据产品输出子系统等，这些子系统的优劣、结构直接影响着 GIS 的硬件平台、功能、效率、数据处理的方式和产品输出的类型。

（2）GIS 的操作对象是空间数据，即点、线、面、体这类有三维要素的地理实体。空间数据的最根本特点是每一个数据都按统一的地理坐标进行编码，实现对其定位、定性和定量的描述、这是 GIS 区别于其他类型信息系统的根本标志，也是其技术难点之所在。

（3）GIS 的技术优势在于它的数据综合、模拟与分析评价能力，可以得到常规方法或普通信息系统难以得到的重要信息，实现地理空间过程演化的模拟和预测。

（4）GIS 与测绘学和地理学有着密切的关系。大地测量、工程测量、矿山测量、地籍测量、航空摄影测量和遥感技术为 GIS 中的空间实体提供各种不同比例尺和精度的定位数据；电子速测仪、GPS 全球定位技术、解析或数字摄影测量工作站、遥感图像处理系统等现代测绘技术的使用，可直接、快速和自动地获取空间目标的数字信息产品，为 GIS 提供丰富和更为实时的信息源，并促使 GIS 向更高层次发展。地理学是 GIS 的理论依托，有的学者断言，“地理信息系统和信息地理学是地理科学第二次革命的主要工具和手段。如果说 GIS 的兴起和发展是地理科学信息革命的一把钥匙，那么，信息地理学的兴起和发展将是打开地理科学信息革命的一扇大门，必将为地理科学的发展和提高开辟一个崭新的天地”。GIS 被誉为地学的第三代语言——用数字形式来描述空间实体。

地理信息系统按其内容可以分为以下三大类。

（1）专题地理信息系统（Thematic GIS），是具有有限目标和专业特点的地理信息系统，为特定的专门目的服务。例如，森林动态监测信息系统、水资源管理信息系统、矿业资源信息系统、农作物估产信息系统、草场资源管理信息系统、水土流失信息系统等。

（2）区域信息系统（Regional GIS），主要以区域综合研究和全面的信息服务为目标，可以有不同的规模，如国家级的、地区或省级的、市级和县级等为各不同级别行政区服务的区域信息系统；也可以按自然分区或流域为单位的区域信息系统。区域信息系统如加拿大国家信息系统、中国黄河流域信息系统等。许多实际的地理信息系统是介于上述两者之间的区域性专题信息系统，如北京市水土流失信息系统、海南岛土地评价信息系统、河南省冬小麦估产信息系统等。

（3）地理信息系统工具或地理信息系统外壳（GIS Tools），是一组具有图形图像数字化、存储管理、查询检索、分析运算和多种输出等地理信息系统基本功能的软件包。它们或者是专门设计研制的，或者在完成了实用地理信息系统后抽取掉具体区域或专题的地理系空间数据后得到的，具有对计算机硬件适应性强、数据管理和操作效率高、功能强且具有普遍性的实用性信息系统，也可以用作 GIS 教学软件。

在通用的地理信息系统工具支持下建立区域或专题地理信息系统，不仅可以节省软件开发的人力、物力、财力，缩短系统建立周期，提高系统技术水平，而且使地理信息系统技术易于推广，并使广大地学工作者可以将更多的精力投入高层次的应用模型开发上。

二、GIS 构成

与普通的信息系统类似，一个完整的 GIS 主要由四个部分构成，即计算机硬件系统、计算机软件系统、地理数据（或空间数据）和系统管理操作人员。其核心部分是计算机系统（软件和硬件），空间数据反映 GIS 的地理内容，而管理人员和用户则决定系统的工作方式和信息表示方式。系统构成如图 1-2 所示。

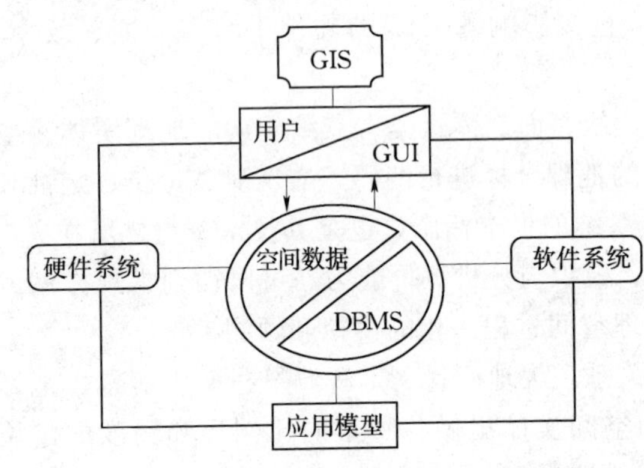

图 1-2 地理信息系统的构成

1. 计算机硬件系统

是计算机系统中的实际物理装置的总称，可以是电子的、电的、磁的、机械的、光的元件或装置，是 GIS 的物理外壳。系统的规模、精度、速度、功能、形式、使用方法甚至软件都与硬件有极大的关系，受硬件指标的支持或制约。GIS 由于其任务的复杂性和特殊性，必须由计算机设备支持。构成计算机硬件系统的基本组件包括输入/输出设备、中央处理单元、存储器（包括主存储器、辅助存储器硬件）等，这些硬件组件协同工作，向计算机系统提供必要的信息，使其完成任务，保存数据以备现在或将来使用，将处理得到的结果或信息提供给用户。

2. 计算机软件系统

是指必需的各种程序。对于 GIS 应用而言，通常包括：

（1）计算机系统软件。

由计算机厂家提供的、为用户使用计算机提供方便的程序系统，通常包括操作系统、汇编程序、编译程序、诊断程序、库程序以及各种维护使用手册、程序说明等，是 GIS 日常工作所必需的。

（2）地理信息系统软件和其他支持软件。

包括通用的 GIS 软件包，也可以包括数据库管理系统、计算机图形软件包、计算机图像处理系统、CAD 等，用于支持对空间数据输入、存储、转换、输出和与用户接口。

（3）应用分析程序。

是系统开发人员或用户根据地理专题或区域分析模型编制的用于某种特定应用任务的程序，是系统功能的扩充与延伸。在 GIS 工具支持下，应用程序的开发应是透明的和动态的，与系统的物理存储结构无关，而随着系统应用水平的提高不断优化和扩充。应用程序作用于地理专题或区域数据，构成 GIS 的具体内容，这是用户最为关心的真正用于地理分析的部分，也是从空间数据中提取地理信息的关键。用户进行系统开发的大部分工作是开发应用程序，而应用程序的水平在很大程度上决定系统的应用性优劣和成败。

3. 系统开发、管理和使用人员

人是GIS中的重要构成因素，GIS不同于一幅地图，而是一个动态的地理模型。仅有系统软硬件和数据还不能构成完整的地理信息系统，需要人进行系统组织、管理、维护和数据更新、系统扩充完善、应用程序开发，并灵活采用地理分析模型提取多种信息，为研究和决策服务。对于合格的系统设计、运行和使用来说，地理信息系统专业人员是地理信息系统应用的关键，而强有力的组织是系统运行的保障。一个周密规划的地理信息系统项目应包括负责系统设计和执行的项目经理、信息管理的技术人员、系统用户化的应用工程师以及最终运行系统的用户。

4. 空间数据

是指以地球表面空间位置为参照的自然、社会和人文经济景观数据，可以是图形、图像、文字、表格和数字等。它是由系统的建立者通过数字化仪、扫描仪、键盘、磁带机或其他系统通信输入GIS，是系统程序作用的对象，是GIS所表达的现实世界经过模型抽象的实质性内容。

在GIS中，空间数据主要包括：

（1）某个已知坐标系中的位置。

即几何坐标，标识地理景观在自然界或包含某个区域的地图中的空间位置，如经纬度、平面直角坐标、极坐标等，采用数字化仪输入时通常采用数字化仪直角坐标或屏幕直角坐标。

（2）实体间的空间关系。

实体间的空间关系通常包括：度量关系，如两个地物之间的距离远近；延伸关系（或方位关系），定义了两个地物之间的方位；拓扑关系，定义了地物之间连通、邻接等关系，是GIS分析中最基本的关系。

（3）与几何位置无关的属性。

即通常所说的非几何属性或简称属性，是与地理实体相联系的地理变量或地理意义。属性分为定性和定量的两种，前者包括名称、类型、特性等，后者包括数量和等级；定性描述的属性如土壤种类、行政区划等，定量的属性如面积、长度、土地等级、人口数量等。非几何属性一般是经过抽象的概念，通过分类、命名、量算、统计得到。任何地理实体至少有一个属性，而地理信息系统的分析、检索和表示主要是通过属性的操作运算实现的，因此，属性的分类系统、量算指标对系统的功能有较大的影响。

任务二　GIS　功　能

一、GIS基本功能认识

地理信息系统的核心问题可归纳为五个方面的内容：位置、条件、变化趋势、模式和模型。

（1）位置（Locations）。

即在某个特定的位置有什么。

首先，必须定义某个物体或地区信息的具体位置，常用的定义方法有：通过各种交互手段确定位置，或者直接输入一个坐标；其次，指定了目标或区域的位置后，可以获得预期的结果以及其所有或部分特性，例如当前地块所有者、地址、土地利用情况、估价等。

（2）条件（Conditions）。

即什么地方有满足某些条件的东西。

首先，可以用下列方式指定一组条件，如从预定义的可选项中进行选取；填写逻辑表达式；在终端上交互地填写表格。

其次，指定条件后，可以获得满足指定条件的所有对象的列表，如在屏幕上以高亮度显示满足指定条件的所有特征，例如，其所位于的土地类型为居民区、估价低于200000美元、有四个卧室而且是木制的房屋。

（3）变化趋势（Trends）。

该类问题需要综合现有数据，以识别已经发生了或正在发生变化的地理现象。

首先，确定趋势，当然，趋势的确定并不能保证每次都正确，一旦掌握了一个特定的数据集，要确定趋势可能要依赖假设条件、个人推测、观测现象或证据报道等。

其次，针对该趋势，可通过对数据的分析，对该趋势加以确认或否定。地理信息系统可使用户快速获得定量数据以及说明该趋势的附图等。例如，通过 GIS，可以识别该趋势的特性：有多少柑橘地块转作它用？现在作为何用？某一区域中有多少发生了这种变化？这种变化可回溯多少年？哪个时间段能最好反映该趋势？1 年、5 年还是 10 年？变化率是增加了还是减少了？

（4）模式（Patterns）。

该类问题是分析与已经发生或正在发生事件有关的因素。地理信息系统将现有数据组合在一起，能更好地说明正在发生什么，找出发生事件与哪些数据有关。

首先，确定模式，模式的确定通常需要长期的观察、熟悉现有数据、了解数据间的潜在关系。

其次，模式确定后，可获得一份报告，说明该事件发生在何时何地、显示事件发生的系列图件。例如，机动车辆事故常常符合特定模式，该模式（即事故）发生在何处？发生地点与时间有关吗？是不是在某种特定的交叉处？在这些交叉处又具有什么条件？

（5）模型（Models）。

该类问题的解决需要建立新的数据关系以产生解决方案。

首先，建立模型，如选择标准、检验方法等。

其次，建立了一个或多个模型后，能产生满足特定的所有特征的列表，并着重显示被选择特征的地图，而且提供一个有关所选择的特征详细描述的报表。例如要兴建一个儿童书店，用来选址的评价指标可能包括 10、15、20min 可到达的空间区域。附近居住的 10 岁或 10 岁以下的儿童的人数、附近家庭的收入情况、周围潜在竞争的情况。

为了完成上述的地理信息系统的核心任务，需要采用不同的功能来实现它们。尽管目前商用 GIS 软件包的优缺点是不同的，而且它们在实现这些功能所采用的技术也是不一样的，但是大多数商用 GIS 软件包都提供了如下功能：数据的获取、数据的初步处理、

数据的存储及检索、数据的查询与分析、图形的显示与交互。

图 1-3 说明了这些功能之间的关系，以及它们操作数据的不同表现。

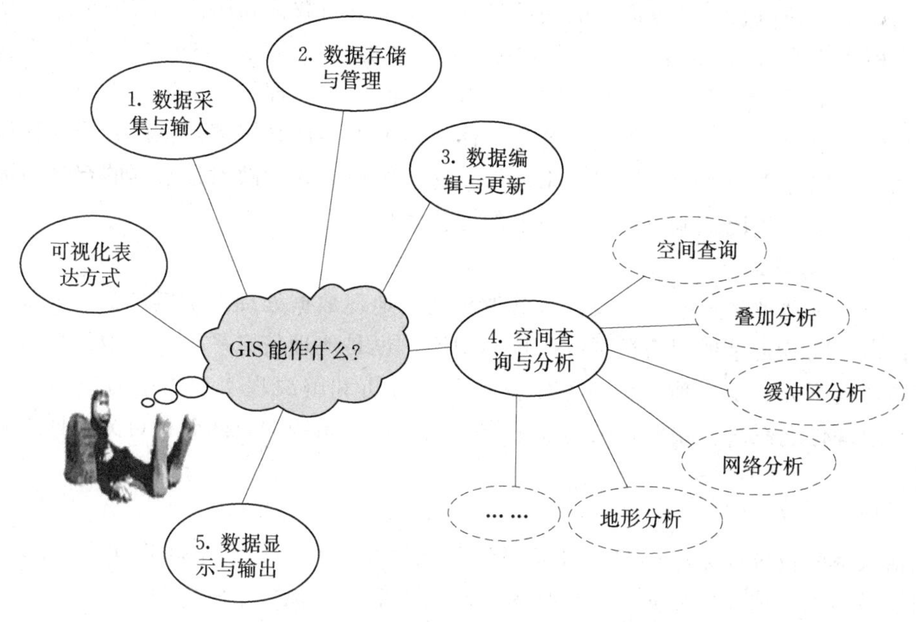

图 1-3 GIS 功能示意图

从图 1-3 中可以看出，数据获取是从现实世界的观测以及从现存文件、地图中获取数据。有些数据已经是数字化的形式，但是往往需要进行数据预处理，将原始数据转换为结构化的数据，以使其能够被系统查询和分析。查询分析是求取数据的子集或对其进行转换，并交互现实结果。在整个处理过程中，都需要数据存储检索以及交互表现的支持，换言之，这两项功能贯穿了地理信息系统数据处理的始终。

1. 数据采集、监测与编辑

主要用于获取数据，保证地理信息系统数据库中的数据在内容与空间上的完整性、数值逻辑一致性与正确性等。一般而论，地理信息系统数据库的建设占整个系统建设投资的70%或更多，并且这种比例在近期内不会有明显的改变。因此，信息共享与自动化数据输入成为地理信息系统研究的重要内容。目前可用于地理信息系统数据采集的方法与技术很多，有些仅用于地理信息系统，如手扶跟踪数字化仪。目前，自动化扫描输入与遥感数据集成最为人们所关注，扫描技术的应用与改进，实现扫描数据的自动化编辑与处理仍是地理信息系统数据获取研究的主要关键技术。

2. 数据处理

初步的数据处理主要包括数据格式化、转换、概括。数据的格式化是指不同数据结构的数据间变换，是一种耗时、易错、需要大量计算量的工作，应尽可能避免；数据转换包括数据格式转化、数据比例尺的变化等。在数据格式的转换方式上，矢量到栅格的转换要比其逆运算快速、简单。数据比例尺的变换涉及数据比例尺缩放、平移、旋转等方面，其中最为重要的是投影变换；制图综合包括数据平滑、特征集结等。目前地理信息系统所提供的数据概括功能极弱，与地图综合的要求还有很大差距，需要进一步发展。

3. 数据存储与组织

这是建立地理信息系统数据库的关键步骤，涉及空间数据和属性数据的组织。栅格模型、矢量模型或栅格/矢量混合模型是常用的空间数据组织方法。空间数据结构的选择在一定程度上决定了系统所能执行的数据与分析的功能。在地理数据组织与管理中，最为关键的是如何将空间数据与属性数据融合为一体。目前大多数系统都是将两者分开存储，通过公共项（一般定义为地物标识码）来连接。这种组织方式的缺点是数据的定义与数据操作相分离，无法有效记录地物在时间域上的变化属性。

4. 空间查询与分析

空间查询是地理信息系统以及许多其他自动化地理数据处理系统应具备的最基本的分析功能；而空间分析是地理信息系统的核心功能，也是地理信息系统与其他计算机系统的根本区别。模型分析是在地理信息系统支持下，分析和解决现实世界中与空间相关的问题，它是地理信息系统应用深化的重要标志。地理信息系统的空间分析可分为以下三个不同的层次。

(1) 空间检索。

包括从空间位置检索空间物体及其属性和从属性条件集检索空间物体。“空间索引”是空间检索的关键技术，如何有效地从大型的地理信息系统数据库中检索出所需信息，将影响地理信息系统的分析能力；另一方面，空间物体的图形表达也是空间检索的重要部分。

(2) 空间拓扑叠加分析。

空间拓扑叠加实现了输入要素属性的合并（Union）以及要素属性在空间上的连接(Join)。空间拓扑叠加本质是空间意义上的布尔运算。

(3) 空间模型分析。

在空间模型分析方面，目前多数研究工作着重于如何将地理信息系统与空间模型分析相结合。其研究可分三类：

第一类是地理信息系统外部的空间模型分析，将地理信息系统当做一个通用的空间数据库，而空间模型分析功能则借助于其他软件。

第二类是地理信息系统内部的空间模型分析，试图利用地理信息系统软件来提供空间分析模块以及发展适用于问题解决模型的宏语言，这种方法一般基于空间分析的复杂性与多样性，易于理解和应用，但由于地理信息系统软件所能提供空间分析功能极为有限，这种紧密结合的空间模型分析方法在实际地理信息系统的设计中较少使用。

第三类是混合型的空间模型分析，其宗旨在于尽可能地利用地理信息系统所提供的功能，同时也充分发挥地理信息系统使用者的能动性。

5. 图形与交互显示

地理信息系统为用户提供了许多用于地理数据表现的工具，其形式既可以是计算机屏幕显示，也可以是诸如报告、表格、地图等硬拷贝图件，尤其要强调的是地理信息系统的地图输出功能，一个好的地理信息系统应能提供一种良好的、交互式的制图环境，以供地理信息系统的使用者能够设计和制作出高质量的地图。

二、地理信息系统相关学科

地理信息系统，是20世纪60年代开始迅速发展起来的地理学研究的新技术，是多种学科交叉的产物。作为传统科学与现代技术相结合的产物，地理信息系统为各种涉及空间数据分析的学科提供了新的方法，而这些学科的发展都不同程度地提供了一些构成地理信息系统的技术与方法。为了更好地掌握并深刻地理解地理信息系统，有必要认识和理解与地理信息系统相关的学科。

地理学是一门研究人类生活空间的学科，地理学研究空间分析的传统历史悠久，它为GIS提供了一些空间分析的方法与观点，成为GIS部分理论的依托。地理学的许多分支学科，如地图学、大地测量学等都与GIS有着密切的相依关系；另一方面，地理信息系统也以一种新的思想和新的技术手段解决地理学的问题，使地理学研究的数学传统得到充分发挥。地理信息系统的相关学科见图1-4。

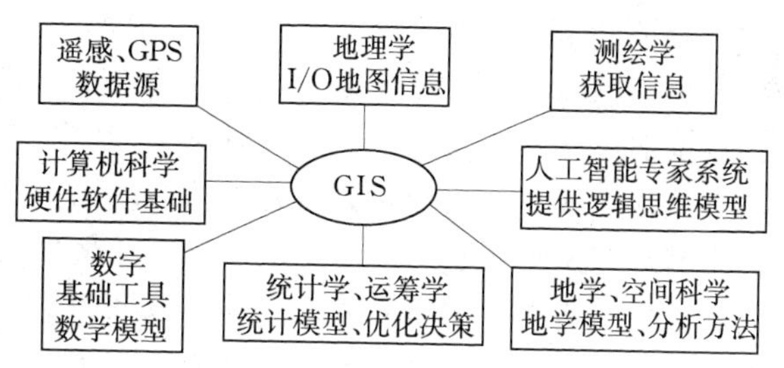

图1-4 地理信息系统相关学科

1. 地理学

地理学是一门研究人类赖以生存的空间的科学。在地理学研究中，空间分析的理论和方法具有悠久的历史，它为地理信息系统提供了有关空间分析的基本观点与方法，成为地理信息系统的基础理论依托。而地理信息系统的发展也为地理问题的解决提供了全新的技术手段，并使地理学研究的数学传统得到了充分地发挥。

地理系统的内部及其外界，不仅存在着物质和能量的交流，还存在着信息流，这种信息交流使得系统许多似不相关的形态各异的要素联系起来，共同作用于地理系统。而地理信息系统体现着一种信息联系，由系统建立者输入，而由机器存储的各种影像、地图和图表都包含了丰富的地理空间信息的数据，通过指针或索引等组织信息相关联；系统软件对空间数据编码解码和处理；用户对GIS发出指令，GIS按约定的方式做出解释后，获得用户指令信息，调用系统内的数据提取相应的信息，从而对用户做出反应，这是信息按一定方式流动的过程。

由此可见，地理信息系统不仅要以信息的形式表达自然界实体之间物质与能量的流动，更为重要的是以最直接的方式反映了自然界的信息联系，并可以快速模拟这种联系发展的结果，达到地理预测的目的。

总之，自然界与人类存在着深刻的信息联系，地理学家所面对的是一个形体的，即自然的地理世界，而感受到的却是一个地理信息世界。地理研究实际上是基于这个与真实世界并存而且在信息意义上等价的信息世界的，GIS以地理信息世界表达地理现实世界，可以真实、快速地模拟各种自然的过程和思维的过程，对地理研究和预测具有十分重要的作用。

2. 地图学

地图是记录地理信息的一种图形语言形式，从历史发展的角度来看，地理信息系统脱胎于地图，地图学理论与方法对地理信息系统的发展有着重要的影响。GIS 是地图信息的又一种新的载体形式，它具有存储、分析、显示和传输空间信息的功能，尤其是计算机制图为地图特征的数字表达、操作和显示提供了一系列方法，为地理信息系统的图形输出设计提供了技术支持；同时，地图仍是目前地理信息系统的重要数据来源之一。但两者又有本质之区别：地图强调的是数据分析、符号化与显示，而地理信息系统更注重于信息分析。

地图是认识和分析研究客观世界的常用手段，尽管地图的表现形式发生了种种变化，但是依然可以认为构成地图的主要因素有三：地图图形、数学要素和辅助要素。地图图形是用地图符号所表示的制图区域内，各种自然和社会经济现象的分布、联系以及时间变化等的内容部分（又称地理要素），如江河山地、平原、土质植被、居民点、道路、行政界限或其他专题内容等，这是地图构成要素中的主体部分。数学要素是决定图形分布位置和几何精度的数学基础，是地图的“骨架”。其中包括地图投影及坐标网、比例尺、大地控制点等。地图投影是用数学方法将地球椭球面上的图形转绘到平面上；坐标网是各种地图的数学基础，是地图上不可缺少的要素；比例尺表示坐标网和地图图形的缩小程度；大地控制点是保证将地球的自然表面转绘到椭球面上，再转绘到平面直角坐标网内时，具有精确的地理位置。辅助要素是为了便于读图与用图而设置的。如图例就是显示地图内容的各种符号的说明，还有图名、地图编制和出版单位、编图时间和所用编图资料的情况、出版年月等。有的地图上还有补充资料，用以补充和丰富地图的内容。如在图边或图廓内空白处，绘制一些补充地图或剖面图、统计图等。有时还有一些表格或某一方面的重点文字说明。

从地理信息系统的发展过程可以看出，地理信息系统的产生、发展与制图系统存在着密切的联系，两者的相通之处是基于空间数据库的表达、显示和处理。从系统构成与功能上看，一个地理信息系统具有机助制图系统的所有组成和功能，并且地理信息系统还有数据处理的功能。地图是一种图解图像，是根据地理思想对现实世界进行科学抽象和符号表示的一种地理模型，是地理思维的产物，也是实体世界地理信息的高效载体，地图可以从不同方面、不同专题，系统地记录和传输实体世界历史的、现在的和规划预测的地理景观信息。

3. 计算机科学

地理信息系统技术的创立和发展是与地理空间信息的表达、处理、分析和应用手段的不断发展分不开的。20 世纪 60 年代初，在计算机图形学的基础上出现了计算机化的数字地图。地理信息系统与计算机的数据库技术（DBMS）、计算机辅助设计（CAD）、计算机辅助制图（CAM）和计算机图形学（Computer Graphics）等有着密切的联系。但是它们却无法取代地理信息系统的作用。

数据库管理系统（Database Management System）是操作和管理数据库的软件系统，提供可被多个应用程序和用户调用的软件系统，支持可被多个应用程序和用户调用的数据库的建立、更新、查询和维护功能，GIS 在数据管理上借鉴 DBMS 的理论和方法，非几何属性数据有时也采用通用 DBMS 或在其上开发的软件系统管理；对于空间地理数据的管理，通用的 DBMS 有两个明显的弱点：第一，缺乏空间实体定义能力，目前流行的网状结构、层次结构、关系结构等，都难以对空间结构全面、灵活、高效地加以描述；第二，缺乏空间关系查询能力，通用的 DBMS 的查询主要是针对实体的查询，而 GIS 中则要求对实体的空间关系进行查询，如关于方位、距离、包容、相邻、相交和空间覆盖关系等，显然，通用 DBMS 难以实现对地理数据空间查询和空间分析。数据是信息的载体，对数据进行解释可提取信息，通用数据库和地理数据库都是针对数据本身进行管理，而 GIS 则在数据管理基础上，通过地理模型运算，产生有用的地理信息，取得信息的多少和质量，与地理模型的水平密切相关。

计算机图形学是利用计算机处理图形信息以及借助图形信息进行人—机通信处理的技术，是 GIS 算法设计的基础。GIS 是随着计算机图形学技术的发展而不断发展完善的，但是计算机图形学所处理的图形数据是不包含地理属性的纯几何图形，是地理空间数据的几何抽象，可以实现 GIS 底层的图形操作，但不能完成数据的地理模型分析和许多具有地理意义的数据处理，不能构成完整的 GIS。

计算机辅助设计（CAD，Computer-Aided Design）是通过计算机辅助设计人员进行设计，以提高设计的自动化程度，节省人力和时间；专门用于制图的计算机辅助制图（Computer-Aided Mapping），采用计算机进行几何图形的编辑和绘制。GIS 与 CAD、CAM 的区别在于：第一，CAD 不能建立地理坐标系和完成地理坐标变换；第二，GIS 的数据量比 CAD、CAM 大得多，结构更为复杂，数据间联系紧密，这是因为 GIS 涉及的区域广泛，精度要求高，变化复杂，要素众多，相互关联，单一结构难以完整描述；第三，CAD 和 CAM 不具备 GIS 具有地理意义的空间查询和分析功能。

4. 遥感

遥感是一种不通过直接接触目标物而获得其信息的一种新型的探测技术。它通常是指获取和处理地球表面的信息，尤其是自然资源与人文环境方面的信息，并最后反映在像片或数字影像上的技术。影像通常需要进一步处理方可使用，用于该目的的技术称为图像处理。图像处理包括各种可以对像片或数字影像进行处理的操作，这些操作包括影像压缩，影像存储，影像增强、处理以及量化影像模式识别等。目前，遥感已经成为环境研究中极有价值的工具，不同学科的专业人员不断地发现航空遥感不同数据在各领域内的潜在应用。遥感和图像处理技术被用于获取和处理地球表面有关的信息；GIS 的发展则源于对土地属性信息与相应几何表达的集成及空间分析的需求。这两项技术在过去是相互独立发展的，尽管他们实际上是互补的。从地理信息系统本身的角度出发，随着它在应用领域的开拓和深入，首先，它要求存储大量的有关数据，通过不断的积累和延伸，从而具备反映自然历史过程和人为影响的趋势的能力，揭示事物发展的内在规律。但是地理信息系统数据库几乎只是通过地图数字化建立起来的，用户不能接触到原始资料及其有关信息，而地理信息系统中的原始数据却是有效地模拟和控制误差传播的基础。其次，地理信息系统为了保持系统的动态性和现势性，它还要求及时地更新系统中的数据，目前地理信息系统中存储的信息只是现实世界的一个静态模型，需要定时或及时的更新。遥感作为一种获取和更新空间数据的强有力手段，能及时地提供准确、综合和大范围内进行动态检测的各种资源与环境数据，因此遥感信息就成为地理信息系统十分重要的信息源。第三，GIS 中的数据可以作为遥感影像分析的一种辅助数据。在两者集成过程中，GIS主要用于数据处理、操作和分析；而遥感则作为一种数据获取、维护与更新GIS中的数据的手段，此外，GIS可用于基于知识的遥感影像分析。地理信息系统和遥感是两个相互独立发展起来的技术领域，随着它们应用领域的不断开拓和自身的不断发展，即由定性到定量、由静态到动态、由现状描述到预测预报的不断深入和提高。它们的结合也逐渐由低级向高级阶段发展。

遥感和GIS的结合经历了由低级向高级阶段的发展过程。最早的结合工作包括把航空遥感像片经目视判读和处理后编制成各种类型的专题图，然后将它们数字化和输入地理信息系统；从20世纪70年代中后期开始，各种影像分析系统得到了迅速而广泛地发展。大量的遥感数据以及图像分析系统图像分类所形成的各类专题信息，可以直接输入地理信息系统，整个过程能在“全数字”的环境下进行，图像数据能够在生成编辑地图的屏幕上显示，标志着遥感和地理信息系统的结合进入了新的阶段。

遥感作为空间数据采集手段，已成为地理信息系统的主要信息源与数据更新途径。遥感图像处理系统包含若干复杂的解析函数，并有许多方法用于信息的增强与分类。另外，大地测量为地理信息系统提供了精确定位的控制系统，尤其是全球定位系统（GPS）可快速、廉价地获得地表特征的位置信息。航空像片及其精确测量方法的应用使得摄影测量成为地理信息系统主要的地形数据来源。总之，遥感是地理信息系统的主要数据源与更新手段，同时，地理信息系统的应用又进一步支持遥感信息的综合开发与利用。

5. 管理科学

传统意义上的管理信息系统是以管理为目的，在计算机硬件和软件支持下具有存储、处理、管理和分析数据能力的信息系统，如人才管理信息系统、财务管理信息系统、服务业管理信息系统等。这类信息系统的最大特征是它处理的数据没有或者不包括空间特征。

另一类管理信息系统是以具有空间分析功能的地理信息系统为支持、以管理为目标的信息系统，它利用地理信息系统的各种功能实现对具有空间特征的要素进行处理分析以达到管理区域系统的目的，如城市交通管理信息系统、城市供水管理信息系统、节水农业管理信息系统等。

事实上，可以形象地把地理信息系统与其他学科的关系用一棵树来表示，如图1－5所示。

三、地理信息系统发展简史

地理信息系统脱胎于地图，它们都是地理信息的载体，具有获取、存储、编辑、处理、分析与显示地理数据的功能。地图是地理学的第二代语言，而地理信息系统将成为地理学的第三代语言。20世纪60年代初，在计算机图形学的基础上出现了计算机化的数字地图。1950年，麻省理工学院为它的旋风一号计算机制造了第一台图形显示器；1958年，一家美国公司在联机的数字记录仪的基础上研制成滚筒式绘图仪；1962年，麻省理工学院的一名研究生在其博士学位论文中，首次提出了计算机图形学的术语，并论证了交互式计算机图形学是一个可行的、有用的研究领域，从而确立了这一科学分支的独立地位。在此基础上，地理信息系统发展起来，表1－1列出了20世纪60年代以来地理信息系统发

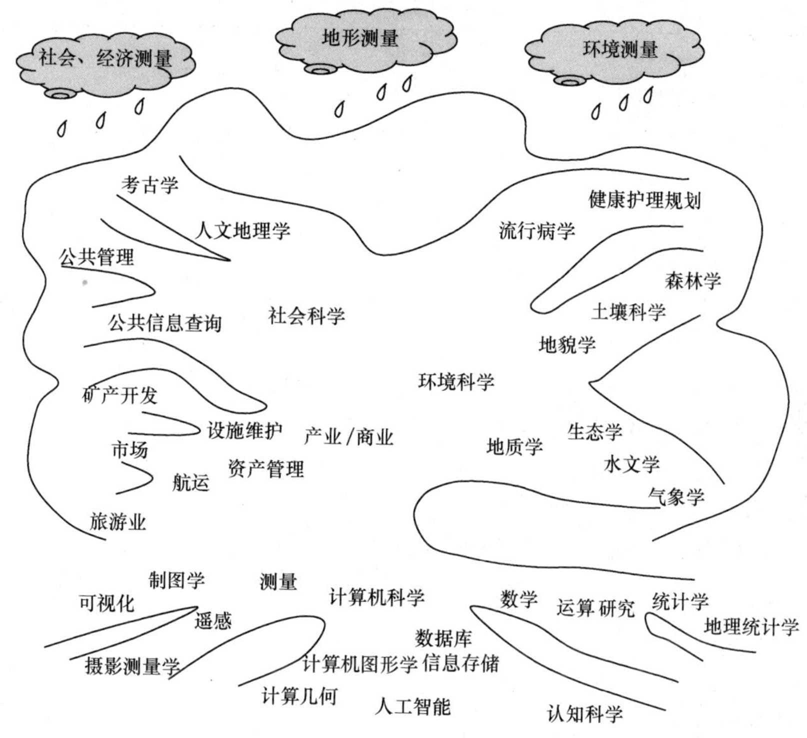

图 1-5 GIS 学科“树”

展中的重要历史事件。

1. 20 世纪 60 年代开拓发展阶段

20 世纪 60 年代初，计算机技术开始用于地图量算、分析和制作，由于机助制图具有快速、廉价、灵活多样、易于更新、操作简便、质量可靠、便于存储、量测、分类、合并和覆盖分析等优点而迅速发展起来。20 世纪 60 年代中期，由于对于自然资源和环境的规划管理和应用加速增长的需要，对大量空间环境数据存储、分析和显示技术方法改进的要求，以及计算机技术及其在自然资源和环境数据处理中应用的迅速发展，促使对地图进行综合分析和输出的系统日益增多。

表 1-1 从 20 世纪 60 年代以来地理信息系统发展中的重要历史事件

年份	重 要 历 史 事 件
1960	美国空军 CIA 首次成功地发射 CORONA
1963	Roger Tomlinson 开始了加拿大地理信息系统的开发
1963	Dr. Edgar Horwood 建立了城市与区域信息系统联合会（URISA）
1964	Howard Fisher 建立了计算机图形和空间分析的哈佛实验室
1966	SYMAP 系统在西北技术学院研制并在哈佛实验室完成
1967	DIME（双重独立制图编码）为美国人口普查局所研制
1969	Jack 和 Laura Dangermond 建立了环境系统研究所（ESRI）
1969	Jim Meadlock 建立了 Integraph 公司

续表

年份	重要历史事件
1969	在英国诞生了激光扫描仪
1969	Ian McHarg 很有影响的书“自然设计（Design With Nature)”出版
1971	加拿大地理信息（CGIS）建立
1972	IBM 的 GFIS 发布
1972	GISP（General Information System for Planning）开发
1972	Landsat 卫星首次发射成功
1973	USGS 研制了地理信息提取和分析系统
1973	马里兰自动地理信息（MAGI，Maryland Automatic Geographic Information）开发
1974	在伦敦的皇家艺术学院建立了试验制图单元（ECU，Experimental Cartography Unit)
1974	首次自动制图会议在 Reston，弗吉尼亚召开
1976	明尼苏达研制了明尼苏达土地管理信息系统
1977	USGS 研制了数字化线图（DLG）空间数据模式
1978	ERDAS 成立
1978	地图叠加复合与统计系统开发
1979	哈佛图形实验室研制了 ODYSSEY GIS
1981	ESRI ARC/INFO GIS 发布
1982	NASA 发射了 Landsat TM4
1983	ETAK 数字制图公司成立
1984	Marble，Calkins & Peuquet 出版了“地理信息系统的基本读物”(Basic Readings in Geographic Information Systems)
1984	第一届国际空间数据处理会议召开
1984	Landsat 商业化
1984	NASA 发射 Landsat TM5
1985	GPS 成为可运行系统
1985	美国军队建筑工程实验室开始研制 GRASS（Geographic Resources Analysis Support Systems，地理资源分析支持系统）
1986	MapInfo 建立
1986	Peter Burrough 出版了“土地资源评估的地理信息系统原理”(Principles of Geographic Information Systems for Land Resources Assessment)
1986	SPOT 卫星首次发射
1987	“地理信息系统的国际杂志”出版
1987	Tydac SPANS GIS 发布
1987	科拉克大学开始 Idrisi 项目
1988	美国人口调查局第一次公开发布 TIGER
1988	纽约州立大学开始研制 GIS-L Internet list-server
1988	GIS World 首次发行
1988	首次 GIS/LIS 会议举行

续表

年份	重要历史事件
1988	英国的区域研究实验室成立
1988	Small World 公司成立
1989	在英国成立了地理信息系统联合会（AGI）
1989	Stan Arnoff 出版了"地理信息系统：一个管理透视"（Geographic Information Systems：a Management Perspective）
1989	Intergraph 发布 MGE
1991	Maguire，Goodchild 和 Rhind 出版了"地理信息系统：原理和应用"
1992	MAPS ALIVE 发行
1993	Digital Matrix Systems 发布了 InFoCAD for Windows NT 第一个版本，它是第一个基于 Win NT 的 GIS 软件
1994	OGC 形成（David Schell，Ken Gardells，Kurt Buehler，et al）
1995	MapInfo 专业版发布
1999	NASA 发射了 Landsat TM7

20 世纪 60 年代中后期，许多与 GIS 有关的组织和机构纷纷建立并开展工作，如美国城市和区域系统协会（URISA）在 1966 年成立，美国州信息系统全国协会（NASIS）在 1969 年成立，城市信息系统跨机构委员会（UAAC）在 1968 年成立，国际地理联合会（IGU）的地理数据遥感和处理小组委员会在 1968 年成立等，这些组织和机构相继组织了一系列地理信息系统的国际讨论会。

最初的系统主要是关于城市和土地利用的，如加拿大地理信息系统（CGIS）就是为处埋加拿大土地调查获得的大量数据建立的。该系统由加拿大政府组织于 1963 年开始研制实施，到 1971 年投入正式运行，被认为是国际上最早建立的、较为完善的大型使用的地理信息系统。

由于计算机硬件系统功能较弱，限制了软件技术的发展。这一时期地理信息系统软件的研制主要是针对具体的 GIS 应用进行的，到 20 世纪 60 年代末期，针对 GIS 一些具体功能的软件技术有了较大进展。

第一，栅格—矢量转换技术、自动拓扑编码以及多边形中拓扑误差检测等方法得以发展，开辟了分别处理图形和属性数据的途径。

第二，具属性数据的单张或部分图幅可以与其他图幅或部分在图边自动拼接，从而构成一幅更大的图件，使小型计算机能够分块处理较大空间范围（或图幅）的数据文件。

第三，采用命令语言建立空间数据管理系统，对属性再分类、分解线段、合并多边形、改变比例尺、测量面积、产生图和新的多边形、按属性搜索、输出表格和报告以及多边形的叠加处理等。

这一时期的软件主要针对当时的主机和外设开发的，算法尚粗糙，图形功能有限。

2. 20 世纪 70 年代巩固阶段

进入 20 世纪 70 年代以后，由于计算机硬件和软件技术的飞速发展，尤其是大容量存取设备——硬盘的使用，为空间数据的录入、存储、检索和输出提供了强有力的手段。用户屏幕和图形、图像卡的发展增强了人机对话和高质量图形显示功能，促使 GIS 朝着使用方向迅速发展。一些发达国家先后建立了许多不同专题、不同规模、不同类型的各具特色的地理信息系统。如美国森林调查局发展了全国林业统一使用的资源信息显示系统；美国地质调查所发展了多个地理信息系统用于获取和处理地质、地理、地形和水资源信息，较典型的有 GIRAS；日本国土地理院从 1974 年开始建立数字国土信息系统，存储、处理和检索测量数据、航空像片信息、行政区划、土地利用、地形地质等信息，为国家和地区土地规划服务；瑞典在中央、区域和市三级上建立了许多信息系统，比较典型的如区域统计数据库、道路数据库、土地测量信息系统、斯德哥尔摩地理信息系统、城市规划信息系统等；法国建立了地理数据库 GITAN 系统和深部地球物理信息系统等。

此外，探讨以遥感数据为基础的地理信息系统逐渐受到重视，如将遥感纳入地理信息系统的可能性、接口问题以及遥感支持的信息系统的结构和构成等问题；美国喷气推动实验室（JPL）在 1976 年研制成功兼具影像数据处理和地理信息系统功能的影像信息系统 IBIS（Image Based Information System），可以处理 Landsat 影像多光谱数据；NASA 的地球资源实验室在 1979～1980 年发展了一个名为 ELAS 的地理信息系统，该系统可以接受 Landsat MSS 影像数据、数字化地图数据、机载热红外多波段扫描仪以及海洋卫星合成孔径雷达的数据等，产生地面覆盖专题图。

由于这一时期 GIS 的需求增加，许多团体、机构和公司开展了 GIS 的研制工作，推动 GIS 软件的发展。据 IGU 地理数据遥测和处理小组委员会 1976 年的调查，处理空间数据的软件已有 600 多个，完整的 GIS 有 80 多个。这一时期地图数字化输入技术有了一定的进展，采用人机交互方式，易于编辑修改，提高了工作效率，扫描输入技术系统出现。图形功能扩展不大，数据管理能力也较小。这一时期软件最重要的进展是人机图形交互技术的发展。

3. 20 世纪 80 年代突破阶段

由于计算机的发展，推出了图形工作站和个人计算机等性能价格比大为提高的新一代计算机，计算机和空间信息系统在许多部门广泛应用。随着计算机软、硬件技术的发展和普及，地理信息系统也逐渐走向成熟。这一时期是地理信息系统发展的重要时期。计算机价格的大幅度下降，功能较强的微型计算机系统的普及和图形输入、输出和存储设备的快速发展，大大推动了地理信息系统软件的发展，并研制了大量的微机 GIS 软件系统。由于微机系统的软件环境限制较严，使得在微机 GIS 中发展的许多算法和软件技术具有很高的效率，GIS 软件技术在以下几个方面有了很大的突破。在栅格扫描输入的数据处理方面，尽管扫描数据的处理要花费很长的机时（与扫描时间相比为 10∶1），但是仍可大大提高数据输入的效率；在数据存储和运算方面，随着硬件技术的发展，GIS 软件处理的数据量和复杂程度大大提高，许多软件技术固化到专用的处理器中；而且遥感影像的自动校正、实体识别、影像增强和专家系统分析软件也明显增加；在数据输出方面，与硬件技术相配合，GIS 软件可支持多种形式的地图输出；在地理信息管理方面，除了 DBMS 技术已发展到支持大型地图数据库的水平外，专门研制的适合 GIS 空间关系表达和分析的空间数据库管理系统也有了很大的发展。

总之，这一时期的地理信息系统的发展有如下特点：

第　，在20世纪70年代技术开发的基础上，地理信息系统技术全面推向应用。

第二，开展工作的国家和地区更为广泛，国际合作日益加强，开始探讨建立国际性的地理信息系统，地理信息系统由发达国家推向发展中国家，如中国。

第三，地理信息系统技术进入多种学科领域，从比较简单的、单一功能的、分散的系统发展到多功能的、共享的综合性信息系统，并向智能化发展，新型的地理信息系统将运用专家系统知识，进行分析、预报和决策。

第四，微机地理信息系统蓬勃发展，并得到广泛应用。在地理信息系统理论指导下研制的地理信息系统工具具有高效率和更强的独立性和通用性，更少依赖于应用领域和计算机硬件环境，为地理信息系统的建立和应用开辟了新的途径。

我国地理信息系统方面的工作自20世纪80年代初开始。以1980年中国科学院遥感应用研究所成立的全国第一个地理信息系统研究室为标志，在几年的起步发展阶段中，我国地理信息系统在理论探索、硬件配制、软件研制、规范制定、局部系统建立、初步应用实验和技术队伍培养等方面都取得了进步，积累了经验，为全国范围内开展地理信息系统的研制和应用奠定了基础。

4. 20世纪90年代社会化阶段

进入20世纪90年代，随着地理信息产业的建立和数字化信息产品在全世界的普及，地理信息系统将深入到各行各业乃至各家各户，成为人们生产、生活、学习和工作中不可缺少的工具和助手。地理信息系统已成为许多机构必备的工作系统，尤其是政府决策部门在一定程度上由于受地理信息系统影响而改变了现有机构的运行方式、设置与工作计划等。而且，社会对地理信息系统认识普遍提高，需求大幅度增加，从而导致地理信息系统应用的扩大与深化。国家级乃至全球性的地理信息系统已成为公众关注的问题。

自20世纪90年代起，中国地理信息系统步入快速发展阶段。力图使地理信息系统从初步发展时期的实验、局部应用走向实用化和生产化，为国民经济重大问题提供分析和决策依据。同时地理信息系统的研究和应用正逐步形成行业，具备了走向产业化的条件。

四、GIS的发展展望

经过40余年的发展，地理信息系统已经从高校和科研院所的实验室走入了人们生产、生活的各个方面，正以它独特而又强大的功能为人们提供各种地理空间信息服务。随着计算机技术、网络技术的不断发展，地理信息系统在未来还将取得更大的进展。具体说来，地理信息系统技术未来的发展可能主要体现在以下几个方面。

1. 服务领域更加广泛

地理信息系统已在我们今天生活的许多方面都取得了良好的应用，它代替人工完成了海量地理空间信息的存储与处理，快速便捷地为人们完成空间信息和属性信息的查询与检索工作，使过去十分繁重的地图编绘、测绘数据处理等与地理信息相关的工作强度大大降低，效率和质量大大提高。未来随着技术的发展，地理信息系统的服务领域将更加广泛。目前在我国，地理信息系统在很大程度上依靠政府的推动和企业级用户的使用。在未来，地理信息系统将更加向个人用户普及，通过网络和数字终端（包括个人电脑、PDA、手机以及其他终端)，个人用户在吃、穿、住、用、行等各个方面都可以随时得到地理信息系统提供的空间信息服务，例如，以地图形式显示的最优出行路线选择、最感兴趣的购物点和消费点选择等。地理信息系统将形成政府、企业级和个人三方面用户同时发展，服务领域涵盖政府公共管理、企业业务管理和个人信息服务等各个方面。

2. 服务内容更加丰富

地理信息系统的基础是地理空间信息，地理信息系统所能提供的服务内容受它所存储的信息的约束。在未来，随着硬件存储容量的不断提升，软件存储能力的不断提高，网络质量的进一步优化，有线和无线数据传输速度的进一步加快，地理信息的不断丰富，统一地理信息数据格式下的可共享的数据量的增加，以及应用分析模型的不断拓展和更新，地理信息系统的功能会更加强大，能够为人们提供更多更深入的信息服务内容。例如，现在的公众地理信息服务系统提供的大多是二维矢量化信息服务，在未来，随着技术的进步，此类系统能够提供三维的、以地面近景数据为基础的信息服务，并融合了可共享的、来自多个不同信息提供商的数据，在此种服务模式下，用户对于目标地区的地物信息将更加一目了然，相关信息将非常直观和详细，可更好地满足用户对地理信息服务的需求。

3. 服务形式更加开放

因为地理信息系统所涉及的技术众多，因此大多数的地理信息系统都是开发者开发固定的功能、用户被动使用的模式。未来随着计算机技术和网络技术的发展，地理信息系统将成为更加开放的体系，用户可以通过网络或数字终端根据自我需要和喜好对地理信息系统进行定制，为地理信息系统加上自己需要的内容以及设置为自己喜好的风格。在此种开放的模式下，地理信息系统的发展融入了用户的知识和创新，将大大提高地理信息系统的产品品质和内容丰富度。

综上所述，随着技术的不断发展和应用的不断深入，地理信息系统在未来会发展成为应用更加广泛、内容更加丰富、形式更加开放并能为人们提供更好更多的信息服务的信息系统。

五、专业 GIS 软件介绍

1. ArcView 介绍

ArcView 采用了可扩充的结构设计，整个系统由基本模块和可扩充功能模块构成。其基本模块包括对视图（Views）、表格（Tables）、图表（Charts）、图版（Layouts）和脚本（Scripts）的管理，如图 1-6 所示。

这些基本功能模块，可以完成：

(1) 创建基于 GIS 的电子地图。

ArcView 的矢量数据模型，支持创建基于 GIS 的电子地图，电子地图中的任何图元对象，都具有系统赋予的唯一内部标识，从而可以对其进行各种访问。

(2) 电子地图中的地理对象连接属性信息。

ArcView 对电子地图中具有内部标识的任一图元对象，都可以组织和建立与其相关的属性信息，从而形成完整地图对象的信息结构。

(3) 地图空间数据与属性数据的交叉查询。

在 ArcView 所创建的电子地图中，可以通过地图对象查询得到其相应的属性信息，也可以通过属性值或属性值的范围，通过 SQL（结构化查询语言）查询操作，构造符合查询条件的逻辑表达式，在地图中查找到相应的空间数据对象，从而实现地图空间数据与属性数据的交叉查询。

（4）建立基于空间数据与属性数据的分析图表。

ArcView 支持六种类型的图表：面图（area），水平直方图（bar），柱状图（column），线图（line），饼图（pie）和坐标散点图（X，Y Scatter）。且每种类型的图表均有几种变型可供选择。ArcView 图表实现了对表格数据的动态与直观显示，图表将信息快捷直观地传递给用户，而这些信息用其他方法获取，则需花很长时间进行统计和综合。

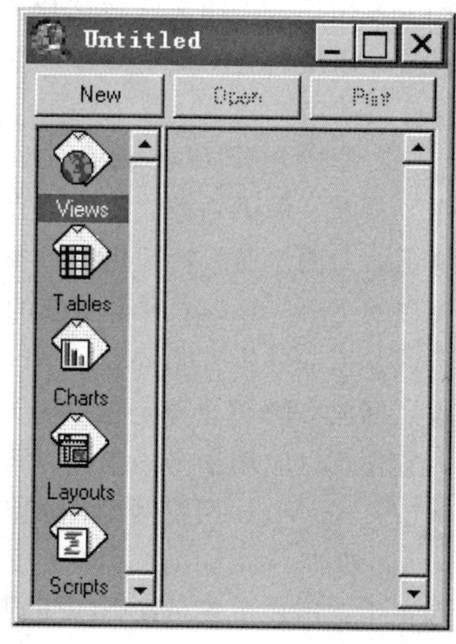

图 1－6　ArcView 的基本模块

图表可利用已有的 ArcView 表格数据，图表的类型决定显示的方式。使用图表可以显示、比较、查询属性信息，如点击饼图中某一扇片，则可以自动查询出其表达的记录数或其他信息。另外，图表也是动态的，因为图表表达的是表格数据的当前状态，对表格数据的改动，会自动反映到图表中。

（5）制作地图图版。

图版是一个文档，ArcView 通过图版设计，可以创建和输出高质量的地图。图版可以由各种文档、图形和文本组成，项目中的视图、表格、图表也可以放在图版之中。图版的设计是在 ArcView GIS 的图形用户接口（GUI）中完成的。在图版的 GUI 中，有按钮和其他工具以供绘制、拖放和编辑图版选用。图版设计完成后，可以将之保存为图版模版供日后使用，也可以将图版打印或绘制成硬拷贝。

除了这些基本模块之外，ArcView 还包括大量可扩充功能模块，正是借助于这些可扩充的功能模块，ArcView 可以完成大量的空间分析任务。

这些可扩充的功能模块包括：

（1）空间分析（Spatial Analyst）模块。使桌面用户可以创建、查询、分析基于栅格的光栅地图，通过多数据层查询信息。基于栅格的光栅数据的空间分析和可视化工具与 ArcView 的基于矢量的操作的结合，提高了 ArcView 在分析、建模、可视化、制图方面的能力。

（2）网络分析（NetWork Analyst）模块。用于解决各类地理网络问题（街道、高速公路、河流、管线）。如寻找效率最高的行车路线，生成行车方向，寻找最近的应急或服务设施，根据时间确定服务或销售区域等。

（3）三维分析（3D Analyst）模块。为桌面用户提供了三维表面模型以及交互式的三维透视观察功能。为了支持复杂的三维表面分析，三维分析模块支持在 ArcView 中建立和使用不规则三角网（TIN）。三维分析模块还支持光栅数据分析，并提供由表面数据内插 Z 值生成三维 Shape 文件的工具，可以在 ArcView 中建立、显示以及分析三维数据。

（4）绘图输出（ArcPress for ArcView）模块。主要用于绘图文件光栅化。它帮助

ArcView 用户将绘图文件转化成光栅格式，提高绘图输出质量。使用绘图输出模块将地图或影像输出到不同型号的标准绘图设备，或转化为其他格式，这为 ArcView 用户提供了很好的输出工具。

(5) 影像分析 (Image Analyst for ArcView) 模块。为已有的基于栅格的空间分析工具作了补充，提供一种简单的、直观的方法来访问大量的影像数据，完成影像可视化、影像增强、地图注册、特征提取、影像分类及简单的变化监测功能；同时提供一种直接的途径可以对 Erdas Image 进行复杂的地学成像和处理。

(6) 追踪分析 (Tracking Analyst for ArcView) 模块。允许在 ArcView 环境中直接接收、回放 GPS (全球定位系统) 等实时数据，并允许实时地利用这些数据进行空间分析，它还可以应用于车辆跟踪、飞行跟踪、野生动物追踪及其他一些领域。

(7) ArcView 因特网地图发布 (ArcView Internet Map Server) 模块。为用户提供 Internet 功能，如为用户提供现成的 HTML 网页，也可按需要生成网页片断，嵌入用户的网页中。用户可用 ArcView 的开发工具 Avenue 来实现制图和查询功能。

2. MapGIS 介绍

MAPGIS 是具有国际先进水平的完整的地理信息系统，它分为“输入”、“图形编辑”、“库管理”、“空间分析”、“输出”以及“实用服务”六大部分，如图 1－7 和图 1－8 所示。根据地学信息来源多种多样、数据类型多、信息量庞大的特点，该系统采用矢量和栅格数据混合的结构，力求矢量数据和栅格数据形成一整体的同时，又考虑栅格数据既可以和矢量数据相对独立存在，又可以作为矢量数据的属性，以满足不同问题对矢量、栅格数据的不同需要。

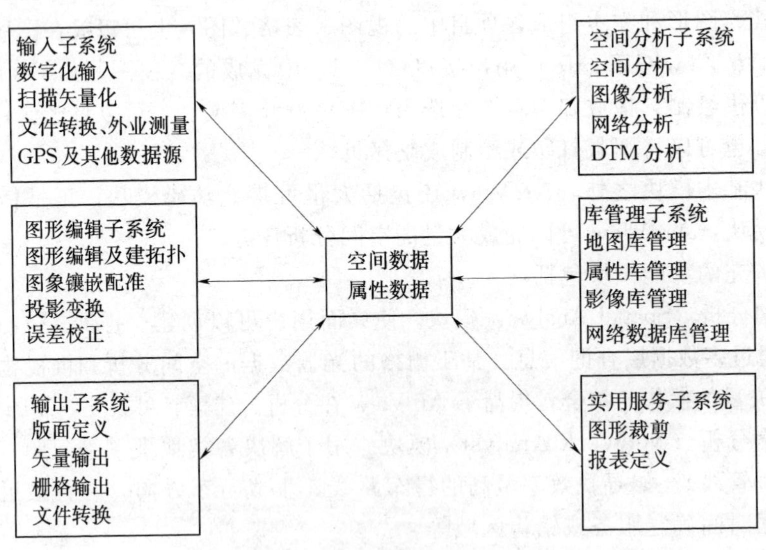

图 1－7 MAPGIS 系统的总体结构图

MAPGIS 的主要功能有：

(1) 数据输入。

在建立数据库时，我们需要将各种类型的空间数据转换为数字数据，数据输入是 GIS

图 1-8 MAPGIS 系统的启动界面

的关键之一。MAPGIS 提供的数据输入有数字化仪输入、扫描矢量化输入、GPS 输入和其他数据源的直接转换。

1）数字化输入。

数字化输入也就是实现数字化过程，即实现空间信息从模拟式到数字式的转换，一般数字化输入常用的仪器为数字化仪。

2）扫描矢量化输入。

扫描矢量化子系统，通过扫描仪输入扫描图像，然后通过矢量追踪，确定实体的空间位置。对于高质量的原资料，扫描是一种省时、高效的数据输入方式。

3）GPS 输入。

GPS 是确定地球表面精确位置的新工具，它根据一系列卫星的接收信号，快速地计算地球表面特征的位置。由于 GPS 测定的三维空间位置以数字坐标表示，因此不需作任何转换，可直接输入数据库。

4）其他数据源输入。

MAPGIS 升级子系统可接收低版本数据，实现 6.X 与 5.X 版本数据的相互转换，即数据可升可降，供 MAPGIS 使用。MAPGIS 还可以接收 AUTOCAD、ARC/INFO、MAPINFO 等软件的公开格式文件。同时提供了外业测量数据直接成图功能，从而实现了数据采集、录入、成图一体化，大大提高了数据精度和作业流程。

（2）数据处理。

输入计算机后的数据及分析、统计等生成的数据在入库、输出的过程中常常要进行数据校正、编辑、图形整饰、误差消除、坐标变换等工作。MAPGIS 通过图形编辑子系统及投影变换、误差校正等系统来完成，下面分别介绍。

1）图形编辑。

该系统用来编辑修改矢量结构的点、线、区域的空间位置及其图形属性、增加或删除点、线、区域边界，并适时自动校正拓扑关系。图形编辑子系统是对图形数据库中的图形进行编辑、修改、检索、造区等，从而使输入的图形更准确、更丰富、更漂亮。

2）投影变换。

地图投影的基本问题是如何将地球表面（椭球面或圆球面）表示在地图平面上。这种表示方法有多种，而不同的投影方法实现不同图件的需要，因此在进行图形数据处理中很可能要从一个地图投影坐标系统转换到另一个投影坐标系统，该系统就是为实现这一功能服务的，本系统共提供了20种不同投影间的相互转换及经纬网生成功能。通过图框生成功能可自动生成不同比例尺的标准图框。

3）误差校正。

在图件数字化输入过程中，通常的输入法有：扫描矢量化、数字化仪跟踪数字化、标准数据输入法等。通常由于图纸变形等因素，使输入后的图形与实际图形在位置上出现偏差，个别图元经编辑、修改后可满足精度要求，但有些图元由于发生偏移，经编辑很难达到实际要求的精度，说明图形经扫描输入或数字化输入后，存在着变形或畸变。出现变形的图形，必须经过数据校正，消除输入图形的变形，才能使之满足实际要求，该系统就是为这一目的服务的。通过该系统即可实现图形的校正，达到实际需求。

4）镶嵌配准。

图像镶嵌配准系统是一个32位专业图像处理软件，本系统以MSI图像为处理对象。提供了强大的控制点编辑环境，以完成MSI图像的几何控制点的编辑处理；当图像具有足够的控制点时，MSI图像的显示引擎就能实时完成MSI图像的几何变换、重采样和灰度变换，从而实时完成图像之间的配准，图像与图形的配准，图像的镶嵌，图像几何校正，几何变换，灰度变换等功能。

5）符号库编辑。

系统库编辑子系统是为图形编辑服务的。它将图形中的文字、图形符号、注记、填充花纹及各种线型等抽取出来，单独处理；经过编辑、修改；生成子图库、线型库、填充图案库和矢量字库，自动存放到系统数据库中，供用户编辑图形时使用。

(3）数据库管理。

MAPGIS数据库管理分为网络数据库管理、地图库管理、属性库管理和影像库管理四个子系统。

1）地图库管理。

图形数据库管理子系统是地理信息系统的重要组成部分。在数据获取过程中，它用于存储和管理地图信息；在数据处理过程中，它既是资料的提供者，也可以是处理结果的归宿处；在检索和输出过程中，它是形成绘图文件或各类地理数据的数据源。图形数据库中的数据经拓扑处理，可形成拓扑数据库，用于各种空间分析。MAPGIS的图形数据库管理系统可同时管理数千幅地理底图，数据容量可达数十千兆，主要用于创建、维护地图库，在图幅进库前建立拓扑结构，对输入的地图数据进行正确性检查，根据用户的要求及图幅的质量，实现图幅配准、图幅校正和图幅接边。

2）属性库管理。

GIS系统应用领域非常广，各领域的专业属性差异甚大，以至不能用一已知属性集描述概括所有的应用专业属性。因此建立动态属性库是非常必要的。动态就是根据用户的要求能随时扩充和精简属性库的字段（属性项），修改字段的名称及类型。具备动态库及动态检索的 GIS 软件，就可以利用同一软件管理不同的专业属性，也就可以生成不同应用领域的 GIS 软件。

3）影像库管理。

该系统支持海量影像数据库的管理、显示、浏览及打印；支持栅格数据与矢量数据的叠加显示；支持影像库的有损压缩和无损压缩。

（4）空间分析。

地理信息系统与机助制图的重要区别就是它具备对空间数据和非空间数据进行分析和查询的功能，它包括矢量空间分析、数字高程模型（DEM）、网络分析、图像分析、电子沙盘五个子系统。

1）矢量空间分析。

空间分析系统是 MAPGIS 的一个十分重要的部分，通过空间叠加分析方法、属性分析方法、数据查询检索来实现 GIS 对地理数据的分析和查询。

2）数字高程模型。

该系统主要由离散数据网格化、数据插密、绘制等值线图、绘制彩色立体图、剖面分析、面积体积量算、专业分析等功能。

3）网络分析。

MAPGIS 网络分析子系统提供方便地管理各类网络（如自来水管网、煤气管网、交通网、电信网等）的手段，用户可以利用此系统迅速直观地构造整个网络，建立与网络元素相关的属性数据库，可以随时对网络元素及其属性进行编辑和更新；系统提供了丰富有力的网络查询检索及分析功能，用户可用鼠标指点查询，也可输入任意条件进行检索，还可以查看和输出横断面图、纵断面图和三维立体图；系统还提供网络应用中具有普遍意义的搜索、最短路径、最佳路径，资源分配、最佳围堵方案等功能，从而可以有效支持紧急情况处理和辅助决策。

4）图像分析。

多源图像处理分析系统是一个新一代的 32 位专业图像（栅格数据）处理分析软件。多源图像处理分析系统能处理栅格化的二维空间分布数据，包括各种遥感数据、航测数据，航空雷达数据、各种摄影的图像数据以及通过数据化和网格化的地质图、地形图、各种地球物理、地球化学数据和其他专业图像数据。

5）电子沙盘。

电子沙盘系统是一个 32 位专业软件。本系统提供了强大的三维交互地形可视化环境，利用 DEM 数据与专业图像数据，可生成近实时的二维和三维透视景观，通过交互地调整飞行方向，观察方向、飞行观察位置、飞行高度等参数，就可生成近实时的飞行鸟瞰景观。系统提供了强大的交互工具，可实时的调节各三维透视参数和三维飞行参数；此外，系统也允许预先精确地编辑飞行路径，然后沿飞行路径进行三维场景飞行浏览。

（5）数据的输出。

如何将 GIS 的各种成果变成产品供各种用途的需要，或与其他系统进行交换，是 GIS

中不可缺少的一部分。GIS 的输出产品是指经系统处理分析，可以直接提供给用户使用的各种地图、图表、图像、数据报表或文字报告。MAPGIS 的数据输出可通过输出子系统、电子表定义输出系统来实现文本、图形、图像、报表等的输出。

1）输出。

MAPGIS 输出子系统可将编排好的图形显示到屏幕上或在指定的设备上输出。具有版面编排、矢量或栅格数据处理、不同设备的输出、光栅数据生成、光栅输出驱动、印前出版处理功能。

2）报表定义输出。

电子表定义输出系统是一个强有力的多用途报表应用程序。应用该系统可以方便地构造各种类型的表格与报表，并在表格内随意地编排各种文字信息，并根据需要打印出来。它可以实现动态数据连接，接收由其他应用程序输出的属性数据，并将这些数据以规定的报表格式打印出来。

3）数据转换。

数据文件交换子系统功能为 MAPGIS 系统与其他 CAD、CAM 软件系统间架设了一道桥梁，实现了不同系统间所用数据文件的交换，从而达到数据共享的目的。输入输出交换接口提供 AutoCAD 的 DXF 文件、ARC/INFO 文件的公开格式、标准格式、EOO 格式、DLG 文件与本系统内部矢量文件结构相互转换的能力。

3. GeoStar 介绍

GeoStar 是大型国产自主知识产权的地理信息系统基础软件平台，是吉奥之星系列软件的核心，在吉奥之星系列软件中负责矢量、影像、数字高程模型等空间数据的建库、管理、应用和维护，图 1-9 所示为 GeoStar 产品体系结构。

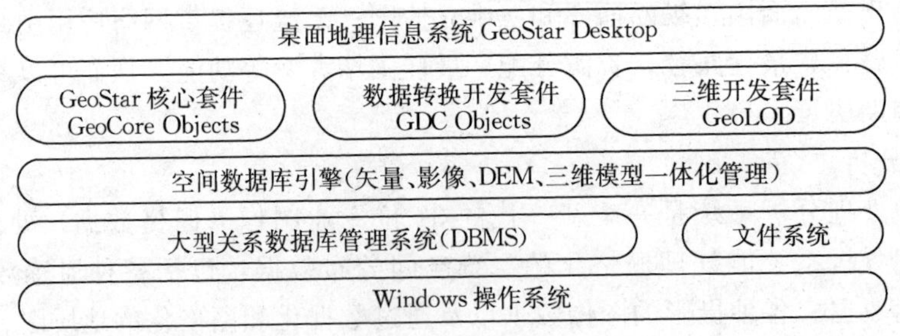

图 1-9　GeoStar 产品体系结构图

GeoStar 基于组件开发，支持多种数据库引擎，提供数据管理、图形编辑、空间分析、空间查询、制图、数据转换、元数据管理等功能，可适应多种用户、多种应用的需求，在测绘、规划、国土、电力、国防、园林、房产、水利、市政、公安等领域得到广泛应用。

GeoStar 分为三个部分：桌面应用系统 GeoStar Desktop、独立处理工具和组件开发平台 GeoStar Objects。主要功能包括：数据建库、数据表现、数据分发、图形编辑、空间分析、空间查询、普通图制图、专题图制图、符号设计、数据转换、打印输出。

任　务　实　施

一、软件熟悉

ArcView 是美国 ESRI（环境系统研究所）的 GIS 产品，ESRI 是地理信息系统业界的巨子，其发展基本上代表了国际地理信息系统技术的最前沿水平，ESRI 另一与 ArcView 相媲美的 GIS 产品即著名的 Arc/Info，它们都以技术可靠、算法先进、实用性强而著称于世。相对于 ArcView，Arc/Info 更专业化和适于解决更复杂、更专业化的空间分析问题，而 ArcView 却是新一代桌面地理信息系统的代表，其方便、灵活、操作简单、通用性强，特别适用于地理信息系统应用的普及和对传统信息系统的 GIS 化。

（1）系统进入运行的初始界面。

打开 ArcView 系统，首先呈现在用户面前的，是如下所示的一个项目管理器和欢迎对话框（图 1-10）。

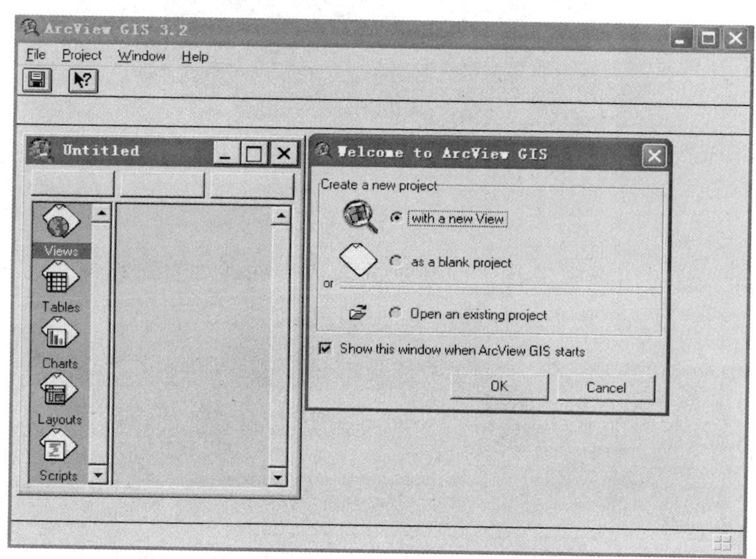

图 1-10　ArcView 初始用户界面

这时，用户有三种选择：

1）建立一个新的视图。

2）建立一个新的项目。

3）打开一个已有的项目。

这是一个模式对话框，用户必须有所应答或关闭该对话框方可进行下一步，但用户可去掉该对话框最下行检查框中的选定标记，在以后的启动中不再出现该对话框，而直接到菜单栏中点取相应的菜单功能。

ArcView 以项目（Project）作为基本的应用单元，所以，启动 ArcView 的同时也打开一个项目管理器，此时无论用户作何回答，该项目管理器都会进入管理状态。

（2）建立一个新视图。

当用户选中欢迎对话框的“with a new view”，即建立一个新的视图时，ArcView 则以缺省名称 — “Untitled”打开一个项目管理器，并打开一个视图窗口（View1）和一个问讯对话框，询问用户是否马上进行空间数据的输入操作，并为输入操作准备好相应的菜单和图标资源（图 1-11）。

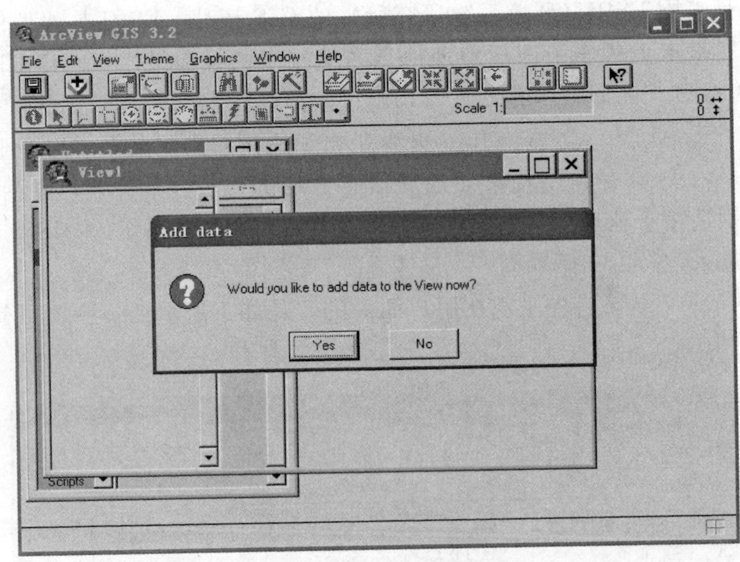

图 1-11　建立新视图

一般情况下，这时用户应进行空间数据的输入操作，如打开已有的 shape 文件（图 1-12和图 1-13），或遥感影像文件等，也可以直接创建 ArcView 文件。

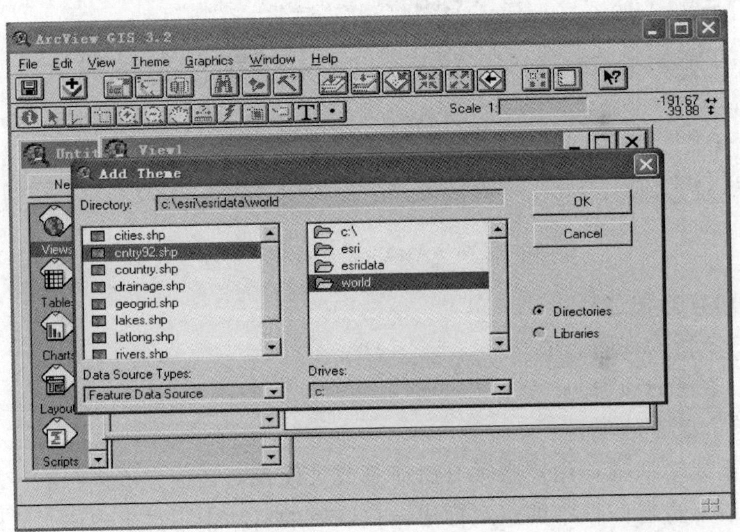

图 1-12　加载数据

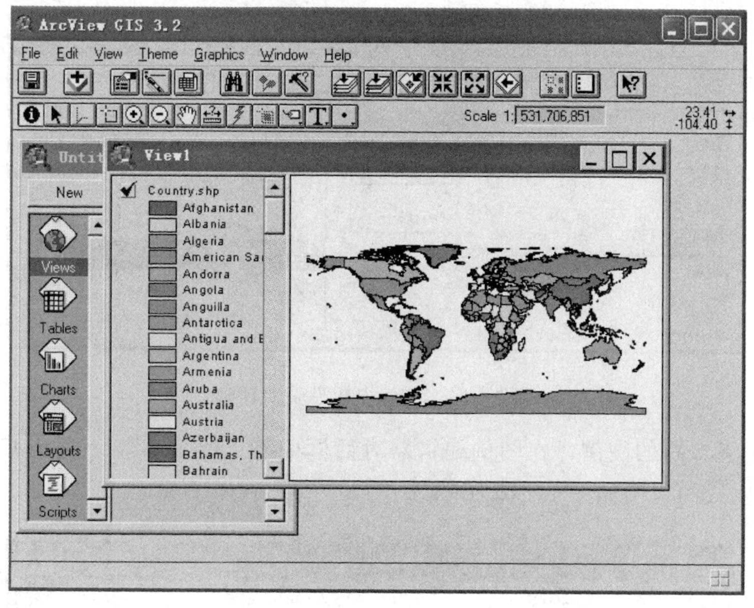

图 1-13 视图中的主题展示

二、GIS 功能

本节主要展示 ArcView3.2 的基本功能——基于空间数据和属性数据的分析图表。

(1) 打开软件，加载数据，打开属性表，并选中 Sub _ region 字段，如图 1-14 所示。

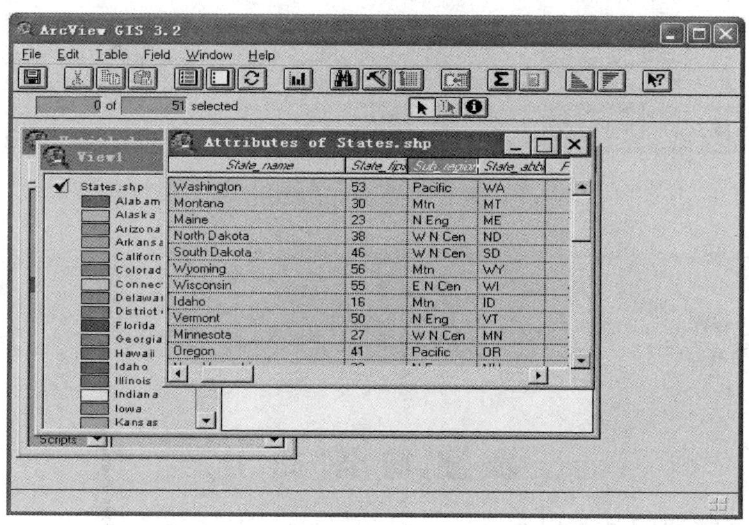

图 1-14 打开空间数据与属性数据

(2) 点击 Summarize 按钮Σ，弹出汇总对话框，按图 1-15 设置参数，点击 OK 生成新的专题。

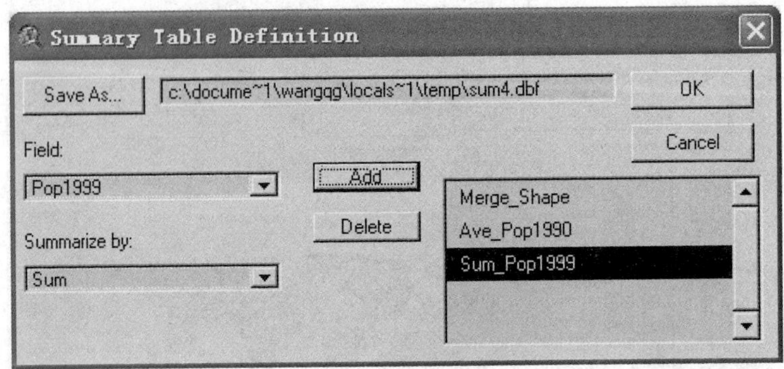

图1-15　汇总参数设置对话框

(3) 双击新专题的图例，在图例编辑器对话框中将 Legend Type 选为 Chart，并添加若干 Field，生成的视图如图1-16所示。

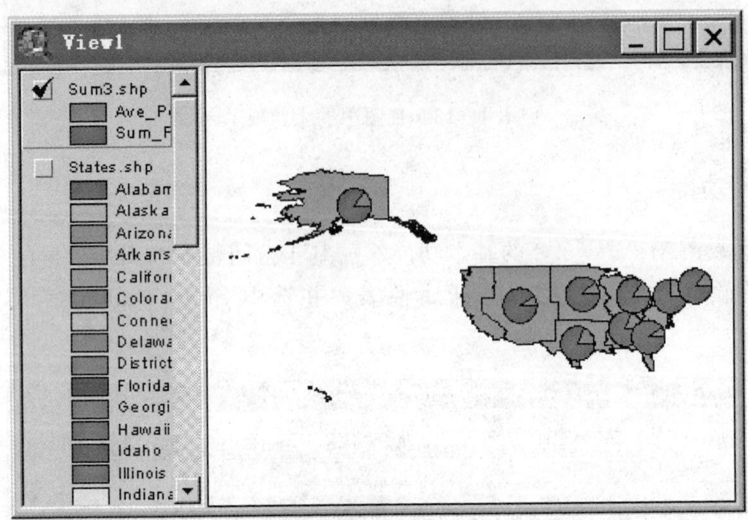

图1-16　分析表视图

数字地球简介

一、数字地球的基本概念

“数字地球”(The Digital Earth) 最早提出于1997年下半年。1998年1月31日，美国副总统戈尔 (AL GORE) 在美国加利福尼亚科学中心发表了题为《数字地球：21世纪认识地球的方式 (The Digital Earth：Understanding our planet in the 21 st Century)》的

讲演。正式提出数字地球的概念。戈尔指出："数字地球"，即一种可以嵌入海量地理数据的、多分辨率的和三维的地球的表示。

数字地球是指数字化的地球，更确切地说是指信息化的地球，是与国家信息化的概念相一致的。信息化是指以计算机为核心的数字化、网络化、智能化和可视化的全部过程。详细一点说，数字地球是指以地球作为对象的、以地理坐标为依据，具有多分辨率、海量的和多种数据融合的，并可用多媒体和虚拟技术进行多维（立体的和动态的）表达的，具有空间化、数字化、网络化、智能化和可视化特征的技术系统。形象一点地说，数字地球是指整个地球经数字化之后由计算机网络来管理的技术系统。"数字地球"核心思想有两点，一是用数字化手段统一性地处理地球问题，另一点是最大限度地利用信息资源。

数字地球主要是由空间数据、文本数据、操作平台、应用模型组成的。这些数据不仅包括全球性的中、小比例尺的空间数据，还包括大比例尺的空间数据（比如大比例尺的城市空间数据）；不仅包括地球的各类多光谱、多时相、高分辨率的遥感卫星影像、航空影像、不同比例尺的各类数字专题图，还包括相应的以文本形式表现的有关可持续发展、农业、资源、环境、灾害、人口、全球变化、气候、生物、地理、生态系统、水文循环系统、教育、军事等等不同类别的数据。操作平台是一种开放、分布式的基于Internet这样的网络环境的各类数据更新、查询、处理、分析的软件系统。应用模型包括在可持续发展、农业、资源、环境、灾害（水灾、旱灾、火灾）、人口、气候、生物、地理、全球变化、生态系统、水文循环系统等方面的应用模型。

数字地球计划是继信息高速公路之后又一全球性的科技发展战略目标，是国家主要的信息基础设施，是信息社会的主要组成部分，是遥感、遥测、全球定位系统、互联网络(Internet)—万维网（Web)、仿真与虚拟技术等现代科技的高度综合和升华，是当今科技发展的制高点。数字地球是地球科学与信息科学的高度综合。它为地球科学的知识创新与理论深化研究创造了实验条件，为信息科学技术的研究和开发提供了试验基地（Test-Bed）或没有"围墙"的开放实验室。数字地球将成为没有校园的、最开放的、面向社会的、最大的学校，也是没有围墙的开放的实验室。数字地球建设将是一场具有更深远意义的技术革命。数字地球将促进产业规模的扩大，创造更多的就业机会；同时还将使某些行业被淘汰和一些新产业的诞生，它将把人类社会推向更高的发展阶段。

数字地球的特点具体表现在以下方面：

(1) 数字地球的数据具有无边无缝的分布式数据层结构，包括多源多比例尺多分辨率的、历史和现时的、矢量和栅格格式的数据。

(2) 数字地球具有一种可以迅速充实的、联网的地理数据库，以及多种可以融合并显示多源数据的机制。

(3) 数字地球以图像、图形、图表、文本报告这几种形式分别提供免费或收费的全球范围的数据、信息、知识方面的服务。

(4) 数字地球中的数据和信息同时也按普通、限制、保密等不同保密等级组织起来的。不同的用户对不同的数据和信息具有不同的使用权限。

(5) 用户可以以多种方式从数字地球中获取信息。任何一个用户都可以实时调用，无论生产者是谁，也无论数据在什么地方。国际互联网上的用户可以根据自己的权限查询“数字地球”中的信息；运用具有传感器功能的特制数据手套，还可以对“数字地球”进行各类可视化操作。

二、数字地球的技术基础

1. 数字地球的主要技术

要在电子计算机上实现数字地球不是一个很简单的事，它需要诸多学科，特别是信息科学技术的支撑。这其中主要包括：信息高速公路和计算机宽带高速网络技术、高分辨率卫星影像、空间信息技术、大容量数据处理与存储技术、科学计算以及可视化和虚拟现实技术。

(1) 信息高速公路和计算机宽带高速网。

一个数字地球所需要的数据已不能通过单一的数据库来存储，而需要由成千上万的不同组织来维护。这意味着参与数字地球的服务器将需要由高速网络来连接。为此，美国克林顿总统早在 1993 年 2 月就提出实施美国国家信息基础设施，通俗形象地称为信息高速公路，它主要由计算机服务器、网络和计算机终端组成。美国为此计划投入 4000 亿美元，耗时 20 年。到 2000 年的目标是提高生产率 20%～40%，获取 35000 亿美元的效益。

在 Internet 流量爆发性增长的驱动下，远程通信载体已经尝试使用 10G/s 的网络，而每秒 10^{15} byte 的因特网正在研究中。相信在 21 世纪会有更加优秀的宽带高速网供人们使用。

(2) 高分辨率卫星影像。

遥感卫星影像在卫星遥感问世的几十年，分辨率已经有了飞快的提高，这里所说的分辨率指空间分辨率、光谱分辨率和时间分辨率。空间分辨率指影像上所能看到的地面最小目标尺寸，用像元在地面的大小来表示。从遥感形成之初的 80m，已提高到 30m，10m，5.8m 乃至 2m，军用甚至可达到 10cm。光谱分辨率指成像的波段范围，分得愈细，波段愈多，光谱分辨率就愈高，现在的技术可以达到 5～6nm（纳米）量级，400 多个波段。细分光谱可以提高自动区分和识别目标性质及组成成分的能力。时间分辨率指重访周期的长短，目前一般对地观测卫星为 15～25 天的重访周期。通过发射合理分布的卫星星座可以实现 3～5 天观测地球一次。

高分辨率卫星遥感图像在 21 世纪可以优于 1m 的空间分辨率，每隔 3～5 天为人类提供反映地表动态变化的翔实数据，从而实现秀才不出门、能观天下事的理想。

(3) 空间信息技术与空间数据基础设施。

空间信息是指与空间和地理分布有关的信息，经统计，世界上的事情有 80% 与空间分布有关，空间信息用于地球研究即为地理信息系统。为了满足数字地球的要求，将影像数据库、矢量图形库和数字高程模型（DEM）三库一体化管理的 GIS 软件和网络 GPS，将在 21 世纪十分成熟和普及。从而可实现不同层次的互操作，一个 GIS 应用软件产生的地理信息将被另一个软件读取。

当人们在数字地球上，进行处理、发布和查询信息时，将会发现大量的信息都与地理空间位置有关。例如查询两城市之间的交通连接，查询旅游景点和路线，购房时选择价廉而又环境适宜的住宅等都需要有地理空间参考。由于尚未建立空间数据参考框架，致使目前在万维网上制作主页时还不能轻易将有关的信息连接到地理空间参考上。因此，国家空间数据基础设施是数字地球的基础。

国家空间数据基础设施主要包括空间数据协调、管理与分发体系和机构，空间数据交换网站、空间数据交换标准及数字地球空间数据框架。我国已经建成基于1：50000和1：10000比例尺的空间信息基础设施。欧洲、俄罗斯和亚太地区也都纷纷抓空间数据基础设施。

空间数据共享机制是使数字地球能够运转的关键之一。国际标准化组织ISO/TC211工作组正为此而努力工作。只有共享才能发展，共享推动信息化，信息化又进一步推动共享。政府与民间的联合共建是实现共享原则的基本条件，因为任何国家的政府也不可能包揽整个信息化的建设。在我国，要遵循这一规律就必然要求打破部门之间和地区之间的界限，统一标准，联合行动，相互协调，互谅互让，分工合作，发挥整体优势。只有大联合才能形成规模经济的优势，才能在国际信息市场的激烈竞争中争取主动。

(4) 大容量数据存储及元数据。

美国NASA的行星地球计划EOS—AM1 1999年上天，每天将产生1000GB（即1TB）的数据和信息，1m分辨率影像覆盖广东省，大约有1TB的数据，而广东才是中国的1/53，所以要建立起中国的数字地球，仅仅影像数据就有53TB，这还只是一个时刻的，多时相的动态数据，其容量就更大了。目前美国的NASA和NOAA已着手建立用原型并行机管理的可存储1800TB的数据中心，数据盘带的查找由机器手自动而快速地完成，相信在21世纪，还会有新的突飞猛进。

另一方面，为了在海量数据中迅速找到需要的数据，元数据（metadata）库的建设是非常必要的，它是关于数据的数据，通过它可以了解有关数据的名称、位置、属性等信息，从而大大减少用户寻找所需数据的时间。

(5) 科学计算。

地球是一个复杂的巨系统，地球上发生的许多事件，变化和过程又十分复杂而呈非线性特征，时间和空间的跨度变化大小不等，差别很大，只有利用高速计算机，我们今日和跨世纪的未来，才有能力来模拟一些不能观测到的现象。利用数据挖掘（Data Mining）技术，我们将能够更好地认识和分析所观测到的海量数据，从中找出规律和知识。科学计算将使我们突破实验和理论科学的限制，建模和模拟可以使我们能更加深入地探索所搜集到的有关我们星球的数据。

(6) 可视化和虚拟现实技术。

可视化是实现数字地球与人交互的窗口和工具，没有可视化技术，计算机中的一堆数字是无任何意义的。

数字地球的一个显著的技术特点是虚拟现实技术。建立了数字地球以后，用户戴上显示头盔，就可以看见地球从太空中出现，使用“用户界面”的开窗放大数字图像；随着分辨率的不断提高，他看见了大陆，然后是乡村、城市，最后是私人住房、商店、树木和其他天然和人造景观；当他对商品感兴趣时，可以进入商店内，欣赏商场内的衣服，并可根据自己的体型，构造虚拟自己试穿衣服。

虚拟现实技术为人类观察自然、欣赏景观、了解实体提供了身临其境的感觉。最近几年，虚拟现实技术发展很快。虚拟现实建模语言（VRML）是一种面向 Web、面向对象的三维建模语言，而且它是一种解释性语言。它不仅支持数据和过程的三维表示，而且能使用户走进视听效果逼真的虚拟世界，从而实现数字地球的表示以及通过数字地球实现对各种地球现象的研究和人们的日常应用。实际上，人造虚拟现实技术在摄影测量中早已是成熟的技术，近几年的数字摄影测量的发展，已经能够在计算机上建立可供量测的数字虚拟技术。当然，当前的技术是对同一实体拍摄照片，产生视差，构造立体模型，通常是当模型处理。进一步的发展是对整个地球进行无缝拼接，任意漫游和放大，由三维数据通过人造视差的方法，构造虚拟立体。

2. 数字地球中的"3S"技术

数字地球的核心是地球空间信息科学，地球空间信息科学的技术体系中最基础和基本的技术核心是"3S"技术及其集成。所谓"3S"是全球定位系统（GPS）、地理信息系统（GIS）和遥感（RS）的统称。没有"3S"技术的发展，现实变化中的地球是不可能以数字的方式进入计算机网络系统的。

(1) 空间定位（GPS）技术。

GPS 作为一种全新的现代定位方法，已逐渐在越来越多的领域取代了常规光学和电子仪器。20 世纪 80 年代以来，尤其是 90 年代以来，GPS 卫星定位和导航技术与现代通信技术相结合，在空间定位技术方面引起了革命性的变化。用 GPS 同时测定三维坐标的方法将测绘定位技术从陆地和近海扩展到整个海洋和外层空间，从静态扩展到动态，从单点定位扩展到局部与广域差分，从事后处理扩展到实时（准实时）定位与导航，绝对和相对精度扩展到米级、厘米级乃至亚毫米级，从而大大拓宽它的应用范围和在各行各业中的作用。不久的将来，人人可以戴上 GPS 手表，加上移动电话，你的活动就可以自动进入数字地球中去。

(2) 航空航天遥感（RS）技术。

当代遥感的发展主要表现在它的多传感器、高分辨率和多时相特征。

1) 多传感器技术。当代遥感技术已能全面覆盖大气窗口的所有部分。光学遥感可包含可见光、近红外和短波红外区域。热红外遥感的波长可从 8～14μm，微波遥感观测目标物电磁波的辐射和散射，分被动微波遥感和主动微波遥感，波长范围为 1mm～100cm。

2) 遥感的高分辨率特点。全面体现在空间分辨率、光谱分辨率和温度分辨率三个方面，长线阵 CCD 成像扫描仪可以达到 1.2m 的空间分辨率，成像光谱仪的光谱细分可以达到 5～6mm 的水平。热红外辐射计的温度分辨率可从 0.5K 提高到 0.3K 乃至 0.1K。

3) 遥感的多时相特征。随着小卫星群计划的推行，可以用多颗小卫星，实现每 2～3 天对地表重复采样一次，获得高分辨率成像光谱数据，多波段、多极化方式的雷达卫星，将能解决阴雨多雾情况下的全天候和全天时对地观测，卫星遥感与机载和车载遥感技术的有机结合，是实现多时相遥感数据获取的有力保证。

遥感信息的应用分析已从单一遥感资料向多时相、多数据源的融合与分析过渡，从静态分析向动态监测过渡，从对资源与环境的定性调查向计算机辅助的定量自动制图过渡，从对各种现象的表面描述向软件分析和计量探索过渡。近年来，由于航空遥感具有快速机动性和高分辨率的显著特点使之成为遥感发展的重要方面。

(3) 地理信息系统 (GIS) 技术。

随着“数字地球”这一概念的提出和人们对它的认识的不断加深，从二维向多维动态以及网络方向发展是地理信息系统发展的主要方向，也是地理信息系统理论发展和诸多领域的迫切需要，如资源、环境、城市等。在技术发展方面，一个发展是基于Client/Server结构，即用户可在其终端上调用在服务器上的数据和程序；另一发展是通过互联网络发展Internet GIS或WebGIS，可以实现远程寻找所需要的各种地理空间数据，包括图形和图像，而且可以进行各种地理空间分析，这种发展是通过现代通信技术使GIS进一步与信息高速公路相接轨；再有一个发展方向，则是数据挖掘 (DataMining)，从空间数据库中自动发现知识，用来支持遥感解译自动化和GIS空间分析的智能化。

(4)“3S”集成技术。

“3S”集成是指将上述三种对地观测新技术及其他相关技术有机地集成在一起。这里所说的集成，是英文Integration的中译文，是指一种有机的结合，囊括在线的连接、实时的处理和系统的整体性。GPS、RS、GIS集成的方式可以在不同技术水平上实现。“3S”集成包括空基“3S”集成与地基“3S”集成。空基“3S”集成：用空一地定位模式实现直接对地观测，主要目的是在无地面控制点（或有少量地面控制点）的情况下，实现航空航天遥感信息的直接对地定位、侦察、制导、测量等；地基“3S”集成：车载、舰载定位导航和对地面目标的定位、跟踪、测量等实时作业。

三、数字地球的应用

数字地球对人类的积极作用很难确切估量，您无论如何想象恐怕都不会过分。数字地球对社会和经济发展的意义主要体现在以下两大方面。

第一，在当前以工农业经济为主体的经济建设中具有的重大作用已初见端倪。它是国家可持续发展和自主创新的必然依托，国家和民族安全的保障，国家经济建设新的增长点。我们逐渐可以看到，数字地球提供的数据和信息在农业、林业、水利、地矿、交通、通信、新闻媒体、城市建设，教育、资源（土地、森林、水、矿物、海洋等)、环境、人口、海洋以及军事等几十个领域都能产生广阔的社会和经济效益。不妨信手拾来一些例子，如农作物监测、农作物估产、农作物面积估算、土地覆盖物的识别和评价、土地和地籍管理、水资源管理、环境监测、资源合理利用、数字天气预报、灾害监测与评估、灾害模拟和预报、渔场预报、智能交通管理、跟踪污染和疾病的传播区域、商业选址、市场调查、移动通信、民用工程、城市管道管理、在线政府公共信息服务，等。以我国为例，数字地球是充分利用我国现有的数据和信息资源为当前国家经济建设服务的最佳途径。我国经过近20年的努力，已经积累了大量的原始数字化数据和相应的资料，建立了一千一百多个大、中型数据库以及无以数计的各类数字化地理基础图、专题图、城市地籍图等。但是，目前大量的数据所有权混乱，标准不一致，兼容性、可比性差，利用率低。从数字地球战略出发，重新整合这些数据，能够从技术上根本改变这种现象。

第二，在未来以知识经济为主体的经济建设中具有重大的作用。地球是一个有限体，地球上人类赖以生存的可利用的自然资源无疑也是有限的。正因为自然资源的有限以及以计算机科学技术的发展为特征的信息革命的深入，世界经济模式必然会从现行的以自然资源为主的工业经济模式逐步转换为未来的以信息资源为主的知识经济模式。事实上，科技进步对经济增长的贡献率在农业经济时代不足10%，在工业经济后期达到40%以上，到知识经济时代将达80%以上。今天，发达国家国民生产总值的10%用于教育，5%用于各类组织对其员工的再培训，5%用作信息和知识的研究和开发。到2000年，发达国家的传统工人将仅占国家总劳动力的六分之一或八分之一，这意味着体力劳动力不再是获得经济来源的主要途径，取而代之的是知识和信息。

在以知识经济为特征的即将到来的信息社会中，信息是知识经济社会的主要经济资源，数字化信息是知识经济的物质形式。数字地球可以包容80%以上的人类信息资源，因此，以数字形式处理一切与空间位置相关的空间数据和与此相关的所有文本数据为特征的数字地球则是未来信息资源的主体核心，知识经济社会的基础建设之一就是信息高速公路。数字地球是信息高速公路的车和货，它们是一对孪生兄弟，并必将对形成一个广泛而又重要的产业产生决定性的影响。

在人类所接触到的信息中有80%与地理位置和空间分布有关，地球空间信息是信息高速公路上的货和车。数字地球不仅包括高分辨率的地球卫星图像，还包括数字地图以及经济、社会和人口等方面的信息，它的应用有时会因为我们的想象力而受到限制。换句话说，数字地球的应用在很大程度上超出我们的想象，可以乐观地说21世纪，数字地球将进入千家万户和各行各业。这里只能就我们的理解提出一些现实的应用。

(1) 数字地球对全球变化与社会可持续发展的作用。

全球变化与社会可持续发展已成为当今世界人们关注的重要问题，数字化表示的地球为我们研究这一问题提供了非常有利的条件。在计算机中利用数字地球可以对全球变化的过程、规律、影响以及对策进行各种模拟和仿真，从而提高人类应付全球变化的能力。数字地球可以广泛地应用于对全球气候变化、海平面变化、荒漠化、生态与环境变化、土地利用变化的监测。与此同时，利用数字地球，还可以对社会可持续发展的许多问题进行综合分析与预测，如自然资源与经济发展，人口增长与社会发展，灾害预测与防御等。

我国是一个人口多，土地资源有限，自然灾害频繁的发展中国家，十几亿人口的吃饭问题一直是至关重要的。经过几十年的高速发展，资源与环境的矛盾越来越突出。1998年的洪灾，黄河断流，耕地减少，荒漠化加剧，已经引起了社会各界的广泛关注。必须采取有效措施，从宏观的角度加强土地资源和水资源的监测和保护，加强自然灾害特别是洪涝灾害的预测、监测和防御，避免第三世界国家和一些发达国家发展过程中走过的弯路。数字地球在这方面可以发挥更大的作用。

(2) 数字地球对社会经济和生活的影响。

数字地球将容纳大量行业部门、企业和私人添加的信息，进行大量数据在空间和时间分布上的研究和分析。例如国家基础设施建设的规划，全国铁路、交通运输的规划，城市发展的规划，海岸带开发，西部开发。从贴近人们的生活看，房地产公司可以将房地产信息链接到数字地球上；旅游公司可以将酒店、旅游景点，包括它们的风景照片和录像放入这个公用的数字地球上；世界著名的博物馆和图书馆可以将其收藏以图像、声音、文字形式放入数字地球中：甚至商店也可以将货架上的商品制作成多媒体或虚拟产品放入数字地球中，让用户任意挑选。另外在相关技术研究和基础设施方面也将会起推动作用。因此，数字地球进程的推进必将对社会经济发展与人民生活产生巨大的影响。

(3) 数字地球与精细农业。

21世纪农业要走节约化的道路，实现节水农业、优质高产无污染农业。这就要依托数字地球，每隔3～5天给农民送去他们的庄稼地的高分辨率卫星影像，农民在计算机网络终端上可以从影像图中获得他的农田的长势征兆，通过GIS作分析，制定出行动计划，然后在车载GPS和电子地图指引下，实施农田作业，及时地预防病虫害，把杀虫剂、化肥和水用到必须用的地方，而不致使化学残留物污染土地、粮食和种子，实现真正的绿色农业。这样一来，农民也成了电脑的重要用户，数字地球就这样飞入了农民家。到那时农民也需要有组织，有文化，掌握高科技。

(4) 数字地球与智能化交通。

智能运输系统是基于数字地球建立国家和省、市、自治区的路面管理系统、桥梁管理系统、交通阻塞、交通安全以及高速公路监控系统，并将先进的信息技术、数据通信传输技术、电子传感技术、电子控制技术以及计算机处理技术等有效地集成运用于整个地面运输管理体系，而建立起的一种在大范围内、全方位发挥作用的，实时、准确、高效的综合运输和管理系统，实现运输工具在道路上的运行功能智能化。从而，使公众能够高效地使用公路交通设施和能源。具体地说，该系统将采集到的各种道路交通及服务信息经交通管理中心集中处理后，传输到公路运输系统的各个用户（驾驶员、居民、警察局、停车场、运输公司、医院、救护排障等部门），出行者可实时选择交通方式和交通路线；交通管理部门可自动进行合理的交通疏导、控制和事故处理；运输部门可随时掌握车辆的运行情况，进行合理调度。从而使路网上的交通流处于最佳运行状态，改善交通拥挤和阻塞，最大限度地提高路网的通行能力，提高整个公路运输系统的机动性、安全性和生产效率。

(5) 数字地球与Cybercity。

基于高分辨率正射影像、城市地理信息系统、建筑CAD，建立虚拟城市和数字化城市，实现真三维和多时相的城市漫游、查询分析和可视化。数字地球服务于城市规划、市政管理、城市环境、城市通信与交通、公安消防、保险与银行、旅游与娱乐等，为城市的可持续发展和提高市民的生活质量提供依据和保证。

(6) 数字地球为专家服务。

顾名思义，数字地球是用数字方式为研究地球及其环境的科学家尤其是地学家服务的重要手段。地壳运动、地质现象、地震预报、气象预报、土地动态监测、资源调查、灾害预测和防治、环境保护等等无不需要利用数字地球。而且数据的不断积累，最终将有可能使人类能够更好地认识和了解我们生存和生活的这个星球，运用海量地球信息对地球进行多分辨率、多时空和多种类的三维描述将不再是幻想。

(7) 数字地球与现代化战争。

数字地球是后冷战时期“星球大战”计划的继续和发展，在美国眼里数字地球的另一种提法是星球大战，是美国全球战略的继续和发展。显然，在现代化战争和国防建设中，数字地球具有十分重大意义。建立服务于战略、战术和战役的各种军事地理信息系统，并运用虚拟现实技术建立数字化战场，这是数字地球在国防建设中的应用。这其中包括了地形地貌侦察、军事目标跟踪监视、飞行器定位、导航、武器制导、打击效果侦察、战场仿真、作战指挥等方面，对空间信息的采集、处理、更新提出了极高的要求。在战争开始之前需要建立战区及其周围地区的军事地理信息系统；战时利用 GPS、RS 和 GIS 进行战场侦察，信息的更新，军事指挥与调度，武器精确制导；战时与战后的军事打击效果评估等等。而且，数字地球是一个典型的平战结合，军民结合的系统工程，建设中国的数字地球工程符合我国国防建设的发展方向。

总之，随着“3S”技术及相关技术的发展，数字地球将对社会生活的各个方面产生巨大的影响。其中有些影响我们可以想象，有些影响也许我们今日还无法想象。

数字地球的核心思想是用数字化的手段整体性地解决地球问题（与空间位置相关的问题）和最大限度地利用信息资源。从以下七个方面可以看出这一核心思想的出现是历史发展的必然。

第一，从政治经济背景看，冷战结束后，世界的重心由苏美在政治和军事上的全面对峙变为政治多极、市场经济在世界范围内逐步占有主导地位以及经济的全球化。

第二，人类社会的经济形态由农业经济、工业经济逐步地向知识经济过渡，知识经济最大的特点是：不依赖于自然资源，而是以人为本，依托于信息资源，而信息资源的80％部分应当与数字地球有关。

第三，从认知思想背景看，人类认识事物的过程，是从数字、文字、文章、文化和从部落、公社、国家这样发展的，信息技术和信息社会又重复这个过程，即数字、文字、图像、图形；网络应用是从主页到数字政府；从独建独用，到共建共享；人类认识地球的角度和范围从局域性的图形、地区、国家，再到一个全球性的数字地球的概念。

第四，从学科背景看，地球科学的发展从定性的认识，逐渐细分的学科，半定量的描述和分析，到多学科共同协作，各种技术的综合运用来对地球科学的重大事件如白垩纪地球之谜、地震预报、资源分布、环境与生态进行定量和综合研究，数字地球代表这种发展趋势。中国地学界最近几年就这方面的名词问题先后有六七个提法，如：地球信息科学，地球信息技术，地球空间信息科学，地球空间信息技术，地理空间信息技术，地理空间信息科学等，基本目的在于体现这种发展趋势。

第五，从技术背景看，数字地球最直接相关的八个方面：空间对地观测技术、计算机技术、网络技术、通信技术、遥感、地理信息系统、全球定位系统、地学数字技术都发展很快，也逐步与全球化连在一起，地理信息逐步进入信息技术的主流（信息技术又是知识经济的主体），即应用对象与应用手段（技术）的融合成为一个主流。

第六，从社会需求看，科技发展、工农业应用、商业经济、军事技术和人民生活等方面对地理信息的空前未有的巨大需求。

第七，国家级、地区级和全球性的空间数据基础设施（NSDI，RSDI，GSDI），是数字地球的一个核心，从 20 世纪 90 年代初开始已一步一步地向前发展，并已经在世界范围内积累了海量的建立“数字地球”所需的原始数字化数据和相应的资料，这包括无以数计多种比例尺的各类数字化地理基础图、专题图、城市地籍图。所以数字地球反映的核心思想是一种历史的必然。数字地球的提出是全球信息化的必然产物，它的一项长期的战略目标，需要经过全人类的共同努力才能实现。同时，数字地球的建设与发展将加快全球信息化的步伐，在很大程度上改变人们的生活方式，并创造出巨大的社会财富，为人类社会的发展做出巨大贡献。

学习情境2　地　图　投　影

任务一　坐标系统认识

一、地球椭球体

1. 地球的形状

为了从数学上定义地球，必须建立一个地球表面的几何模型。这个模型由地球的形状决定的。它是一个较为接近地球形状的几何模型，即椭球体，是由一个椭圆绕着其短轴旋转而成。

地球自然表面是一个起伏不平、十分不规则的表面，有高山、丘陵和平原，又有江河湖海。地球表面约有71%的面积是海洋，29%的面积是大陆与岛屿。陆地上最高点与海洋中最深处相差近20km。这个高低不平的表面无法用数学公式表达，也无法进行运算。所以在量测与制图时，必须找一个规则的曲面来代替地球的自然表面。当海洋静止时，它的自由水面必定与该面上各点的重力方向（铅垂线方向）成正交，我们把这个面称为水准面。但水准面有无数多个，其中有一个与静止的平均海水面相重合。可以设想这个静止的平均海水面穿过大陆和岛屿形成一个闭合的曲面，这就是大地水准面（图2-1）。

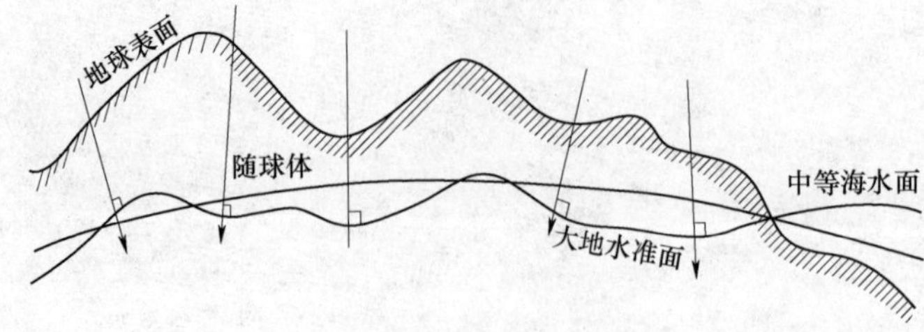

图2-1　大地水准面

大地水准面所包围的形体，称为大地球体。由于地球体内部质量分布的不均匀，引起重力方向的变化，导致处处和重力方向成正交的大地水准面成为一个不规则的，仍然是不能用数学表达的曲面。大地水准面形状虽然十分复杂，但从整体来看，起伏是微小的。它是一个很接近于绕自转轴（短轴）旋转的椭球体。所以在测量和制图中就用旋转椭球来代替大地球体，这个旋转球体通常称地球椭球体，简称椭球体。

2. 地球的大小

关于地球椭球体的大小，由于采用不同的资料推算，椭球体的元素值是不同的。现将世界各国常用的地球椭球体的数据列表如下，见表 2－1。

表 2－1 各种地球椭球体模型

椭球体名称	年份	长半轴（m）	短半轴（m）	扁率
白塞尔（Bessel）	1841	6377397	6356079	1∶299.15
克拉克（Clarke）	1880	6378249	6356515	1∶293.5
克拉克（Clarke）	1866	6378206	6356584	1∶295.0
海福特（Hayford）	1910	6378388	6356912	1∶297.0
克拉索夫斯基	1940	6378245	6356863	1∶298.3
I. U. G. G	1967	6378160	6356775	1∶298.25
埃维尔斯特（Everest）	1830	6377276	6356075	1∶300.8

认识地球的基本形状和大小，在生产和科学研究上具有重大的实际意义。譬如，在大地测量中，高精度坐标系统的建立；在空间技术应用中，导弹和人造卫星飞行轨道的确定；在对地球内部结构和地球表面一些物理现象的认识，以及天体物理研究等方面，都必须掌握地球有关方面的各种精确数值方能进行。

二、地理坐标系和投影坐标系

（一）地理坐标系（Geographic Coordinate System）

地理坐标系是用于确定地物在地球上位置的坐标系。一个特定的地理坐标系是由一个特定的椭球体和一种特定的地图投影构成，其中椭球体是一种对地球形状的数学描述，而地图投影是将球面坐标转换成平面坐标的数学方法。绝大多数的地图都是遵照一种已知的地理坐标系来显示坐标数据。例如，全国 1∶25 万地形图就是采用在克拉索夫斯基椭球体上的高斯—克吕格投影。

最常用的地理坐标系是经纬度坐标系，这个坐标系可以确定地球上任何一点的位置，如果我们将地球看作一个球体，而经纬网就是加在地球表面的地理坐标参照系格网，经度和纬度是从地球中心对地球表面给定点量测得到的角度，经度是东西方向，而纬度是南北方向，经线从地球南北极穿过，而纬线是平行于赤道的环线，需要说明的是经纬度坐标系不是一种平面坐标系，因为度不是标准的长度单位，不可用其量测面积长度。

经度和纬度都是一种角度。经度是个两面角，是两个经线平面的夹角。因所有经线都是一样长，为了度量经度必须选取一个起点面，经 1884 年国际会议协商，决定以通过英国伦敦近郊、泰晤士河南岸的格林尼治皇家天文台（旧址）的一台主要子午仪十字丝的那条经线为起始经线，称为本初子午线。本初子午线平面是起点面，终点面是本地经线平面。某一点的经度，就是该点所在的经线平面与本初子午线平面间的夹角（图 2－2）。在赤道上度量，自本初子午线平面作为起点面，分别往东往西度量，往东量值称为东经度，往西量值称为西经度。

(二) 投影坐标系 (Projected Coordinate Systems)

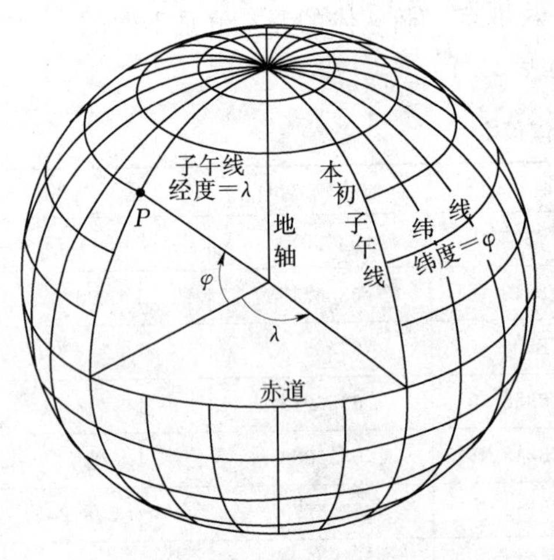

图 2-2 地球的经线和纬线

由于许多原因，我们没办法很方便地使用纬度和经度来描述地表的点集（也许这些点通过直线连接起来能够生成一条海岸线或一个国家的边界线）。其中一个原因是在使用纬度和经度时，计算两点之间的距离需要运用到像正弦和余弦这样的复杂运算。对于一个简单的距离计算而言，如果它们是在笛卡儿 $x-y$ 平面上，那么最大的障碍也不过是计算平方根而已。

对于相对较小的地方而言，使用数学方法将球面投影到一个平面上的方式为其计算和制图提供了一个很好的解决方案。地理投影可以被想象成这样一个过程，将一个光源放入一个刻有地球特征的透明地球仪中，然后将光投射到一张平整的纸上（或是一张仅向某一个方向弯曲的纸，但它可以撕开后铺平）。这些特征的影子（如线条或区域）将会呈现在纸上。在纸上使用笛卡儿坐标系的好处是易于计算并能让制作的地图更加真实。然而，任何一种投影过程都伴随着变形，许多地图上的点可能与它们的地面实际位置无法对应起来。在地图上显示的范围越大，这种变形程度就越高。当你将球面转为平面，把一个三维坐标系转换为一个二维坐标系时，其精度就会降低。

(三) 坐标系的选择

地理坐标系的优点：只要你的测量技术允许，就可以精确地表示地表上的任意一点。这个系统本身并不会带来误差。地理坐标系的缺点是在计算两点之间距离或一个点集构成的范围面积时，你将遇到复杂而费时的几何运算。经纬度值直接绘制在使用笛卡儿坐标系的白纸上会出现扭曲变形（有时变形非常大）的图像。

笛卡儿平面投影坐标系的优点：计算两点之间的距离很简单，面积计算也相对容易些。当它覆盖的面积不是很大时，图形显示是很真实的。笛卡儿平面投影坐标系的缺点：几乎每个点的位置都有误差，虽然这些误差并不大。所有的投影都会带来误差。根据投影的不同，这些误差可能体现在距离、面积、形状或方向上。

在 GIS 数据集的集成中，统一的参数是至关重要的。

地理坐标系是椭球的坐标系统，投影坐标系是平面的坐标系统，它们的关系在于：当数据需要有椭球面转化在平面上，或由平面转化为椭球面上，就需要作投影转换（图 2-3）。

(四) 我国常用的坐标系

1. 北京 54 坐标系

中华人民共和国成立以后，我国大地测量进入了全面发展时期，在全国范围内开展了正规的、全面的大地测量和测图工作，迫切需要建立一个参心大地坐标系，故我国采用了前苏联的克拉索夫斯基椭球参数，并与前苏联 1942 年坐标系进行联测，通过计算建立了

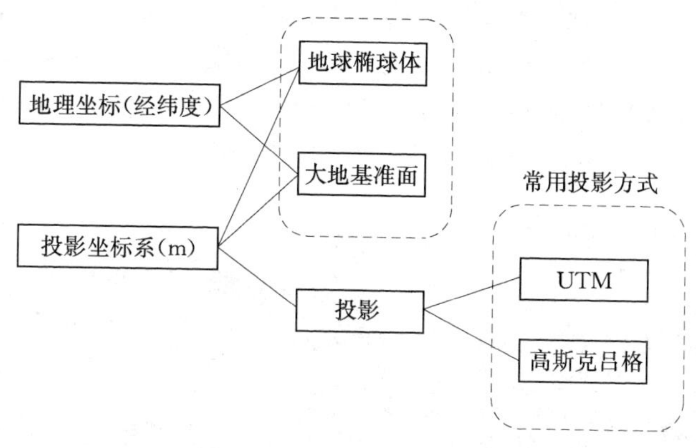

图 2-3 地理坐标系和投影坐标系关系

我国大地坐标系，定名为 1954 年北京坐标系。因此，1954 年北京坐标系可以认为是前苏联 1942 年坐标系的延伸。它的原点不在北京而是在前苏联的普尔科沃。

它是将我国一等锁与前苏联远东一等锁相连接，然后以连接处呼玛、吉拉宁、东宁基线网扩大边端点的前苏联 1942 年普尔科沃坐标系的坐标为起算数据，平差我国东北及东部区一等锁，这样传算过来的坐标系就定名为 1954 年北京坐标系。因此，北京 54 坐标系可归结为：①属参心大地坐标系；②采用克拉索夫斯基椭球的几何参数；③大地原点在前苏联的普尔科沃；④采用多点定位法进行椭球定位；⑤高程基准为 1956 年青岛验潮站求出的黄海平均海水面；⑥高程异常以前苏联 1955 年大地水准面重新平差结果为起算数据，按我国天文水准路线推算而得。

北京 54 坐标系建立以来，在该坐标系内进行了许多地区的局部平差，其成果得到了广泛的应用。但是随着测绘新理论、新技术的不断发展，人们发现该坐标系存在如下缺点：①椭球参数有较大误差。克拉索夫斯基椭球差数与现代精确的椭球参数相比，长半轴约大 109m；②参考椭球面与我国大地水准面存在着自西向东明显的系统性的倾斜，在东部地区大地水准面差距最大达+60m。这使得大比例尺地图反映地面的精度受到影响，同时也对观测量元素的归算提出了严格的要求；③几何大地测量和物理大地测量应用的参考面不统一。我国在处理重力数据时采用赫尔默特 1900～1909 年正常重力公式，与这个公式相应的赫尔默特扁球不是旋转椭球，它与克拉索夫斯基椭球是不一致的，这给实际工作带来了麻烦；④定向不明确。椭球短半轴的指向既不是国际是普遍采用的国际协议（原点）CIO（Conventional International Origin），也不是我国地极原点 JYD1968.0；起始大地子午面也不是国际时间局 BIH（Bureau International de I Heure）所定义的格林尼治平均天文台子午面，从而给坐标换算带来一些不便和误差。

为此，我国在 1978 年在西安召开了“全国天文大地网整体平差会议”，提出建立属于我国自己的大地坐标系，即后来的 1980 西安坐标系。但时至今日，北京 54 坐标系仍然是在我国使用最为广泛的坐标系。

2. 1980 西安坐标系和中国大地原点

1978 年 4 月在西安召开全国天文大地网平差会议，确定重新定位，建立我国新的坐标系，为此有了 1980 年国家大地坐标系。1980 年国家大地坐标系采用地球椭球基本参数为1975年国际大地测量与地球物理联合会第十六届大会推荐的数据。该坐标系的大地原点设在我国中部的陕西省泾阳县永乐镇，位于西安市西北方向约60km，故称1980年西安坐标系，又简称西安大地原点（图2-4）。基准面采用青岛大港验潮站1952～1979年确定的黄海平均海水面，即1985国家高程基准（图2-5）。

图2-4　西安80坐标系大地原点

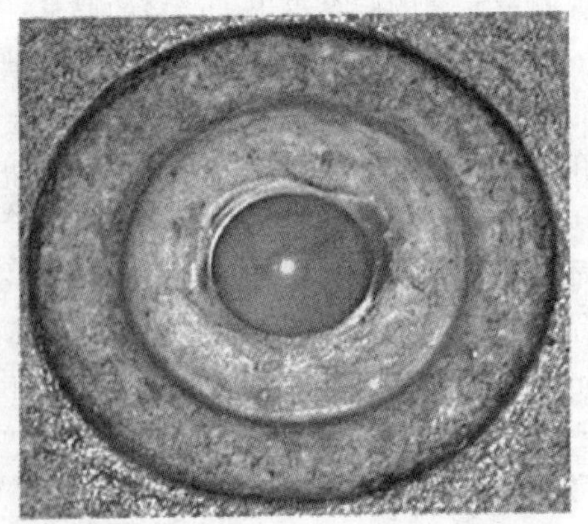

图2-5　1985国家高程基准

1980年西安坐标系是为了进行全国天文大地网整体平差而建立的。根据椭球定位的

基本原理，在建立西安 80 坐标系时有以下先决条件：①大地原点在我国中部，具体地点是陕西省泾阳县永乐镇；②西安 80 坐标系是参心坐标系，椭球短轴 Z 轴平行于地球质心指向地极原点方向，大地起始子午面平行于格林尼治平均天文台子午面；X 轴在大地起始子午面内与 Z 轴垂直指向经度 0 方向；Y 轴与 Z、X 轴成右手坐标系；③椭球参数采用 IUGG1975 年大会推荐的参数，因而可得西安 80 椭球两个最常用的几何参数为：长轴 $a=6378140\pm5$(m)；扁率 $f=1:298.257$，椭球定位时按我国范围内高程异常值平方和最小为原则求解参数；④多点定位；⑤大地高程以 1956 年青岛验潮站求出的黄海平均水面为基准。

3. 新 1954 年北京坐标系

该坐标系提供的成果是在 1980 年国家大地坐标系基础上，把 IUGG1975 年椭球改为原来的克拉索夫斯基椭球、通过在空间三个坐标轴上进行平移转换而来的。因此，其坐标不但体现了整体平差成果的优越性，它的精度和 1980 年国家大地坐标系坐标精度一样，克服了原 1954 年北京坐标系是局部平差的缺点；又由于恢复至原 1954 年北京坐标系的椭球参数，从而使其坐标值和原 1954 年北京坐标系局部平差坐标值相差较小。

新 54 北京坐标系提供的新图既达到了使用精度好的整体平差成果作为控制基础，又不必作特殊处理就能和旧图互相拼接，具有明显的经济效益。特别是在军队系统，因为用图量、存图量最多的是 1：5 万以下比例尺地图，采用这种坐标系作为制图坐标系，对于地图更新、战时快速保障和方便广大指战员用图等方面，具有明显的优点。

作为一个过渡，国家有关部门将全国天文大地网整体平差结果，通过 1980 年国家大地坐标系的定位参数和克拉索夫斯基椭球的长半径差与偏心率的整体换算至克拉索夫斯基托球体上。形成了一个新 1954 年北京坐标系。这个新 1954 年北京坐标系与原 1954 年北京坐标完全不是一回事，只是椭球的参数和克氏椭球一样，而定位与定向的依据又完全与 1980 年国家大地坐标系一样。即新 54 坐标系的点位坐标与 80 坐标系的同一点坐标，仅仅是两系统定义不同产生的系统差；而新 54 坐标系和老 54 系成果，两系统同一点坐标的不同主要原因是由于一个是全国统一平差的结果，另一个是局部平差的结果。

国家测绘科技委员会曾建议使用 1980 年国家大地坐标系。因此，1980 年国家坐标将取代原 54 坐标系，这应该说是必然的，作为过渡，某些部门或某些场合，短时间采用一下新 54 坐标是也是难以避免的。即三种坐标系可能会共处一段时期。因此，搞清楚这三个主要坐标系的含义和关系对测量人员来说是十分重要的。

4. 2000 国家大地坐标系

随着社会的进步，国民经济建设、国防建设和社会发展、科学研究等对国家大地坐标系提出了新的要求，迫切需要采用原点位于地球质量中心的坐标系统（以下简称地心坐标系）作为国家大地坐标系。采用地心坐标系，有利于采用现代空间技术对坐标系进行维护和快速更新，测定高精度大地控制点三维坐标，并提高测图工作效率。

20 世纪 80 年代以来，国际上通行以地球质量中心作为坐标系原点。采用以地球质心为大地坐标系原点，可以更好地阐明地球上的各种地理和物理现象，特别是空间物体的运动。在这一时期，以全球卫星导航定位系统为主的现代空间定位技术快速发展，推动国际上获得位置的测量技术和方法迅速变革。目前，我国已普遍采用了卫星导航定位技术。随着改革开放不断深入，我国航天、民航、海事、海洋、交通、地震、水利、建设、规划、地质调查、国土资源管理等部门也提出了直接采用地心坐标系的需求。因此，国家测绘局会同有关部门，在充分调研十几个国务院部委的基础上，对我国采用地心坐标系的必要性、科学性、可行性进行了深入研究，认为目前技术条件、实施条件已经具备。

2008年3月，由国土资源部正式上报国务院《关于中国采用2000国家大地坐标系的请示》，并于2008年4月获得国务院批准。自2008年7月1日起，中国将全面启用2000国家大地坐标系，国家测绘局受权组织实施。

2000国家大地坐标系与现行国家大地坐标系转换、衔接的过渡期为8～10年。现有各类测绘成果，在过渡期内可沿用现行国家大地坐标系；2008年7月1日后新生产的各类测绘成果应采用2000国家大地坐标系。现有地理信息系统，在过渡期内应逐步转换到2000国家大地坐标系；2008年7月1日后新建设的地理信息系统应采用2000国家大地坐标系。

(1) 采用2000国家大地坐标系的必要性。

现行的大地坐标系历经几十年，对国民经济建设作出了重大的贡献，效益显著。但其成果受技术条件制约，精度偏低、无法满足新技术的要求。空间技术的发展成熟与广泛应用迫切要求国家提供高精度、地心、动态、实用、统一的大地坐标系作为各项社会经济活动的基础性保障。

但从目前技术和应用方面来看，现行坐标系具有一定的局限性，已不适应发展的需要。主要表现在以下几点：

1) 二维坐标系统。1980西安坐标系是经典大地测量成果的归算及其应用，它的表现形式为平面的二维坐标。用现行坐标系只能提供点位平面坐标，而且表示两点之间的距离精确度也比用现代手段测得的低10倍左右。高精度、三维与低精度、二维之间的矛盾是无法协调的。比如将卫星导航技术获得的高精度的点的三维坐标表示在现有地图上，不仅会造成点位信息的损失（三维空间信息只表示为二维平面位置），同时也将造成精度上的损失。

2) 参考椭球参数。随着科学技术的发展，国际上对参考椭球的参数已进行了多次更新和改善。1980西安坐标系所采用的IAG1975椭球，其长半轴要比现在国际公认的WGS84椭球长半轴的值大3m左右，而这可能引起地表长度误差达10倍左右。

3) 随着经济建设的发展和科技的进步，维持非地心坐标系下的实际点位坐标不变的难度加大，维持非地心坐标系的技术也逐步被新技术所取代。

4) 椭球短半轴指向。1980西安坐标系采用指向JYD1968.0极原点，与国际上通用的地面坐标系如ITRS，或与GPS定位中采用的WGS84等椭球短轴的指向（BIH1984.0）不同。

(2) 采用2000国家大地坐标系的意义。

2000国家大地坐标系的科学性、先进性和实用性是显而易见的。中国采用2000国家大地坐标系，对满足国民经济建设、社会发展、国防建设和科学研究的需求，有着十分重要的意义。

1）采用2000国家大地坐标系具有科学意义，随着经济发展和社会的进步，中国航天、海洋、地震、气象、水利、建设、规划、地质调查、国土资源管理等领域的科学研究需要一个以全球参考基准为背景的、全国统一的、协调一致的坐标系统，来处理国家、区域、海洋与全球化的资源、环境、社会和信息等问题，需要采用定义更加科学、原点位于地球质量中心的三维国家大地坐标系。

2）采用2000国家大地坐标系可对国民经济建设、社会发展产生巨大的社会效益。采用2000国家大地坐标系，有利于应用于防灾减灾、公共应急与预警系统的建设和维护。

3）采用2000国家大地坐标系将进一步促进遥感技术在中国的广泛应用，发挥其在资源和生态环境动态监测方面的作用。比如汶川大地震发生后，以国内外遥感卫星等科学手段为抗震救灾分析及救援提供了大量的基础信息，显示出科技抗震救灾的威力，而这些遥感卫星资料都是基于地心坐标系。

4）采用2000国家大地坐标系也是保障交通运输、航海等安全的需要。车载、船载实时定位获取的精确的三维坐标，能够准确地反映其精确地理位置，配以导航地图，可以实时确定位置、选择最佳路径、避让障碍，保障交通安全。随着中国航空运营能力的不断提高和港口吞吐量的迅速增加，采用2000国家大地坐标系可保障航空和航海的安全。

5）卫星导航技术与通信、遥感和电子消费产品不断融合，将会创造出更多新产品和新服务，市场前景更为看好。现已有相当一批企业介入到相关制造及运营服务业，并可望在近期形成较大规模的新兴高技术产业。卫星导航系统与GIS的结合使得计算机信息为基础的智能导航技术，如车载GPS导航系统和移动目标定位系统应运而生。移动手持设备如移动电话和PDA已经有了非常广泛的使用。

任务二　地　图　投　影

地图投影（Map Projection），是把地球表面的任意点，利用一定数学法则，转换到地图平面上的理论和方法。

地球椭球体表面是曲面，而地图通常要绘制在平面图纸上，因此制图时首先要把曲面展为平面。然而球面是个不可展的曲面，换句话说，就是把它直接展为平面时，不可能不发生破裂或皱纹。若用这种具有破裂或褶皱的平面绘制地图，显然是不实用的，所以必须采用特殊的方法将曲面展开，使其成为没有破裂或褶皱的平面，于是就出现了地图投影理论。

一、地图投影的必要性

GIS的一个基本原则是用在一起地图图层必须基于相同坐标系。但要实现这个原则，却十分复杂，因为实际上不同地图制图者和不同GIS数据生产者使用数百种不同的坐标系。越来越多的GIS用户开始从互联网下载数字地图或从政府部门和私人公司获取。一些数字地图用经纬度值度量，另一些用不同的坐标系，这些坐标系只适用于各自的GIS

项目。如果这些数字地图要放在一起使用，那么使用前必须进行投影和重新投影。

二、常用的一些地图投影

1. 世界地图的投影

世界地图的投影主要考虑要保证全球整体变形不大，根据不同的要求，需要具有等角或等积性质，主要包括：等差分纬线多圆锥投影、正切差分纬线多圆锥投影、任意伪圆柱投影、正轴等角割圆柱投影。

2. 半球地图的投影

东、西半球有横轴等面积方位投影、横轴等角方位投影；南、北半球有正轴等面积方位投影、正轴等角方位投影、正轴等距离方位投影。

3. 各大洲地图投影

（1）亚洲地图的投影：斜轴等面积方位投影、彭纳投影。

（2）欧洲地图的投影：斜轴等面积方位投影、正轴等角圆锥投影。

（3）北美洲地图的投影：斜轴等面积方位投影、彭纳投影。

（4）南美洲地图的投影：斜轴等面积方位投影、桑逊投影。

（5）澳洲地图的投影：斜轴等面积方位投影、正轴等角圆锥投影。

（6）拉丁美洲地图的投影：斜轴等面积方位投影。

4. 中国各种地图投影

（1）中国全国地图投影：斜轴等面积方位投影、斜轴等角方位投影、彭纳投影、伪方位投影、正轴等面积割圆锥投影、正轴等角割圆锥投影。

（2）中国分省（自治区）地图的投影：正轴等角割圆锥投影、正轴等面积割圆锥投影、正轴等角圆柱投影、高斯—克吕格投影（宽带）。

（3）中国大比例尺地图的投影：多面体投影（北洋军阀时期）、等角割圆锥投影（兰勃特投影）（中华人民共和国成立前）、高斯—克吕格投影（中华人民共和国成立以后）。

三、地图投影的选择

地图投影的选择是否恰当，直接影响地图的精度和实用价值。因此在编图以前，要根据各种投影的性质、经纬线网的形状特点等，针对所编地图的具体要求，选择最为适宜的投影。

和地图投影的判别一样，投影的选择也主要针对中、小比例尺的地图，不包括国家基本比例尺的地形图。这是因为其投影选择由国家测绘主管部门已统一确定。另外，编制小区域大比例尺地图时，不论采用何种投影，变形都是很小的。

选择地图投影时，需要综合考虑多种因素及其相互影响。

1. 制图区域形状和地理位置

根据制图区域的轮廓形状选择投影时，有一条基本的原则，即投影的无变形点或线应位于制图区域的中心位置，变形线尽量与制图区域轮廓的形状一致，从而保证制图区域的变形分布均匀。因此，近似圆形的地区宜采用方位投影；中纬度东西方向伸展的地区，如中国和美国等，宜采用正轴圆锥投影；赤道附近东西方向伸展的地区，宜采用正轴圆柱投影；南北方向延伸的地区，如南美洲的智利和阿根廷，一般采用横轴圆柱投影和多圆锥投影。

由此可见，制图区域的地理位置和形状，在很大程度上决定了所选地图投影的类型。

2. 制图区域的范围

制图区域范围的大小也影响到地图投影的选择。当制图区域范围不太大时，无论选择什么投影，投影变形的空间分布差异也不会太大。有人曾对我国最大的新疆维吾尔自治区用等角、等距和等积三种正轴圆锥投影来做比较，结果表明，不同纬线的长度变形值仅在0.0001～0.0003之间。当然，这并不排除小范围地图投影选择的必要性，只是说明选择投影的灵活性较大。对于大国地图、大洲地图、半球地图、世界地图这样的大范围地图而言，可使用的地图投影很多。但是，由于区域较大，投影变形明显，因此，在这种情况下，投影选择的主导因素区域的地理位置、地图的用途等，这也从另外一个方面说明，地图投影的选择必须考虑多种因素的综合影响。

3. 地图的内容和用途

地图表示什么内容，用于解决什么问题，关系到选用哪种投影。航空、航海、天气、洋流和军事等方面的地图，要求方位正确、小区域的图形能与实地相似，因此需要采用等角投影。行政区划、自然或经济区划、人口密度、土地利用、农业等方面的地图，要求面积正确，以便在地图上进行面积方面的对比分析和研究，需要采用等积投影。有些地图要求各种变形都不太大，如教学地图、宣传地图等，应采用任意投影。又如等距方位投影从中心至各方向的任一点，具有保持方位角和距离都正确的特点，因此对于城市防空、雷达站、地震观测站等方面的地图，具有重要意义。

4. 出版方式

地图在出版方式上，有单幅地图、系列图和地图集之分。

单幅地图的投影选择比较简单，只需考虑上述的几个因素即可。

对于系列地图来说，虽然表现内容较多，但由于性质接近，通常需要选择同一种类型和变形性质的投影，以利于对相关图幅进行对比分析。

就地图集而言，投影的选择是一件比较复杂的事情。由于地图集是一个统一协调的整体，因此投影的选择应该自成体系，尽量采用同一系统的投影。但不同的图组之间在投影的选择上又不能千篇一律，必须结合具体内容予以考虑。

任 务 实 施

一、为视图设置投影

（1）运行软件，打开一个自带的数据（图2-6）。

（2）从View菜单选择Properties菜单项（图2-7）。

（3）在出现的对话框中看是否已经为视图指定了投影（图2-8），下图中方框标记的地方，如果有投影，则会出现投影名称，下图显示为None，表示还未设置投影。

（4）单击上图中的Projection按钮，将出现对话框，并设置相应的制图区域类别和投

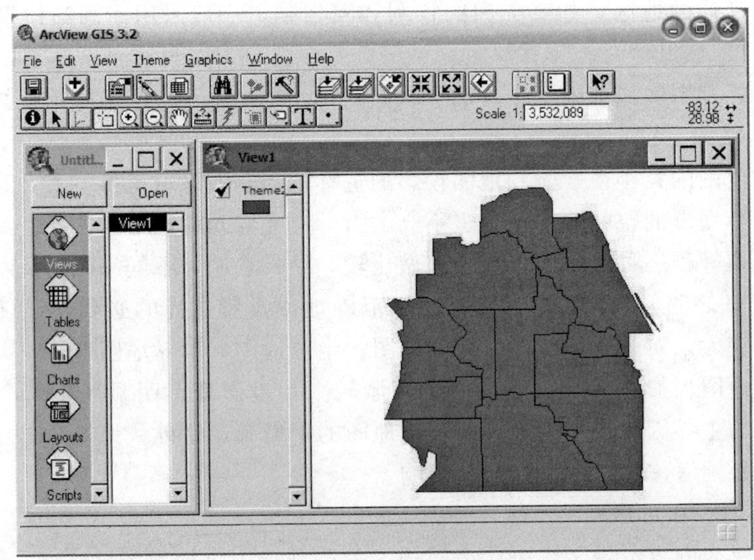

图 2-6 打开数据

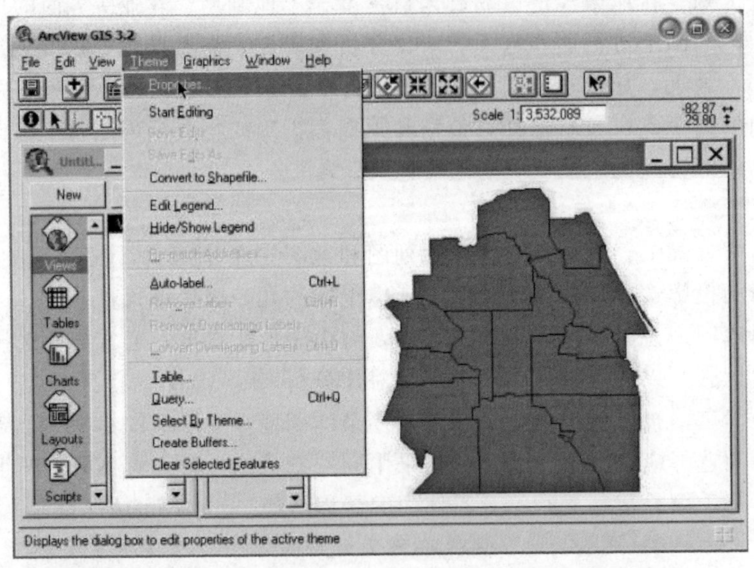

图 2-7 视图的属性

影类型（图 2-9），投影后显示结果如图 2-10。

上述的做法只是为视图（View）指定了投影，而数据并没有发生改变。也就是说数据是在被添加到视图时才被投影，显示在屏幕上，当你关掉当前视图，重新建立一个视图，并将原来的数据添加进来时，你会发现它们并没有被投影，也就是说刚才的操作对数据并没有影响。如果你要将数据真正进行投影变换，就必须将数据重新存储，使新数据保有投影变换后的投影信息。

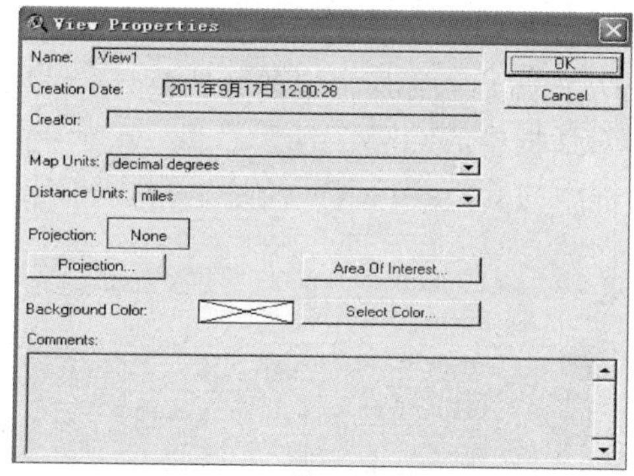

图 2-8 视图属性对话框

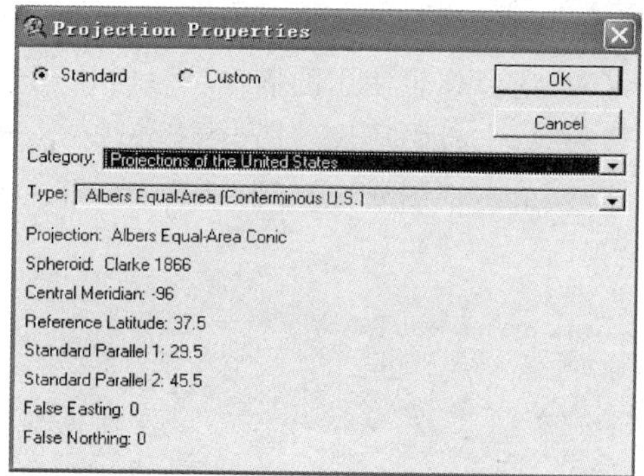

图 2-9 地图投影的设置

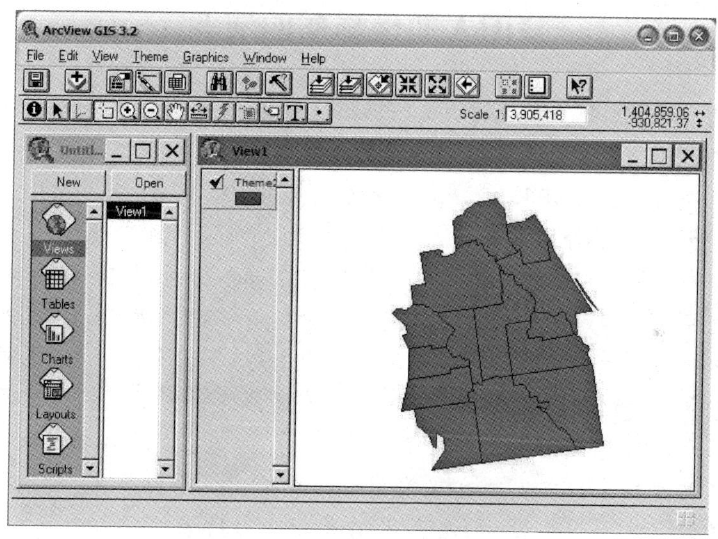

图 2-10 投影后地图的显示结果

二、定制地图投影

通过定制一个投影，你可以剪裁一个投影的参数以适合你的需要。欲了解不同投影参数的含义，可在 ArcView 联机帮助文档中找到。

定制一个地图投影的操作如下：

(1) 从视图菜单中选择 Properties（属性）。

(2) 在出现的对话框中，单击 Projection（投影）按钮。

(3) 在 Projection Properties（投影属性）对话框中，单击 Custom（定制）按钮（图 2-11 中的方框）。

(4) 从投影下拉列表中，选择你所需要

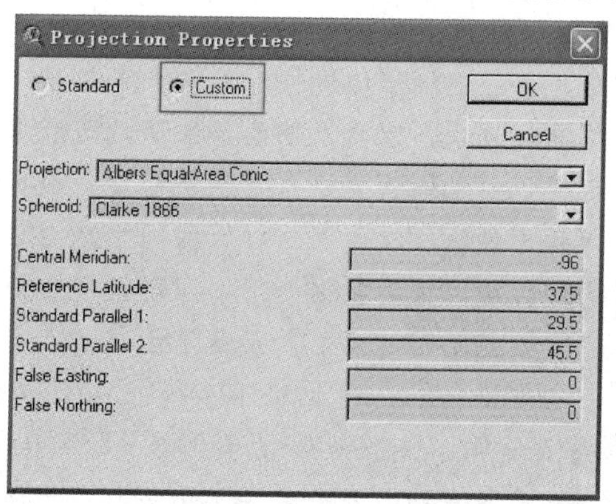

图 2-11 定制一个投影

的投影，可供你选择的投影参数将显示出来。

(5) 选择你想使用的椭球体（Spheroid），并从键盘输入你所需要的其他参数。

(6) 单击投影属性（Projection Properties）对话框中的OK。

(7) 单击视图属性（View Properties）对话框中的OK，ArcView使用你选择的投影重绘视图。

我国大地坐标系的演变

大地坐标系是地面点位置的基准，地面点位置经纬度是国家经济与国防建设的基础数据，它还关系到国家主权与行政管理诸多方面。中华人民共和国成立后，我国即着手开展大地测量控制网布设，直到1982年国家一直统一采用1954年北京坐标系。这个坐标系实质上是前苏联1942年坐标系的延伸，是在前苏联大地网与我国东北地区一等三角锁联测基础上，由其军事测绘部门协助建立的，它的原点在普尔柯沃天文台大厅中心。

我国求定统一的精确地理位置，可以追溯到唐代僧一行、南宫说和元代郭守敬主持的全国性纬度测量。建立大地坐标系可以从清代甚至更远谈起。明代后期中国开始放弃传统的计里画方，出现关于地理位置用经纬度表示的论述。清帝康熙（爱新觉罗·玄烨）决定从康熙四十六年（1707年）起，统一绘制全国地图，为此在外国神甫直接主持、参与下，启用了国家经纬度起始点，以便测定或推算地面点位置。当时规定，纬度以赤道为零起算；经度以通过北京钦天监观象台子午线为首子午线（1884年各国统一以英国格林尼治为零起算），以东称东偏，以西称西偏。这实际上就是建立了大地坐标系并确定了原点。

民国时期，测量界一些仁人志士为建立国家大地控制网与大地坐标系作出了许多努力。在全国一些地区开展大地测量，建立大地坐标系。实际使用且影响较大的有，陆地测量总局1932年建立的以南京大石桥天文点为原点的南京坐标系，1933年建立的以武昌蛇山天文点为原点的蛇山坐标系。

建立一个科学的大地坐标系，不但要选择合适的地球椭球，同时还要确定地球表面与地球椭球关系，以及原点的经纬度，即所谓定位。上述坐标系由于条件所限只能采用单点来定义，简单地认为原点上地表面就是地球椭球数学表面，原点上垂线方向和法线方向一致。还需说明，在我国这样大的国家建立科学统一的大地坐标系并在全国实现，是和大规模大地控制网精确数据处理，即所谓平差分不开的。否则，距原点越远误差越大，甚至产生完全不能允许的矛盾。正是基于这一点，不少测绘前辈曾致力于解决平差问题，不过多是基本理论介绍。20世纪40年代，刘述文经过精心研究，其实际平差计算格式化的著作《定式法》和观测值投影化算至平面的著作《兰勃氏投影之方向改正和距离改正》，曾得到民国政府教育部颁发的科学发明奖。在当时计算工具条件下，并不能进行大规模平差，数据都只能一个三角锁段一个三角锁段来处理，建立起来的坐标系也只能适用于局部地区。

鉴于那时中国半封建半殖民地现状和落后的科技手段，真正建立一个能在全国范围使用，有精确地面经纬度的大地坐标系是不可能的，只不过是一个梦想。

民国时期除了陆地测量总局外，日本关东军在我国东北还建立了以长春喜欢岭天文点为原点的大地坐标系，供其侵略测制地形图使用。

1949年中华人民共和国成立后，国家经济和国防建设百废待兴。军事测绘部门为了满足急需，只好用石家庄附近柳辛庄天文点做原点临时确定一个大地坐标系，即石家庄坐标系。在国务院批准的《中华人民共和国大地测量法式（草案）》中，虽然规定1954年北京坐标系是“暂采用”，可是一直使用到1982年。这个坐标系对统一我国大地坐标系发挥了重要作用。但是完成全国大地控制网布设并进行整体平差，建立我国自己的大地坐标系一直是测绘工作者所期望的。

20世纪50年代初国家布设大地控制网的工作全面展开。军事测绘部门从事国家大地测量数据处理的人员从一个小组发展成大队。一方面，为了1954年北京坐标系在我国推行，曾几次进行出国资料整理，送至前苏联，请其协助进行局域三角锁系平差；另一方面，聘请前苏联测绘专家，讲授有关天文大地网平差问题。1956年国家测绘总局成立后，也专门成立了大地测量计算队伍。当时，工作人员日夜加班，为测绘国家1∶5万基本比例尺地形图提供一种只是通过三角形推算，满足必要精度的所谓资用坐标。什么时候我国测绘科技人员能就我国大地测量资料进行平差，成为当时可望而不可及的话题。20世纪50年代中期，国家制定12年科技发展规划，参加测量与制图组的陈永龄著文指出，研究适合于我国天文大地网平差方法，必须由我们自己来解决，这反映了我国测绘人员的心声。1958年国家测绘总局聘请前苏联专家来华，指导我国中部地区一等三角锁系及两个区域二等三角网平差，军事测绘部门也派员前来学习。随后在我国测绘科技人员主持下，总参测绘局和国家测绘总局共同完成了我国西部地区空间武器实验基地一等三角锁系的平差，从而结束了我国测绘科技人员不能独立担任大地测量平差的历史。

1959年国家测绘总局组织下属单位就我国大地控制网精度开展全国分析，中国科学院武汉测量与制图研究所派出专家前来参加。这项工程为最后改造并加强我国大地控制网，做了非常必要的基础性工作。

关于进行天文大地网平差，建立大地坐标系问题，20世纪50年代末我国大地测量学者就开始了研究。具有代表性的有陈永龄《关于参考椭圆体定位理论》论文。陈永龄还主持了利用我国大地测量资料推算地球椭球大小的课题，国家测绘总局西安分局下属有关单位，承担全部计算工作。全国天文大地网整体平差科学技术方案，国内有关单位均开展了研究。具有代表性的有国家测绘总局测绘研究所以顾旦生为首的方案；中国科学院武汉测量与制图研究所以周江文为首的方案；武汉测绘学院以崔希璋为首的方案等。当时由于计算工具条件所限，各方案的特点主要集中在既要顾及我国二等三角网较一等三角锁结构坚强，特别是1958年后全面三角网精度较高的现状，又要解决计算机内存容量与大量数据之间的矛盾上，20世纪60年代末中国测绘学会大地测量专业委员会专门召开了全国天文大地网整体平差为主题的学术讨论会。

1972年，随着全国天文大地网布测改造和加强即将完成，以及空间科学技术发展需要，全国天文大地网平差及建立大地坐标系问题被提到实际运行的日程。总参测绘局召开了全国天文大地网整体平差座谈会。鉴于电子计算机的迅速发展，会上以王贞玺为首的总参第二测绘大队科技人员，提出了全面网平差方案，将全国一、二等三角与导线网分区一并解算。

1974年总参测绘局召开了中国大地原点技术方案座谈会，讨论了《关于选定我国大地原点的初步方案》。

1973年国务院与中央军委发出通知，决定重建一度被撤销的国家测绘总局。在1975年国家测绘总局大地测量技术座谈会后，即时召开了有关会议研究全国天文大地网整体平差问题。国家测绘总局测绘研究所，组成了以周忠谟为首的椭球定位课题组，陕西省第四测绘大队派员参加。依据国务院与中央军委批准的国家测绘总局与总参测绘局两局分工，陕西省第一测绘大队成立了大地原点选建组。陕西省第四测绘大队组成了天文大地网资料分析组，黑龙江、四川测绘局有关单位派员参加；陕西省第四测绘大队组成了平差试算组，武汉测绘学院大地测量系派员参加。经历“文化大革命”10年磨难和挫折之后，我国测绘科技人员热情空前高涨，企盼着用自己的努力打开测绘事业新局面。同年，总参测绘研究所以鲁福为首的课题组完成了全国一等三角锁共5000点的天文大地网平差试算。

1978年全国科技的春天到来，3月中央召开了全国科技大会。4月国家测绘总局和总参测绘局在西安联合召开了全国天文大地网整体平差会议。会议由国家测绘总局副局长李延赞、总参测绘局副局长杨德荣共同主持。两局系统主要科技管理人员及大地测量专家都参加了会议，确定由两局共同完成我国天文大地网整体平差工程。会上由承担平差工程任务的主要技术负责人，代表国家测绘总局的董鸿闻、代表总参测绘局的陶文中作主题报告，题目分别是《全国天文地网整体平差总的设想》、《全国天文大地网整体平差的实施方案》。参加会议的专家，根据国际科技发展趋势和国内需求着重论证了建立国家大地坐标系问题。会议通过并经两局批准的平差技术原则规定，我国采用国际大地测量协会1975年推荐的地球椭球（IAG－75）建立两套大地坐标系，一套是地心坐标系，主要提供空间技术使用；另一套是1980国家大地坐标系（以后使用时改称为1980西安坐标系），主要供测绘及各建设部门使用。

1980年国家大地坐标系以地球椭球与地球表面符合最佳进行定位，原点设在陕西省泾阳县永乐镇。技术原则规定了采用的各种参考系统。会议确定全国天文大地网整体平差在椭球面上进行，与建立大地坐标系同时完成。为了标识国家大地坐标系，专门建立大地原点有关建筑。

全国天文大地网整体平差工作会议后，国家测绘总局专门召开有关人员的会议，会上经过讨论确定国家测绘总局系统的整体平差采用顾旦生提出的分区条件联系全面网技术方案；由陕西省第四测绘大队董鸿闻负责编写整体平差技术设计书，提交国家测绘总局组织论证审定，并最后批准；由陕西测绘局生产、基建部门及陕西省第一测绘大队派员落实大地原点的建筑项目。

两局在正式平差进行数据处理前，为了保证整体平差结果的质量，对不同时期、不同精度的观测结果共同进行了分类和筛选。我国天文大地网约近5万点，规模庞大，一张全图达到清晰识别可以作业，需要约100m^{2}的会议室才能展开。平差中形成的线性方程组约达15万阶，系数多集中于矩阵的对角线上，且总体稀疏分布。在当时的技术条件下，总参测绘局邀请中国科学院计算数学研究所，国家测绘总局邀请上海计算技术研究所先后开展了合作。为了选择合适的电子计算机，国家测绘总局副局长李青亲自与石油部联系，最后确定国家测绘总局系统的全国天文大地网整体平差在石油部物探局涿县计算中心的CYBER172-4电子计算机上进行。为了编制专门软件，陕西省第四测绘大队派出张骥，国家测绘总局测绘研究所派出顾旦生等长住涿县。当时上机的应用软件和数据需要穿成孔的卡片输入，由于总信息量约32万条，上机时不得不用吉普车将卡片运至机房。

全国天文大地网整体平差由陕西省第四测绘大队等有关单位，总参第二测绘大队等单位使用相同的数据，不同的软件，在不同的计算机上平行进行，历时5年，两局先后有200余人参加数据处理工作。由于参与平差的科技人员，在各阶段努力奋战，精心工作，平差工作上机一次完成，两局结果完全一致。

我国天文大地网从20世纪50年代正式开始建立，历时近30年，数千名测绘人员怀着建设新中国的热情，经过艰苦奋斗，有的甚至牺牲了生命，得以建成。整体平差的同时诞生了国家大地坐标系，几代测绘工作者的夙愿终于实现。我国大地坐标系的建立，不仅是测绘人员做出了努力，其他有关行业同仁也作出了应有的贡献。根据当时历史条件，天文界同仁协助大地测量科技人员建立了我国的地极原点（JYD1968.0），著名天文学家叶叔华等专家确定与明确了1980年国家大地坐标系原点经纬度与国际公认地理经纬度起始点的关系。

全国天文大地网整体平差，通过了两局组织的大地测量与计算技术著名专家的科学鉴定，一致认为达到了国际先进水平。后来，这一项目被国家授予科技进步二等奖并颁发奖金。陕西省第四测绘大队朱梅珍、国家测绘总局测绘研究所顾旦生、总参第二测绘大队王贞玺、总参测绘研究所鲁福和上海计算技术研究所刘长学分别代表主要参与单位和人员接受了国家授予的奖励证书与奖章。

我国天文大地网整体平差完成和1980年国家大地坐标系建立在国内外引起了良好的反响。它成就了我国一批大地测量学家，他们在全国各种测绘刊物发表了数十篇有关论文。全国天文大地网整体平差和1980年国家大地坐标系被写入测绘教科书。我国的测绘人员和一些专家、学者以及国外测绘代表团纷纷到大地原点参观。

1981年国际大地测量协会在当时的德意志联邦共和国慕尼黑召开大地网与大地测量计算科学讨论会，这是我国测绘学会在1997年加入国际大地测量与地球物理联合会后，第一次参加国际大地测量学术会议。中国大地测量代表团由国家测绘总局组成，选定胡明城、顾旦生、董鸿闻以及在联邦德国做访问学者的周忠谟为成员。出发前国家测绘总局局长王大钧听取了代表团有关情况及预案的汇报。在这次国际学术会议上顾旦生发表了《中华人民共和国天文大地网平差介绍》的论文。我国天文大地网平差受到国际大地测量界的好评。正在参与北美大地控制网重新平差和新的大地坐标系—北美1983年基准工程的著名奥地利大地测量学家麦塞尔认为，中国天文大地网整体平差，虽然用的是经典观测量、经典方法，但在近30年的时间建立起这么大规模的大地网并进行整体平差，成就是巨大的。刚刚完成欧洲三角网重新平差第二阶段工作的德国同行，还热情地邀请中国大地测量代表团就相关问题进行座谈，交流资料。中国天文大地网精度与欧洲三角网相当，但规模远比欧洲三角网大，平差经历的时间也短得多。

全国天文大地网整体平差后，在21世纪初我国又完成了天文大地网与卫星定位网联合平差。2008年7月，我国已正式启用2000国家大地坐标系（CGCS 2000），这是一个更具现代时空特征与科学意义的大地坐标系，它以地心为原点，更适合于空间技术发展与卫星定位技术广泛应用的需要。

学习情境3　GIS数据采集与处理

任务一　GIS空间数据采集

一、GIS数据源

地理信息系统的数据源是指建立地理信息系统数据库所需要的各种类型数据的来源。地理信息系统的数据源是多种多样的，并随系统功能的不同而不同，主要包括以下各种。

1. 地图

各种类型的地图是GIS最主要的数据源，因为地图是地理数据的传统描述形式，是具有共同参考坐标系统的点、线、面的二维平面形式的表示，内容丰富，图上实体间的空间关系直观，而且实体的类别或属性可以用各种不同的符号加以识别和表示。

我国大多数的GIS系统其图形数据大部分都来自地图。但由十地图具有以下的特点，对其应用时须加以注意：

（1）地图存储介质的缺陷：而且地图多为纸质，由于存放条件的不同，都存在不同程度的变形，具体应用时，须对其进行纠正。

（2）地图现势性较差：由于传统地图更新需要的周期较长，造成现存地图的现势性不能完全满足实际的需要。

（3）地图投影的转换：由于地图投影的存在，使得对不同地图投影的地图数据进行交流前，须先进行地图投影的转换。

2. 遥感影像数据

遥感影像是GIS中一个极其重要的信息源。

通过遥感影像可以快速、准确地获得大面积的、综合的各种专题信息，航天遥感影像还可以取得周期性的资料，这些都为GIS提供了丰富的信息。但是因为每种遥感影像都有其自身的成像规律、变形规律，所以对其的应用要注意影像的纠正、影像的分辨率、影像的解译特征等方面的问题。图3－1

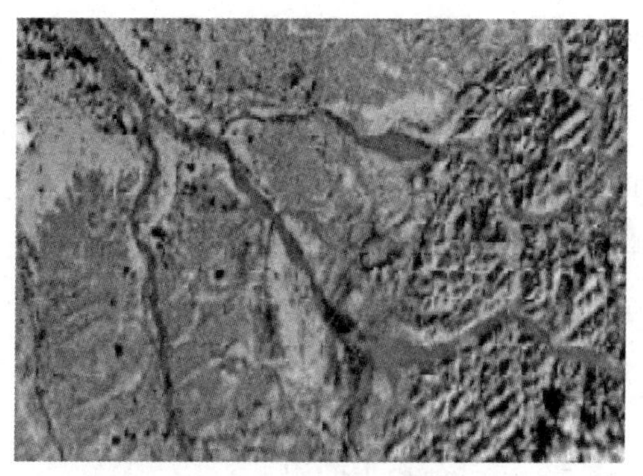

图3－1　影像数据

为影像数据。

根据遥感平台距离地面高度的不同，大体上可分为三类：地面遥感、航空遥感和航天遥感。

（1）地面遥感是指遥感平台高度在 100m 以下，在上面安置地物波谱仪、辐射计、分光光度计等，可用来测定各种地物的波谱特征以及近景摄影测量等。

（2）航空遥感是指平台高度在 100m 以上，100km 以下，用于各种资源调查、空中侦察、摄影测量等，具有技术成熟、成像比例尺大、地面分辨率高、适于大面积地形测绘和小面积详查以及不需要复杂的地面处理设备等优点。

（3）航天遥感一般指平台高度在 240km 以上的航天飞机和卫星的遥感技术，能提供地物或地球环境的各种丰富资料，在国民经济和军事的许多方面获得广泛的应用。航天遥感是一门综合性的科学技术，它包括研究各种地物的电磁波波谱特性，研制各种遥感器，研究遥感信息记录、传输、接收、处理方法以及分析、解译和应用技术。

航天遥感测量面积大、范围广、速度快、效果好，可定期或连续监视一个地区，不受国界和地理条件限制；能取得其他手段难以获取的信息，对于军事、经济、科学等均有重要作用。

3. 测量数据

经纬仪、全站仪和 GPS 接收机等仪器的实地获取的地形、地籍数据，这些数据常常是 GIS 系统中准确度高和现势性较好的数据，但工作量巨大，获取数据量少，效率低。

二、GIS 数据采集的方法

数据采集就是运用各种技术手段，通过各种渠道收集数据的过程。服务于地理信息系统的数据采集工作包括两方面内容：空间数据的采集和属性数据的采集，它们在过程上有很多不同，但也有一些具体方法是相通的。空间数据采集的方法主要包括野外数据采集、现有地图数字化、摄影测量方法、遥感图像处理方法等。属性数据采集包括采集及采集后的分类和编码，主要是从相关部门的观测、测量数据、各类统计数据、专题调查数据、文献资料数据等渠道获取。

1. 野外数据采集

野外数据采集是 GIS 数据采集的一个基础手段。对于大比例尺的城市地理信息系统而言，野外数据采集更是主要手段。

（1）平板测量（图 3－2）。

平板测量获取的是非数字化数据。虽然现在已不是 GIS 野外数据获取的主要手段，但由于它的成本低、技术容易掌握，少数部门和单位仍然在使用。平板仪测量包括小平板测量和大平板测量，测量的产品都是纸质地图。在传统的大比例尺地形图的生产过程中，一般在野外测量绘制铅笔草图，然后用小笔尖转绘在聚酯薄膜上，之后可以晒成蓝图提供给用户使用。当然也可以对铅笔草图进行手扶跟踪或扫描数字化使平板测量结果转变为数字数据。

（2）全野外数字测图。

全野外数据采集设备是全站仪加电子手簿或电子平板配以相应的采集和编辑软件，

图 3-2　平板测量

作业分为编码和无码两种方法。数字化测绘记录设备以电子手簿为主。还可采用电子平板内外业一体化的作业方法，即利用电子平板（便携机）在野外进行碎部点展绘成图。

全野外数据采集测量工作包括图根控制测量、测站点的增补和地形碎部点的测量。采用全站仪进行观测，用电子手簿记录观测数据或经计算后的测点坐标。每一个碎部点的记录，通常有点号、观测值或坐标，除此以外还有与地图符号有关的编码以及点之间的连接关系码。这些信息码以规定的数字代码表示。信息码的输入可在地形碎部测量的同时进行，即观测每一碎部点后按草图输入碎部点的信息码。地图上的地理名称及其他各种注记，除一部分根据信息码由计算机自动处理外，不能自动注记的需要在草图上注明，在内业通过人机交互编辑进行注记。图 3-3 为全站仪数据采集。

全野外空间数据采集与成图分为三个阶段：数据采集、数据处理和地图数据输出。数据采集是在野外利用全站仪等仪器测量特征点，并计算其坐标，赋予代码，明确点的连接关系和符号化信息。再经编辑、符号化、整饰等成图，通过绘图仪输出或直接存储成电子数据。数据采集和编码是计算机成图的基础，这一工作主要在外业完成。内业进行数据的图形处理，在人机交互方式下进行图形编辑，生成绘图文件，由绘图仪绘制地图。

图 3-3　全站仪数据采集

通常工作步骤为：先布设控制导线网，然后进行平差处理得出导线坐标，再采用极坐标法、支距法或后方交会法等，获得碎部点三维坐标。

（3）空间定位测量。

空间定位测量也是GIS空间数据的主要数据源。目前，常用的空间定位系统主要有美国的全球定位系统（Global Positioning System，GPS），俄罗斯的GLONASS全球导航卫星系统，以及欧洲的伽利略（GALILEO）导航卫星系统。我国的北斗导航卫星系统也在逐步完善之中，它必将给我国用户提供快速、高精度的定位服务，也必将给我国范围内GIS空间数据提供更为丰富、高效的空间定位数据。图3-4为GPS接收机。

图3-4　GPS接收机

GPS自其建立以来，因其方便快捷和较高的精度，迅速在各个行业和部门得到了广泛的应用。它从一定程度上改变了传统野外测绘的实施方式，并成为GIS数据采集的重要手段，在许多应用型GIS中都得到了应用，如车载导航系统。

2. 地图数字化

地图数字化是指根据现有纸质地图，通过手扶跟踪或扫描矢量化的方法，生产出可在计算机上进行存储、处理和分析的数字化数据。

（1）手扶跟踪数字化（图3-5）。

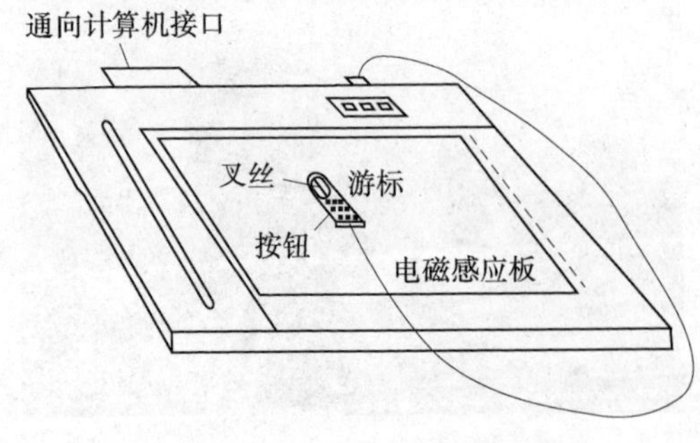

图3-5　手扶跟踪数字化

早期，地图数字化所采用的工具是手扶跟踪数字化仪。这种设备是利用电磁感应原理，当使用者在电磁感应板上移动游标到图件的指定位置，按动相应的按钮时，电磁感应板周围的多路开关等线路可以检测出最大信号的位置，从而得到该点的坐标值。这种方式数字化的速度比较慢，工作量大，自动化程度低，数字化精度与作业员的操作有很大关系，所以目前已基本上不再采用。

（2）扫描矢量化。

随着计算机软件和硬件更加便宜，并且提供了更多的功能，空间数据获取成本成为GIS项目中最主要的部分。由于手扶跟踪数字化需要大量的人工操作，使得它成为以数字为主体的应用项目瓶颈。扫描技术的出现无疑为空间数据录入提供了有力的工具。

常见的地图扫描处理的过程如图3-6所示。由于扫描仪扫描幅面一般小于地图幅面，因此大的纸地图需先分块扫描，然后进行相邻图对接；当显示终端分辨率及内存有限时，拼接后的数字地图还要裁剪成若干个归一化矩形块，对每个矩形块进行矢量化（Vectorization）处理后生成便于编辑处理的矢量地图，最后把这些矢量化的矩形图块合成为一个完整的矢量电子地图，并进行修改、标注、计算和漫游等编辑处理。

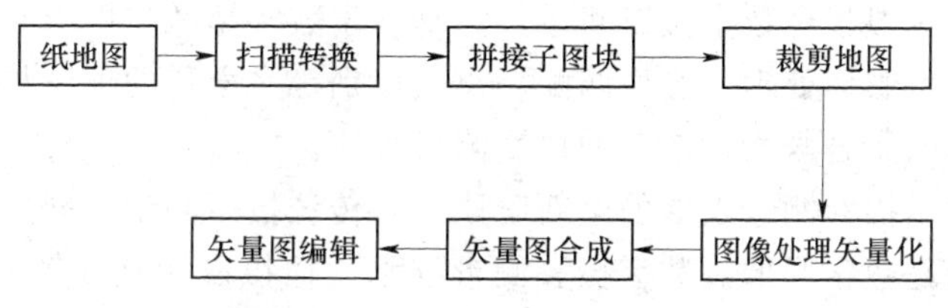

图3-6 地图信息处理流程图

3. 摄影测量方法

摄影测量是指根据在飞行器上拍摄的地面像片，获取地面信息，测绘地形图（图3-7）。摄影是快速获取地理信息的重要技术手段，是测制和更新国家地形图以及建立地理信息数据库的重要资料源。摄影测量技术曾经在我国基本比例尺地形图生产过程中扮演了重要角色，我国绝大部分1∶1万和1∶5万基本比例尺地形图使用了摄影测量方法。随着数字摄影测量技术的推广，在GIS空间数据采集的过程中，摄影测量也起着越来越重要的作用。

图3-7 航空飞机拍摄

（1）摄影测量原理。

摄影测量包括航空摄影测量和地面摄影测量。地面摄影测量一般采用倾斜摄影或交向摄影，航空摄影一般采用垂直摄影。摄影机镜头中心垂直于聚焦平面（胶片平面）的连线称为相机的主轴线。航测上规定当主轴线与铅垂线方向的夹角小于3°时为垂直摄影。摄影测量通常采用立体摄影测量方法采集某一地区空间数据，对同一地区同时摄取两张或多张重叠的像片，在室内的光学仪器上或计算机内恢复它们的摄影方位，重构地形表面，即把野外的地形表面搬到室内进行观测。航测上对立体覆盖的要求是当飞机沿一条航线飞行时相机拍摄的任意相邻两张像片的重叠度（航向重叠）不少于55%～65%，在相邻航线上的两张相邻像片的旁向重叠应保持在30%。

（2）数字摄影测量的数据处理流程。

数字摄影测量一般指全数字摄影测量，它是基于数字影像与摄影测量的基本原理，应用计算机技术、数字影像处理、影像匹配、模式识别等多学科的理论与方法，提取所摄对象用数字方式表达的集合与物理信息的摄影测量方法。

数字摄影测量是摄影测量发展的全新阶段，与传统摄影测量不同的是，数字摄影测量所处理的原始影像是数字影像。数字摄影测量继承立体摄影测量和解析摄影测量的原理，同样需要内定向、相对定向和绝对定向。不同的是数字摄影测量直接在计算机内建立立体模型。由于数字摄影测量的影像已经完全实现了数字化，数据处理在计算机内进行，所以可以加入许多人工智能的算法，使它进行自动内定向、自动相对定向、半自动绝对定向。不仅如此，还可以进行自动相关、识别左右像片的同名点、自动获取数字高程模型，进而生产数字正射影像。还可以加入某些模式识别的功能，自动识别和提取数字影像上的地物目标。

4. 遥感图像处理

地面接收太阳辐射，地表各类地物对其反射的特性各不相同，搭载在卫星上的传感器捕捉并记录这种信息，之后将数据传输回地面，然后从所得数据，经过一系列处理过程，可得到满足GIS需求的数据。图3-8为遥感工作过程。

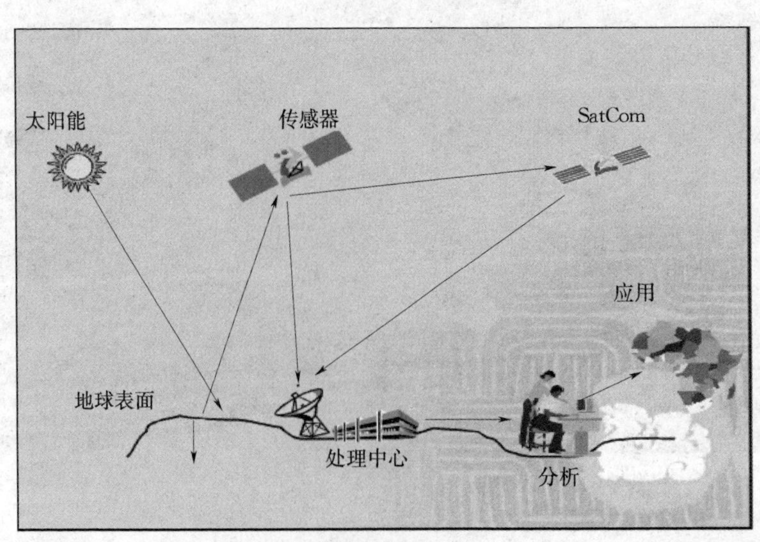

图3-8　遥感工作过程

任务二　GIS属性数据采集

属性数据即空间实体的特征数据，一般包括名称、等级、数量、代码等多种形式，属性数据的内容有时直接记录在栅格或矢量数据文件中，有时则单独输入数据库存储为属性文件，通过关键码与图形数据相联系。

属性数据一般采用键盘输入。输入的方式有两种：一种是对照图形直接输入；另一种是预先建立属性表输入属性，或从其他统计数据库中导入属性，然后根据关键字与图形数据自动连接。

一、属性数据的来源

(1) 统计数据。

国民经济的各种统计数据常常也是GIS的数据源。如人口数量、人口构成、国民生产总值等。统计数据一般都是和一定范围内的统计单元或观测点联系在一起，因此采集这些数据时，要注意包括研究对象的特征值、观测点的几何数据和统计资料的基本统计单元。表3-1为某个时间段主要农产品价格变动情况。

表3-1　　某个时间段主要农产品价格变动情况

农产品名称	规格等级	单位	本期价格(元)	比上期价格涨跌(元)	涨跌幅(%)
籼稻	稻谷，原粮	千克	2.38	0.01	0.43
粳稻	稻谷，原粮	千克	2.84	0.01	0.19
小麦	小麦，原粮	千克	2.18	0.00	0.03
玉米	玉米，原粮	千克	2.12	−0.01	−0.24
活羊	出栏活羊	千克	19.60	0.35	1.84
活鸡	活鸡，养殖场出栏	千克	13.45	0.06	0.44
苹果	当地产，大宗品种	千克	5.66	0.09	1.70
柑橘	当地产，大宗品种	千克	3.50	0.09	2.61

(2) 数字数据。

目前，随着各种专题图件的制作和各种GIS系统的建立，直接获取数字图形数据和属性数据的可能性越来越大。数字数据也成为GIS信息源不可缺少的一部分。但对数字数据的采用需注意数据格式的转换和数据精度、可信度的问题。

(3) 各种文字报告和立法文件。

各种文字报告和立法文件在一些管理类的GIS系统中，有很大的应用，如在城市规划管理信息系统中，各种城市管理法规及规划报告在规划管理工作中起着很大的作用。

二、属性数据的分类

空间数据的分类，是根据系统的功能以及相应的国际、国家和行业空间信息分类规范和标准，将具有不同空间特征和语义的空间要素区别开来的过程，是为了在空间数据的逻辑结构上将数据组织为不同的信息层并标识空间要素的类别。

空间数据一般采用线分类法对空间实体进行分类，即将分类对象按选定的空间特征和语义信息作为分类划分的基础，逐次地分成相应的若干个层级的类目，并排列成一个有层次的，逐级展开的分类体系。同级类之间是并列关系，下级类与上级类间存在着隶属关系，同级类不重复、不交叉。从而将地理空间的空间实体组织为一个层级树，因此也称作层级分类法。

三、属性数据的编码

属性数据的编码是指确定属性数据的代码的方法和过程。代码是一个或一组有序的易于被计算机或人识别与处理的符号，是计算机鉴别和查找信息的主要依据和手段。编码的直接产物就是代码，而分类分级则是编码的基础。

对于要直接记录到栅格或矢量数据文件中的属性数据，则必须先对其进行编码，将各种属性数据变为计算机可以接受的数字或字符形式，便于 GIS 存储管理。属性数据编码一般要基于以下几个原则：

（1）编码的系统性和科学性。

（2）编码的一致性和唯一性。

（3）编码的标准化和通用性。

（4）编码的简捷性。

（5）编码的可扩展性。

图 3－9 为土地分类及其编码。

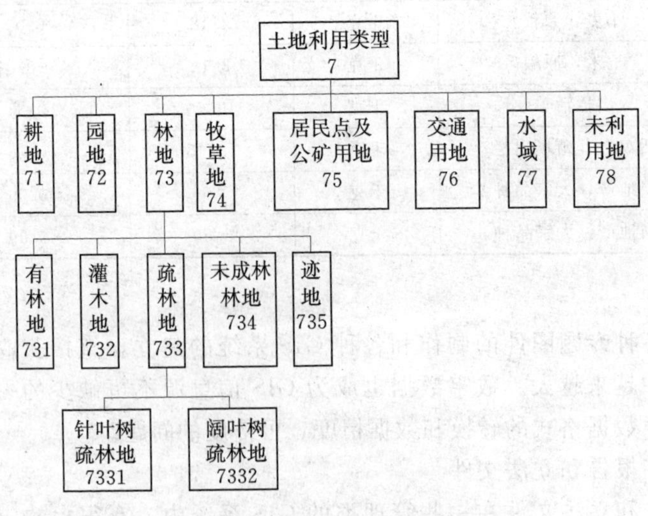

图 3－9　土地分类及其编码

四、属性数据的采集

属性数据在 GIS 中是空间数据的组成部分。属性数据的录入主要采用键盘输入的方法。当属性数据的数据量较小时，可以在输入几何数据的同时，用键盘输入；当数据量较大时，一般与几何数据分别输入，并检查无误后转入到数据库中。

为了把空间实体的几何数据和属性数据联系起来，必须在几何数据与属性数据之间有一公共标识符。标识符可以在输入几何数据或属性数据时手工输入，也可以由系统自动生成。

五、属性数据的处理

属性数据校核包括两部分：

(1) 属性数据与空间数据是否正确关联，标识码是否唯一，不含空值。

(2) 属性数据是否准确，属性数据的值是否超过其取值范围等。

对属性数据进行校核很难，因为不准确性可能归结于许多因素，如观察错误、数据过时和数据输入错误等。属性数据错误检查可通过以下方法完成：

1) 可以利用逻辑检查，检查属性数据的值是否超过其取值范围，属性数据之间或属性数据与地理实体之间是否有荒谬的组合。在许多数字化软件中，这种检查通常使用程序来自动完成。例如有些软件可以自动进行多边形结点的自动平差，属性编码的自动查错等。

2) 把属性数据打印出来进行人工校对，这和用校核图来检查空间数据准确性相似。

对属性数据的输入与编辑，一般在属性数据处理模块中进行。但为了建立属性描述数据与几何图形的联系，通常需要在图形编辑系统中设计属性数据的编辑功能，主要是将一个实体的属性数据连接到相应的几何目标上，亦可在数字化及建立图形拓扑关系的同时或之后，对照一个几何目标直接输入属性数据。一个功能强的图形编辑系统可提供删除、修改、拷贝属性等功能。

任务三 空间数据处理

地理空间数据来源复杂，种类繁多，表达方式各不相同，存在诸多方面的差异，如投影不一致，比例尺不同，格式不一致、分类标准不一、精度不同等，导致数据难于使用。为了使空间数据规范化，必须进行空间数据处理。

空间数据处理是指空间数据从采集到输出的整个过程中对空间数据本身的操作，不涉及对数据内容的分析。由于数据类型和用户要求的不同，对不同的问题，空间数据处理的内容可能会有所不同。但其基本内容包括空间数据的编辑、空间数据的坐标变换、空间数据的结构转换等几个方面。

一、图形编辑

通过数字化所获取的原始图形数据不可避免地存在错误和误差，如空间数据不完整、数据重复、位置不正确、空间数据变形等。在将这些数据并入空间数据库之前，必须经过检核和编辑，修正这些错误。图形编辑涉及的内容很广，包括用鼠标增加一个点、线、面实体，删除一个点、线、面实体，移动、拷贝、旋转一个点、线、面实体等。

1. 结点的编辑

结点是弧段的端点，它是建立点、线、面关联拓扑关系的桥梁和纽带，GIS 中相当多的工作都涉及结点编辑问题。

（1）结点吻合（Snap）。

结点吻合（Snap）也称结点匹配。如图3-10所示，三个弧段中的结点A、B、C本应是同一点，坐标一致，但是由于数字化过程中人为因素所造成的误差，使三者没能吻合成一个点，造成三点坐标不一致，不能建立弧段和多边形之间的关联关系。为此，需要通过人工编辑或自动编辑，将这三点坐标匹配一致（图3-11）。

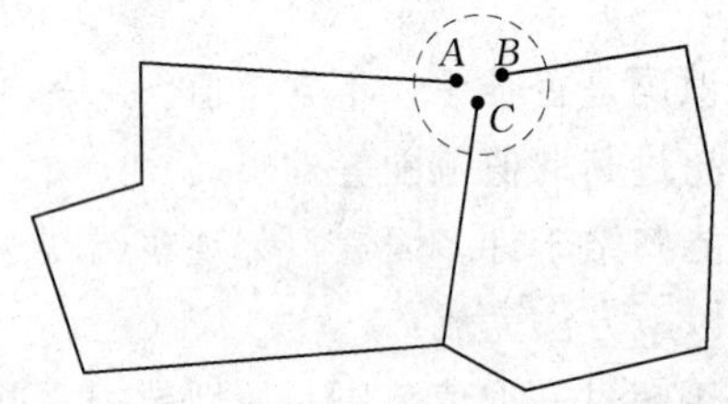

图3-10　没有吻合在一起的三个结点

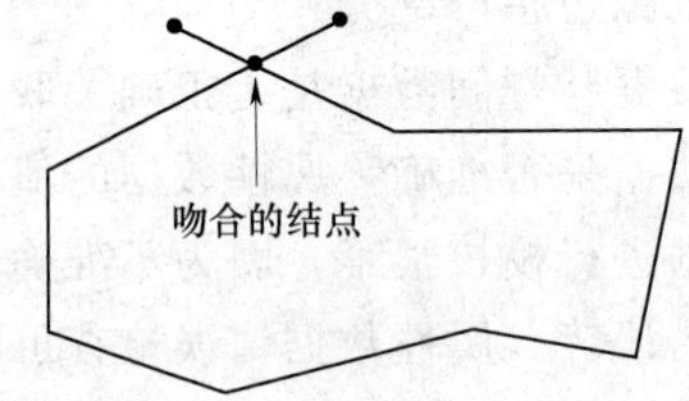

图3-11　采用直线求交法进行结点吻合

结点匹配通常有两种方法：一是通过求交点的方法，求两条线的交点或延长线的交点，得到吻合的结点；二是采用自动匹配的方法，给定一个容差，在图形数字化时或图形数字化之后，求容差范围之内的所有结点的坐标平均值，将所得到的中心点坐标作为吻合后的结点坐标。

（2）结点与线的吻合。

在数字化过程中，经常遇到一个弧段与另一个弧段本应相连但其中一个弧段的结点不能与另一弧段相吻合的情况（图3-12）。这时所需要进行的编辑处理，称为结点与线的吻合。编辑的方法也有多种，一是通过线段求交，求出AB与CD的交点作为吻合结点；二是使用自动编辑的方法，在给定的容差内，将他们自动求交并吻合在一起。

（3）清除假结点。

假节点是指由仅有两个弧段共有的结点（图3-13）。通常在一条线没有一次录入完毕的情况下会产生假结点（Pseudo Node，也称伪结点），假结点使一条完整的线变成两段。有一些系统中用结点表示地理实体（如电力、通信系统中用结点表示电力或通信设备），这时需要将假结点清除掉，将两弧段合并成一条，使他们之间不存在结点。

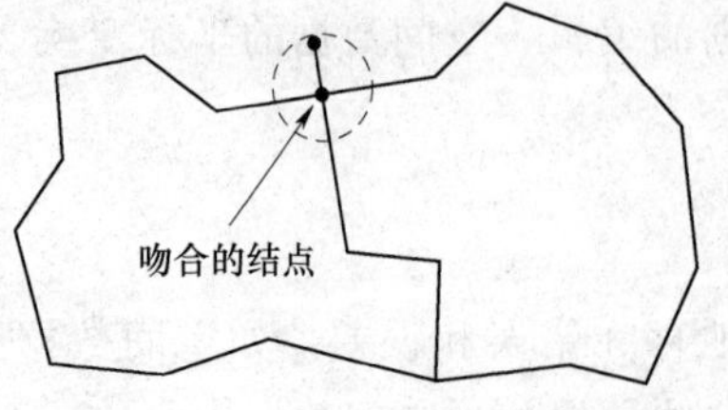

图3-12　结点与线的吻合

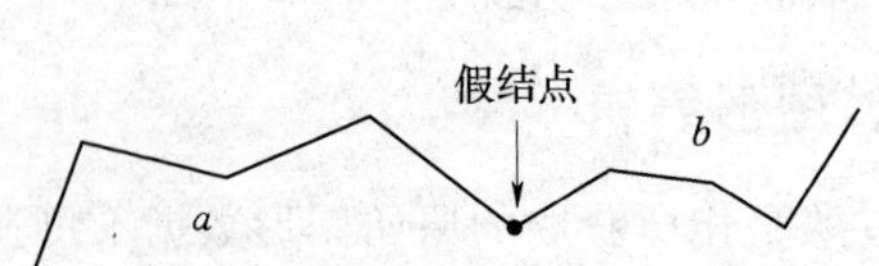

图3-13　两个弧段之间的假结点

2. 弧段及多边形的编辑

弧段的编辑包括删除与增加点、移动点、删除一段弧段等操作。多边形的编辑包括合并、劈分、求交、多边形形状的改变等操作。

3. 数据检查与清理

这里的数据检查是指拓扑关系的检查。检查的内容主要包括结点是否匹配，是否存在悬挂线，多边形是否闭合，是否有假结点。在数据检查过程中，可以将存在错误的拓扑关系的点、线、面用不同的颜色或符号标示出来，以便于人工检查和修改。数据清理则是采用一些方法自动清除空间数据的错误，例如给定一个结点吻合的容差使该容差范围之内的结点自动吻合在一起；给定弧段的容限，将小于该容限的弧段自动删除等。

二、图形坐标变换

在地图录入完毕后，经常需要进行投影变换，得到经纬度参照系下的地图。对各种投影进行坐标变换的原因主要是输入时地图是一种投影，而输出的地图产物是另外一种投影。进行投影变换有两种方式，一种是利用多项式拟合，类似于图像几何纠正；另一种是直接应用投影变换公式进行变换。

1. 基本坐标转换

在投影变换过程中，有以下三种基本的操作：平移、缩放和旋转。

2. 仿射变换

如果综合考虑图形的平移、旋转和缩放，则其坐标变换式如下：

$$(X',Y')=\lambda\begin{bmatrix}\cos\theta & \sin\theta\\ -\sin\theta & \cos\theta\end{bmatrix}\begin{bmatrix}X\\ Y\end{bmatrix}+\begin{bmatrix}T_X\\ T_Y\end{bmatrix}$$

上式是一个正交变换，其更为一般的形式是：

$$(X',Y')=\lambda\begin{bmatrix}a & b\\ c & d\end{bmatrix}\begin{bmatrix}X\\ Y\end{bmatrix}+\begin{bmatrix}T_X\\ T_Y\end{bmatrix}$$

后者被称为二维的仿射变换（Affine Transformation），仿射变换在不同的方向可以有不同的压缩和扩张，可以将球变为椭球，将正方形变为平行四边形（图 3－14）。

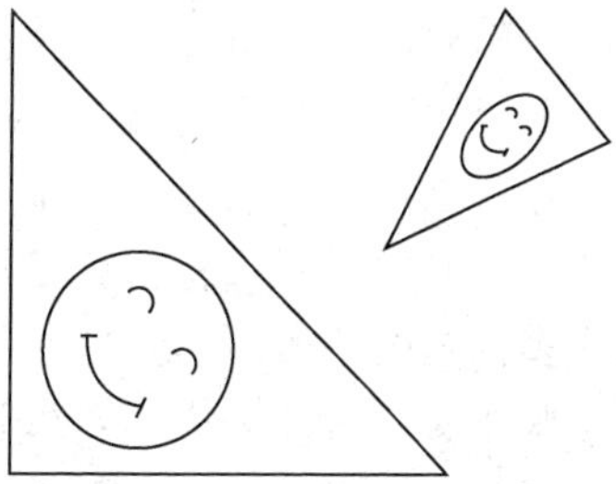

图 3－14　仿射变换

三、空间数据结构变换

地理信息系统的空间数据结构主要有栅格结构和矢量结构。

1. 栅格数据结构

栅格结构是最简单最直观的空间数据结构，又称为网格结构（raster 或 grid cell）或像元结构（pixel），是指将地球表面划分为大小均匀紧密相邻的网格阵列，每个网格作为一个像元或像素，由行、列号定义，并包含一个代码，表示该像素的属性类型或量值，或仅仅包含指向其属性记录的指针。因此，栅格结构是以规则的阵列来表示空间地物或现象分布的数据组织，组织中的每个数据表示地物或现象的非几何属性特征。如图 3－15 所示，在栅格结构中，点用一个栅格单元表示；线状地物则用沿线走向的一组相邻栅格单元表示，每个栅格单元最多只有两个相邻单元在线上；面或区域用记有区域属性的相邻栅格单元的集合表示，每个栅格单元可有多于两个的相邻单元同属一个区域。任何以面状分布的对象（土地利用、土壤类型、地势起伏、环境污染等），都可以用栅格数据逼近。遥感影像就属于典型的栅格结构，每个像元的数字表示影像的灰度等级。

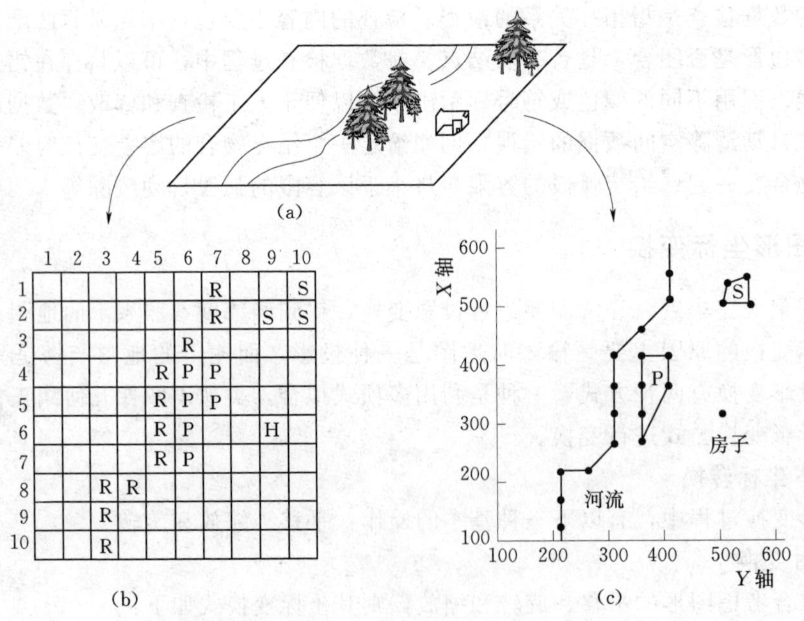

图3-15 矢量结构和栅格结构

(a) 现实世界；(b) 栅格表示形式；(c) 矢量表示形式

2. 矢量数据结构

地理信息系统中另一种最常见的图形数据结构为矢量结构，即通过记录坐标的方式尽可能精确地表示点、线、多边形等地理实体，坐标空间设为连续，允许任意位置、长度和面积的精确定义，事实上，其精度仅受数字化设备的精度和数值记录字长的限制，在一般情况下，比栅格结构精度高得多。

对于点实体，矢量结构中只记录其在特定坐标系下的坐标和属性代码；对于线实体，在数字化时即进行量化，就是用一系列足够短的直线首尾相接表示一条曲线，当曲线被分割成多而短的线段后，这些小线段可以近似地看成直线段，而这条曲线也可以足够精确地由这些小直线段序列表示，矢量结构中只记录这些小线段的端点坐标，将曲线表示为一个坐标序列，坐标之间认为是以直线段相连，在一定精度范围内可以逼真地表示各种形状的线状地物；“多边形”在地理信息系统中是指一个任意形状、边界完全闭合的空间区域。其边界将整个空间划分为两个部分：包含无穷远点的部分称为外部，另一部分称为多边形内部。把这样的闭合区域称为多边形是由于区域的边界线同前面介绍的线实体一样，可以被看做是由一系列多而短的直线段组成，每个小线段作为这个区域的一条边，因此这种区域就可以看做是由这些边组成的多边形了。

3. 栅格结构与矢量结构的比较

栅格结构与矢量结构似乎是两种截然不同的空间数据结构，栅格结构“属性明显、位置隐含”，而矢量结构“位置明显、属性隐含”，栅格数据操作总的来说比较容易实现，尤其是作为斑块图件的表示更易于为人们接受；而矢量数据操作则比较复杂，许多分析操作（如两张地图的覆盖操作，点或线状地物的邻域搜索等）用矢量结构实现十分困难，矢量结构表达线状地物是比较直观的，而面状地物则是通过对边界的描述而表达。无论哪种结构，数据精度和数据量都是一对矛盾，要提高精度，栅格结构需要更多的栅格单元，而矢量结构则需记录更多的线段结点。一般来说，栅格结构只是矢量结构在某种程度上的一种近似，如果要使栅格结构描述的图件取得与矢量结构同样的精度，甚至仅仅在量值上接近，则数据也要比后者大得多。

栅格结构在某些操作上比矢量结构更有效更易于实现，如按空间坐标位置的搜索，对于栅格结构是极为方便的，而对矢量结构则搜索时间要长得多；在给定区域内的统计指标运算，包括计算多边形形状、面积、线密度、点密度，栅格结构可以很快算得结果，而采用矢量结构则由于所在区域边界限制条件难以提取而降低效率，对于给定范围的开窗、缩放栅格结构也比矢量结构优越；另一方面，矢量结构用于拓扑关系的搜索则更为高效，即诸如计算多边形形状搜索邻域、层次信息等；对于网络信息只有矢量结构才能完全描述；矢量结构在计算精度与数据量方面的优势也是矢量结构比栅格结构受到欢迎的原因之一。

栅格结构除了可使大量的空间分析模型得以容易实现之外，还具有以下两个特点：①易于与遥感相结合。遥感影像是以像元为单位的栅格结构，可以直接将原始数据或经过处理的影像数据纳入栅格结构的地理信息系统；②易于信息共享。目前还没有一种公认的矢量结构地图数据记录格式，而不经压缩编码的栅格格式即整数型数据库阵列则易于为大多数程序设计人员和用户理解和使用，因此以栅格数据为基础进行信息共享的数据交流较为实用。

许多实践证明，栅格结构和矢量结构在表示空间数据上可以是同样有效的，对于一个GIS软件，较为理想的方案是采用两种数据结构，即栅格结构与矢量结构并存，对于提高地理信息系统的空间分辨率、数据压缩率和增强系统分析、输入输出的灵活性十分重要。两种格式的比较见表3－2。

表3－2　　栅格结构和矢量结构比较

	栅格数据结构	矢量数据结构
优点	1. 数据结构简单； 2. 空间数据的叠置和组合十分方； 3. 各类空间分析都很易于进行； 4. 数学模拟方便； 5. 技术开发费用低	1. 表示地理数据的精度较高； 2. 严密的数据结构，数据量小； 3. 用网络连接法能完整地描述拓扑关系； 4. 图形输出精确美观； 5. 图形数据和属性数据的恢复、更新、综合都能实现
缺点	1. 图形数据量大； 2. 用大像元减少数据量时，可识别的现象结构将损失大量信息； 3. 地图输出不精美； 4. 难以建立网络连接关系； 5. 投影变换花的时间多	1. 数据结构复杂； 2. 矢量多边形地图或多边形网很难用叠置方法与栅格图进行组合； 3. 显示和绘图费用高，特别是高质量绘图、彩色绘图和晕线图等； 4. 数学模拟比较困难； 5. 技术复杂，多边形内的空间分析不容易实现

4. 空间数据结构变换

（1）矢量向栅格转换。

矢量结构向栅格结构转换又称为多边形填充，就是在矢量表示的多边形边界内部的所有栅格点上赋以相应的多边形编号，从而形成栅格数据阵列。从点、线、面实体转化为栅格单元的过程称之为栅格化，栅格化的首要工作是选择单元的大小和形状，而后检测实体是否落在这些多边形上，记录属性等。

栅格化的过程是个生成二维阵列的过程，主要操作如下：

1）将点和线实体的角点的笛卡儿坐标转换到预定分辨率和已知位置值的矩阵中。

2）沿行或沿列利用单根扫描线或一组相连接的扫描线去测试线性要素与单元边界的交叉点，并记录有多少个栅格单元穿过交叉点。

3）对多边形，测试过角点后，剩下线段处理，这时只要利用二次扫描就可以知道何时到达多边形的边界，并记录其位置与属性值。

（2）栅格向矢量的转换。

栅格向矢量的转换是将具有相同属性代码的栅格集合表示为多边形区域的边界与边界的拓扑关系，是将每个边界弧段由多个小直线段组成的矢量格式边界线的过程，这个由栅格单元转换到几何图形的过程称为矢量化。矢量化要保持栅格结构存在的连通性、临界性与被转换物体的外形。

栅格向矢量的转换从概念上容易理解，但在转换中包括对细化的处理，将产生大量的多余坐标要去除，因此比矢量向栅格转换的算法要复杂得多。栅格向矢量转换中最困难的是边界线搜索与拓扑结构的形成。

栅格向矢量转换通常包括下列步骤：

1）多边形边界提取与细化：二值化（把256个灰度压缩到2个灰度，边界线占一灰度）通过确定结点和边界点来实现。

2）边界线追踪：以矢量形式记录栅格点中心的坐标，对已提取的结点或边界点，判断跟踪搜索方向后，由一个结点向另一个结点搜索每一个边界线弧段，直到连成边界弧段为止。

3）拓扑关系生成：将原栅格数据的边界拓扑关系形成完整的矢量拓扑结构并建立与属性数据的联系。

4）去除冗余点：在逐个搜索边界点时，遇到边界弧段是直线的情况时，会造成一些多余点，因此必须将这些多余点记录去除。

5）曲线圆滑：曲线受栅格精度限制一般不圆滑，因此采用一定的插补算法对不圆滑现象进行光滑处理。

通过栅格向矢量转换，可将栅格数据分析的结果，在矢量绘图仪上输出；将大量的面状栅格数据转换为少数矢量数据表示的多边形边界，起到压缩数据的作用；将自动扫描仪获取的栅格数据加入到矢量形式的数据库。从而大大地丰富了地理信息系统数据采集与输入的功能。

任务实施

一、屏幕数字化

屏幕数字化在技术上与手扶跟踪数字化相似，所不同的是：①在数字化时用鼠标替代数字化仪的游标；②计算机屏幕的分辨率低于数字化仪；③屏幕数字化时，需要一个图层、shapefile或影像（例如，数字正射影像）作为背景。

(1) 启动 Arc View，打开一个新视图，将 landuse. shp 加入视图。从视图下拉菜单中选择 Properties，对 Map Units（地图单位）和 Distance Units（距离单位）均选“meters”。Landuse. shp 已投影过，并以米为度量单位。

(2) 在目录中上双击 landuse. shp，打开图例编辑。在 Legend Type（图例类型）中选择 Single Symbol（单一符号），并将 Symbol（符号）改为红色，然后点击 Apply（应用）。将 landuse. shp 符号设为红色是为了与将要数字化的新的 shapefile 区别。本次任务不对整个 landuse. shp 作数字化。然后，激活 landuse. shp，在 Theme（专题）下拉菜单中选择 Auto-label（自动标识）。在出现的对话框中，选择 landuse-id 作为 Label Field（标识项）。landuse. shp 文件中的多边形标识为 59～77。但本次任务中，仅数字化位于左下角的 72～76 号多边形（图 3-16）。

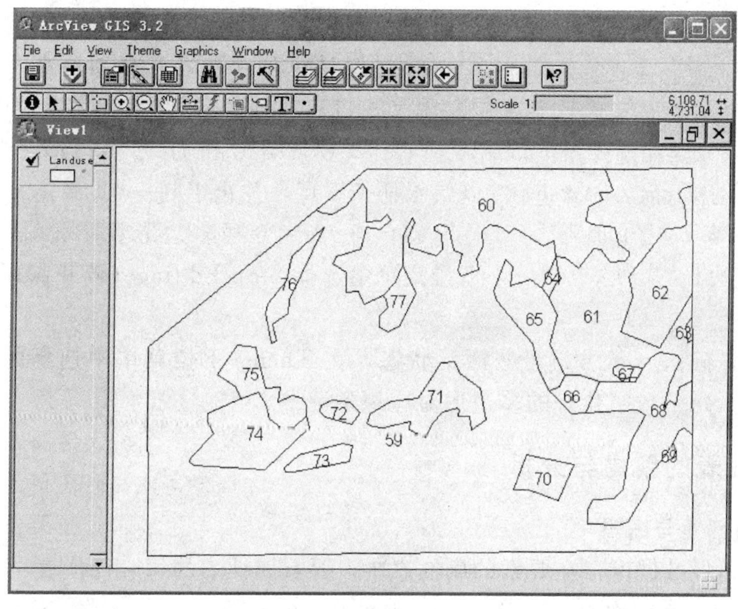

图 3-16　72～76 号多边形为所要进行数字化的多边形

(3) 从视图下拉菜单中选择 New Theme（新专题）。在下一个对话框中选择多边形作为 Feature Type（要素类型），把这个新的 shapefile 取名为 trial. shp，并指定其路径。注意此时在目录中 trial. shp 旁的方框是虚线，意为 trial. shp 处于编辑模式。双击 trial. shp 打开图例编辑器，将 trial. shp 符号改为黑色、外框符号。

(4) 为了确保要数字化的要素会相交并完全对准，需要使用交互捕捉选项。激活 trial. shp，从 Theme 下拉菜单中选择 Properties。在 Theme Properties 对话框中，点击目录表中的 Editing，这就打开了 Attibute Updating（属性更新）和 Snapping（捕捉）两个对话框。在本次任务中，只需要使用 Snapping（捕捉）的功能。选中 Interactive，键入 10m Tolerance（容差值），点击 OK。10m 捕捉容差值意味着当数字化两个距离在 10m 范围内的点（顶点）时，这两点将会捕捉在一起。对于数字化而言，10m 是一个较大的容差值。

(5) 现在已经做好了数字化 trial. shp 的准备。放大 72～76 号多边形区域，按下 Draw Rectangle（画矩形）的工具，在下拉菜单中选择 Draw Polygon（画多边形）。有 3

个数字化选项：左击鼠标数字化点（顶点）；右击鼠标打开弹出菜单，它包括诸如顶点捕捉、交互点捕捉等选项；双击则为完成数字化。可从74号多边形开始数字化构成其边界的顶点，数字化最后的点必须回到起始点位置，在数字化最后点时，右击鼠标选择顶点捕捉。已经设定的10m容差值此时将终点与起点捕捉一起。只要一双击终点，环绕74号多边形显现操作手柄。如果不想要已数字化的内容，可点击Delete Key（删除键）擦去74号多边形，重新开始。

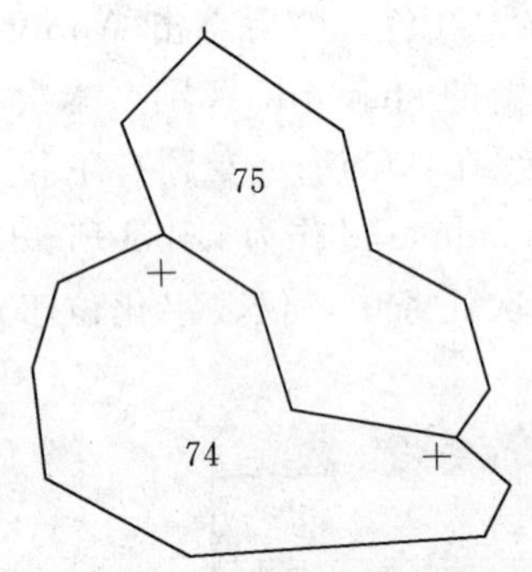

图3-17 在Append Polygon（添加多边形）工具中使用Draw Line（画线）工具，要添加的75号多边形的起点必须落在已数字化的74号多边形之内，如图中加号所示

(6) 74号多边形与75号多边形有一条公共边，因此不必对公共边数字化两次，将Draw Polygon（画多边形）工具改为Draw Line to Append Polygon（对添加多边形画线）工具。使用这个添加工具，数字化75号多边形时的起点和终点必须落在74号多边形之内（图3-17）。除此，其他数字化步骤相同。

(7) 72号、73号和76号多边形是岛状多边形可以始于任一端点，并止于同一点。

(8) 当72～76号多边形数字化好了，从Theme下拉菜单中选择Stop Editing（停止编辑），并保存编辑结果。

(9) 最后，确认trial.shp处于激活状态，在Theme下拉菜单中选择的Table，可看到有5个记录，每个数字化好的多边形对应一条记录。

二、属性表的创建与分析

1. 表格的创建与编辑

GIS中的属性数据保存在要素的属性表中。要素属性表的每一行代表一个要素，每一列代表一个属性。一行称为一个记录，一列称为一个字段。

(1) 新建表格。

启动软件，在工程窗口中，点击Table图标，点击New建立一个新的表格，输入表格的存储路径和名称（图3-18），新建表格为一个空表，且处于可编辑状态（图3-19）。

(2) 添加字段。

点击Edit/Add Field，出现对话框（图3-20），需输入字段名、数据类型、字段宽度和小数点位数等。

ArcView中可定义的数据类型有：

字符型（String），需要输入字符串的宽度。

数值型（Number），需要输入字符串的宽度，小数点之后的位数。

逻辑性（Boolean），每个值只能在True和Flase中选择一种，一般在应用中以T或F代替。

日期型（Date），以8位数字表示日期，格式为YYYYMMDD。

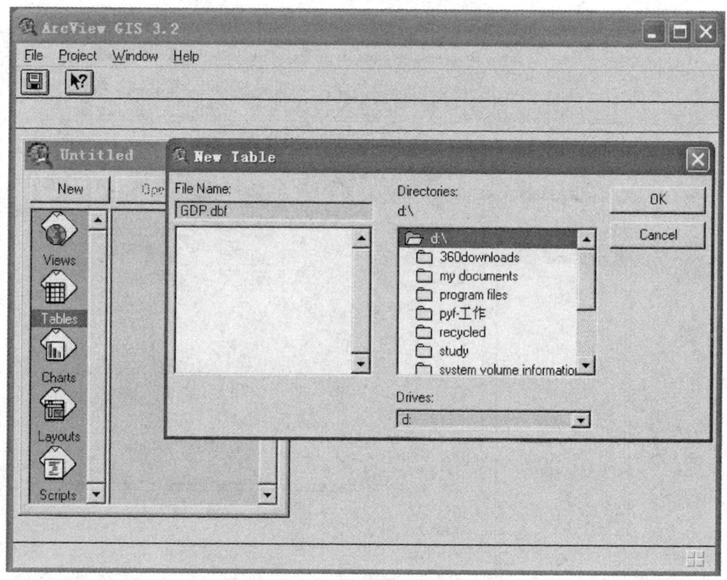

图 3-18　新建表格

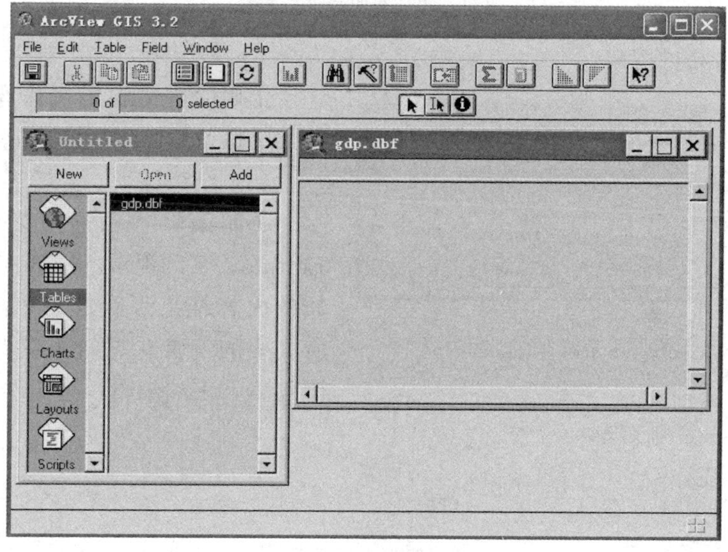

图 3-19　新建的空白表格

(3) 添加记录。

新建的表只有列，没有行。点击菜单Edit/Add Record，将增加空白记录，再点击按钮编辑属性，向记录的单元添加数据，添加完毕后按回车键，图 3-21 中的表格有三个字段（NAME、AGE 和 SCORE），并有三条记录。

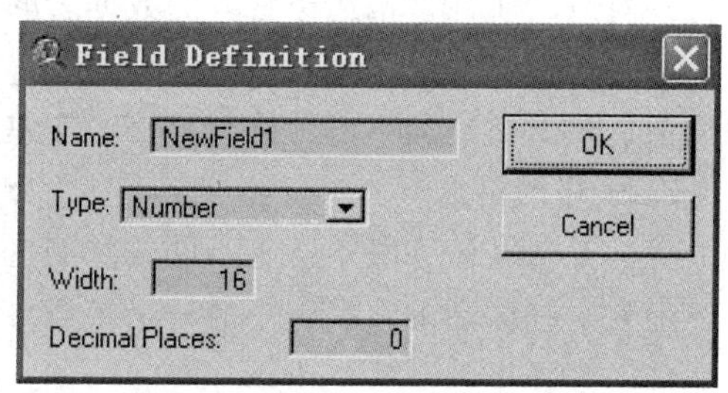

图 3-20　字段定义

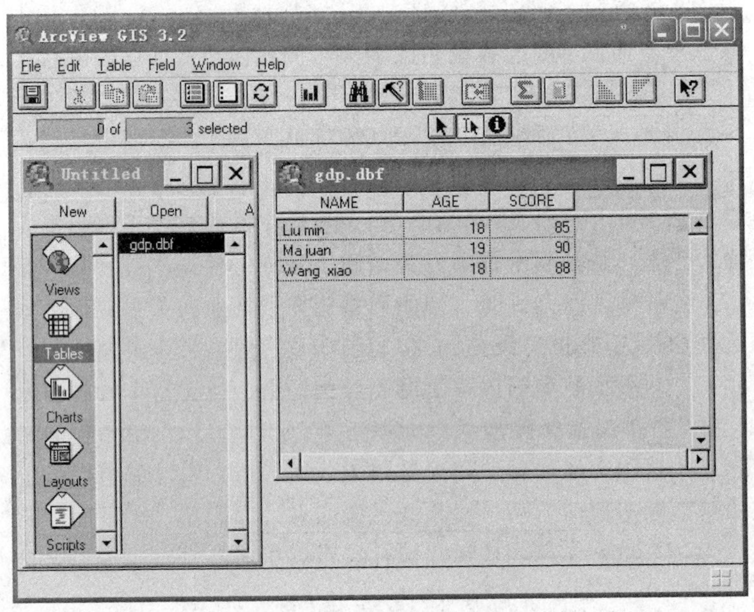

图 3－21　添加数据的表格

（4）修改表格内容。

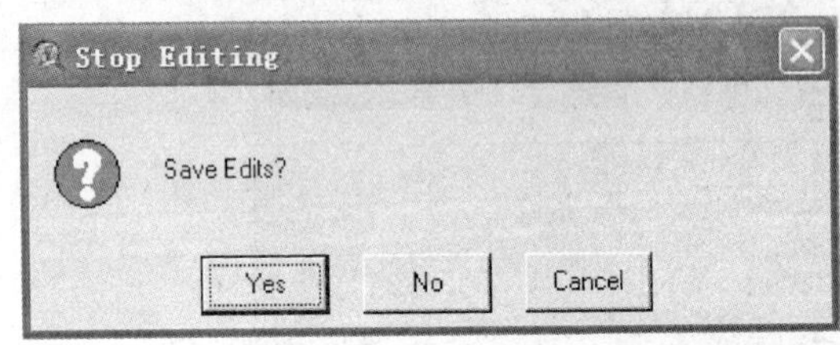

图 3－22　系统提示是否保存编辑文件

常用的表格编辑操作有：修改属性、增加字段、删除字段和删除记录。

（5）结束编辑。

关闭编辑状态选用菜单 Table/Stop Editing，系统提示（图 3－22）是否将编辑的内容结果保存起来，点击 Yes 则保存，表的编辑状态结束。点击 No，则放弃编辑，表的编辑状态也结束，但内容不保存。点击 Cancel 则可继续编辑。

2. 表格的统计

表格统计的步骤如下：

（1）打开软件，点击加载数据按钮，加载 land.shp 数据，单击工具栏上的按钮打开对应的属性表，选择激活的数据表的一个数字型字段“面积”，如图 3－23 所示。

（2）选择 Field/Statistic 菜单，弹出显示结果，如图 3－24 所示，包括总数、记录数、平均值、最大值、最小值、取值范围、方差及标准差。

3. 表格的汇总

汇总是对某一字段中所有不同的类型进行统计。汇总的具体步骤是：

（1）选择激活的数据表中的一个字段（如利用类型），如图 3－25 所示。

（2）选择 Field/Summarize 菜单。

（3）弹出 Summary Table Definition 对话框，如图 3－26 所示。

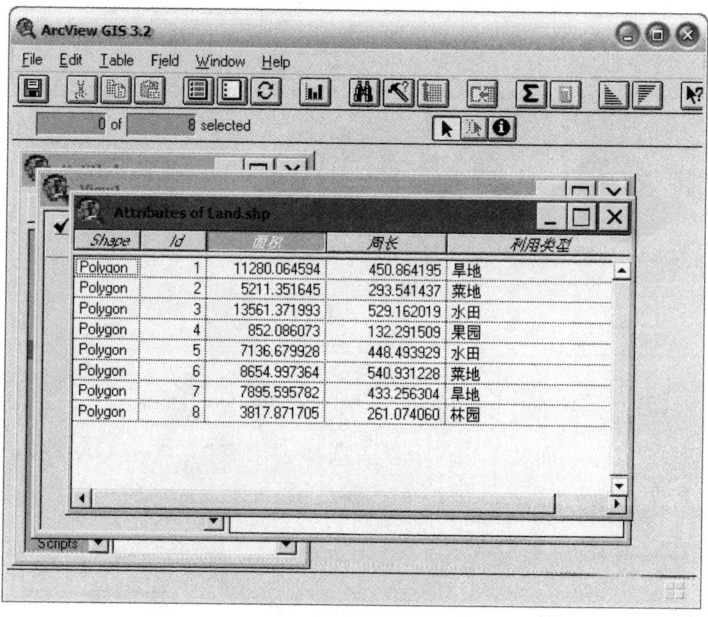

Shape	Id	面积	周长	利用类型
Polygon	1	11280.064594	450.864195	旱地
Polygon	2	5211.351645	293.541437	菜地
Polygon	3	13561.371993	529.162019	水田
Polygon	4	852.086073	132.291509	果园
Polygon	5	7136.679928	448.493929	水田
Polygon	6	8654.997364	540.931228	菜地
Polygon	7	7895.595782	433.256304	旱地
Polygon	8	3817.871705	261.074060	林园

图 3－23　Land 属性表

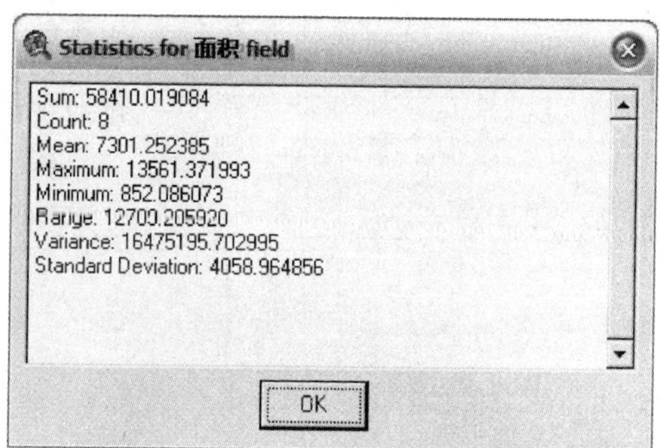

图 3－24　统计结果

Attributes of Land.shp

Shape	Id	面积	周长	利用类型
Polygon	1	11280.064594	450.864195	旱地
Polygon	2	5211.351645	293.541437	菜地
Polygon	3	13561.371993	529.162019	水田
Polygon	4	852.086073	132.291509	果园
Polygon	5	7136.679928	448.493929	水田
Polygon	6	8654.997364	540.931228	菜地
Polygon	7	7895.595782	433.256304	旱地
Polygon	8	3817.871705	261.074060	林园

图 3－25　Land 属性表

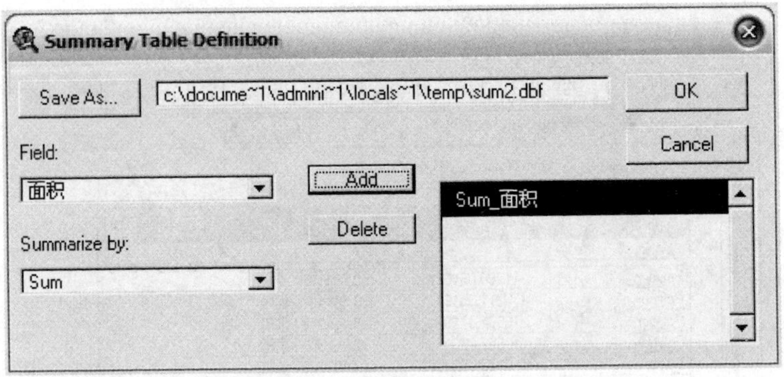

图3-26　Summary Table Definition对话框

（4）选择汇总的字段“面积”，统计方法选择“求和”，点击OK按钮，产生一个新的统计表，如图3-27所示。

sum1.dbf

利用类型	Count	Sum_面积
菜地	2	13866.3490
果园	1	852.0861
旱地	2	19175.6604
林园	1	3817.8717
水田	2	20698.0519

图3-27　汇总统计结果

三、空间数据编辑

（1）启动软件，打开一幅新视图，并将editmap2.shp和editmap3.shp加入视图（图3-28）。Arc View中的空间数据编辑只能应用于shapefile。

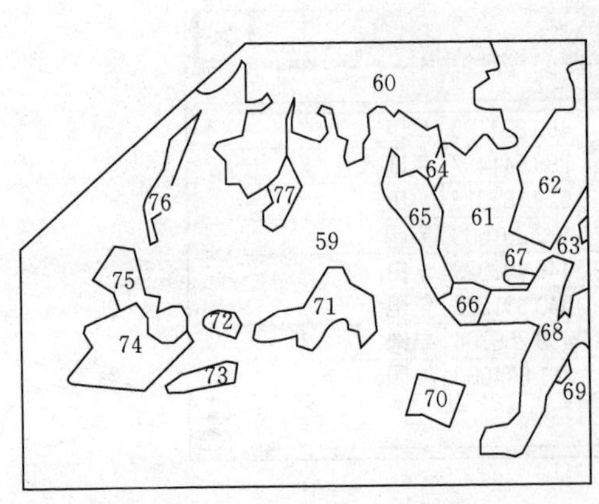

图3-28　编辑前的图形

（2）激活editmap2.shp，并从Theme下拉菜单中选择Start Editing。环绕在editmap2.shp选择框的虚线指示该专题处于编辑状态。本次任务的第一部分是合并多边形74和多边形75。点击多边形74，然后按下shift键的同时点击多边形75。现在环绕两个多边形出现操作手柄（由小方格组成的矩形框）。从Edit下拉菜单中选择Union Feature（联合要素）。

（3）本次第2部分是分割多边形71点击Drawing（绘图）工具，选择Draw Line to Split Polygon（画线分割多边形）工具。要分割一个多边形，分割线必须穿越多边形边界，换言之，分割线的两端必须“过伸”。在你要开始绘制分割线之处点击鼠标左键，点击每个组成分割线的节点，在结束点双击鼠标。

(4) 本次任务的第三部分是通过扩充南面边界成长方形来对多边形 73 整形。对该多边形进行整形的策略是添加 3 个新的节点，并拖拽节点以形成新的形状。放大多边形 73 所在区域，点击 Vertex Edit（节点编辑）工具，执行以下操作来添加新的节点：在多边形 73 内点击以查看用小方框表示的现有节点；将光标移到需要添加节点处；当看到十字丝符号时，左击鼠标。在多边形 73 边缘任一处创建一个新的节点（节点 1）。为拖拽该节点，双击该节点使之变成正方形，该正方形与两个小圆圈（即锚节点）相连。现在，将节点 1 拖拽到所要的新边界处（以 editmap3. shp 为指南），并松开鼠标键。在多边形 73 内再点击一次（方形符号应再次出现在多边形周围）。然后，沿着节点 1 与多边形 73 原先东南角的连线上添加另一个节点（节点 2），双击节点 2 并将其拖拽至新边界的东南角。以相同步骤形成新边界的西南角（图 3 - 29）。

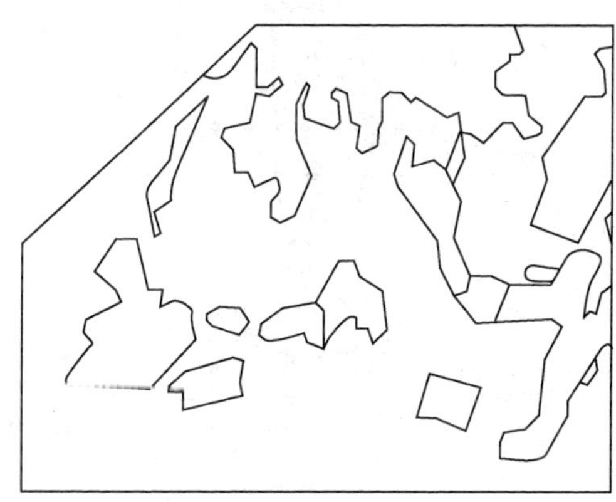

图 3 - 29 编辑后的图形

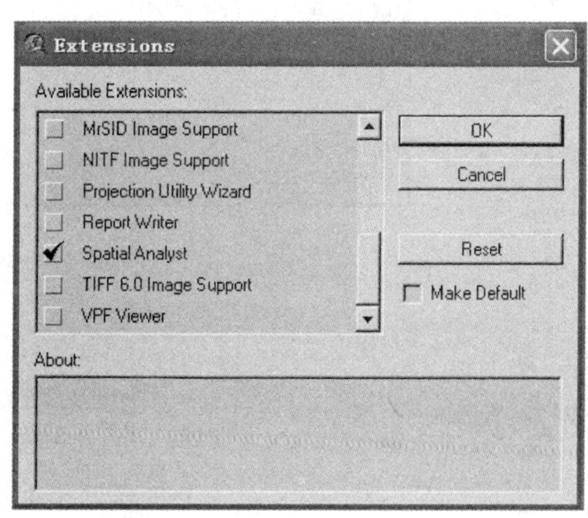

图 3 - 30 加载空间分析扩展模块

四、矢量数据到栅格数据的转换

(1) 启动 Arc View，加载 Spatial Analyst 扩展模块（图 3 - 30）。打开一个新视窗，将 nwroads. shp 和 nwcounties. shp 加到视窗中。从视图下拉菜单中选择 Properties，指定地图单位为米。

(2) 当矢量专题被转化为格网时，矢量专题中的属性必须选为该格网的单元值。激活 nwroads. shp 并打开其专题表。字段 Rte-num1 显示公路编号，并选为单元值。

(3) 激活 nwroads. shp。从 Theme 下拉菜单中选择 Convert to Grid。在此次转换过程中你将需要处理几个对话框。在第一个对话框里，指定 nwroads-gd 作为 Grid Name 并指定存储路径。接着是 Conversion Extent

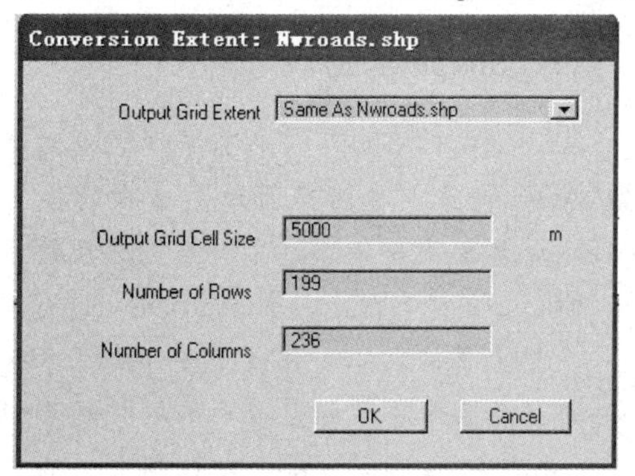

图 3 - 31 设置输出格网大小

对话框，输入 Same as Nwroads. shp 作为 Output Grid Extent，输入 5000m 作为 Output Grid Cell Size（图 3-31）。在 Conversion Field 对话框中，选取 Rte-numl。点击 OK 连接属性数据，并将该新格网加到视窗中。

（4）比较 nwroads. shp 和 nwroads-gd。在 nwroads-gd 中，由于公路用一系列 5000×5000m 的格网单元表示，看起来呈斑块状（图 3-32）。

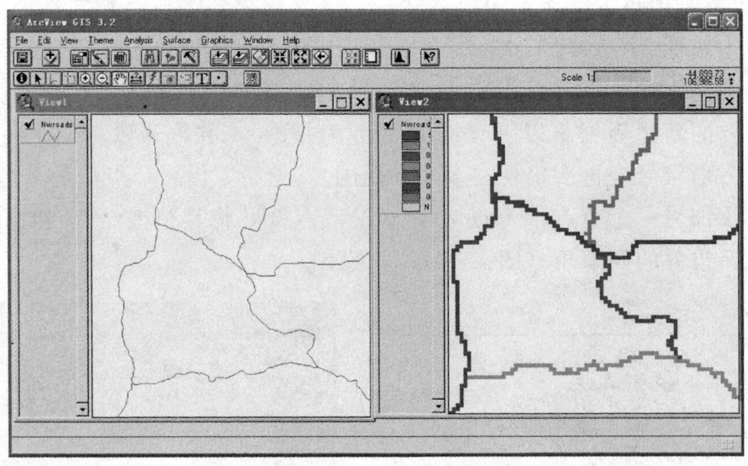

图 3-32　矢量转成栅格后的对比图

Shape 文件及其编辑

Shapefile 是 ArcView 存储空间数据的内部缺省文件格式。利用这一简单的、非拓仆型的格式，ArcView 实现了地理要素属性信息与几何位置的统一储存，这正是目前大多数 GIS 专业软件流行的设计方法。

一、Shape 格式

ArcView 的 Shape 文件格式可以通过其自身的实用工具创建，也可以经由 ARC/INFO coverage 或其他的桌面地图格式转换得到。转换既可以在其他程序中进行也可以在 ArcView 界面下来做。这些特点充分反映了 ArcView 对数据格式的灵活性和高度兼容性。

Shape 文件实际上只是 ArcView 进行 GIS 数据管理（定义感兴趣的地理要素的几何关系及要素属性）的 5 种核心文件类型之一。这 5 种文件作为项目工作组的内容被储存于同一个工作目录中，相互以不同的扩展名相区别：

. shp——储存地理要素的几何关系的文件。

. shx——储存图形要素的几何索引的文件。

.dbf——储存要素属性信息的 dBASE 文件。当 Shape 文件作为一个主题被加入到视图之后，该 .dbf 文件将会作为一个要素表格来显示。

.sbn 和 sbx——储存地理要素的空间位置索引的文件。除非您执行过类似于选择“主题之主题”、空间连接等操作，或者您对一个主题（属性表）的 Shape 字段创建过一个索引，否则这两种格式的文件将不会存在。另外得注意：如果您在进行各种操作过程中，中途没有对源数据目录进行过类似于“保存项目”之类的“写操作”，那么当您最终关闭 ArcView 或当前 Project 时，程序将会自动剔除这两种临时文件而使其不能在磁盘中得以永久保存，如果出现这种情况，那么您就无法在当前工作目录下找到它们。

.ain 和 aih 文件——储存地理要素主题属性表或其他表格的活动字段的属性索引信息的文件。除非执行过“表格链接”(Link) 操作，否则这两个文件是不会存在的。如果您中途没有对源数据目录进行过写操作（保存项目），那么这两个文件最终也不会自动在当前工作目录中得以保存。

二、Shape 文件优点

(1) 基于其非拓扑性，可以使文件迅速在视图中显示出来。

(2)“主题要素”的编辑功能只能在 Shape 格式下才能实现。

(3) 利用 Shape 文件格式可以生成用户感兴趣的“新主题”。

(4) 以共同字段属性值为基础，Shape 格式易于实现图形要素的合并或分解。

(5) 其开放性的文件格式不仅与 ARC/INFO 的数据格式完全兼容，而且能够被多种桌面 GIS 软件直接调用。

三、Shape 文件的编辑

Shape 文件的最大优点是其非拓扑性图形要素可以被任意编辑。不论当前要编辑的主题要素是点状的、线状的，还是面状（多边形）的，都必须先启动主题编辑工具。

1. Shape 主题的通用编辑方法

(1) 通过单击“主题目录表”中的主题名称来激活目标主题。

(2) 从视图中的“主题”(Theme) 下拉菜单中选择“Start Editing”选项。这时，在当前目标主题左侧矩形“检测框”四周将出现一个虚线框，它是当前主题可以被编辑的明显标识。

(3) 用“指针”(Pointer) 工具点击要编辑的对象，当对象周围出现“操作柄”（一般是由 8 个小矩形排列而成的矩形方框）时，用户就可以移动对象或通过拖放改变要素的大小。其他编辑项目的操作方法则因要素类型的不同而有所不同。

(4) 选择“主题”菜单下的“Save Edit”随时保存所做的编辑，保存完成后仍然自动回到编辑状态。直到选择“Stop Edit”并回答是否保存编辑结果后，方可结束本次编辑。

为了不破坏原有主题的原始信息，您也可以把您对当前主题所做的所有编辑结果保存成一个新的主题，方法是从“主题”下拉菜单中选择“Save Edit As”，并在出现的对话框中指定新主题文件的名称及磁盘保存位置。

2. 点状要素主题的编辑

被编辑的点状要素主题既可以是新创建的，也可以是在原有素材的基础上经转换而得到的，对于这两种情况，其主题的编辑方法是一致的。

当您创建了一个点状要素的新主题之后，一个与之相对应的“要素属性表”及其新记录就会自动产生于当前项目之中。在以后任何时候如果对主题的图形要素进行编辑，那么该属性表也就自动进入可编辑状态，您可以随时向属性表中输入新属性值来为字段添加数据新记录，当然也可以修改原有的记录。

在对点状主题进行编辑时，请牢记“一个Shape文件只能包含一种图形要素类型”，所以如果想要向点要素主题内添加新要素，就只能选择“点状要素”。

点状图形要素主题编辑的主要内容包括：

(1) 剪切、复制、删除活动主题。

(2) 剪切、复制、删除“点状要素”。

(3) 移动点状要素。

(4) 改变点状符号的外形。

(5) 撤销与恢复先前已做的编辑操作。

(6) 利用屏幕“快捷菜单”(Pop Menu) 协助点要素的编辑。

在“点要素”的编辑过程中，您可以随时通过点击鼠标右键调出屏幕“快捷菜单”(图3-33)。

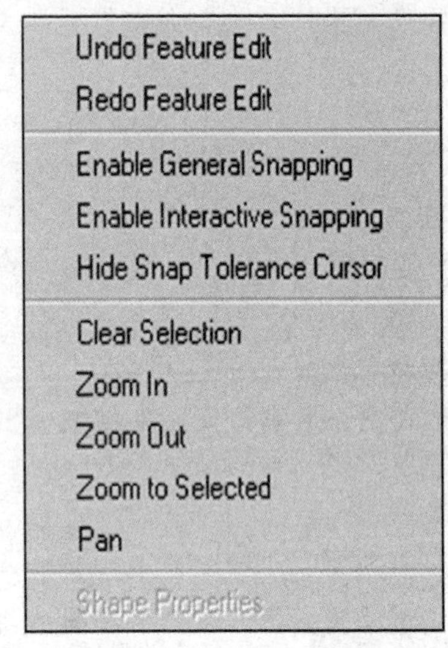

图3-33　弹出式快捷菜单视图

但是，通过操作会发现，ArcView的右键操作与常规Windows的右键操作有所不同，主要表现在：如果您单击一次右键马上松手的话，弹出式菜单只显现一下就立即消失，同时其中的第一个菜单项［即“撤销”(Undo Feature Edit) 项］自动被执行；如果您想选择其他菜单项，则需要按下右键不松手，然后顺弹出式菜单向下移动鼠标，当理想的菜单项高亮度显示时，松开鼠标右键即可。

3. 线状要素的编辑

(1) 创建线状要素时应当注意的问题。

1) 在您向您的线要素主题中增加新的线要素之前，您首先就应当考虑这些线条在视图中能否完美地排列与组合问题。如果线条之间存在有比较多的上、下交叉点或复合端点，您就应当在编辑时启动和设置“相互吸引 (Snapping)”环境。

2) 如果您已经启动了“相互吸引环境”，那么当您正在为主题添加新的线条时，您就可以通过单击鼠标右键调出“弹出式快捷菜单”，并在“菜单”中选择一种“吸引”方式 (General Snapping或Interactive Snapping)，以控制新添线如何被“吸引”到已经存在的线段。

3) 当您创建了一条新线后，程序会自动地在当前视图的主题属性表中添加一条新记录。当您编辑主题时，该属性记录表也会自动进入编辑状态。

4) 线条是由结点组成的，当您正在创建一个线条时，可以通过“弹出式菜单”选择

“删除上一点（Delete Last Vertex）”来取消上一次加点，您可以不断重复直到返回新生线的起始点。

5）新生线条与旧有线条的交叉关系一般是“立交交桥式”的，如果您想让新创建的线条在穿过其他线条时“劈开”旧的线条，以便分段编辑，就需要使用“要素编辑工具”中的“劈开（Split）”式画线工具。

（2）线状要素的编辑。

如果专题未进入编辑状态，激活要编辑的专题，选择菜单Theme/Start Editing。

1）线段的整体调整。点击要素选择工具（Pointer ），用鼠标点击要素，选中的要素周遍出现8个黑点，用鼠标拖动其中一个点，均可实现线段整体形状的变化。如果按键盘中的Delete键，该线段被整体删除。

2）线段的局部调整。先参考上述操作选择要编辑的线段，再点击拐点编辑工具（Vertex Edit ），被选择的线段周边8个黑点消失，每个拐点上出现空心的小方框，将光标移动到要调整的拐点，如果光标变为“十”字形，可以将该拐点拖动到要调整的位置，并松开鼠标键，实现拐点位置的移动。

编辑拐点时，光标移动到某拐点，光标变成“十”字形，按键盘中的Delete键，该拐点被删除。

增加拐点时，将光标移动到线段的某部分，单击鼠标，就为线段插入一个拐点。

借助捕捉功能，利用拐点编辑工具，选择多条线段相交的共同结点或共享的中间拐点，可以实现对多条线段坐标共享部分的位置调整。

4. 面状要素的编辑

（1）捕捉方式的设置。

ArcView除了提供通用捕捉方式（General Snapping）外，还提供交互式捕捉方式（Interactive Snapping），对于多边形即面状要素，交互式捕捉方式可作如下进一步的选择：

Snap to Vertex：捕捉已有多边形边界上的最近拐点、结点。

Snap to Boundary：捕捉已有多边形边界上的最近线段。

Snap to Intersection：捕捉两个或多个多边形的相交点。

调整捕捉方式的操作步骤为：先按住鼠标右键，出现常用菜单后选择Enable Interactive Snapping，在Views的工具条中出现捕捉图标，用鼠标按住该图标，就可进一步选择捕捉方式。线段编辑时也可使用交互式捕捉，操作步骤和多边形一样，功能上稍有差异。

（2）面状要素的分解、合并、组合。

1）分解。使用多边形分解方式（Polygon Split Tool ），在一个或多个多边形内部用输入线段的类似方法输入一条分界线，就可实现一个或多个多边形的分解。

2）合并。用要素选择工具，选择多个多边形，点击菜单Edit/Union Features，可实现多边形的合并。如果被选择的多边形没有共享的公共边界，合并的结果是产生几何上分离的组合多边形。

3）输入内部岛屿。在已有的多边形内部再输入一个小的多边形，点击菜单Edit/Combine Features，内部多边形就变成了岛屿，外部多边形和内部多边形不是重叠关系，而是嵌套关系。

4）消除重叠。选择多个相互重叠的多边形，点击菜单 Edit/Subtract Features，下层多边形的重叠部分被删除，上层不变。

5）仅保留交叉重叠部分。选择多个相互重叠的多边形，点击菜单 Edit/Intersect Features，相互交叉、重叠部分被保留，其他部分被删除。

(3）多边形几何形状的修改。

多边形的几何形状调整和线段的调整相似，用 Vertex Edit 工具可以实现多边形边界拐点的移动（Moving)、添加（Adding）或删除（Deleting)。

当选择单个多边形时，对于拐点的修改仅针对该个多边形。

当选择两个多边形的公共边界时，任何修改将同时影响这两个多边形。

当选择两个或几个多边形边界的公共拐点，任何对于该拐点的修改将影响拥有该拐点的所有多边形，具体的操作方法和线段拐点的调整方法基本一致。

应当注意的是，由于空间数据与属性数据的一一对应关系，当空间数据中要素的增加或减少，属性表中的记录数量也相应地增减，必要时为属性表中的字段设置属性更替的规则，如图3-34所示。

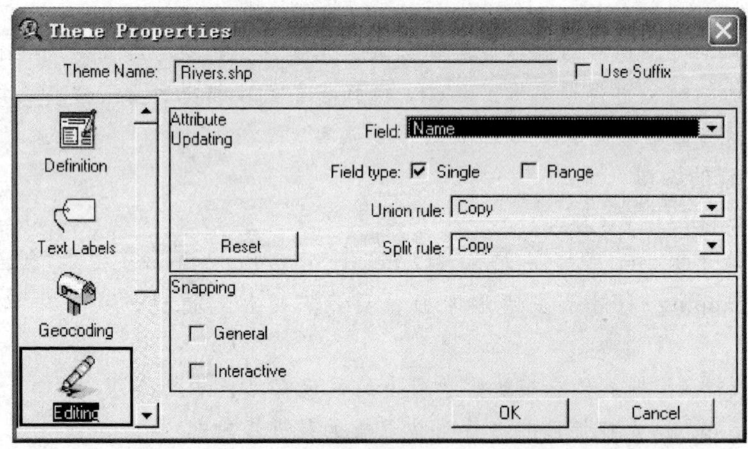

图3-34 设置属性数据更新规则

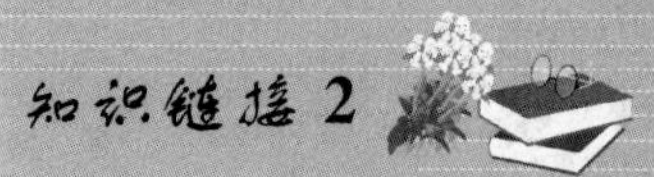

空间数据元数据

一、空间数据元数据概念

元数据，是描述数据的数据。在地理空间数据中，元数据是说明数据内容、质量、状况和其他有关特征的背景信息。元数据并不是一个新的概念。实际上传统的图书馆卡片、出版图书的版权说明、磁盘的标签等都是元数据。纸质地图的元数据主要表现为地图类型、地图图例，包括图名、空间参照系和图廓坐标、地图内容说明、比例尺和精度、编制出版单位和日期或更新日期、销售信息等。在这种形式下，元数据是可读的，生产者和用户之间容易交流，用户通过它可以非常容易地确定该书或地图是否能够满足其应用的需要。

随着计算机技术和GIS技术发展，特别是网络通信技术的发展，空间数据共享日益普遍。管理和访问大型数据集的复杂性正成为数据生产者和用户面临的突出问题。数据生产者需要有效的数据管理和维护办法；用户需要找到更快、更加全面和有效的方法，以便发现、访问、获取和使用现势性强、精度高、易管理和易访问的地理空间数据。在这种情况下，空间数据的内容、质量、状况等元数据信息变得更加重要，成为信息资源有效管理和应用的重要手段。地理信息元数据标准和操作工具已经成为国家空间数据基础设施的一个重要组成部分。

二、空间数据元数据的获取

空间数据元数据的获取是个较复杂的过程，相对于基础数据（Primary Data）的形成时间，它的获取可分为三个阶段：数据收集前、数据收集中和数据收集后。对于模型元数据，这三个阶段分别是模型形成前、模型形成中和模型形成后。

第一个阶段的元数据是根据要建设的数据库的内容而设计的元数据，内容包括：

（1）普通元数据。如数据类型、数据覆盖范围、使用仪器描述、数据变量表达、数据收集方法等。

（2）专指性元数据。即针对要收集的特定数据（如中国1950～1980年30年间的逐旬降水数据）的元数据，内容包括数据采样方法、数据覆盖的区域范围、数据表达的内容、数据时间、数据时间间隔、空间上数据的高度（或深度）、使用的仪器、数据潜在利用等。

第二阶段的元数据随数据的形成同步产生。例如，在测量海洋要素数据时，测点的水平和垂直位置、深度、温度、盐度、流速、海洋流向、表面风速、仪器设备等是同时得到的。

第三阶段的元数据是在上述数据收集到以后，根据需要产生的，它包括数据处理过程描述、数据的利用情况、数据质量评估、浏览文件的形成、拓扑关系、影像数据的指示体系及指标、数据库大小、数据存放路径等。

空间数据元数据的获取方法主要有五种：键盘输入、关联表、测量法、计算法和推理法。

（1）键盘输入一般工作量大且易出错，如有可能应尽量避免，但对某些元数据而言（如数据变量表达的内容）只能由键盘输入。

（2）关联表方法是通过公共项（字段）从已存在的元数据或数据中获取有关的元数据，例如，通过区域的名称从数据库中得到区域的空间位置坐标等。

（3）测量方法容易使用且出错较少，如用全球定位系统（GPS）测量数据空间点的位置等。

（4）计算方法指由其他元数据或数据计算得到的元数据，例如，水平位置可由仪器设置及时间计算得到，区域的面积可由多边形拓扑关系计算出来，该方法一般用于获取数量较大的元数据。

(5) 推理方法指根据数据的特征获取元数据。

在元数据获取的不同阶段，使用的方法也有差异。在第一阶段主要是键入方法和关联表方法；第二阶段主要采样测量方法；第三阶段主要方法是计算和推理方法。

三、空间数据元数据的作用

在地理信息系统应用中，元数据的主要作用可以归纳为如下几个方面：

(1) 帮助数据生产单位有效地管理和维护空间数据、建立数据文档，并保证即使其主要工作人员离退时，也不会失去对数据情况的了解。

(2) 提供有关数据生产单位数据存储、数据分类、数据内容、数据质量、数据交换网络及数据销售等方面的信息，便于用户查询检索地理空间数据。

(3) 帮助用户了解数据，以便就数据是否能满足其需求做出正确的判断。

(4) 提供有关信息，以便用户处理和转换有用的数据。

可见，元数据是使数据充分发挥作用的重要条件之一，它可以用于许多方面，包括数据文档建立、数据发布、数据浏览、数据转换等。元数据对于促进数据的管理、使用和共享均有重要的作用。

四、空间数据元数据的应用

1. 帮助用户获取数据

通过元数据，用户可对空间数据库进行浏览、检索和研究等。

2. 空间数据质量控制

不论是统计数据还是空间数据都存在数据精度问题，影响空间数据精度的原因主要有两个方面：一是源数据的精度；二是数据加工处理过程中精度质量的控制情况。

空间数据质量控制包括：

(1) 有准确定义的数据字典，以说明数据的组成、各部分的名称、表征的内容等。

(2) 保证数据逻辑科学地集成，如植被数据库中不同亚类的区域组合成大类区，这要求数据按一定逻辑关系有效地组合。

(3) 有足够的信息，以说明数据来源、数据的加工处理过程、数据解释。

这些要求可通过元数据来实现，这类元数据的获取往往由地学和计算机领域的工作者来完成。数据逻辑关系在数据中的表达要由地学工作者来设计，空间数据库的编码要求一定的地学基础，数据质量的控制和提高要有数据输入、数据查错、数据处理专业背景知识的人员，而数据再生产要由计算机基础较好的人员来实现。所有这些方面的元数据，按一定的组织结构集成到数据库中构成数据库的元数据信息系统以实现上述功能。

3. 在数据集成中的应用

数据集层次的元数据记录了数据格式、空间坐标体系、数据的表达形式、数据类型等信息。系统层次和应用层次的元数据则记录了数据使用软硬件环境、数据使用规范、数据标准等信息。这些信息在数据集成的一系列处理中，如数据空间匹配、属性一致化处理、数据在各平台之间的转换使用等是必需的。这些信息能够使系统有效地控制系统中的数据流。

4. 数据存储和功能实现

元数据系统用于数据库的管理，可以避免数据的重复存储，通过元数据建立的逻辑数据索引可以高效查询检索分布式数据库中任何物理存储的数据。减少数据用户查询数据库及获取数据的时间，从而降低数据库费用。数据库的建设和管理费用是数据库整体性能的反映，通过元数据可以实现数据库的设计和系统资源的利用方面开支的合理分配，数据库的许多功能（如数据库检索、数据转换、数据分析等）的实现是靠系统资源的开发来实现的，因而这类元数据的开发和利用将大大增强数据库的功能并降低数据库的建设费用。

空 间 数 据 质 量

一、空间数据质量概念

空间数据是地理信息系统最基本和最重要的组成部分，也是基础地理信息工程项目中投资比重最大的部分。数据质量的好坏，直接影响着系统应用分析结果的可靠程度和系统应用目标的真正实现。

空间位置、专题特征以及时间是表达现实世界空间变化的三个基本要素。空间数据是有关空间位置、专题特征以及时间信息的符号记录。而数据质量则是空间数据在表达这三个基本要素时，所能够达到的准确性、一致性、完整性，以及它们三者之间统一程度。

空间数据是对现实世界的抽象和表达，由于现实世界的复杂性和模糊性，以及认识和表达能力的局限性，这种抽象和表达总是不可能完全达到真实值，而只能在一定程度上接近真值。从这种意义上讲，数据质量发生问题是不可避免的。另外，对空间数据的处理也会出现质量问题，例如，在某些应用中，用户可能根据需要来对数据进行删减或扩充，这也会引入误差。

二、与数据质量有关的基本概念

(1) 误差 (Error)：误差反映了数据与“真实值”之间的差异。误差是常用的数据准确性的一种表达方式。

(2) 数据的准确度 (Accuracy)：数据的准确度被定义为结果、计算值或估计值与真实值（真值）之间的接近程度。

(3) 数据的精密度 (Resolution)：数据的精密度指的是数据表示的精密程度，也即数据表示的有效位数。它表示了测量值本身的离散程度。由于精密度的实质在于它对数据准确度的影响，在很多情况下，它可以通过准确度而得以体现，因此常把两者结合起来一起称为精确度，简称精度。

(4) 不确定性 (Uncertainty)：不确定性是关于空间过程和特征不能被准确确定的程

度，是自然界各种实体或现象本身固有的属性，在形式上它包含了真值的一个范围。这个范围越大，数据的不确定性就越大。

三、空间数据质量的评价

1. 空间数据质量标准

空间数据质量标准是生产、使用和评价空间数据的依据，数据质量是数据整体性能的综合体现。目前，世界上已经建立了一些数据质量标准，如美国FGDC的数据质量标准等。

空间数据质量标准的建立必须考虑空间过程和现象的认知、表达、处理、再现等全过程。空间数据质量标准要素及其内容如下：

(1) 数据情况说明：要求对地理数据的来源、数据内容及其处理过程等作出准确、全面和详尽的说明。

(2) 位置精度或称定位精度：为空间实体的坐标数据与实体真实位置的接近程度，常表现为空间三维坐标数据精度。它包括数学基础精度、平面精度、高程精度、接边精度、形状再现精度（形状保真度）、像元定位精度（图像分辨率）等。平面精度和高程精度又可分为相对精度和绝对精度。

(3) 属性精度：指空间实体的属性值与其真值相符的程度。通常取决于地理数据的类型，且常常与位置精度有关，包括要素分类与代码的正确性、要素属性值的准确性及其名称的正确性等。

(4) 时间精度：指数据的现势性。可以通过数据更新的时间和频度来表现。

(5) 逻辑一致性：指地理数据关系上的可靠性，包括数据结构、数据内容（包括空间特征、专题特征和时间特征），以及拓扑性质上的内在一致性。

(6) 数据完整性：指地理数据在范围、内容及结构等方面满足所有要求的完整程度，包括数据范围、空间实体类型、空间关系分类、属性特征分类等方面的完整性。

(7) 表达形式的合理性：主要指数据抽象、数据表达与真实地理世界的吻合性，包括空间特征、专题特征和时间特征表达的合理性等。

2. 空间数据质量的评价

空间数据质量的评价，就是用空间数据质量标准要素对数据所描述的空间、专题和时间特征进行评价。

(1) 质量评价过程。空间数据的质量对数据生产者和用户来说都是一个非常重要的考虑因子，它可以使数据生产者正确描述他们的数据集符合生产规范的程序，也是用户决定数据集是否符合他们应用目的的依据。因此，探索数据质量的理论问题便成为地理空间数据标准化的重要组成部分。在元数据标准中，质量信息主要在标识信息、数据质量信息及其数据继承关系等元数据部分中出现，其所涉及的主要元素有数据集的完备性、逻辑一致性、位置精度、时间精度、专题精度等，而每一元素又有各自的子元素。由于用户需要不同层次的数据质量，有些用户需要高精度的信息，而另一些用户则有较低层次的精度便可以满足他们的需求，这样对数据集的质量标准就有不同的评价依据。但作为质量中的几何精度评价，则通过一定的计算公式和相应的精度指标可以获得数据集的几何精度。

(2) 多尺度评价依据。在质量评定过程中，一般来说，数据的精度或准确度越高越好，但在实际应用中却不能不分对象一概而论。事实上有的数据在应用中的意义很大（如地籍数据的界址点等），其本身精度也可以达到很高，因此对这些数据的精度要求也就很高；而另一些数据本身的精度不可能很高，如不同土壤类型的面积，由于它们之间的界限是模糊的，所以面积也是相对的，因此精度要求不可能很高；有的数据精度可以达到很高，但需要花费很多的人力、物力和时间，而生产上或应用上又不一定要求很高。因此，在实际应用中应根据具体需要来评定数据的质量。地球是一个复杂的系统，不少物体具有不确定性或模糊性特征。有些物体本身就没有明确的界限，它们是逐渐过渡的，在由量变到质变过程中，难以确定其边界线；有些虽然有明确的定义，但很难操作；有些数据是动态的，甚至是瞬间的。通过上面的“冗余”精度，以避免造成精度浪费。

（3）数据的实效性与唯一性。地球系统的数据，有些具有明显的时效（时间）特征，有的则对时间的反应比较迟缓，例如土地利用图的时效性，随地区的差异在时间上有明显的变化；而相对来说，地质图、地形图则没有明显的时效性。在图形的时效性上，一般来说具有动态特征的数据，它们的时间有效性较短，相反则长。但从研究历史变化或发展过程来说，任何时间的数据集都是有用的。所以不同时效性的数据集将根据其作用的不同来确定其重要性，而这些因素在元数据体系中都应有所反应。另外，地球系统的数据有可派生数据和不可派生数据之分，而在数据集描述中应避免派生数据。

（4）数据精度的测试与报告。对于用户和数据生产者来说，他们各自所关心的数据质量是有一定联系的。数据集生产者必须使所生产的数据集满足制图规范，而用户则根据数据集的质量信息确定该数据集是否满足他们的应用需求，所以数据集生产者提供的数据集信息应是用户所关心的信息。因此，在数据集报告中应包括相应的精度测试方法及其测试结果等内容。

四、空间数据质量控制常见的方法

1. 传统的手工方法

质量控制的人工方法主要是将数字化数据与数据源进行比较，图形部分的检查包括目视方法、将录入后的数据绘制到透明图上与原图叠加进行比较，属性部分的检查采用与原图属性逐个对比或其他比较方法。

2. 元数据方法

数据集的元数据中包含了大量的有关数据质量的信息，通过它可以检查数据质量，同时元数据也记录了数据处理过程中质量的变化，通过跟踪元数据可以了解数据质量的状况和变化。

3. 地理相关法

用空间数据的地理特征要素自身的相关性来分析数据的质量。例如，从地表自然特征的空间分布着手分析，山区河流应位于微地形的最低点，因此，叠加河流和等高线两层数据时，若河流的位置不在等高线的外凸连线上，则说明两层数据中必有一层数据有质量问题，如不能确定哪层数据有问题时，可以通过将它们分别与其他质量可靠的数据层叠加来进一步分析。因此，可以建立一个有关地理特征要素相关关系的知识库，以备各空间数据层之间地理特征要素的相关分析之用。

全球定位系统（GPS）简介

GPS是英文Global Positioning System（全球定位系统）的简称，是20世纪70年代由美国陆海空三军联合研制的新一代空间卫星导航定位系统。其主要目的是为陆、海、空三大领域提供实时、全天候和全球性的导航服务，并用于情报收集、核爆监测和应急通信等一些军事目的，经过20余年的研究实验，耗资300亿美元，到1994年3月，全球覆盖率高达98%的24颗GPS卫星星座已布设完成。

全球定位系统由三部分构成：①地面控制部分，由主控站（负责管理、协调整个地面控制系统的工作)、地面天线（在主控站的控制下，向卫星注入寻电文)、监测站（数据自动收集中心）和通信辅助系统（数据传输）组成；②空间部分，由24颗卫星组成，分布在6个道平面上；③用户装置部分，主要由GPS接收机和卫星天线组成。

全球定位系统的主要特点：①全天候；②全球覆盖；③三维定速定时高精度；④快速省时高效率：⑤应用广泛多功能。

全球定位系统的主要用途：①陆地应用，主要包括车辆导航、应急反应、大气物理观测、地球物理资源勘探、工程测量、变形监测、地壳运动监测、市政规划控制等；②海洋应用，包括远洋船最佳航程航线测定、船只实时调度与导航、海洋救援、海洋探宝、水文地质测量以及海洋平台定位、海平面升降监测等；③航空航天应用，包括飞机导航、航空遥感姿态控制、低轨卫星定轨、导弹制导、航空救援和载人航天器防护探测等。

遥感（RS）简介

遥感是通过遥感器这类对电磁波敏感的仪器，在远离目标和非接触目标物体条件下探测目标地物，获取其反射、辐射或散射的电磁波信息（如电场、磁场、电磁波、地震波等信息)，并进行提取、判定、加工处理、分析与应用的一门科学和技术，遥感信息已经成为GIS的主要信息源。

遥感是以航空摄影技术为基础，在20世纪60年代初发展起来的一门新兴技术。开始为航空遥感，自1972年美国发射了第一颗陆地卫星后，这就标志着航天遥感时代的开始。经过几十年的迅速发展，目前遥感技术已广泛应用于资源环境、水文、气象，地质地理等领域，成为一门实用的，先进的空间探测技术。

遥感是一门对地观测综合性技术，它的实现既需要一整套的技术装备，又需要多种学科的参与和配合，因此实施遥感是一项复杂的系统工程。根据遥感的定义，遥感系统主要由以下四大部分组成：

（1）信息源：信息源是遥感需要对其进行探测的目标物。任何目标物都具有反射、吸收、透射及辐射电磁波的特性，当目标物与电磁波发生相互作用时会形成目标物的电磁波特性，这就为遥感探测提供了获取信息的依据。

（2）信息获取：信息获取是指运用遥感技术装备接受、记录目标物电磁波特性的探测过程。信息获取所采用的遥感技术装备主要包括遥感平台和传感器。其中遥感平台是用来搭载传感器的运载工具，常用的有气球、飞机和人造卫星等；传感器是用来探测目标物电磁波特性的仪器设备，常用的有照相机、扫描仪和成像雷达等。

（3）信息处理：信息处理是指运用光学仪器和计算机设备对所获取的遥感信息进行校正、分析和解译处理的技术过程。信息处理的作用是通过对遥感信息的校正、分析和解译处理，掌握或清除遥感原始信息的误差，梳理、归纳出被探测目标物的影像特征，然后依据特征从遥感信息中识别并提取所需的有用信息。

（4）信息应用：信息应用是指专业人员按不同的目的将遥感信息应用于各业务领域的使用过程。信息应用的基本方法是将遥感信息作为地理信息系统的数据源，供人们对其进行查询、统计和分析利用。遥感的应用领域十分广泛，最主要的应用有军事、地质矿产勘探、自然资源调查、地图测绘、环境监测以及城市建设和管理等。

遥感作为一门对地观测综合性技术，它的出现和发展既是人们认识和探索自然界的客观需要，更有其他技术手段与之无法比拟的特点：

（1）大面积同步观测。

遥感探测能在较短的时间内，从空中乃至宇宙空间对大范围地区进行对地观测，并从中获取有价值的遥感数据。这些数据拓展了人们的视觉空间，为宏观地掌握地面事物的现状情况创造了极为有利的条件，同时也为宏观地研究自然现象和规律提供了宝贵的第一手资料。这种先进的技术手段与传统的手工作业相比是不可替代的。

（2）时效性强。

获取信息的速度快，周期短。由于卫星围绕地球运转，从而能及时获取所经地区的各种自然现象的最新资料，以便更新原有资料，或根据新旧资料变化进行动态监测，这是人工实地测量和航空摄影测量无法比拟的。

（3）数据的综合性与可比性。

能动态反映地面事物的变化遥感探测能周期性、重复地对同一地区进行对地观测，这有助于人们通过所获取的遥感数据，发现并动态地跟踪地球上许多事物的变化。同时，研究自然界的变化规律。尤其是在监视天气状况、自然灾害、环境污染甚至军事目标等方面，遥感的运用就显得格外重要。

（4）较高的经济与社会效益。

获取信息受条件限制少。在地球上有很多地方，自然条件极为恶劣，人类难以到达，如沙漠、沼泽、高山峻岭等。采用不受地面条件限制的遥感技术，特别是航天遥感可方便及时地获取各种宝贵资料。

学习情境4　GIS 空 间 分 析

空间分析是基于地理对象的位置和形态的空间数据的分析技术，其目的在于提取和传输空间信息。空间分析是地理信息系统的主要特征。空间分析能力（特别是对空间隐含信息的提取和传输能力）是地理信息系统区别于一般信息系统的主要方面，也是评价一个地理信息系统成功与否的一个主要指标。

空间分析实际上是对空间数据一系列的运算和查询。不同的应用具有不同的运算和不同的查询内容、方式、过程。应用模型是在对具体对象与过程进行大量专业研究的基础上总结出来的客观规律的抽象，将它们归结成一系列典型的运算与查询命令，可以解决某一类专业的空间分析任务。

任务一　空 间 查 询

一、矢量数据查询

查询和定位空间对象，并对空间对象进行量算是地理信息系统的基本功能之一，它是地理信息系统进行高层次分析的基础。在地理信息系统中，为进行高层次分析，往往需要查询定位空间对象，并用一些简单的量测值对地理分布或现象进行描述，如长度、面积、距离、形状等。实际上，空间分析首先始于空间查询和量算，它是空间分析的定量基础。

图形与属性互查是最常用的查询，主要有两类：第一类是按属性信息的要求来查询定位空间位置，称为“属性查图形”。如在中国行政区划图上查询人口大于4000万且城市人口大于1000万的省有哪些，这和一般非空间的关系数据库的SQL查询没有区别，查询到结果后，再利用图形和属性的对应关系，进一步在图上用指定的显示方式将结果定位绘出。第二类是根据对象的空间位置查询有关属性信息，称为“图形查属性”。如一般地理信息系统软件都提供一个“INFO”工具，让用户利用光标，用点选、画线、矩形、圆、不规则多边形等工具选中地物，并显示出所查询对象的属性列表，可进行有关统计分析。该查询通常分为两步，首先借助空间索引，在地理信息系统数据库中快速检索出被选空间实体，然后根据空间实体与属性的连接关系即可得到所查询空间实体的属性列表。

在大多数GIS中，提供的空间查询方式有以下几种。

1. 基于空间关系查询

空间实体间存在着多种空间关系，包括拓扑、顺序、距离、方位等关系。通过空间关系查询和定位空间实体是地理信息系统不同于一般数据库系统的功能之一。如查询满足下列条件的城市：①在京沪线的东部；②距离京沪线不超过50km；③城市人口大于100万；④城市选择区域是特定的多边形。

整个查询计算涉及了空间顺序方位关系（京沪线东部）、空间距离关系（距离京沪线不超过50km）、空间拓扑关系（使选择区域是特定的多边形），甚至还有属性信息查询（城市人口大于100万）。

简单的面、线、点相互关系的查询包括：

面面查询，如与某个多边形相邻的多边形有哪些。

面线查询，如某个多边形的边界有哪些线。

面点查询，如某个多边形内有哪些点状地物。

线面查询，如某条线经过（穿过）的多边形有哪些，某条链的左右多边形是哪些。

线线查询，如与某条河流相连的支流有哪些，某条道路跨过哪些河流。

线点查询，如某条道路上有哪些桥梁，某条输电线上有哪些变电站。

点面查询，如某个点落在哪个多边形内。

点线查询，如某个结点由哪些线相交而成。

2. 基于属性数据的查询

GIS中基于属性数据的查询包括两个方面的内容：由地物目标的某种属性数据（或者属性集合）查询该目标的其他属性信息；由地物目标的属性信息查询其对应的图形信息。我们以自来水管网信息系统为例来讲述这两种方式。前一种，比如我们需要查找系统中管径80cm的水管是什么材质制造的；后一种，我们需要在屏幕上显示编码为DH0010339的管道在地图的什么位置上。

目前GIS的地物属性数据库大多是以传统的关系数据库为基础的，因此基于属性的GIS查询可以通过关系数据库的SQL语言进行查询。一般来说，地物的图形数据和属性数据是分开存储的，图形和属性之间通过目标的ID码进行关联，通过SQL语言操作数据库进行查询。

3. 图形属性混合查询

GIS中的查询往往不仅仅是单一的图形或者属性信息查询，而是包含了两者的混合查询。比如在管线系统中，我们需要查询指定区域内的具有某种属性的目标，例如查询在屏幕上指定圆域以内的管径为80cm的混凝土管道。这一查询是图形查询混合查询，查询条件包含了三个条件：坐标范围限制、管段口径限制和管段材质限制。查询的结果可以是图形的屏幕显示或者属性的报表显示。

混合查询中有两个方面是比较重要的，一是查询条件的分离，一是查询的优化。对于多条件的混合查询，查询的条件要分离为对图形和属性的查询，在相应的图形数据和属性数据库中查询，结果为两者的交集。查询优化在多条件查询情况下可以通过调整查询顺序来提高查询的执行效率。

二、栅格数据查询

1. 栅格主题中单元值的查询

要想查看某个栅格主题的单元值，可以先激活这个栅格主题，然后点击快捷按钮来查询每个栅格单元的值。

查询栅格单元值的功能，不管是对离散型的栅格主题还是连续型的栅格主题，都可以完成。不同的是查询离散型的栅格主题的单元值，除了有这个单元的值外，还有一项是这个值在整个栅格主题中的数目（图 4-1）。

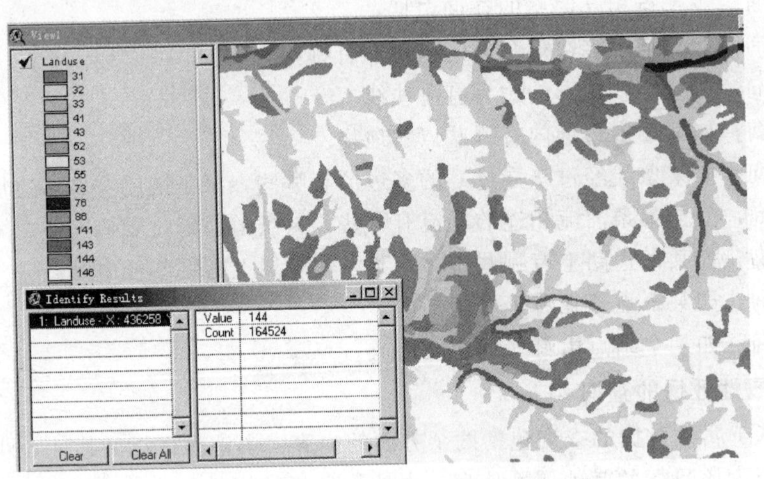

图 4-1 栅格主题中单元值的查询

2. 栅格主题中属性的概略统计

除了了解栅格主题单个单元的属性外，有时还会需要了解整个主题属性的取值范围（最大值、最小值）、平均值、标准差等统计信息。方法如下：

(1) 双击视图内容列表中栅格主题的图例，打开图例编辑器。

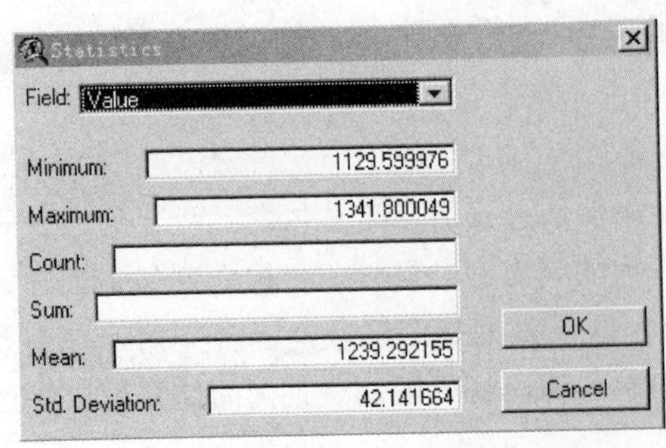

图 4-2 连续栅格主题的属性概略统计

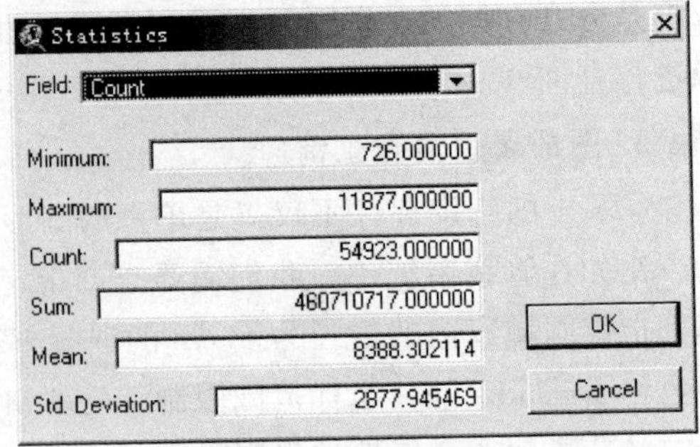

图 4-3 离散栅格主题的属性概略统计

(2) 单击下端的统计（Statistics）按钮，打开"统计"对话框。选择任何您想了解的字段（Field），则可得到这个字段的统计信息。对于连续型栅格主题，其字段只有一个"Value"，统计信息包括最大值、最小值、平均值、标准差（图 4-2）。

对于离散型的栅格主题，其字段最少包括两项："Value"和"Count"，每一个字段的统计信息包括最大值、最小值、单元的数目、每个单元数值的总和、平均值、标准差（图 4-3）。

3. 以直方图形式显示栅格主题的属性

直方图是一种对大量数据的统计图表的表示方法。直方图对连续数值的栅格主题和离散数值的栅格主题都可以表示。直方图是按照栅格主题的图例分类和符号（主要指颜色）来建立直方图的条数、颜色等，直方图中的每一条代表该栅格主题中的某一个（如果是连续数值的栅格主题，则是某一个范围的数值）值的单元总数。另外，可以通过改变栅格主题中的图例分类来改变直方图的分组形式及符号（颜色）的组成。

（1）建立一个栅格主题中所有单元的直方图。

1）激活栅格主题。

2）单击工具条上的直方图按钮。

另外，还可以用点、线、面等形物体在视图中定义一个特定的区域，并在该区域中创建这个特定区域的直方图（图 4-4）。

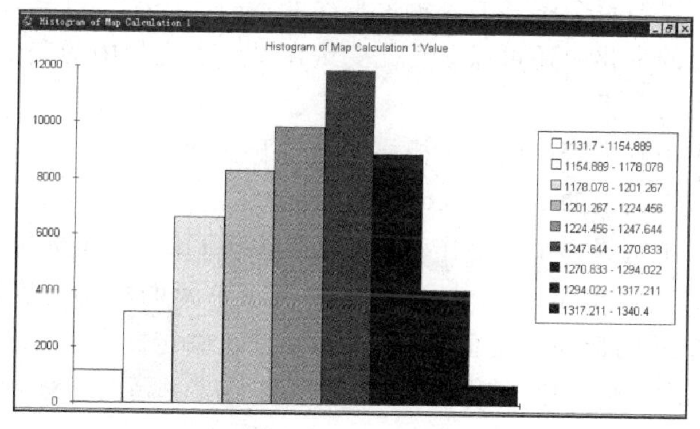

图 4-4 直方图

（2）建立某一个特定图形内所含栅格单元的直方图。

1）使用工具条上的绘图工具，绘制一个任意图形，可以是点、线或面，然后选择它。如果已经有一个特定的图形，也可以直接选择。

2）点击栅格主题，激活它。

3）点击工具条上的直方图按钮。图 4-5 是某一条线所经过的栅格单元的直方图。

还有一种建立直方图的方法是：利用另外一个主题中的点、线、面来定义哪些栅格单元将用来创建直方图。这些特征不仅仅可以定义区域，而且主题的某一个属性字段还可以定义直方图如何分组。具体方法见后面的 Arc/View 空间分析功能中的"Histogram By Zone"。这方面的例子有：如果知道了某一个区域的土地利用类型，也知道这个区域每一个栅格单元的坡度，要想知道每一种土地利用类型中坡度的组合情况，则可以通过此方法来完成。

4. 显示栅格主题的亮度

在显示栅格主题中，栅格单元的每一个单元的颜色是按照左侧图例的颜色显示的。

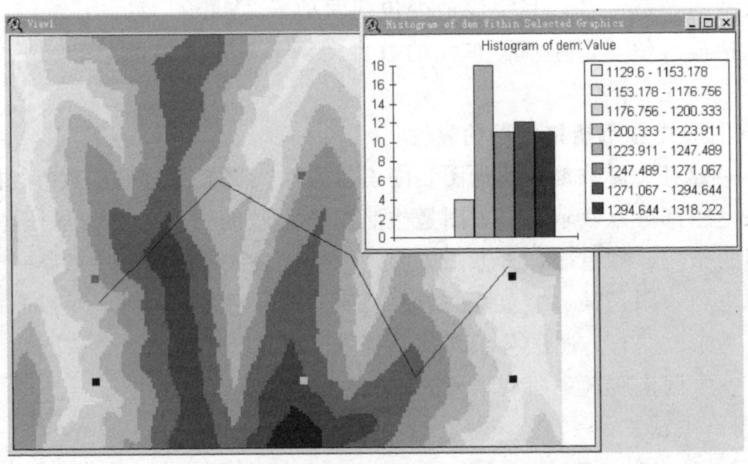

图 4-5 某一条线所经过的栅格单元的直方图

Arc/View 还提供了一种功能，使每个栅格单元颜色的亮度随着另一个主题的相应单元的值而进行改变，这可以给整个图形的显示带来深度感和层次感。这样，在视图中不仅能看到一个变量在空间上的变化，还可以看到此变量在另一个变量中的变化。比如，可以观察土地利用和地形之间的关系。

（1）双击视图中内容列表中的一个栅格主题打开图例编辑器。

（2）选择图例编辑器上的 Advanced 按钮。

（3）从主题列表中选择一个主题作为“Brightness Theme”（亮度主题）。

（4）输入合适的“Minimum Cell Brightness”（单元的最小亮度值）和“Maximum Cell Brightness”（单元的最大亮度值），点击 OK 按钮确定。点击图例编辑器中的 Apply 按钮确定。图 4-6 是一个选用 Hillshade 主题作为亮度主题的土地利用类型主题的栅格显示。

图 4-6 有深度感的主题图层

任务二　缓冲区分析

缓冲区分析是指以点、线、面实体为基础，自动建立其周围一定宽度范围内的缓冲区多边形图层，然后建立该图层与目标图层的叠加，进行分析而得到所需结果。它是用来解决邻近度问题的空间分析工具之一。邻近度描述了地理空间中两个地物距离相近的程度。

缓冲区分析是地理信息系统重要的空间分析功能之一，它在交通、林业、资源管理、城市规划中有着广泛的应用，例如湖泊和河流周围的保护区的定界、汽车服务区的选择、民宅区远离街道网络的缓冲区的建立等。

一、缓冲区的类型

（1）点的缓冲区。

基于点要素的缓冲区，通常以点为圆心、以一定距离为半径的圆（图 4－7）。

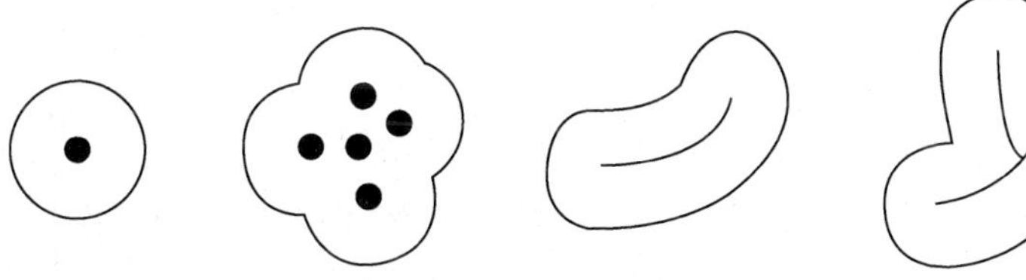

图 4－7　点缓冲区　　　　图 4－8　线缓冲区

（2）线的缓冲区。

基于线要素的缓冲区，通常是以线为中心轴线，距中心轴线一定距离的平行条带多边形（图 4－8）。

（3）面的缓冲区。

基于面要素多边形边界的缓冲区，向外或向内扩展一定距离以生成新的多边形（图 4－9）。

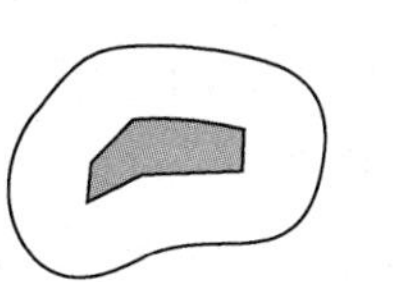

图 4－9　面缓冲区

（4）多重缓冲区。

在建立缓冲区时，缓冲区的宽度也就是邻域的半径并不一定是相同的，可以根据要素的不同属性特征，规定不同的邻域半径，以形成可变宽度的缓冲区。例如，沿河流绘出的环境敏感区的宽度应根据河流的类型而定。这样就可根据河流属性表，确定不同类型的河流所对应的缓冲区宽度，以产生所需的缓冲区（图 4－10）。

二、缓冲区的建立

（1）点缓冲区的建立。

点缓冲区的建立从原理上来说相当地简单，即建立以点状要素为圆心、半径为缓冲区距离的圆周所包围的区域，其算法的关键是确定点状要素为中心的圆周。若要将多个点缓冲区合并，则可采用圆弧弥合的方法：将圆心角等分，用等长的弧代替圆弧，即用均与步长的直线段逼近圆弧。

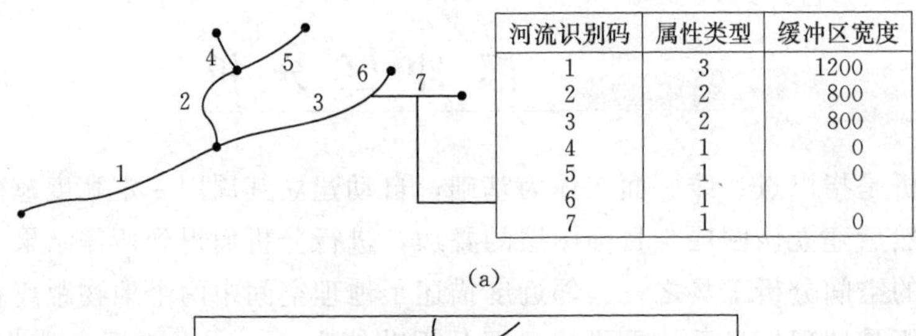

河流识别码	属性类型	缓冲区宽度
1	3	1200
2	2	800
3	2	800
4	1	0
5	1	0
6	1	
7	1	0

(a)

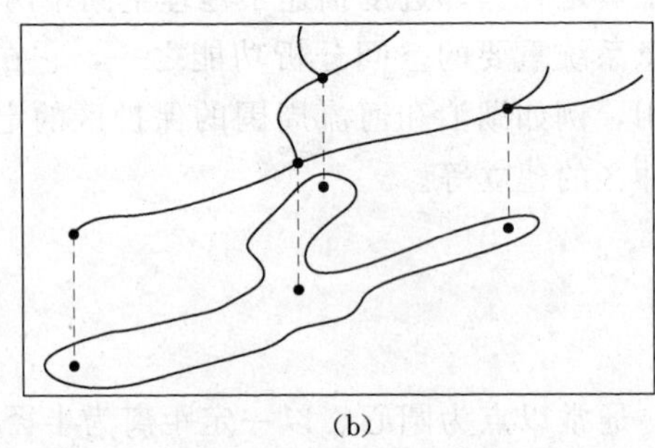

(b)

图 4-10　多重缓冲区

（2）线缓冲区的建立。

线缓冲区的建立比较复杂：先生成缓冲区边界，然后对可能出现的尖角和凹陷等特殊情况做进一步的处理，最后进行自相交处理以区别缓冲区的外边界和岛边界。缓冲区计算的基本问题是双线问题，主要有角平分线法和凸角圆弧法。

1）角平分线法。

角平分线法的基本思想是：在轴线首尾处作轴线的垂线，按缓冲区半径 R 截出左右边线的起止点并对轴线作其平行线；在轴线的其他转折点上，用与该线所关联的两邻线段的平行线的交点来生成缓冲区对应顶点，如图 4-11 所示。

角分线法的缺点是难以最大限度保证双线的等宽性，尤其是在凸侧角点在进一步变锐时，将远离轴线顶点。当缓冲区半径不变时，d 随张角 B 的减小而增大，结果在尖角处双线之间的宽度遭到破坏。因此，为克服角分线法的缺点，要有相应的补充判别方案，用于校正所出现的异常情况。但由于异常情况不胜枚举，导致校正措施复杂。

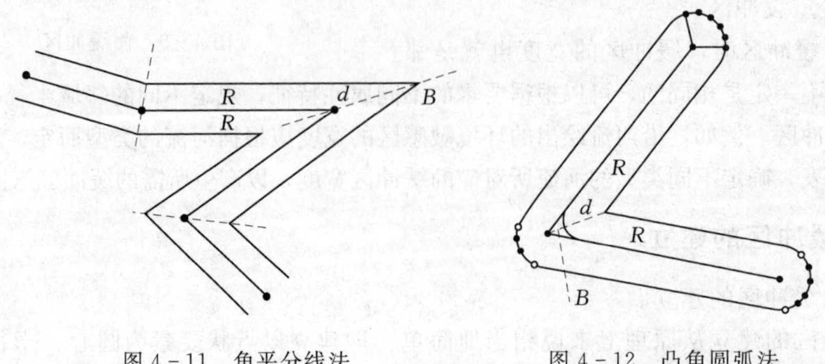

图 4-11　角平分线法　　　　图 4-12　凸角圆弧法

2）凸角圆弧法。

在轴线首尾点处，作轴线的垂线并按双线和缓冲区半径截出左右边线起止点；在轴线其他转折点处，首先判断该点的凸凹性，在凸侧用圆弧弥合，在凹侧则用前后两邻边平行线的交点生成对应顶点。这样外角以圆弧连接，内角直接连接，线段端点以半圆封闭，如图 4 - 12 所示。

在凹侧平行边线相交在角分线上。交点距对应顶点的距离与角分线法类似公式：

$$d=R/\sin(B/2)$$

该方法最大限度地保证了平行曲线的等宽性，避免了角分线法的众多异常情况。

任务三　叠　加　分　析

叠加分析是地理信息系统最常用的提取空间隐含信息的手段之一。该方法源于传统的透明材料叠加，即将来自不同的数据源的图纸绘于透明纸上，在透光桌上将其叠放在一起，然后用笔勾出感兴趣的部分，提取出感兴趣的信息。

地理信息系统的叠加分析是将有关主题层组成的数据层面，进行叠加产生一个新数据层面的操作，其结果综合了原来两层或多层要素所具有的属性。叠加分析不仅包含空间关系的比较，还包含属性关系的比较。地理信息系统叠加分析可以分为以下几类：视觉信息叠加、点与多边形叠加、线与多边形叠加、多边形叠加、栅格图层叠加。

一、视觉信息叠加

视觉信息叠加是将不同侧面的信息内容叠加显示在结果图件或屏幕上，以便研究者判断其相互空间关系，获得更为丰富的空间信息。地理信息系统中视觉信息叠加包括以下几类：

(1) 点状图，线状图和面状图之间的叠加显示。

(2) 面状图区域边界之间或一个面状图与其他专题区域边界之间的叠加。

(3) 遥感影像与专题地图的叠加。

(4) 专题地图与数字高程模型（DEM）叠加显示立体专题图。

视觉信息叠加不产生新的数据层面，只是将多层信息复合显示，便于分析。

二、点与多边形叠加

点与多边形叠加，是指一个点图层与一个多边形图层相叠加，叠加分析的结果往往是将其中一个图层的属性信息注入另一个图层中，然后更新得到的数据图层；基于新数据图层，通过属性数据直接获得点与多边形叠加所需要的信息。

点与多边形叠加，实际上是计算多边形对点的包含关系。矢量结构的 GIS 能够通过计算每个点相对于多边形线段的位置，进行点是否在一个多边形中的空间关系判断。

在完成点与多边形的几何关系计算后，还要进行属性信息处理。最简单的方式是将多边形属性信息叠加到其中的点上。当然也可以将点的属性叠加到多边形上，用于标识该多边形，如果有多个点分布在一个多边形内的情形时，则要采用一些特殊规则，如将点的数目或各点属性的总和等信息叠加到多边形上。

通过点与多边形叠加，可以计算出每个多边形类型里有多少个点，不但要区分点是否在多边形内，还要描述在多边形内部的点的属性信息。通常不直接产生新数据层面，只是把属性信息叠加到原图层中，然后通过属性查询间接获得点与多边形叠加的需要信息。例如一个中国政区图（多边形）和一个全国矿产分布图（点），两者经叠加分析后，并且将政区图多边形有关的属性信息加到矿产的属性数据表中，然后通过属性查询，可以查询指定省有多少种矿产，产量有多少；而且可以查询，指定类型的矿产在哪些省里有分布等信息。

三、线与多边形叠加

线与多边形叠加，是指一个线图层与一个多边形图层相叠加，叠加分析的结果往往是将多变形图层的属性信息注入另一个图层中，然后更新得到的数据图层；基于新数据图层，通过属性数据直接获得线与多边形叠加所需要的信息。

线与多边形的叠加，是比较线上坐标与多边形坐标的关系，判断线是否落在多边形内。计算过程通常是计算线与多边形的交点，只要相交，就产生一个结点，将原线打断成一条条弧段，并将原线和多边形的属性信息一起赋给新弧段。叠加的结果产生了一个新的数据层面，每条线被它穿过的多边形打断成新弧段图层，同时产生一个相应的属性数据表记录原线和多边形的属性信息。根据叠加的结果可以确定每条弧段落在哪个多边形内，可以查询指定多边形内指定线穿过的长度。如果线状图层为河流，叠加的结果是多边形将穿过它的所有河流打断成弧段，可以查询任意多边形内的河流长度，进而计算它的河流密度等；如果线状图层为道路网，叠加的结果可以得到每个多边形内的道路网密度，内部的交通流量，进入、离开各个多边形的交通量，相邻多边形之间的相互交通量。

四、多边形叠加

多边形叠加是 GIS 最常用的功能之一。多边形叠加将两个或多个多边形图层进行叠加产生一个新多边形图层的操作，其结果将原来多边形要素分割成新要素，新要素综合了原来两层或多层的属性。如图 4－13 所示。

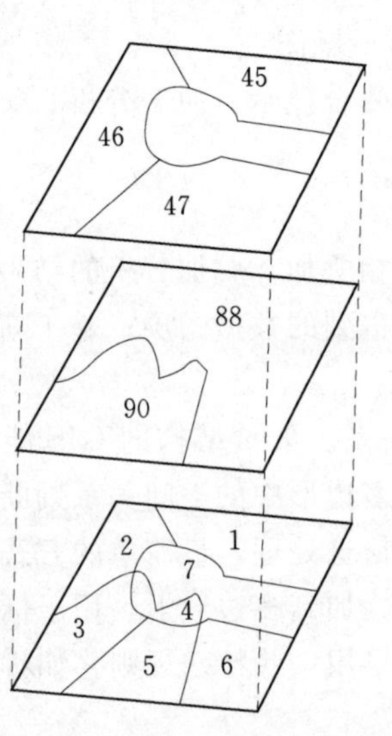

图层 1

宗地 ID	宗地号
45	京-99-01
46	京-99-02
47	京-99-03

图层 2

土壤 ID	稳定性
88	稳定
90	不稳定

叠加结果图层

ID	宗地 ID	宗地号	土壤 ID	稳定性
1	45	京-99-01	88	稳定
2	46	京-99-02	88	稳定
3	46	京-99-02	90	不稳定
4	-	-	90	不稳定
5	47	京-99-03	90	不稳定
6	47	京-99-03	88	稳定
7	-	-	88	稳定

图 4－13　多边形叠加分析

进行多个多边形的叠加运算，在参与运算多边形所构成的属性空间（就图 4-13 而言，为宗地 ID，宗地号，土壤 ID，稳定性）内，每个结果多边形内部的属性值是一致的，可以称为最小公共地理单元（Least Common Geographic Unit，LCGU）。

叠加过程可分为几何求交过程和属性分配过程两步。几何求交过程首先求出所有多边形边界线的交点，再根据这些交点重新进行多边形拓扑运算，对新生成的拓扑多边形图层的每个对象赋一多边形唯一标识码，同时生成一个与新多边形对象一一对应的属性表。由于矢量结构的有限精度原因，几何对象不可能完全匹配，叠加结果可能会出现一些碎屑多边形（Silver Polygon），如图 4-14 所示。通常可以设定一模糊容限以消除它。

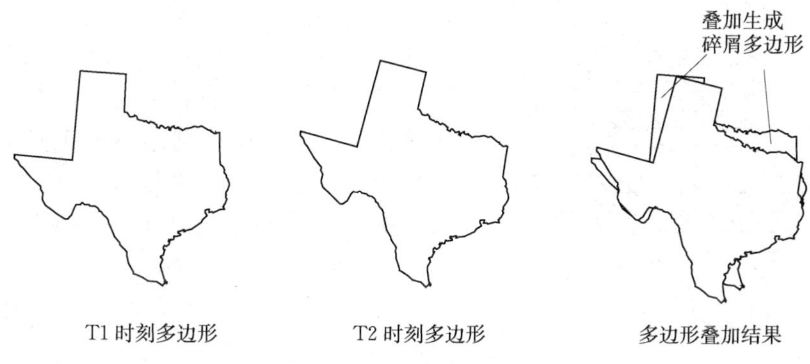

图 4-14　多边形叠加产生碎屑多边形

多边形叠加结果通常把一个多边形分割成多个多边形，属性分配过程最典型的方法是将输入图层对象的属性拷贝到新对象的属性表中，或把输入图层对象的标识作为外键，直接关联到输入图层的属性表。这种属性分配方法的理论假设是多边形对象内属性是均质的，将它们分割后，属性不变。也可以结合多种统计方法为新多边形赋属性值。

多边形叠加完成后，根据新图层的属性表可以查询原图层的属性信息，新生成的图层和其他图层一样可以进行各种空间分析和查询操作。

根据叠加结果最后欲保留空间特征的不同要求，一般的 GIS 软件都提供了三种类型的多边形叠加操作，如图 4-15 所示。

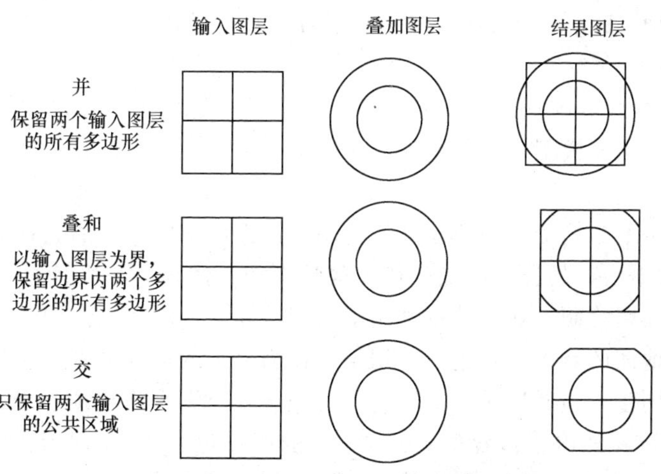

图 4-15　多边形的不同叠加方式

五、栅格图层叠加

栅格数据的叠加分析能够极为便利地进行同地区多层面空间信息的自动复合叠置，是栅格数据一个突出的优点。正因为如此，栅格数据常被用来进行区域适应性评价、资源开发利用、规划等多因素分析研究工作。在数字遥感图像处理工作中，利用该方法可以实现不同波段遥感信息的自动合成处理；还可以利用不同时间的数据信息进行某类现象动态变化的分析和预测。因此该方法在计算机地学制图与分析中具有重要的意义。

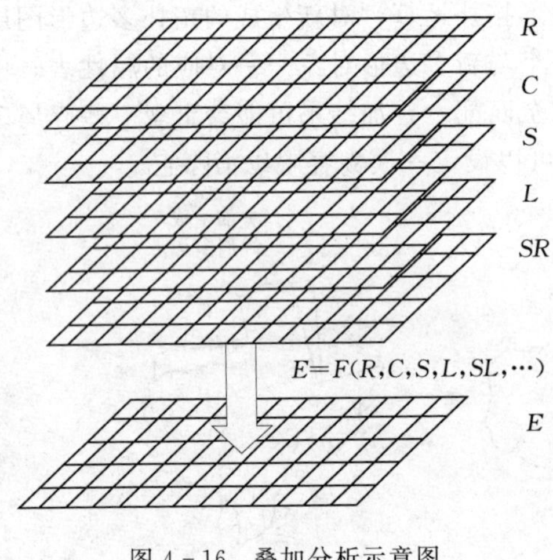

图4-16 叠加分析示意图

例如，利用土壤侵蚀通用方程式计算土壤侵蚀量时，就可利用多层面栅格数据的函数运算复合分析法进行自动处理。一个地区土壤侵蚀量的大小是降雨（R）、植被覆度（C）、坡度（S）、坡长（L）、土壤抗蚀性（SR）等因素的函数，逐栅格的复合分析运算，如图4-16所示。

类似这种分析方法在地学综合分析中具有十分广泛的应用前景。只要得到对于某项事物关系及发展变化的函数关系式，便可运用以上方法完成各种人工难以完成的极其复杂的分析运算，这也是目前信息自动复合叠置分析法受到广泛应用的原因。值得注意是，信息的复合法只是处理地学信息的一种手段，而其中各层面信息关系模式的建立对分析工作的完成及分析质量的优劣具有决定性作用。这往往需要经过大量的试验和总结研究，而计算机自动复合分析法的出现也为获得这种关系模式创造了有利的条件。

任务四 DEM 创建与分析

数字地形模型（Digital Terrain Model，DTM）是描述地面特性的空间分布的有序数值阵列。

数字高程模型（Digital Elevation Model，DEM）是用一组有序数值阵列形式表示地面高程的一种实体地面模型，是数字地形模型的一个分支，其他各种地形特征值均可由此派生。

数字地形模型最初是为了高速公路的自动设计提出来的，此后它被用于各种线路选线（铁路、公路、输电线）的设计以及各种工程的面积、体积、坡度计算，任意两点间的通视判断及任意断面图绘制。在测绘中被用于绘制等高线、坡度坡向图、立体透视图，制作正射影像图以及地图的修测。在遥感应用中可作为分类的辅助数据。它还是地理信息系统的基础数据，可用于土地利用现状的分析、合理规划及洪水险情预报等。在军事上可用于导航及导弹制导、作战电子沙盘等。对DTM的研究包括DTM的精度问题、地形分类、数据采集、DTM的粗差探测、质量控制、数据压缩、DTM应用以及不规则三角网DTM

的建立与应用等。

一、DEM的表示模型

1. 等高线模型

等高线模型表示高程，高程值的集合是已知的，每一条等高线对应一个已知的高程值，这样一系列等高线集合和它们的高程值一起就构成了一种地面高程模型。如图 4－17 所示。

等高线通常被存成一个有序的坐标点对序列，可以认为是一条带有高程值属性的简单多边形或多边形弧段。由于等高线模型只表达了区域的部分高程值，往往需要一种插值方法来计算落在等高线外的其他点的高程，又因为这些点是落在两条等高线包围的区域内，所以，通常只使用外包的两条等高线的高程进行插值。

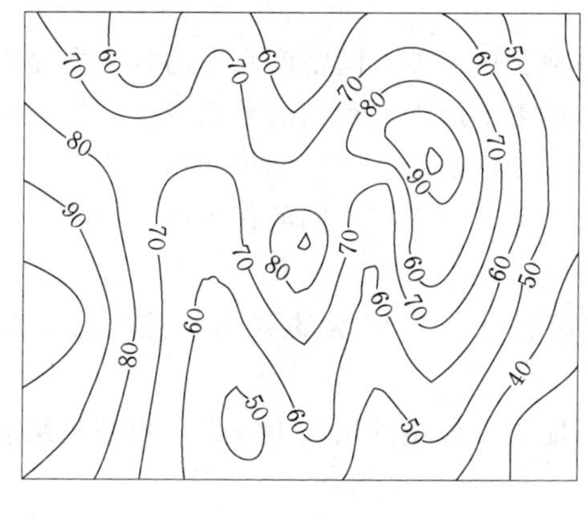

图 4－17 等高线

91	78	63	50	53	63	44	55	43	25
94	81	64	51	57	62	50	60	50	35
100	84	66	55	64	66	54	65	57	42
103	84	66	56	72	71	58	74	65	47
96	82	66	63	80	78	60	84	72	49
91	79	66	66	80	80	62	86	77	56
86	78	68	69	74	75	70	73	82	57
80	75	73	72	68	75	86	100	81	56
74	67	69	74	62	66	83	88	73	53
70	56	62	74	57	58	71	74	63	45

图 4－18 格网 DEM

2. 规则格网模型

规则网格，通常是正方形，也可以是矩形、三角形等规则网格。规则网格将区域空间切分为规则的格网单元，每个格网单元对应一个数值。数学上可以表示为一个矩阵，在计算机实现中则是一个二维数组。每个格网单元或数组的一个元素，对应一个高程值，如图 4－18 所示。

对于每个格网的数值有两种不同的解释。第一种是格网栅格观点，认为该格网单元的数值是其中所有点的高程值，即格网单元对应的地面面积内高程是均一的高度，这种数字高程模型是一个不连续的函数。第二种是点栅格观点，认为该网格单元的数值是网格中心点的高程或该网格单元的平均高程值，这样就需要用一种插值方法来计算每个点的高程。计算任何不是网格中心的数据点的高程值，使用周围 4 个中心点的高程值，采用距离加权平均方法进行计算，当然也可使用样条函数和克里金插值方法。

规则格网的高程矩阵，可以很容易地用计算机进行处理，特别是栅格数据结构的地理信息系统。它还可以很容易地计算等高线、坡度坡向、山坡阴影和自动提取流域地形，使得它成为 DEM 最广泛使用的格式，目前许多国家提供的 DEM 数据都是以规则格网的数据矩阵形式提供的。格网 DEM 的缺点是不能准确表示地形的结构和细部，为避免这些问题，可采用附加地形特征数据，如地形特征点、山脊线、谷底线、断裂线，以描述地形结构。

格网 DEM 的另一个缺点是数据量过大，给数据管理带来了不方便，通常要进行压缩存储。DEM 数据的无损压缩可以采用普通的栅格数据压缩方式，如游程编码、块码等，但是由于 DEM 数据反映了地形的连续起伏变化，通常比较“破碎”，普通压缩方式难以达到很好的效果；因此对于网格 DEM 数据，可以采用哈夫曼编码进行无损压缩；有时，在牺牲细节信息的前提下，可以对网格 DEM 进行有损压缩，通常的有损压缩大都是基于离散余弦变换（Discrete Cosine Transformation，DCT）或小波变换（Wavelet Transformation）的，由于小波变换具有较好的保持细节的特性，近年来将小波变换应用于 DEM 数据处理的研究较多。

3. 层次模型

层次地形模型（Layer of Details，LOD）是一种表达多种不同精度水平的数字高程模型。大多数层次模型是基于不规则三角网模型的，通常不规则三角网的数据点越多精度越高，数据点越少精度越低，但数据点多则要求更多的计算资源。所以如果在精度满足要求的情况下，最好使用尽可能少的数据点。层次地形模型允许根据不同的任务要求选择不同精度的地形模型。层次模型的思想很理想，但在实际运用中必须注意几个重要的问题：

（1）层次模型的存储问题，很显然，与直接存储不同，层次的数据必然导致数据冗余。

（2）自动搜索的效率问题，例如搜索一个点可能先在最粗的层次上搜索，再在更细的层次上搜索，直到找到该点。

（3）三角网形状的优化问题，例如可以使用 Delaunay 三角剖分。

（4）模型可能允许根据地形的复杂程度采用不同详细层次的混合模型，例如，对于飞行模拟，近处时必须显示比远处更为详细的地形特征。

（5）在表达地貌特征方面应该一致，例如，如果在某个层次的地形模型上有一个明显的山峰，在更细层次的地形模型上也应该有这个山峰。

这些问题目前还没有一个公认的最好的解决方案，仍需进一步深入研究。

4. 不规则三角网（TIN）模型

尽管规则格网 DEM 在计算和应用方面有许多优点，但也存在许多难以克服的缺陷：

（1）在地形平坦的地方，存在大量的数据冗余。

（2）在不改变格网大小的情况下，难以表达复杂地形的突变现象。

（3）在某些计算，如通视问题，过分强调网格的轴方向。

不规则三角网（Triangulated Irregular Network，TIN）是另外一种表示数字高程模型的方法，它既减少规则格网方法带来的数据冗余，同时在计算（如坡度）效率方面又优于纯粹基于等高线的方法，如图 4－19 所示。

TIN 模型根据区域有限个点集将区域划分为相连的三角面网络，区域中任意点落在三角面的顶点、边上或三角形内。如果点不在顶点上，该点的高程值通常通过线性插值的方法得到（在边上用边的两个顶点的高程，在三角形内则用三个顶点的高程）。所以 TIN

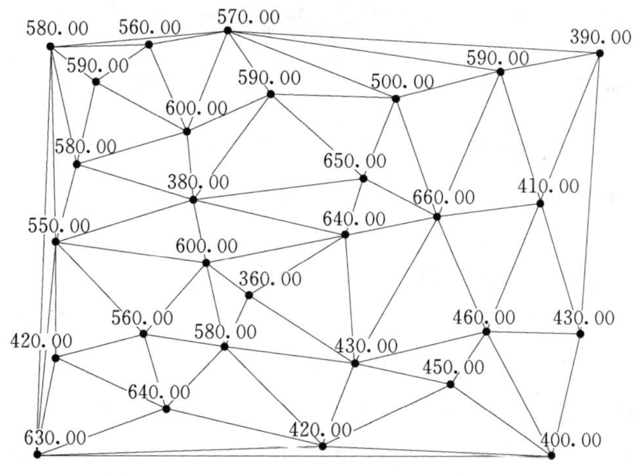

图 4-19 TIN 模型

是一个三维空间的分段线性模型，在整个区域内连续但不可微。

TIN 的数据存储方式比格网 DEM 复杂，它不仅要存储每个点的高程，还要存储其平面坐标、节点连接的拓扑关系，三角形及邻接三角形等关系。TIN 模型在概念上类似于多边形网络的矢量拓扑结构，只是 TIN 模型不需要定义"岛"和"洞"的拓扑关系。

有许多种表达 TIN 拓扑结构的存储方式，一个简单的记录方式是：对于每一个三角形、边和节点都对应一个记录，三角形的记录包括三个指向它三个边的记录的指针；边的记录有四个指针字段，包括两个指向相邻三角形记录的指针和它的两个顶点的记录的指针；也可以直接对每个三角形记录其顶点和相邻三角形（图 4-20）。每个节点包括三个坐标值的字段，分别存储 X，X，Z 坐标。这种拓扑网络结构的特点是对于给定一个三角形查询其三个顶点高程和相邻三角形所用的时间是定长的，在沿直线计算地形剖面线时具有较高的效率。当然可以在此结构的基础上增加其他变化，以提高某些特殊运算的效率，例如在顶点的记录里增加指向其关联的边的指针。

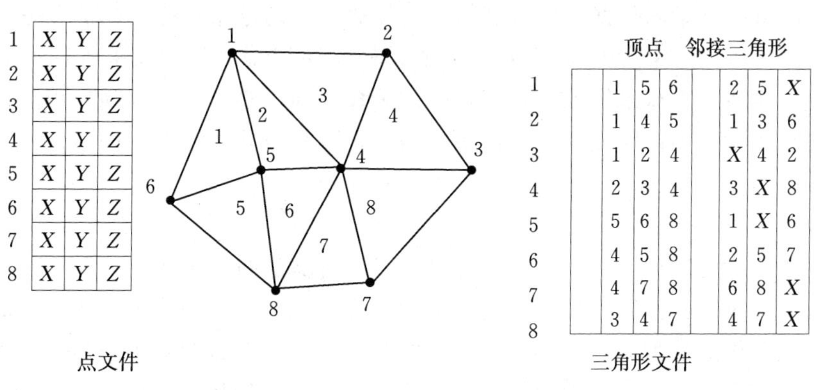

1	X	Y	Z
2	X	Y	Z
3	X	Y	Z
4	X	Y	Z
5	X	Y	Z
6	X	Y	Z
7	X	Y	Z
8	X	Y	Z

点文件

	顶点			邻接三角形		
1	1	5	6	2	5	X
2	1	4	5	1	3	6
3	1	2	4	X	4	2
4	2	3	4	3	X	8
5	5	6	8	1	X	6
6	4	5	8	2	5	7
7	4	7	8	6	8	X
8	3	4	7	4	7	X

三角形文件

图 4-20 三角网的一种存储方式

不规则三角网数字高程由连续的三角面组成，三角面的形状和大小取决于不规则分布的测点，或节点的位置和密度。不规则三角网与高程矩阵方法不同之处是随地形起伏变化的复杂性而改变采样点的密度和决定采样点的位置，因而它能够避免地形平坦时的数据冗余，又能按地形特征点如山脊、山谷线、地形变化线等表示数字高程特征。

二、DEM 的创建

为了建立 DEM，必需量测一些点的三维坐标，这就是 DEM 数据采集。

1. DEM 数据采集方法

（1）地面测量。

利用自动记录的测距经纬仪（常用电子速测经纬仪或全站经纬仪）在野外实测。这种速测经纬仪一般都有微处理器，可以自动记录和显示有关数据，还能进行多种测站上的计算工作。其记录的数据可以通过串行通信，输入计算机中进行处理。

（2）现有地图数字化。

利用数字化仪对已有地图上的信息（如等高线）进行数字化的方法，目前常用的数字化仪有手扶跟踪数字化仪和扫描数字化仪。

（3）空间传感器。

利用全球定位系统 GPS，结合雷达和激光测高仪等进行数据采集。

（4）数字摄影测量方法。

这是 DEM 数据采集最常用的方法之一。利用附有的自动记录装置（接口）的立体测图仪或立体坐标仪、解析测图仪及数字摄影测量系统，进行人工、半自动或全自动的量测来获取数据。

2. 数字摄影测量获取 DEM

数字摄影测量方法是空间数据采集最有效的手段，它具有效率高、劳动强度低的优点。数据采样可以全部由人工操作，通常费时且易于出错；半自动采样可以辅助操作人员进行采样，以加快速度和改善精度，通常是由人工控制高程 Z，由机器自动控制平面坐标 X，Y 的驱动；全自动方法利用计算机视觉代替人眼的立体观测，速度虽然快，但精度较差。

人工或半自动方式的数据采集，数据的记录可分为“点模式”或“流模式”，前者根据控制信号记录静态量测数据，后者是按一定规律连续地记录动态的量测数据。

摄影测量方法用于生产 DEM，数据点的采样方法根据产品的要求不同而异。沿等高线、断面线、地性线进行采样往往是有目的的采样。而许多产品要求高程矩阵形式，所以基于规则格网或不规则格网点的面采样是必需的，这种方式与其他空间属性的采样方式一样，只是采样密度高一些。

（1）沿等高线采样。

在地形复杂及陡峭地区，可采用沿等高线跟踪方式进行数据采集，而在平坦地区，则不宜采用沿等高线采样。沿等高线采样时可按等距离间隔记录数据或按等时间间隔记录数据方式进行。采用后一种方式，由于在等高线曲率大的地方跟踪速度较慢，因而采集的点较密集，而在等高线较平直的地方跟踪速度快，采集的点较稀疏，故只要选择恰当的时间间隔，所记录的数据就能很好地描述地形，又不会有太多的数据。

（2）规则格网采样。

利用解析测图仪在立体模型中按规则矩形格网进行采样，直接构成规则格网 DEM。当系统驱动测标到格网点时，会按预先选定的参数停留一短暂时间（如 0.2s），供作业人

员精确测量。该方法的优点是方法简单、精度高、作业效率也较高；缺点是对地表变化的尺度的灵活性较差，可能会丢失特征点。

（3）渐进采样。

渐进采样方法的目的是使采样点分布合理，即平坦地区样点少，地形复杂区的样点较多。渐进采样首先按预定比较稀疏的间隔进行采样，获得一个较稀疏的格网，然后分析是否需要对格网进行加密，如图 4－21 所示。判断加密的方法可利用高程的二阶差分是否超过了给定的阈值；或利用相邻的三点拟合一条二次曲线，计算两点间中点的二次内插值与线性内插值之差，判断是否超过阈值。当超过阈值时，则对格网加密采样，然后对较密的格网进行同样的判断处理，直至不再超限或达到预先给定的加密次数（或最小格网间隔），然后再对其他格网进行同样的处理。

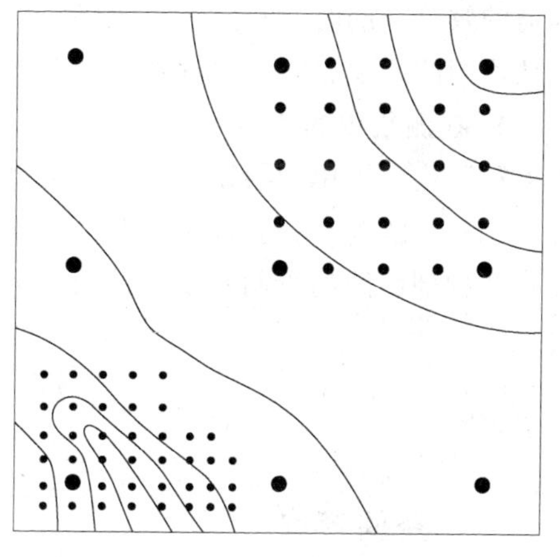

图 4－21　渐进采样

（4）选择采样。

为了准确地反映地形，可根据地形特征进行选择采样，例如沿山脊线、山谷线、断裂线进行采集以及离散碎部点（如山顶）的采集。这种方法获取的数据尤其适合于不规则三角网 DEM 的建立。

（5）混合采样。

为了同步考虑采样的效率与合理性，可将规则采样（包括渐进采样）与选择性采样结合进行混合采样，即在规则采样的基础上再进行沿特征线、点采样。为了区别一般的数据点和特征点，应当给不同的点以不同的特征码，以便处理时可按不同的方式进行。利用混合采样可建立附加地形特征的规则格网 DEM，也可建立附加特征的不规则三角网 DEM。

（6）自动化 DEM 数据采集。

上述方法均是基于解析测图仪或机助制图系统利用半自动的方法进行 DEM 数据采集，现在已经可以利用自动化测图系统进行完全自动化的 DEM 数据采集。此时可按像片上的规则格网利用数字影像匹配进行数据采集。

最后数字摄影测量获取的 DEM 数据点都要按一定插值方法转成规则格网 DEM 或规则三角网 DEM 格式数据。

三、DEM 应用

1. 坡度与坡向的计算

坡度：定义为地表单元的法向与 Z 轴的夹角，即切平面与水平面的夹角。在计算出各地表单元的坡度后，可对不同的坡度设定不同的灰度级，可得到坡度图。

坡向：指地表单元的法向量在水平面上的投影与 X 轴之间的夹角，在计算出每个地表单元的坡向后，可制作坡向图，通常把坡向分为东、南、西、北、东北、西北、东南、西南 8 类，再加上平地，共 9 类，用不同的色彩显示，即可得到坡向图。

2. 模拟飞行

DEM 图像通过与 TM 图像中 7 个不同波段进行叠加，生成仿真的真彩色或假彩色三维地形模型（DTM），在此基础上进行飞行模拟。在飞行模拟环境中可以根据观察的需要，对地面显示速度、方位、观察位置、高程和透视角度等进行交互控制，完全达到身临其境的效果。同时，它能将大范围、广视角和小范围、高精度有机结合起来进行显示，可以从不同的高度、方位由远及近地观察大洋山的总体及部分特征。

3. 在测绘中的应用

在测绘中可用于绘制等高线、坡度、坡向图、立体透视图，制作正射影像图、立体景观图、立体匹配片、立体地形模型及地图的修测。在各种工程中可用于体积、面积的计算，各种剖面图的绘制及线路的设计等。

任　务　实　施

一、空间查询

查询功能是地理信息系统的基本功能之一，通过空间数据与属性数据之间的查询，GIS 可以解决很多问题，如：查询地物属性；查询其主要分布区域；查询符合限定条件件条件的区位等。

1. Identify（查询）工具

为了获得地图上单个特征的属性，可以用 Identify 工具查询，方法如下：

（1）在视图目录表中，单击所要查询的主题名。

（2）单击视图工具栏中的 Identify 工具。

（3）用鼠标单击所要查询的主题，系统自动弹出 Identify Results 对话框，该主题有关的属性将以表格形式列于窗口中（图 4－22）。

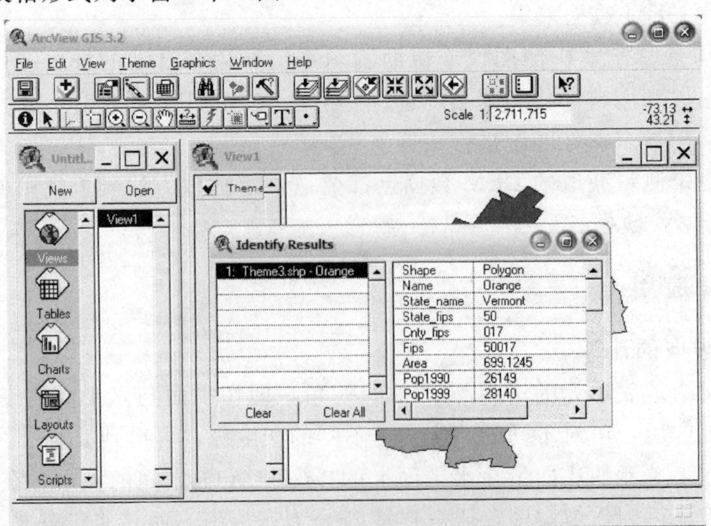

图 4－22　Identify 工具查询结果

2. Select Feature（选择要素）工具查询

查询属性的另一种有效方法是在视图中点取选择要素工具，用鼠标直接选择要素，然后打开专题属性表查看它们的属性。已选中的要素，在视图中会以高亮度显示（图 4-23）。打开专题属性表后，它们相应的记录值也以高亮度显示（图 4-24），点击 Promote 按钮将选中的记录显示在表格顶端查看。

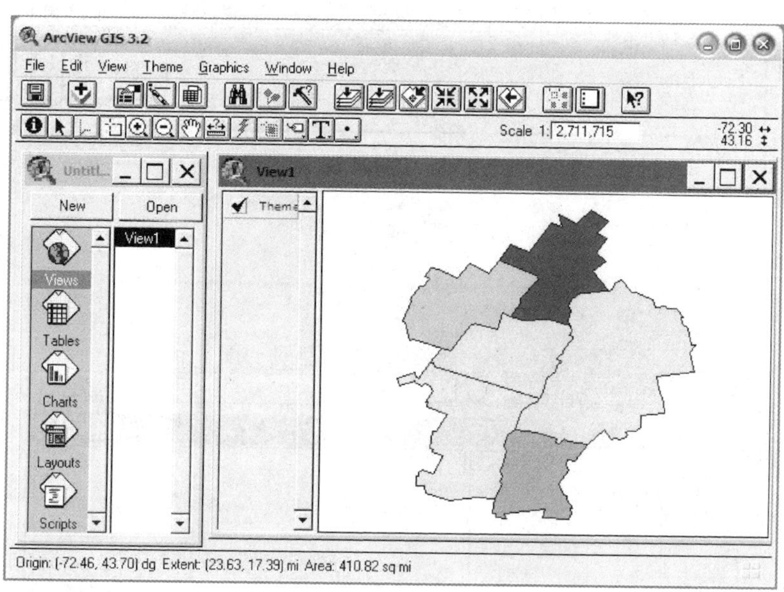

图 4-23 通过选择要素工具查询的结果

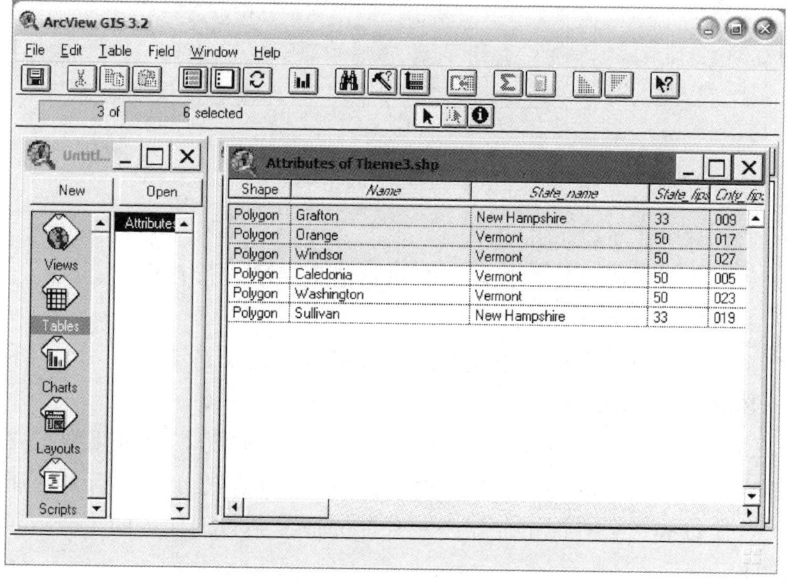

图 4-24 选中要素对应的记录也被选中

3. Find（查找）查询

点击工具按钮，可以查找某一特定的记录或要素。使用前应打开属性表或激活专题，单击查找按钮（图4-25），在弹出的对话框中输入查找要素的名称，可查找到相应记录及其对应的要素，该记录和要素同时进入选择集，改变显示颜色（图4-26）。

图4-25 查找对话框

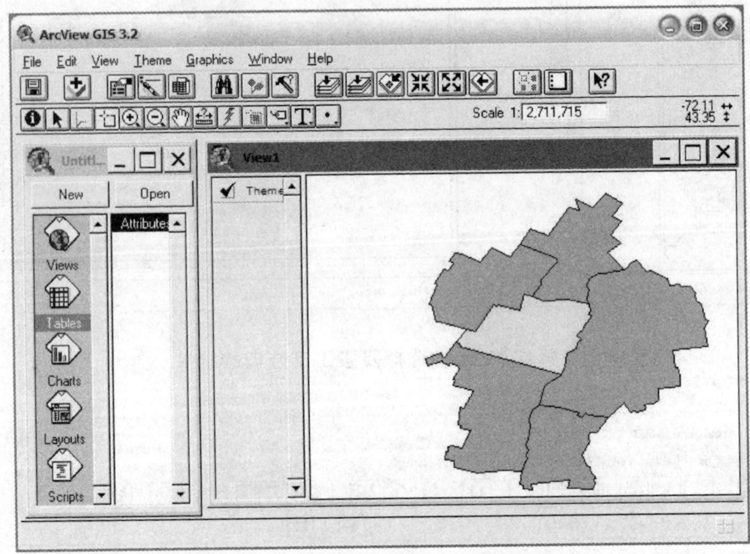

图4-26 查找结果

使用查找工具时应注意以下几点：

(1) 只能对字符型字段进行查找，不能对数值型字段进行查找。

(2) 输入的字符可以忽略大小写。

(3) 系统至查找到第一个符合查找要求的要素（或记录）。

4. Query Builder 工具查询

Query Builder 工具是一种表达式查询工具（图4-27），通过用户定义查询表达式来查找其属性满足查询条件的要素（图4-28）。由于表达式可以包括多个属性字段、操作符和运算符，所以表达式查询生成器是一种能完成复杂查询任务的工具。

5. 绘图查询

点击按钮（利用图形选择要素按钮），凡是被选中图形包含的或和图形相交的要素都进入选择集，并同时改变颜色（图4-29）。

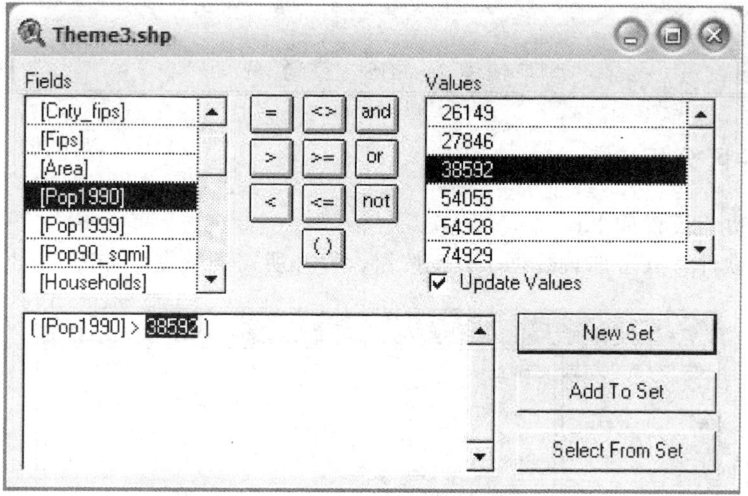

图 4-27　Query Builder 工具对话框

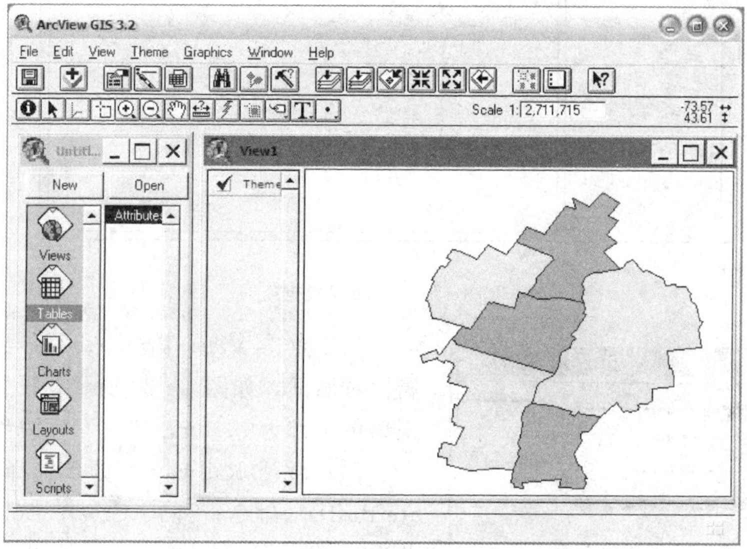

图 4-28　Query Builder 工具查询结果

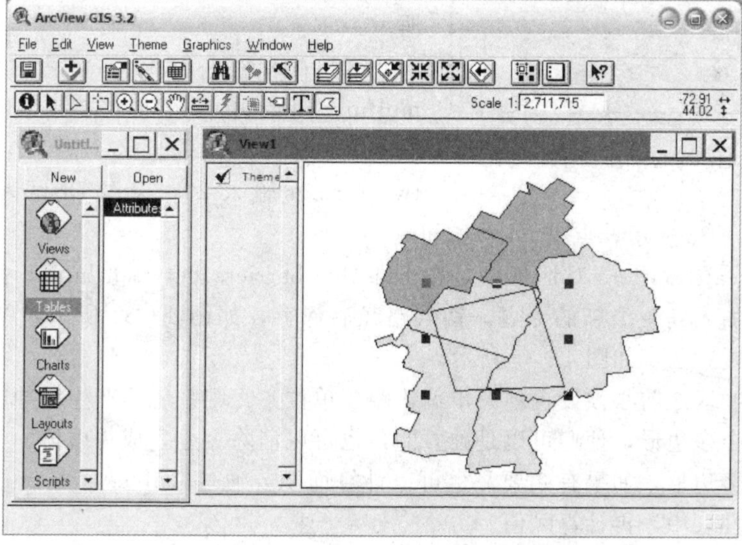

图 4-29　通过绘图选择要素

二、缓冲区分析

缓冲区分析的过程如下：

(1) 打开软件，点击加载数据工具按钮，打开所需的数据，如图 4-30 所示。

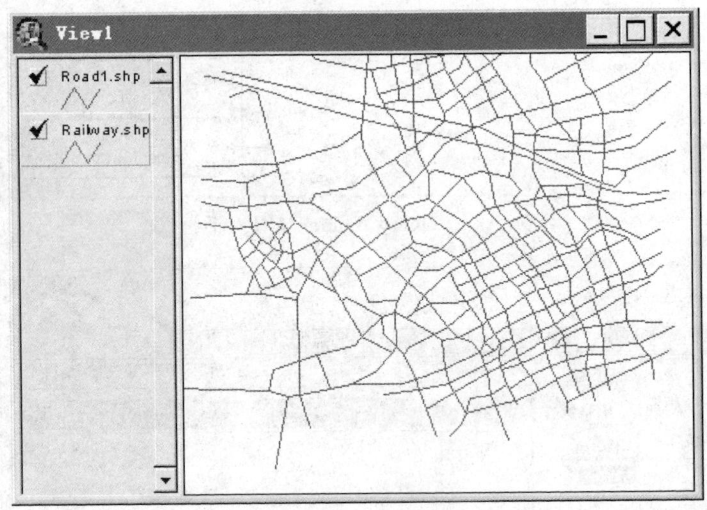

图 4-30 加载数据

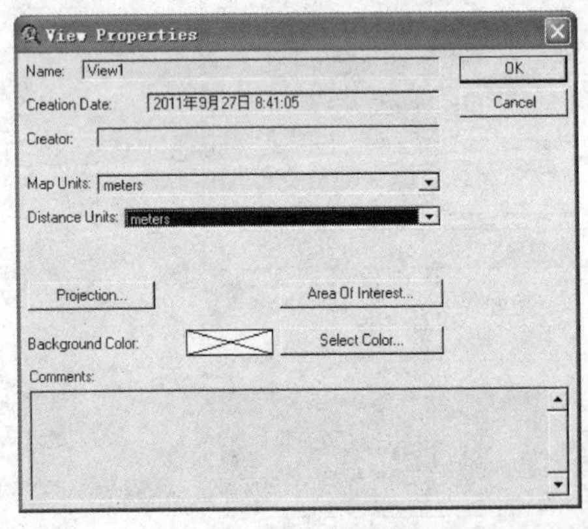

图 4-31 地图单位和距离单位设置

(2) 点击 View/Properties 命令，弹出视图属性对话框，如图 4-31 所示，设置地图单位和距离单位都为 Meter，单击 OK 按钮确认。

(3) 激活 Railway 专题，选择 Theme/Create Buffers 命令，弹出 Create Buffers 对话框，并选择 The feature of a theme 里的 Railway 专题产生邻近区，点击 Next 按钮，如图 4-32 所示。

(4) 在 Create Buffers 对话框中，选中 As multiple rings 单选按钮，并在 number of rings 文本框中输入产生邻近区 2 圈，在 distance between rings 输入 20，设置 Distance unit are 为 Meter，如图 4-33 所示，点击 Next 按钮。

(5) 在 Create Buffers 对话框中，在 Dissolve barriers between buffers? 后面选 Yes 单选按钮，并加入到一个新的专题，输入路径后保存，如图 4-34 所示，单击 Finish 按钮，即可生成缓冲区，如图 4-35 所示。

在产生缓冲区之前必须设置地图单位，距离单位，否则系统不产生缓冲区。产生的缓冲区往往是多个多边形，他们可以是独立的，也可以消除重叠，成为整体。

缓冲区是多边形，如果有必要，也可以计算面积，通过 Tables 子系统，将面积字段添加到要素属性表中，再计算赋值。

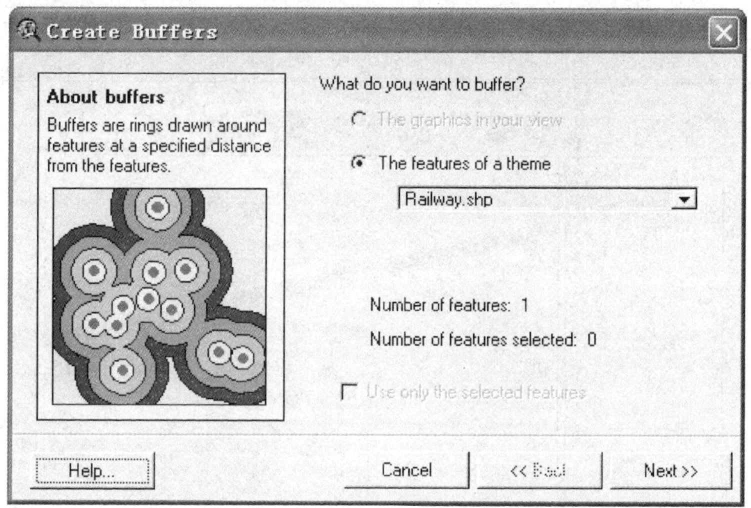

图 4－32　Create Buffers 对话框

Create Buffers

How do you want to create buffers?

At a specified distance　500

At a distance from an attribute field

Id

As multiple rings

number of rings:　2

distance between rings:　20

Distance units are: Meters

Help...　Cancel　<< Back　Next >>

图 4－33　选择缓冲区生成方法

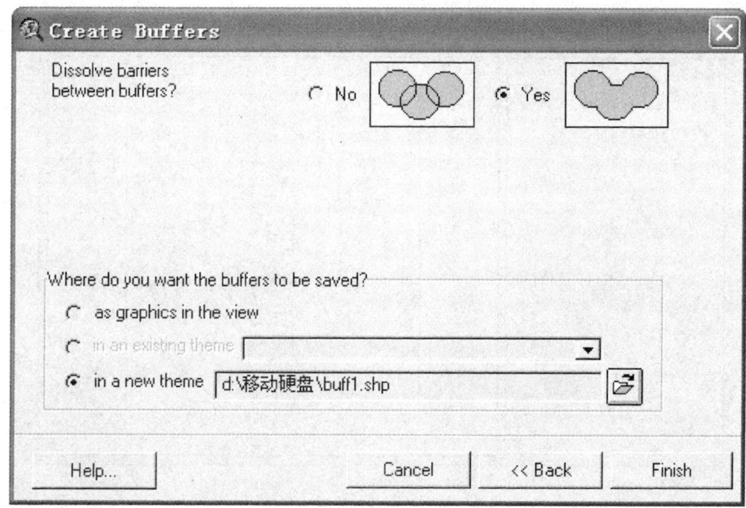

图 4－34　设置缓冲区特征及保存方法

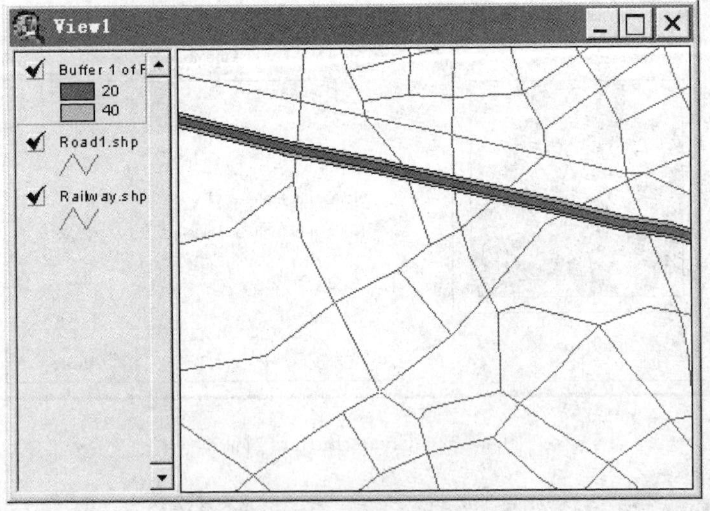

图 4-35 生成缓冲区

三、叠加分析

叠加分析的过程如下：

(1) 打开软件，选择 File/Extension 命令，弹出 Extension 对话框，加载 Geoprocessing 扩展模块，如图 4-36 所示。

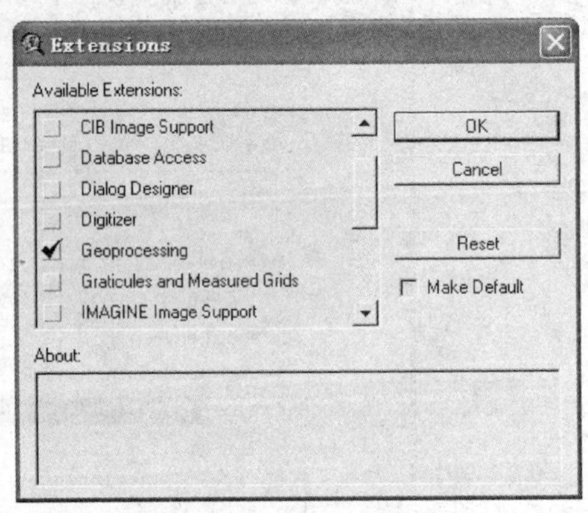

图 4-36 加载地学处理扩展模块

(2) 加载多边形数据 Contour. shp 和 Parcel. shp，结果如图 4-37 所示。

(3) 单击 View/Geoprocessing 命令，弹出 Geoprocessing 对话框，如图 4-38 所示，选中 Union two themes 单选按钮，然后点击 Next 按钮，进入如图 4-39 所示界面。

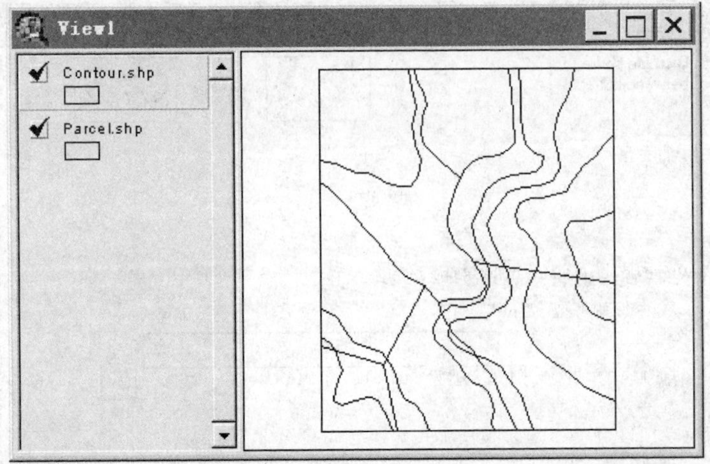

图 4-37 加载数据结果

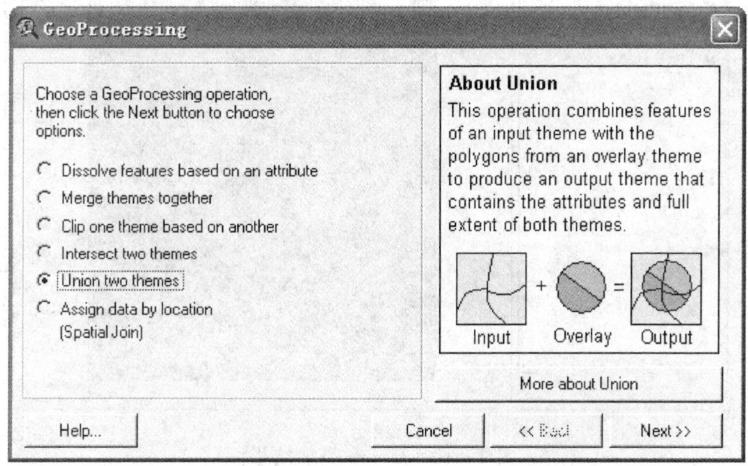

图 4-38 Geoprocessing 对话框

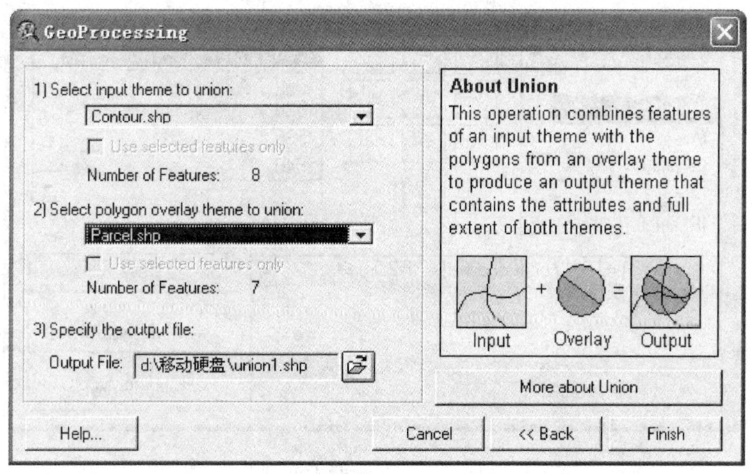

图 4-39 选择输入、叠加和输出图层

(4) 按图 3-39 中所示选择相应的叠加参数，并选择保存结果路径，点击 Finish 按钮。叠加效果如图 3-40 所示。

(5) 打开工具栏的属性表，利用查询语句（图 4-41），可以查出被洪水淹没的区域，如图 4-42 黄河区域所示。（此处假定高程大于 500m 的范围不受洪水淹没，土地利用为住宅用地，由 Parcel. shp 专题的土地利用类型 Landuse 决定）。

四、DEM 创建与分析

DEM 建立与分析的步骤如下：

(1) 打开软件，选择 File/Extension 命令，弹出 Extension 对话框，选取 Spatial Analyst 扩展模块，如图 4-43 所示。

(2) 点击工具栏中的加载数据按钮，加载所需数据 Spot. shp 和 Bound. shp，如图 4-44 所示。

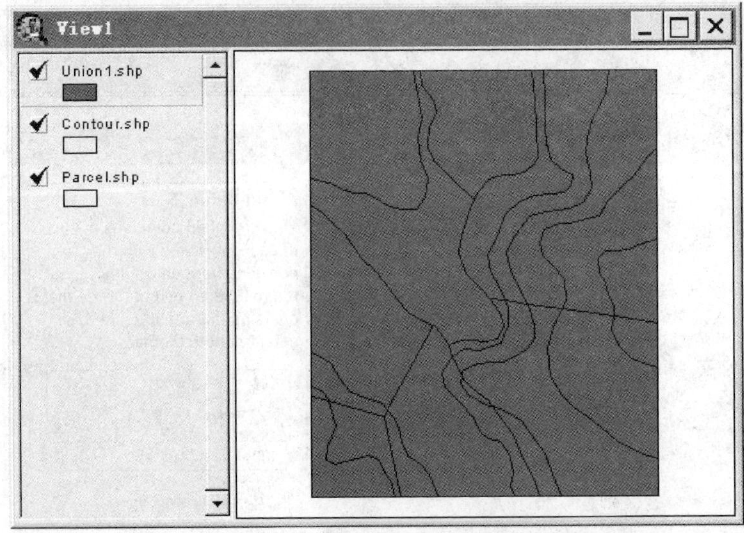

图 4-40　Union 叠加结果图

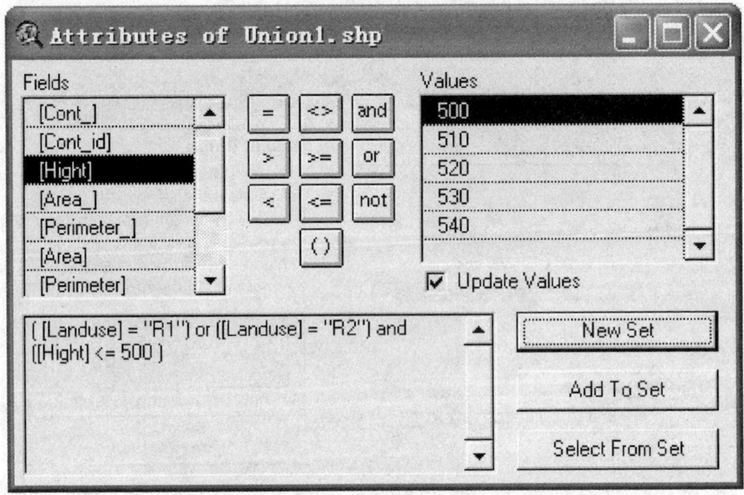

图 4-41　查询表达式

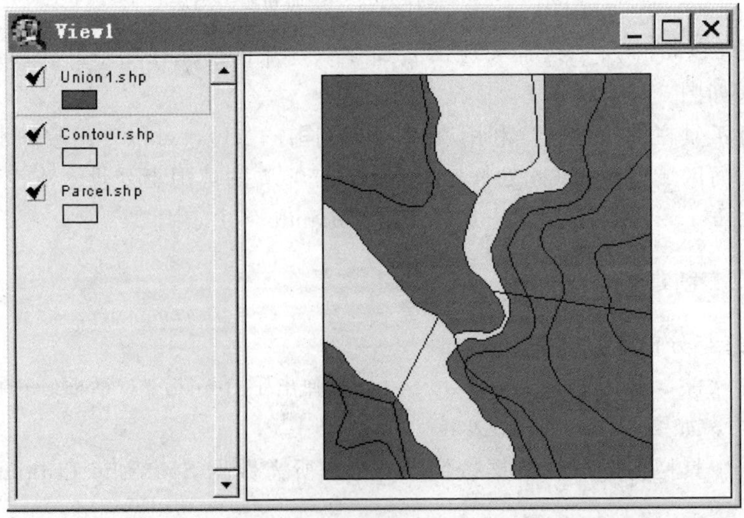

图 4-42　查询结果

（3）从 Surface 菜单中选择 Interpolate Grid 命令，在出现的 Output Grid Specification 对话框中设定输出主题的范围、栅格单元大小及栅格行、列数，如图 4－45 所示。

（4）接下来出现的 Interpolate Surface 对话框中，从 Method 列表中选择 IDW（注意：在菜单中只有 IDW 和 Spline 两种内插方法可以选择）。在 Z Value Field 列表中选择 Height（高程）字段，再选中 Nearest Neighbor 单选按钮；计算每个栅格单元时用离它最近的 10 个样本点，距离的权重用 2 次幂，地表没有特殊障碍物，如图 4－46 所示，单击 OK。插值结果生成 DEM，如图 4－47 所示。

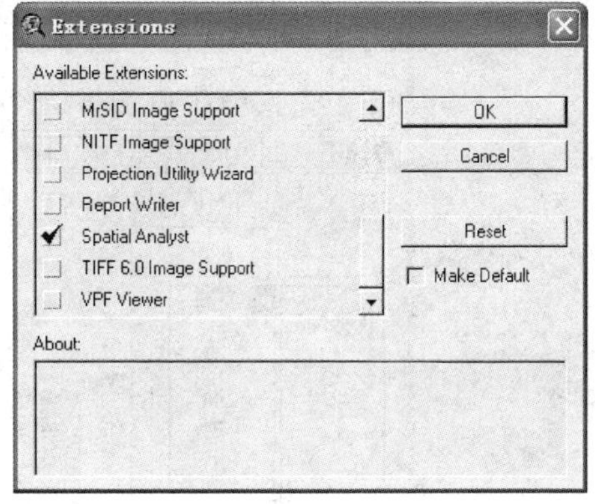

图 4－43　加载 Spatial Analyst 扩展模块

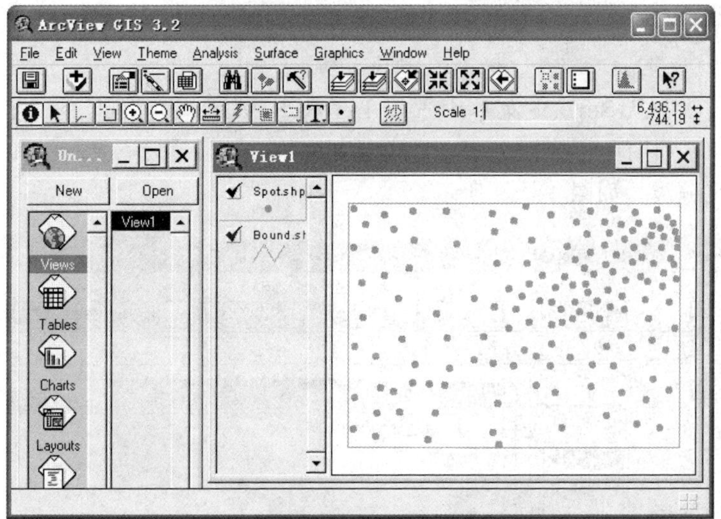

图 4－44　加载数据

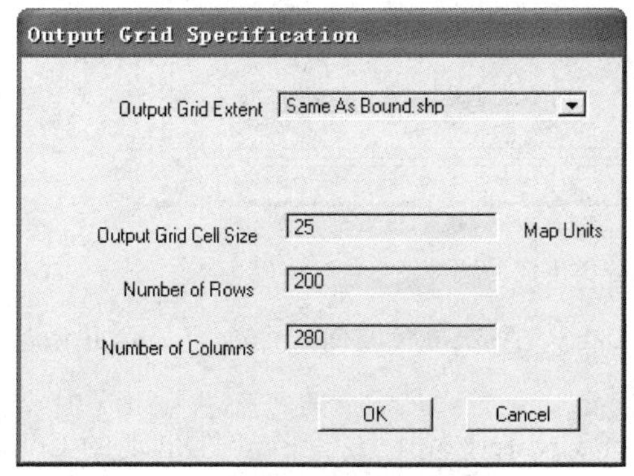

图 4－45　设置输出网格属性

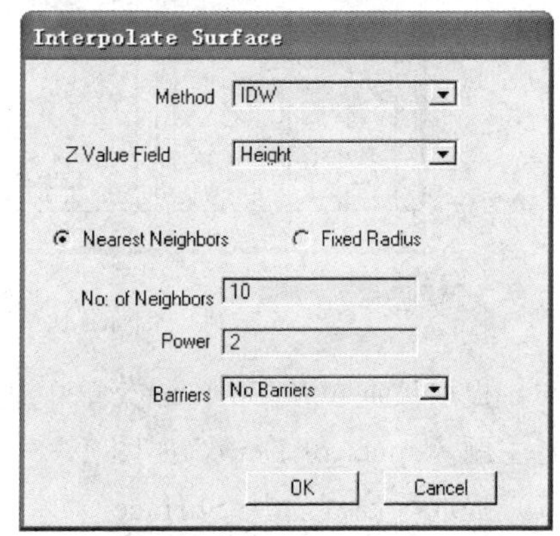

图 4－46　设置插值方法

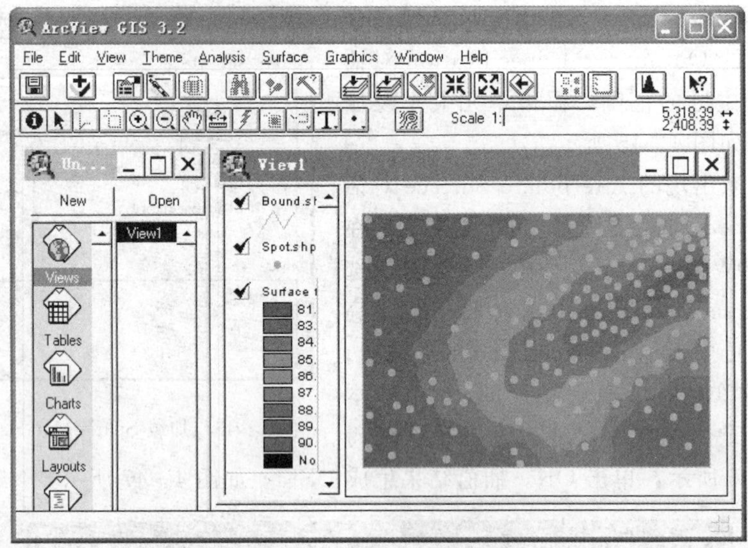

图 4-47　插值结果生成 DEM

（5）提取坡度：从 Surface 菜单中选择 Derive Slope（坡度）命令，生成新的坡度主题 slope of Dem，如图 4-48 所示。双击左边的图例，在弹出的 Legend Editor 对话框中可重新调整坡度分级，如图 4-49 所示。

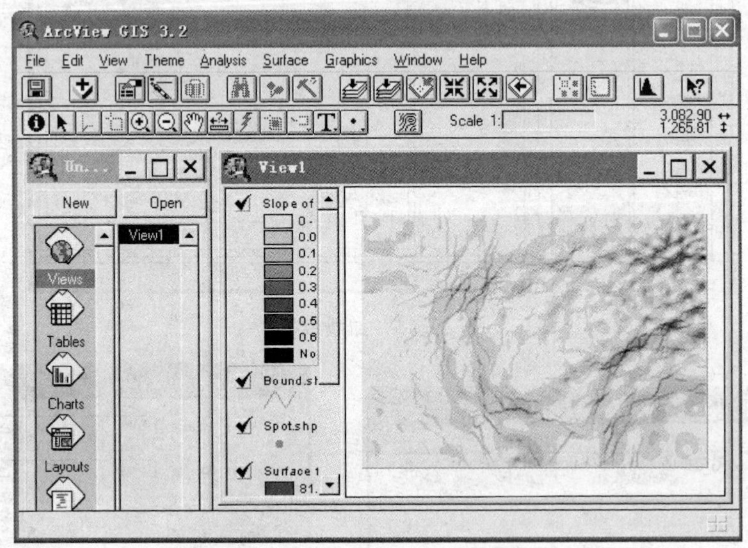

图 4-48　自动分类生成的坡度图

（6）提取坡向：从 Surface 菜单中选择 Derive Aspect（坡向）命令，显示并激活生成的坡向主题 Aspect of Dem，如图 4-50 所示。

（7）提取等高线：从 Surface 菜单中选择 Create Contours 命令，在出现的 Contours Parameters 对话框中输入等高距 Contour interval 和基础等高线的值 Base Contours，如图 4-51 所示，点击 OK 按钮，生成等高线主题 Contours of Dem，如图 4-52 所示。

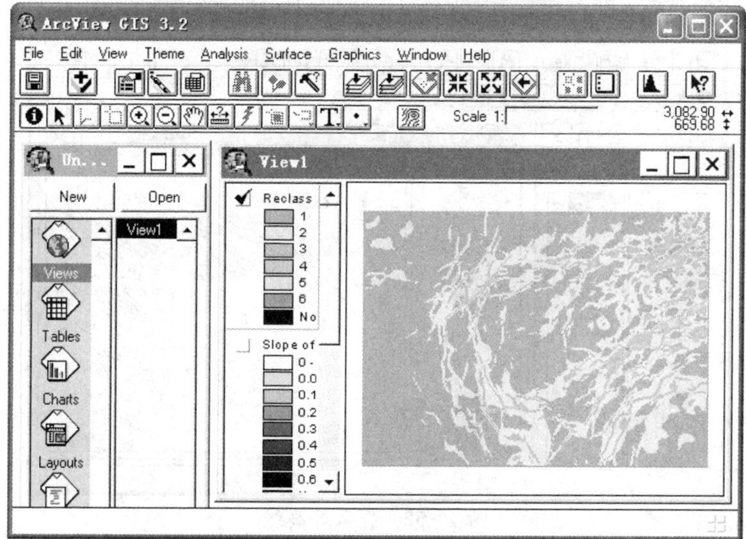

图 4-49 重新分类后的坡度图

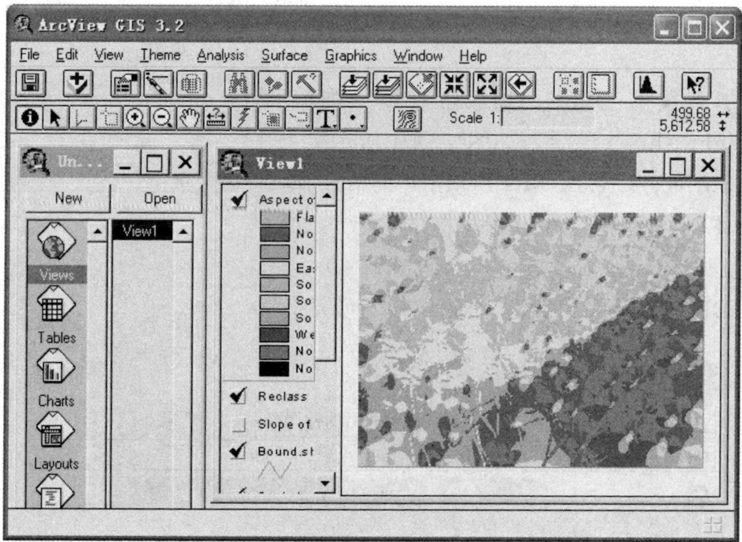

图 4-50 提取坡向图

Contour Parameters

Enter parameters:

Contour interval: 0.5

Base contour: 0

OK

Cancel

图 4-51 创建等高线参数设置

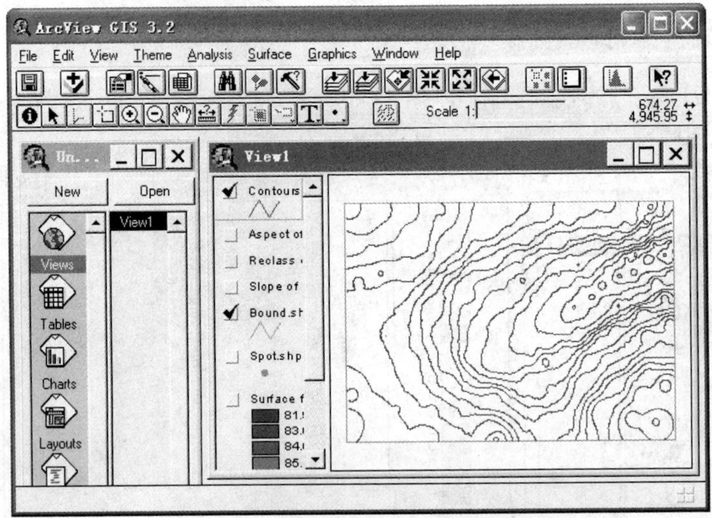

图4-52 提取等高线

五、TIN的创建

(1) 打开软件，加载空间分析和三维分析模块，如图4-53所示。

(2) 点击加载数据工具，加载带有第三维值的矢量数据height. shp并激活，如图4-54所示。

(3) 选择Surface/Create TIN Feature菜单，弹出Create new TIN对话框，并设置相应的参数，如图4-55所示。

(4) 单击OK按钮生成TIN，如图4-56所示。

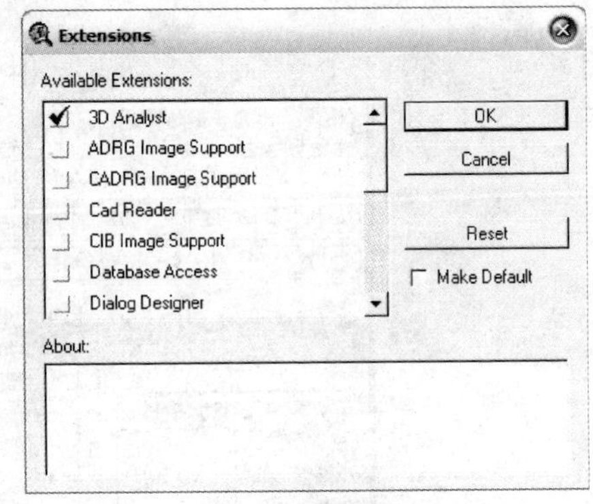

图4-53 加载扩展模块

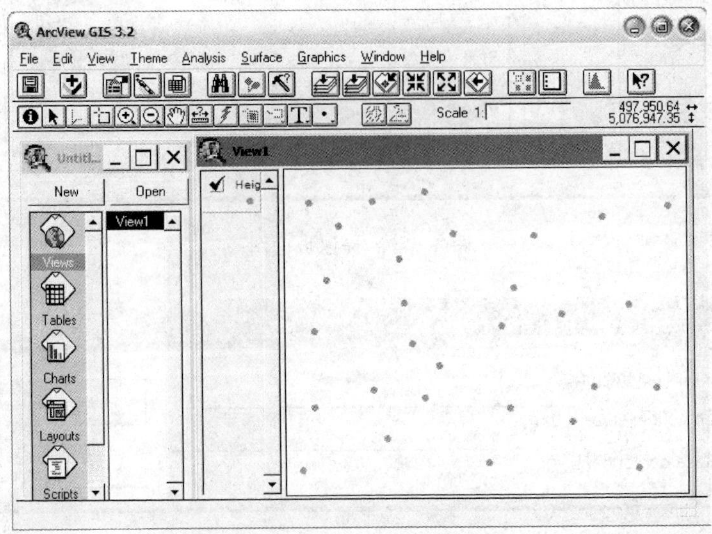

图4-54 加载空间数据

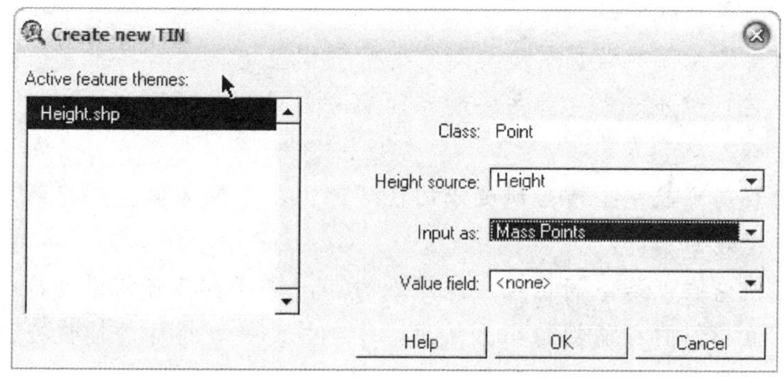

图 4－55　Create new TIN 对话框

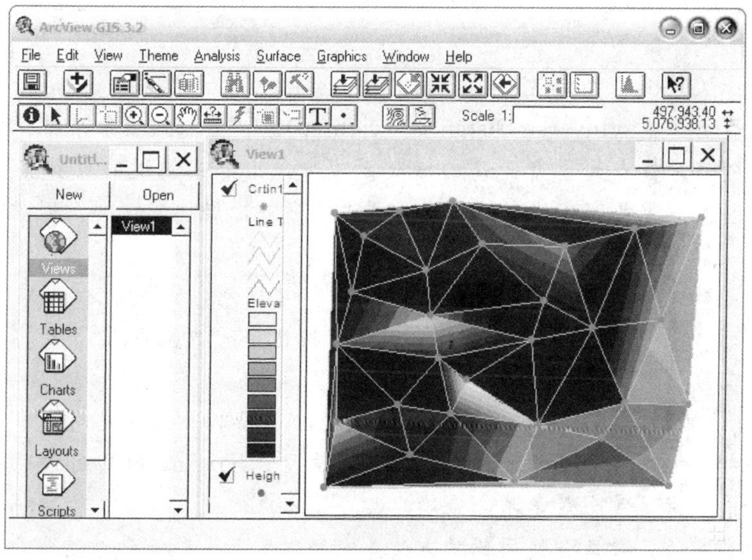

图 4－56　利用矢量数据创建的 TIN

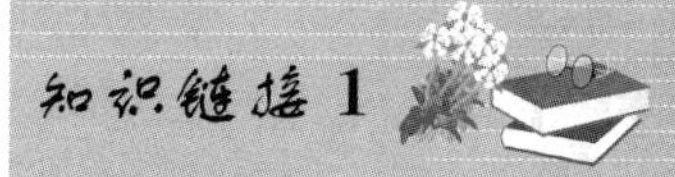

空　间　插　值

空间插值常用于将离散点的测量数据转换为连续的数据曲面，以便与其他空间现象的分布模式进行比较，它包括了空间内插和外推两种算法。空间内插算法是一种通过已知点的数据推求同一区域其他未知点数据的计算方法；空间外推算法则是通过已知区域的数据，推求其他区域数据的方法。在以下几种情况下必须作空间插值：

（1）现有的离散曲面的分辨率，像元大小或方向与所要求的不符，需要重新插值。例如将一个扫描影像（航空像片、遥感影像）从一种分辨率或方向转换到另一种分辨率或方向的影像。

(2) 现有的连续曲面的数据模型与所需的数据模型不符，需要重新插值。如将一个连续的曲面从一种空间切分方式变为另一种空间切分方式，从TIN到栅格、栅格到TIN或矢量多边形到栅格。

(3) 现有的数据不能完全覆盖所要求的区域范围，需要插值。如将离散的采样点数据内插为连续的数据表面。

空间插值的理论假设是空间位置上越靠近的点，越可能具有相似的特征值；而距离越远的点，其特征值相似的可能性越小。然而，还有另外一种特殊的插值方法——分类，它不考虑不同类别测量值之间的空间联系，只考虑分类意义上的平均值或中值，为同类地物赋属性值。它主要用于地质、土壤、植被或土地利用的等值区域图或专题地图的处理，在"景观单元"或图斑内部是均匀和同质的，通常被赋给一个均一的属性值，变化发生在边界上。

在ArcView GIS软件中，主要的插值方法有：

(1) 权重距离递减（Inverse Distance Weighted）。该方法假设每个采样点有一个局部影响，此影响随着采样点到要素距离的增大而减少，距要素较近的点具有相对较大的权重。例如：分析某一零售商店的对消费者购买力的影响，居住较远的人们购买力受到的影响较小，因为人们更愿意在家的附近购物。

(2) 样条函数内插（Spline）。此方法的用途非常广泛，通过所有的采样点建立一个数学函数，从而产生一个曲率最小的表面。此方法适合于内插变化平缓的表面，如：高程、地下水位高度、污染浓度等。

(3) Kriging内插。这是一种专用的内插方法，它假定采样点之间的距离或方向表现出一定的空间相关性，这种相关性将有助于描述表面。Kriging内插通过对一定数量或一定半径内的所有点满足一个数学函数来确定某个输出点的值。如果知道数据的空间相关距离和方向的偏移量时，最适合使用此种方法。它经常用于土壤学和地质学。

(4) 趋势面内插（Trend）。该算法对所有的采样点，建立一个特定次数的多项式的数学函数，在计算此函数产生结果表面时，Trend采用最小二乘法进行拟合，从而使结果表面与采样点值之间的差异最小化，即所有输入样点的实际值与估计值之差的平方和越小越好。

Geoprocessing

空间数据处理（图4-57）（Geoprocessing）是基于视图中专题派生新数据的一种方法。在通过控制要素的某方面特征来处理属性数据时，大多数情况下，你同时会改变数据集中要素的几何属性。

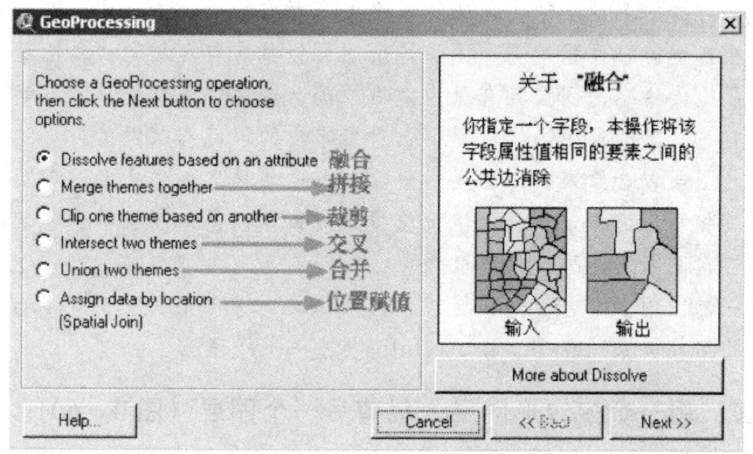

图 4－57　空间数据处理对话框

一、融合：基于某个字段消除公共边（图 4－58）

基于属性的要素合并这个功能可以将主题中某一字段取值相同且相邻的要素合并成一个要素。你可以通过界面选取输入的图层和合并依据的属性。

几何上，某字段值相同并且有公共边的两个多边形被合并；属性上，该字段值得到保留，其他字段可根据需要进行汇总（求和，求平均……）。

示例：现有一个县界图层，每个县有它所属地区的代码，通过对该代码进行融合操作，可以得到地区界图层。

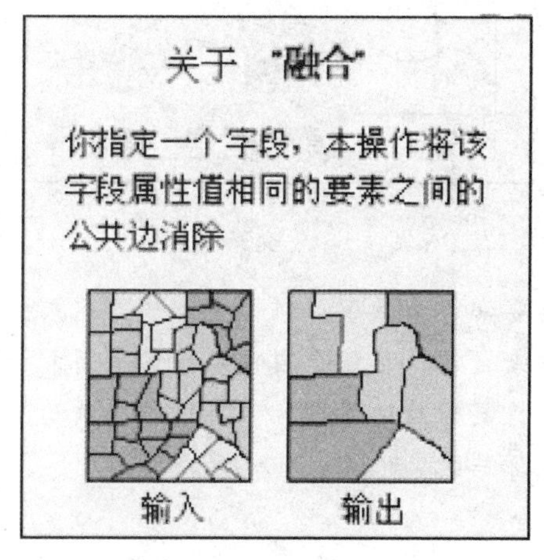

图 4－58　融合示意图

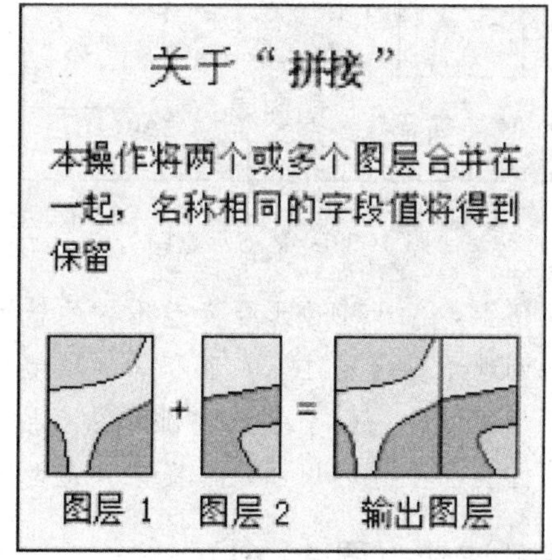

图 4－59　拼接示意图

二、拼接：把两幅图拼合成一幅图（图 4－59）

拼接功能与合并功能有点类似：根据具有相同要素类型的多个图层派生一个新图层。但拼接操作的两个图层的要素没有相交的情况。拼接操作可以把具有相同要素类型的两个

或更多的图层合并成一个图层。生成的结果将包含所有的属性内容你可以通过界面选择须合并的图层。在拼接时，你指定一个图层，新图层将具有与之相同的属性结构。如果进行拼接的其他图层比你指定的图层具有更多字段，那么这些字段会被忽略。如果进行拼接的其他图层中没有与指定图层中的字段，那么对应字段的值就会赋空值。

几何上，新图层包含原来两个图层的全部信息；属性上，你指定一个图层，让新图层的字段结构与其相同。该指定图层的字段值得到保留，而另一图层中的要素，其字段根据新图层中是否存在同名同类型字段被取舍。

示例：某一幅图由多人合做，现要将各人所做之结果合在一起，可以使用拼接操作。但若需要精确的拓扑关系，还需要在ArcInfo中进一步处理。

三、裁剪：用一个多边形图层去裁剪另一个图层（图4-60）

根据一个图层剪切另一图层中的要素，这个操作使用一个多边形主题（或者主题中选定的要素）去裁剪另一个点要素或线要素或多边形要素主题，从而生成一个新的主题。派生的主题中将只包含处于用来裁剪的多边形边界内的要素。

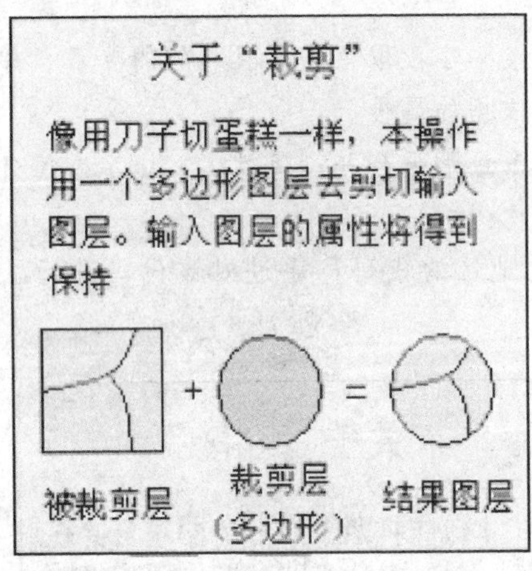

图4-60 裁剪示意图

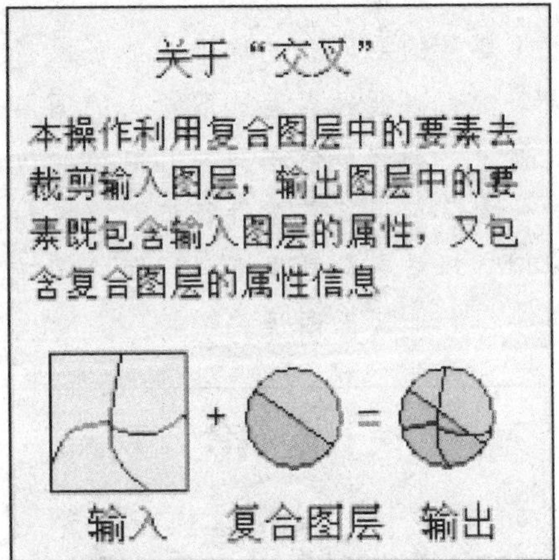

图4-61 交叉示意图

几何上，位于多边形要素范围内的输入图层要素得到保留；属性上，输入图层的要素属性得到继承。但要注意，面积等字段值仍为原来之值，可能需要重新计算更新。

示例：给你一幅全省土地利用图，再给你陆良县行政边界图，就可以利用裁剪操作制作一幅陆良县土地利用图，前提条件是两幅图坐标一致。

四、求交（图4-61）

把一个多边形图层的几何和属性信息加到另一个图层上，新图层的范围不超过多边形图层；图层相交这个功能将两个图层进行地理相交运算，将结果加到视图中。输入图层要素类型可以是多边形或线，相交图层必须是多边形，输出图层的属性包含两张图层的属性。

几何上，新图层中为输入图层叠加了多边形图层的分划信息；多边形层要素范围之外的元时要素被抛弃；属性上，新图层中要素属性值包含了其原始值以及多边形值。

示例 1：给你乡镇界线图和自然保护区界线图，请你计算各个乡镇中涉及各个自然保护区的面积和位置。

示例 2：给你乡镇界线图和道路分布图，请你计算各个乡镇中道路总长度及路网密度。

五、合并（图 4－62）

图层合并这个功能将两个图层进行联合运算，派生新的图层。新图层具有两个图层的几何和属性信息，包括相交的部分。

实际上，合并与交叉操作的不同之处在于，合并操作时，派生图层中包含了两个图层中的所有要素，而交叉操作只包含重叠区域内的要素。

几何上，新图层中为输入图层叠加了多边形图层信息；全部要素均得到保留。属性上，新图层中要素属性值包含了其原始值以及多边形值。

示例：给你乡镇界线图和自然保护区界线图，请你计算各个乡镇中涉及各个自然保护区的面积和位置，以及没有涉及自然保护区的面积。

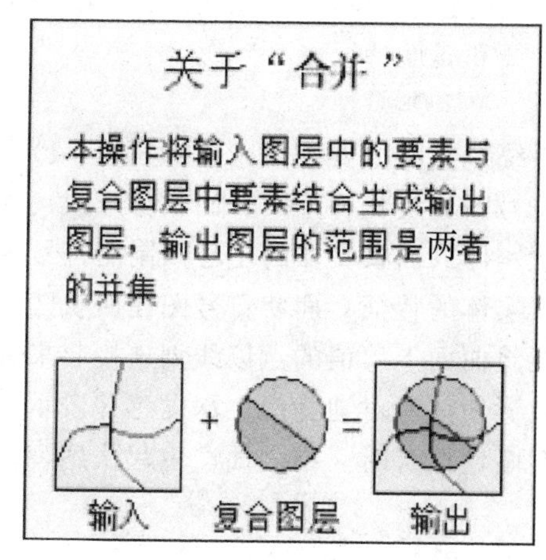

图 4－62　合并示意图

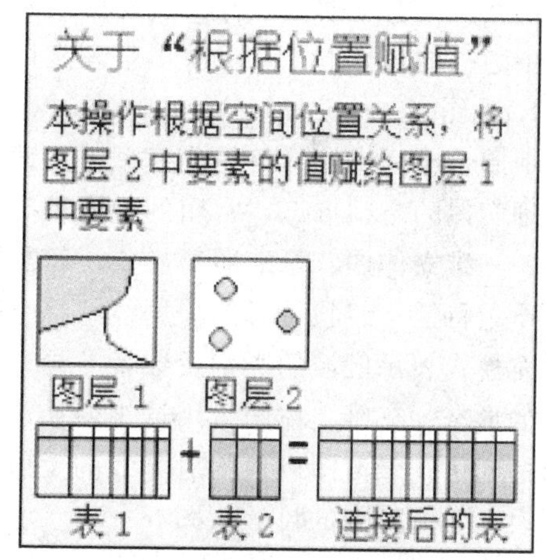

图 6－63　根据位置赋值示意图

六、根据位置赋值（图 4－63）

根据图层 1 和 2 中各个要素之间的位置关系，将 2 图层中要素之属性值赋给 1 图层中满足该位置关系的要素。本操作只做属性表连接，并不修改图层 1 的原始数据。

示例：你调查得到一批旅游资源点数据并用 GPS 记录了各点位置。如果你有坐标体系相同的县界图，则你可以利用本操作求得每个资源点所属的县。

学习情境5　GIS 产 品 输 出

任务一　GIS 产品类型及输出设备

一、GIS 产品类型

地理信息系统产品是指由系统处理、分析，可以直接供研究、规划和决策人员使用的产品，其形式有地图、图像、统计图表以及各种格式的数字产品等。地理信息系统产品是系统中数据的表现形式，反映了地理实体的空间特征和属性特征。

1. 地图

地图是空间实体的符号化模型，是地理信息系统产品的主要表现形式（图 5-1），根据地理实体的空间形态，常用的地图种类有点位符号图、线状符号图、面状符号图、等值线图、三维立体图、晕渲图等。点位符号图在点状实体或面状实体的中心以制图符号表示实体质量特征；线状符号图采用线状符号表示线状实体的特征；面状符号图在面状区域内用填充模式表示区域的类别及数量差异；等值线图将曲面上等值的点以线划连接起来表示曲面的形态；三维立体图采用透视变换产生透视投影使读者对地物产生深度感并表示三维曲面的起伏；晕渲图以地物对光线的反射产生的明暗使读者对三维表面产生起伏感，从而达到表示立体形态的目的（图 5-2）。

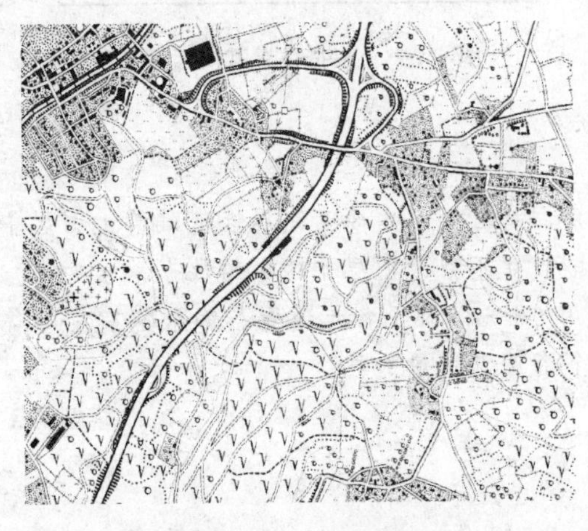

图 5-1　普通地图

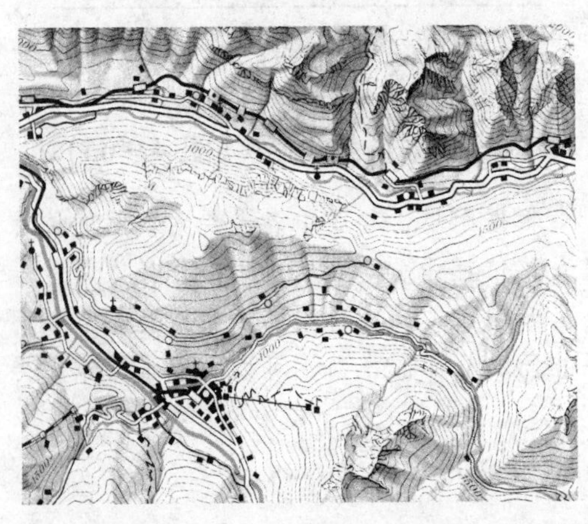

图 5-2　晕渲地形图

2. 图像

图像也是空间实体的一种模型，它不采用符号化的方法，而是采用人的直观视觉变量（如灰度、颜色、模式）表示各空间位置实体的质量特征。它一般将空间范围划分为规则的单元（如正方形），然后再根据几何规则确定的图像平面的相应位置用直观视觉变量表示该单元的特征，图 5－3 为正射影像地图，图 5－4 为三维模拟地图。

图 5－3　正射影像地图

图 5－4　三峡库区三维模拟地图

3. 统计图表

非空间信息可采用统计图表表示。统计图将实体的特征和实体间与空间无关的相互关系采用图形表示，它将与空间无关的信息传递给使用者，使得使用者对这些信息有全面、直观的了解。统计图常用的形式有柱状图、扇形图、直方图、折线图和散点图等。统计表格将数据直接表示在表格中，使读者可直接看到具体数据值。见图 5－5～图 5－7。

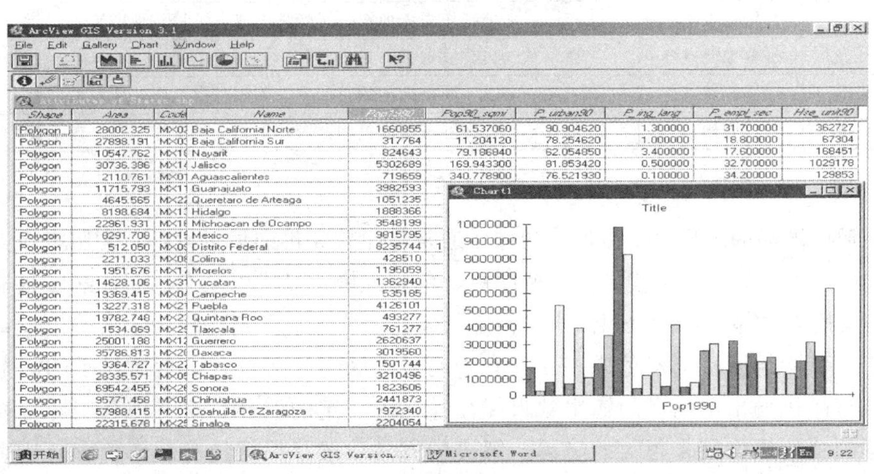

图 5－5　ARC/VIEW 制作的统计表格与直方图

随着数字图像处理系统、地理信息系统、制图系统以及各种分析模拟系统和决策支持系统的广泛应用，数字产品成为广泛采用的一种产品形式，供信息作进一步的分析和输出，使得多种系统的功能得到综合。数字产品的制作是将系统内的数据转换成其他系统采用的数据形式。

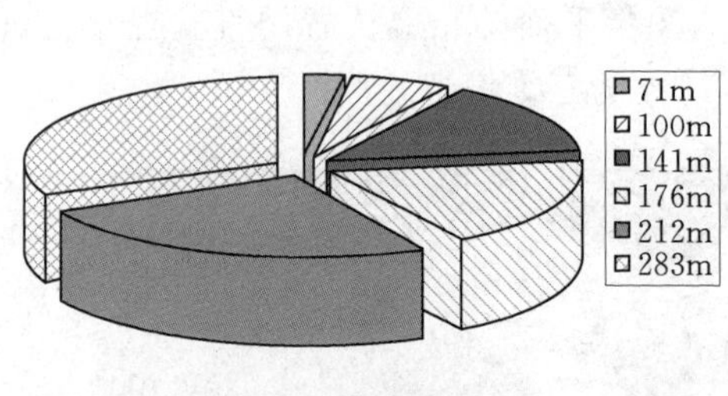

图 5-6 圆饼状统计图

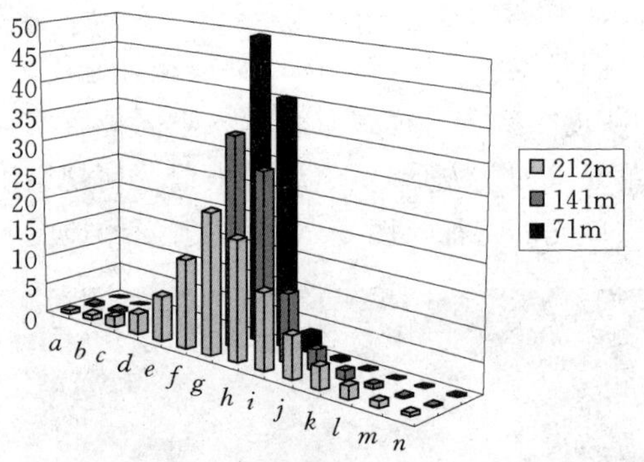

图 5-7 直方统计图

二、GIS 产品输出设备

目前，一般地理信息系统软件都为用户提供三种图形、图像输出方式以及属性数据报表输出，屏幕显示主要用于系统与用户交互时的快速显示，是比较廉价的输出产品，需以屏幕摄影方式做硬拷贝，可用于日常的空间信息管理和小型科研成果输出；矢量绘图仪制图用来绘制高精度的比较正规的大图幅图形产品。喷墨打印机，特别是高品质的激光打印机已经成为当前地理信息系统地图产品的主要输出设备，表 5-1 列出了主要空间数据输出设备。

表 5-1　　主要图形输出设备一览表

设　备	图形输出方式	精度	特　点
矢量绘图机	矢量线划	高	适合绘制一般的线划地图，还可以进行刻图等特殊方式的绘图
喷墨打印机	栅格点阵	高	可制作彩色地图与影像地图等各类精致地图制品
高分辨彩显	屏幕像元点阵	一般	实时显示 GIS 的各类图形、图像产品
行式打印机	字符点阵	差	以不同复杂度的打印字符输出各类地图，精度差，变形大
胶片拷贝机	光栅	较高	可将屏幕图形复制至胶片上，用于制作幻灯片或正胶片

1. 屏幕显示

由光栅或液晶的屏幕显示图形、图像，通常是比较廉价的显示设备，常用来作人和机器交互的输出设备，其优点是代价低、速度快，色彩鲜艳，且可以动态刷新，缺点是非永久性输出，关机后无法保留，而且幅面小、精度低、比例不准确，不宜作为正式输出设备。

由于屏幕同绘图机的彩色成图原理有着明显的区别，所以，屏幕所显示的图形如果直接用彩色打印机输出，两者的输出效果往往存在着一定的差异。这就为利用屏幕直接进行地图色彩配置的操作带来很大的障碍。解决的方法一般是根据经验制作色彩对比表，依此作为色彩转换的依据。近年来，部分地理信息系统与机助制图软件在屏幕与绘图机色彩输出一体化方面已经做了不少卓有成效的工作。图 5-8 所示为通过屏幕输出的地图。

2. 矢量绘图

矢量制图通常采用矢量数据方式输入，根据坐标数据和属性数据将其符号化，然后通过制图指令驱动制图设备；也可以采用栅格数据作为输入，将制图范围划分为单元，在每

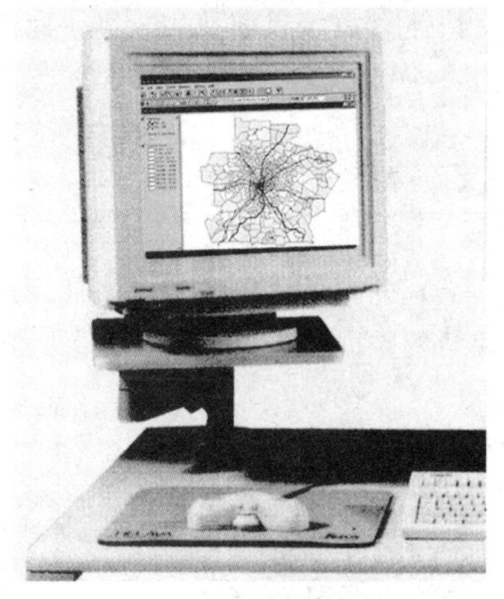

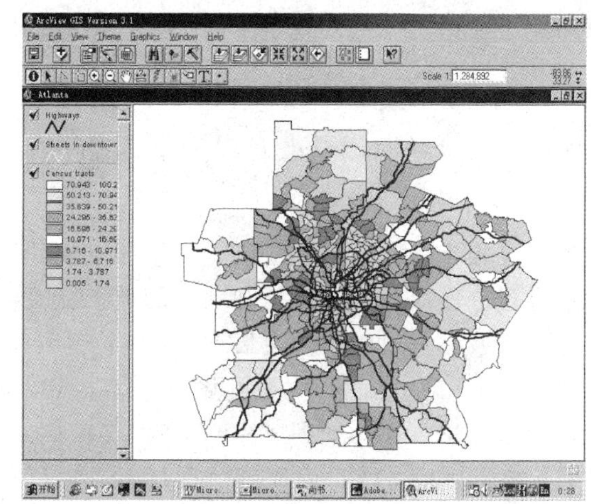

图 5-8 计算机屏幕显示地图

一单元中通过点、线构成颜色、模式表示，其驱动设备的指令依然是点、线。矢量制图指令在矢量制图设备上可以直接实现，也可以在栅格制图设备上通过插补将点、线指令转化为需要输出的点阵单元，其质量取决于制图单元的大小。图 5-9 所示为矢量绘图机。

图 5-9 矢量绘图机

矢量形式绘图表现方式灵活、精度高、图形质量好、幅面大、消耗品成本低，其缺点是速度较慢、价格较高、软件开发复杂，对面状区域填充均匀性差。

3. 打印输出

打印输出一般是直接由栅格方式进行的，可利用以下几种打印机：

（1）行式打印机：打印速度快，成本低，但通常需要由不同的字符组合表示像元的灰度值，精度太低，十分粗糙，且横纵比例不一，总比例也难以调整，是比较落后的方法。

（2）点阵打印机：点阵打印可用每个针打出一个像元点，点精度达 0.141mm，可打印精美的、比例准确的彩色地图，且设备便宜，成本低，速度与矢量绘图相近，但渲染图比矢量绘图均匀，便于小型地理信息系统采用，目前主要问题是幅面有限，大的输出图需拼接。

图 5-10 喷墨绘图仪

（3）喷墨打印机（亦称喷墨绘图仪）：是十分高档的点阵输出设备，输出质量高、速度快，随着技术的不断完善与价格的降低，目前已经取代矢量绘图仪的地位，成为 GIS 产品主要的输出设备（图 5-10）。

（4）激光打印机：是一种既可用于打

印又可用于绘图的设备，其绘图的基本特点是高品质、快速。由于目前费用较高，尚未得到广泛普及，但代表了计算机图形输出的基本发展方向。

任务二 地图设计

地图是根据一定的数学法则，将地球（或其他星体上）的自然和人文现象，使用地图语言，通过制图综合，缩小反映在平面上，反映各种现象的空间分布、组合、联系、数量和质量特征及其在时间中的发展变化。

地图是GIS的界面，构成地图的基本内容，叫做地图要素。它包括数学要素、地理要素和整饰要素（亦称辅助要素），所以又通称地图“三要素”。

(1) 数学要素，指构成地图的数学基础。例如地图投影、比例尺、控制点、坐标网、高程系、地图分幅等。这些内容是决定地图图幅范围、位置，以及控制其他内容的基础。它保证地图的精确性，作为在图上量取点位、高程、长度、面积的可靠依据，在大范围内保证多幅图的拼接使用。数学要素对军事和经济建设都是不可缺少的内容。

(2) 地理要素，是指地图上表示的具有地理位置、分布特点的自然现象和社会现象。因此，又可分为自然要素（如水文、地貌、土质、植被）和社会经济要素（如居民地、交通线、行政境界等）。

(3) 整饰要素，主要指便于读图和用图的某些内容。例如图名、图号、图例和地图资料说明，以及图内各种文字、数字注记等。

一、地图符号

地图符号是地图的语言，它是表达地图内容的基本手段。地图符号是由形状不同、大小不一和色彩有别的图形和文字组成，注记是地图符号的一个重要部分，它也有形状、尺寸和颜色之区别。就单个符号而言，它可以表示事物的空间位置、大小、质量和数量特征；就同类符号而言，可以反映各类要素的分布特点；而各类符号的总和，则可以表明各要素之间的相互关系及区域总体特征。

按照符号所代表的客观事物分布状况，可以把符号分为面状符号、点状符号和线状符号（图5-11)。

面状符号是一种能按地图比例尺表示出事物分布范围的符号。面状符号是用轮廓线（实线、虚线或点线）表示事物的分布范围，其形状与事物的平面图形相似，轮廓线内加绘颜色或说明符号以表示它的性质和数量，并可以从图上量测其长度、宽度和面积，一般又把这种符号称为依比例符号。

点状符号是一种表达不能依比例尺表示的小面积事物（如油库等）和点状（如控制点）所采用的符号。点状符号的形状和颜色表示事物的性质，点状符号的大小通常反映事物的等级或数量特征，但是符号的大小与形状与地图比例尺无关，它只具有定位意义，一般又称这种符号为不依比例尺符号。

线状符号是一种表达呈线状或带状延伸分布事物的符号，如河流，其长度能按比例尺表示，而宽度一般不能按比例尺表示，需要进行适当的夸大。因而，线状符号的形状和颜

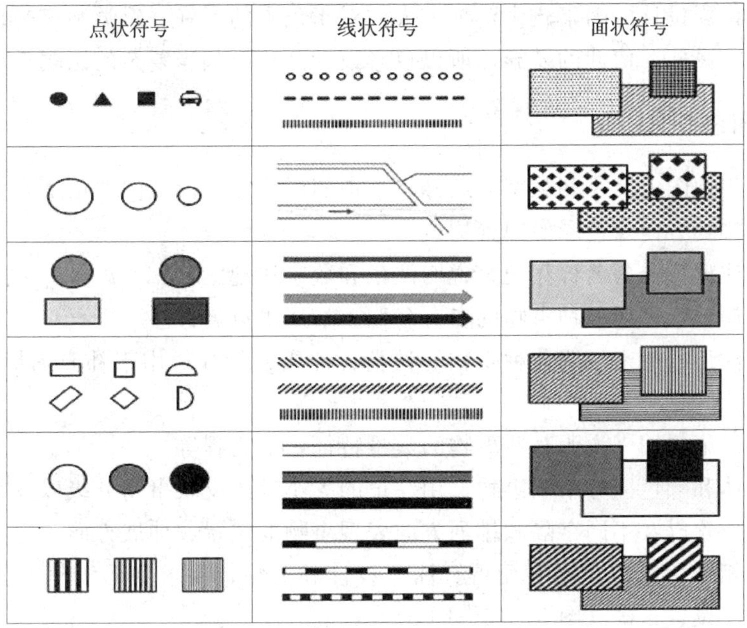

图 5-11　地图点、线、面符号

色表示事物的质量特征，其宽度往往反映事物的等级或数值。这类符号能表示事物的分布位置、延伸形态和长度，但不能表示其宽度，一般又称为半依比例符号。

二、地图的色彩

色彩可以为地图增添特殊的魅力。制图者通常情况下会首选制作彩色地图。地图制作中色彩的运用首先必须理解色彩的三个属性，即色调（色相）、饱和度（纯度）和明度。

色相，即各类色彩的相貌称谓，色相是色彩的首要特征，是区别各种不同色彩的最准确的标准。色的不同是由光的波长的长短差别所决定的。作为色相，指的是这些不同波长的色的情况。光谱中的红、橙、黄、绿、青、蓝、紫 7 种分光色是具有代表性的 7 种色相。

图 5-12　色彩的色相

饱和度是指色彩的鲜艳程度，也称色彩的纯度。饱和度取决于该色中含色成分和消色成分（灰色）的比例。含色成分越大，饱和度越大；消色成分越大，饱和度越小。

明度是眼睛对光源和物体表面的明暗程度的感觉，主要是由光线强弱决定的一种视觉经验。明度可以简单理解为颜色的亮度，不同的颜色具有不同的明度。

一件地图产品设计的成败，在很大程度上取决于色彩的应用。色彩应用得当，不仅能加深人们对内容的理解和认识，充分发挥产品的作用，而且由于色彩协调，富有韵律，能给人以强烈的美感。

由于影响色彩设计的因素较多，加上人们对于色彩的喜好、感觉和审美趣味的差异以及国家、地域、民族、信仰的差异，所以色彩设计是一个相当复杂的课题。

三、地图注记

地图注记是地图上文字和数字的通称，是地图语言之一。地图注记由字体、字号、字间距、位置、排列方向及色彩等因素构成。

地图上的注记可分为名称注记、说明注记和数字注记三种。

（1）名称注记：说明各种事物的专有名称，如居民点名称。

（2）说明注记：用来说明各种事物的种类、性质或特征，用于补充图形符号的不足，它常用简注表示。

（3）数字注记：用来说明某些事物的数量特征，如高程等。

用不同字体和颜色区分不同事物；用注记的大小等级反映事物分级以及在图上的重要程度；用注记位置以及不同字隔和排列方向表现事物的位置、伸展方向和分布范围。地图注记主要由照相排字或激光排字而得。注记设计和剪贴，要求字形工整、美观、主次分明、易于区分、位置正确（图5-13、图5-14）。

字体		式　样	
宋体	正宋	成都	居民地名称
	宋变	湖海　长江	水系名称
		山西　淮南	图名　区域名
		江苏　杭州	
等线体	粗中线	北京　开封　青州	居民地名称 细等作说明
	等变	太行山脉	山峰名称
		珠穆朗玛峰	山峰名称
		北京市	区域名称
仿宋体		信阳县　周口镇	居民地名称
隶体		中国　建元	图名　区域名
魏碑体		浩陵旗	
美术体		台湾省图	名称

图5-13　字体注记示例

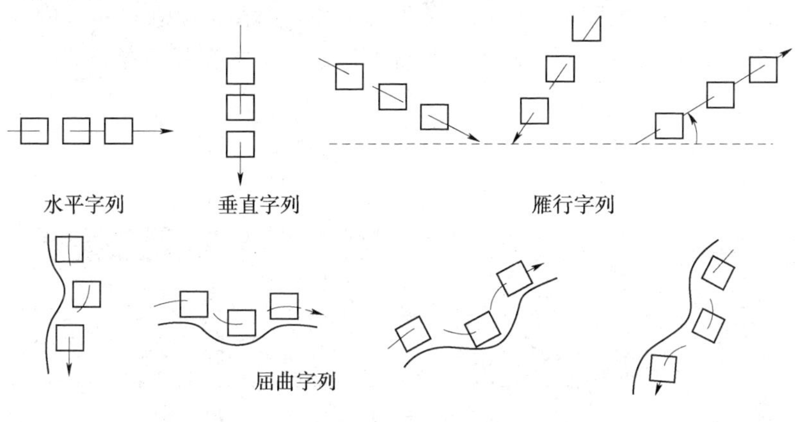

图 5-14 注记的排列方式

四、地图版面设计

地图设计是一种为达一定目标而进行的视觉设计，其目的是为了增强地图传递信息的功能。地图图面设计包括图名、比例尺、图例、插图（或附图）、文字说明和图廓整饰等。

（1）图名：专题地图的图名要求简明图幅的主题，一般安放在图幅上方中央。字体要与图幅大小相称，以等线体或美术体为主。

（2）比例尺：比例尺一般放在图例的下方，也可放置在图廓外下方中央或图廓内上方图名下处。

（3）图例：图例符号是专题内容的表现形式，图例中符号的内容、尺寸和色彩应与图内一致，多半放在图的下方。

（4）附图：附图是指主图外加绘的图件，在专题地图中，它的作用主要是补充主图的不足。专题地图中的附图，包括重点地区扩大图、内容补充图、主图位置示意图、图表等。附图放置的位置应灵活。

（5）文字说明：专题地图的文字说明和统计数字，要求简单扼要，一般安排在图例中或图中空隙处。其他有关的附注也应包括在文字说明中。

专题地图的总体设计，一定要视制图区域形状、图面尺寸、图例和文字说明、附图及图名等多方面内容和因素具体灵活运用，使整个图面生动，可获得更多的信息。

任 务 实 施

ArcView GIS 电子地图的“图面配置”，简称“Layout”，它是通过一个叫做“版面设计”的过程完成的。版面设计可以将 ArcView 项目中除自身之外的所有组件（如视图、图表、表格、脚本等），以及一般专题地图的必备要素如图名、图例、比例尺、指北针等，甚至外来的图形图像等地图素材，经过整饰而组合成内容充实、表现方式多样、易于编辑修改与动态更新能力强的专题地图。

Layout 的功能核心是“版面设计”，除此之外它还可利用“画图工具”直接在空白图面上进行点、线、面等多类图形的绘制；能够帮助用户对图面上业已布置的各种素材进行再修饰，利用各素材在图面空间上的不同组合可以生成丰富多彩的专题地图。

编制步骤：

(1) 打开 ArcView 软件，在工具栏中单击“加载数据”按钮，打开所需输出的数据，并在视图属性对话框中设置地图单位为 meter，如图 5-15 所示。

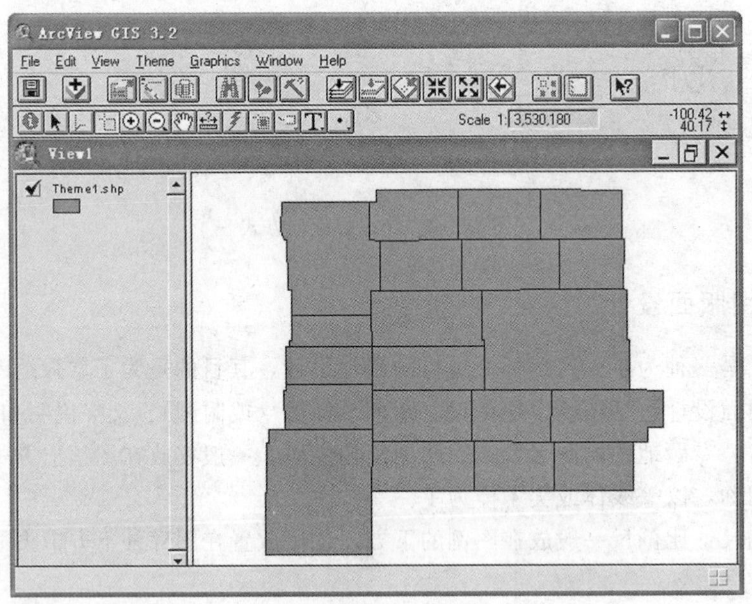

图 5-15 加载数据

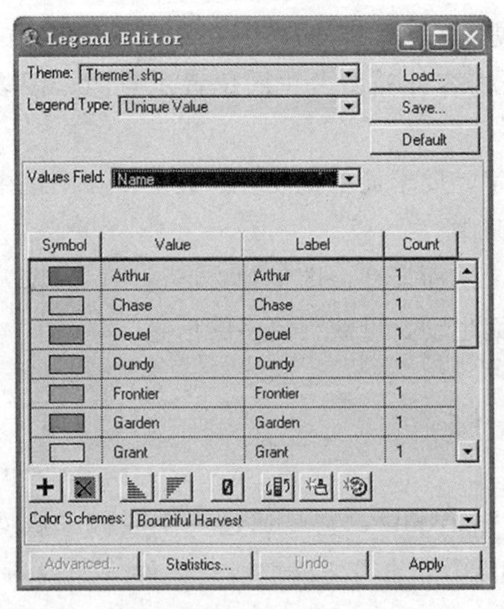

图 5-16 修改图例

(2) 点击图例编辑器，打开图例编辑对话框，如图 5-16 所示。图例类型选 Unique Value（唯一值），值字段为 Name，颜色模式选 Fruits&Vegetables，点击 Apply 按钮，完成图例的编辑设置，如图 5-17 所示。

(3) 在项目窗口中双击“Layout”图标，或者先单击图标，然后点选“新建（New）”按钮，则一个新的专题地图版面设计将产生于“项目”之中，并以“Layout1”为名称显示于项目窗口右侧窗格的列表区。通过此法可以再创建多个“版面设计”，默认名称依次为 Layout2、Layout3、Layout4 等。这些名称均可以通过上述方法变更成用户易于理解的名称，如“JX 地图编制”，图 5-18 为一空白的地图版式。

(4) 在往专题地图添加必要的地图要素之前，首先通过“页面设置”指定输出页面的大小、单位、页面方向和页边距等特征。

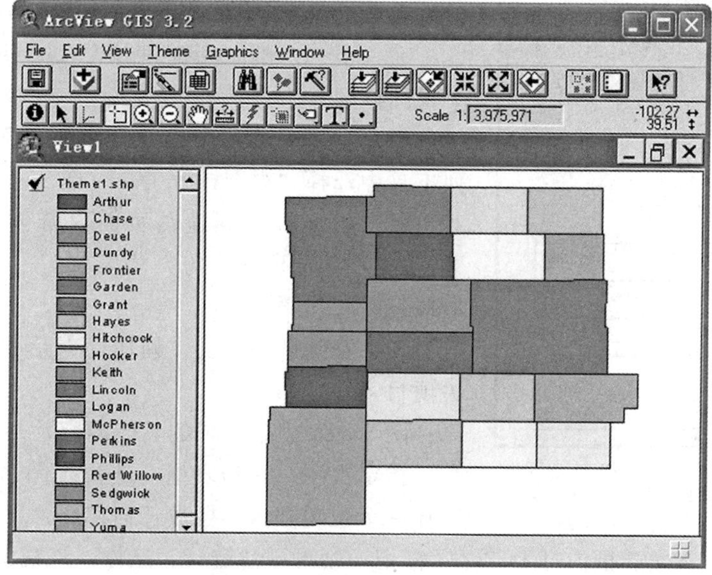

图 5-17 修改图例后的数据

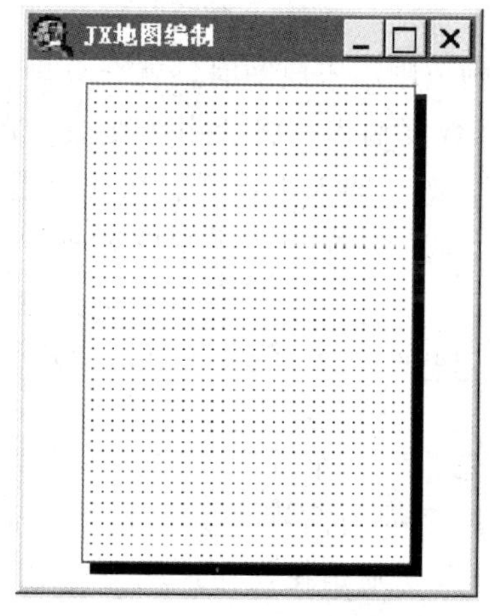

图 5-18 空白地图版式

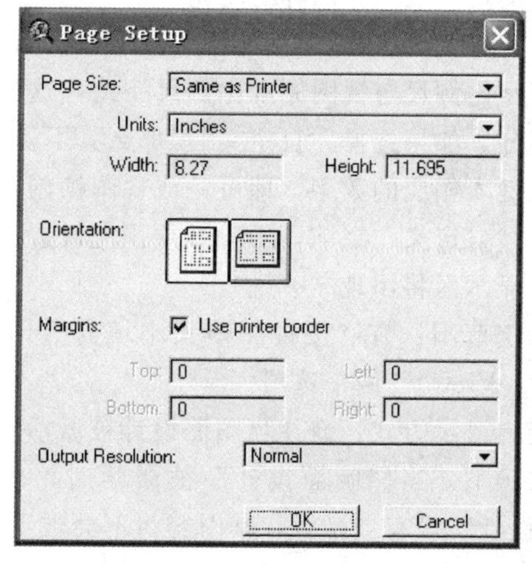

图 5-19 图版的页面设置

页面设置的方法是：调用“Layout”菜单下的“Page Setup”项，然后在对话框内指定各项内容，如图 5-19。

(5) 给专题地图添加“视图”。

页面设置完成后，专题地图的图面大小及方向就已确定。用户随后就可以给专题图添加必要的地图要素了。在各种专题要素中，“视图”作为版面设计的“主图”，其地位尤为重要，它是专题地图的核心。

一个视图在一幅“地图页面”中被显示在一个所谓的视图“帧”(frame) 中，帧是摆放地图要素的虚拟框，可以被看做是装载地图要素的“容器”。在页面容量许可的情况下，用户可以将任意多个不同的“视图帧”放置在专题地图中。每一个视图帧的属性都可以单

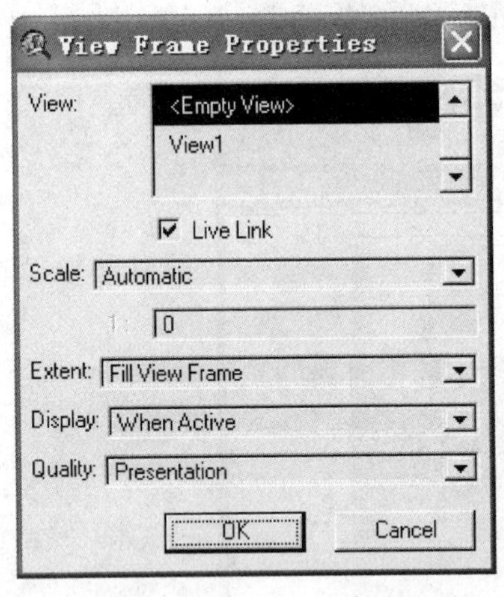

图5-20 视图帧属性

独去查看或改变。

在一个空白的“版面设计”（Layout）中添加一个视图帧的方法是：

（1）点击工具条中的“帧工具箱”，在弹出的系列工具中选择“视图帧”工具（图5-20）。

（2）将光标移到地图页面内希望放置视图的位置，用鼠标左键拖拉的方法定义好一个视图帧（矩形框）。

（3）在随即弹出的“帧属性对话框”内，设定相关项目。

图5-21内各选项的具体内容及操作要点：

指定视图：在列表框内选择视图名称即可，也可以在一个视图帧内不摆放任何视图。

活动链接：在复选框内打上“√”标记，则可激活链接。这样，该视图帧内的地图内容将会随着当前项目中“视图”内容的改变而改变。也就是说，专题地图中的主图内容将会动态反映“视图”内容的变化。

指定比例尺：有“自动地”与“用户自定义”两个选项。选择“自动”将会使专题图内的显示比例尺与视图原本比例尺一致，这样当视图帧范围小于原图时，就会只显示视图的一部分。如果选择“自定义”，那么其下侧的比例尺数据输入区将会由灰变黑，在文本输入区键入相应的数字，即可完成视图帧内视图显示比例尺的人工设定。在此应当注意：在选定“自定义”之前，用户必须预先设置好“视图”的地图单位，否则该对话框的比例尺数据显示区将出现“0”。

指定范围：有“按视图帧大小填充（Fill View Frame)”和“按视图大小进行剪裁（Clip to View)”两个选项。

指定显示方式：有“当图面设计被激活时”和“总是”两个选项。前者是缺省选项，在此选项下，当“版面设计”被激活时，ArcView只显示当前视图帧的内容，而如果“版面设计”没有被激活，其内容将不会被重绘。后一选项则是在任何情况下都显示视图帧的内容。指定配置质量：有“草稿（Draft)”和“完全表达（Presentation)”两种选择。前者可在当视图帧内容非常复杂、为了提高显示或打印的速度时使用；后者则常在当专题地图设计工作完全定稿以后使用，图5-21为添加视图后的地图版式。

（4）添加图例。

在大多数情况下，图例是正确阅读专题地图所不可缺少的地图要素。在ArcView的专题地图中，图例的功能是以符号形式展示项目视图的主题内容，是对主题内容的简要说明。

在空白图面内添加“图例帧”的方法与上述添加“视图帧”的方法相似，只要正确选择操作工具即可。图5-22是添加图例帧之后随即弹出的“属性对话框”。

（5）添加比例尺。

ArcView支持不同类型的比例尺，有数字比例尺、不同外形的图形比例尺等。比例尺类型的选择可以通过“比例尺属性对话框”（图5-23）中的“类型（Style)”下拉列表选取。

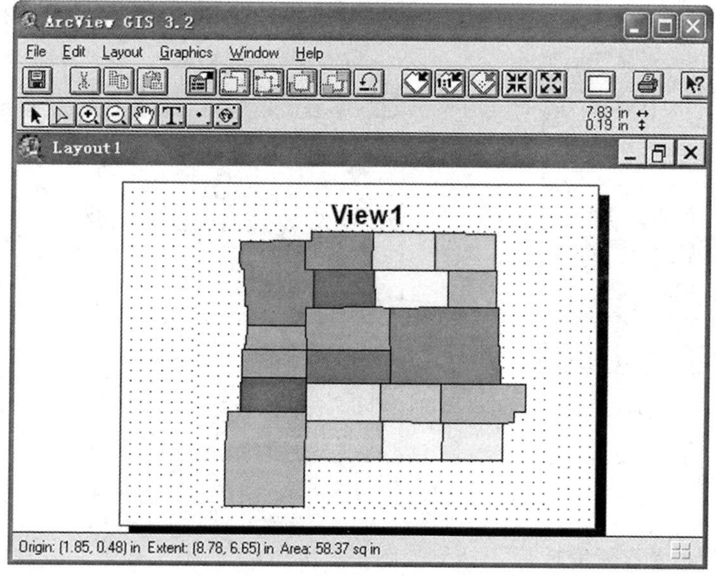

图 5-21　添加视图后的地图版式

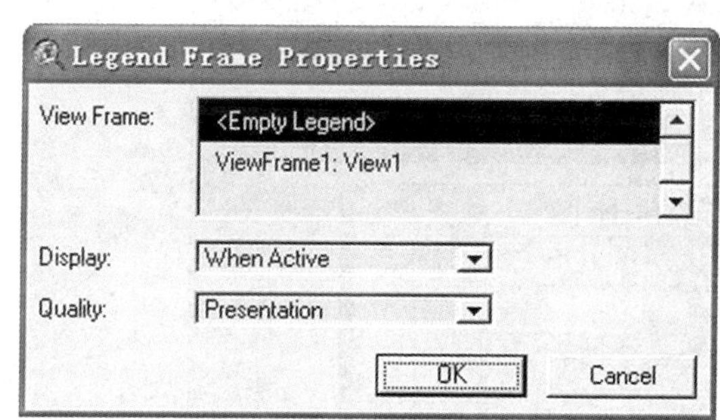

图 5-22　图例属性对话框

图 5-23　比例尺属性对话框

（6）添加图名。

对版面设计中的各个主要图素都取得满意之后，即可向专题地图添加“图名”。图名在专题地图上是作为文本出现的，因此它的添加就不需要调用所谓的“帧”工具，而是直接用鼠标选定“文本”工具（图 5-24），在文本工具的下拉工具中可以选择多种文本显示风格。当然更多的文本格式可以点击 Window/Show Symbol window 设置，如图 5-25 所示。

（7）添加指北针。

首先单击“帧”工具中的“指北针帧”（North Arrow Frame）按钮；然后在图面上用鼠标拖拉出“帧”的外框线，出现“指北针属性对

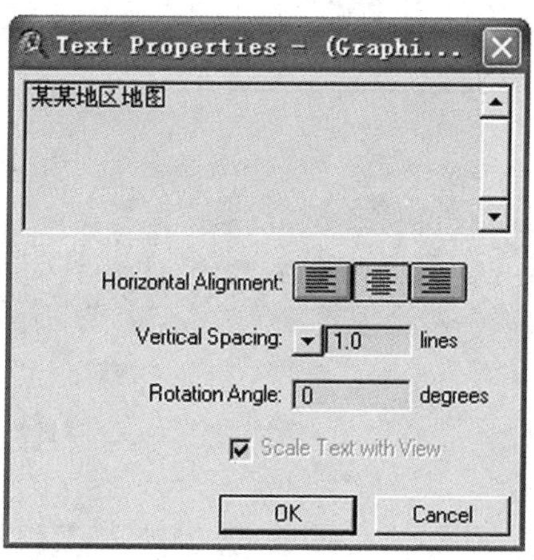

图 5-24　添加图名的文本框

话框”（图5－26），选择指北针的风格并设置好方向角，最后单击“OK”确定。

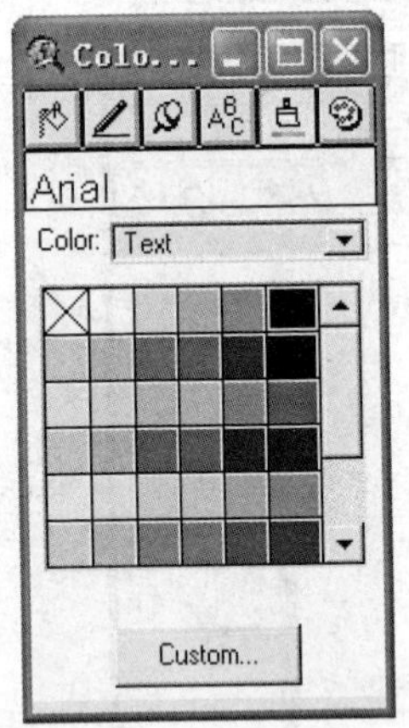

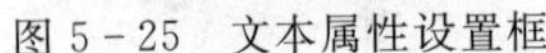
图5－25　文本属性设置框

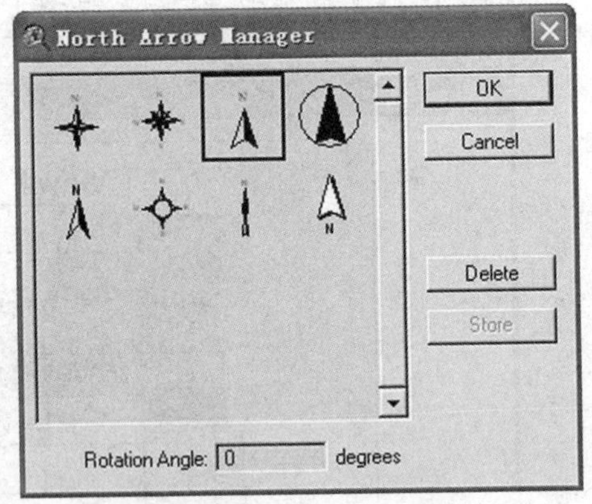

图5－26　指北针图例

所有的地图元素设置完成后，结果如图5－27所示。

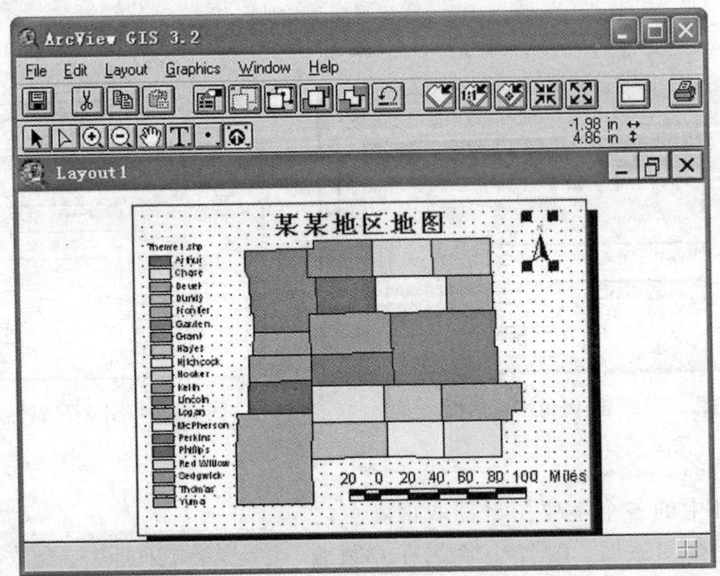

图5－27　地图编制示意图

电　子　地　图

在20世纪80年代中期，随着数字地图及地理信息系统技术的发展和应用，以及计算机视觉化研究的深入，在侧重于空间信息的表现与显示的基础上，电子地图应运而生。电

子地图主要应用于政府宏观管理、科学研究、规划、预测、大众传播媒介、信息服务等领域。另外，它与全球定位系统（GPS）相结合，在航天、航空领域、军事领域以及汽车导航中也发挥着十分广泛的作用。目前，在国际上影响较大的电子地图有美国世界影像电子地图集、加拿大国家电子地图集。在美国、英国、日本等国用于政府高层宏观决策与信息服务的电子屏幕显示系统中均有大量的电子地图。众多的地理信息系统的应用成果也都以电子地图的形式来展示。目前，在电子地图系统方面的研究与应用在我国也取得了一定的成果。

电子地图是以地图数据库为基础，在适当尺寸的屏幕上显示的地图。它可实时地显示各种信息，具有漫游、动画、开窗、缩放、增删、修改、编辑等功能，并可进行各种量算、数据及图形输出打印，便于人们使用。随着多媒体技术的发展，电子地图将与音像等内容结合起来，极大地丰富地图的表示内容，全方位、多角度地介绍与地理环境相关的各种信息，使地图更富有表现力。

电子地图与纸质地图相比较有以下特点：

(1) 电子地图以计算机屏幕和投影大屏幕为媒介，而传统地图一般以纸张作[illegible]载体。

(2) 电子地图的制作、管理、阅读和使用能实现一体化，对不满意的地方能够方便实时地进行修改。而传统纸质地图的生产、管理和使用都是分开的。

(3) 电子地图显示地图内容的详略程度是可以随时调控的，而传统纸质地图的内容是固定的、不变的。

(4) 电子地图能把图形、图像、声音和文字合成在一起，而纸质地图则做不到。

(5) 电子地图的使用要依赖专门的设备，而纸质地图的使用则不需要。

(6) 电子地图由于受计算机屏幕尺寸和屏幕分辨率的限制，整幅地图显示的效果受影响，以分块分层显示为主。而传统纸质地图以图幅为单位整页出版印刷，幅面大，读图的整体印象深刻，地理要素相互之间的关系明白清楚。

电子地图的主要用处有：

第一，用来查找各种场所、各种位置。

第二，通过地图查找一些出行的路线。例如坐公交怎么坐，开车怎么走，选择什么路线等。

第三，了解其他信息。在地图上除了可以看到地理位置外，还可以知道如电话、联系人，以及了解一家公司提供的产品和服务等信息。

第四，在地图上发布信息。对企业来说，电子地图也是一个可以发布广告的宣传平台。

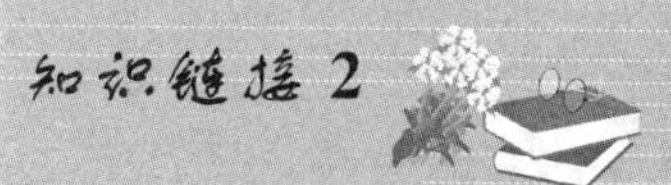

虚 拟 现 实

虚拟现实（Virtual Reality，简称 VR）是近年来出现的高新技术，也称灵境技术或人工环境。虚拟现实是利用电脑模拟产生一个三维空间的虚拟世界，提供使用者关于视觉、听觉、触觉等感官的模拟，让使用者如同身历其境一般，可以及时、没有限制地观察三度空间内的事物。

VR是一项综合集成技术，涉及计算机图形学、人机交互技术、传感技术、人工智能等领域，它用计算机生成逼真的三维视、听、嗅觉等感觉，使人作为参与者通过适当装置，自然地对虚拟世界进行体验和交互作用。使用者进行位置移动时，电脑可以立即进行复杂的运算，将精确的3D世界影像传回产生临场感。该技术集成了计算机图形（CG）技术、计算机仿真技术、人工智能、传感技术、显示技术、网络并行处理等技术的最新发展成果，是一种由计算机辅助生成的高技术模拟系统。

概括地说，虚拟现实是人们通过计算机对复杂数据进行可视化操作与交互的一种全新方式，与传统的人机界面以及流行的视窗操作相比，虚拟现实在技术思想上有了质的飞跃。

现实中的“现实”是泛指在物理意义上或功能意义上存在于世界上的任何事物或环境，它可以是实际上可实现的，也可以是实际上难以实现的或根本无法实现的。而“虚拟”是指用计算机生成的意思。因此，虚拟现实是指用计算机生成的一种特殊环境，人可以通过使用各种特殊装置将自己“投射”到这个环境中，并操作、控制环境，实现特殊的目的，即人是这种环境的主宰。

虚拟现实的基本特征：

（1）多感知：所谓多感知是指除了一般计算机技术所具有的视觉感知之外，还有听觉感知、力觉感知、触觉感知、运动感知，甚至包括味觉感知、嗅觉感知等。理想的虚拟现实技术应该具有一切人所具有的感知功能。由于相关技术，特别是传感技术的限制，目前虚拟现实技术所具有的感知功能仅限于视觉、听觉、力觉、触觉、运动等几种。

（2）沉浸感：又称临场感，指用户感到作为主角存在于模拟环境中的真实程度。理想的模拟环境应该使用户难以分辨真假，使用户全身心地投入到计算机创建的三维虚拟环境中，该环境中的一切看上去是真的，听上去是真的，动起来是真的，甚至闻起来、尝起来等一切感觉都是真的，如同在现实世界中的感觉一样。

（3）交互性：指用户对模拟环境内物体的可操作程度和从环境得到反馈的自然程度（包括实时性）。例如，用户可以用手去直接抓取模拟环境中虚拟的物体，这时手有握着东西的感觉，并可以感觉物体的重量，视野中被抓的物体也能立刻随着手的移动而移动。

（4）构想性：强调虚拟现实技术应具有广阔的可想象空间，可拓宽人类认知范围，不仅可再现真实存在的环境，也可以随意构想客观不存在的甚至是不可能发生的环境。

一般来说，一个完整的虚拟现实系统由虚拟环境，以高性能计算机为核心的虚拟环境处理器，以头盔显示器为核心的视觉系统，以语音识别、声音合成与声音定位为核心的听觉系统，以方位跟踪器、数据手套和数据衣为主体的身体方位姿态跟踪设备，以及味觉、嗅觉、触觉与力觉反馈系统等功能单元构成。

参 考 文 献

[1] 张景雄．地理信息系统与科学．武汉：武汉大学出版社，2010.
[2] 邬伦，刘瑜，张晶，等．地理信息系统——原理、方法与应用．北京：科学出版社，2001.
[3] 汤国安，陈正江，赵牡丹，等．ArcView 地理信息系统空间分析方法．北京：科学出版社，2002.
[4] Kang-tsung Chang 著．地理信息系统导论．陈健飞，等译．北京：科学出版社，2003.
[5] 胡鹏，黄杏元，华一新．地理信息系统教程．北京：武汉大学出版社，2002.
[6] 宋小冬，钮心毅．地理信息系统实习教程．北京：科学出版社，2002.
[7] 余明．地理信息系统导论实验指导．北京：清华大学出版社，2009.
[8] 陈述彭，鲁学军，周成虎．地理信息系统导论．北京：科学出版社，2001.
[9] Michael Kennedy 著．ArcGIS 地理信息系统基础与实训．蒋波涛，袁娅娅译．北京：清华大学出版社，2011.
[10] 龚健雅．地理信息系统基础．北京：科学出版社，2001.
[11] 何必，李海涛，孙更新编著．地理信息系统原理教程．北京：清华大学出版社，2010.
[12] 张正栋，邱国锋，郑春艳，等编著．地理信息系统原理、应用与工程．武汉：武汉大学出版社，2005.
[13] 秦其明，曹五丰，陈杉编著．ArcView 地理信息系统实用教程．北京：北京大学出版社，2001.
[14] 刘良明主编．ArcView 基础教程．北京：测绘出版社，2001.
[15] 樊红，翟建军．ArcView 应用与开发技术．武汉：武汉大学出版社，2003.
[16] 郑贵洲，晁怡．地理信息系统分析与应用．北京：电子工业出版社，2010.

本书编委会

主　编：任　耀　　秦　军

编　委：（按姓氏笔画排序）

马　宇　　王君峰

朱小羽　　张　平

张学生　　李　浩

罗海涛

前　言

欧特克软件公司是目前世界上最先进的2D、3D数字化技术领导者，其产品涵盖工程建设行业、制造业、媒体娱乐业和无线数据业等多个领域。24年来，欧特克软件公司一直致力于提高客户生产效率，提升客户核心竞争力，帮助客户实现梦想。

Civil 3D是欧特克软件公司针对整个土木工程领域推出的一款土木工程三维设计软件。虽然它进入中国只有短短的几年时间，但是凭借Civil 3D自身强大的三维工程建模和动态更新等功能，迅速引起了工程设计人员的广泛关注。目前，Civil 3D的用户遍及勘察测绘、水利水电、公路、市政、水运等多个行业。应广大用户的要求，欧特克软件公司特邀请了一批Civil 3D专家共同编写本书。

本书详细介绍了最新版的AutoCAD Civil 3D 2008的基本功能和应用技巧，尽量做到深入浅出，易学易懂。同时，特意在最后一章收集了部分应用案例，把Civil 3D在土木工程领域中不同行业的应用经验分享给广大读者。我们真诚地希望通过本书可以提高全国各地用户的软件使用水平，并能对其设计工作有所帮助。

限于作者水平，书中难免出现错误和疏漏之处，恳请读者惠予批评指正。

编者

2007年11月

目　　录

第1章 概论

本章简介

➤ AutoCAD Civil 3D 2008 软件简介：三维动态设计、系统配置等。

➤用户界面：工作空间、工具空间、布局工具栏、图形状态栏、右键菜单等。

本章简要介绍了 AutoCAD Civil 3D 2008 的功能特点、系统配置、用户界面等，进而初步了解软件的特点及使用方法。

学习要点

➤理解三维动态设计的概念。

➤理解“工作空间”的概念。

➤掌握“工具空间”的基本使用方法。

➤了解工具栏、透明命令、右键菜单的使用方法及视图设置方法。

AutoCAD Civil 3D 2008 是 Autodesk 公司在基础设施行业推出的一款适用于多领域、一体化、智能化的三维设计软件，广泛适用于勘察测绘、地形地貌、岩土工程、道路交通、水利水电、地下管网、土地规划等领域。该产品使用了最新的软件技术，提供了完全革新的解决方案，使得土木工程设计和场地开发的过程变得更简单、更智能、更快速。因此，设计人员有更多的时间来探寻项目的最佳方案，同时显著缩短整个项目的设计周期。

1.1 AutoCAD Civil 3D 2008 软件简介

AutoCAD Civil 3D 2008 架构在 AutoCAD 2008 之上，并集成了 Autodesk Map 3D 2008。换言之，它完全包含了 AutoCAD 2008 和 Map 3D 2008 的全部功能，同时提供了土木工程设计方面的专业功能。

AutoCAD Civil 3D 2008 首先包含一个完整的 AutoCAD 2008，标准的 AutoCAD 要素（如命令行、设计空间和 AutoCAD 工具栏等），以及二维图元、三维模型的创建和编辑命令等，用户在 AutoCAD Civil 3D 中的工作方式与在 AutoCAD 中的工作方式完全相同。用户还可以象在 AutoCAD 中一样，在 AutoCAD Civil 3D 2008 中根据特殊的需求定制各种二次开发程序。

基于 AutoCAD 平台，AutoCAD Civil 3D 2008 提供了勘察测绘、地形地貌、岩土工程、道路交通、水利水电、地下管网、土地规划等领域的先进的专业设计工具，使用户可以使用 AutoCAD Civil 3D 测量要素来下载、创建、分析和调整测量数据，创建或复原三维地形，平整场地并计算土方，设计各种路线及纵横断面，生成道路模型并计算土方，水利大坝及渠道设计，地下管网布置及土地规划等；也可以在设计的同时自动生成各种标注，并与图形相关联而自动更新，极大地提高设计效率和设计质量。这是本书涉及的主要内容。

除以上基本功能外，AutoCAD Civil 3D 2008 还集成了 Autodesk 公司的一款强大的地理信息系统软件——AutoCAD Map 3D 2008。AutoCAD Map 3D 是创建和管理空间数据最主要的工程 GIS 平台。AutoCAD Map 3D 通过提供对数据的直接访问权限(不论该数据如何存储)及启用 AutoCAD® 工具(用于维护各种地理空间信息)，在 CAD 与 GIS 之间架起了一座桥梁。使用开放源代码 FDO 数据访问技术，AutoCAD Map 3D 可以原生格式访问存储在关系数据库、文件和基于 Web 的服务中的空间数据，在简化整个工作流程的同时提供对大型地理空间数据集的轻松管理。使用 AutoCAD Map 3D 2008 可以创建、编辑、合并地图、设置地图对象的格式、管理地图数据、对地图执行分析、发布地图等。

另外，安装 AutoCAD Civil 3D 2008 时还可以选择安装 Autodesk Vault。Autodesk Vault 提供了一个协同工作环境，不仅可以轻松地存储和管理各种设计文档和文件，还能够与团队中的其他成员共享信息，实现协同设计。

1.1.1 三维动态设计

通常，设计团队要花费很长时间来确保修订在曲面、路线、纵断面、横断面及其他设计数据之间正确传递。而重新绘制工作、重新标记工作及检查工作等任务也会花费很长时间，不能有效保障设计质量和设计效率。

而 AutoCAD Civil 3D 采用了面向对象的体系结构，提供了曲面、放坡、路线、纵断面、道路、横断面、管道、地块等丰富的土木工程专用设计对象，并可在对象之间创建智能关系，从而使设计更改能够动态地更新。

1.1.1.1 对象之间的关系

AutoCAD Civil 3D 中主要的对象类型及表示这些对象的图标如图 1-1 所示。

在对象模型中，一个对象中发生的更改可以自动传递给目标关联对象。例如，如果重新设计路线曲线，则可以对所有将该路线作为基准线的放坡进行相应的修改，同时所有相关的里程标注、标签和其他特定路线数据都将更新，极大地提高用户的设计质量，缩短设计周期。

图 1-2 说明了 Civil 3D 数据对象彼此之间如何建立联系。

点
点编组
曲面
地块
放坡
路线
纵断面
纵断面图
采样线
要素线
横断面
横断面图
管网
管道
结构
管道干涉检查
道路
装配
组件
测量地物
测量网络
图幅
匹配线

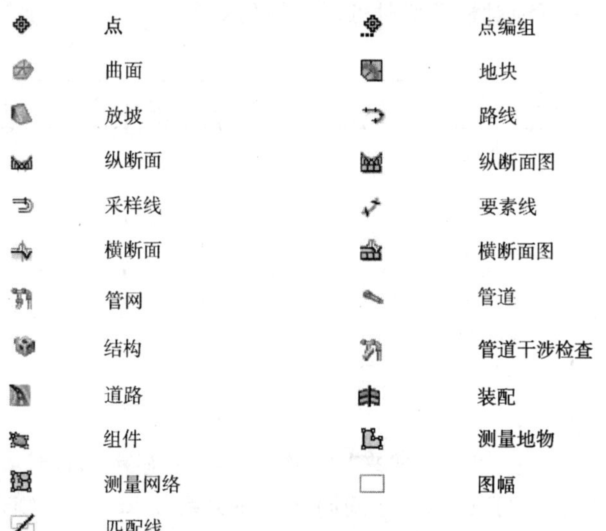

图 1-1　Civil 3D 主要对象类型及图标

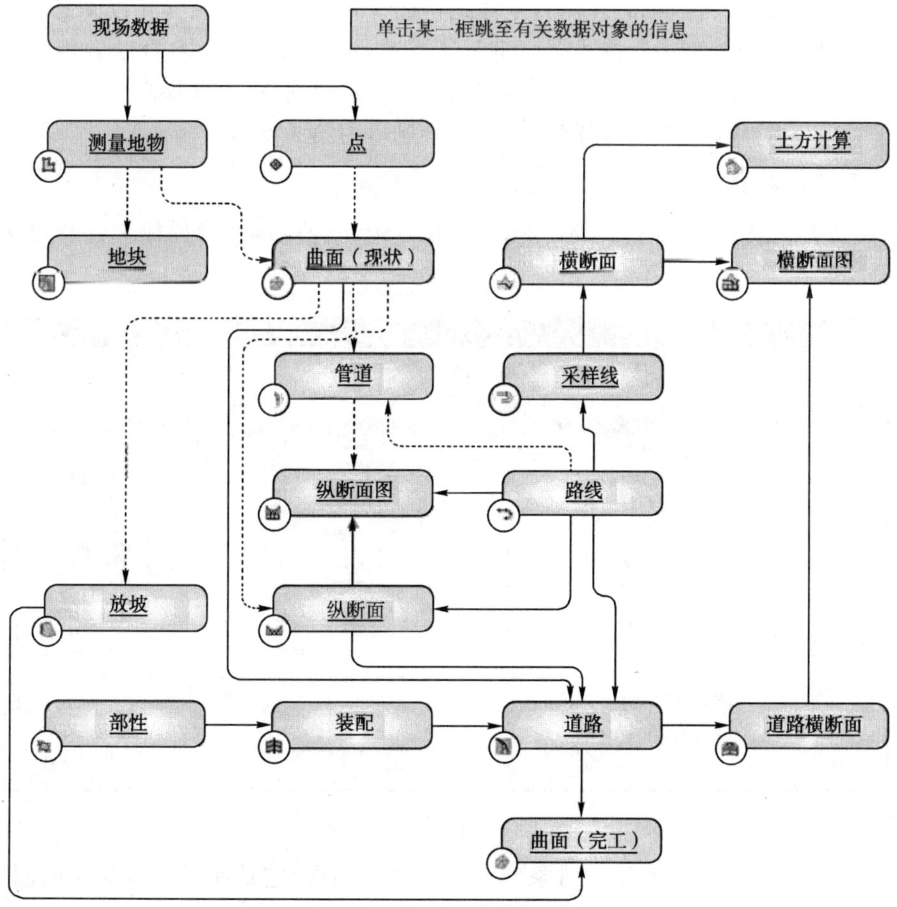
现场数据
单击某一框跳至有关数据对象的信息
测量地物
点
土方计算
地块
曲面（现状）
横断面
横断面图
管道
采样线
纵断面图
路线
放坡
纵断面
部性
装配
道路
道路横断面
曲面（完工）

图 1-2　Civil 3D 对象之间的关系

表 1-1 显示了编辑每种对象类型时可以更新的对象。

表 1-1

编辑对象类型	可以更新的对象	编辑对象类型	可以更新的对象
点	曲面	部件	装配、道路
曲面	放坡、纵断面、管网、道路	装配	道路
地块	放坡、道路	管网	曲面、路线
路线	放坡、地块、道路、纵断面、横断面、管网	要素线	放坡
放坡	曲面、道路	采样线	横断面

1.1.1.2 对象样式

AutoCAD Civil 3D 通过对象样式来控制图形对象的显示和设计特性。图形对象与控制其显示的样式及控制其注记的标签之间同样存在关系，AutoCAD Civil 3D 也将这些样式和标签作为对象进行管理。

用户可以使用样式来有效地管理对象的外观。创建新对象时，可以将预定义的样式应用于对象的显示，以后可以随时应用其他样式。此外，还可以创建新样式以满足不同用户和不同项目阶段的需要。如果对样式定义进行了更改，那么这些更改将自动应用到使用该样式的所有对象，从而实现了标注、标签、注释的批量自动更新，极大地提高了设计效率。

关于对象样式的定制方法等详细内容，请参见本书第 9 章。

1.1.1.3 对象图层

图 1-3 是以"_Autodesk Civil 3D 2008 China Style_v3. dwt"为样板文件新建文件的标准对象图层设置。

图 1-3 标准对象图层设置

AutoCAD Civil 3D 中的每个对象都有一个基本图层，它是实际驻留对象的图层；还包含多个组件图层，它们控制对象组件（如曲面三角形或等高线、标签等）的显示。

也就是说，当用户在 AutoCAD Civil 3D 中使用专用命令创建 Civil 3D 对象时，新创建的对象及其组件将自动放置在对应的图层中，而不需要手动逐个设置。

■ 对象基本图层

在【工具空间】的【设置】选项卡中，选择图形名称，单击鼠标右键选择【编辑图形设置】命令，如图 1-4 所示。在打开的【图形设置】对话框的【对象图层】选项卡上可以指定对象的默认基本图层，如图 1-5 所示。

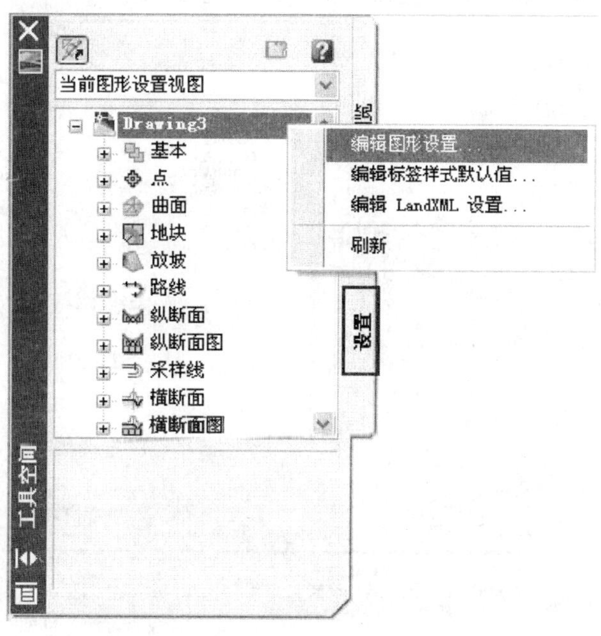

图 1-4　编辑图形设置

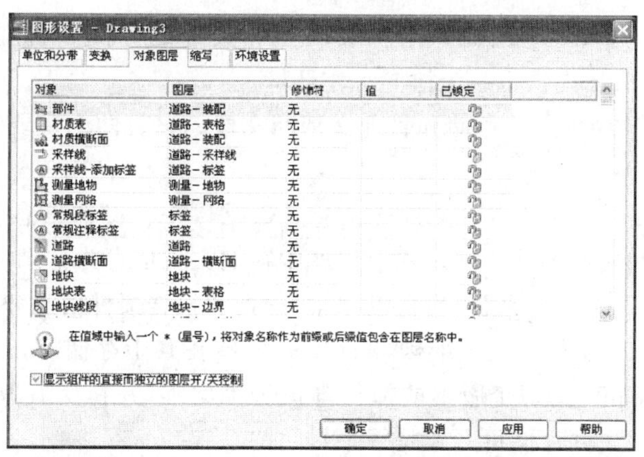

图 1-5　设置对象基本图层

■ 对象组件图层设置

可以在【<对象>样式】对话框的【显示】选项卡上指定组件图层。例如，选择已有的曲面，单击鼠标右键选择【编辑曲面样式】命令。在打开的【曲面样式-标准】对话框中的【显示】选项卡上可以指定曲面组件点、三角形、等高线等默认图层，如图 1-6 所示。

注意:图层 0 在组件显示设置中具有特殊的意义。当图层设置为 0 时,该组件将使用对象的基本图层。例如,曲面对象的基本图层为“曲面”,点、三角形、等高线等的组件图层设置为 0,则这些组件是在图层“曲面”(而不是图层 0)上工作。

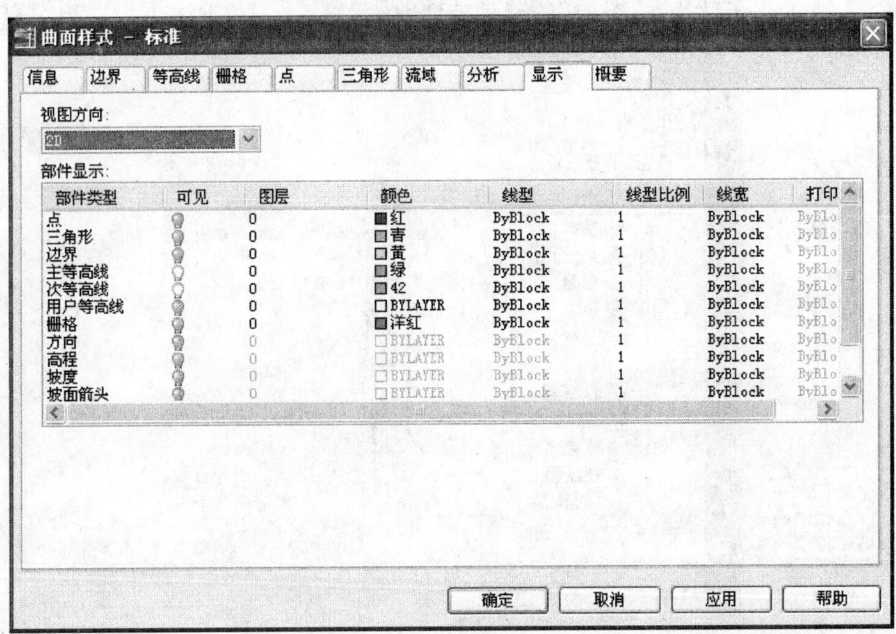

图 1-6 设置对象组件图层

1.1.2 协同设计

AutoCAD Civil 3D 2008 还提供了一套文档和文件的存储和管理系统——Autodesk Vault。Autodesk Vault 提供了一个协同工作环境。

Vault 是一个资源库,用于存储和管理文档和文件。它有两个主要组件:关系数据库和文件存储。

■ **关系数据库:**用于存储有关文件的信息。数据库中存储的信息包括当前文件状态、文件编辑历史记录和文件特性数据。在数据库中存储文件信息为记录文件关系和历史信息提供了灵活、安全和高性能的平台,也可以搜索、查询和报告文件信息和关系。

■ **文件存储:**一个文件夹层次结构,Vault 服务器在其中存储 Autodesk Vault 管理的文件的物理副本。Vault 为每个版本的文件维护一个副本,并在所有权配置中将这些副本保存到文件存储中。文件存储可看作是一个封闭的系统。

Autodesk Vault 是客户端/服务器应用程序,服务器和客户端应用程序安装有独立的软件组件。服务器用于存储所有文档和设计的主副本,通过将所有数据存储在一个公用的集中位置,可以在整个设计小组中轻松实现共享和信息管理。

Vault 支持不同的用户负责同一个设计中的不同部分,并允许这些用户查看整个设计以了解他们正在工作的环境。每个用户的工作文件夹中都包含整个项目的副本(常用零部件或库零部件除外)，但只检出用户需要编辑的文件。如图 1-7 所示，Vault 服务器显示在顶部，其中包含整个部件。进行设计工作的两名用户，其工作文件夹中包含整个部件的副本，但是只检出他们要使用的文件。

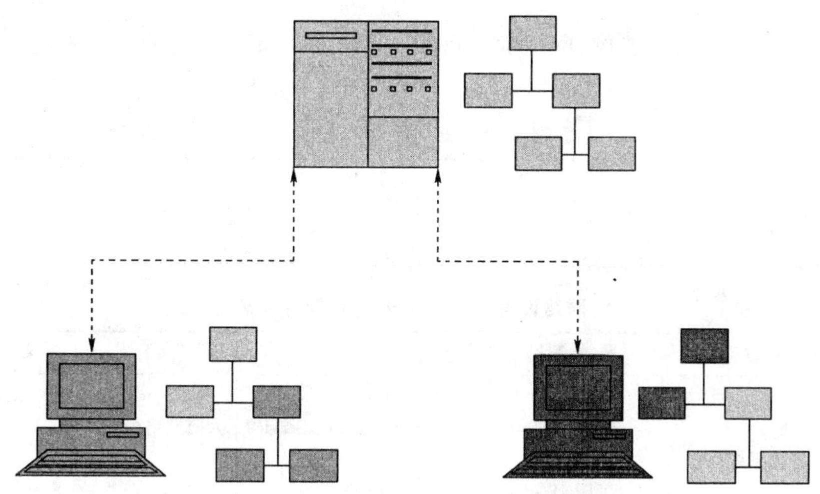

图 1-7 协同设计

关于 Vault 的详细介绍，请参考 AutoCAD Civil 3D 2008 软件下拉菜单【帮助】中的【Autodesk Vault 帮助】。

1.1.3 开发接口

AutoCAD Civil 3D 2008 架构在 AutoCAD 2008 之上，除了可以从命令提示和菜单界面访问命令外，Civil 3D 还提供了可用于控制图形和数据库的应用程序编程接口 (API)。常用的编程接口有 ActiveX® Automation、VBA (Visual Basic® for Applications)、AutoLISP®、Visual LISP™、ObjectARX™和 .NET。用户可以根据应用程序的需要和编程经验来决定使用的接口类型。

■ **ActiveX Automation**：ActiveX Automation 是 Microsoft®基于 COM(零部件对象模型)体系结构开发的一项技术。用户可以用它来自定义 AutoCAD，与其他应用程序共享图形数据及自动完成任务。

■ **AutoCAD VBA**：Microsoft Visual Basic for Applications (VBA) 是一个基于对象的编程环境，能提供丰富的开发功能。VBA 和 VB (Visual Basic 6) 的主要区别在于：VBA 与 AutoCAD 在同一进程空间运行，提供的是具有 AutoCAD 智能的、非常快速的编程环境。

■ **AutoLISP 和 Visual LISP**：AutoLISP 基于简单易学而又功能强大的 LISP 编程语言。由于 AutoCAD 具有内置 LISP 解释器，因此用户可以在命令提示下输入 AutoLISP 代码，或从外部文件加载 AutoLISP 代码。Visual LISP (VLISP) 是为加速 AutoLISP 程序开发而设计的软件工具。

■ **ObjectARX**：ObjectARX 技术为设计软件应用程序提供了共享智能化对象数据的基础。用户可以运行第三方 ObjectARX 应用程序，也可以自己开发。

■ **NET**:通过 Microsoft . NET Framework,用户可以使用编程语言(如 VB . NET 和 C #)创建与 AutoCAD 进行互操作的应用程序。

1.1.4 系统配置

关于网络版安装管理映像、网络版许可服务器和客户端应用程序的系统配置需求信息,请参见以下表 1-2～表 1-5。

管理映像位置的硬件和软件需求 表 1-2

硬件/软件	要　求	注　释
硬盘	建议使用 5GB 可用磁盘空间用于安装	创建管理映像的位置必须是一个共享位置,这样用户才能访问该管理映像

网络许可服务器的硬件和软件需求 表 1-3

硬件/软件	要　求	注　释
操作系统	Windows Server 2003 Windows XP Professional Service Pack 2 Windows 2000 Server Edition Windows 2000 Service Pack 4	Network License Manager 仅支持以太网网络配置 仅在 Windows 2000 Server Edition 和 Windows 2003 Server 上支持冗余许可服务器模式
计算机/处理器	Pentium III 或更高 450 Mhz(最低要求)	
网络接口卡	与现有的以太网网络基础构造兼容	Network License Manager 支持多个网络接口卡
通讯协议	TCP/IP	Network License Manager 使用 TCP 包类型

客户端工作站的硬件和软件需求 表 1-4

硬件/软件	要　求	注　释
操作系统	(32 位) Windows 2000 Service Pack Windows XP Professional Service Pack 2 Windows XP Home Service Pack 2 Windows 2000 Service Pack 4 Windows Vista Enterprise Windows Vista Business Windows Vista Ultimate Windows Vista Home Premium Windows Vista Home Basic Windows Vista Starter	建议在用户界面语言与 AutoCAD Civil 3D 语言的代码页匹配的操作系统上安装非英文版本的 AutoCAD Civil 3D,代码页为不同语言的字符集提供支持
Web 浏览器	Microsoft Internet Explorer 6.0 Service Pack 1 (或更高版本)	如果安装工作站上未安装具有 Service Pack 1(或更高版本)的 Microsoft Internet Explorer 6.0,则无法安装 AutoCAD Civil 3D。可以从以下 Microsoft 网站下载 Internet Explorer: http://www.microsoft.com/downloads/

续上表

硬件/软件	要　求	注　释
处理器	Pentium 4 或更高,3GHz	
RAM	2GB	
图形卡	1280×1024VGA 真彩色,128MB 以上可兼容 Open GL®的三维视频卡	■ 需要支持 Windows 的显示适配器 ■ 必须安装支持硬盘加速的 DirectX 9.0c 或更高版本的图形卡 ■ 从 ACAD.msi 文件进行安装时,将不安装 DirectX 9.0c 或更高版本。在此情况下,要配置硬盘加速,需要手动安装 DirectX
硬盘	5GB 可用磁盘空间用于安装	
定点设备	鼠标、轨迹球或其他设备	
DVD-ROM 驱动器	任意速度(仅用于安装)	
可选硬件	打印机或绘图仪 数字化仪 调制解调器或其他访问 Internet 连接的设备 网络接口卡	

三维使用的其他建议配置　　表 1-5

硬件/软件	要　求	注　释
操作系统	Windows® XP Professional Service Pack 2	建议在用户界面语言与 AutoCAD Civil 3D 语言的代码页匹配的操作系统上安装非英文版本的 AutoCAD Civil 3D,代码页为不同语言的字符集提供支持
处理器	Intel Pentium 4,3.0 GHz 或更高	
RAM	2 GB(或更大)	
图形卡	128 MB 或更高,OpenGL 工作站类	■ 必须安装支持硬盘加速的 DirectX 9.0c 或更高版本图形卡 ■ 从 ACAD.msi 文件进行安装时,将不安装 DirectX 9.0c 或更高版本。要配置的硬盘加速在此情况下需要手动安装 DirectX 有关已测试和验证的图形卡的更多信息,请访问 http://www.autodesk.com/autocad-graphicscard/
硬盘	2 GB(不包括安装所需的 750 MB)	

1.2 用户界面

AutoCAD Civil 3D 2008 架构在 AutoCAD 2008 之上,标准的 AutoCAD 要素(如命令行、设计空间和 AutoCAD 工具栏等)在 AutoCAD Civil 3D 中的工作方式与在 AutoCAD 中的工作方式完全相同,此处不再详述。除 AutoCAD 基础功能之外,AutoCAD Civil 3D

用户界面增加了一些用于创建和管理土木工程设计信息的工具，如工具空间、全景窗口、布局工具栏等，从而增强了标准 AutoCAD 环境的功能。

1.2.1 工作空间

工作空间是经过编组和组织的菜单、工具栏等的集合，以便用户可以在自定义的图形环境中工作。使用工作空间时，界面中仅显示在该工作空间中指定的菜单、工具栏及二级窗口。通过在命令行中输入其他命令的名称，仍可以访问菜单中未显示的这些命令。

通过使用【工作空间】工具栏（默认情况下，该工具栏固定在图形窗口的左上方），可以随时切换到需要的工作空间，如图 1-8 所示。

图 1-8 浮动的【工作空间】工具栏

AutoCAD Civil 3D 2008 附带若干个默认的工作空间，用户可以按原样使用这些工作空间或根据需要对其进行修改或新建自己的工作空间。

AutoCAD Civil 3D 2008 中的工作空间包括：

■ **Civil 3D 完整**：该工作空间包含 AutoCAD Civil 3D 提供的所有土木工程设计功能。

■ **设计**：该工作空间包含道路、交通运输，以及场地设计任务所需的功能。

■ **注记和制图**：该工作空间为用户提供了着重使用注记图形对象的环境。该工作空间中包括一个“注记”菜单。该“注记”菜单将其他功能菜单中的标签和表格命令编组到一个菜单中，以便于使用。

■ **测量和拓扑**：该工作空间着重于执行与测量相关的任务所需的功能。

■ **可视化和渲染**：该工作空间着重于可视化和渲染图形所需的功能。

有关使用和自定义工作空间的详细信息，请参见软件【帮助】中的《AutoCAD 帮助》中的《自定义手册》。

1.2.2 工具空间

【工具空间】窗口是 AutoCAD Civil 3D 2008 进行浏览、设置、编辑、共享设计信息的最重要的窗口之一。

1.2.2.1 工具空间简介

通过下拉菜单【常规】中选择【工具空间】命令，即可打开【工具空间】窗口，其中最少包含【浏览】、【设置】两个选项卡，可以使用专用命令打开【测量】、【工具箱】选项卡。

【浏览】、【设置】和【测量】选项卡具有几个通用的控件，包括树结构、快捷菜单和对象图标、项视图等，如图 1-9 所示。

■ **树结构**：【工具空间】树以分层结构形式显示项目中的设计数据及设置信息。选择其中的一项，可以列表视图或图形视图的方式来查看、编辑其中的数据。

■ **快捷菜单**：通过在树结构中相应的项上单击鼠标右键，可以显示该项的快捷菜单。菜单中包含适用于该项的常用命令。

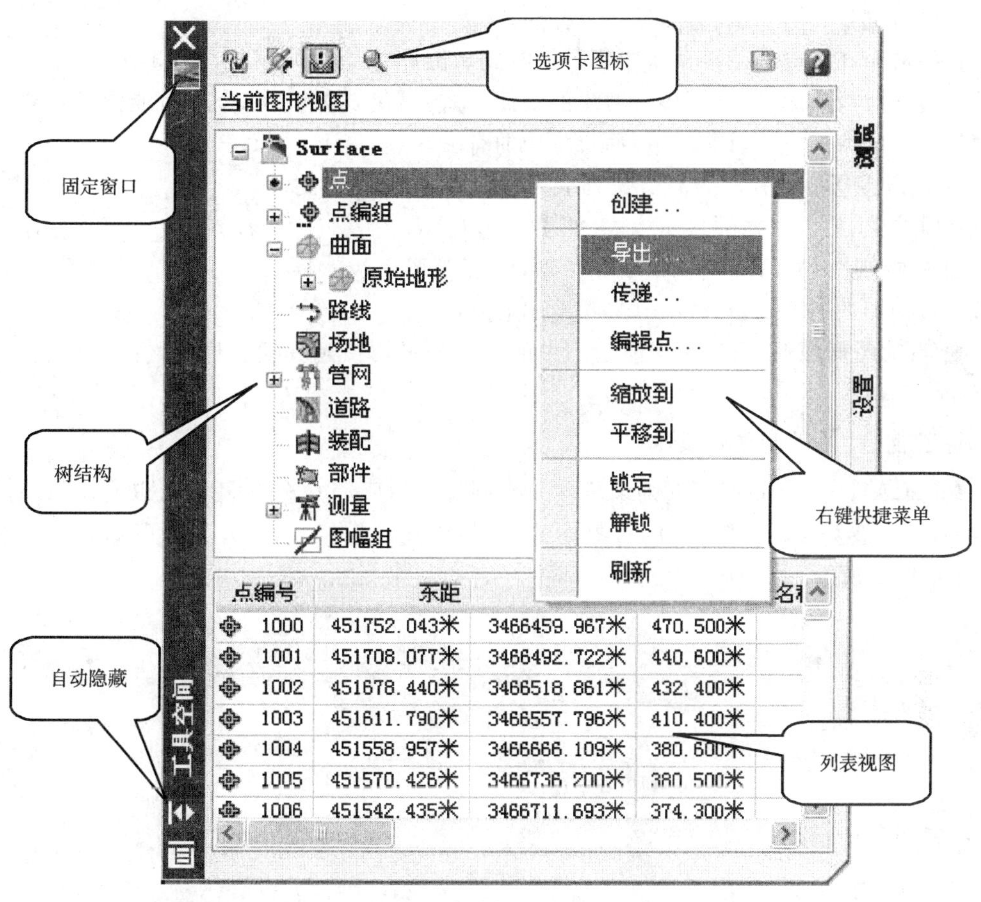

图 1-9 【工具空间】窗口

■ **图标**：【工具空间】窗口顶部显示一行图标，不同的选项卡显示的图标不同。这些图标可以控制图标在结构树中的显示内容、显示【全景】窗口和访问【帮助】。

■ **项视图**：选择树中的项时，项视图（显示在主树的旁边或下方的表格中）中可能会显示该项的详细信息。根据用户选择的项，项视图以下两种显示方式：

◇ **列表视图**：以列表的形式显示信息。在某些情况下，可以编辑这些信息。

◇ **图形视图**：显示项的图像。

■ **其他控制按钮**：

◇ **自动隐藏**：单击【工具空间】窗口标题栏上的◧即可激活“自动隐藏”功能，同时按钮变为单箭头形状。此时，当光标离开标题栏时，自动隐藏工具空间中内容的显示，只剩下标题栏。当光标再次移动到标题栏上时，【工具空间】窗口又自动展开。

◇ **固定窗口**：双击该图标，【工具空间】窗口将变为屏幕左侧或右侧的固定窗口。

1.2.2.2 【浏览】选项卡

可以使用【浏览】选项卡中的【浏览】树来管理和访问图形对象和项目对象：在【浏览】树

中的某个集合或项上单击鼠标右键，可以显示该项的快捷菜单，菜单中包含适用于该项的常用命令。如图 1-9 所示，在图形中的“点”上单击鼠标右键，可以显示有关点的快捷菜单，用户可以进行创建、导出、编辑点、锁定等操作。

这些命令在对应的下拉菜单中都可以找到。因此，【浏览】选项卡是 Civil 3D 中经常使用的，是快速浏览、编辑、管理图形对象的快捷方式。【浏览】树中每个项目或图形对象的快捷菜单命令的使用方法，请参见后面每章中的有关内容。

使用【浏览】选项卡顶部的下拉列表可以控制在【浏览】树中显示哪些项，有以下两种显示模式，如图 1-10 所示。

当前图形视图
主控视图
当前图形视图

图 1-10

■ **主控视图：**显示所有项目项和图形项、及图形样板。将亮显当前图形的名称。

■ **当前图形视图：**只显示当前图形中的项。如果切换到其他图形，树将更新以反映新图形。

1.2.2.3 【设置】选项卡

AutoCAD Civil 3D 是通过对象样式来控制对象的显示方式的，用户可以使用【设置】选项卡中的【设置】树来管理所有的对象样式、标签样式和表样式，以及控制图形和命令的设置，如图 1-11 所示。

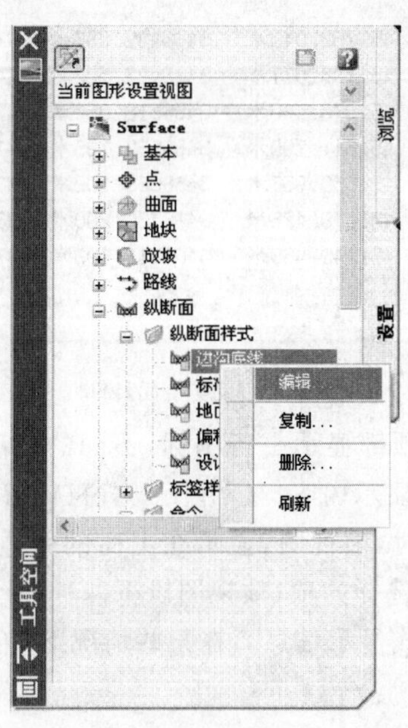

图 1-11 【设置】选项卡

在【设置】树选择不同层次的节点，其右键菜单内容不同。如选择图形名称，则有【编辑图形设置】、【编辑标签样式默认值】等，可以设置图形的单位、比例、对象图层等图形设置；如选择【纵断面】等节点，则有【编辑要素设置】、【编辑标签样式默认值】等，可以设置纵断面的默认样式、默认名称格式等；如选择【纵断面样式】节点，则只有【新建】、【刷新】命令，可以新建自己的纵断面样式；如选择纵断面样式的一种，如【边沟底线】，则有【编辑】、【复制】、【删除】、【刷新】命令，可以编辑、复制、删除现有的样式。

使用【设置】选项卡顶部的下拉列表可以控制在【设置】树中显示哪些项，有以下四种显示模式，如图 1-12 所示。

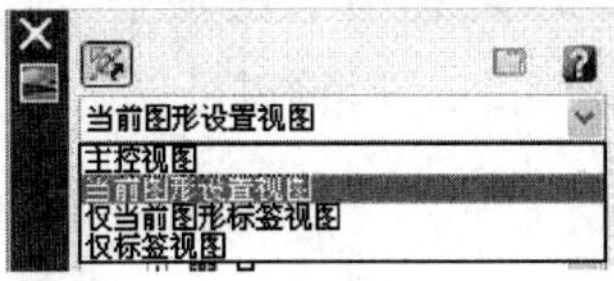

■ **主控视图**：显示所有打开图形的项。当前图形的名称以粗体显示。

■ **当前图形设置视图**：只显示当前图形中的项。

■ **仅当前图形标签视图**：显示当前图形的标签样式集合和标签样式项。

图 1-12

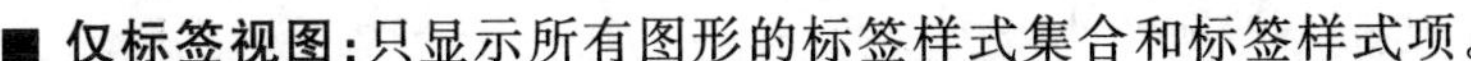

■ **仅标签视图**：只显示所有图形的标签样式集合和标签样式项。

关于对象样式、标签样式和表样式等的定制方法，请参见第 9 章中样式与定制及各种对象对应章节的具体内容。

1.2.2.4 【测量】选项卡

从下拉菜单【测量】中选择【打开测量工具空间】/【关闭测量工具空间】命令，即可在【工具空间】窗口中打开或关闭【测量】选项卡，如图 1-13 所示。

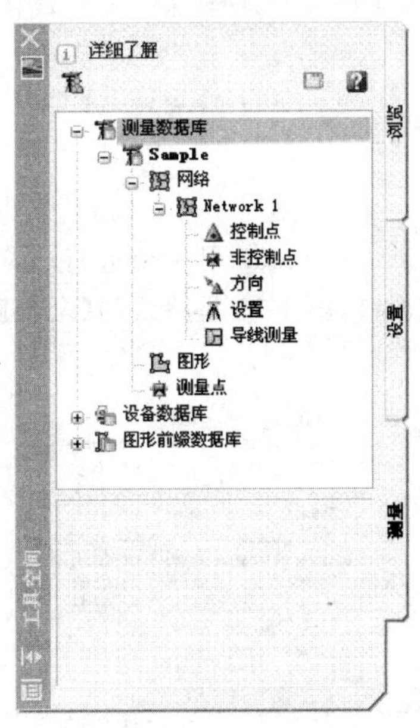

图 1-13 【测量】选项卡

使用【测量】树可以管理和访问测量设置和数据，其中包括以下三个方面的内容：

■ **测量数据库**：测量数据库可以展开以显示所有“网络”（其中收集了“控制点”、“非控制点”、“已知方向”、“观测值”、“设置”和“导线测量定义”）、“地物”和“测量点”。

■ **设备数据库**：展开可以显示可用的设备数据库。

■ **地物前缀数据库**：展开可以显示可用的地物前缀数据库。使用地物前缀数据库，通过创建一组地物名称的前缀，可以确定绘制地物的图层。

1.2.2.5 【工具箱】选项卡

从下拉菜单【常规】中选择【工具箱】命令，即可在【工具空间】窗口中打开或关闭【工具

箱】选项卡，如图 1-14 所示。

使用【工具箱】树可以访问“报告管理器”中可用的报告，以及访问其他自定义工具。

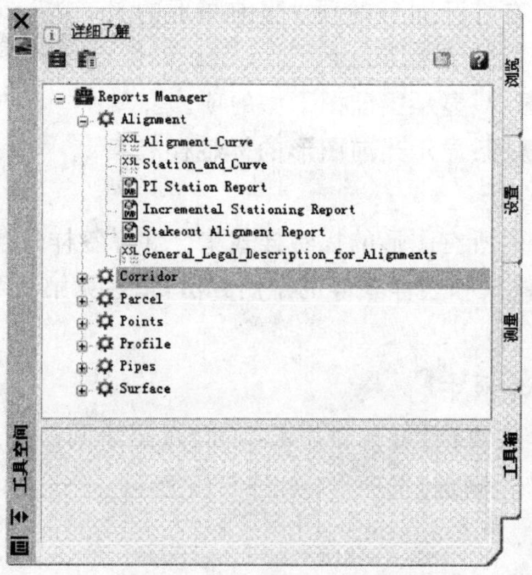

图 1-14　【工具箱】选项卡

1.2.3 【全景】窗口

【全景】窗口是 AutoCAD Civil 3D 2008 另一个进行浏览、编辑设计信息的最重要的窗口之一。图 1-15 是点的【全景】窗口，图 1-16 是路线的【全景】窗口。

点编号	东距	北距	点高程	名称	原
1000	451752.043米	3466459.967米	470.500米		
1001	451708.077米	3466492.722米	440.600米		
1002	451678.440米	3466518.661米	432.400米		
1003	451611.790米	3466557.796米	410.400米		
1004	451558.957米	3466666.109米	380.600米		
1005	451570.426米	3466736.200米	380.500米		
1006	451542.435米	3466711.693米	374.300米		
1007	451346.372米	3466716.786米	357.500米		
1008	451656.832米	3467264.086米	362.441米		
1009	451576.257米	3467212.908米	363.358米		

图 1-15　点【全景】窗口

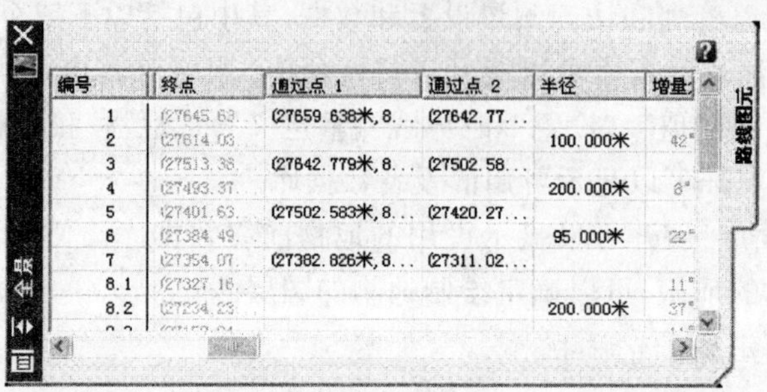

编号	终点	通过点 1	通过点 2	半径	增量
1	(27645.63...	(27659.638米,8...	(27642.77...		
2	(27614.03			100.000米	42°
3	(27513.38.	(27642.779米,8...	(27502.58...		
4	(27493.37.			200.000米	8°
5	(27401.63.	(27502.583米,8...	(27420.27...		
6	(27384.49			95.000米	22°
7	(27354.07.	(27382.826米,8...	(27311.02...		
8.1	(27327.16.				11°
8.2	(27234.23			200.000米	37°

图 1-16　路线【全景】窗口

【全景】窗口以表格的形式显示要查看对象的所有设计数据，并可以编辑其中黑色显示的数据，来局部调整或精确设计用户的设计内容。当修改表格中的数据时，相应的对象图形也会自动更新。

注意：不同对象的【全景】窗口激活方式不同。例如：图 1-15 点【全景】窗口可以在【工具空间】的【浏览】选项卡的【浏览】树中，在“点”上单击鼠标右键，选择【编辑点】命令打开；而图 1-16 路线【全景】窗口需要在【路线布局工具】中选【路线表格视图】命令打开。

1.2.4 布局工具栏

AutoCAD Civil 3D 2008 中的许多对象都使用专用的布局工具栏来创建和编辑的，包括点、地块、放坡、路线、纵断面和横断面等。当激活以后，用户可以跳跃式的使用工具栏上的不同按钮，而仍然保持在执行一个命令的过程中。

图 1-17 是路线布局工具栏。不同的对象，其布局工具栏中的可用的命令或图标也不同。工具栏各种命令的使用方法请参见后面各章有关内容。

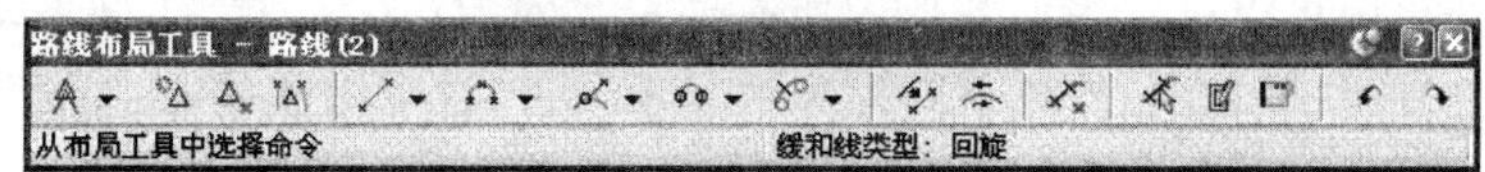

图 1-17 【路线布局工具】

技巧：单击布局工具栏右上角的按钮，当光标移开工具栏时，可以最小化工具栏；当光标移动到工具栏上时，又自动展开。单击可以解除最小化。

1.2.5 透明命令

图 1-18 是 AutoCAD Civil 3D 2008 中常用的透明命令。这些透明命令允许用户在执行其他命令的当中设定多种创建和布局参数。用户既可以通过工具栏上的按钮，也可以通过缩写命令（如‘bd 代表方位角/距离，Bearing/Distance）实现。它们在命令结束以前都是适用的，也可以通过按 Esc 键来终止。

图 1-18 【透明命令】工具栏

大多数 AutoCAD Civil 3D 透明命令用于在大型操作（如创建路线或地块线）中指定点的位置。使用这些透明命令，可以根据角度和距离等信息，或者根据点对象信息（如点编号），计算出点的位置。

1.2.6 图形状态栏

图形状态栏是 AutoCAD 2008 的一个新功能，当图形状态栏打开时，显示在图形的底部，如图 1-19、图 1-20 所示。当图形状态栏关闭时，图形状态栏上的工具移至右下角的应用程序状态栏。

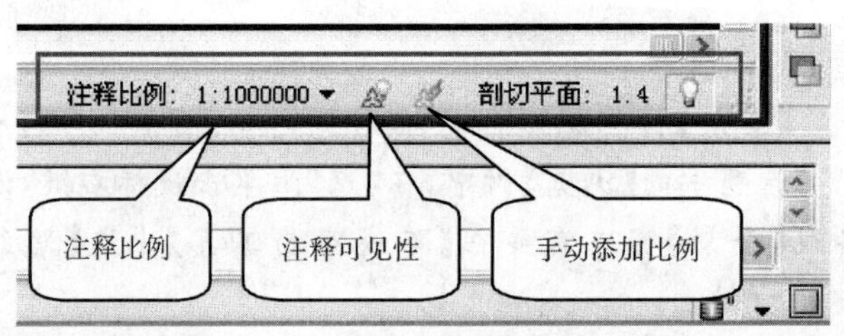

图 1-19　模型空间的【图形状态栏】

图 1-20　布局空间的【图形状态栏】

在图形状态栏中可以设置当前图形中所有注释类对象（文字、标注、图案填充、公差、多重引线、块、属性）的注释比例、变比例时对象的显示与否、自动缩放等；在布局空间还可以设置视口的比例，并可以隔离、隐藏图形中的对象以方便图形的编辑操作。

1.2.6.1　【注释性】与注释性对象

从 AutoCAD 2008 开始，以下对象的【特性】对话框中多了一个【注释性】参数：文字、标注、图案填充、公差、多重引线、块、属性。如果这些对象的【注释性】特性处于启用状态（设置为“是”），则它们就属于注释性对象。

注释性对象的大小可以随着注释比例的变化而自动缩放，并随着注释比例是否其支持比例而自动隐藏或显示。该功能对控制图形在粗略、中等、精细等不同比例下注释类对象的显示方式和可见与否，提供了一个很好的解决办法。用户不需要创建大量的样式，只需要创建一种注释性对象，并设置其打印尺寸就可以了。

例如：某图中尺寸标注注释性对象支持的比例为 1∶50、1∶100、1∶200，同时打开【注释可见性：仅显示当前比例的注释性对象】开关时，则当图形注释比例在这三种比例间切换时，尺寸标注的大小等显示会自动匹配当前比例，而且可见；如果修改比例为这三种比例之外的比例值，则该尺寸标注将不可见。

创建注释性对象的方法一般有以下两种：

■ **注释性样式**：对于文字、标注、多重引线对象，可以在创建样式时，勾选“注释性”，并设置其文字高度等为实际打印高度，即可创建注释性样式（注释性样式名称前面有一个三角星形符号作为标记），如图 1-21 所示。以此样式创建的对象即为注释性对象。

■ **【注释性】特性**：对于已经存在的非注释性文字、标注、多重引线对象，以及图案填充、公差、块、属性对象，只需在其【特性】对话框中将其【注释性】特性设置为“是”，即可变为注释性对象。

1.2.6.2 注释比例设置

在模型空间或布局空间的图形状态栏中单击【注释比例:1∶xxx】的比例值,即可从比例列表中选择需要的注释比例。注释性对象的大小可以随着注释比例的变化而自动缩放,并随着注释比例是否其支持比例而自动隐藏或显示。

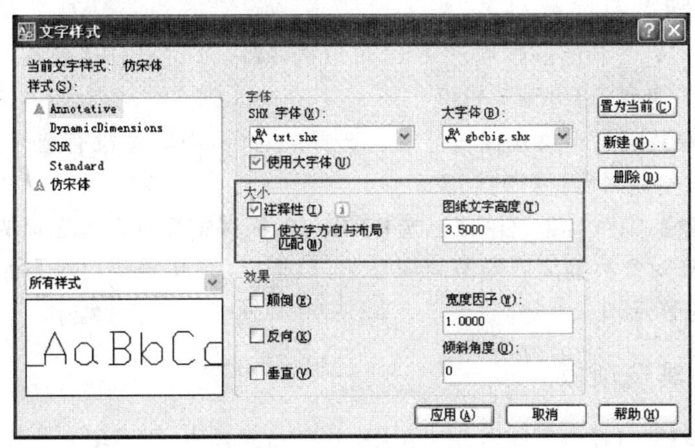

图 1-21 注释性文字样式

> **注意**:布局空间的图形状态栏,只有在选择了视口边界时,才会在图形右下角出现。

1.2.6.3 注释可见性控制

在图形状态栏中单击"注释可见性"开关,即可在【注释可见性:显示所有比例的注释性对象】和【注释可见性:仅显示当前比例的注释性对象】两种状态间切换。注释性对象会根据该开关的设置,以及当前的注释比例是否是注释对象的支持比例来自动隐藏或显示。

1.2.6.4 添加/删除比例

在图形状态栏中单击"添加比例模式"开关,即可在【自动将比例添加至注释对象】和【手动将比例添加至注释对象】两种模式间切换。

■ 自动添加:当打开并改变注释比例时,系统自动将当前的注释比例添加到所有注释对象的比例列表中。

■ 手动添加:当打开时,需要手动添加注释比例。手动添加的方法是:改变注释比例后,选择注释对象,在鼠标右键快捷菜单中选【注释对象比例】—【添加当前比例】即可;或选择【添加/删除比例】,在【注释对象比例】对话框中点"添加",选择需要的比例即可,如图 1-22 所示。

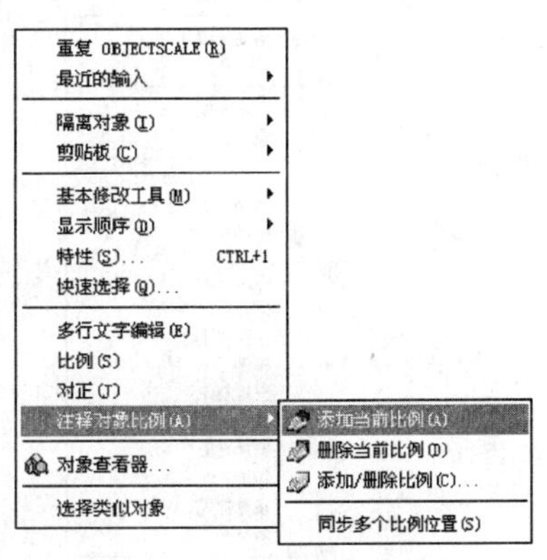

图 1-22 添加/删除比例

选择【添加/删除比例】或【删除当前比例】可以删除比例。

1.2.6.5 视口比例与显示锁定

在布局空间中,选择视口边界后,可以在图形状态栏中单击【视口比例:1∶xxx】的比例值,即可从比例列表中选择需要的视口比例。

当设置好视口比例，调整好视口中图形位置以后，单击“视口显示锁定”锁形开关即可锁定视口的显示。这样可以防止在视口激活状态下缩放图形时视口比例的变化，减少重复劳动。

1.2.6.6 隔离与隐藏对象

单击图形状态栏最后面的灯泡形开关，可以选择【隔离对象】或【隐藏对象】命令来临时设置图形对象的可见性，以方便编辑操作。

■**【隔离对象】**：隔离对象是保留显示已选择的对象，而隐藏没有选择的对象。这样可以简化图面，以方便编辑所选择的对象。

■**【隐藏对象】**：隐藏对象是隐藏已选择的对象，而保留显示没有选择的对象。

■**【终止隔离对象】**：隔离或隐藏对象后，可以选择【终止隔离对象】命令来取消隔离或隐藏，恢复原来的显示。

1.2.7 工具选项板

【工具选项板】窗口提供了一种用来组织、共享和放置块、图案填充及其他工具的有效方法，从中可以快速选择需要的命令、图块等来创建新的图形。

Civil 3D 默认地按命令或图块的类型分类，创建了几种常用的工具选项板组。在【工具选项板】窗口的兰色标题栏上单击鼠标右键，在右键菜单中可以选择需要的工具选项板组或自定义选项板，如图 1-23 所示。

每个【工具选项板】组窗口中又包含若干个选项板，图 1-24 为【Civil 3D-公制】工具选项板组窗口，其中“公制-道路”选项板中包含了常用的基本道路组件。单击选择其中的某一组件，即可以自动弹出该组件的【特性】窗口，可以设置这些组件的相关参数。

图 1-23【工具选项板】窗口图 1-24【工具选项板窗口】。

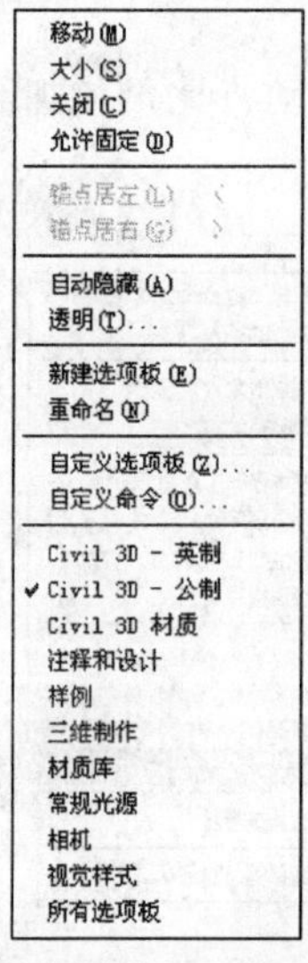

图 1-23 【工具选项板】窗口

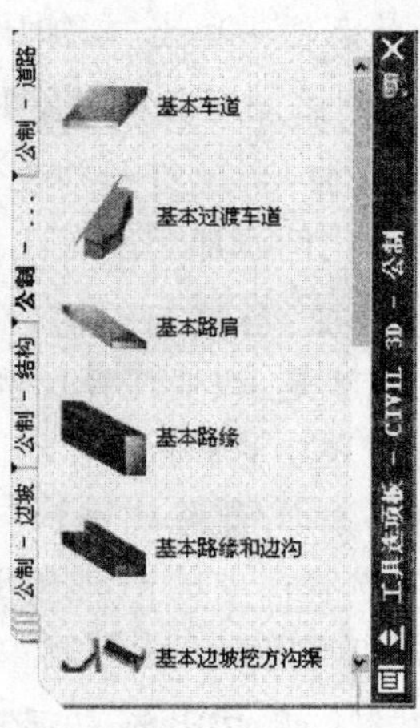

图 1-24 【工具选项板】窗口

1.2.8 右键菜单

同 AutoCAD 一样，AutoCAD Civil 3D 的右键菜单是与当前环境智能相关的，它是激活对象查看、编辑命令的一个非常重要的手段。打开右键菜单的方式一般有以下两种：

■ **选择对象**：在图形中选择图形对象，单击鼠标右键打开右键菜单，选择需要的查看、编辑命令。

■ **【工具空间】窗口的树结构**：在【工具空间】窗口某选项卡的树中选择需要的项，单击鼠标右键打开右键菜单，选择适用的查看、编辑命令。

1.3 本章练习

1. AutoCAD Civil 3D 2008 软件包含以下哪几部分功能(　　)?
   A. 完整的 AutoCAD 2008 功能
   B. 专业的土木工程设计功能
   C. 地理信息系统 AutoCAD Map 3D 2008 功能
   D. 协同设计 Audesk Vault 功能
2. 编辑曲面时，以下哪些对象会更新(　　)?
   A. 放坡　　B. 道路
   C. 纵断面　　D. 管网
3. 关于 Civil 3D 对象图层，以下说法正确的是(　　)?
   A. 每个对象都有一个基本图层，它是实际驻留对象的图层
   B. 每个对象都有一个基本图层，它控制对象组件的显示
   C. 每个对象都有多个组件图层，它们控制对象组件的显示
   D. 每个对象都有一个组件图层，它是实际驻留对象的图层
4. Civil 3D 工作空间有以下哪几个选项卡(　　)?
   A. 浏览　　B. 设置
   C. 测量　　D. 工具箱
5. 以下哪些对象属于注释性对象(　　)?
   A. 文字、尺寸标注　　B. 公差、多重引线
   C. 图案填充　　D. 块和属性
6. 关于注释性对象，以下说法正确的是(　　)?
   A. 注释性对象会随注释比例的变化而自动缩放
   B. 注释性对象只支持一种比例
   C. 注释性对象可以随注释比例的变化而自动隐藏或显示
   D. 必须手动为注释性对象添加注释比例
7. Civil 3D 2008 中默认的工具选项板组有几种(　　)?
   A. 8　　B. 9
   C. 10　　D. 11

第 2 章 数字地形模型

本章简介▸▸

➤ Civil 3D 三维地形曲面基本原理。

➤ 如何通过现有数据创建三维地形模型。

➤ Civil 3D 地形曲面分析。

本章主要介绍 Civil3D 三维地形曲面的基本知识。Civil 3D 的功能非常强大，但其中最有价值的部分是三维数字地形模型。利用数字地形模型，既可直观地查看场地的三维效果，也可用于土方计算、纵横断面绘制等设计与计算功能。因此，详细了解如何生成数字地形模型非常重要。

学习要点

➤ 掌握创建 Civil 3D 三维地形曲面。

➤ 掌握曲面样式和标签。

2.1 曲面的概念

曲面是一块土地表面的三维几何表示。用于体量曲面时，曲面是两个表面区域之间的差异或组合。曲面由三角形或栅格组成，这些三角形或栅格是由 AutoCAD Civil 3D 连接组成曲面数据的点而创建的。它可以创建新的空曲面，然后向其添加数据，或者可以导入现有曲面，如 LandXML、三角网或 DEM 文件。点和等高线通常为原始曲面信息的主要部分，另外还包括特征线和边界。

2.1.1 曲面——Civil 3D 中的地形模型

在 Civil 3D 中，数字地形模型被称为“曲面”。Civil 3D 支持以下几种类型的曲面：三角网曲面、删格曲面、三角网体量曲面、删格体量曲面体量。

2.1.1.1 三角网曲面

三角网曲面由形成不规则三角网的三角形组成。

组成曲面三角剖分的三角形由三角网线组成。为了创建三角网线，Civil 3D 会连接彼此最接近的曲面点。曲面中任何点的高程都是通过对该点所在三角形顶点的高程进行内插来定义的。

三角网曲面最适合用于：使用不规则分布的采样数据来映射复杂多变的曲面，以表示河流、道路和湖泊的影响，分析局部区域（大比例地图）。三角网曲面如图 2-1 所示。

图 2-1 三角网曲面

2.1.1.2 栅格曲面

栅格曲面由位于规则栅格上的点组成，其可以创建栅格曲面或从 DEM 文件导入栅格曲面。

栅格曲面可用于：使用均匀分布的采样数据来映射较均匀的曲面，分析大型研究区域（小比例地图）。

2.1.1.3 三角网体量曲面

三角网体量曲面由基准曲面和对照曲面中的点组合而成。

三角网体量曲面提供了基准曲面和对照曲面之间的精确差异。因此，体量曲面中任何点的 Z 值都恰好等于对照曲面和基准曲面在该点处的 Z 值之差。无论对照曲面和基准曲面是同时为栅格曲面、同时为三角网曲面，还是一个为栅格曲面、另一个为三角网曲面，这一结论都成立。

体量曲面是一个永久的曲面对象。因此，用户可以显示挖方和填方等高线及挖方和填方点，并可以将标签添加到体量曲面。体量曲面的体积（挖方、填方和净值）是可以通过选择“曲面特性”来查看的特性。

2.1.1.4 删格体量曲面

栅格体量曲面是基于用户指定的基准曲面与对照曲面之差、栅格间距，以及栅格方向的栅格曲面。栅格体量曲面大致可以看作基准曲面与对照曲面之差。栅格体量曲面的形成方式是利用 Z 值等于对照曲面与基准曲面 Z 值之差的点来生成栅格。因此，它仅在栅格点处给出了精确的差值。删格体量如图 2-2 所示。

2.1.2 创建地形曲面

在 Civil 3D 中建立曲面时，用户需要首先创建一个曲面对象，然后把源数据(如测量点、等高线、DEM 文件等)添加到曲面定义中，就可以生成曲面。在 Civil 3D 中创建曲面对象的步骤是：在【工具空间的】【快捷方式浏览】选项板上找到【曲面】结点，单击右键，选择【新建】，然后在弹出对话框中输入新建曲面的名称与描述(可选)，如图 2-3 所示，最后确定即可

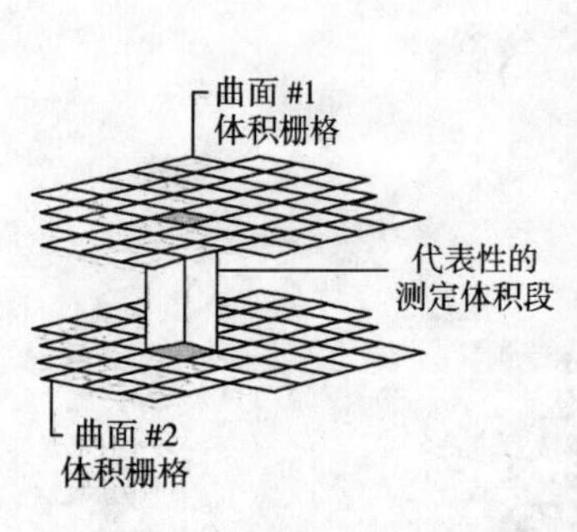

图 2-2 删格体量曲面

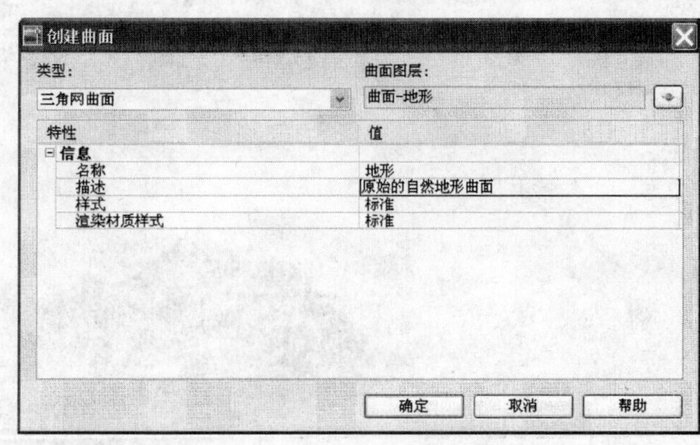

图 2-3 创建曲面对话框

创建了曲面对象之后，在工具空间的浏览选项板上如图 2-4 所示，展开【曲面】结点前的⊞按钮，就可以看到新生成的曲面对象。继续展开该曲面对象及其下的【定义】结点，就可以看到在【定义】目录下面列出了多种源数据类型，如边界、等高线、点编组等。Civil 3D 能通过列表中的任一种源数据生成曲面，也可以混合使用多种源数据，只要把这些源数据都添加到曲面的定义目录下面即可。然而，根据源数据的类型和质量不同，可能需要采取不同的处理手段，下文将逐步详细介绍。

注意：在 Civil 3D 中三角网曲面是主要曲面类型。它使用不规则三角网(TIN)来模拟真实地形，较为精确，因此更适合土木工程设计应用。本书后面所提及的曲面未做特别说明的均是指三角网曲面。

2.1.3 曲面样式

2.1.3.1 曲面样式管理器

Civil 3D 在生成三维地形曲面以后已经生成曲面表示的各种样式，如等高线、三角网、删格图等，可以使用曲面样式管理器来控制曲面的显示，如图 2-5 所示，选择曲面对象，单击右键，选择【编辑曲面样式】，弹出曲面样式管理器。

曲面样式定义了曲面部件在图形中的显示方式。如果要更改组件的外观，既可以应用其他样式，也可以编辑样式。曲面样式管理器，如图 2-6 所示，包含以下创建曲面数据对象

时所需的组件参数和组件显示设置：

■ **信息**：正在使用的曲面样式的名称、描述、创建者及样式创建时间。

■ **边界**：内部边界和外部边界以及参考坐标系显示。

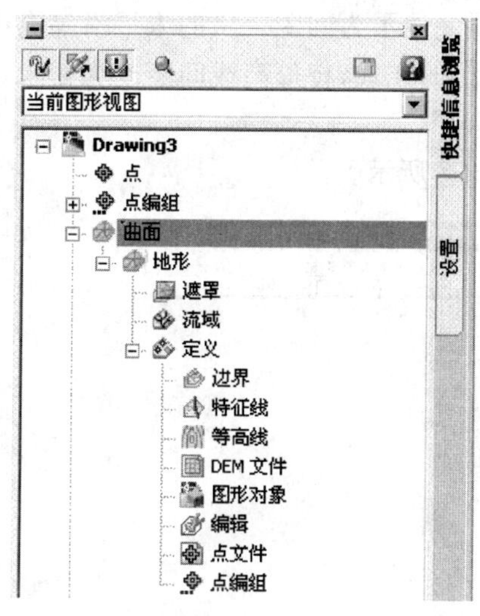

图 2-4　工具空间

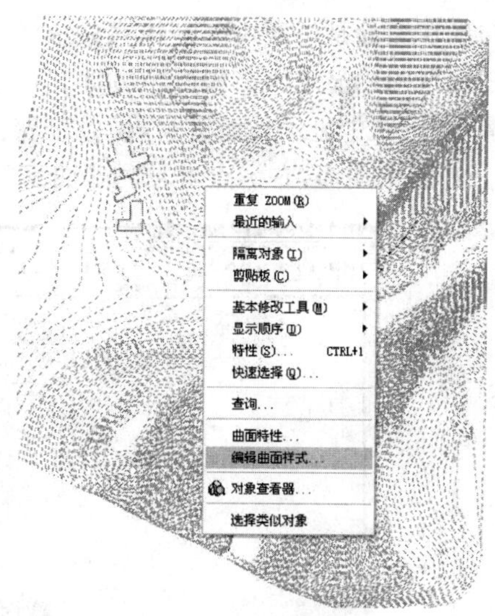

图 2-5　编辑曲面样式

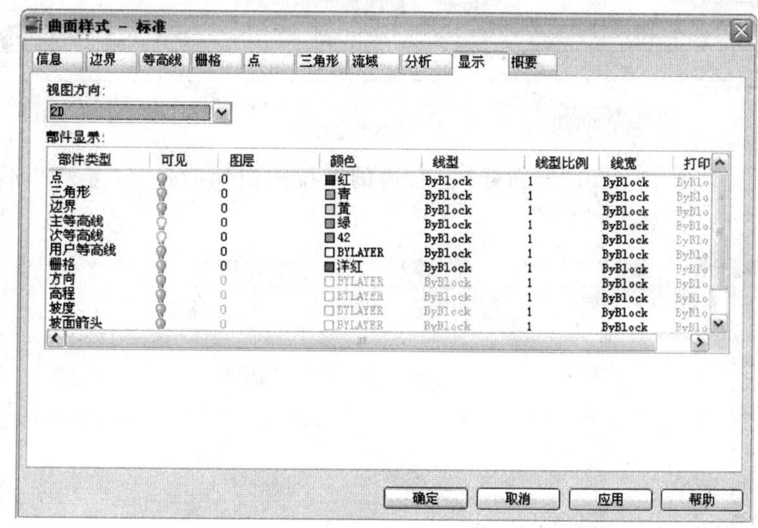

图 2-6　曲面样式管理器

■ **等高线**：次、主、凹地及用户定义的等高线显示设置。

■ **栅格**：主要栅格和次要栅格显示。

■ **点**：三角网曲面或栅格曲面的所有曲面点。

■ **三角形**：三角网面信息。

■ **分析**：方向、高程、坡度及坡度箭头设置。

■ **流域**：流域分析显示。

■ **显示**:通过图层开关的形式显示全面样式。

■ **概要**:曲面数据对象的特征值。

2.1.3.2 编辑曲面样式

现在曲面是按照“标准”样式显示的,在二维视图中显示为间距 1 米的未平滑等高线,而在三维视图中显示为高程颜色方案。可以创建一个新的样式,将等高线间距改为 2 米,顶点平滑,在三维中显示坡面箭头,操作步骤:

■ 选中曲面,右键点击,选择【曲面特性】,如图 2-7 所示。

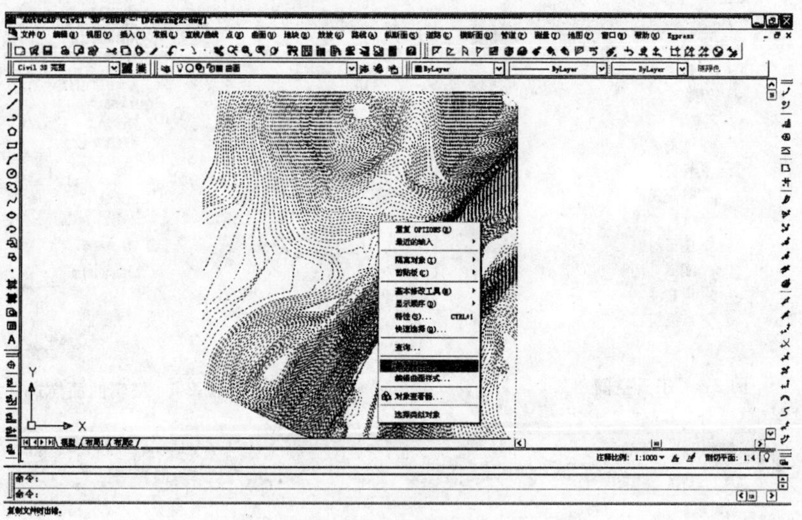

图 2-7 选择曲面样式

■ 在“信息”页面上,点击“曲面样式”右边的下拉按钮,选择“复制当前选择”,如图 2-8 所示。

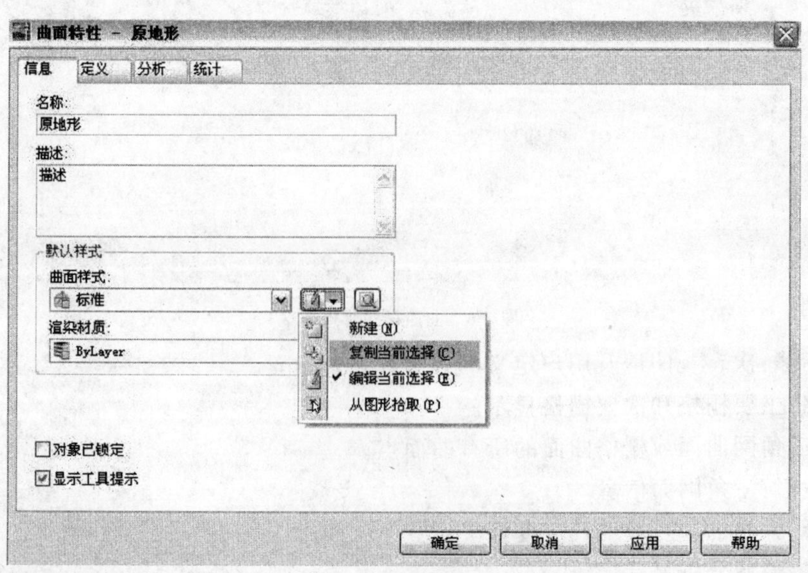

图 2-8 复制曲面样式

■ 在“曲面样式”对话框中，在“信息”页面上，输入名称为“2 米等高线”，如图 2-9 所示。

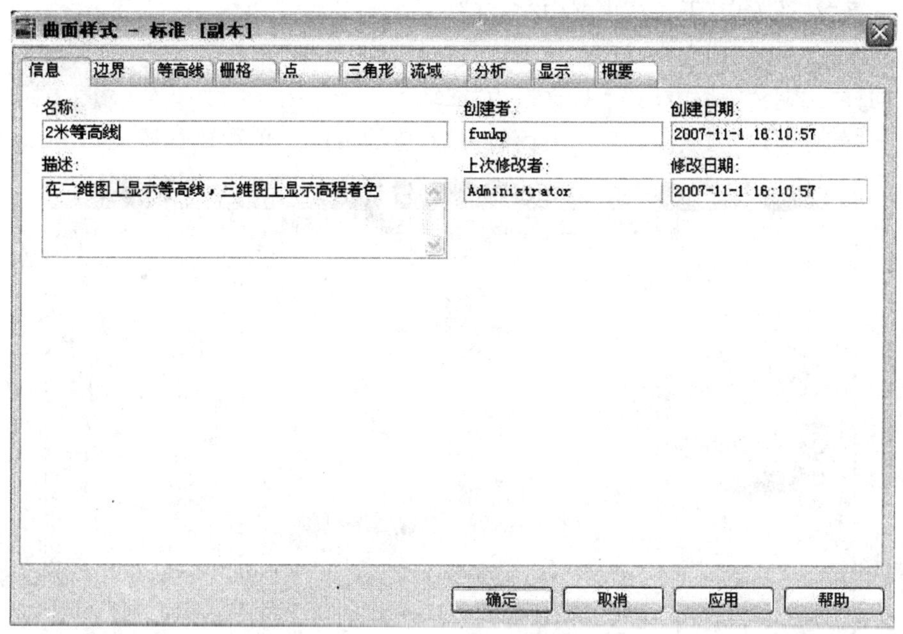

图 2-9 新建曲面样式

■ 选中“等高线”页面上，点击展开“等高线间隔”结点。

■ 在“次要间隔”一栏，输入“2.0 米”；点击“主要间隔”栏，注意到数值自动改为“10.0 米”。

■ 点击展开“等高线平滑”结点。

■ 将“平滑等高线”的值改为“是”；确保“平滑类型”为“添加顶点”。

■ 在对话框下部的“等高线平滑”滑动条上，将滑块拖到最右侧（“增加”），如图 2-10 所示。

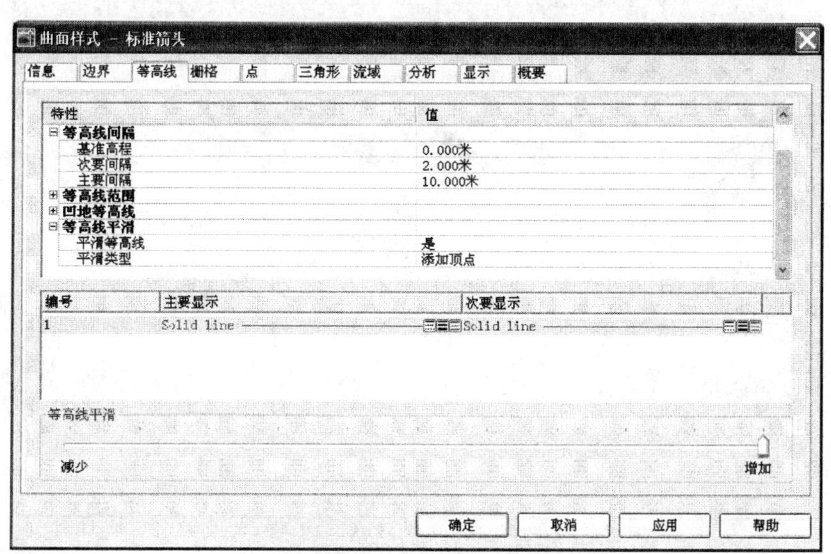

图 2-10 编辑等高线样式

■ 选中“显示”页面。

■ 选择“视图方向”下拉框中选中“二维”。

■ 在“部件显示”列表中，打开“坡面箭头”对应的“可见”开关💡。

■ 同样方式将“视图方向”下拉框选为“三维”。

■ 在“部件显示”列表中，打开“坡面箭头”对应的“可见”开关💡，如图 2-11 所示。

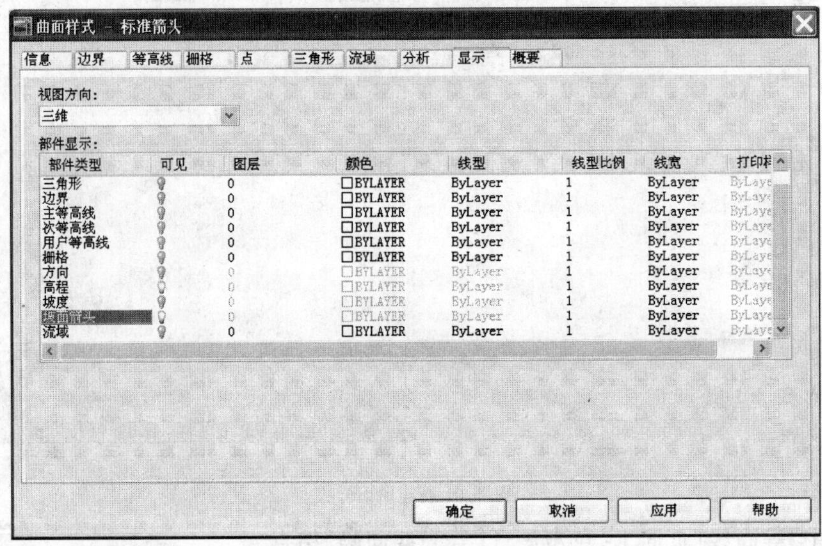

图 2-11　显示编辑

■ 选中“分析”页面。

■ 展开“坡面箭头”结点。

■ 将“范围精度”改为“.01”；确保“方案”一栏选中“彩虹色系”，如图 2-12 所示。

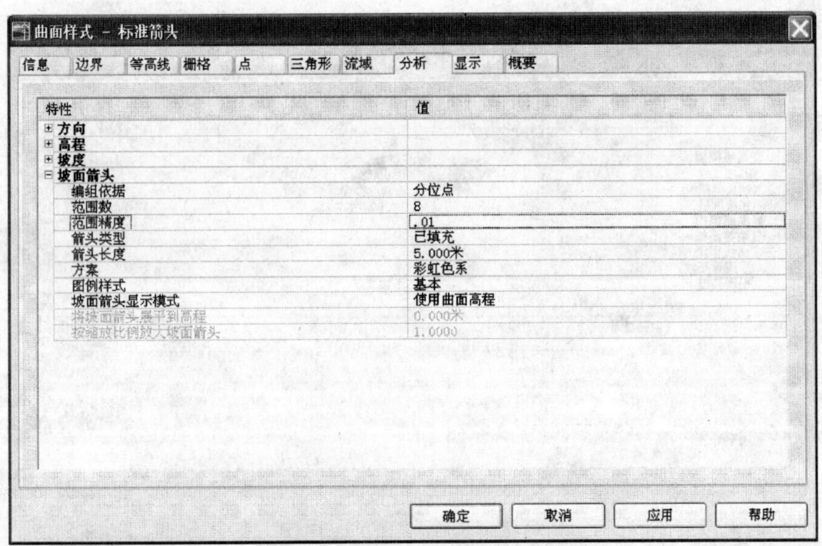

图 2-12　坡面箭头编辑

■ 点击【确定】两次。

现在看到，在二维图上的曲面图形发生了变化。然后切换到三维图形，在三维图形上可以看到显示出坡面箭头，如图 2-13 所示。

图 2-13 坡面箭头显示

■ 在图上选中曲面，点击右键，选择快捷菜单“对象查看器”。

■ 在对象查看器窗口中按住鼠标左键旋转曲面，以三维方式进行查看。

■ 关闭对象查看器。

注意：通过这种方式可以显示曲面各种不同的样式，如显示分水岭、汇水区域面积等。

2.2 从点数据创建曲面

使用原始的测量点数据创建地形模型是最直接、最准确的方式。在使用 Civil 3D 时，如果能获取测量点数据，那么最好是直接从测量点数据创建地形曲面，因为这样能避免通过其他软件进行处理而引入的额外误差。根据具体情况不同，有些时候可以取得点数据文件，而有些时候只能利用现有 DWG 图上绘制的测量点对象。因此，根据不同的数据来源，可以采用不同的创建方式。

2.2.1 空间点和点编组

在 Civil 3D 中，可以导入文本格式的点数据文件(. txt 或 . csv)。如图 2-14 所示，是一个典型的点数据文件，文件的每一行表示一个测量点，而四列数据分别表示点编号、X、Y、Z 坐标，列之间用空格分隔。这样的数据格式被称为“PENZ(空格分隔)”格式。Civil 3D 中预定义的数据格式还有 NEZ、PENZD 等。格式名称中的每个字母代表的含义如下：

■ P——点编号(正整数)。

■ E——东距(AutoCAD 中的 X 坐标)。

■ N——北距(AutoCAD 中的 Y 坐标)。

■ Z——标高(AutoCAD 中的 Z 坐标)。

■ D——点描述(任意字符串)。

```
point.txt - 记事本
文件(F) 编辑(E) 格式(O) 查看(V) 帮助(H)
1 451752.043 3466459.967 470.500
2 451708.077 3466492.722 440.600
3 451678.440 3466518.861 432.400
4 451611.790 3466557.796 410.400
5 451558.957 3466666.109 380.600
6 451570.426 3466736.200 380.500
7 451542.435 3466711.693 374.300
8 451346.372 3466716.788 357.500
```

图 2-14

> **注意:** 格式名称中的字母排列顺序就对应于每一列的数据含义,而每种排列方式都可以选择使用逗号或者空格作为分隔符,因此可选择多种数据格式。其他格式(如 Excel 文件)的点文件,则需要事先转成文本文件

2.2.2 创建点编组

有了点文件之后,就可以把文件导入到 Civil 3D 中。通常的方式是先用点文件生成 Civil 点编组对象,然后使用点编组生成地形曲面。操作步骤如下:

■ 点击菜单【点】【创建点】,然后在浮动的【创建点】工具栏上点击【导入点】按钮,如图 2-15所示。

图 2-15 创建点工具条

■ 在【导入点】对话框中选择正确的数据格式,点击按钮找到并选择数据文件,然后点击按钮创建一个新的点编组(输入一个点编组名称,如"survey")。点击【确定】后,Civil 3D 就会创建一个点编组,包含该文件中所有的测量点对象,如图 2-16 所示。

■ 创建点编组后,在绘图区域中会显示所有的测量点(可能需要缩放当前视图区域才能看到)。同时,在 Civil 3D 工具空间的【浏览】页面上选中对应的点编组结点后,数据列表中会显示该编组中所有的测量点,如图 2-17 所示。用户可以在此处查看和修改点数据,图形会自动更新。

> **技巧：** 点击列表上任一列的栏头，则所有的点记录会按照该列数值进行排序。在任一行记录上单击右键，选择“缩放到”，则当前视图会自动缩放到该点所在的位置。

图 2-16　导入点对话框

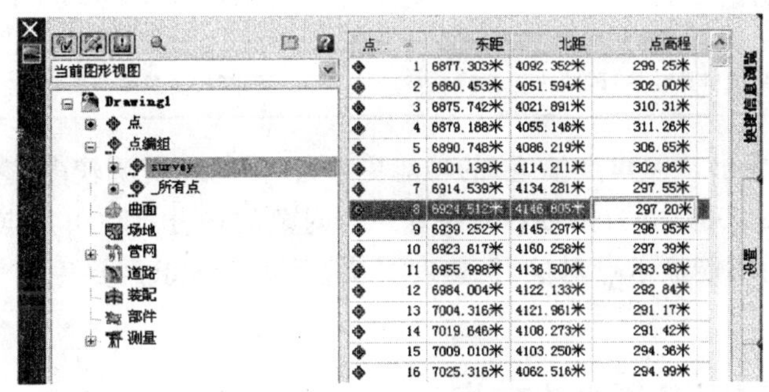

图 2-17　浏览点文件

■ 在工具空间的浏览选项板上，单击展开【曲面】结点前的⊞按钮，然后找到已生成的曲面结点，右键单击【定义】下的【点编组】结点，在弹出菜单中选择【添加】。

■ 在弹出的点编组列表中，选择名称为“survey”的点编组，然后单击【确定】。图上很快就生成了地形曲面的等高线(根据制图样板的不同，曲面的显示方式可能不同)。

> **注意：** 在这种方式中，所有的点数据都存放在 DWG 文件中，并且曲面与点编组是动态关联的。如果修改了点数据(如标高)，那么地形曲面可以动态的进行更新，因此非常方便。但由于在图文件中生成了大量的点对象，需要消耗较多的系统资源，因此只适合于点数量较小(<50 000)的情况。

2.2.3　引用点文件创建曲面

为了节省系统资源、提高效率，在 Civil 3D 中也可以不创建 Civil 点对象，而是通过引用外部点文件的方式直接创建曲面。这种方式的步骤与上一种方式相似，但更为快捷。具体

步骤如下：

■ 创建一个新的曲面。

■ 在工具空间的浏览选项板上，单击展开【曲面】结点前的⊞按钮，然后找到新生成的曲面结点，右键单击【定义】下的【点文件】结点，在弹出菜单中选择【添加】。

■ 在【添加点文件】对话框中，选择数据格式和要导入的文件（参见"创建点编组"），点击【确定】。于是就完成了创建曲面的过程。

上述两种方式的不同特点，可以通过表 2-1 进行对比。

表 2-1

	创建点编组	引用点文件
数据存储	点数据存放在 DWG 文件内部，以后不再需要访问外部文件	点数据存放在外部文件中，重新生成曲面时需要访问外部文件
数据显示	在图形中可以显示所有点对象，并可使用工具空间查看点数据	在 Civil 3D 中无法直接显示点数据
数据修改	在工具空间的列表上直接修改点数据，曲面可以自动更新	需修改点文件，然后手动重新生成曲面
运行性能	消耗系统资源较多，因此速度较慢	消耗较少的系统资源，速度较快

从上表中可以看出，"创建点编组"的功能更丰富，但消耗资源较多，速度较慢，因此适合于点数量较少（<50 000）、并且需要在图中显示点对象的场合；而"引用点文件"的功能较简单，仅能生成曲面而不能显示点对象，但速度更快，因此适合于需要用大量点数据快速生成曲面的场合。

2.2.4 使用 DWG 图形中的点

使用点文件虽然方便，但并不是任何情况下都可获得点文件。很多情况下，我们只能拿到 DWG 格式的图文件，而图上标明了勘测点的坐标和标高。例如，图 2-18b）来自一张典型的地形图。图上用圆形（有时是 AutoCAD 点对象或者图块）标示出点的位置（即 XY 坐标），旁边用文字标出点的高程。有些情况下，图形对象（包括 AutoCAD 点对象、图块或圆形，以下同）本身的 Z 坐标就是正确的高程值，而有些情况下图形对象本身的 Z 坐标为 0。根据原始数据的情况不同，需要采取不同的处理手段。

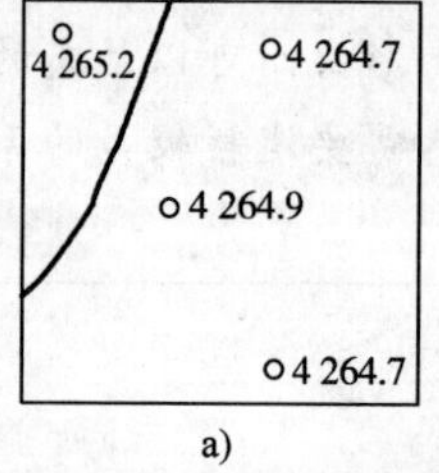

a)

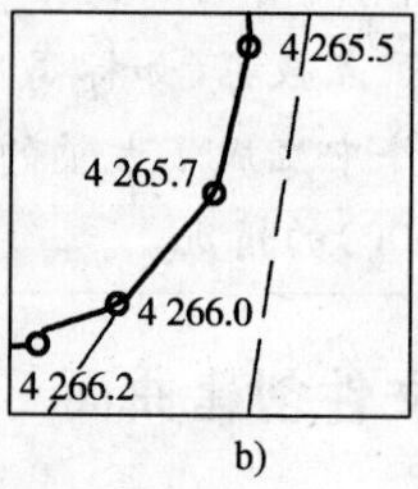

b)

图 2-18　点高程文本

2.2.4.1 使用有高程的图形对象

如果 AutoCAD 点、图块、或者文字对象本身的 Z 坐标就是高程值，那么 Civil 3D 可以直接从这些图形对象创建 Civil 点对象。步骤如下：

■ 新建曲面。

■ 在工具空间的浏览选项板上，展开新建的曲面结点，在【定义】下面【图形对象】结点上右键单击，选择【添加】。

在弹出对话框中选择要添加的对象类型，如点或图块，点击【确定】，如图 2-19 所示。

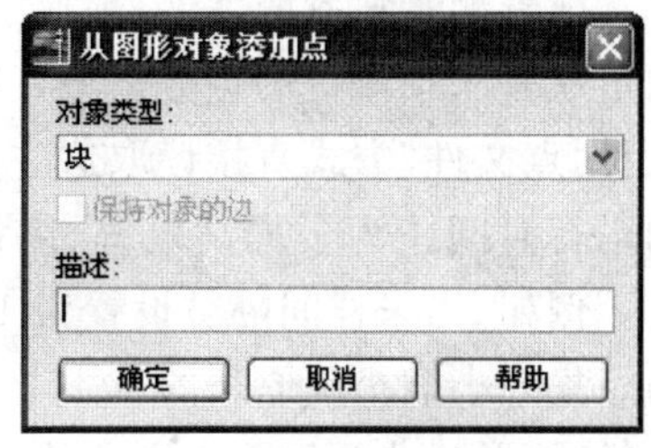

图 2-19 添加图块

> **注意**：用框选方式选中要添加的所有要转换的对象，然后回车，(注：用户也许希望先通过关闭掉其他的图层，以防止错误的选中其他对象)。曲面就创建好了。

2.2.4.2 转换文本点

如果点位处的图形对象本身 Z 坐标为 0(甚至有时根本没有图形对象，只有文字)，通过文字对象表示点高程，那么就可以使用 Civil 3D 本地化扩展中提供的【转换文本点】工具，先把文本转换成 Civil 点对象和编组，然后再使用点编组创建曲面。

使用【转换文本点】工具的前提有：Civil 3D 2006 中文版及更高版本，并已安装本地化扩展包；要识别的文本均位于同一个图层上，并且文本的内容就是点的高程值；每个点高程文本到点位的相对偏移都相同。例如，图 2-18a)是满足这个条件的，而2-18b)则不满足。

在满足上述前提条件的情况下，就可以使用【转换文本点】工具。步骤如下：

■ 点击菜单【点】【实用程序】【转换文本点】。

■ 按提示，选中任一个点高程文本对象。

■ 按提示，输入该高程文本对应的点位置。

■ 输入这一批高程点的描述。

■ 接下来，Civil 3D 将自动搜索该文本对象所在的图层上的所有文本，并根据相同的点位偏移，在每个文本对应的点位置上创建一个 Civil 点对象，该点的高程值就是文本的内容，并且为点添加描述。最后，Civil 3D 还将创建一个点编组(使用该描述为编组命名)，并把这次生成的所有 Civil 点放在该编组中。

> **注意**：【转换文本点】是一个非常方便的工具，它可以快速的把 DWG 图上现有的勘测点识别为 Civil 点编组。另外，如果希望将识别出的 Civil 点导出成为点文件，还可以使用 Civil 3D 的导出功能(【菜单】【点】【实用程序】【导出】)。然后就可以使用点文件来生成点编组或曲面(参见 2.2.2 节)。

2.2.5 对大型点集进行采样

随着测量技术的发展,现代的测绘人员常常需要处理大容量的点数据。例如,通过激光测量或者航拍取得的点数据集,往往达到上百万个点的规模。在 Civil 3D 中,虽然可以通过"引用点文件"方式直接读取这些点来创建曲面,但这样的做法往往要耗费大量的系统资源和运行时间。为了提高效率、缩短时间,Civil 3D 还允许用户通过简单采样来缩减点的数目。例如,当采样间隔被设置为 10 时,每 10 个连续的点中只保留一个点,从而把实际使用的点集大小缩小到原来的 1/10。这种方式虽然会损失一定的建模精度,但在测量点集较为密集、地形变化幅度不太剧烈的情况下,并不会对计算结果带来太大的误差,同时却能非常有效的提高 Civil 3D 对大型点集的处理能力。

要使用采样功能,需要在点文件格式选项中进行设置。例如,要读取一个"ENZ(逗号分隔)"格式的点文件,并以 10 为间隔进行采样,步骤如下:

■ 在工具空间的设置选项板上,展开结点【点】【点文件格式】,然后在 Civil 3D 预定义的点文件格式中,找到要使用的格式,如"ENZ(逗号分隔)"(参见第 2.2.1 小节)。

■ 在该格式结点上点击右键,选择【复制...】。

■ 在弹出对话框中,修改格式的名称,如"ENZ(逗号分隔)/10",并勾选中【采样间隔】选项,然后在选项右侧输入间隔的点数为 10,如图 2-20 所示。

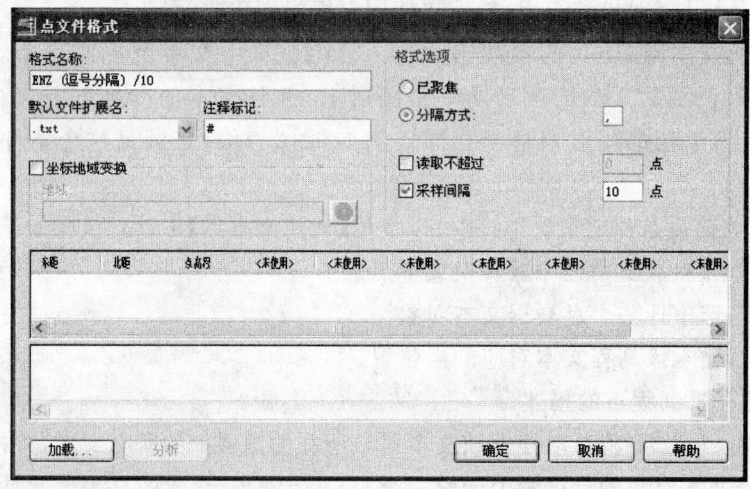

图 2-20 点文件格式

■ 点击【确定】。此时,在设置选项板的【点文件格式】结点下就增加了"ENZ(逗号分隔)/10"格式。使用【引用点文件】方式生成曲面,但在"添加点文件"对话框中,选择点文件类型为"ENZ(逗号分隔)/10"即可。

注意:根据数据密度和地形的实际情况,可选用合适的采样间隔来缩减数据,从而达到效率和精度之间的平衡。如要达到更好的效果,还可选用第三方的专业数据处理软件对点集进行预处理。

2.3 使用现有等高线图形

在很多时候，用户手上并没有原始测量点数据，而是使用现有的 DWG 格式的等高线地形图。因此，除了使用测量点数据，Civil 3D 还可以从现有的等高线图形创建数字地形。这些等高线通常是直线、多段线或样条曲线。

> **注意**：Civil 3D 不能直接使用样条曲线生成曲面。如果是样条曲线，需要先使用 AutoCAD Express 工具转换成多段线对象。

在本文中，我们假定所有的等高线已被存放于专门的等高线图层上，而不是与其他对象混杂在同一图层上。

2.3.1 使用三维等高线

如果现有的等高线对象是三维的（即具有正确的 Z 坐标），那么无论它们是直线或是多段线对象，都可以直接用来创建地形曲面。无论等高线是否有间断，对于最后结果通常没有实质的影响。添加等高线到曲面的步骤如下：

■ 在图形区域中选中任一条等高线。单击右键，选择【选择类似对象】。Civil 3D 会自动选中同一图层上的所有等高线对象。

■ 在工具空间的浏览选项板上展开要添加的曲面。在【定义】【等高线】结点上单击右键，选择【添加...】。在弹出的对话框中点击【确定】即可，如图 2-21 所示。

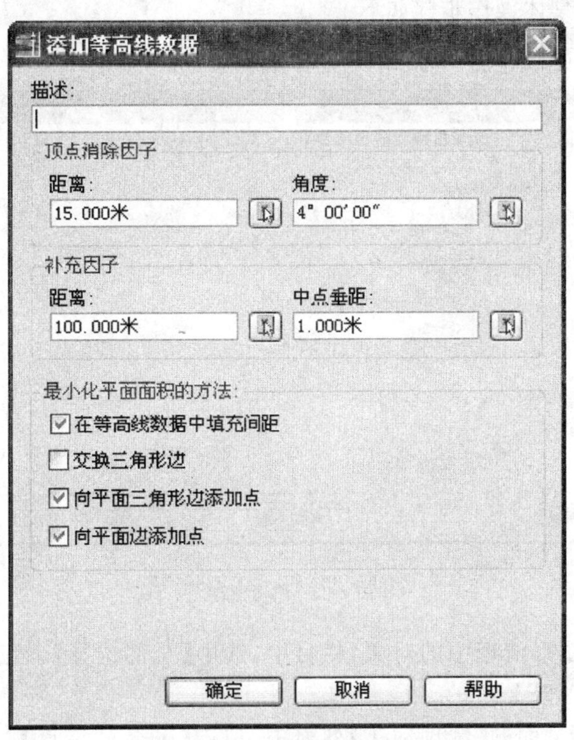

图 2-21 添加等高线

> **注意**：上述操作时，需保证所有的等高线对象位于一个图层上，并且该图层上没有其他的直线或多段线对象。如果等高线对象位于几个不同的图层上，则可以分批添加，每次处理一个图层。

2.3.2 处理二维等高线

在很多地形图上，现有的等高线是以二维图形对象存在的，并没有被赋上 Z 坐标（即高程值）。这时，必须先把它们转换成三维的，才能按照上一小节中的步骤生成曲面。如果等高线原本是连续的 AutoCAD 多段线（polyline）对象，那么请直接阅读【等高线赋值】小节。但在有些图上，等高线是用首尾相接的 AutoCAD 直线（line）对象而不是多段线对象绘制的，这时还必须先把它们融合成为连续的多段线，然后才能赋值。下面将详细介绍融合伪结点的处理方式。

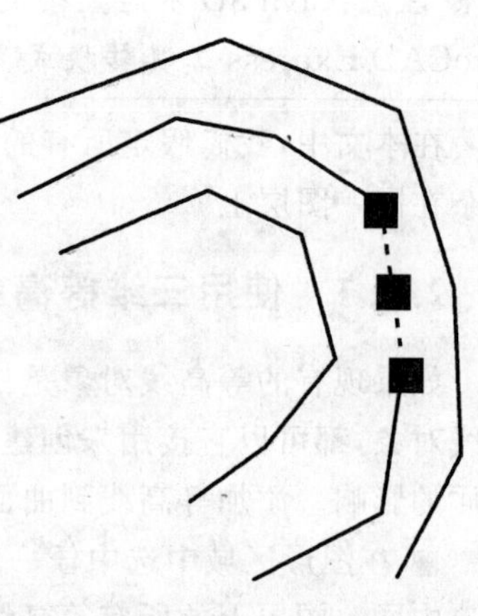

图 2-22　融合伪结点

在图 2-22 所示的等高线图中，等高线是用直线对象绘制的。尽管这些直线段表面上连在一起，但实际上是独立的对象，用户可以单独选中其中一段而不选中整条等高线。在为它们赋上高程值之前，需要先把它们尽可能的转换成连续的多段线对象。这称为“融合伪结点”。具体操作步骤如下：

■ 输入命令【mapclean】，如图 2-23 所示。

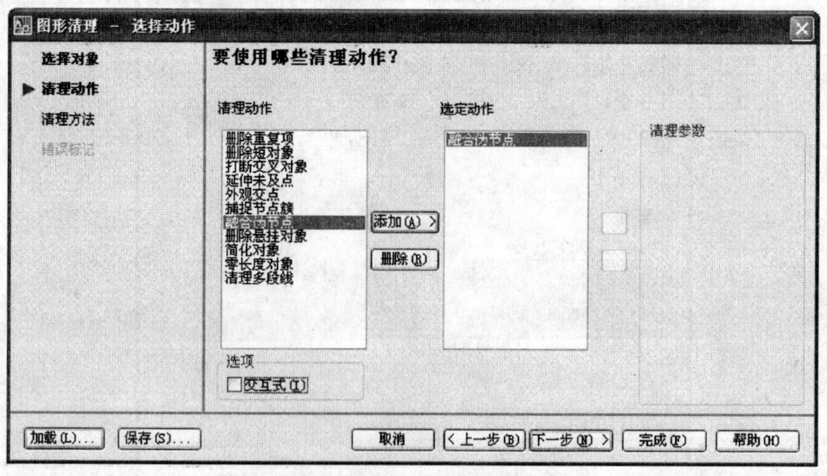

图 2-23　图形清理

■ 在【要包括在图形清理中的对象】栏目中，选中【全部选择】，然后选择要处理的等高线所在图层，点击【下一步】。

■ 在【选择动作】页面的【清理动作】列表中，单击【融合伪结点】。单击【添加】。其中，在【选项】下，不选中【交互式】选项【无需人工交互，由 Civil 3D 自动进行处理】。

■ 单击【完成】。Civil 3D 会自动对该图层上的所有等高线对象进行融合处理。

> **注意**：如果图上的等高线对象已经是连续的多段线对象(或者只有很少量的中断，基本不影响后续处理)，就可以按照下文中的方式，为其赋上高程值。

2.3.3 等高线赋值

加入现有的等高线是二维的(Z 坐标为 0，或者 Z 坐标不正确)的多段线，那么可以使用 Civil 3D 本地化扩展包中提供的“等高线赋值”工具，为其赋上正确的高程值。等高线赋值的步骤是：

■ 点击菜单【曲面】【实用程序】【等高线赋值】。

■ 按提示，先输入第一根等高线的高程值，再输入等高线之间的高程增量。

■ 绘制一条橡皮线，依次穿过所有要赋值的等高线，如图 2-24 所示。

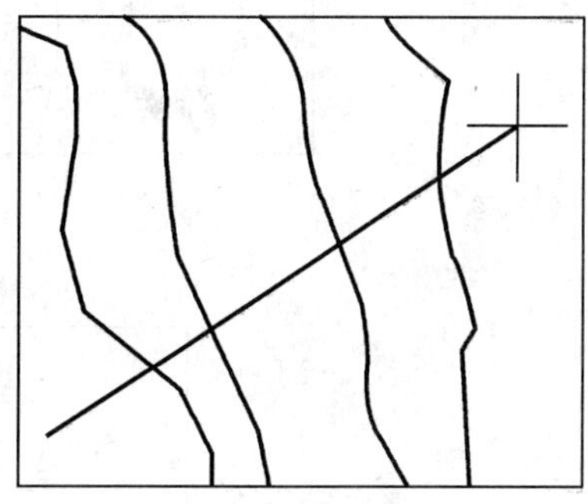

图 2-24 绘制橡皮线

■ 继续绘制橡皮线，或者回车结束命令。命令完成后，凡是赋上高程值的等高线会用红色标示出来。

■ 完成赋值后，就可以使用【添加三维等高线】功能将其添加到曲面定义中。

> **注意**：使用这个工具时，要赋值的等高线对象应是连续的多段线。如果等高线有中断，那么必须分别进行处理。另外，必须保证橡皮线仅穿过要赋值的等高线而不穿过其他的多段线对象，必要时可以关闭其他的图层。

2.3.4 简化等高线

在 Civil 3D 中，为等高线简化提供了两种不同的算法：顶点消除法和允差算法。

2.3.4.1 顶点消除法

在现有地形图上的等高线往往是由多段线表示。有时候，多段线的顶点间距非常之短，因此每条多段线上都具有非常密集的顶点。从这些等高线生成曲面时，过多的顶点数量并不能保证生成的曲面更准确的反映现实地形，反而会消耗更多系统资源，严重影响速度。因此，有时候希望对这些等高线进行简化，减少顶点数量，如图 2-25 所示。

这是 Civil 3D 默认的等高线简化方式。使用这种方式，只要在添加等高线到曲面的对话框中，指定顶点消除因子(包括距离和角度)即可。该算法的示意图如图 2-26 所示。

从图中可以看到，当该顶点两侧相邻的线段总长度(L_1+L_2)小于给定距离，并且偏转角 θ 小于给定角度时，该顶点就被忽略，也就是把此处的等高线波折拉直。因此，要加大简化的幅度，适当的增加顶点消除的距离和角度即可。

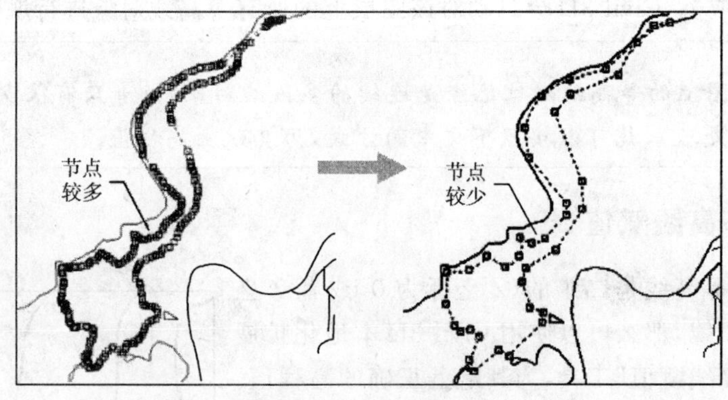

图 2-25　顶点消除算法

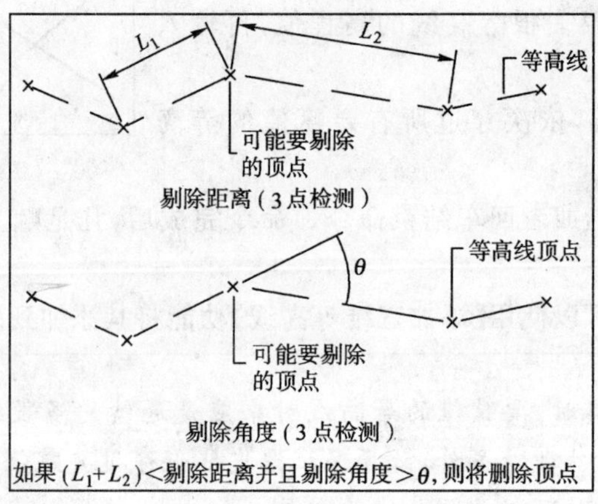

图 2-26　等高线简化算法示意图

2.3.4.2　允差算法

在 Civil 3D 软件中，已经包含了 Autodesk GIS 软件 Map 3D 的功能。因此，还可以利用 Map 3D 功能中提供的另一种多段线简化方式：允差算法。它的示意图如图 2-27 所示。

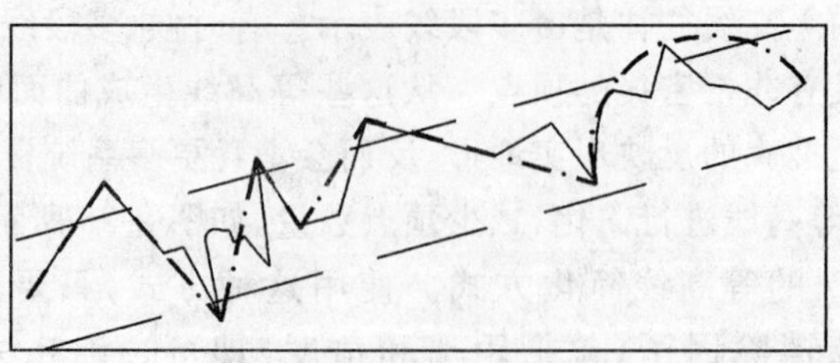

图 2-27　允差算法示意图

从图中可见，允差算法只需要用户指定一个允差带宽。在这个带宽范围内的多段线波折将被拉直，从而生成简化的多段线。要加大简化的幅度，只需要增加允差带宽的值。

允差算法的操作步骤如下：

■ 输入命令【mapclean】。

■ 在【要包括在图形清理中的对象】栏目中，选中【全部选择】，然后选择要清理的等高线所在图层。点击【下一步】，如图 2-28 所示。

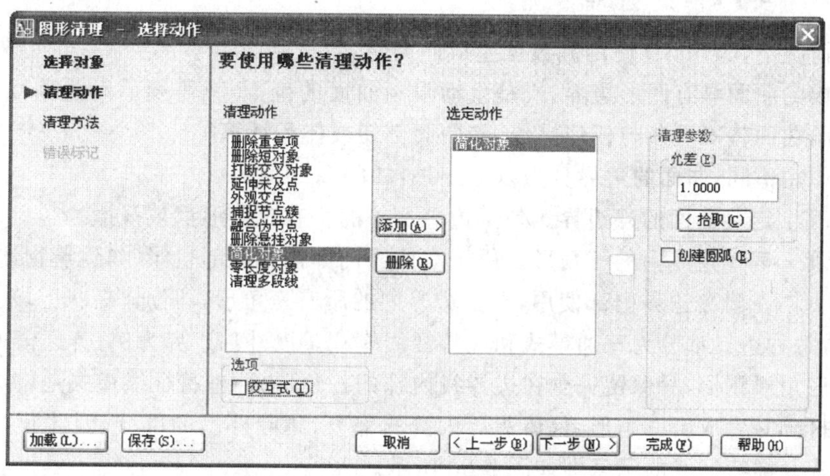

图 2-28　图形清理

■ 在【选择动作】页面的【清理动作】列表中，单击【简化对象】。单击【添加 】，然后在【清理参数】下，将【允差】设置为适当的值。

■ 接受所有其他默认值。单击【完成】。

Civil 3D 将自动简化该图层上的所有多段线。然后，就可以使用简化后的等高线创建曲面。

> **注意**：如果在此页面上选择"清理动作"为"清理多段线"，那么也可以使用顶点消除算法进行等高线简化。

等高线简化是一项非常有用的功能，往往能大幅度提高曲面的生成速度。虽然它也会在一定程度上损失数据精度，但在处理大面积地形时，通常这是可以接受的牺牲。顶点消除算法和允差算法并没有一定的优劣之分，而对于算法的参数设置也需要根据具体情况进行选择，有可能要多尝试不同的算法和不同的参数设置，然后选择一种较好的配置。这需要一定的经验积累和摸索。

2.4　使用其他数据

2.4.1　使用三维特征线

在现有的地形图上，有时还会遇到地形特征线，如山脊线或山谷线等。如果这些地形特征线是用三维多段线表示的，并且每个顶点都有正确的 Z 坐标，那么也可以将其作为源数据加入到曲面定义中(可以与其他数据混合使用)。添加的方式与【添加三维等高线】相似，只是选择将其加入到【定义】结点下的【特征线】类别中，并且选择特征线类型为【标准】即可。

另一种情况是地形上有垂直的陡壁，如挡墙或悬崖等。这种情况下可以使用【陡壁特征线】功能。具体操作请查阅 Civil 3D 帮助文件中的【创建陡壁特征线】。

2.4.2 使用边界和遮罩

默认情况下，Civil 3D 使用源数据生成曲面时，会按照凸包形状生成曲面的外缘。但如果希望生成的曲面具有凹形边界，或是手动限制曲面的范围，就需要手动为曲面添加边界。边界之外的曲面将不再参与任何操作，如曲面剖切或体积计算等。

根据作用不同，曲面的边界分为以下三种，如图 2-29 所示。

■ 外部：定义曲面的外边界。外部边界之外的所有三角形都被裁掉。

■ 隐藏：裁掉边界内的三角形。用于在曲面内部创建局部空洞（如建筑物地脚）。

■ 显示：在隐藏边界内部使用，显示边界内的所有三角形，即创建岛状区域。

另外，每种边界都分为普通模式和虚特征线模式。以外部边界为例，普通模式是将边界线穿过的三角形删掉，只保留完全在边界线内部的三角形；而虚特征线模式是将边界线穿过的三角形打碎并生成新三角形，保留边界内侧的部分，删除外侧的部分，因此获得的曲面外缘较为整齐。虚特征线的示意图如图 2-30 所示。

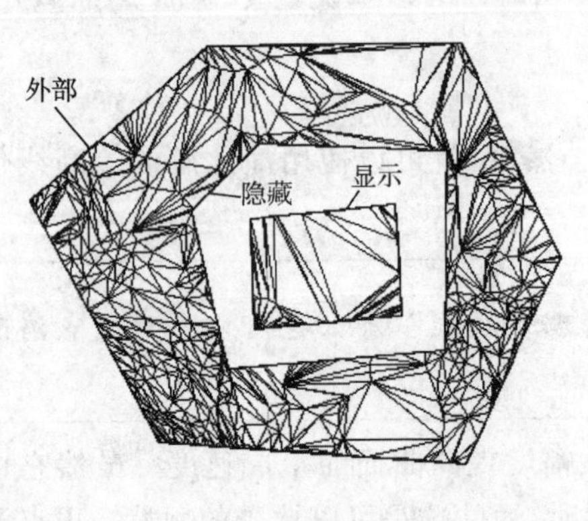

图 2-29 曲面边界

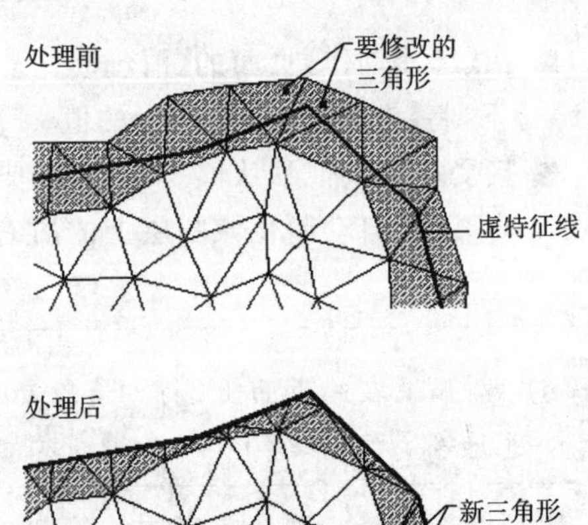

图 2-30 虚特征线示意图

在 Civil 3D 中，为曲面添加边界的操作非常简单，先建立曲面，添加所有其他的源数据，用多段线绘制要添加的曲面边界，并确保边界是封闭的。步骤如下：

■ 在工具空间的浏览选项板上，展开该曲面结点，在【定义】【边界】结点上右键单击，选择【添加...】。

■ 在弹出对话框中，输入边界名称（可选），选择要添加的曲面类型。如需使用【虚特征线】模式，勾选该选项。点击【确定】。

■ 在图形区域选中要添加的边界多段线。

当曲面有多个边界时，请按照从外向内的顺序进行添加。

与边界相似的另一种功能是曲面遮罩。遮罩的用法与边界非常相似，但它并不真实的裁掉遮罩外的曲面，而只是将其改为不可见。在曲面剖切或者体积计算时，遮罩外的部分仍然参与运算。与边界类似的，遮罩也分为以下三种类型：

◆ 内部：创建内部遮罩，剪裁并隐藏多边形内部的区域。

◆ 外部：创建外部遮罩，剪裁并隐藏多边形外部的区域。

◆ 仅渲染：为多边形内部的区域指定不同的渲染材质样式，仅用于渲染功能。

使用遮罩时，在工具空间的浏览选项板上找到该曲面结点，在曲面下的“遮罩”结点上单击右键添加，按提示操作即可。

注意：在大型曲面上进行设计时，为了改善运行性能，可以使用边界或遮罩功能，只保留与当前设计有关的区域，屏蔽无关区域。（例如，设计一条道路时只保留道路两侧100m宽的范围。）使用这种方式，可以有效的节省系统内存空间，从而提高处理速度。

2.4.3 使用 DEM 文件

DEM(Digital Elevation Model，数字高程模型)文件用于存储大范围地形地貌信息，以供 GIS、地球科学、资源管理、土地规划、测量和工程项目中使用。尽管很多软件都把自己生成的数字高程文件称为 DEM，但 Civil 3D 软件和本文中所说的 DEM 格式是特指美国地质调查局(USGS)所制订的标准格式，它在很多软件中都得到支持。有关 DEM 文件格式的完整信息，请参见由美国内务部地质调查局下属的国家地图制作中心出版的《National Mapping Program Technical Instructions》中的“Standards for Digital Elevation Models”一节。可以在 USGS 网站上找到此文档（网址为 http://rockyweb.cr.usgs.gov/nmpstds/acrodocs/dem/PDEM0198.PDF）。DEM 文件通常以规则的栅格网形式记录地形 XYZ 信息，以表示地面高程。对于许多规划和设计任务而言，DEM 文件是非常有价值的数据源。尽管它对于工程详细设计来说还不够精确，但是对于大范围规划和初步方案却是非常方便的。

在 Civil 3D 中，可以使用 DEM 文件生成曲面，包括对 DEM 进行坐标转换。步骤如下：

■ 新建曲面。如需进行坐标转换，请在【图形设置】中指定当前图形的坐标系。

■ 在工具空间的浏览选项板上，展开新建的曲面结点，在【定义】【DEM 文件】结点上右键单击，选择【添加...】。

■ 在弹出对话框中选择要添加的 DEM 文件，在【DEM 文件信息】中会显示该文件的信息。

■ 如果 DEM 文件的坐标系与当前图形的坐标系不同，就需要进行坐标转换。点击下方列表中【DEM 文件】CS 代码”右侧的【…】按钮，根据 Civil 3D 显示的 DEM 文件信息，选择正确的坐标系，确定即可。如图 2-31 所示。

注意：在 Civil 3D 2008 中，支持将曲面对象导出成 DEM 文件，但 Civil 3D 2007 版尚不支持此功能。

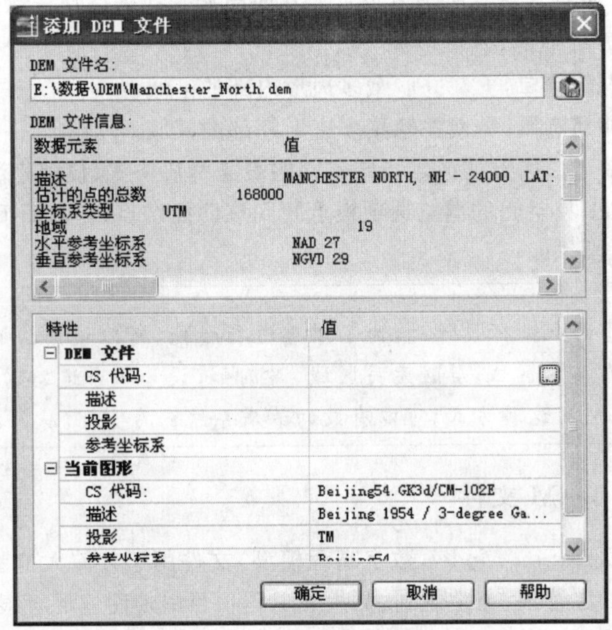

图 2-31　添加 DEM 文件

2.4.4　使用 LandXML 文件

除了传统的 DWG 格式，Civil 3D 软件还支持使用新的 LandXML 格式来保存和交流地形数据。LandXML 是由 Autodesk 公司发起、全球各大公司参与制定的，用于土地开发和土木工程设计领域的标准数据格式，可以用于描述、存储、交换设计信息。由于 LandXML 是全球统一的开放性格式，因此使得不同国家、使用不同软件的工程技术人员能够用相同的语言进行交流，同时也适合于长期档案保存。另外，LandXML 本身是一种文本格式，可以用 MS Internet Explorer 打开查看，也可以用任何文本编辑器(如 Windows 记事本)进行编辑。

在 Civil 3D 中，可以将地形曲面导出成 LandXML 文件，或者从 LandXML 导入已有的曲面。命令是：菜单【文件】【导出】【导出 LandXML】或者【文件】【导入】【导入 LandXML】。LandXML 文件中完全精确的记录了曲面的几何信息。因此，当建立了一个曲面之后，如果要进行存档或者拷贝，可以将曲面导出到 LandXML。以后只要在其他的 DWG 文件中导入该 LandXML 文件即可，而不再需要重复建立曲面的整个过程。

技巧：另一个很有用的技巧是，当使用图形中的大量对象(如 Civil 点编组或等高线)创建曲面后，可以先将曲面导出为 LandXML，然后删除图中的源数据对象和曲面，再导入该 LandXML 重建曲面。使用这个方法，可以有效的缩减图文件大小，从而节省系统资源，获得更好的性能。

2.5 曲面编辑和修正

2.5.1 排除错误的高程数据

在使用测量点(或等高线)生成曲面时,经常会遇到错误的高程数据。最常见的一种错误是遗漏了点或等高线的高程(变成了0),或者是将高程为0的普通多段线误作为等高线加入进来。有时还会出现打错小数点的情况,如将34.26米标成342.6米。为了纠正这些错误,在Civil 3D中也提供了排除错误高程数据的功能。

2.5.1.1 检阅点对象

如果是Civil点对象的高程错误,可以直接在工具空间上找到这些错误点并将其删除。方式如下:

■ 在Civil 3D工具空间的【浏览】页面上选中要纠正的点编组结点后,数据列表中会显示该编组中所有的测量点。

■ 点击列表上【点高程】一列的栏头,则所有的点记录会按照高程数值从小到大进行排序,如图2-32所示(如是从大到小排序,就再点一下栏头)。

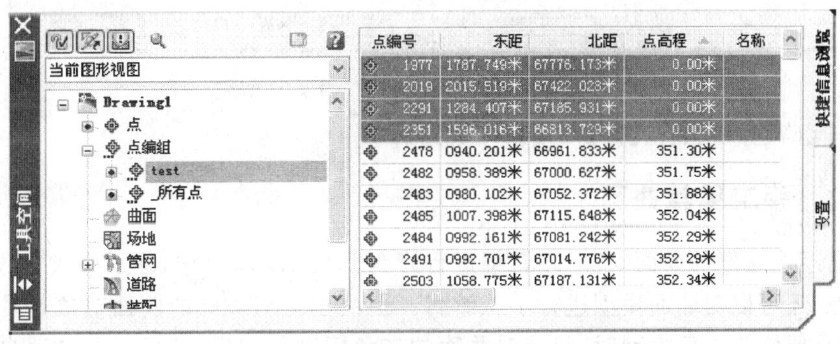

图2-32 排除错误点

■ 观察点的高程值是否有明显错误。例如,在上图中有4个点的高程值为0,且与其他点的高程相差甚远,因此可以判断出这是错误的高程数据。先点击在第一个点记录,再按住Shift键并点击第4个点,即可选中所有错误的点如图2-32所示。

■ 在选中的点上单击右键,选择【删除…】并确认即可。

2.5.1.2 使用自动排除条件

除了直接删除Civil点对象之外,还可以在保留原始对象的情况下排除错误数据。Civil 3D允许用户指定过滤条件,凡是符合该条件的源数据(无论是点、等高线或是图形对象等)都将被排除在曲面的生成之外,即在曲面的生成过程中忽略这些数据。使用这种方式,可以在无需修改源数据的情况下排除不需要的部分,因此非常方便。

可以在曲面生成之后在输入过滤条件,然后曲面自动更新。操作方式是:

■ 在Civil 3D工具空间的【浏览】页面上选中要实施过滤的曲面结点。单击右键,选择【特性…】。然后在弹出的【曲面特性】对话框中,选中【定义】页面。

■ 如图 2-33 所示，展开【生成】结点，输入排除条件。例如，选中【排除小于此值的高程】为【是】，并输入【高程 <】的值为 1，即可排除所有高程小于 1 的源数据。同理，需要时还可以使用【排除大于此值的高程】和【高程 >】选项。

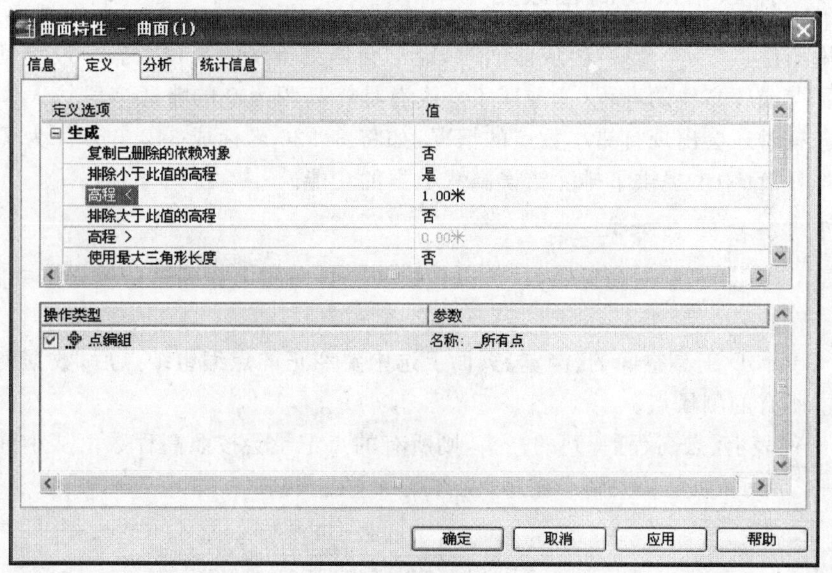

图 2-33 自动排除错误对象

■ 点击【确定】，在点击【是】以重新生成曲面

2.5.2 手工编辑曲面

对于已经建立好的曲面，有时还希望进行修改。在 Civil 3D 中，除了修改源数据从而更新曲面之外，还可以对曲面模型进行手工编辑。但由于 Civil 3D 的曲面对象是依靠三角网算法生成的，要修改曲面模型时，只能对曲面的三角网进行编辑，然后 Civil 3D 自动更新曲面显示的等高线图形（或是其他样式），而不能直接编辑曲面的等高线图形。

Civil 3D 支持的曲面编辑操作如表 2-2 所示。

表 2-2

操作类别	编辑命令	功能说明
三角网编辑	添加直线	为曲面添加新的三角网线
	删除直线	删除曲面中的三角网线或栅格线
	交换三角形边	改变三角网中一条边的方向（同时改变相邻的两个三角形）
	添加点	为曲面模型添加新的三角形顶点
	删除点	删除曲面中的顶点
	修改点	修改单个顶点的高程
	移动点	将现有顶点移动到新位置，并更新三角网部分

续上表

操作类别	编辑命令	功能说明
曲面规整	最小化平面面积	对于使用等高线生成曲面的情况，此操作有助于改善新建曲面的质量，提高曲面等高线与原始等高线的匹配度
	升高/降低曲面	将所有顶点的高程增加或减去一个数值，从而升高或降低整个曲面
	平滑曲面	使用插值方法，在指定区域内对曲面网格进行细分，从而使得曲面更加平滑。该局部的等高线也会更加平滑，并且不会相交。但该操作可能导致数据量增大，影响系统性能
曲面运算	粘贴曲面	将另一个曲面合并到当前曲面，例如，在进行场地设计时，将局部的设计地形与场地原始地形进行合并，生成最终的完整场地设计地形

注意：使用"三角网编辑"类别的命令时，必须先保证该曲面是用"三角网"样式显示的，或曲面的三角网是可见的。

要编辑 Civil 3D 曲面对象，在工具空间的浏览选项板上展开该曲面结点，在【定义->编辑】结点上右键单击，选择相应的操作即可。所有编辑操作的历史记录都保存在工具空间选项板上。在历史记录上单击右键，就可以选择取消先前的任一项编辑操作，因此非常方便。

2.6 本章练习

上面我们学习了 Civil 3D 三维曲面的基本知识以及操作方法，本章将通过一个具体的案例一步一步操作如何生成三维地形曲面，原始地形图为我们经常使用的地形平面点和平面等高线为例。

2.6.1 创建三维地形曲面

■ 打开文件 2-地形图. dwg，这时会发现图中即有地形点也有等高线，而且点是文本点，等高线也没有高程，所以要先做两项工作：转换文本点和等高线赋值。

■ 转换文本点。选择菜单中【点】【实用程序】【转换文本点】激活命令，然后选择文本，根据提示选择文本点位置，选择图中文本点的位置作为定位，然后回车。

■ 这时看到 Civil 3D 自动把所有的文本点转换成三维点，如图 2-34 所示。

■ 等高线赋值。等高线赋值需要一块一块的操作，尽量找出有规律的地形进行操作，选择【曲面】【实用程序】【等高线赋值…】激活命令，按照提示【请输入起始高程值(0)】，根据图形标注的高程值填入合适的起始高程，如图选择的这块地形最高程为【93 】【请输入增量高程值】输入【-1】(从高往低赋值所以是负号，反之为正号)，然后提示【输入起点】及【输入终点】，如图 2-35 所示，从地势高的位置向地势低的位置拉一根橡皮线，橡皮线穿过的位置就已经赋值赋值后的等高线会变成红色，以便能够区分。

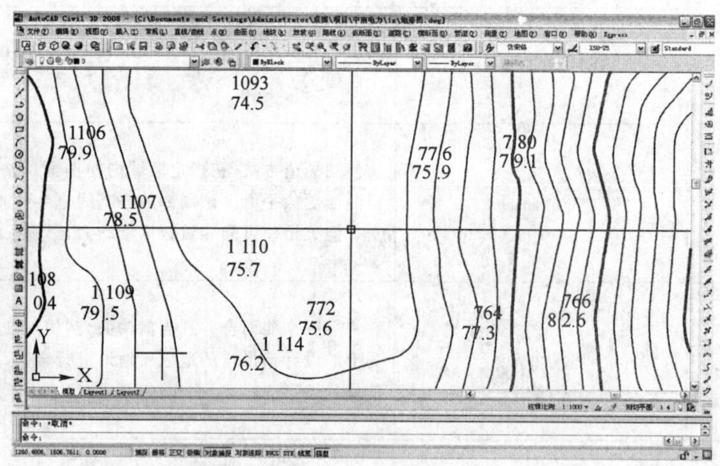

图 2-34 转换文本点

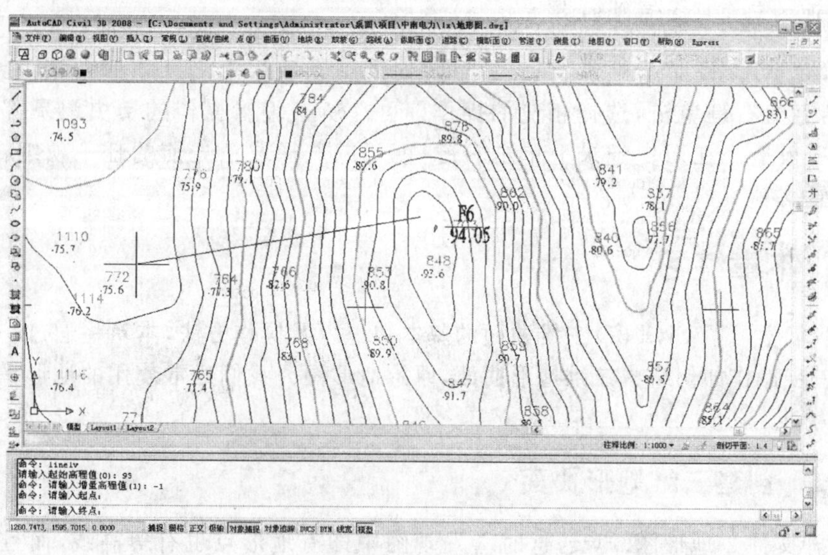

图 2-35 等高线赋值

■ 用相同的方法把其他等高线赋值。

■ 打开 Civil 3D 工具空间，【常规】【工具空间…】选中曲面，点【右键】【创建曲】面，如图 2-36 所示。

■ 弹出【创建曲面】对话框，在类型中选择【三角网曲面】，【名称】一栏输入曲面名称【地形曲面】，点击【确定】，如图 2-37 所示。

■ 在【工具空间】面板中展开【曲面】,会看到刚才创建的【地形曲面】,展开【地形曲面】【定义】右击【点编组】,弹出【点编组对话框】,选择【所有点】【确定】,这时就把刚才生成的三维点文件添加到地形曲面中。

■ 在图形中先选择一条主等高线和一条次等高线,然后点【右键】,选择【选择类似对象】,这样会把所有等高线选中,如图 2-38 所示。

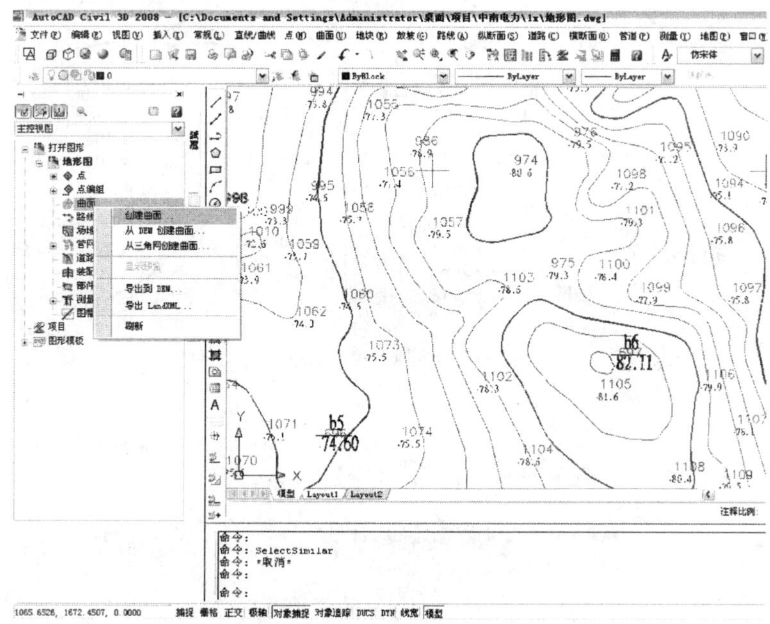

图 2-36 创建曲面

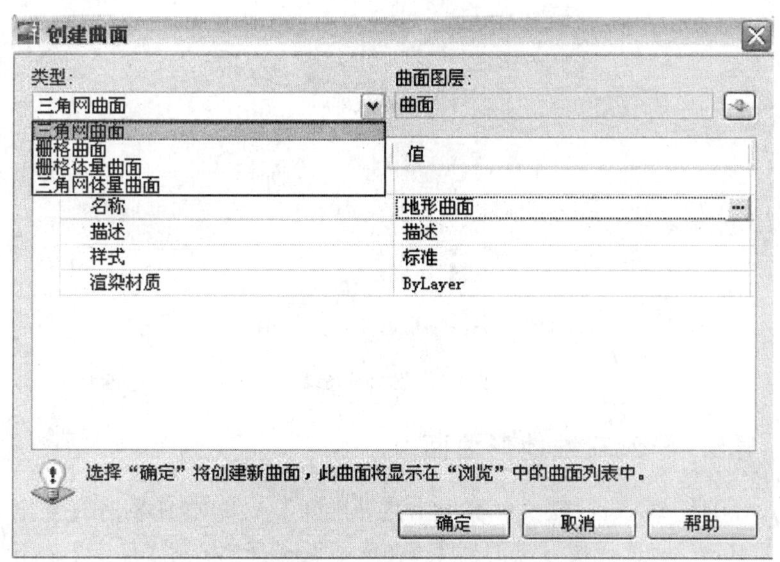

图 2-37 确定曲面类型

■ 在【工具空间】面板中【曲面】【地形曲面】【定义】右击【等高线】弹出【添加等高线数据】对话框,点击【确定】,如图 2-39 所示。

■ 这时由点和等高线生成的三维曲面就生成了，为了使图纸看起来比较清晰，把生成的三维曲面导出成 LANDXML 的格式，然后再导入。

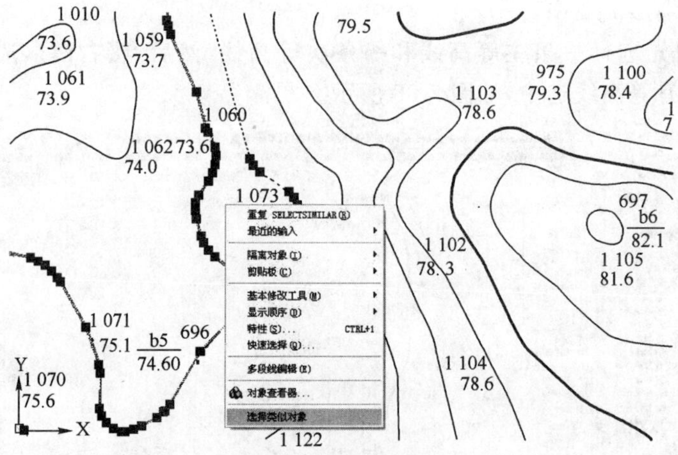

图 2-38　选择类似对象

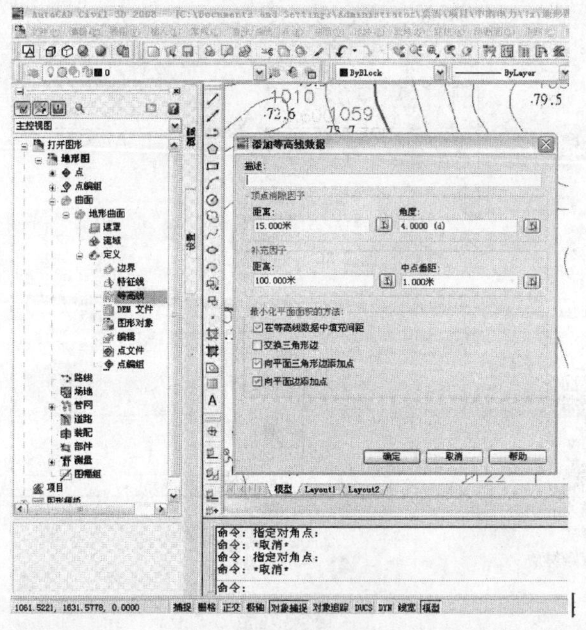

图 2-39　添加等高线

2.6.2　导出/导入三维地形曲面

■ 导出 LANDXML。选择【文件】【导出】【导出到 LANDXML】弹出【导出 LANDXML 对话框】如图 2-40 所示，选择要导出的对象（这里不做选择），点击【确定】，指定导出路径和名称，点击【确定】。

■ 导入 LANDXML。选择【文件】【导入】【导入 LANDXML】弹出【导入 LANDXML】对话框，选择要导入 XML 文件，点击【确定】。

■ 选择曲面，点右键对象察看器就可以察看你生成的地形曲面，如图 2-41 所示。

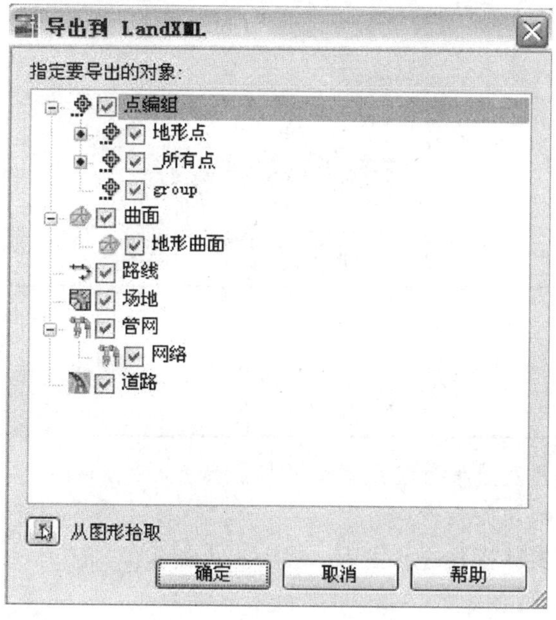

图 2-40　导出 LANDXML

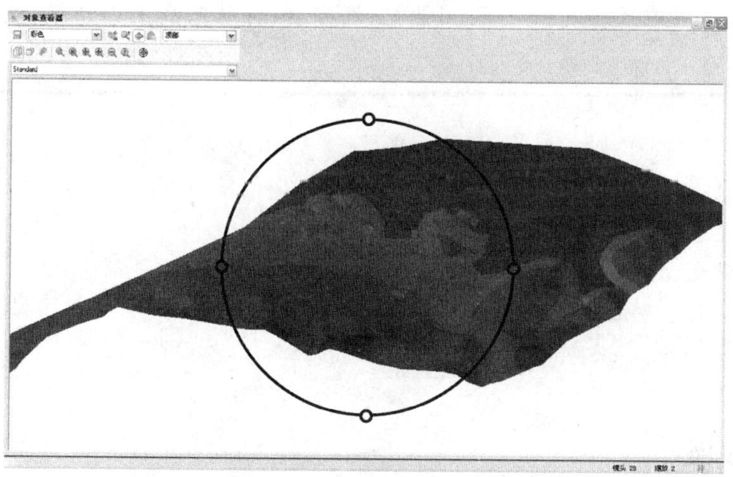

图 2-41　生成的三维地形图

用户可以根据“2.1.3 曲面样式”小节的内容，显示所需要的曲面样式。

第 3 章 土方计算

本章简介

➤放坡设计的过程及放坡过程所需的数据。

➤ Civil 3D 放坡的相关操作。

➤在 Civil 3D 中实际操作进行土木工程和土方计算。

➤生成土方施工图。

本章主要介绍 Civil 3D 的放坡功能。放坡是 Civil 3D 土方工程的核心，利用它可以快速得到土方工程的三维效果、平面图开挖、填方线，自动完成土方计算、土方平衡，并生成土方施工图。

学习要点

➤掌握放坡原理。

➤掌握使用放坡体积工具进行土方计算与土方平衡。

➤撑握生成土方施工图。

3.1 放坡

使用 AutoCAD Civil 3D 中的放坡工具和命令可以设计模拟完工地面曲面，可以通过将放坡规则应用到坡脚来创建放坡投影；可以将放坡对象分成指定的集合以创建最终曲面设计并计算体积；也可以使用“要素线”工具栏来创建和编辑三维要素线。要素线可以作为特征线数据直接包括在曲面中，或将其用作放坡对象坡可以作为特征线数据直接包括在曲面中，或将其用作放坡对象坡脚，以生成放坡工程曲面。

3.1.1 放坡的概念

在 Civil 3D 中，放坡就是生成并模拟土方工程曲面的手段。将生成的土方工程曲面与原地形曲面对照或融合来得到在土方工程中需要得到的二维图纸、三维效果和土方计算数

据。要了解放坡的操作过程,就必须先了解放坡功能的以下几个概念:

■ **放坡场地**:在场地拓扑中创建放坡。如果不希望放坡与场地中的其他对象相互作用,则可以为放坡对象创建新场地。

■ **放坡组**:合并放坡组中的放坡对象以创建一个放坡组曲面,以便可以计算体积。创建放坡之前,请确定希望如何管理这些关于曲面创建和体积计算的放坡。在任何一个场地中,都可以定义多个放坡组。放坡组代表由多个放坡构成的设计成果,如一个池塘、建筑物的基台、坝体等。同一组中的放坡对象之间可以相互识别,并且自动处理空间交互关系。

■ **放坡坡脚**:从选定的坡脚向放坡对象的目标投影放坡对象。坡脚可以是为此目的而专门创建的要素线,或可以导出道路要素线或使用地块直线。

■ **放坡目标**:放坡对象需要目标。此目标可以为曲面、距离或高程,以作为目标曲面的横断面图,如图 3-1 所示。

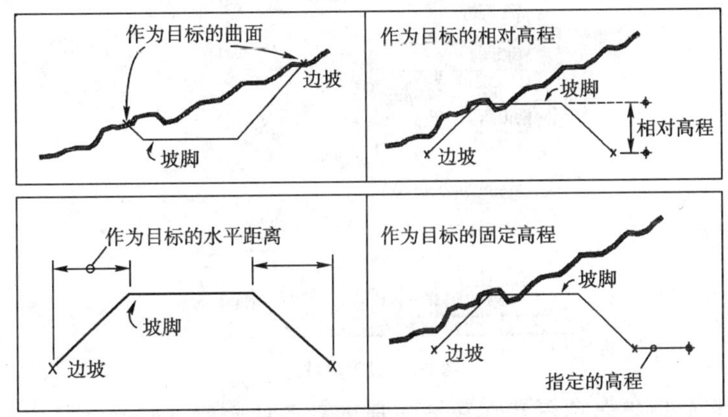

图 3-1 作为目标的距离横断面图

■ **要素线**:可以理解为三维的空间多段线。它可以由多段线、圆弧和直线来创建。要素线既可以是开放的,也可以是闭合的。地块线也可以被作为放坡要素线。

■ **放坡规则**:可以预先定义在多种不同的放坡方式(例如,按指定的坡度放坡到曲面,或者按指定的高程和偏移进行放坡),然后在放坡的过程中应用这些规则。

3.1.2 创建放坡

3.1.2.1 创建场地和放坡组

在 Civil 3D 中创建放坡时,用户需要首先要有一个原始地形曲面,然后创建场地和放坡组对象。在 Civil 3D 中创建场地对象和放坡组对象的步骤如下:

■ 在工具空间中右键单击【场地】点击【新建】。

■ 在信息栏中输入场地名称。

■ 菜单【放坡】【放坡创建工具】,如图 3-2 所示。

图 3-2 放坡创建工具

■ 点击放坡布局工具条左侧的【设置放坡组】按钮，并输入放坡组名称。

■ 对放坡组进行设置，选中【自动创建曲面】、【使用编组名称】和【体积基面】，并在【曲面样式】中选择【标准】，设置好以后，点击【确定】两次，如图 3-3 所示。

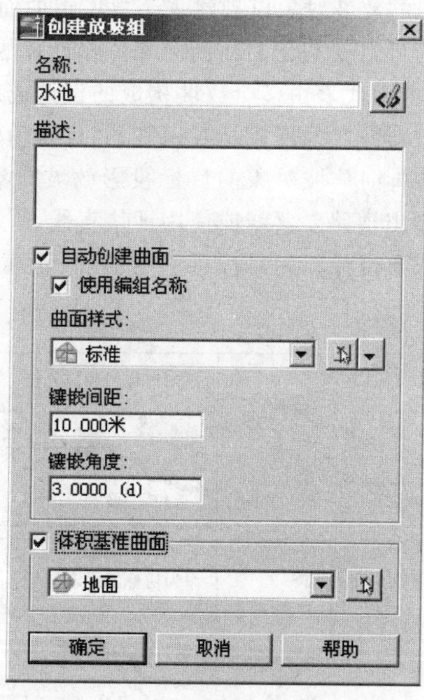

图 3-3　设置放坡组

这时，请注意放坡组名称显示在放坡布局工具条的底侧。同时，在【快捷信息浏览】的【曲面】结点下也自动生成了放坡组的曲面对象。此曲面与放坡组关联，并默认为自动更新的。

到此，场地和放坡组就创建完成了。

3.1.2.2　创建放坡

在完成了放坡组的设置以后，可以开始正式进行放坡工程。那么要对原始地形进行放坡，就必须了解放坡工程的深度，以及内壁坡度的高宽比等相关的放坡数据，用户将通过这些数据来确定将如何放坡。

那么，首先要创建放坡的几个步骤如下：

■ 在原始地形曲面上绘制放坡工程的投影轮廓。

■ 选择轮廓，右键单击，在快捷菜单中选择【特性】，在 AutoCAD【特性】选项板上，在【标高】栏中输入放坡轮廓线的标高，如图 3-4 所示。

把多段线转换为要素线时，会自动保留已设置的高程值。因此，用它创建一个新的放坡组前，需先设置好它的高程。

■ 在放坡布局工具条上点击【选择规则集】按钮，选择规则集为【目标】【相对高程】，点击【确定】。在放坡布局工具条上的【选择放坡规则】下拉框中，选择一个放坡规则，如 相对高程一坡度 。

> **注意：**可以创建放坡规则或参数，以定义如何从坡脚创建放坡，并将规则应用于其他放坡。有许多标准的放坡情况，例如，可能经常需要创建坡度为 3：1、目标为相对高程的放坡。通过使用这些值定义一组放坡规则，然后进行保存，就可以轻松地将这些相同的值应用到创建的任意放坡。

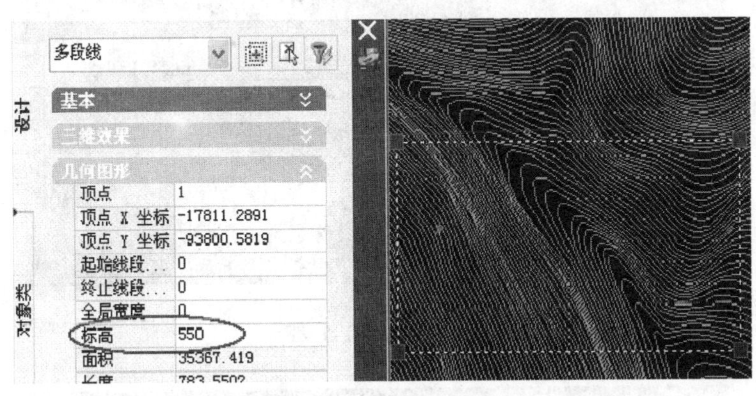

图 3-4　输入放坡轮廓线高程

■ 点击放坡布局工具条上的【创建放坡】按钮，选择图上的白色多段线，回车接受【创建要素线默认设置】。

■ 在放坡投影轮廓内部任意点击一点，表示向内侧放坡，回车接受【应用到整个长度】。

■ 输入放坡的相对高程，如“－10”表示下挖 10 米。再输入挖方坡度比，“1”表示坡度为“1：1”，“2”表示坡度为“2：1”。然后按下回车结束命令。

到现在为止，放坡工程内侧基本完成如图 3-5 所示。接下来将继续创建放坡工程的外缘。

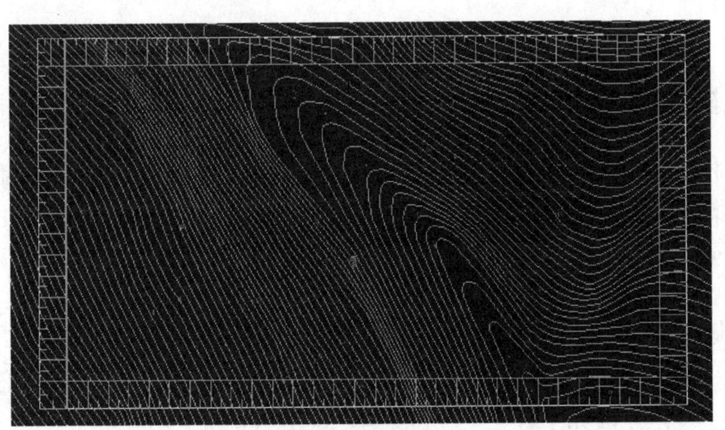

图 3-5　放坡内侧

放坡外缘的创建步骤与内侧基本一致，大家可以使用其他的放坡规则来进行创建。创建完成后，如图 3-6 所示。

我们可以用【创建拆离的曲面】工具来生成放坡曲面，如果在设置放坡组时，勾选了【自动创建曲面】选项，则会自动生成放坡曲面，而无须使用【创建拆离的曲面】工具。生成放坡曲面以后，就可以在对象查看器中查看三维的设计成果，如图 3-7 所示。

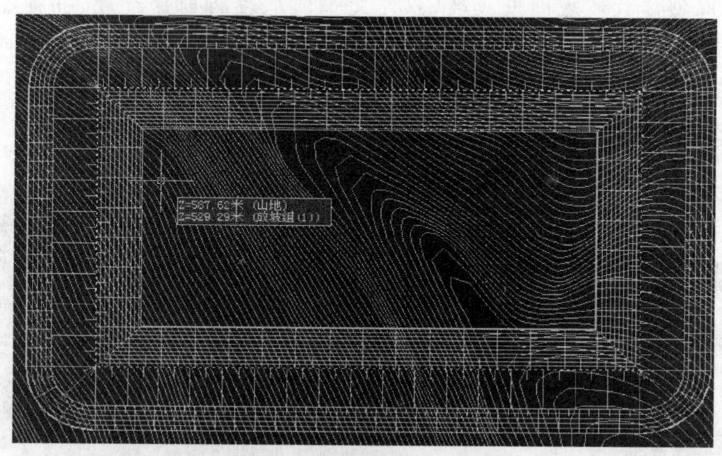

图 3-6　放坡完成投影

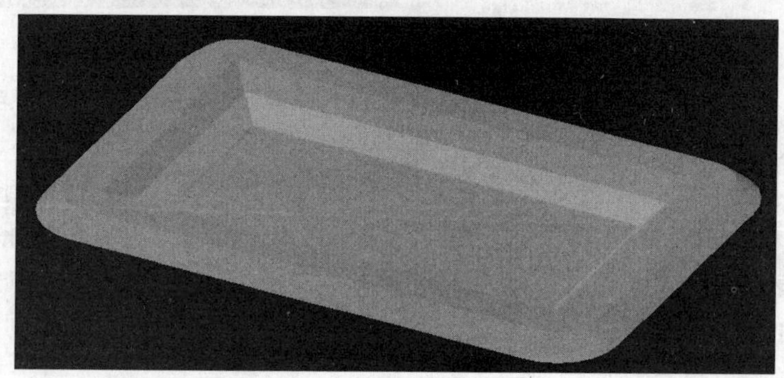

图 3-7　三维的设计成果

3.1.3　编辑放坡

用户可以利用 AutoCAD 命令对放坡要素线进行基本的编辑操作，如移动或拉伸等。整个放坡组随着原始要素线的移动而移动，并且自动更新放坡组和内嵌曲面。这是 Civil 3D 2008 中非常强大的特性。当需要在多种不同的方案之间优化选择，或者对已有设计进行修改的时候，这种技术将为设计人员节约大量的时间。

对于已经做好的放坡，还可以用查看或编辑它的参数。使用放坡布局工具条上的【编辑放坡】按钮，可以用命令行方式编辑放坡参数；而使用【放坡编辑器】按钮，可以在表格中进行编辑。具体方法如下：

■ 在“放坡布局工具条”上点击【放坡编辑器】按钮。

■ 在放坡的内侧或外侧坡壁区域中点击。

■ 如图 3-8 所示，在【放坡编辑器】选项板上，更改放坡规则中的各数据。注意到此时图形上自动发生相应的变化。

■ 关闭【放坡编辑器】完成放坡编辑。

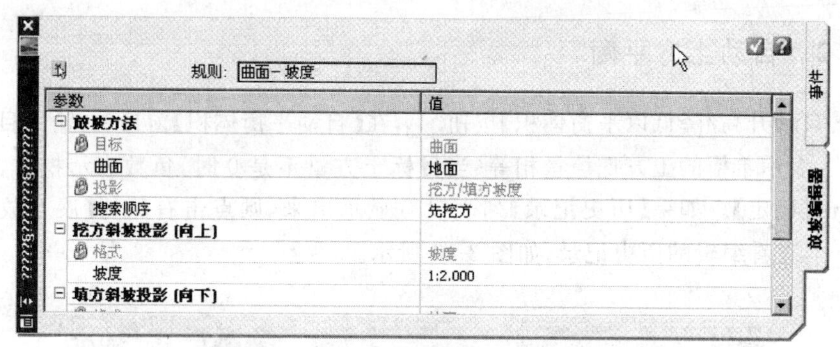

图 3-8　放坡编辑器

3.1.4　从放坡到曲面

先前已经提到如何创建放坡曲面，可以在放坡组特性中勾选【自动创建曲面】选项来直接创建放坡曲面，也可以用【创建拆离的曲面】工具来生成放坡曲面。当生成了放坡曲面以后，可以将它与原始地形曲面粘贴，以完成开挖、填方线，并得到施工后地形的三维模拟效果。粘贴曲面的方法为：

■ 选择原始地形曲面，将其按原坐标复制一个曲面，将原曲面作为备份，使用新曲面进行粘贴。

■ 在工具空间中，点选复制后的【原始地形曲面】【定义】【编辑】。

■ 右键点选【编辑】，选择【粘贴曲面】。

■ 选择需要粘贴的放坡曲面，点击【确定】。

■ 这样就将放坡曲面粘贴在原始地形曲面上了。

3.2　从放坡进行土方计算

在场地工程设计中，经常需要计算土方量，或者根据目标土方量对设计进行调整。有些情况下，希望设计的挖方量与填方量相等，即土方平衡。在 Civil 3D 中，可以计算放坡的土方结果，并且根据需要的土方量手动或自动调整放坡高程。

3.2.1　放坡体积工具

在【放坡布局工具条】上点击【放坡体积工具】按钮，在【放坡体积工具】窗口中，可以查看当前的【水池】放坡组的挖方和填方量。点击【升高放坡组】按钮，表示将整个水池的要素线升高，如图 3-9 所示。注意，现在 Civil 3D 自动更新放坡组、曲面和土方计算结果。

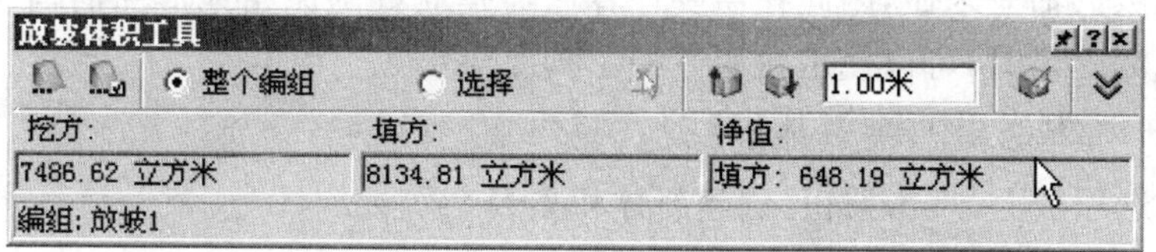

图 3-9　放坡体积工具

3.2.2 自动土方平衡

点击【自动升高/降低以平衡体积】按钮，在【自动平衡体积】窗口中，输入目标净值土方量为“0”，表示希望的土方挖填量相等（当目标土方量不是 0 时，负数表示挖方，正数表示填方），点击【确定】。如果【历史记录】列表没有显示出来，则点击右侧的【展开放坡体积工具】按钮，查看编辑的历史记录，如图 3-10 所示。

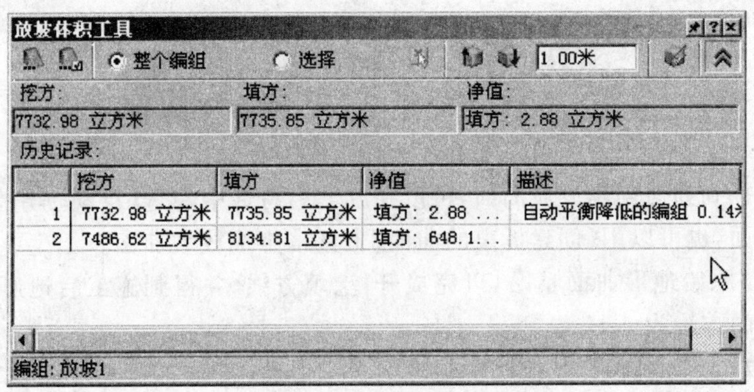

图 3-10 土方平衡

完成土方平衡后注意与之前设计进行对比，我们可以发现土方平衡也是与设计成果相互关联的，当进行土方平衡以后，设计效果也会发生修改。

注意：自动体积平衡是一个重复的过程，以渐进的较小步幅向上或向下调整放坡以达到目标体积。通常结果体积作为目标值输入时并不是非常精确。为了防止过度调整和重新计算体积，当结果在起点净体积 0.1% 的公差内时将会停止平衡。如果结果并不十分接近目标体积，则可以再次运行命令。

3.3 从曲面进行体积计算

3.3.1 曲面体积工具

使用曲面体积工具，可以对曲面直接进行土方计算。在土木工程中，并不是所有类型的工程都会用放坡的命令来做，因此在需要计算已经建立好的原始地形曲面与土方工程曲面之间对照产生的方量时，可以使用曲面体积工具。使用方法如下：

- 菜单【曲面】【实用工具】【体积】。
- 在浮动选项板上，点击按钮【创建新体积条目】。
- 在【基准曲面】栏中，选择原始地形曲面。
- 在对照曲面栏中，选择土方工程曲面；结果如图 3-11 所示。

体积计算的结果立即呈现出来，而净值图形显示的是百分比例：红色表示净挖方，绿色表示净填方，较长的横条表示净值为挖还是填。

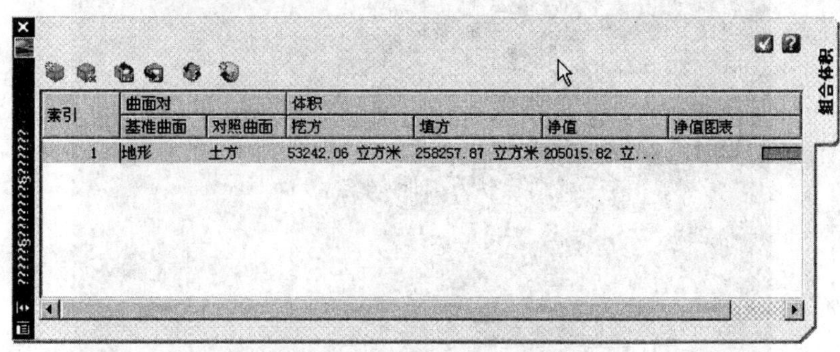

图 3-11　曲面体积工具

3.3.2　土方施工图

土方施工图功能是 Civil 3D 在土方计算方面的一大功能，它可以完全自动生成土方施工图。因为这个功能是完全针对中国国内用户所开发的，因此只有在大家安装了 Civil 3D 本地化扩展包以后才有这个功能。

土方施工图的使用及设定方法很简单，步骤如下：

■ 在有原始曲面和土方工程曲面两个曲面的前提下，进入下拉菜单中选择【曲面】【实用程序】【土方施工图】，如图 3-12 所示。

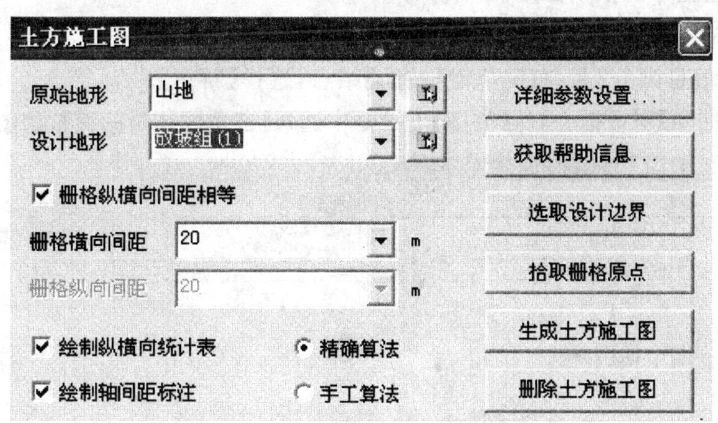

图 3-12　设置土方施工图

■ 设定【原始地形】和【设计地形】两个曲面。

■ 拾取生成土方施工图的设计边界和栅格原点。

■ 在【详细参数设置】中设置施工图样式。

■ 单击【生成土方施工图】，得到出图结果，如图 3-13 所示。

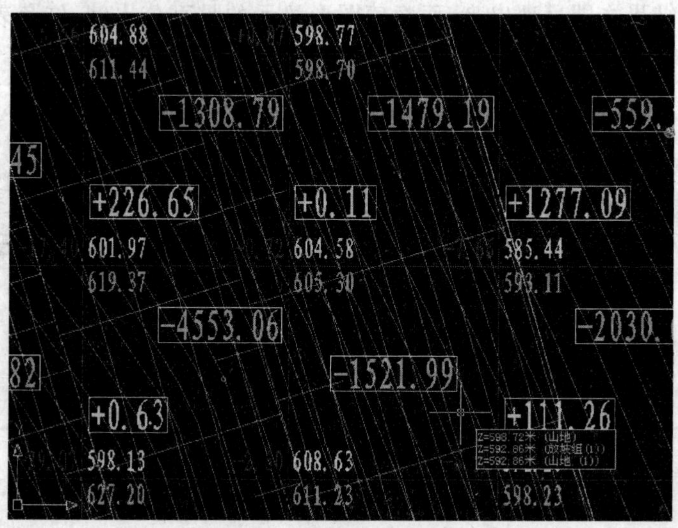

图 3-13　土方施工图完成

3.3.3　使用体量曲面

体量曲面是 Civil 3D 中一个独特的概念，它表示由两个曲面组成的空间夹层。因此，体量曲面必须是通过两个普通曲面定义的。与普通曲面相似，体量曲面上的任意点也有高程值，然而体量曲面上的高程值表示此处两个曲面的高程之差。例如，如果一个曲面（基面）是场地的原始地形曲面，而另一个曲面（对照曲面）是场地的设计地形曲面，则体量曲面上的高程值就表示场地土方的挖填深度。

操作方法如下：

■ 在【快捷信息浏览】上，右键单击【曲面】结点，选择【新建】。

■ 在【创建曲面】对话框上，从【类型】下拉框中选择【三角网体量曲面】，如图 3-14 所示。

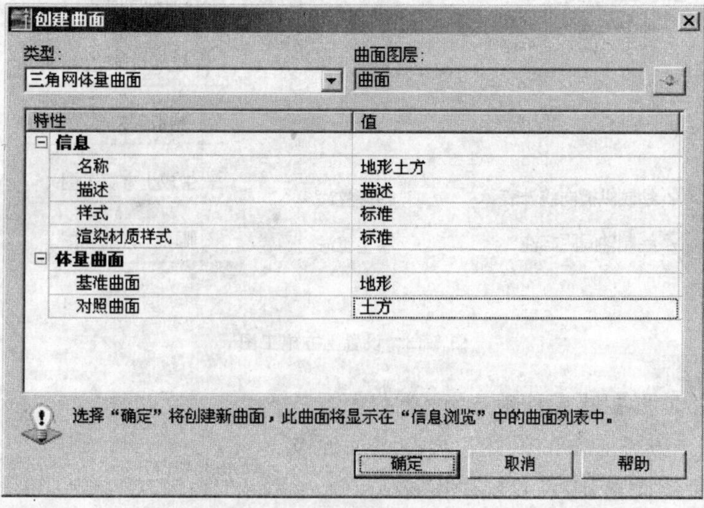

图 3-14　创建曲面

■ 将该曲面命名为【地形－土方】。

■ 在【体量曲面】区域，选择【基面】为【地形】曲面，【对照曲面】为【土方】曲面。

■ 点击【确定】按钮。

在图上可以看到，体量曲面的等高线，这称为"挖填等高线"；也可以为挖填等高线创建标签。而高程为 0 的挖填等高线就对应着挖方区与填方区边界线。

3.3.4 界内体积计算

使用"界内体积"实用程序，可以计算由多段线或多边形或地块定义的区域的体积，可以为体量曲面上的界内区域快速计算和显示净体积、挖方和填方。

> **注意：**对于体量曲面，界内区域的体积基于最初用来计算体量曲面的差异高程。对于地形曲面，该体积是从高程 0 开始一直计算到界内区域中的高程得出的结果。

计算界内体积的步骤如下：

■ 打开、创建或导入要测量界内体积的曲面。

■ 在【曲面】菜单上，单击【实用程序】—【界内体积】。

■ 系统将提示选择用于定义曲面上的界内区域的多段线、多边形或地块。命令行中将显示净体积、挖方和填方的值。

3.4 本章练习

现在掌握了放坡及土方施工图的制作方法，下面来做一个实际练习。

打开 3-土方图.dwg，图中的多段线为场地边界，在 74 米高程上做场地整平，要求护坡挖填方坡率都为 1∶1，整平后进行土方平衡，计算出需要降低或抬高多少米，并生成栅格土方施工图。

第 4 章 场地设计

本章简介

➤场地和地块的概念。

➤创建地块的几种方式。

➤控制地块的图形显示。

➤添加及定义地块标签。

➤为地块添加自定义特性。

➤创建地块表格及报告。

本章主要介绍了 AutoCAD Civil 3D 2008 在场地设计中使用到的场地编辑，创建地块、地块信息、地块表格、地块报告，初步了解 AutoCAD Civil 3D 2008 的场地设计的命令使用。

学习要点

➤掌握地块的创建方法。

➤掌握如何修改地块的显示。

➤掌握地块标签的设置。

➤掌握地块表格和地块报告的生成方法。

场地设计是 AutoCAD Civil 3D 2008 中实现规划设计的工具。使用 AutoCAD Civil 3D 2008 的地块设计功能，可以根据二维图纸生成完整的规划设计表格及报告。动态更新的设计模式避免了用户进行大量的计算操作，每一次地块边界的修改都能及时的反映到地块报表中。同时，地块标签可以方便的控制地块的信息显示，很大程度上缩短了场地设计的周期，让枯燥的信息修改和数学计算由软件自动完成，从而提高了用户的设计效率。

4.1 场地

在 AutoCAD Civil 3D 2008 中，“场地”是一个专门的名词，它表示一系列地块、路线、放坡等对象的集合。在一个场地中的对象是互相关联的，它们之间存在着拓扑关系。例如，当一条路线穿过一个地块时，就会将其划分成两个新的地块。如果修改了路线布置，那么位于路线两侧的地块布局就会自动发生变化。但如果该路线与地块不在同一个场地中，它们就不会相互影响。

另外，同一个场地中的地块是不会重叠的，只能保持邻接关系，因而修改地块分界线时会同时影响相邻两个地块的面积。但在不同场地中的地块就处于不同的逻辑集合中，互不影响，因此有可能出现重叠。因此，当用户不希望一个对象与另外一个相互作用的时候，那就把它们放到不同的场地中。

为了设计的方便，我们可以在图中创建几个不同的场地，分别容纳不同用途的信息。例如，不同时期的规划方案就可以共存于一个图文件的不同场地中。此外，其他的 Civil 对象(如路线和放坡等)也可以分别存放在不同的场地中，以免相互造成不必要的干扰。

4.2 地块

4.2.1 地块的概念

Civil 3D 中的地块对象表示真实世界中的小块土地，它是由包含在场地中的封闭边界(要素线)来定义的。每个地块对象都拥有名称、编号等基本信息，以及面积、周长等自动统计信息。用户还可以在地块中添加多种特性信息，如绿化率、人口密度和容积率等。

一个场地中可以包含多个地块，这些地块可以是相邻的，也可以不相邻。但一个场地中的地块不能重叠。如果发生重叠，则重叠的部分会被自动创建为一个新的地块。另外，每个场地中的所有地块构成了一个虚拟的总地块，称为“场地地块”。场地地块默认不在图上显示，具体情况请参阅“地块的显示外观”一节。

4.2.2 创建地块

跟随下面的操作，我们将说明地块创建的过程及方法。用户可以把现有的二维图形(例如用 AutoCAD 多段线对象创建的地块图形)快速转换成地块对象，也可以通过专门的地块布局工具来创建和修改地块对象。如果使用地块布局工具，还可以选择多种不同的地块创建方法，如自动细分地块，或者创建给定面积的地块等。

每当生成一个新的地块后，Civil 3D 会自动为新地块生成一个面积标签，显示新地块的特性。而原有地块的特性(如面积、周长等)如果发生了改变，其标签中的数据也会自动进行更新。

4.2.2.1 通过二维对象创建地块

- 点击菜单“地块->从对象创建地块”。
- 在绘图区域，单击现有的封闭多段线，按 ENTER 键完成选择。
- 在【创建地块】对话框中选择场地、地块样式、面积标签样式等信息，如图 4-1 所示。
- 点击【确定】。

图 4-1 【创建地块】对话框

现在,图上的多段线被自动转换成了地块边界(要素线),而多段线围成的区域就变成了地块对象。注意,每个地块的中心都生成了一个面积标签,显示地块信息。(由于标签大小是固定的,如果地块太大,可能需要调整视图比例才能看清标签。)根据前面对话框中选择的面积标签样式不同,看到的标签中显示的信息也有所不同。

> **注意**:如果在图上选中了地块面积标签,就表示选中了这个地块对象。选中地块边界线并不代表选中地块对象。

4.2.2.2 自由形式创建地块

这个命令适合在现有地块划分的基础上,通过添加新的分界线来自由进行地块的进一步划分。

■ 点击菜单"地块->按布局创建地块"。

■ 在【地块布局】对话框中选择【自由形式创建地块】,如图 4-2 所示。

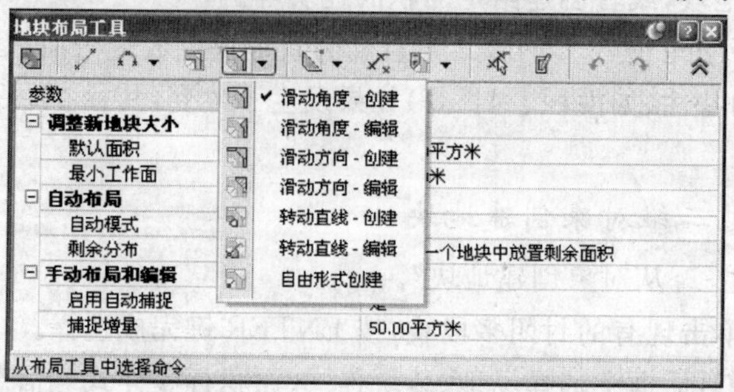

图 4-2 【地块布局】对话框

■ 在【创建地块】对话框中选择场地、地块样式、面积标签样式，如图 4-3 所示。点击【确定】。

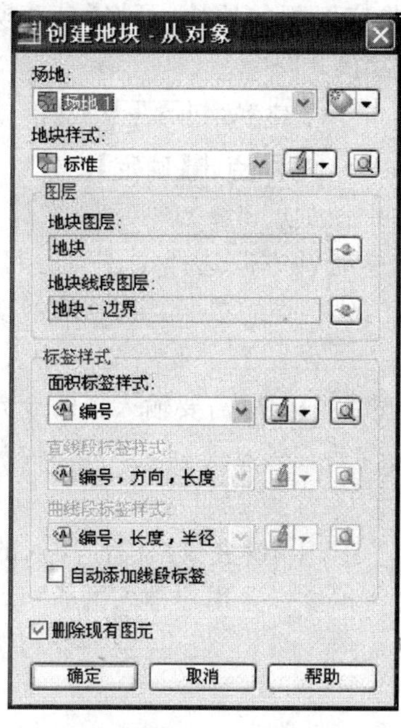

图 4-3 【创建地块】对话框

■ 当光标在现有地块区域内移动时，Civil 3D 会自动决定要添加新分界线的位置。单击选择一个附着点。

■ 选择了一个附着点之后，既可以直接选择分界线的另外一个端点，也可以通过输入方位角或方向角来确定分界线的走向(按回车键指定为正交)。

■ 继续创建地块分界线，直到划分完所有新地块。

4.2.2.3 创建给定面积的地块

有时，我们希望创建一个地块，使它的面积为指定的值。这时就可以使用 Civil 3D 中的这一功能。

■ 点击菜单“地块->按布局创建地块”。

■ 在弹出的地块工具条上，如果没有显示出高级选项，可点击工具条右侧的向下箭头，展开工具条上的高级选项，使之如图 4-4 所示。

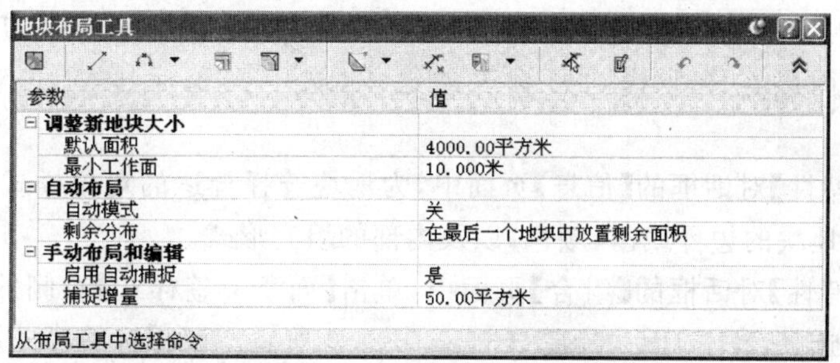

图 4-4 【地块布局】对话框

■ 在工具条上，在【默认面积】栏中输入需要的地块面积，在【最小工作面】中输入地块工作面的最小边长。（如果对此项没有要求，可输入一个很小的值，如 1 米。）

■ 如果需要自动批量创建指定面积的地块，可将【自动模式】设为【开】，并选择剩余面积的分配方式。否则请关闭“自动模式”。

■ 在工具条上选择【滑动角度—创建】按钮（或【滑动方向－创建】）。在弹出的【创建地块—布局】对话框中选择合适的参数，点击【确定】。

■ 按提示，在要分割的地块中任意点击一点。

■ 按提示，在地块边界上按逆时针方向选择工作面的起点和终点。（工作面是地块边界上的一个区域，将作为插入新的分界线的参考。用临时的动态粗线表示。）

■ 如果创建方式是【滑动角度—创建】，则此时需要输入新的分界线与工作面的夹角。如果创建方式是【滑动方向—创建】，则此时需要输入新的分界线的方向角。

■ 在地块中移动光标，此时应能看到动态浮动的边界线示意，并且浮动提示中显示出当前位置处的新划分地块面积。

■ 回车确定地块面积。然后 Civil 3D 会根据前面输入的角度或方向，自动确定新插入分界线的位置，使分割出的地块面积恰好是用户输入的面积。

■ 按两下 Esc 结束命令。

> **注意**：为了较好的使用这一功能，需要选择合适的工作面范围。这是因为在搜寻新的分界线时，Civil 3D 会首先确定新插入分界线的角度或方向，然后从工作面的起点开始，向终点方向逐渐移动分界线的插入点，直到该分界线和原有的地块边界围成的区域恰好达到用户指定的面积为止。如果一直到工作面的终点都不能找到合适的解，就认为无解。因此，如果工作面的范围指定得不合适，即使实际是有解的，Civil 3D 可能也无法搜索到合适的解。

4.2.3 地块的显示外观

在 Civil 3D 中，地块的显示外观主要是由两个因素控制：地块样式和地块面积标签样式。地块样式控制地块的边界线（线型、颜色、线宽等）和内部填充（形式和颜色），而地块面积标签样式控制地块中部的标签显示——可以灵活的显示地块编号、面积等多种属性。

4.2.3.1 改变地块类型和标签类型

■ 在工具空间的浏览选项板上，展开“场地”结点，找到需要修改的地块，单击右键菜单【特性】。（也可以在图上找到要修改的地块，选中面积标签，单击右键菜单【地块特性】。）

■ 在【地块特性】对话框的【信息】页面中，为地块选择合适的对象样式，如图 4-5 所示。地块样式决定了地块的边界线型、颜色，以及内部的填充形式。

■ 在【地块特性】对话框的【组合】页面中，单击【面积标签样式】右侧的“＋”号按钮，然后在弹出窗口中选择合适的面积标签样式，如图 4-6 所示。面积标签样式决定了地块的面积标签中将显示的数据和格式。

选择了地块的对象样式和面积标签样式后，也就决定了地块对象的外观和标注。

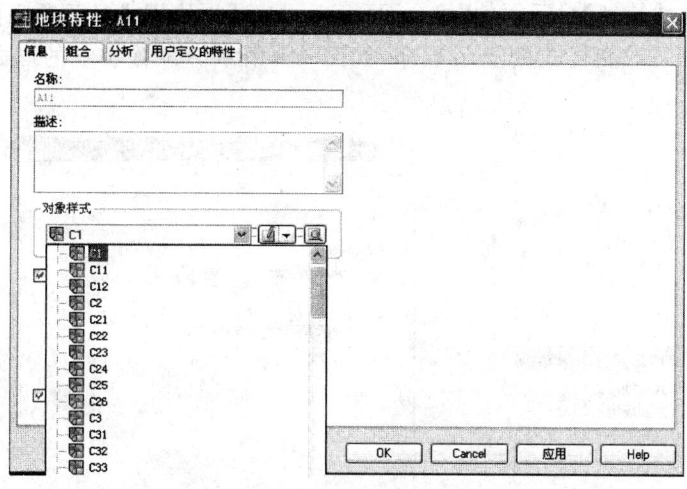

图 4-5 【地块特性】对话框的【信息】页面

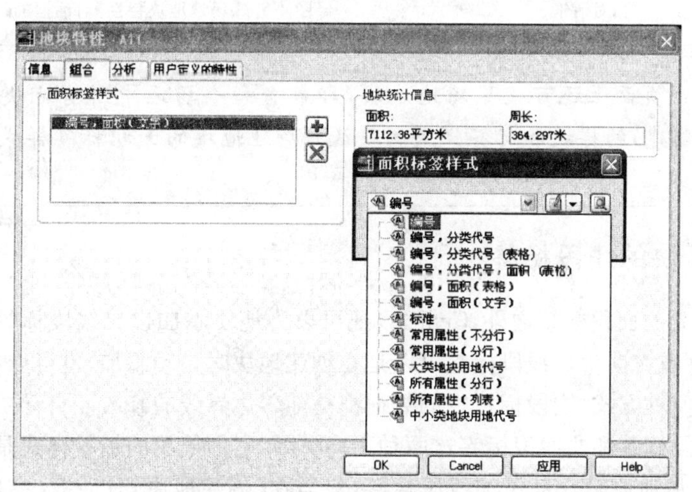

图 4-6 【地块特性】对话框的【组合】页面

注意：在 Civil 3D 2008 之前的版本中，一个地块只能有一个面积标签。而在 Civil 3D 2008 中，一个地块可以同时显示多个面积标签。这些标签将以重叠的方式显示出来。

4.2.3.2 改变地块显示顺序

当一个场地中的地块较多，使用了多种不同样式的时候，我们需要决定不同样式之间的优先级别。例如，A 地块和 B 地块共用一条分界线，其中 A 地块的样式要求用红色显示地块边界，而 B 地块的样式要求用蓝色显示地块边界，此时 Civil 3D 将根据各个样式之间的优先级关系决定用什么颜色显示这条分界线。设定地块显示顺序的方式如下：

■ 在工具空间的浏览选项板上，找到要设置的场地，右键单击该场地结点下的【地块】目录结点(代表该场地中所有的地块),选择【特性...】,如图 4-7 所示。

■ 在【场地地块特性】对话框的【组合】页面上,找到【地块样式显示顺序】区域,单击向上或向下的箭头,即可改变样式的显示顺序,如图 4-8 所示。位置靠上的样式具有较高的优先级。

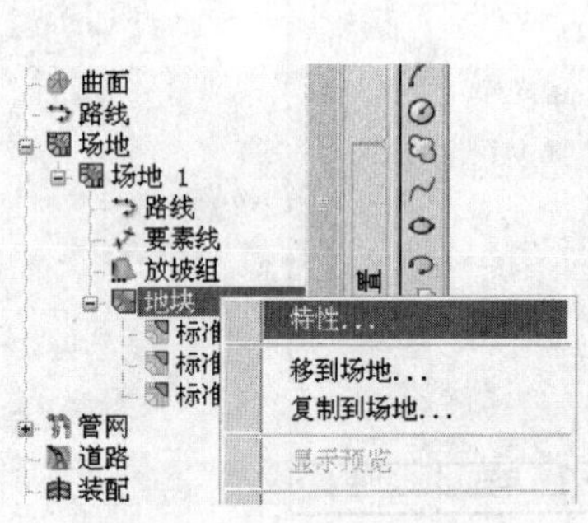

图 4-7 【地块—特性】对话框

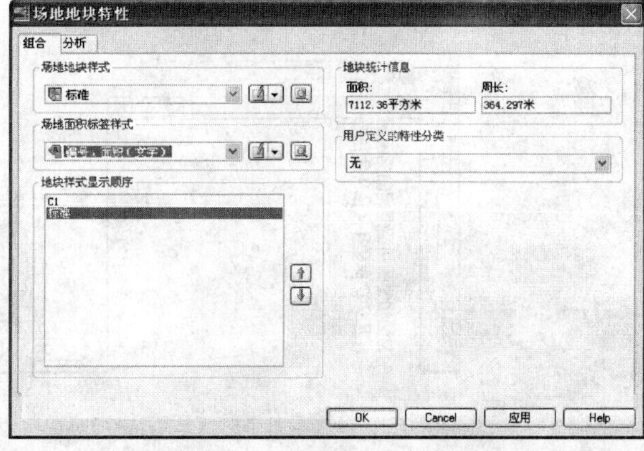

图 4-8 【场地地块特性】对话框的【组合】

注意:在这个页面上还可设置场地地块(即包含一个场地中所有地块的总地块,由 Civil 3D 自动创建)的样式和标签样式。默认将场地地块的面积标签样式设为<无>,即不显示该样式。

4.2.4 地块的线段标签

除了地块中央的面积标签之外,Civil 3D 还可以为地块添加边界线段标签,用于显示边界线的属性,如长度或方向角。线段标签可以是在创建地块时自动添加,也可以在创建完地块之后再添加。无论何种方式,线段标签中的数据都是随着边界线的修改而自动更新的。另外,线段标签分为直线段标签和曲线段标签这两种不同类型,它们使用的标签样式是不同的。

如果要在创建地块时自动添加线段标签,只需在【创建地块】对话框(参见【创建地块】小节)中勾选,并选择合适的样式即可。

下面介绍如何在创建完地块之后再添加地块线段标签。

4.2.4.1 添加地块的线段标签

■ 点击菜单“地块->添加地块标签->添加地块标签”。

■ 在【添加标签】对话框中,首先选择添加标签的类型,即选择【单个线段】或者【多重线段】,如图 4-9 所示。选择【单个线段】时,在后面的操作中需要每次选择一条地块界线,逐一添加标签;而选择【多重线段】时,在后面的操作中只需要选择一个地块,软件会自动在该地块的所有边界线上添加标签。

■ 选择直线标签和曲线标签的样式。

■ 单击【添加】。

■ 根据【单个线段】或者【多重线段】的方式,选择地块分界线(【单个线段】)或地块面积标签(【多重线段】)来添加线段。

生成了线段标签之后,如需对标签位置进行微调,可以选中该标签,然后使用夹点来进行拖动。

4.2.4.2 修改标签属性

■ 选择需要修改的标签,右键单击,选择【标签特性】,如图 4-10 所示。

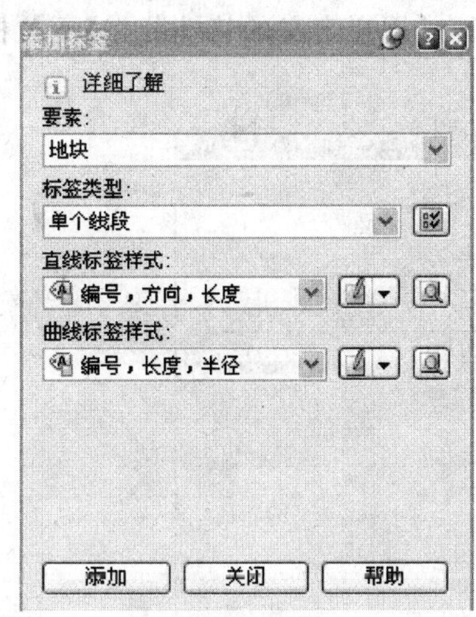

图 4-9 【导出到 LandXML】对话框

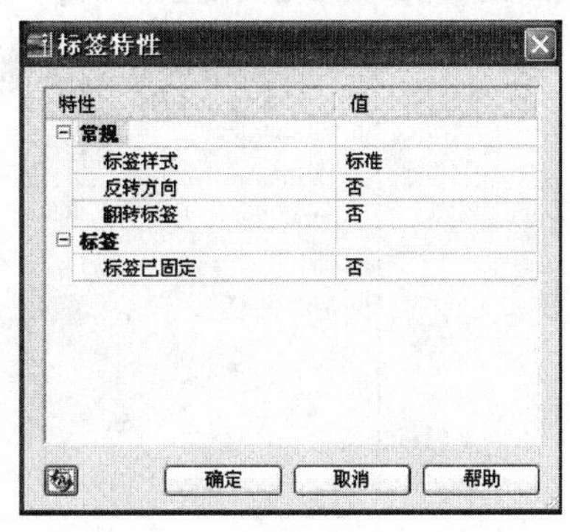

图 4-10 【标签特性】对话框

■ 在【标签特性】对话框中,可改变标签的样式。

■ 如果修改之后要还原先前的设置,可点击按钮,恢复标签原始设置。

4.2.5 地块的自定义特性

实际工作中需要用到土地地块的很多种属性,而 Civil 3D 中预定义的地块属性并不能满足所有用户的要求。因此可以为地块增加自定义属性。如果自定义的属性较多,为了便于管理,还可以将自定义属性分成不同的类别(如规划类、地质类、经济类别等)。具体步骤操作如下:

4.2.5.1 新建自定义特性

■ 在工具空间的设置选项板上,展开"地块->用户定义的特性分类"结点。这里列出所有的特性类别。选中类别即可在列表区域看到该类别中的所有自定义特性。未分类的特性都列在【未分类】结点。

■ 如需新增类别,可右键单击【用户定义的特性分类】结点添加。

■ 如需新增自定义特性,在要添加的分类结点上右键单击,选择菜单【新建】。在下图 4 -11所示的对话框中输入特性的名称和类型等参数,确定即可。

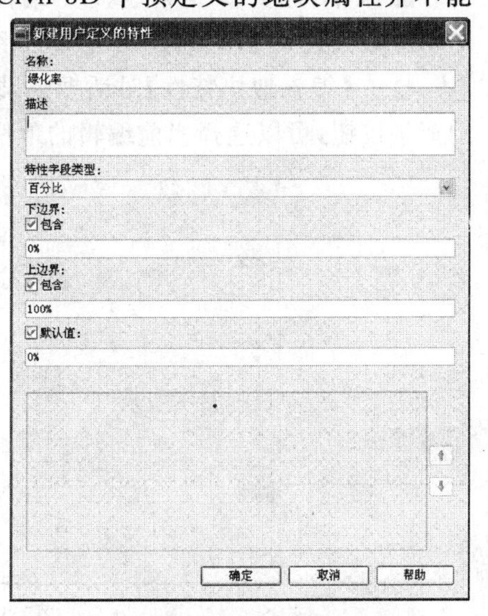

图 4-11 【新建用户定义的特性】对话框

4.2.5.2 将自定义特性应用到场地

创建了自定义特性之后，这些特性并不会被自动应用于每个场地。如果要在某个场地中的地块对象上使用自定义特性，还必须手动将自定义特性分类应用到这个场地上。

■ 在工具空间的浏览选项板上，找到要设置的场地，右键单击该场地结点下的【地块】目录结点，选择【特性...】。

■ 在【场地地块特性】对话框的【组合】页面上，点击【用户定义的特性分类】下拉框，选择要应用的分类，点击【确定】。如图 4-12 所示。

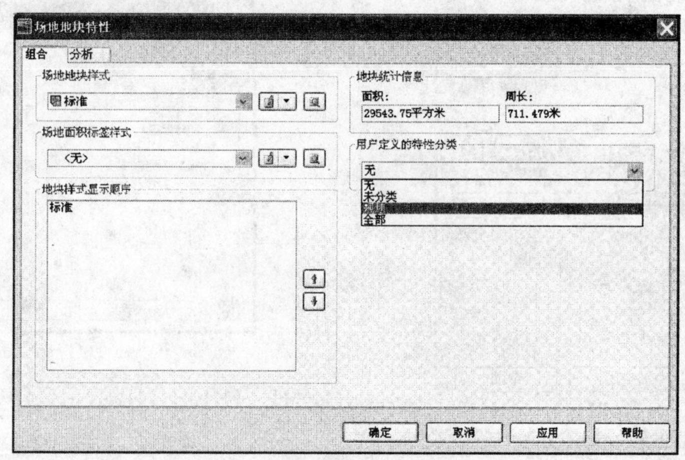

图 4-12 【场地地块特性】对话框

4.2.5.3 为地块添加自定义特性

为场地指定了要应用的自定义特性分类之后，就可以为这个场地中的地块添加自定义特性。

■ 菜单“地块->编辑地块->编辑地块特性”。

■ 在图上用栅选的方式，用橡筋线穿过要编辑的地块，回车确定。

■ 在【编辑地块特性】对话框中，即可方便的编辑地块自定义特性。点击对话框左上角的箭头按钮，可以选择当前编辑的地块(当前地块的名称显示在箭头右侧)，如图 4-13 所示。

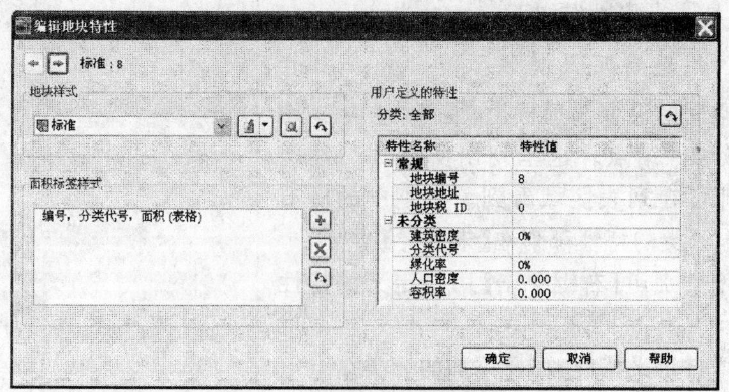

图 4-13 【编辑地块特性】对话框

■ 点击【确定】即可结束命令。

需要注意的是，通过上述方式添加了地块自定义特性之后，如果需要将自定义特性在地块面积标签中显示出来，还需要修改地块面积标签的样式。Civil 3D 的中国模板中已经预定义了几种国内常用的样式，但用户可能还需要自定义新的标签样式。在“样式与自定义”一章中，我们将专门介绍如何在 Civil 3D 中创建样式和模板。

另外，在创建地块时，Civil 3D 会自动对每个地块进行编号和名称。如果需要修改地块的编号和名称，可使用菜单命令“地块->编辑地块->地块重新编号/命名”。

4.2.6 地块设计成果

创建了地块之后，用何种方式将地块数据输出非常重要。在 Civil 3D 中，有两种方式将地块数据输出：表格形式（创建于 DWG 图形中）或报告形式（HTML 格式）。下面分别来进行介绍：

4.2.6.1 创建地块表格

■ 点击菜单“地块->添加表->添加面积”命令。

■ 在表格创建对话框中，设定表格样式如图 4-14 所示。

■ 选择要在表格中输出的地块。这里有两种方式进行选择：

◇ 在屏幕上拾取：在“选择”栏中，点击按钮，然后在作图区域中选择要输出的地块。

◇ 根据标签样式进行选择。在【选择】栏的列表中，选中要使用的标签样式右侧的【应用】选项。此时在【选择规则】栏中有两种规则：如果选择【添加现有对象和新对象】，那么以后如果新创建了这种样式的地块就会被自动添加到表格中；如果选择【添加现有对象】，则表格只会输出当前已有的地块，而不会自动添加未来新建的地块。

■【拆分表格】选项表示，如果地块数量较多，那么将把表格拆分成多个子表格进行输出。在对话框中可选择每个子表格容纳的行数和平铺方向。例如，图 4-14 中的选项表示每个子表格只容纳 20 行记录，超过 20 行即被拆分。生成的多个子表格将按横向平铺，每输出 3 个子表格后再换一个区域（即堆栈）进行平铺。

■ 点击【确定】。在图形区域中选择要放置表格的插入点。

4.2.6.2 创建地块报表

■ 点击菜单“常规->报告管理器”

■ 在工具空间的【工具箱】选项板中，展开报表管理器下的地块结点，右键单击【面积报告】，选择【执行】。

■ 在【导出到 LandXML 对话框】中，选择需要生成表格的地块，不选中其他对象，单击【确定】按钮，如图 4-15 所示。

■ 生成的报告表格将在 Internet Explorer 中显示。如需将报告表格输出到 Microsoft Word 或 Excel 中，只需使用 Windows“复制/粘贴”功能即可。

在“样式与自定义”一章中，我们将介绍如何对表格的样式进行自定义。但报告的自定义方式比较复杂，因此本书中将不作介绍。

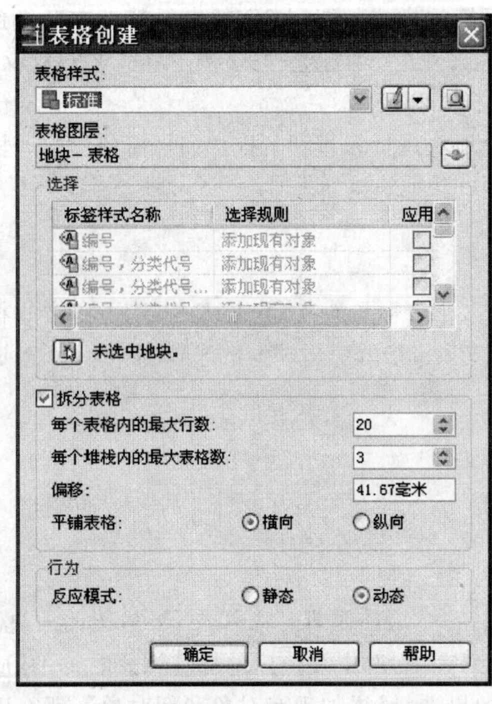

图 4-14 【表格创建】对话框

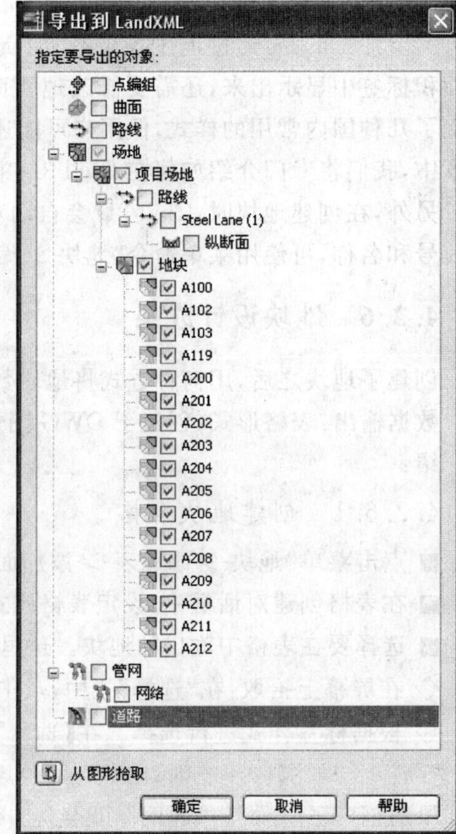

图 4-15 【导出到 LandXML】对话框

4.3 本章练习

1. 打开 4-1. dwg 文件，地块编号为 18 面积是(　　)平方英尺？

A. 12034.45

B. 13050.78

C. 12548.69

D. 7868.52

2. 打开 4-2. dwg 文件，生成地块表格，其中最小地块的面积是(　　)平方英尺？

A. 9233.75

B. 9010.08

C. 8590.65

D. 9233.20

第 5 章 路线与纵断面

本章简介

➤ AutoCAD Civil 3D 2008 平面路线设计。

➤ AutoCAD Civil 3D 2008 纵断面设计。

本章主要介绍了 AutoCAD Civil 3D 2008 在道路设计方面的平面与纵断面创建，以及对应报表的生成，也是后续使用 Civil 3D 创建道路三维模型的两个基本步骤。

学习要点

➤掌握利用导线法和线元法创建路线平面。

➤了解路线中的断链设计、设计速度和超高设定。

➤掌握创建地形纵断面、进行纵断面拉坡设计的方法。

➤输出纵断面图，了解纵断面标签和报表的定制。

在 AutoCAD Civil 3D 2008 的道路建模过程中，平面路线设计和纵断面设计是进行道路建模的两个基础，同时路线平面和纵断面相关的特性也会影响到道路模型的建立。本章将着重介绍路线平面和纵断面的创建方法及相关特性，以及这两者之间的实时交互、动态关联特性。这有利于设计人员有更多的机会来设计路线的最佳方案，同时显著缩短整个项目的设计周期。

5.1 平面路线设计

道路路线在水平面上的投影称作路线的平面线形，通常由直线、圆曲线和缓和曲线等线型构成。通过这几种线型组合，Civil 3D 能够创建出道路设计中所需要的各种基本或者复杂平曲线，如 C 型、S 型或者卵形曲线等。在 Civil 3D 种创建路线的方法一般有三种，包括导线法、线元法和从多段线创建。从多段线创建这种方法就是将现有的 AutoCAD 多段线对象直接转换成 Civil 3D 的路线对象，可以将原有的数据直接利用，操作简单直观，不作详

细介绍。下面主要介绍一下导线法和线元法。

5.1.1 用导线法创建路线

导线法与通常所说的交点法比较相似，它是利用路线布局工具，确定路线前进时的每个转点(即交点)的平面位置、按顺序依次首尾相连成为一条路线对象。Civil 3D 支持在指定交点位置和转角的同时，自动确定平曲线的位置及路线的设计里程，包括各主要桩号的里程值(如直缓点、曲中点等)，前提是已设置了平曲线参数。

■ 在 Civil 3D 中进行平面设计之前，需要利用路线布局工具创建一个空的 Civil 3D 路线对象，可以指定路线的名称、场地和样式等，如图 5-1 所示。

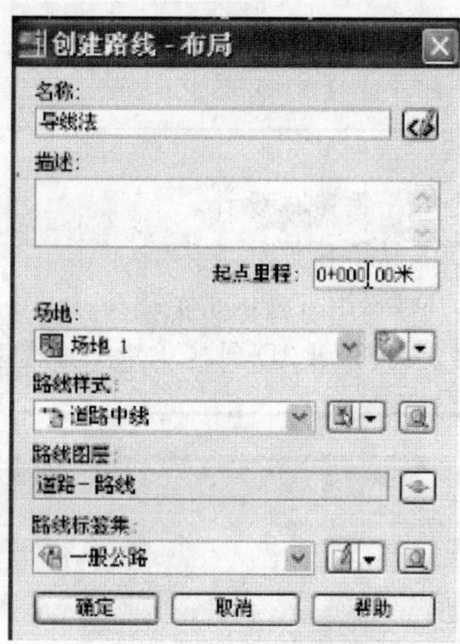

图 5-1 用导线法创建路线示意图

■ 点击【确定】之后，会弹出【路线布局工具】栏，用来进行路线平面位置的具体设计，如图 5-2 所示。导线法将主要使用该工具栏的第 1 列下拉命令按钮，分别为：在绘制交点线时不带曲线、在绘制交点线的同时绘制曲线和平曲线的具体参数设置。

图 5-2 【路线布局工具-导线法(1)】对话框

因此，利用这几个按钮，在 Civil 3D 中既可以实现只绘制各交点处的切线(平曲线在后面步骤中添加)，也可以实现在绘制这些切线的同时绘制指定半径、A 值的平曲线，从而完成平面路线的设计。

5.1.2 用线元法创建路线

当布置复杂平面路线线形时，线元法是经常采用的一种方法。其基本思路是：用不同条件下的图元对象组合成需要的最终平面线型。通过 Civil 3D 的布局工具,用户可以非常灵活的使用直线、圆曲线及缓和曲线等图元对象组合成各类复杂的平曲线,包括 C 型、S 型、凸形及卵形曲线等。

下面以绘制 S 型的平曲线为例,介绍线元法创建路线的基本思路,主要步骤如下:

■ 创建一条新的路线对象,并绘制路线的两段隔离的切线,来向和去向,平曲线将以这两条直线为基础展开。

■ 利用【路线布局工具】中的"添加浮动曲线(附着到图元终点、半径、长度)"命令(如图 5-3 所示),在来向切线上添加一段浮动曲线,使它的终点和直线的终点一致,方向为顺时针,半径为 100。

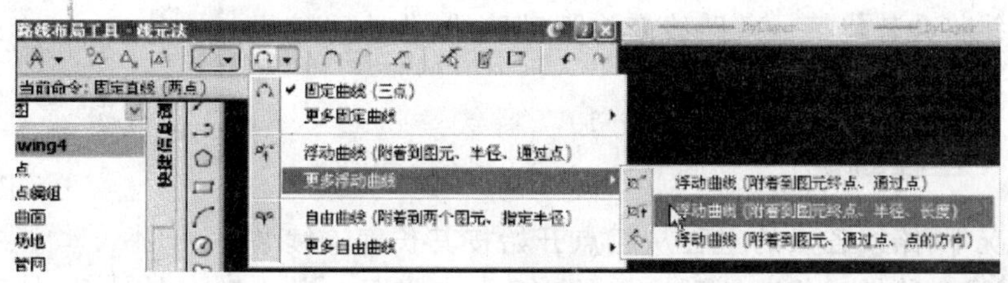

图 5-3 【路线布局工具-线元法】对话框

■ 再利用"添加自由曲线(附着到两个图元、指定半径)"命令,选择刚刚添加的浮动曲线和后端切线,即可添加一段反转的自由曲线,形成如图 5-4 所示 S 型曲线。

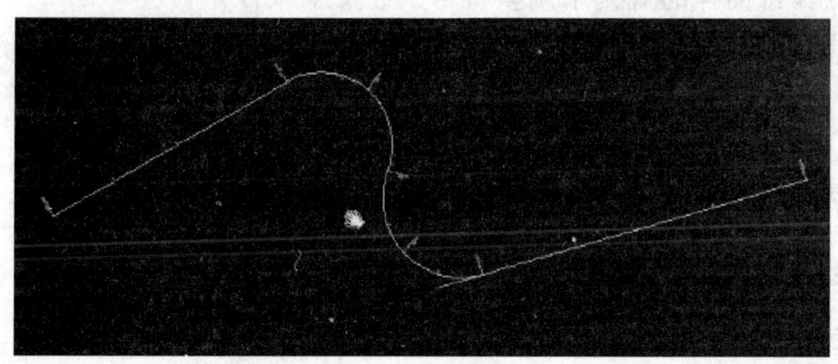

图 5-4 S 型曲线

5.1.3 编辑路线

在 Civil 3D 中编辑路线,可以通过多种方法实现,包括通过添加基于约束的图元来编辑布局、使用【路线布局参数】和【路线图元】窗口更新属性数据,以及使用图形夹点以拖拽方式来修改设计。

路线布局参数以一种对话框的形式来修改路线的设计参数,它需要用户指定每个图元对象以明确该对话框中显示的设计数据。当用户指定图元后,弹出【路线布局参数】对话框,如图 5-5 所示。该对话框将列举该对象的各项参数,其中黑色字体表示用户可以直接编辑,灰色则无法直接修改。

用路线布局参数来编辑路线的主要步骤如下:

■ 选择路线,单击右键,选择"编辑路线形状",弹出【路线布局工具】对话框。

■ 点击"拾取子图元"按钮,弹出【路线布局参数】对话框。

■ 在图形上选择需要编辑的子图元对象,在【路线布局参数】对话框会显示此路线图元的相关参数，可以通过更改相关参数来编辑路线。

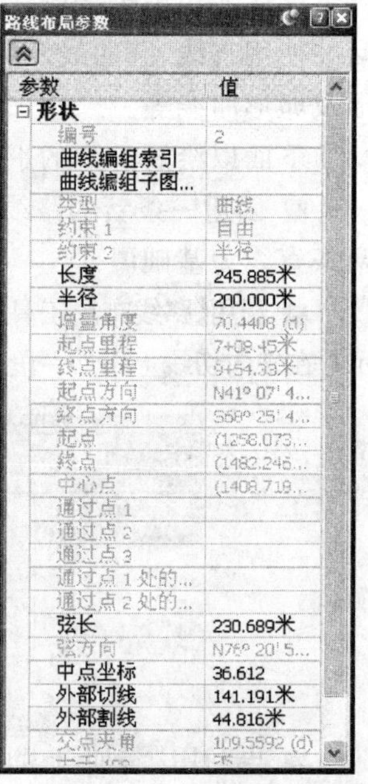

图 5-5 【路线布局参数】对话框

而夹点编辑则是使用图形夹点以鼠标拖拽的方式来修改设计参数，根据不同的对象和不同的条件路线对象通常具有不同的图形夹点。例如，通过半径设置的圆曲线就会具有半径夹点，可以通过它直接用图形的方式调整圆曲线的半径。需要注意的是，当进行夹点编辑或取消选择路线，或者输入其他命令时，【路线布局工具】、【路线布局参数】及【路线图元】窗口将保持打开状态。如果先选择了一条路线进行编辑，然后再选择第二条路线，则第二条路线将会替代第一条路线变为活动路线，作为可编辑的对象。

5.1.4 里程断链

通常情况下，路线各点的里程从起点开始按其长度连续增加，不过可以通过断链来修改这种连续的变化。断链是一种人为调整路线里程的方法，用来定义位于某点之后的所有里程值的变化规则。用户可以为原始里程点指定一个不同的桩号，并使后续的路线点保持同样的规则来调整桩号。在 Civil 3D 中，它不仅支持路线里程的自动更新，而且还支持为路线对象添加一个或多个断链，以满足不同的设计需要。

在 Civil 3D 中更改路线里程控制的主要步骤和方法如下：

■ 在需要更改里程的路线上单击鼠标右键，单击路线特性。

 **注意：**默认情况下，将显示最近在【路线特性】对话框中打开的选项卡。

■ 在【路线特性】对话框中，单击"里程控制"选项卡，如图 5-6 所示。

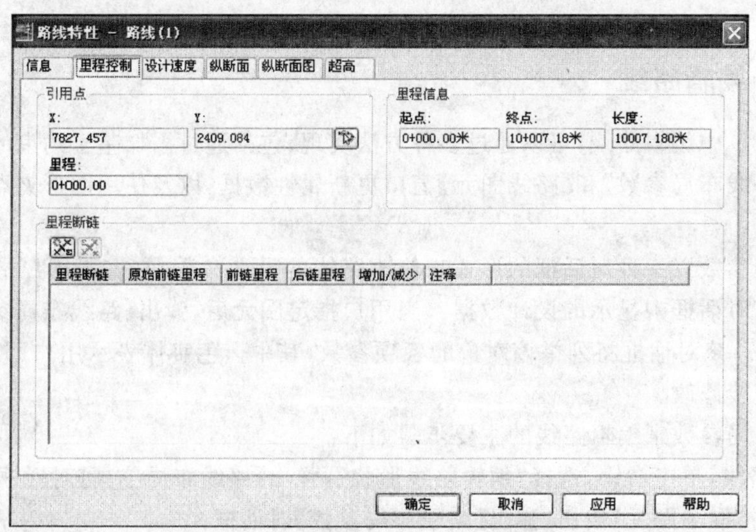

图 5-6 【路线特性-路线(1)】对话框

■ 在“引用点”下，单击，这将关闭【路线特性】对话框而转到图形界面。

■ 在图形中，在要确定“引用点”的 XY 坐标的位置拾取一点，将再次显示【路线特性】对话框。这里的引用点即为路线的起点位置，通过它可以修改路线的起点位置和里程桩号。

■ 在“引用点”框中的“里程”下，输入起点里程值。

■ 在“里程断链”框中，单击，这将关闭【路线特性】对话框而转到图形界面。

■ 在图形中，为第一个里程断链拾取一点，这将再次显示【路线特性】对话框。

■ 重复上两步骤以添加更多里程断链。

■ 默认情况下，“后链里程”和“原始前链里程”具有相同的值。单击“后链里程”单元，然后输入一个新值。

■ 单击“增加/减少”单元，以确定“里程断链”中的里程值相对于“后链里程”值是增加还是减少。

> **注意**：如果要删除里程断链，则先选择需要删除的断链里程所在行，再单击“删除里程”按钮。

对于该对话框中的几个主要概念的说明如下：

■ **原始后链里程**：显示指定任何里程断链值之前、里程断链位置处的里程值。如果仅指定了一个里程断链值，原始后链里程和后链里程的值将相同。

■ **后链里程**：显示指定任何里程断链之前，里程断链值位置处的里程值。如果仅指定了一个里程断链，此值将与原始后链里程值相同。

> **注意**：如果路线包括多个里程断链值，那么除第一个里程断链值以外，所有里程断链值中的后链里程值将相对于前链里程值，以及紧邻其前的里程断链值。

■ **前链里程**：指定紧邻里程断链值之后的新里程值。

■ **增加/减少**：指定里程断链位置之后的里程的值是增加还是减少。

注释：指定与里程断链相关的注释或说明，输入可选注释。这些注释可在里程断链的标签中使用。

5.1.5 设计速度与超高

在道路设计中，通常不同等级的公路对应不同的设计速度，并对应着不同的设计规范，如路基超高、加宽值，同时这些参数与路线的半径相关，因此在 Civil 3D 的路线对象中需要指定设计速度，以便于在平曲线上自动设置超高和加宽。

为路线指定设计速度的主要步骤如下：

■ 在路线对象上单击鼠标右键。单击【路线特性】，转到“设计速度”选项卡。

■ 单击以添加设计速度。Civil 3D 支持设计速度的分段，即可以指定不同的里程段落以不同的设计速度（即道路等级）。单击可以删除设计速度。

同时，使用路线特性中的“超高”选项卡可以计算和编辑那些应用于道路模型中的道路横断面的超高定义，其主要步骤为：

■ 在路线上单击鼠标右键，单击【路线特性】，选择“超高”选项卡。

■ 单击[图标]以打开【超高定义】对话框。平面路线上的每条曲线都列为一个超高区域。

> **注意**：在输入超高定义之前，必须在【路线特性】对话框中的“设计速度”选项卡上设置适当的设计速度。

■ 在“设计规则”部分中，单击“设计标准”单元，然后浏览到标准文件。根据选择的文件，可以编辑超高率表、过渡长度表和方式。

■ 单击【确定】。如果存在以前的超高数据，将会收到一个现有数据将被覆盖的警告。“超高”选项卡上显示有每个区域的描述和值。

■ 在单元中单击以进行编辑。（可选）单击[图标]以添加过渡里程，或者单击[图标]以删除过渡里程。

5.1.6 路线标签与报表

路线标签和报表控制路线在图形中的显示方式和相关行为。创建路线时，将使用【路线标签】对话框中指定的标签自动标注这些路线。将沿路线在指定点（如主里程和副里程）处应用对应的标签样式。使用【路线-添加路线标签】命令可以确定要标记的路线直线、曲线和缓和线图元，还可以标记特定点，如里程偏移和切线交点。用户需要确定将这些类型的标签放置在何处，也可以使用命令在图形中插入路线表。路线报表用于组织和合并有关路线的信息。

5.1.6.1 编辑路线标签

■ 选择路线，单击右键，选择【编辑路线标签】，进入【路线标签】对话框，添加不同的路线标签，如图 5-7 所示。

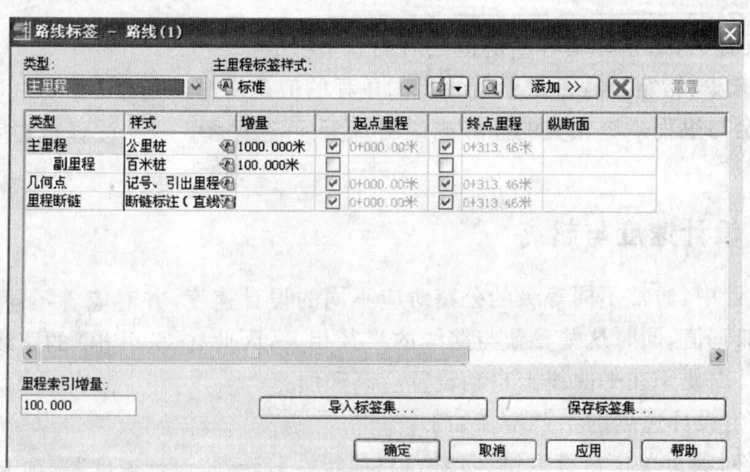

图 5-7 【路线标签】对话框

在编辑路线标签时的一些基本概念说明如下：

■ **主里程**：主要间隔处的里程，如公里桩。

■ **副里程**：用于分隔主里程的间隔处的里程，如百米桩。

 **注意**：必须拥有主里程标签才能添加副里程标签。

■ **几何图形点**：路线几何图形发生变化的位置，如平曲线上的五大桩。

■ **纵断面几何图形点**：路线几何图形上纵断面点的位置，如竖曲线起、止点。

■ **里程断链**：在【路线特性】对话框的“里程控制”选项卡上添加的点。

■ **设计速度**：在【路线特性】对话框的“设计速度”选项卡上添加的点。

■ **里程偏移**：点位于路线上或与路线相邻，列出从该路线到拾取点的里程和偏移信息。

■ **直线**：路线对象中的直线图元的特性。

■ **曲线**：路线对象中的曲线图元的特性。

■ **缓和线**：路线对象中的缓和线图元的特性。

■ **切线交点**：切线-切线交点（PI）和关联的自由曲线或自由缓和线－曲线－缓和线（SCS）编组的特性，也可以将这种标签类型应用于各个曲线或缓和线图元（即使图元位于SCS编组中）。

5.1.6.2 添加路线标签

在菜单上点击【路线-添加路线标签】，进入【添加标签】对话框，如图5-8所示。

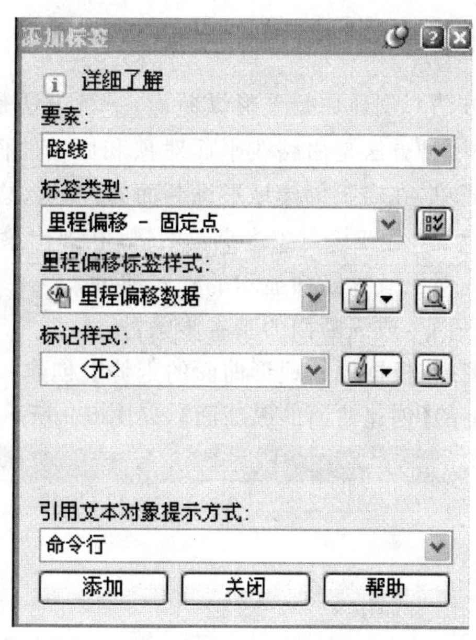

图5-8 【添加标签】对话框

5.1.6.3 添加表

Civil 3D支持自动创建多种路线报表，包括直线、曲线和缓和曲线，以及所有线段的设计数据表格。以创建路线直线报表为例，创建报表的方法如下：

■ 单击“路线”菜单，选择“添加表”下的“添加直线”。

■ 在【表格创建】对话框中，选择表格样式和表格图层。

■ 指定标签样式，或者在图形中选择标签，以便为标签创建标记子样式。

- 选中【应用】复选框。
- 选中【拆分表格】复选框并输入值。
- 在【行为】下，选择【静态】或【动态】。
- 在图形中拾取一个位置点用来确定表格的左上角。

5.2 纵断面设计

在 Civil 3D 中，纵断面也是一种全新的土木工程对象，它是指平面对象在其空间位置上竖向高程的变化，纵断面可以用来可视化路线平面上的原始地形高程变化，即地形纵断面；或者是用来显示沿着路线其高程在特定区域中的变化方式，即设计高程。这就是纵断面最基本的两种类型：曲面纵断面和布局纵断面。

地形纵断面用于显示沿路线方向原始地形曲面高程变化，为只读对象，它的形状只取决于创建它的路线和曲面两个对象。相比而言，设计纵断面是反映设计高程的对象，用于显示将要构造的道路对象的高程变化，通常由直线和圆曲线构成。在 Civil 3D 中创建设计纵断面的方法与创建平面路线类似，通过布局工具来实现。

纵断面视图是显示地形纵断面或者设计纵断面图形的容器。

5.2.1 创建原始地形纵断面

在 Civil 3D 中有两种方法来创建原始地形纵断面，一种方法是使用快速纵断面功能来快速创建临时纵断面，另外一种方法是由路线平面对象和原始曲面对象共同生成地形纵断面。第一种方法使用非常简单，在需要创建地形纵断面的位置上绘制一条线状对象，如 AutoCAD 的多段线或者曲线等，然后在该对象上点击右键，在弹出菜单上选择【创建快速纵断面】，并选择需要剖切的曲面对象及纵断面显示的样式即可。

下面主要介绍由路线平面生成纵断面的基本步骤：

- 在 Civil 3D 设计环境中，根据原始地形曲面的走势上创建一条路线。
- 单击【纵断面】菜单下的【创建曲面的纵断面】，如图 5-9 所示。

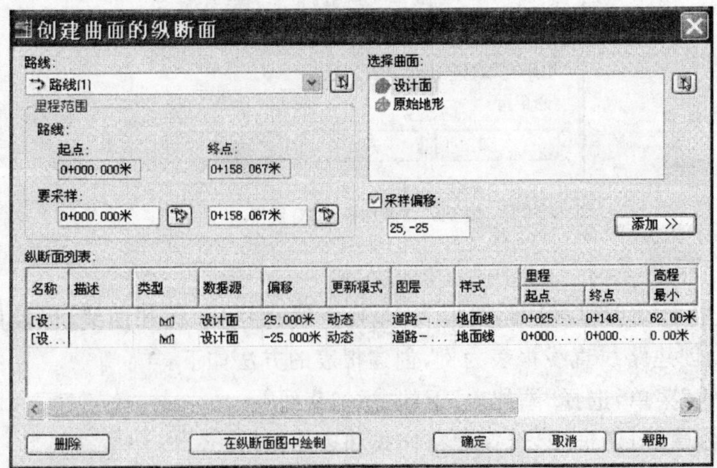

图 5-9 【创建曲面的纵断面】对话框

■ 在【创建曲面的纵断面】对话框的“路线”字段中，选择创建的路线名称。

■ 在对话框的右侧，单击 添加 >> 。中心线纵断面将添加到纵断面列表。

■ 选择“采样偏移”。

■ 在“采样偏移”字段中，输入“25,-25”(包括逗号)，以指定在中心线的左右两侧每侧的纵断面都偏移 25 米。

> 注意：如果想要更多的偏移，可以在此输入一系列偏移。使用正数代表右偏移，负数代表左偏移，以逗号分隔值。

■ 单击 添加 >> 。

■ 在“纵断面列表”中的“描述”列中，对于第一个纵断面(具有 0 偏移的纵断面)，输入“中心线”，对于具有 25 米偏移的纵断面，输入“右偏移”，且对于具有－25 米偏移的纵断面，输入“左偏移”。

■ 在“纵断面列表”的“更新模式列”中，将左偏移的值更改为“静态”。

这样指定了左偏移将反映曲面在创建时的高程。该值不会随曲面以后发生的变化进行更新。

■ 单击 在纵断面图中绘制 。将显示“创建纵断面图”向导，从中可以配置纵断面的显示。该向导包含许多控件，用于在纵断面图中显示纵断面。您可以使用位于底部的“上一步”和“下一步”按钮或左侧的链接在页面间进行导航。可以随时单击“创建纵断面图”接受设置并在图形中创建纵断面图。

■ 单击“纵断面显示”选项。

■ “纵断面显示”选项页面上的表显示了“道路”的现有纵断面。默认情况下，可以在“绘制”列中选中所有这些纵断面，表明它们将在纵断面图中显示。

■ 在“指定纵断面绘制选项”表的“样式”列中，双击左偏移所在的单元。

■ 在【拾取纵断面样式】对话框中，将样式更改为“现状地面”，然后单击【确定】。

■ 在【创建纵断面图】向导中，单击【创建纵断面图】。将提示选择纵断面图原点。

■ 根据需要，使用窗口中的滚动条移动到曲面右下方的空白区域。然后在纵断面图栅格左下角的合适位置处单击。将绘制带有栅格、轴、标题，以及沿 X 轴的两个数据标注栏的纵断面图。这两个数据标注栏一个在栅格上方，另一个在栅格下方。

5.2.2 创建设计纵断面

在创建地形纵断面之后，需要确定路线的设计高程，即纵曲线的设计，经常称之为“拉坡设计”。在 Civil 3D 中，纵断面设计需要在纵断面视图中进行，由用户指定变坡点的位置和对应竖曲线的设计参数，包括曲线类型、K 值、停车视距等。

创建设计纵断面的操作步骤如下：

■ 点击菜单【纵断面—从布局创建纵断面】。

■ 选择要进行纵曲线设计的纵断面视图，出现【创建纵断面—新绘制】对话框，选择路线，设置纵断面样式、图层和标签集，单击【确定】，如图 5-10 所示。

■ 然后会弹出【纵断面布局工具】对话框（如图 5-11 所示），它用来进行纵曲线的具体参数设计。其使用方法和原理与路线平面局部工具栏非常类似，可以通过绘制变坡点和添加纵断面图元两种方法来完成纵断面的设计。

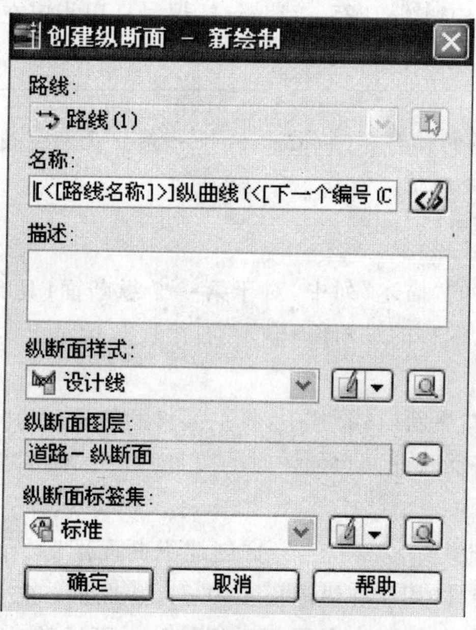

图 5-10 【创建纵断面】对话框

图 5-11 【纵断面布置工具】

5.2.3 输出纵断面图

在完成纵断面设计之后，通常需要将纵断面设计图按指定的样式来发布。发布时经常会根据需要用两种方式来绘制纵断面，一种为整体绘制，即创建单个纵断面；另一种为分段绘制，即创建多个纵断面。

创建单个纵断面的主要步骤为：

■ 点击菜单【纵断面—创建纵断面图】，弹出【创建纵断面图】的对话框，如图 5-12 所示。

■ 在【基本】对话框中选择路线名称，并指定纵断面图的名称、纵断面图样式和所在图层等参数。

■ 指定“里程范围”，可以只发布需要的里程段落。

■ 指定“纵断面图高度”，用来指定每张图纸中纵断面的高程范围，如纵断面高程超过此范围，则纵断面图上会自动设置分段线。

■ 指定“纵断面显示选项”。

■ 选择标注栏集，可以选择需要的标注栏集合。

■ 点击【创建纵断面图】按钮，用鼠标指定在绘图区域内纵断面起点放置的具体位置。

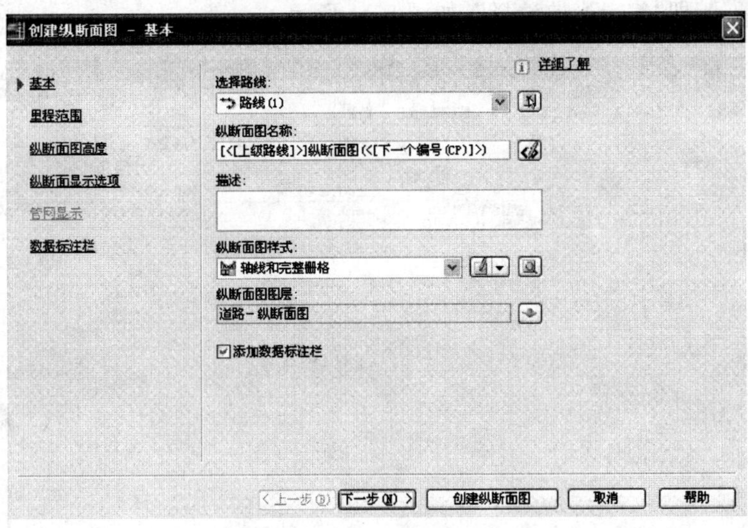

图 5-12 【创建纵断面图】对话框

注意：在整个过程中，可以直接点击【创建纵断面图】按钮，这样会按照所有预设的参数和样式来创建纵断面视图。

在创建纵断面视图后，有时需要对其样式进行编辑和调整，其主要步骤为：

■ 在图形中进行单击纵断面图的栅格，以选择纵断面图。单击鼠标右键，然后单击【纵断面图特性】如图 5-13 所示。

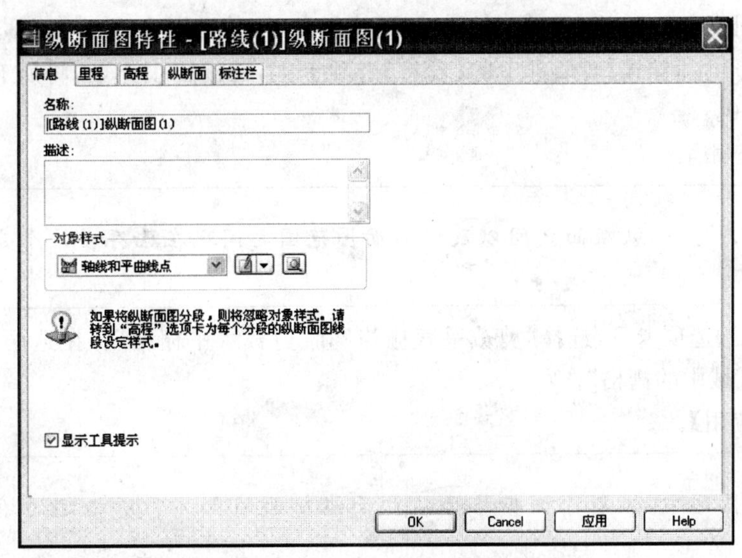

图 5-13 【纵断面图特性】对话框

■ 单击【信息】选项卡，在“对象样式”下拉选项中，将纵断面图样式更改为“主要栅格”。单击【应用】。请注意，此样式的更改会影响 X 轴的注释以及栅格的显示样式。

■ 单击[按钮]，即“编辑当前选择”，如图 5-14 所示。

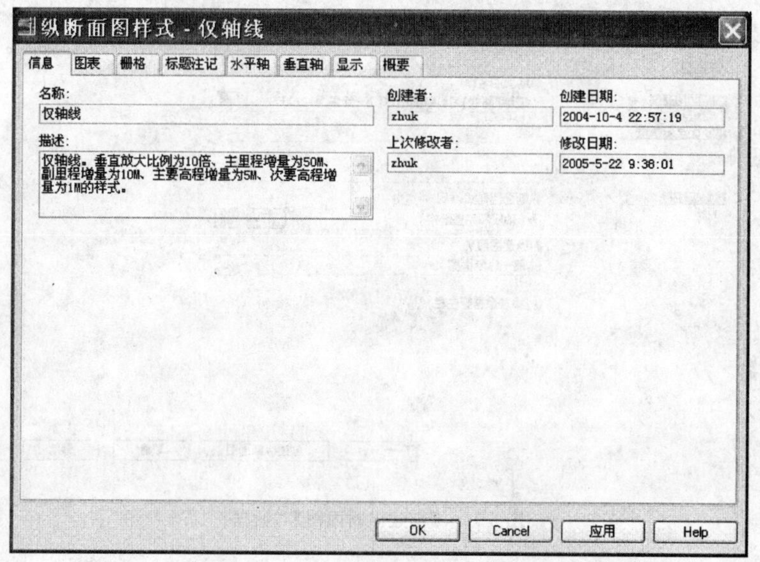

图 5-14

■ 在【纵断面图样式】对话框中，检查各个选项卡的内容，以查看可以包括在样式定义中的多个设置。例如，在“标题注记”选项卡上，可以更改纵断面图标题的格式和位置。在【显示】选项卡上，可以打开和关闭纵断面图的各个部分的显示，类似于图层的操作。

现在，将编辑纵断面图样式“主要栅格”，以添加固定的栅格填充、剪裁纵断面图栅格，以及修改沿轴的记号的外观。

■ 选择纵断面视图，单击鼠标右键，选择【编辑纵断面图样式】。

■ 在【纵断面图样式】对话框中的【栅格】选项卡上，在栅格填充下，将所有四个轴的填充均更改为 1.0。

■ 单击【应用】。

> **注意**：在图形中，纵断面之间以及纵断面图范围之间现在已存在一个完整的主要栅格。

■ 在【栅格】选项卡下，选择“剪裁垂直栅格”和“剪裁水平栅格”。在这两个选项下，选择“忽略填充区域中的栅格”。

■ 单击【应用】。

> **注意**：在图形中，纵断面图栅格已从曲面纵断面的上方和所指定的填充区域中移走。

■ 单击【确定】，关闭对话框。

 **注意**：如果未将样式更改应用于纵断面图，请在命令行中输入 REGEN。

Civil 3D 为用户提供了非常丰富、灵活的纵断面样式设置，并对每个参数的设置都以可视化的图形作为提示，每一部分的编辑方式都与上述步骤类似。

创建多个纵断面图的操作步骤为：

■ 单击【纵断面】菜单下的“创建多个纵断面图”。

■ 在【创建多个纵断面图】向导的【基本】页面中，选择要创建纵断面图的路线和纵断面样式“主要栅格”。

■ 单击【下一步】，打开【里程范围】页面，指定纵断面的里程范围及每个纵断面图的长度，如图 5-15 所示。

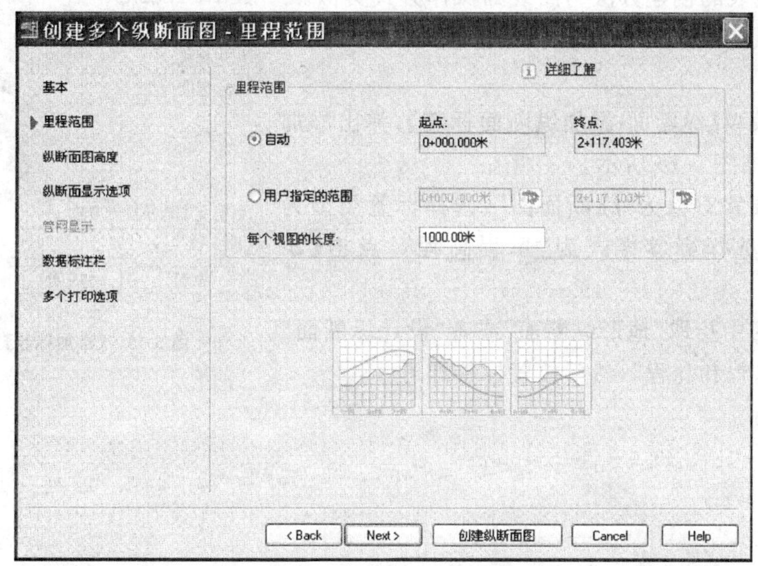

图 5-15 【创建的个纵断面图】对话框

■ 在“每个视图的长度”框中，输入 500 或者更合适的距离；

■ 单击【下一步】打开【纵断面图高度】页面，在“纵断面图高度”下，选择“用户指定”，这将使高度框和“分段的纵断面图”选项有效。

■ 在“用户指定”字段中，输入 20。

■ 选中【分段的纵断面图】复选框。使用这些控件，用户可以为任何分段的纵断面图的第一个段、中间的段及最后一个段选择不同的纵断面图样式。对于本练习，将接受默认的分段的纵断面图设置。

■ 单击【下一步】打开【纵断面显示选项】页面，首先确保为这两个纵断面选中【绘制】复选框，然后设置“分段处”的选项为“设计线”，这样如果必须对纵断面图中的高程进行分段，则会以该条路线作为分段的依据。这确保了纵断面图中可显示整个设计纵断面。

■ 单击【下一步】打开【管网显示】页面，可以从中选择要在纵断面图中显示的管网或零件，如果在图形中有管网的话，否则会直接进入下一个页面。

■ 单击【下一步】打开【数据标注栏】页面，在“选择标注栏集”下，选择合适的标注栏集。

■ 单击【下一步】打开【多个打印选项】页面，将“一行中的最大值”设置为 4，接受该页面上的其他默认设置。

■ 单击【创建纵断面图】。

■ 在图形窗口中的空白区域，在合适的位置上单击以创建多个纵断面视图。

5.2.4 纵断面标签与报表

纵断面标签和报表控制纵断面在图形中的显示方式和相关行为。创建纵断面时，将使用【纵断面标签集】对话框中指定的标签自动标注这些纵断面。纵断面的标签与报表的创建方法与路线的操作方式类似。

以添加纵断面里程和高程标签为例，具体的操作步骤为：

■ 单击菜单【纵断面-添加纵断面标签】，弹出添加标签对话框，如图 5-16 所示。

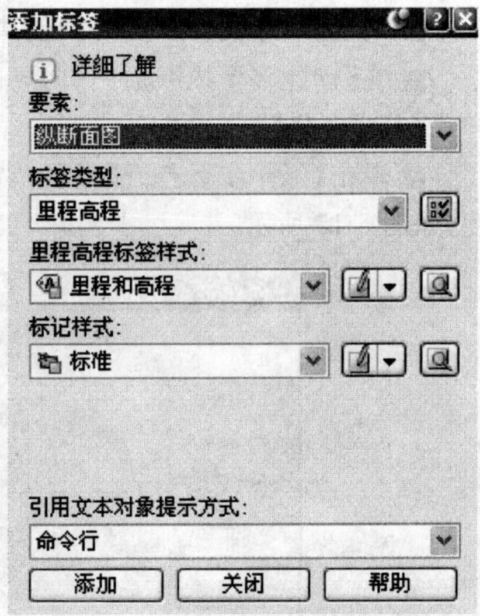

图 5-16 【添加标签】对话框

■ 选择要素对象为“纵断面图”、选择标签类型为“里程高程”、选择标签样式为“里程高程”，点击【添加】。

■ 在图形中拾取“地形纵断面”或者“设计纵断面”对象，指定“里程和高程”，然后放置标签即可。

第 6 章 道路设计——基本篇

本章简介

本章按上一章"路线与纵断面"设计内容，详细讲解道路设计的基本流程，主要包括以下内容：

- 道路横断面设计：创建标准横断面。
- 创建道路模型：根据路线平面、纵断面、标准横断面，自动创建道路模型。
- 生成道路曲面：由道路模型自动生成道路曲面。
- 创建横断面图纸与土方计算：自动创建横断面图纸，输出道路土方报告。
- 道路出图：创建图幅组和施工图集。

学习要点

- 理解道路模型的基本概念。
- 掌握道路标准横断面的创建方法。
- 掌握道路模型的创建及道路模型参数的编辑方法。
- 掌握道路曲面的创建、曲面边界的定义、曲面要素线的导出方法。
- 掌握采样线、横断面图纸的创建方法，输出道路土方报告。
- 掌握道路出图：创建图幅组和施工图集的方法。

道路设计是 AutoCAD Civil 3D 2008 中的最重要的一个设计环节，使用 AutoCAD Civil 3D 的道路建模功能可以创建灵活、可配置的三维道路模型，如公路和铁路。在创建道路模型的同时，还可以自动生成道路曲面、创建横断面图纸、输出道路土方工程量计算报告等，并可以创建道路图幅组和施工图集，极大地提高了设计效率，缩短了设计周期。

在 Civil 3D 中进行道路设计的完整流程是：

■ 创建地形曲面：使用测量点、等高线、边界、特征线等原始数据为道路设计创建原始地形曲面。详细方法请参见第 2 章"数字地形模型"。

■ 设计平面路线：在地形曲面上，用路线布局工具，设计道路的平面路线，并根据需要设计里程断链、设计速度与超高、自动标注路线标签等。详细方法请参见第 5 章“路线与纵断面”。

■ 纵断面设计：根据平面路线和地形曲面自动创建地形纵断面图，此时可以调整平面路线并实时观察地形纵断面图的变化，从而直观、快捷地确定平面路线方案。然后在地形纵断面图上根据地势的实际变化情况，用纵断面布局工具绘制道路设计纵曲线，即拉坡设计。详细方法请参见第 5 章“路线与纵断面”。

■ 标准横断面设计：从道路部件库中选择车道、路肩、边坡等标准道路部件，以搭积木的形式、按设计要求组装成一个标准的道路横断面，即道路装配，为创建道路模型做准备。详细方法请参见本章内容。

■ 创建道路模型：根据道路平面路线的里程增量（道路步长）及弯道起点、终点等关键位置，在对应的道路纵曲线高程位置自动放置标准横断面，并连接横断面各部件对应顶点，自动创建道路三维模型框架。详细方法请参见本章内容。

■ 生成道路曲面：根据道路三维模型框架，由标准横断面道路部件的点代码和连接代码自动生成道路曲面，并为曲面设置边界。生成的道路曲面和道路模型相关联，随道路模型的更改而更新。可以从道路曲面创建拆离的道路曲面（和道路模型没有关联），以便与地形曲面合并后生成最终的设计地形曲面。详细方法请参见本章内容。

■ 创建横断面图纸和土方计算：按照里程范围或特定的里程位置，自动创建道路的横断面采样线，并为道路定义材质列表，然后就可以自动创建道路的横断面图纸，并导出道路的土方报告。详细方法请参见本章内容。

■ 道路出图：首先用向导沿平面路线快速创建若干个矩形图幅，自动将设计图形精确分幅；然后就可以根据创建好的图幅组，自动分幅将每段平面路线及其对应的纵断面图创建若干个施工图布局，并直接打印出图。详细方法请参见本章内容。

> **注意**：Civil 3D 道路设计功能非常注重设计流程的先后顺序，必须在创建了地形曲面、地形纵断面图、道路纵曲线、标准横断面后，才能自动创建道路模型，并生成道路曲面，创建横断面图纸和输出土方报告。请仔细阅读本章内容并完成所有练习。

Civil 3D 的道路建模功能还可以扩展应用到水利渠道设计、江河大堤设计等其他土木设计领域，从而真正体现了 AutoCAD Civil 3D 2008 适用于多领域、一体化智能解决方案的特点。具体案例请参见第 10 章“专题应用”相关内容。

6.1 标准横断面设计

按照前面的道路设计流程，除了需要创建前面几章讲到的地形曲面、平面路线、纵断面等 Civil 3D 对象以外，还需要创建路基设计标准横断面，才能建立道路模型。而标准横断面是由车道、路肩、边坡等标准道路部件组装而成的一个道路装配。

6.1.1 道路模型的基本概念

在开始创建标准横断面之前，我们先来了解几个基本概念：

■ **部件**:是道路设计的基本构造块,由一组点、连接和可能闭合的区域(也称为造型)进行定义。

一个部件就是一个 AutoCAD 图形对象 (AECCSubassembly),用于定义道路横断面中使用的部件的几何图形。Civil 3D 通过【工具选项板】和工具目录为部件(如行车道、路缘、边坡和沟渠)提供预定义的部件,用户可以直接选择并在特性对话框中重新设置需要的部件参数,如车道宽度、铺装厚度、挖方坡度、填方坡度等,如图 6-1 所示。

■ **装配**:装配对象包含并管理一组用于形成三维道路模型的基本结构的部件。

通过在装配基准线上添加一个或多个部件对象(如行车道、路缘和边坡),可以创建装配对象。这就构成了道路标准横断面的设计。

图 6-2 显示了一个简单的道路装配对象,名为“基本车道部件”和“基本路缘和边沟部件”的两个部件对象已添加到基准路线,构成了一条带有路缘和边沟的行车道。

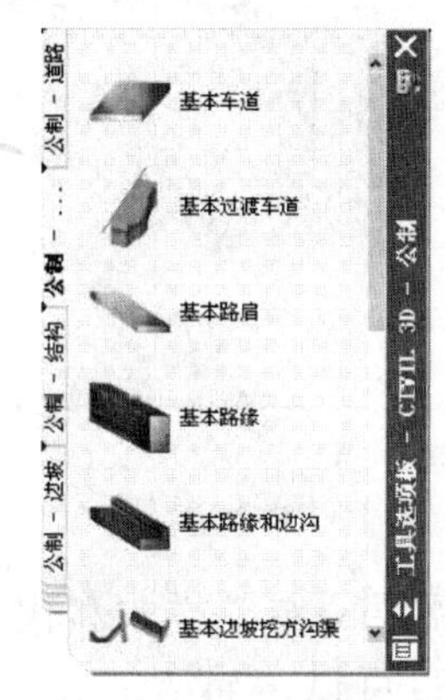

图 6-1 道路部件工具选项板

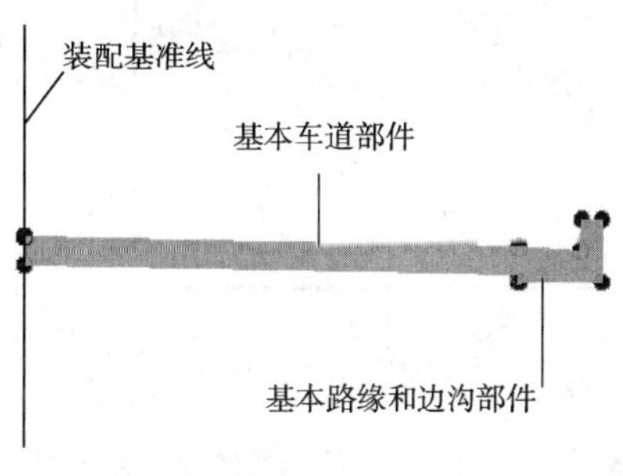

图 6-2 道路装配

■ **步长**:是沿道路平面路线放置标准横断面的里程位置增量。

■ **要素线**:Civil 3D 沿基准线连接具有相同点代码的装配组件的点,形成的线即为道路模型的要素线。可以将要素线导出为多段线、放坡要素线、路线和纵断面,而且导出的要素线不会与道路连接,也不会在对道路进行更改后自动更新。

■ **道路模型**:基于并使用了各种 Civil 3D 对象和数据,包括组件、装配、路线、曲面和纵断面,方法是在步长增量的各位置处放置一个二维横断面(装配),然后在每个位置处创建与曲面模型相接的匹配坡度。

6.1.2 创建装配

创建道路装配,即道路标准横断面设计的基本流程是:

■ 选择菜单【道路】—【创建装配】命令定义装配的基准线。

■ 从【工具选项板】中选择需要的道路部件,在部件【特性】对话框中设置相关参数值,选择装配的基准线插入点或已有组件的插入点,即可在插入点处添加一个部件。连续选择插入即可以“搭积木”的形式创建标准横断面。

下面的练习我们将创建一个简单的标准横断面。

练习 6-1　创建装配

打开本书光盘练习文件“6_1_标准横断面. dwg”，并确保已打开【工具选项板】(可以从菜单【常规】—【工具选项板】命令打开)。

■ 选择菜单【道路】—【创建装配】命令，打开【创建装配】对话框，如图 6-3 所示。

■ 在【创建装配】对话框中输入装配名称、描述。

> **技巧**：默认的装配名称是：装配(1)、装配(2)……顺序排号。可以单击“名称”栏后面的铅笔按钮，打开【名称模板】对话框，定义自己的命名规则，如图 6-4 所示。

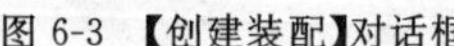

图 6-3　【创建装配】对话框

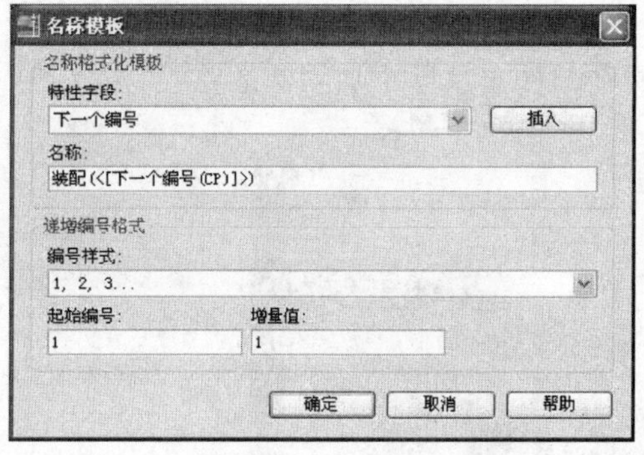

图 6-4　【名称模板】对话框

■ 从“装配样式”和“代码集样式”下拉列表中选择需要的装配样式和代码集样式，本例选择默认的样式(单击后面的铅笔和黑色三角按钮，可以编辑现有样式或创建新样式)。

■ “装配图层”选择默认的对象组件图层，单击【确定】。

■ 在图形中空白位置单击鼠标左键，将在图形中插入一条中部带有圆形标记的垂直线，并自动将图形缩放到合适大小使其居中。这是装配的基准线位置点，可以在该点上附着一个或多个部件。同时，该装配的名称“装配(1)”将显示在【工具空间】的【浏览】树中的“装配”集合下。

■ 打开【工具选项板】的【公制-道路】选项卡，选择部件“带挡墙的水平中间带”，系统自动打开该部件的【特性】窗口，如图 6-5、图 6-6 所示。

■ 在部件【特性】窗口中“高级”列中设置相关参数值。本例采用默认设置。

■ 在装配基准线的圆形标记上单击鼠标左键，附着该部件，如图 6-7 所示。

■ 打开【工具选项板】的【公制-基本】选项卡，选择部件“基本车道”，在该部件的【特性】窗口中设置其参数。注意，其“侧”值为“右”，也就是要先附着右侧部件。

■ 在部件“带挡墙的水平中间带”的右侧顶部粉色圆形标记上单击鼠标左键附着“基本车道”部件。

■ 修改【特性】窗口中的参数“侧”值为“左”，在部件“带挡墙的水平中间带”的左侧顶部粉色圆形标记上单击鼠标左键附着“基本车道”部件。结果如图 6-8 所示。

■ 在【工具选项板】的【公制 - 基本】选项卡中，选择部件“基本路肩”，接受其默认参数值。先在右侧“基本车道”部件的右侧顶部粉色圆形标记上单击鼠标左键附着该部件；修改【特性】窗口中的参数“侧”值为“左”，在左侧“基本车道”部件的左侧顶部粉色圆形标记上单击鼠标左键附着该部件。结果如图 6-9 所示。

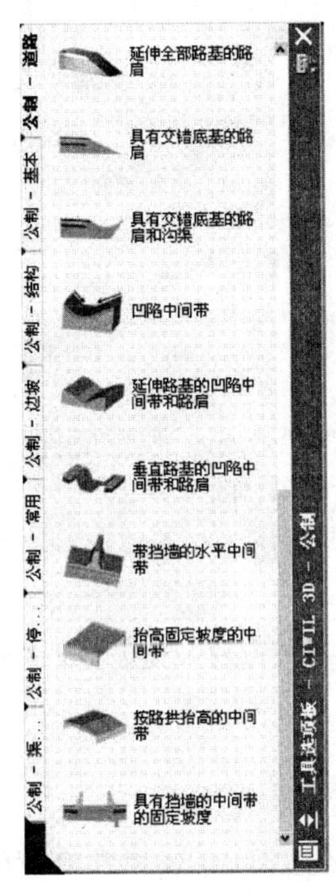

图 6-5 【公制-道路】选项卡

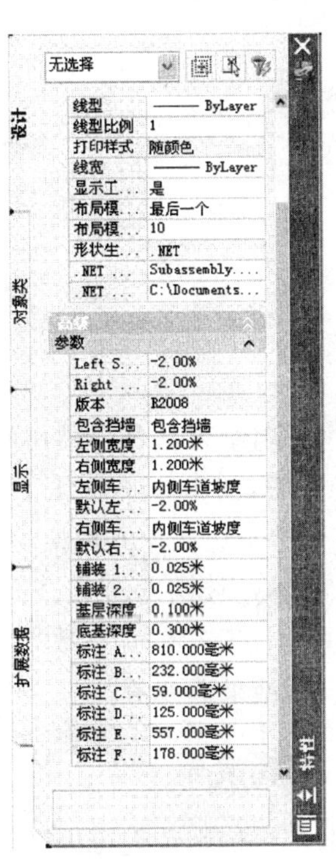

图 6-6 部件【特性】窗口

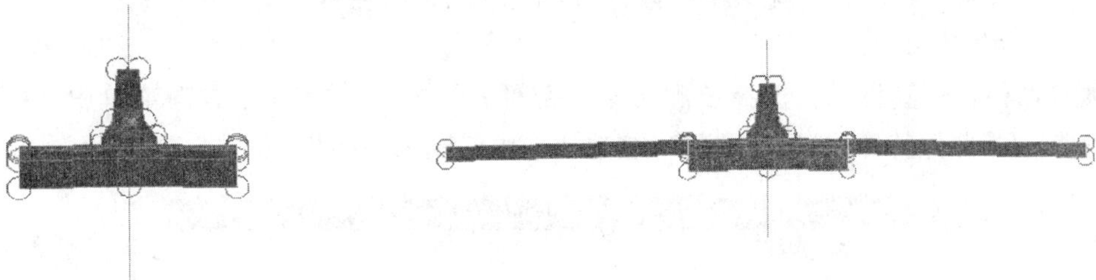

图 6-7 带挡墙的水平中间带

图 6-8 带挡墙的水平中间带＋基本车道

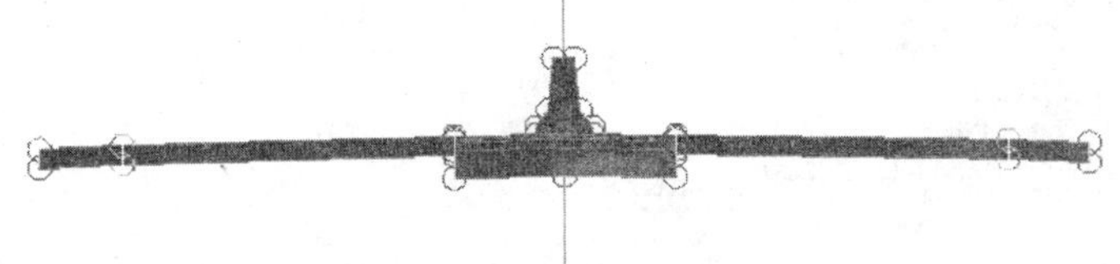

图 6-9 带挡墙的水平中间带＋基本车道＋基本路肩

■ 在【工具选项板】的【公制-基本】选项卡中，选择部件“基本边坡挖方沟渠”，接受其默认参数值。先在右侧“基本路肩”部件的右侧顶部粉色圆形标记上单击鼠标左键附着该部件;修改【特性】窗口中的参数“侧”值为“左”,在左侧“基本路肩”部件的左侧顶部粉色圆形标记上单击鼠标左键附着该部件。结果如图 6-10 所示。

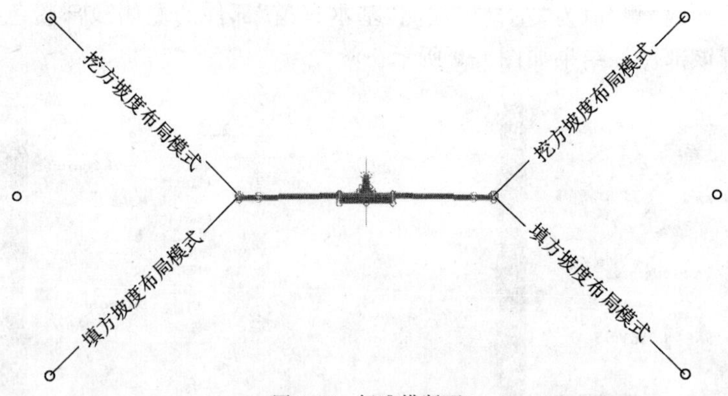

图 6-10　标准横断面

■ 按两次回车,结束命令。最终的标准横断面如图 6-10 所示。保存文件。

按同样的方法,创建“装配(2)”。其装配组件从左到右分别是:

■ 装配(2):基本边坡挖方沟渠、基本路肩、基本车道、带挡墙的水平中间带、基本过渡车道、基本路肩、基本边坡挖方沟渠。

■ 其中,“基本过度车道”的参数“过渡”值选“保留坡率,更改偏移”,其余全部为默认参数值。

■ 保存文件,结果请参考“6_1_标准横断面_创建.dwg”。

6.1.3　编辑装配

在装配创建完成后,我们可以随时选择装配或某一个部件,来编辑其参数值,装配会自动更新。编辑装配的方法有以下三种:

■【特性】窗口:选择装配中某一部件,单击鼠标右键,在右键菜单中选【特性】,在【特性】窗口中修改相关参数。

■【部件特性】对话框:选择装配中某一部件,单击鼠标右键,在右键菜单中选【部件特性】命令,在【部件特性】对话框的【参数】选项卡中修改相关参数,如图 6-11 所示。

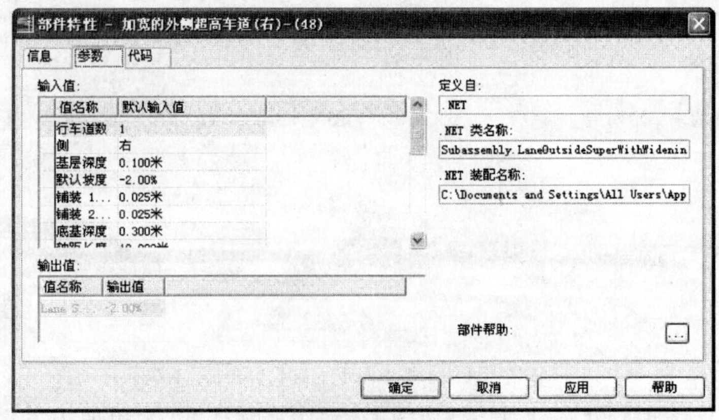

图 6-11　【部件特性】对话框

■【装配特性】对话框：选择装配中某一部件或装配基准线，单击鼠标右键，在右键菜单中选【装配特性】命令，在【装配特性】对话框的【构造】选项卡中，在左侧“项目”栏中展开“装配”“编组”节点，从中选择一个部件名称，在对话框右侧会出现该部件的所有参数，选择并修改相关参数。在【装配特性】对话框中可以浏览查看并编辑组成该装配的所有部件及其参数，如图 6-12 所示。

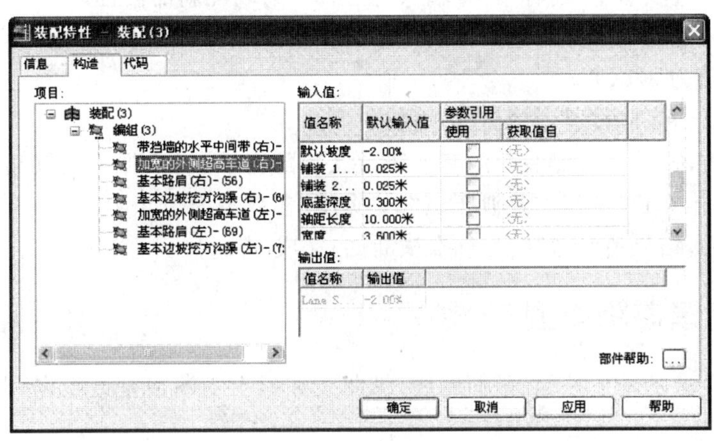

图 6-12 【装配特性】对话框

技巧：【装配特性】对话框也可以从【工具空间】的【浏览】选项卡中树结构中的“装配”节点下选择装配名称，并单击右键，从右键菜单中选【特性】命令打开，如图 6-13 所示。

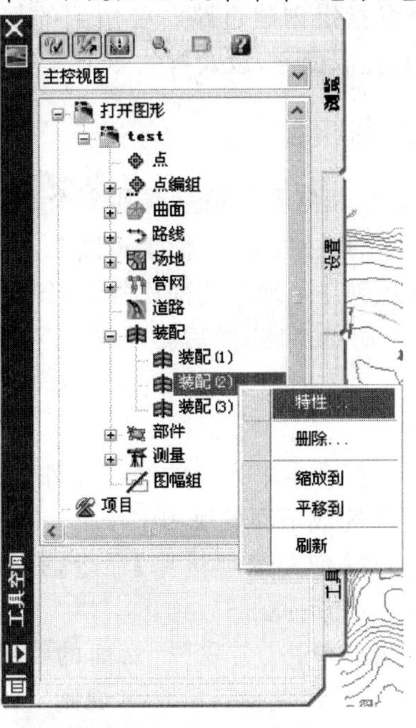

图 6-13 【工具空间】对话框

下面我们将重命名刚创建的装配并编辑它的车道宽度参数。

练习 6-2 编辑装配

接 6.1.2 节的练习文件，或打开本书光盘的练习文件“6_1_标准横断面_创建.dwg”。

■ 选择左侧装配的基准线，单击右键，从右键菜单中选择【装配特性】命令，打开【装配特性】对话框。

■ 在【信息】选项卡中“名称”栏中输入“主路面”为装配新的名称。

■ 在【构造】选项卡中分别选择部件“基本车道(右)-(6)”和“基本车道(左)-(7)”，设置其“宽度”参数值为 3.5 米。

■ 单击【确定】完成设置，装配自动更新。

■ 同样的方法，选择右侧装配的基准线，在【装配特性】对话框中设置其名称为“过渡的路面”，部件“基本车道”、“基本过渡车道”的“宽度”参数值为 3.5 米。

■ 保存文件，结果请参考“6_1_标准横断面_完成.dwg”。

6.2 创建道路模型

有了前面创建的地形曲面、平面路线、纵曲线和标准横断面基础数据后，就可以快速创建道路模型。

在 Civil 3D 中有以下两种创建道路模型的方法：

■【创建简单道路】：使用该命令可以快速创建一条基本道路。可以通过编辑简单道路的参数来增加道路的复杂程度。在创建基于一条路线和一个纵断面的基本道路时，使用此方法将非常理想。

■【创建道路】：使用该命令指定创建道路时要用到的复杂参数，从而直接创建复杂道路。这些参数包括里程步长和控制偏移，以及有关多个基准线和区域的信息。

6.2.1 创建简单的道路模型

在 Civil 3D 中每条道路都可以包含多条路线和多个装配。只包含一条路线和一个装配，并且该装配应用于路线全长的道路，称为“简单道路”。

在前面的练习中，我们已经创建了地形曲面、平面路线、纵曲线和标准横断面，下面将根据这些基础数据快速创建一条简单道路，然后再编辑其道路模型参数，从而创建一条复杂道路。

练习 6-3 创建简单道路

接 6.1.3 节的练习文件，或打开本书光盘的练习文件“6_1_标准横断面_完成.dwg”，接着完成下面的练习。

■ 从下拉菜单【道路】中选择【创建简单道路】命令，打开【创建简单道路】对话框，如图 6-14 所示。

图 6-14 【创建简单道路】对话框

■ 在对话框中输入道路名称(单击“名称”栏后面的铅笔按钮，打开【名称模板】对话框，可以定义自己的命名规则)，设置道路样式。本例接受默认值，单击【确定】。

■ 命令行提示“选择基准线<或按 Enter 键从列表中选择

＞:”。按回车键，在【选择路线】对话框中选择路线“Road”，并单击【确定】(当图形比较简单时也可以用鼠标在图形中拾取路线)。

■ 命令行提示“选择纵断面＜或按 Enter 键从列表中选择＞:”。按回车键，在【选择纵断面】对话框中选择纵曲线“Road VA”，并单击【确定】，如图 6-15 所示。

■ 命令行提示“选择装配＜或按 Enter 键从列表中选择＞:”。按回车键，在【选择装配】对话框中选择装配“主路面”，并单击【确定】，如图 6-16 所示。

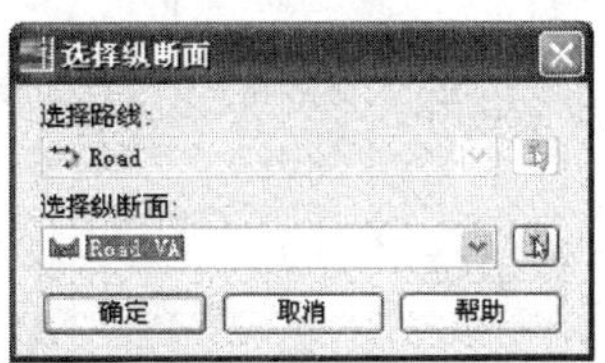

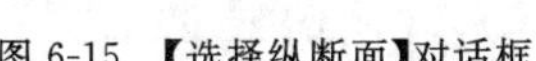
图 6-15 【选择纵断面】对话框

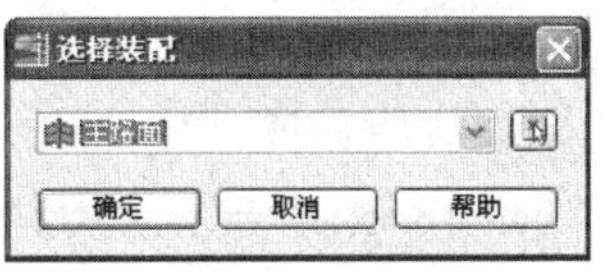

图 6-16 【选择装配】对话框

■ 在【目标映射】对话框中，点击“曲面”节点所对应行的“对象名称”单元格 “＜单击此处以全部设置＞”。在弹出的【拾取曲面】对话框中选择“自然地面”，并单击【确定】。结果如图 6-17 所示。

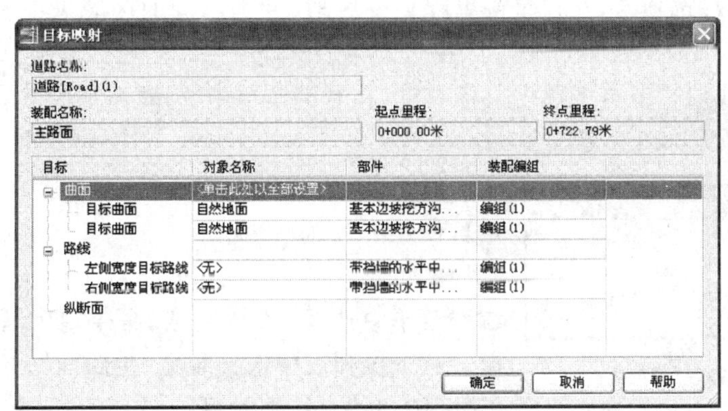

图 6-17 【目标映射】对话框

■ 再次单击【确定】，稍等片刻 Civil 3D 即会自动创建一条简单道路模型。

■ 在图中选择刚创建的道路模型，单击鼠标右键，从右键菜单中选择【对象查看器】命令打开【对象查看器】窗口，即可以三维方式查看道路模型。单击窗口右上角的“X”关闭【对象查看器】窗口。

■ 保存文件，结果请参考“6_2_简单道路.dwg”。

6.2.2 细化道路模型参数(按里程划分区域、步长、设置逻辑目标等)

上节我们创建了一条简单道路，其中只包含一条路线和一个装配，这在真实的道路设计中不能满足设计需求。我们可以通过在【道路特性】对话框中编辑简单道路的参数，如按里程划分区域、设置不同步长和逻辑目标等，来创建真实的复杂道路模型。

下面的练习我们要给前面的简单道路设计一段过渡车道。在设计过渡车道时，必须用某一条路线对象做为路面边线，定义出车道的宽度变化。下面的练习中，我们将利用已创建好的多段线来创建这条道路边线。

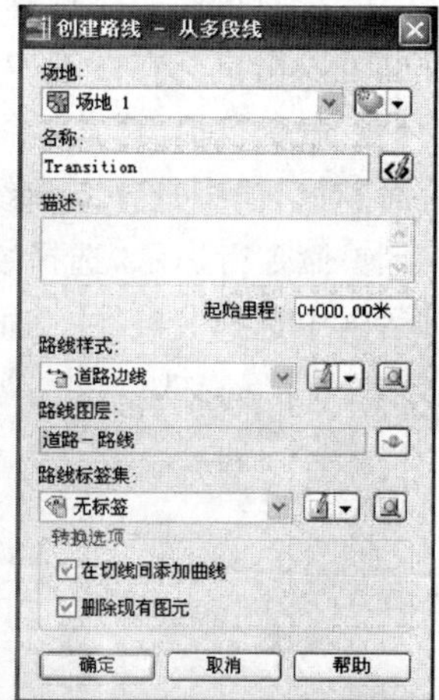

图 6-18 【创建路线】对话框

练习 6-4 创建复杂道路

打开本书光盘的练习文件“6_2_编辑道路参数.dwg”。在图中道路的 C 点和 D 点之间有一条黄色的多段线，我们使用它来定义过渡车道的道路边线。

■ 将视图缩放到 C 点与 D 点之间，看到在道路的右侧有一条黄色的多段线。

■ 从下拉菜单【路线】中选择【从多段线创建路线】命令，单击拾取黄色多段线，打开【创建路线 - 从多段线】对话框。

■ 按图 6-18 设置场地、路线名称、路线样式、路线标签集等参数，并确保勾选“在切线间添加曲线”和“删除现有图元”。

■ 单击【确定】创建了道路边线 Transition。下面我们利用这条道路边线来生成过渡车道。

■ 在图中选择道路对象，单击鼠标右键，在右键菜单中选择【道路特性】命令，打开【道路特性】对话框。

■ 打开【参数】选项卡，在这里按里程划分区域，并为不同的区域应用不同的装配，从而创建复杂道路。

■ 在“基准线(1)”节点上单击鼠标右键，在右键菜单中选择【添加区域】命令，打开【选择装配】对话框，如图 6-19 所示。

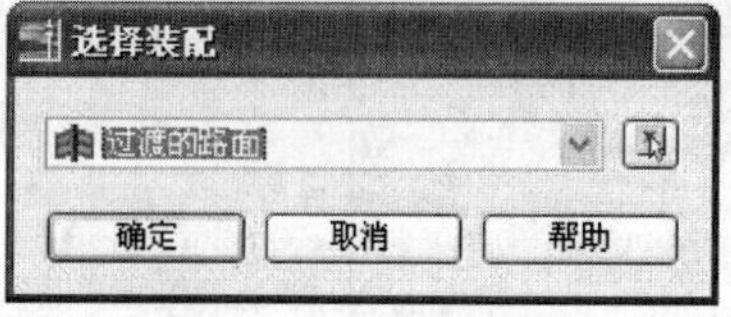

图 6-19 【选择装配】对话框

■ 从下拉列表中选择装配“过渡的路面”，单击【确定】，创建了“区域(2)”。

■ 同理，在“基准线(1)”节点上再次单击鼠标右键，在右键菜单中选择【添加区域】命令，打开【选择装配】对话框。从下拉列表中选择装配“主路面”，单击【确定】，创建了“区域(3)”。结果如图 6-20 所示。

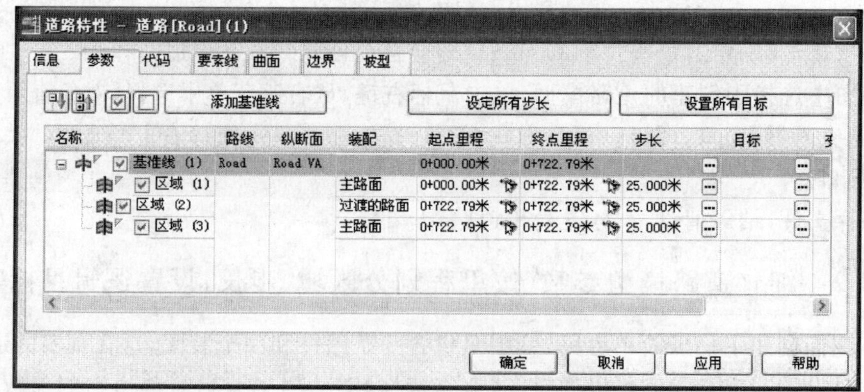

图 6-20 划分区域

■ 选择“区域(1)”，单击“终点里程”参数值右端的按钮，使用对象捕捉功能，在图形中单击捕捉路线“Transition”的起点(右端)。系统自动提取该点的里程值：0+577.18 米。

■ 选择“区域(2)”,单击“起点里程”参数值右端的按钮，使用对象捕捉功能，在图形中单击捕捉路线“Transition”的起点(右端)。系统自动提取该点的里程值:0+577.18 米。

■ 选择“区域(2)”,单击“终点里程”参数值右端的按钮，使用对象捕捉功能，在图形中单击捕捉路线“Transition”的终点(左端)。系统自动提取该点的里程值:0+609.65 米。

■ 选择“区域(3)”,单击“起点里程”参数值右端的按钮，使用对象捕捉功能，在图形中单击捕捉路线“Transition”的终点(左端)。系统自动提取该点的里程值:0+609.65 米。

■ 至此我们将一条道路按里程划分成了三个区域。下面分别为这三个区域设置步长参数。

■ 选择“区域(1)”,单击“步长”参数值右端的按钮，按图 6-21 设置步长参数，单击【确定】。

■ 同样方法按图 6-21 设置“区域(3)”的步长参数。

■ 选择“区域(2)”,单击“步长”参数值右端的按钮，按图 6-22 设置步长参数，单击【确定】。

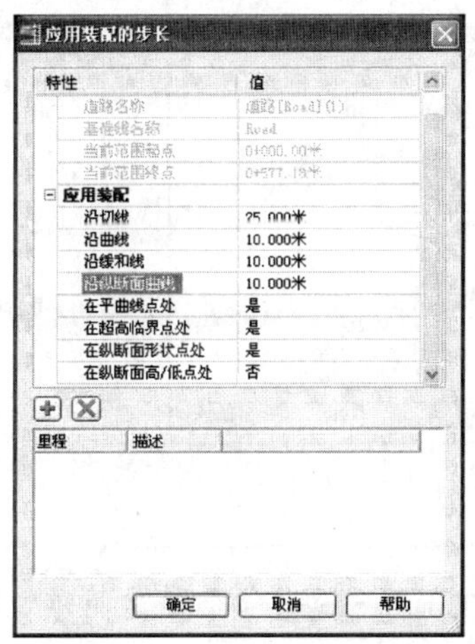

图 6-21　步长参数设置图

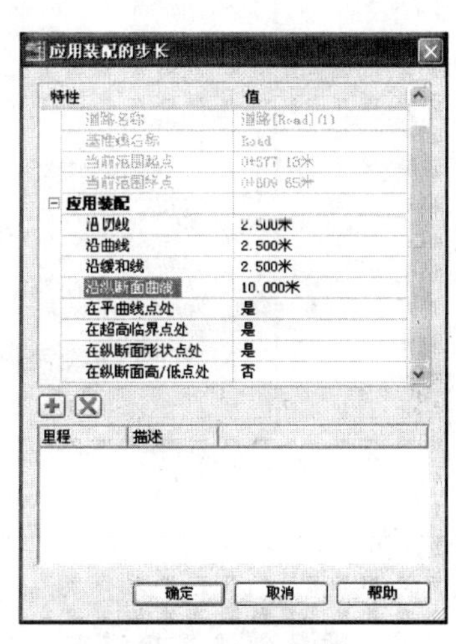

图 6-22　步长参数设置

■ 设置步长参数后的对话框如图 6-23 所示。

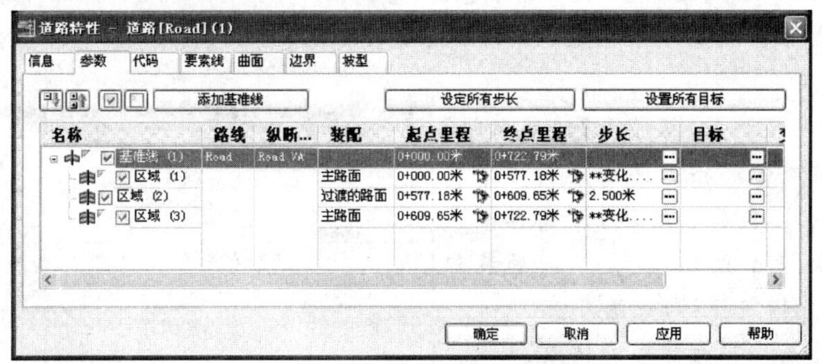

图 6-23　步长参数设置结果

■ 单击【设置所有目标】按钮，打开【目标映射】对话框。

■ 在【目标映射】对话框中，点击“曲面”节点所对应行的“对象名称”单元格“<单击此

处以全部设置＞”。在弹出的【拾取曲面】对话框中选择“自然地面”，并单击【确定】。

■ 点击“路线”节点下的“过渡路线”旁的“＜无＞”，在弹出的【拾取平面路线】对话框中选择“Transition”，并单击【确定】。结果如图 6-24 所示。

■ 两次单击【确定】。稍等片刻 Civil 3D 即会自动创建道路的过渡车道。

■ 在图中选择刚创建的道路模型，单击鼠标右键，从右键菜单中选择【对象查看器】命令打开【对象查看器】窗口，即可以三维方式查看道路模型。单击窗口右上角的“X”关闭【对象查看器】窗口。

■ 保存文件。结果请参见“6_2_编辑道路参数_完成.dwg”。

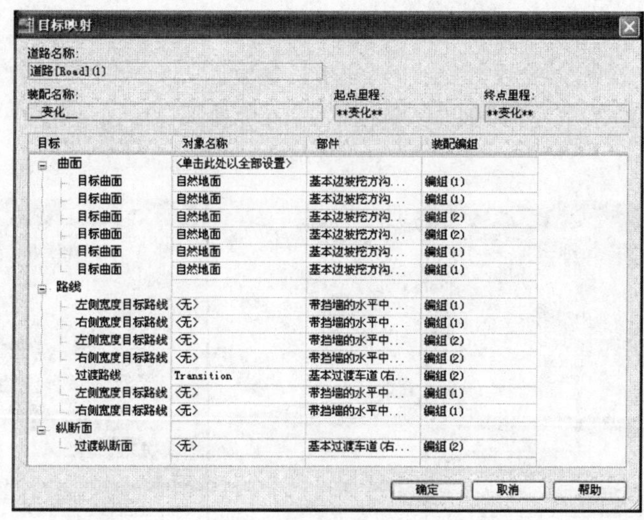

图 6-24 【目标映射】对话框

技巧：本节创建复杂道路的方法是：先用【创建简单道路】命令创建简单道路，然后编辑道路参数创建复杂道路。除此之外，还可以直接用【创建道路】命令，先设置区域、步长、目标等参数直接创建复杂道路。其基本流程是：

■ 从下拉菜单【道路】中选择【创建道路】命令。

■ 鼠标拾取或回车后从列表中选择平面路线、纵断面、主装配，打开【创建道路】对话框。

■【创建道路】对话框和【道路特性】对话框非常类似。按上面讲述的方法在对话框中为道路添加区域，设置各个区域的起始和终点里程、设定不同的装配及步长参数、指定目标，如图 6-25 所示。

■ 确定后即可创建复杂道路。

方法不同，但可得到相同结果，请大家自己体会。

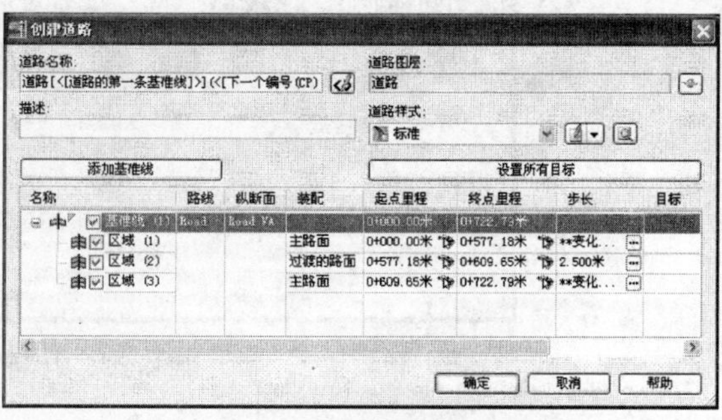

图 6-25 【创建道路】对话框

6.2.3 查看/编辑道路横断面

道路模型创建完成后，可以使用【查看/编辑道路横断面工具】，直观地观察各里程处的装配应用方式，可以依次在各道路里程处查看，也可以转到所需的任意里程处查看。

除了查看，还可以使用【查看/编辑道路横断面工具】，通过编辑部件参数值、添加和删除点、添加和删除连接、插入或删除部件、编辑用户定义的代码或夹点编辑等方法，在某里程位置或里程范围内局部替代道路和装配参数，而标准横断面并不改变。这样通过编辑局部横断面的方法，来快速实现一些比较复杂的道路功能。

练习 6-5　查看/编辑道路横断面

打开本书光盘的练习文件"6_2_编辑道路横断面.dwg"。

■ 从下拉菜单【道路】中选择【查看/编辑道路横断面】命令，命令行提示："选择道路＜或按 Enter 键从列表中选择＞："。

■ 按回车，从【选择道路】对话框中选择道路名称"道路[Road](1)"，单击【确定】打开【查看/编辑道路横断面工具】，同时图形显示 0＋000.00 米处的道路横断面，如图 6-26 所示。

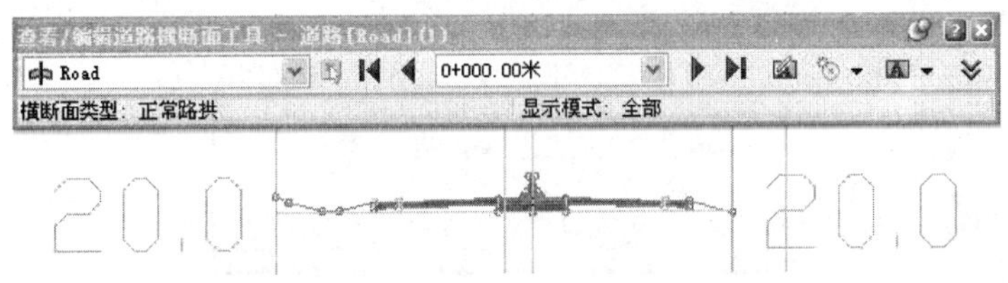

图 6-26 【查看/编辑道路横断面工具】

■ 查看道路横断面：单击按钮(起点里程)、(终点里程)、(上一里程)、(下一里程)，或者四个按钮中间的"选择里程"下拉列表中选择要查看的里程位置，图形即自动显示该里程位置处道路横断面，可供查看并编辑。

■ 编辑横断面：从"选择里程"下拉列表中选择"0＋100.00 米"，显示该里程位置的横断面，单击【查看/编辑道路横断面工具】最后面的按钮，展开对话框。

■ 向下拉动滚动条到显示部件"基本车道(右)-(6)"的相关参数，如图 6-27 所示。

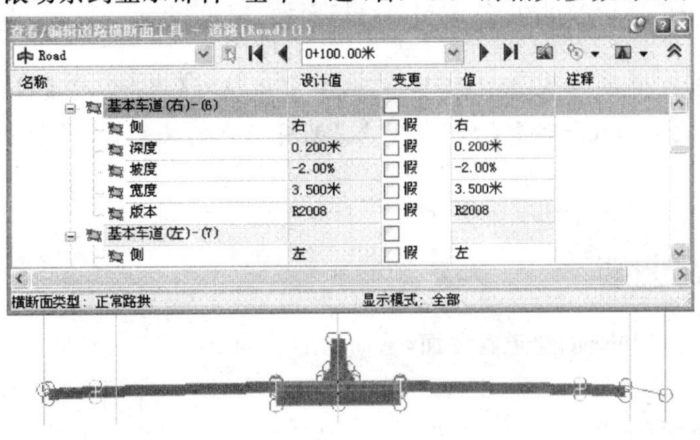

图 6-27 【查看/编辑道路横断面工具】

■ 单击部件“基本车道(右)-(6)”最右侧的值“3.500 米”，改为“4.500 米”。可以看到值左侧的“变更”值由“假”变为“真”，同时横断面自动更新，如图 6-28 所示。

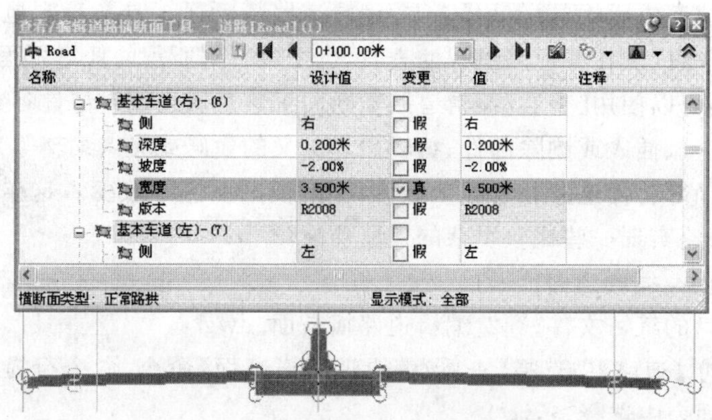

图 6-28 【查看/编辑道路横断面工具】

■ 单击按钮 的下拉箭头，从列表中选择【应用到里程范围】命令，按图 6-29 所示设置起点和终点里程为 0+070.00 米、0+130.00 米。

图 6-29 【应用到里程范围】对话框

■ 单击【确定】，将右侧基本车道宽度值“4.500 米”应用到 70～130 米里程范围内。

■ 在【查看/编辑道路横断面工具】中单击按钮，则在中间的“选择里程”下拉列表中只显示应用了替代参数的 70～130 米里程范围内的几个横断面。再次单击则显示全部里程横断面。

■ 关闭【查看/编辑道路横断面工具】，回到平面图中，查看道路模型。会发现在道路 70～130米之间道路右侧基本车道宽度为 4.5 米，其他里程位置宽度没变。

■ 保存文件，结果请参见“6_2_编辑道路横断面_完成.dwg”。

技巧：单击按钮 的下拉箭头，从中可以选择【添加点】、【删除点】、【添加连接】、【删除连接】、【插入部件】、【删除部件】、【编辑用户定义的代码】命令来替代道路和装配参数。

6.3 道路曲面

由道路模型可以快速创建道路曲面，从而为后续的土方计算、模型渲染等做好准备。

道路曲面是道路模型的一部分，它们与道路对象间存在动态连接关系，因此道路曲面会随着道路模型的修改而自动更新。

Civil 3D 也支持从道路曲面创建拆离的曲面单独使用。例如，可以将拆离的曲面和原始地形曲面合并为一个完整的设计曲面。拆离的曲面和道路对象间不存在动态关联关系，因此它不会随道路模型的修改而更新。

6.3.1 创建道路曲面

创建道路曲面的方法是：选择道路，从右键菜单中选【道路特性】命令，在【道路特性】对话框的【曲面】选项卡中创建并设置参数即可。

在【道路特性】对话框中可以根据需要选择以下两个创建命令，结果不同：

■【创建道路曲面】：使用该命令可以创建一个完整的道路曲面。

■【为每个连接创建一个道路曲面】：使用该命令将自动为每个连接代码单独创建一个曲面，整个道路将创建几个曲面。

练习 6-6 创建道路曲面

打开本书光盘的练习文件"6_3_创建道路曲面.dwg"。

■ 选择图中的道路，单击鼠标右键，从右键菜单中选【道路特性】命令，打开【道路特性】对话框，切换到【曲面】选项卡。

■ 单击左上角第一个按钮【创建道路曲面】命令，在下面的曲面列表中先创建一个空的道路曲面，曲面名称为名称模板默认设置（单击第三个按钮【曲面名称模板】命令，可以编辑名称模板设置）。

■ 单击曲面名称，输入"路表面"为新的曲面名称。

■ 单击曲面样式，打开【拾取道路曲面样式】对话框，从下拉列表中选择"标准"，单击【确定】关闭对话框。

■ 在"添加数据"栏中设置"数据类型"为"连接"，"指定代码"为"Top"，然后单击后面的"添加曲面项目"按钮，结果如图 6-30 所示。

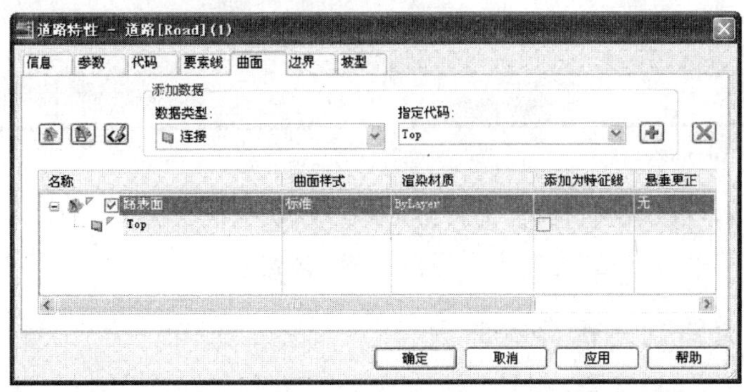

图 6-30 创建道路曲面

■ 单击【确定】，系统自动创建道路曲面。保存文件，结果请参见"6_3_创建道路曲面_完成.dwg"。

■ 在【工具空间】的【浏览】选项卡中展开"曲面"节点，可以看到新创建的道路曲面"路表面"。

技巧:在【工具空间】的【浏览】选项卡选择道路曲面,如本节的"路表面",从右键菜单中您可以选择【曲面特性】等所有命令,与编辑任何其他曲面相同的方式来编辑道路曲面,包括更改其样式、向其添加标签,以及使用其进行曲面分析等。

注意:请不要将道路曲面用做装配的目标。

现在我们创建了道路曲面,它以等高线显示。可以单独选择道路曲面等高线,在右键菜单中选【对象查看器】查看道路曲面。但观察创建的道路曲面会发现,道路曲面的范围超出了道路的边界。下面我们将为曲面设置边界。

6.3.2 定义道路曲面的边界

在创建道路曲面时,在弯道位置有时会出现道路曲面超出道路边界的情况,所以需要给道路曲面定义边界,曲面才能正确显示。通常选用道路装配最外侧的边坡作为道路曲面的边界。

练习 6-7 定义道路曲面边界

接上节练习或打开本书光盘的练习文件"6_3_创建道路曲面_完成.dwg"。

■ 选择图中的道路(注意,不是选择道路曲面),单击鼠标右键,从右键菜单中选【道路特性】命令,打开【道路特性】对话框,切换到【边界】选项卡。

■ 在下面的列表中选择"路表面",单击鼠标右键选择【自动添加】—【Daylight】,为曲面创建了一个外部边界,如图 6-31 所示。

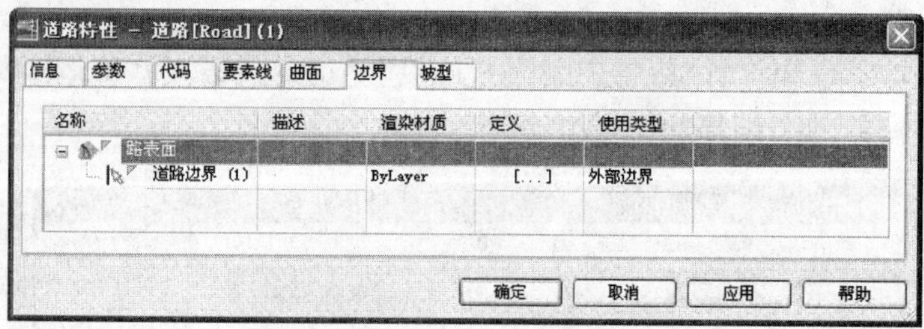

图 6-31 定义道路曲面边界

■ 单击【确定】,可以看到道路曲面被裁剪到道路边坡的范围内。

■ 保存文件,结果请参见"6_3_定义道路边界.dwg"。

6.3.3 从道路创建拆离的曲面

动态更新的内嵌道路曲面是一种非常强大的功能。但在某些情况下会希望把道路曲面从道路模型中分离出来单独编辑。分离出的曲面不再与道路模型关联,因此也不再会随着道路的修改而更新。

使用下拉菜单【道路】中的【实用程序】—【从道路中创建拆离的曲面】命令即可将道路曲面从道路模型中分离出来。

练习 6-8 从道路创建拆离的曲面

接上节练习或打开本书光盘的练习文件"6_3_定义道路边界.dwg"。

■ 从下拉菜单【道路】中选择【实用程序】—【从道路中创建拆离的曲面】命令，命令行提示："选择道路＜或按 Enter 键从列表中选择＞："。

■ 按回车键，从【选择道路】对话框列表中选择道路名称。单击【确定】打开【导出道路曲面】对话框，如图 6-32。

■ 选择要导出的道路曲面"路表面"，确保勾选中间的"选择"复选框。单击【确定】，完成导出。

■ 在【工具空间】的【浏览】选项卡中展开"曲面"节点，可以看到从道路拆离的曲面"路表面(1)"，如图 6-33 所示。

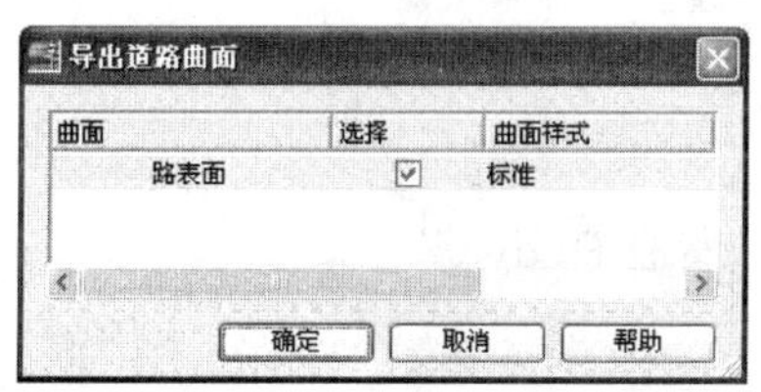

图 6-32　导出道路曲面

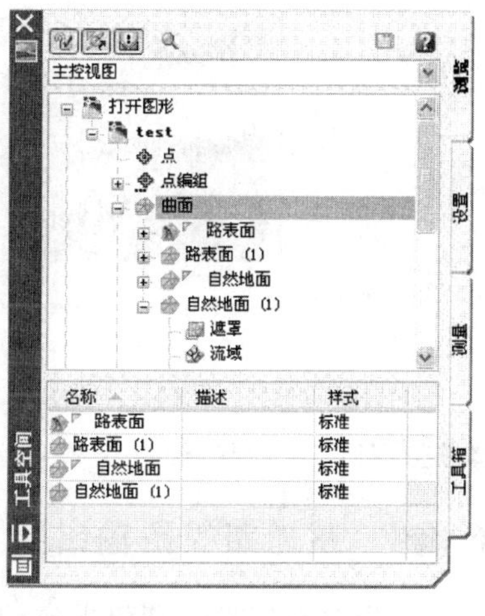

图 6-33　工具空间

■ 完成设计地面：分离出来的道路曲面，可以把它和原有地形曲面合为一体，生成最终的设计地面。在进行合并之前，为了防止破坏原有的地形曲面，先复制一个地形曲面。

■ 在图上选中"自然地面"曲面，从右键菜单中选择【基本修改工具】中【复制】命令。

■ 命令行提示："指定基点或[位移(D)/模式(O)]＜位移＞："，输入"0,0"为复制基点，回车。

■ 命令行提示："指定第二个点或＜使用第一个点作为位移＞："，直接回车结束命令。以第一个点坐标作为位移在原位置复制一个地形表面。

■ 在【工具空间】的【浏览】选项卡中展开"曲面"节点，可以看到复制的地形表面"自然地面(1)"，如图 6-33 所示。

■ 在上图【工具空间】下面的曲面数据列表中，将曲面"自然地面(1)"重命名为"设计地面"，并将该曲面的样式改为"标准"；将"自然地面"的"样式"改为"边界"。

■ 在【工具空间】中的展开"设计地面"曲面节点和其下面的"定义"节点。

■ 在"定义"下的"编辑"节点上单击右键，选择【粘贴曲面...】命令。

■ 在【选择要粘贴的曲面】对话框中选择拆离的曲面"路表面(1)"。

■ 单击【确定】，完成合并。

■ 在图形中选择“设计地面”曲面，从右键菜单中选【对象查看器】查看最终的设计曲面，如图 6-34 所示。

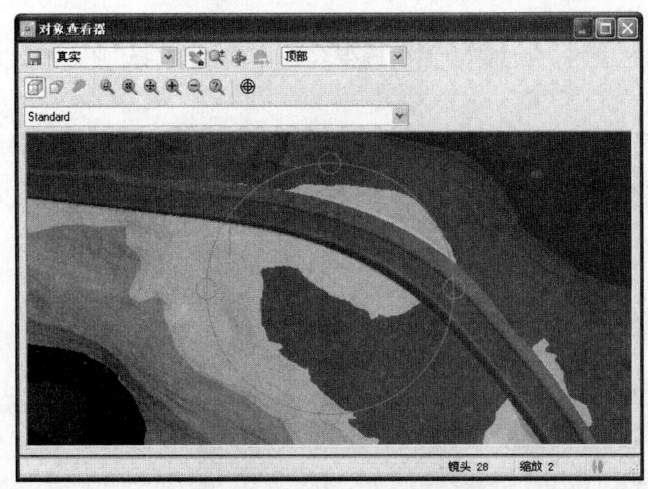

图 6-34 设计地面

■ 关闭对象查看器，保存文件，结果请参见“6_3_拆离曲面. dwg”。

6.3.4 从道路模型输出要素线

除了可以从道路模型创建拆离的道路曲面，还可以将道路的要素线导出为为多段线、放坡要素线、路线和纵断面。导出的对象为我们后面的相机路径设计、放坡设计、其他路线和纵断面设计等提供了精确的数据信息。

导出要素线的基本流程是：

■ 下拉菜单【道路】中选择【实用程序】—【从道路创建多段线】(或【从道路创建放坡要素线】、【从道路创建路线】、【从道路创建纵断面】)命令。

■ 在图形中单击拾取道路要素线；如果未作出明确选择，将显示【选择要素线】对话框，从列表中选择要素线代码名称，单击【确定】即可导出多段线和放坡要素线。

■ 如果是导出路线和纵断面，选择要素线后会弹出【创建路线】和【创建纵断面】对话框，设置相关参数后点【确定】完成导出。

练习 6-9 从道路创建多段线

接上节练习或打开本书光盘的练习文件“6_3_拆离曲面. dwg”。

■ 缩放图形到道路起点位置，放大显示道路中心隔离带的模型要素线。将光标放到中间的要素线上，系统提示“要素线 1 在基准线 #0 上，具有代码 Crown(道路[Road](1))”，如图 6-35 所示。

■ 从下拉菜单【道路】中选择【实用程序】—【从道路创建多段线】命令，命令行提示：“选择道路要素线：”。

■ 在中间要素线上单击光标拾取要素线，自动导出了多段线。

> 💡 **注意**：如果图形放的不够大的话将弹出【选择要素线】对话框，从列表中选择要素线代码名称“Crown”，并单击【确定】即可。

■ 按回车结束命令。观察图形，在和中间要素线位置创建了一条三维多段线。

■ 保存文件，结果请参见“6_3_导出要素线.dwg”文件。

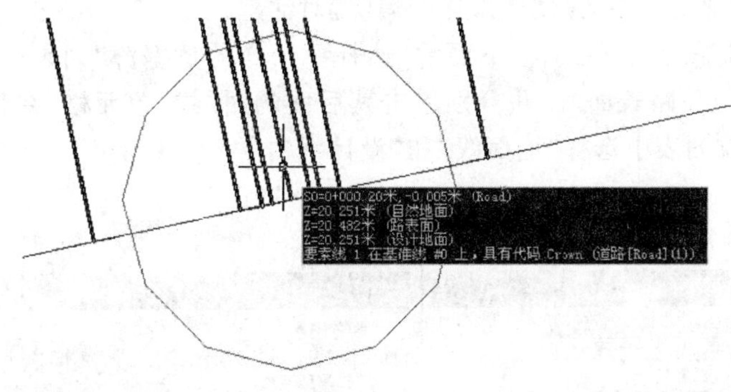

图 6-35　设计地面

6.4　创建横断面图纸与土方计算

创建了道路模型和道路曲面，接下来就可以为道路创建采样线、定义材质列表，从而快速自动创建所有的道路横断面图纸，并输出道路土方工程量计算报告。

在 Civil 3D 中，使用采样线、横断面和横断面图来定义和显示横断面数据，它们都通过一个称为“采样线编组”的集合进行管理。一条路线可以关联多个采样线编组，而每个采样线编组有唯一的一组采样线和横断面。

6.4.1　创建采样线

采样线是横跨路线、沿切线方向（即横断面方向）的线性对象，主要用来确定需要采集数据的桩号位置和采集宽度。

在 Civil 3D 中，沿现有平面路线创建采样线，可以创建与路线关联的一条或多条采样线。

创建采样线的方法是：

■ 下拉菜单【横断面】中选择【创建采样线】命令。

■ 在图中选择平面路线，或按回车从列表中选择路线名称并确定，打开【采样线工具】工具栏，并自动弹出其中的【创建采样线编组】对话框。

■ 在【创建采样线编组】对话框中设置采样线编组名称、采样线样式、采样线标签样式、要采样的数据源及其样式等参数，单击【确定】。

■ 在【采样线工具】中选择需要的创建方式创建采样线。创建方式有以下几种：

◇ **按里程范围**：以指定里程间隔创建与路线正交的采样线。

◇ **里程处**：在指定里程处创建与路线正交的采样线。

◇ **拾取屏幕上的点**：在屏幕上拾取点创建采样线。

◇ **拾取现有多段线**：拾取现有的多段线来创建采样线。

练习 6-10　创建采样线

打开本书光盘的练习文件"6_4_创建采样线.dwg"。

■ 下拉菜单【横断面】中选择【创建采样线】命令。

■ 按回车，从【选择路线】对话框列表中选择路线"Road"，单击【确定】，打开【采样线工具】工具栏，并自动弹出其中的【创建采样线编组】对话框。

■ 在【创建采样线编组】对话框下面的"选择要采样的数据源"列表中，只勾选"自然地面"和"道路[Road](1)路表面"。并分别单击其后面的"样式"单元格，在弹出的【拾取横断面样式】对话框下拉列表中选择"地面线"和"设计线"，并单击【确定】。其他按默认设置，结果如图 6-36 所示。

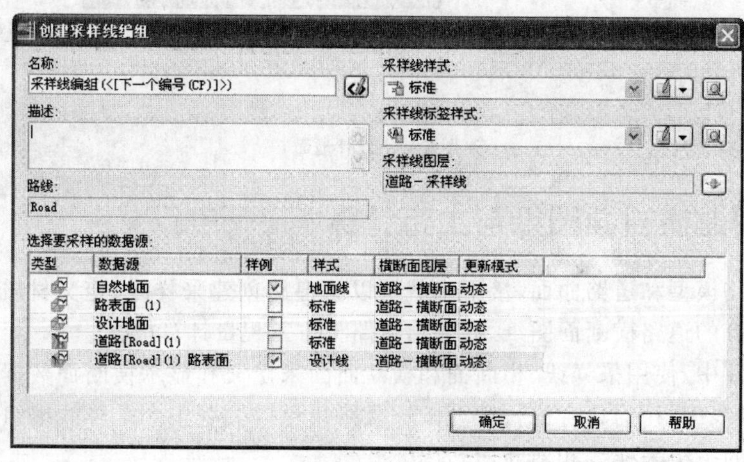

图 6-36　【创建采样线编组】

■ 单击【确定】关闭【创建采样线编组】对话框。

■ 在【采样线工具】工具栏中，单击【采样线创建方式】按钮的下拉箭头，从列表中选择【按里程范围...】命令，如图 6-37 所示。

图 6-37　【采样线工具】

■ 在弹出的【创建采样线 - 按里程范围】对话框中设置左右样本宽度为 30 米，采样增量参数"沿切线的增量"为 25 米，"沿曲线的增量"和"沿缓和线的增量"为 10 米，如图 6-38 所示。

■ 单击【确定】，沿平面路线自动创建采样线。回车结束命令。

■ 保存文件，结果请参见"6_4_创建采样线_完成.dwg"文件。

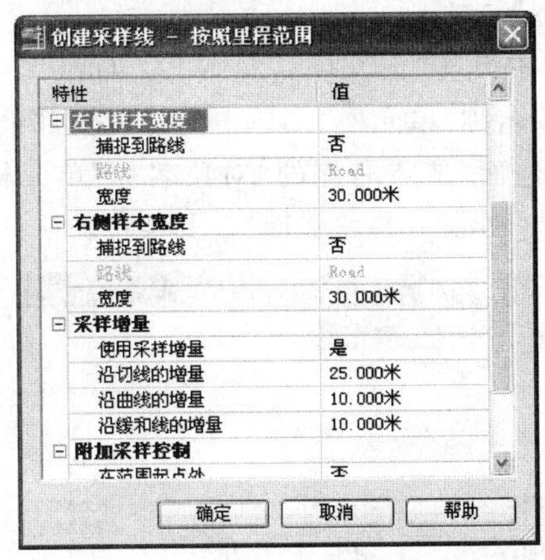

图 6-38 【创建采样线-按里程范围】

技巧——编辑采样线:从下拉菜单【横断面】中选择【编辑采样线】命令,打开【采样线工具】工具栏,并弹出空白的【编辑采样线】对话框。在图形中拾取要编辑的采样线,【编辑采样线】对话框中出现该采样线的所有参数,如图 6-39 所示。可以编辑样本宽度、采样线名称和里程值。单击"上一个顶点"或"下一个顶点",还可以编辑采样线左右端点的北距和东距坐标值。

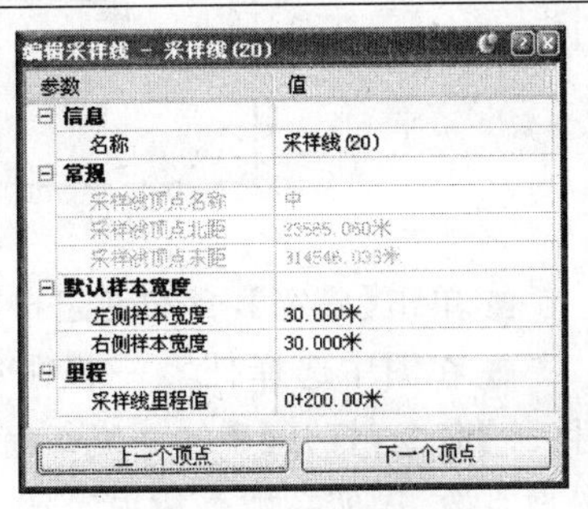

图 6-39 【编辑采样线】

6.4.2 定义材质列表

材质列表是创建土方计算报告的基本步骤。在输出土方计算报告前首先将土方计算规则应用于采样线编组,也即将材质列表添加到采样线编组特性中,然后再使用该材质列表来创建体积表或报告。

创建材质列表之前,必须先定义计算规则并创建路线的采样线。

定义材质列表的方法是:

■ 下拉菜单【横断面】中选择【计算材质】命令。

■ 在【选择采样线编组】对话框中,从下拉列表中分别选择路线和采样线编组(或从图形中选择),单击【确定】。

■ 在【计算材质】对话框中"土方计算规则"及规则中的"曲面""道路造型"相关参数。单击【确定】创建材质列表。所创建的材质列表将存储为采样线编组特性的一部分,在【采样线编组特性】对话框中可以查看【材质列表】。

练习 6-11 定义材质列表

接上节练习或打开本书光盘的练习文件"6_4_创建采样线_完成.dwg"。

■ 下拉菜单【横断面】中选择【计算材质】命令。

■ 在【选择采样线编组】对话框中,从下拉列表中分别选择路线"Road"和采样线编组

“采样线编组(1)”,单击【确定】。

■ 在【计算材质】对话框中设置“土方计算规则”为“标准”。在下面的列表中单击曲面“原始地面”节点右侧的“对象名称”单元格“＜单击此处以全部设置＞”,从下拉列表中选择“自然地面”;单击曲面“设计地面”节点右侧的“对象名称”单元格“＜单击此处以全部设置＞”,从下拉列表中选择“道路[Road](1)路表面”。其余按默认设置,结果如图 6-40 所示。

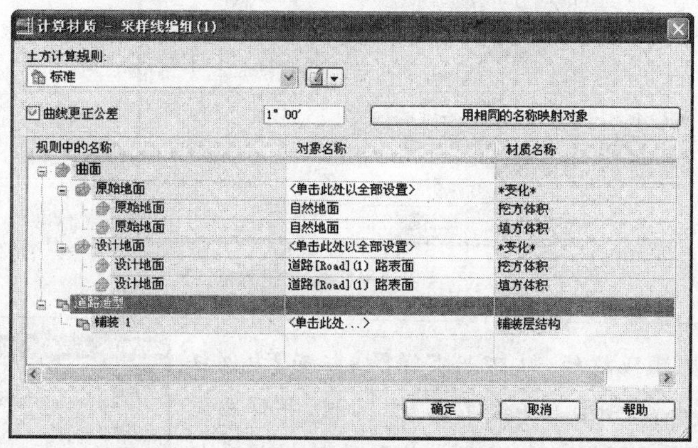

图 6-40 【计算材质】

■ 单击【确定】,自动创建材质列表。

■ 在图中选择任意一根采样线,单击鼠标右键,从右键菜单中选择【采样线编组特性...】命令,打开【采样线编组特性】对话框。单击最后的【材质列表】选项卡可以查看、编辑松散系数、压实系数等相关参数,如图 6-41 所示。

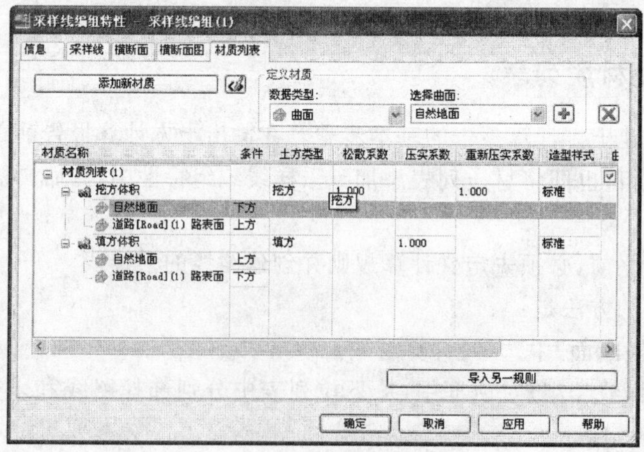

图 6-41 【采样线编组特性】

■ 保存文件,结果请参见“6_4_定义材质列表.dwg”文件。

6.4.3 创建横断面图

有了前面创建的道路采样线和材质列表,就可以快速自动生成所有的横断面图纸及每个横断面里程位置处的体积表。

两个命令用于创建横断面图:

■【创建横断面图】:逐个创建指定桩号位置的横断面图。

■【创建多个横断面图】:自动批量创建横断面图。

创建横断面图的方法是:

■ 下拉菜单【横断面】中选择【创建横断面图】或【创建多个横断面图】命令。

■ 在【创建横断面图】或【创建多个横断面图】对话框中输入横断面图名称、选择路线和采样线编组、设置横断面图样式、组打印样式等参数,并选择要绘制的横断面,单击【确定】。

■ 在图中空白处单击拾取横断面图原点位置。

■ 在【横断面图辅助数据-设置特性】对话框中设置体积表的类型、样式、位置等参数。单击【确定】自动创建横断面图。

练习 6-12　创建横断面图

接上节练习或打开本书光盘的练习文件“6_4_定义材质列表.dwg”。

■ 下拉菜单【横断面】中选择【创建多个横断面图】命令。

■ 在【创建多个横断面图】对话框中设置“路线”为“Road”、“采样线编组”为“采样线编组(1)”、“横断面图样式”为“标准”、“组打印样式”为“标准”、勾选“添加数据标注栏”并设置其样式为“标准”、勾选“添加体积表”、在下面的“选择要绘制的横断面”列表中只勾选“自然地面”和“道路[Road](1)路表面”,其余按默认值。结果如图 6-42 所示,单击【确定】。

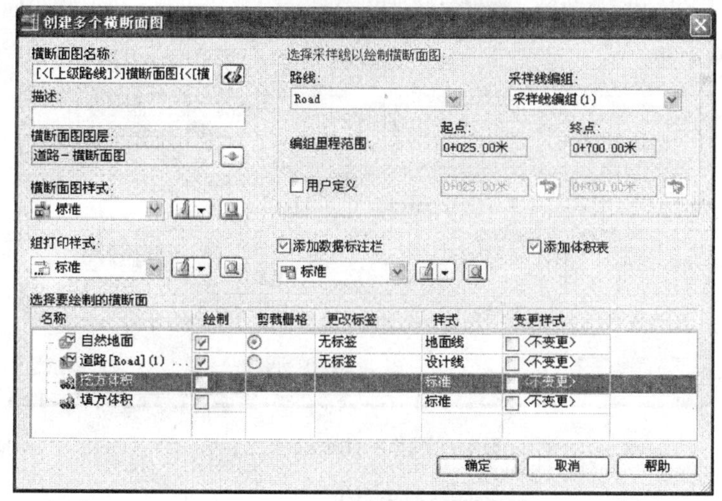

图 6-42 【创建多个横断面图】

■ 命令行提示:“识别横断面图原点:”,在图形顶部空白处单击拾取一点作为横断面图原点位置。

■ 在【横断面图辅助数据 - 设置特性】对话框中的【标注栏】选项卡中设置标注栏位置、样式,选择“曲面 1”为“自然地面”、选择“曲面 2”为“道路[Road](1)路表面”,如图 6-43 所示。

■ 单击【体积表格】选项卡,设置体积表“类型”为“材质”、“选择表格样式”为“标准”、左下角的“X 偏移:”值“15 毫米”。

■ 单击右上角的“添加>>”按钮,在【选择材质】对话框中勾选“挖方体积”“填方体积”,单击【确定】。结果如图 6-44 所示。

■ 单击【确定】,稍等片刻,系统自动创建所有横断面图,如图 6-45 所示。

横断面图辅助数据 – 设置特性

标注栏 | 体积表格

横断面图包括数据标注栏。请为数据标注栏注记选择源曲面。

标注栏列表

位置:

横断面图底部

域类型	样式	曲面 1	曲面 2
横断面数据	标准	自然地面	道路[Road](1) 路表面

确定 取消 应用 帮助

图 6-43 【横断面图辅助数据】

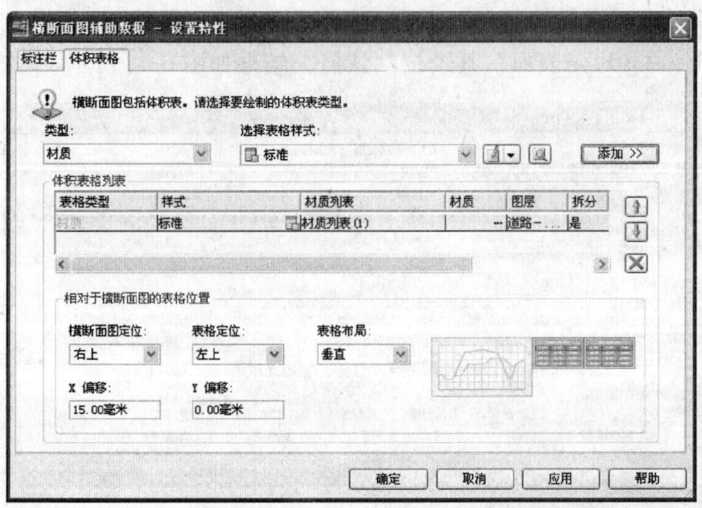

图 6-44 【横断面图辅助数据】

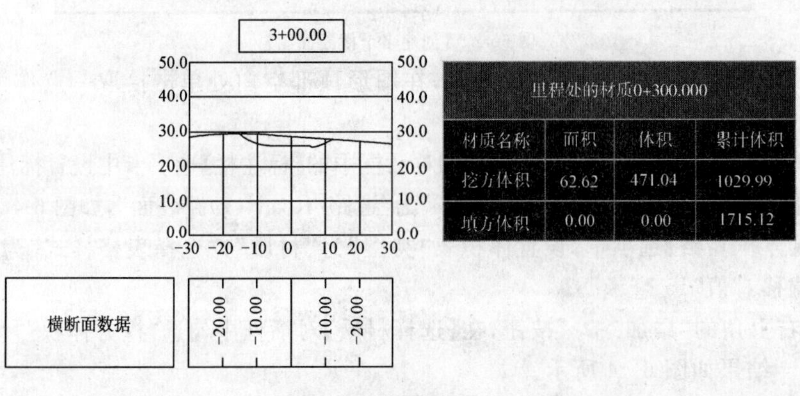

里程处的材质0+300.000			
材质名称	面积	体积	累计体积
挖方体积	62.62	471.04	1029.99
填方体积	0.00	0.00	1715.12

图 6-45 横断面图局部

■ 保存文件,结果请参见“6_4_创建横断面图.dwg”文件。

技巧 1:如果创建的横断面图不需要体积表,则在图 6-40 的【创建多个横断面图】对话框中不勾选“添加表”。

技巧 2:在图 6-40 的【创建多个横断面图】对话框中,在“选择要绘制的横断面”下面的列表中如果勾选“填方体积”和“挖方体积”,则生成的横断面图中,在地面线和设计线之间将填充一个色块。

6.4.4 输出土方计算报告

Civil 3D 中道路土方计算的结果使用以下三种方法之一进行显示:

■ 总体积表:包含挖方、填方和累积体积信息(如土方或挖方/填方报告)的标准表。

■ 材料体积表:包含材质列表中特定材质的挖方、填方和累积体积信息(如结构元素的累积体积)的标准表。

■ 土方报告:包含规则定义(对照曲面)、材质类型(例如切割类型)、收缩和膨胀系数,以及重新压实系数的 XML 格式的文件。特定格式由所选择的样式表确定。

使用【横断面】菜单中的【添加表】和【生成体积报告】命令即可以创建道路土方计算表和体积报告。

创建外部土方计算报告时,Civil 3D 提供了以下三种样式表可供选择:

■ Earthworks. xsl:以表格形式来逐个里程地报告挖方和填方的体积值、增加的体积值和累计的净体积值。

■ Select Material. xsl:逐个里程地报告选定材质的值。在每个里程处,报告规则中定义的所有选定材质和累计体积。

■ Mass Haul-Multiple Materials. xsl:如果已定义若干要删除的材质类型(如为拓宽道路而沿此道路创建路堤),则可以使用此样式表来囊括所有材质类型并生成各里程处的每个材质的报告,以及挖方的总体积报告。

练习 6-13 生成总体积表

接上节练习或打开本书光盘的练习文件“6_4_创建横断面图.dwg”。

■ 下拉菜单【横断面】中选择【添加表】—【总体积】命令。

■ 在【创建总体积表】对话框中设置表格样式、选择路线、采样线编组和材质列表。取消勾选“拆分表格”,如图 6-46 所示。

■ 单击【确定】,在图中单击拾取一点作为表格的左上角点,自动创建总体积表。

■ 保存文件。结果请参见“6_4_总体积表.dwg”文件。

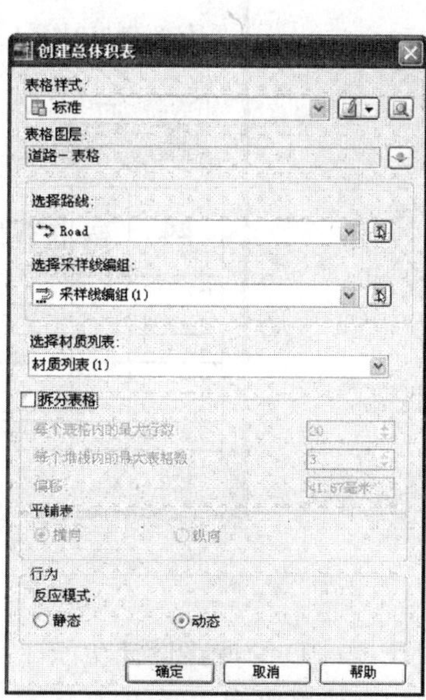

图 6-46 【创建总体积表】

> **技巧**：如果勾选了“拆分表格”，则可以设置每个表格的最大行数，创建的表格将自动分成几个表，也可以在创建了整体表格之后，选择表格用右键菜单的【表格特性】命令，在【表格特性】对话框中勾选“拆分表格”，然后根据已创建表格的实际行数精确设计表格的最大行数。

练习 6-14　输出土方计算报告

接上节练习或打开本书光盘的练习文件“6_4_总体积表.dwg”。

■ 下拉菜单【横断面】中选择【生成体积报告】命令。

■ 在【报告土方】对话框中选择路线“Road”，选择采样线编组“采样线编组(1)”，选择材质列表“材质列表(1)”。“选择样式表”接受默认的“earthwork.xsl”(可以单击后面的“浏览”按钮，选择其他样式表)，如图 6-47 所示。

图 6-47　【报告土方】

■ 单击【确定】，输出体积报告，如图 6-48 所示。

■ 在体积报告界面中，下拉菜单【文件】中选择【另存为】命令，保存文件为“QuantityReportTemp.xml”。结果请参见本书光盘中练习文件。

至此，我们已完成道路设计的整个流程，掌握了道路设计的基本思路和方法。

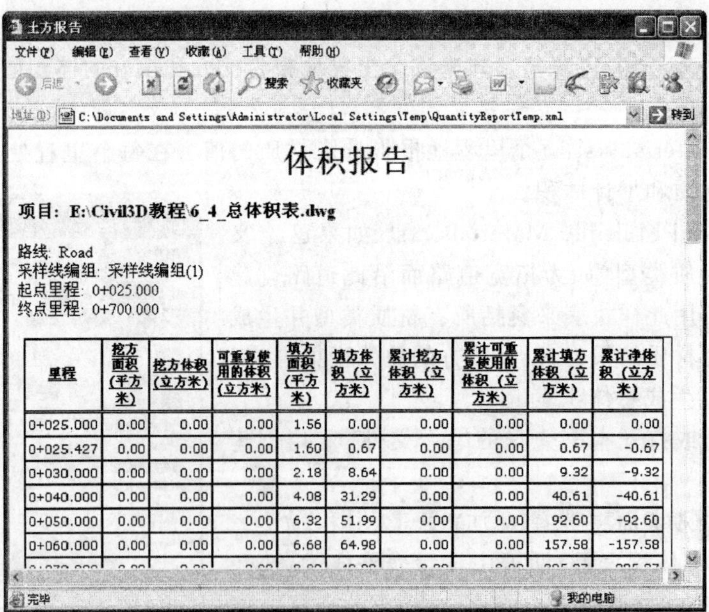

体积报告

项目：E:\Civil3D教程\6_4_总体积表.dwg

路线: Road
采样线编组: 采样线编组(1)
起点里程: 0+025.000
终点里程: 0+700.000

里程	挖方面积(平方米)	挖方体积(立方米)	可重复使用的体积(立方米)	填方面积(平方米)	填方体积(立方米)	累计挖方体积(立方米)	累计可重复使用的体积(立方米)	累计填方体积(立方米)	累计净体积(立方米)
0+025.000	0.00	0.00	0.00	1.56	0.00	0.00	0.00	0.00	0.00
0+025.427	0.00	0.00	0.00	1.60	0.67	0.00	0.00	0.67	-0.67
0+030.000	0.00	0.00	0.00	2.18	8.64	0.00	0.00	9.32	-9.32
0+040.000	0.00	0.00	0.00	4.08	31.29	0.00	0.00	40.61	-40.61
0+050.000	0.00	0.00	0.00	6.32	51.99	0.00	0.00	92.60	-92.60
0+060.000	0.00	0.00	0.00	6.68	64.98	0.00	0.00	157.58	-157.58

图 6-48　体积报告

Civil 3D 的道路设计功能还可以扩展应用到水利渠道设计、江河大堤设计等其他设计领域，设计思路和方法相同，不同的是纵断面纵曲线及其标注域、标准横断面装配的部件及样式。详细请参考下面 10.3 利用道路模型进行沟渠设计。

6.5 道路出图

一条长达几十甚至几百公里长的道路，其带状设计图形数据要按指定比例、在某个图纸范围内上显示并打印出图，这就要求将图形分幅，并要求相邻图幅间图形分割位置的精确显示。AutoCAD Civil 3D 2008 就提供了这些专业的创建施工图工具，可以实现快速地从模型中自动创建所需的分幅施工图文档。

Civil 3D 在菜单【常规】中的【创建施工图工具】中提供了两个工具：

■【创建图幅...】：使用“创建图幅”向导可以沿路线桩号创建矩形分幅。

■【创建图纸...】：使用“创建图纸”向导可以根据创建好的图幅组自动创建若干个施工图布局。

6.5.1 创建图幅

使用【创建图幅...】向导可以沿平面路线桩号、按指定的图幅(即图框)创建若干个分幅线，自动将设计图形准确分幅。因此在创建图幅之前，图形中必须已存在所需的路线对象。每次分幅操作将构成一个分幅组集合。

创建初步图幅组后，用户可以编辑图幅组的某些特性，或将图幅组删除。但无法从图幅组中删除单个图幅和匹配线，只可以删除整个图幅组。删除整个图幅组也将删除与其关联的图幅和匹配线。

练习 6-15 创建图幅组

打开本书光盘的练习文件“6_5_道路出图.dwg”。

■ 下拉菜单【常规】中选择【创建施工图工具】-【创建图幅...】命令，启动【创建图幅 ...】向导。

■ 在【创建图幅 - 路线】对话框中选择要分幅的路线“Road”，设置里程范围，本例按默认设置，如图 6-49 所示。单击【下一步】。

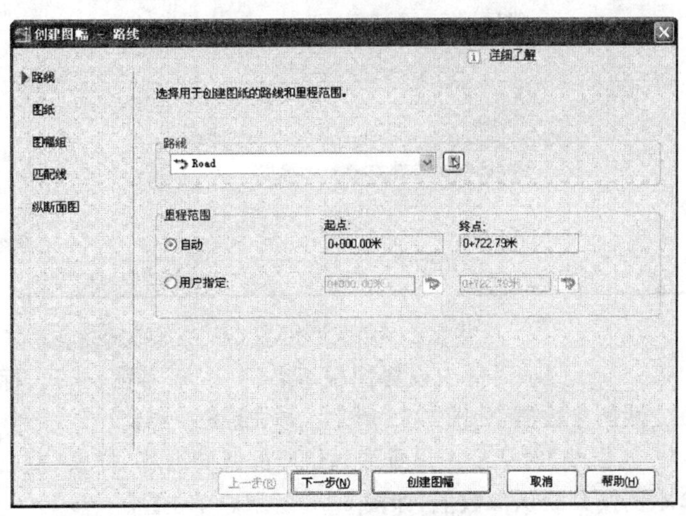

图 6-49 【创建图幅 - 路线】

■ 在【创建图幅-图纸】对话框中“选择要生成的图纸类型”为“平面和纵断面”，也就是要将平面路线和纵断面图放在一张图纸上出图(也可以选择“仅平面”或“仅纵断面”)。单击

“用于平面图纸和纵断面图纸的模板:”栏后面的“浏览”按钮,在【选择布局作为图纸模板】对话框中选择“ISO A1 Plan and Profile 1 to 1000”(用户可以创建并选择自己的.dwt 样板文件用于放置所需的图框布局模板),如图 6-50 所示,单击【确定】。

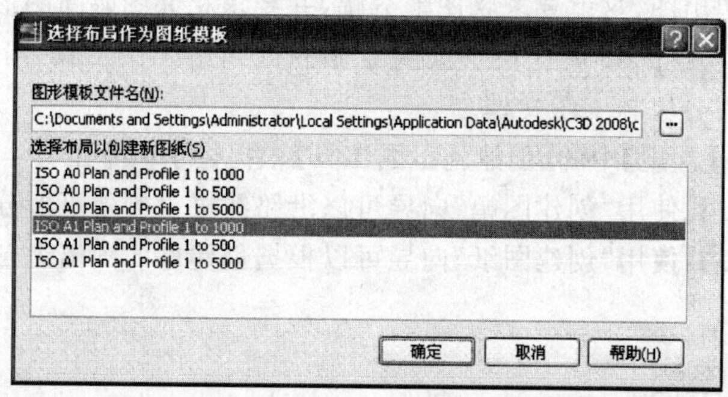

图 6-50 【选择布局作为图纸模板】

■ 在【创建图幅-图纸】对话框中设置“图幅布置”为“旋转至北向”(即矩形图幅始终保持正北方向放置)。选择“沿路线”则矩形图幅将随路线的方向而旋转角度),勾选“在路线起点之前按以下方式设置第一个图幅”,并设置其值为“10 米”,如图 6-51 所示。单击【下一步】。

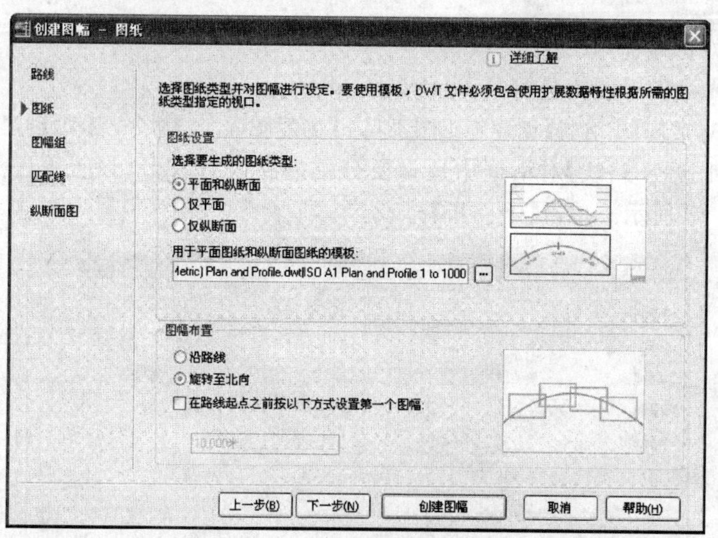

图 6-51 【创建图幅 - 图纸】

■ 在【创建图幅-图幅组】对话框中设置图幅组名称、图幅名称、样式、标签样式、标签位置等参数,本例按其默认参数值,如图 6-52 所示。单击【下一步】。

■ 在【创建图幅-匹配线】对话框中设置图幅组匹配线的名称、样式、左右标签样式、左右标签位置等参数,本例按其默认参数值,如图 6-53 所示。单击【下一步】。

■ 在【创建图幅 - 横断面图】对话框中设置“纵断面图样式”为“轴线和完整栅格”,“标注栏集样式”为“完全”,如图 6-54 所示。

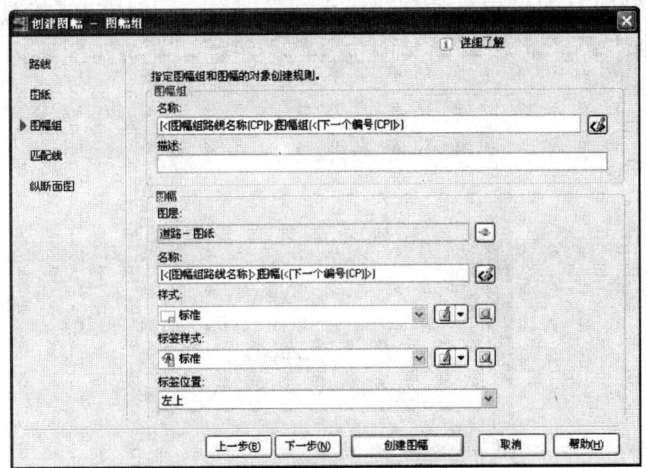

图 6-52 【创建图幅 - 图幅组】

图 6-53 【创建图幅 - 匹配线】

图 6-54 【创建图幅 - 纵断面图】

■ 单击【创建图幅】,图形中自动创建两个矩形图幅。同时在在【工具空间】的【浏览】选项卡中展开“图幅组”节点,可以看到其中包含两个图幅和一条匹配线,如图 6-55 所示。保存文件。

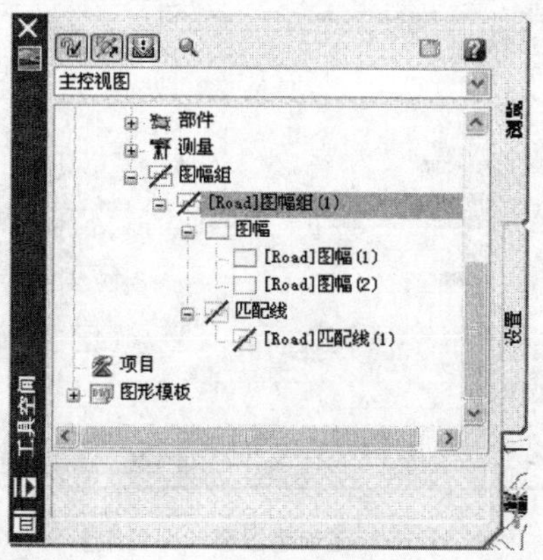

图 6-55 【工具空间】

6.5.2 创建施工图集

使用“创建图纸”向导可以根据创建好的图幅组自动创建若干个施工图布局,可以直接按布局将设计成果打印出图。在创建图纸之前,用户必须已使用【创建图幅...】向导在图形中创建了一个图幅组。

练习 6-16 创建图纸

接上节练习。

■ 下拉菜单【常规】中选择【创建施工图工具】-【创建图纸...】命令,启动【创建图纸 ...】向导。

■ 在【创建图纸-图幅组和布局】对话框中设置图幅组名称、布局名称等参数,本例按默认参数值,如图 6-56 所示。单击【下一步】。

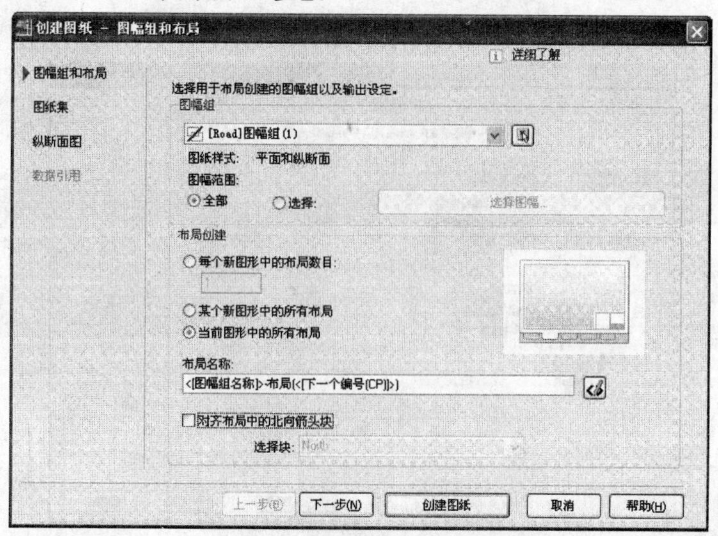

图 6-56 【创建图纸 - 图幅组和布局】

■ 在【创建图纸-图纸集】对话框中设置图纸集名称、图纸集文件(DST)存储位置等参数，本例按默认参数值，如图 6-57 所示。单击【下一步】。

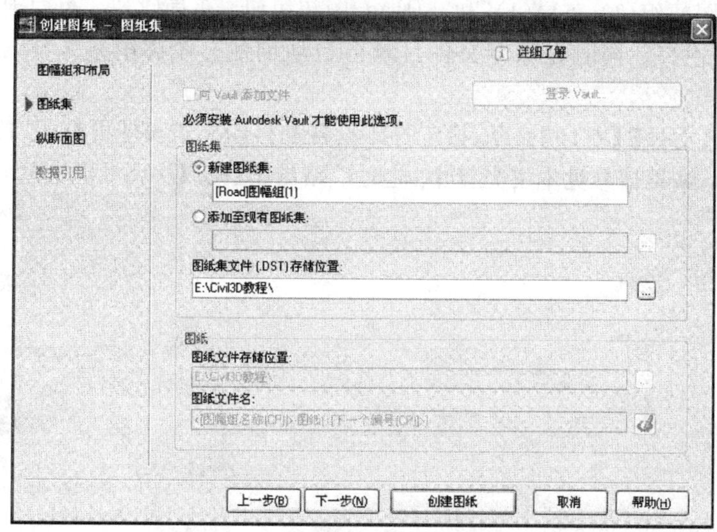

图 6-57 【创建图纸-图纸集】

■ 在【创建图纸-纵断面图】对话框中设置要获取其他设定的现有纵断面图名称，本例按默认参数值，如图 6-58 所示。

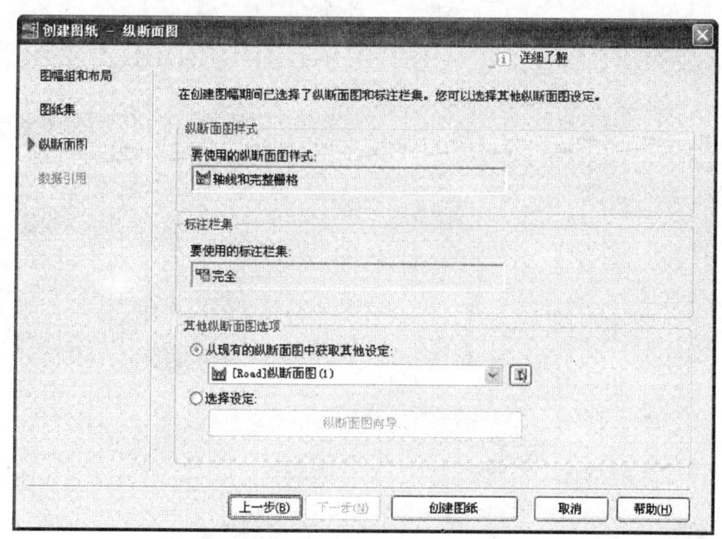

图 6-58 【创建图纸-纵断面图】

■ 单击【创建图纸】，弹出要保存当前图形的系统提示，如图 6-59 所示。

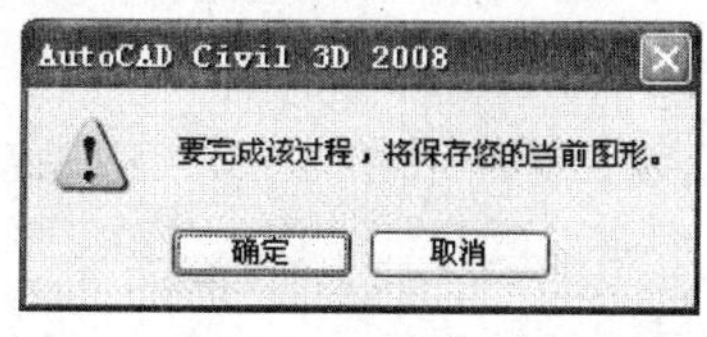

图 6-59 系统提示

■ 单击【确定】,命令行提示:"选择纵断面图原点:"。

■ 在图形中单击一点作为纵断面图原点,系统自动创建两个分幅的纵断面图和两个新的布局"[Road]图幅组(1)-布局(1)"和"[Road]图幅组(1)-布局(2)"。布局中包含平面路线和纵断面图两个视口。同时在保存文件目录下自动创建一个图纸集文件"[Road]图幅组(1).dst"。

■ 下拉菜单【文件】-【打印】命令,指定打印设备和打印样式表即可打印出图。

■ 保存文件,结果请参见本书光盘中"6_5_道路出图_完成.dwg"和"[Road]图幅组(1).dst"文件。

第 7 章 道路设计—高级篇

本章简介

本章按上一章"道路设计——基本篇"设计内容，介绍道路设计的更复杂的应用，主要包括以下内容：

- 使用部件设计道路装配。
- 代码集的灵活应用。

学习要点

- 理解道路部件的概念和构成。
- 掌握从多段线创建部件的方法。
- 了解工具式部件。
- 掌握在道路模型中使用目标映射。
- 了解代码集的各种应用。

在前面的章节中，我们学习了使用 AutoCAD Civil 3D 设计一般道路的基本流程和概念。然而，Civil 3D 不仅能做一般道路。事实上，从各种复杂的道路形式到交叉路口，以及桥梁、水渠、拱坝、隧道等多种广义的"道路"，都可以通过 Civil 3D 的道路建模功能实现。在这一章里，我们将详细剖析 Civil 3D 道路建模的机制和原理。只有深入理解了这些机制，才能得心应手的将 Civil 3D 的三维建模功能与自己的设计思想相结合，开拓无限广阔的创意空间。

7.1 使用部件设计道路装配

在 Civil 3D 中创建道路模型，核心步骤就是使用部件建立道路的标准横断面（装配）。道路的横断面形式千差万别，都可以归结到各种各样的部件上去。那么，到底什么是部件？如何用它来达到自己的设计意图呢？

Civil 3D 中的"部件"指的是用于组成标准横断面的基本设计元素，如车道、路肩、边坡、护栏等。大多数部件都具有设计参数，如车道的宽度和坡度、护栏的高度等。当我们沿着中心线生成道路模型时，有些情况下，部件的参数是固定的，如宽度不变的车道；而有些情况下，部件的参数需要进行改变，如道路宽度发生变化的情况。还有些情况下，部件的参数需要根据其他元素而变化，如边坡的宽度范围是与道路两侧原始地形的高程有关的。因此，Civil 3D 中的部件设计也非常灵活，能适应各种不同的情况。

7.1.1 部件的构成

图 7-1 是一个简单的挡墙部件的示意图。可以看出，每一个部件的平面图形都是由三种基本的几何单元组成，即点、连接、造型。

■ **点**：部件几何形状的顶点。

■ **连接**：点之间的连线（只能是直线）。

■ **造型**：连接围成的区域。

Civil 3D 中的每个部件都是由若干个这样的几何单元所组成。但如果把二维的部件沿着道路中心线进行延伸，情况就发生了变化：原来的点被拉伸成了一条纵向的空间线（称为"要素线"），原来的连接被拉伸成了一个三维的带状面，而原来的造型就被拉伸成了一个带状的空间实体。这就是 Civil 3D 中道路建模的基本思想。

然而，在实际构建道路模型的过程中，并不是简单的拉伸形体，而是按照指定的步长将装配铺设到三维的道路中心线上，然后用折线连接起来。为了准确的构建道路模型，也为了处理更复杂的种种情况（如交叉路口等），因此 Civil 3D 引入了"代码"的概念，并使用代码来控制道路模型的建立。什么是代码？简单来说，代码就是为几何单元（点、连接、造型）创建的文字名称（可以用中文也可以用英文）。代码的使用没有任何限制——每个几何单元可以没有代码，也可以有一个或多个代码（输入多个代码时，用逗号分隔）；不同的几何单元也可以拥有相同的代码。我们建议是使用具有工程含义的文字（如路拱、路肩边缘等）作为代码，这样在后续的设计工作中会感到非常直观。

例如，图 7-2 所示是 Civil 3D 中预先提供的"基本车道"部件。

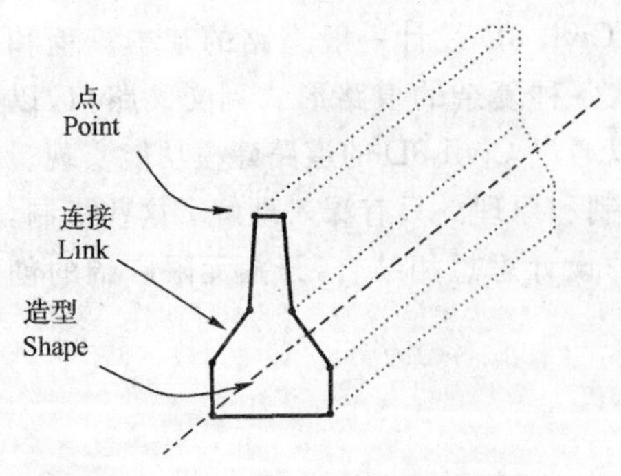

图 7-1 典型的部件示意图

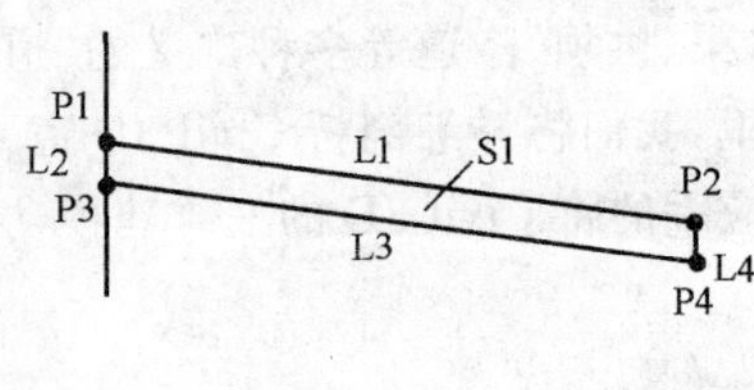

图 7-2 基本车道部件

该部件中有四个点（P1～P4）、四个连接（L1～L4）和一个造型（S1），并且为每个几何单元都预先指定了代码，如表 7-1 所示（注意 L1 和 L2 连接各有两个代码）。

表 7-1

几何单元	代码	描述
P1	路拱	建造面上的路拱
P2	行车道边缘	建造面上的行车道边缘
P3	路拱底基层	底基上的路拱
P4	行车道边缘底基层	底基上的行车道边缘
L1	顶部,铺装	铺装的建造面
L3	基准面,底基层	底基
S1	铺装 1	

图 7-3 是 Civil 3D 中一个典型的多层车道部件。在 Civil 3D 中,最多可以支持四层的车道构造。从上往下,四层的造型代码分别为:铺装 1、铺装 2、基层、底基层。五条连接的代码分别为:铺装、铺装 1、铺装 2、基层、底基层。此外,造型"铺装 1"和"铺装 2"还有一个共同的代码"铺装",因此在某些场合需要将两层合并考虑时(如合计这两层的体积量),可以使用该代码来同时访问这两层造型。而在连接"铺装"上也有另一个代码"顶部",这是因为几乎所有部件的上表面连接都带有这一代码,因此在需要获取所有部件的上表面时(如生成道路表面的曲面对象),就可以通过统一的"顶部"代码来访问所有部件。

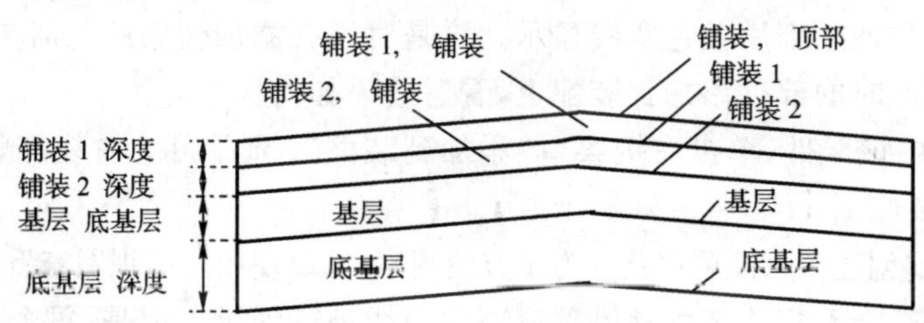

图 7-3 典型的多层车道部件

那么,这些代码在创建道路时起到什么作用呢?最基本的一个作用是,当 Civil 3D 沿着道路方向去连接相邻的装配时,拥有相同代码的几何单元就被连接起来。如果没有为部件的几何单元设定代码,那么虽然也能将部件铺设到路线上,但部件之间并不会连接起来。接下来,我们将通过一个简单的练习,手动创建一个部件来理解这一点。

7.1.2 从多段线创建部件

在本节中,我们的目的是使用多段线方式,手工创建一条小路的路面部件。为了便于测试我们创建的部件,请预先创建一个地形曲面、一条路线,并创建地形纵断面和设计纵曲线。然后,请按下面的步骤进行操作:

■ 在 Civil 3D 中创建一个装配对象。视窗会自动缩放到该装配所在的区域。

■ 在装配附近的区域,使用 AutoCAD 多段线创建一个封闭的形状作为路面,如图 7-4 所示。(这个例子并不严格要求尺寸准确,可以根据自己的想法进行设计。)

■ 菜单"道路->从多段线创建部件",选择多段线对象。在弹出的对话框中点击"确定",这样就创建了部件对象。(如果需要,可以在对话框中给这个部件取一个名字。)

■ 在图上选中该部件，会看到部件上有一个夹点，这是默认的部件原点。如果将部件添加到装配上，那么部件原点就附着到要添加的目标点上。如果部件原点不在左上角，那么请在部件上单击右键菜单"修改原点"，然后选择部件的左上角点(可使用对象捕捉以提高准确性)。

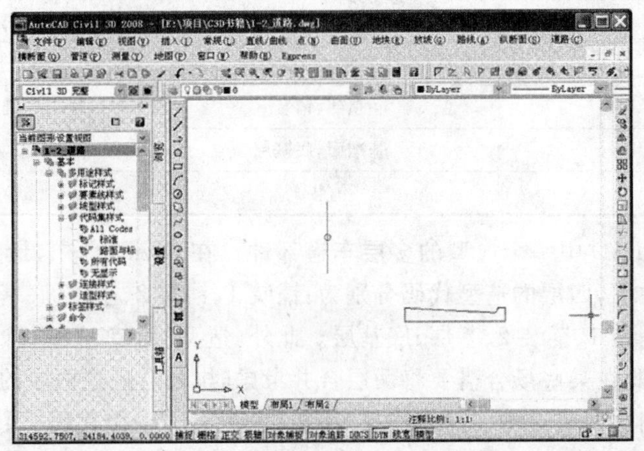

图 7-4　AutoCAD 的封闭多段线

如果使用的是 Civil 3D 2008 中文版缺省的样板文件，此时部件上的每个点都用灰色虚线圆圈标出，而每个连接都用黄色实线显示。这是对没有添加代码的几何单元的标准颜色。接下来，我们先把此时的部件添加到装配上，看看效果如何。

■ 在图上选中该部件，单击右键菜单"添加到装配"，选择图上的装配竖线。应该看到该部件被添加到装配上。

■ 使用该装配创建一条简单道路。为了方便观察，可以使用三维视图查看该道路模型。

如果操作正确，会看到该装配被沿着道路中心线进行铺设。但是，每个装配之间并没有被连接起来，而是相互独立(参见图 7-5)。这就是因为几何单元上没有附着代码。因此，我们需要为每个几何单元指定代码。

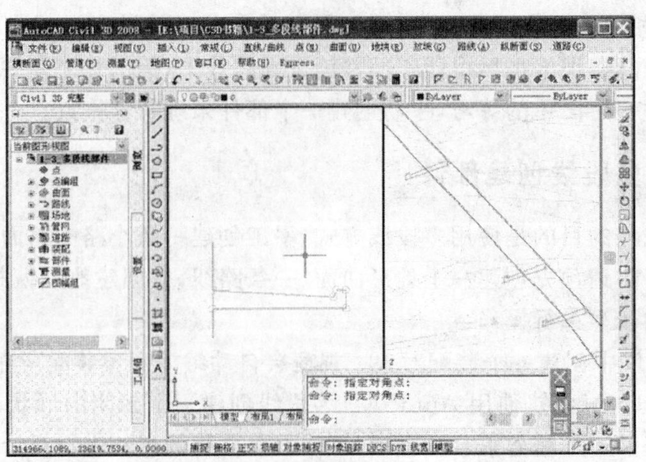

图 7-5　铺设装配

■ 在图上选中该部件，单击右键菜单“添加代码”。输入代码 P0，然后选择部件左上角的顶点。请注意添加了代码的点标记变为紫色实线。

■ 重复上面的步骤，按逆时针方向，依次为部件上的每个顶点添加代码(可命名为 P1～P5)。

■ 选中已生成的道路对象，单击右键菜单“重新生成道路”。可以看到此时的道路模型中，所有的点都被要素线连接起来，如图 7-6 所示。

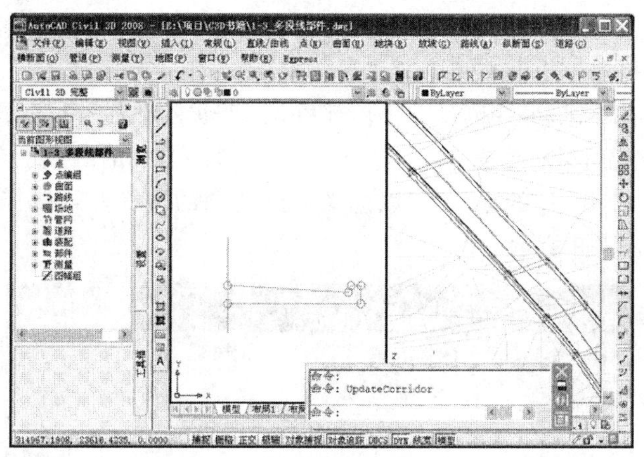

图 7-6 连接要素线

设置了点代码之后，Civil 3D 就使用要素线把装配连接成完整的道路模型。但为了更进一步进行工作(如创建道路曲面、土方计算等)，我们还需要给部件上的连接添加必要的代码。

■ 按图 7-7 那样继续添加代码，在部件上表面的三条连接上添加代码“Top”，部件底部的连接上添加代码“Datum”。注意添加了代码之后的连接使用蓝色实线显示。

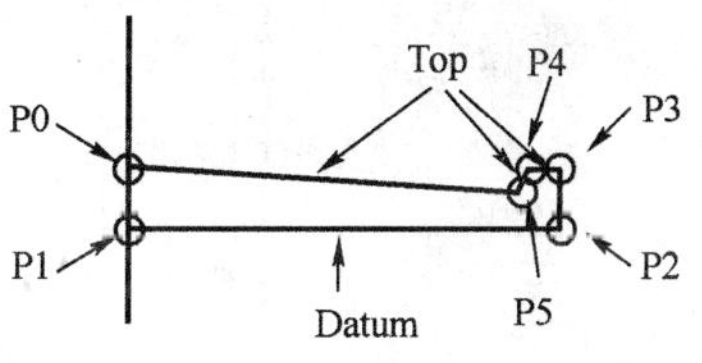

图 7-7 部件代码

■ 重新生成道路后，选中道路对象，点击右键菜单“道路特性”。在“曲面”页面上，先点击“创建道路曲面”按钮，在下方列表中生成一个新的曲面对象。然后在“数据类型”中选择“连接”，在“指定代码”中选择“Top”，点击按钮，将连接“Top”添加到曲面定义中，如图 7-8 所示。

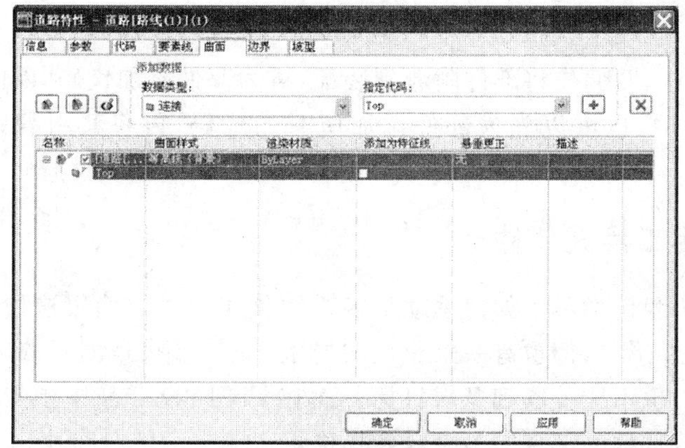

图 7-8 添加曲面定义

注意：在创建道路曲面时，我们必须指定从哪个连接创建曲面。这是因为 Civil 3D 允许从装配中的任何连接创建曲面，既可以创建道路表层的曲面(Top)，也可以创建道路底层的曲面(Datum)。因此，必须手动指定要使用的连接，然后把它添加到曲面定义中。

接下来，我们还可以为曲面指定边界。指定边界的方式在前面的章节中已有介绍。但需注意的是，只有当装配两侧的部件中都具有相同的点代码时，才能使用自动添加边界的方式。如果装配两侧的部件中没有相同的代码出现，就必须手动添加边界。在这个例子中，既然装配只有一侧才有部件，另一侧没有任何部件，因此也必须为之手动添加边界。

■ 在【道路特性】对话框中选中“边界”页面。在道路名称的结点上单击右键，选择菜单“交互添加”。按照 Civil 3D 的提示，可以选择道路两侧的边缘要素线作为封闭的边界。完成后的道路曲面如图 7-9 所示。

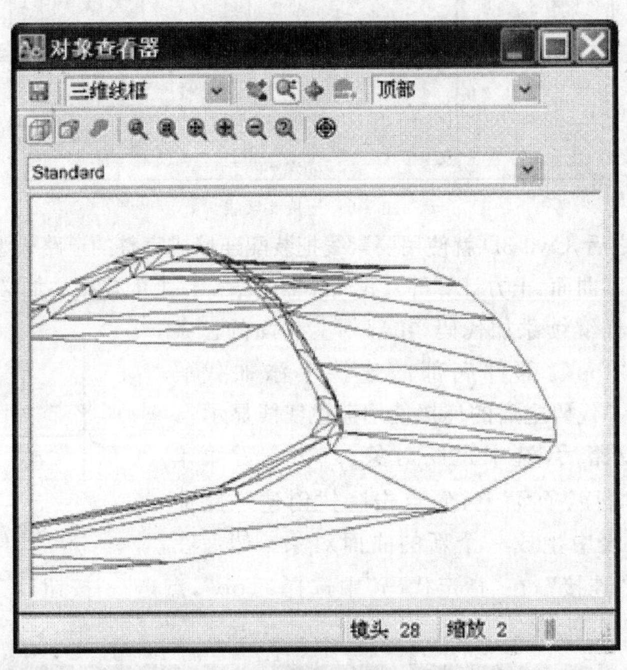

图 7-9 完成后的道路曲面

在上面的过程中，我们先将部件附着到装配，再为部件添加代码，以便观察代码的作用。在通常的设计过程中，也可以先为部件添加所有的代码，再将其附着到装配并生成道路模型。

7.1.3 使用工具式部件

上面的例子中，我们学习了如何手动从多段线创建部件。使用这种方式可以很容易的创建任何想要的部件形状，但也有一个很大的局限，即其形状是固定的，无法通过设计参数来调整部件的形状，也不能关联到逻辑目标。而在 Civil 3D 产品中预先提供的部件几乎都是带有设计参数的，这样的部件能为设计者提供更大的灵活性。在这一节中，我们将介绍如何使用初级工具式部件进行设计。与以前介绍过的高级工具式部件(如车道或路肩部件)相比，由于高级工具式部件已经预先绑定了代码，因此设计人员无需手工干预；而在初级工具式部件中并未预先指定代码，因此设计人员还需要手动为部件添加代码。前者更为强大、易用，而后者更为灵活，赋予设计人员更多的自由。

下面，我们通过一个实际的例子，来学习如何使用工具式部件进行道路设计。但这个例子并不是一条真正的道路，而是一个简单的坝体。而这里我们要使用两个部件：

◇ **"连接宽度和坡度"**：按照给定的宽度和坡度绘制一条直线段。

◇ **"指向曲面的连接坡度"**：按照给定的坡度绘制一条直线段到给定的曲面。

具体的操作如下：

■ 打开图文件"1_4 工具式部件.DWG"。图上已经有了地形曲面"山地"、路线、设计纵曲线，以及一个空白的装配对象。接下来我们设计一个简单的坝体横断面。

■ 打开部件工具选项板，在"公制－常用"页面上选择"连接宽度和坡度"部件。

■ 在弹出的特性选项板上，输入参数如图 7-10 所示。注意，其中要手动指定点和连接的代码。

■ 点击图中的装配对象，将部件添加到装配。

■ 继续在部件工具选项板的"公制－常用"页面上选择"指向曲面的连接坡度"部件。

■ 在弹出的特性选项板上，输入参数如图 7-11 所示。

高级

参数

版本	R2007
侧	右
宽度	5.000
坡度	0.00%
点代码	P1
连接代码	Top
忽略连接	否

图 7-10 参数设置

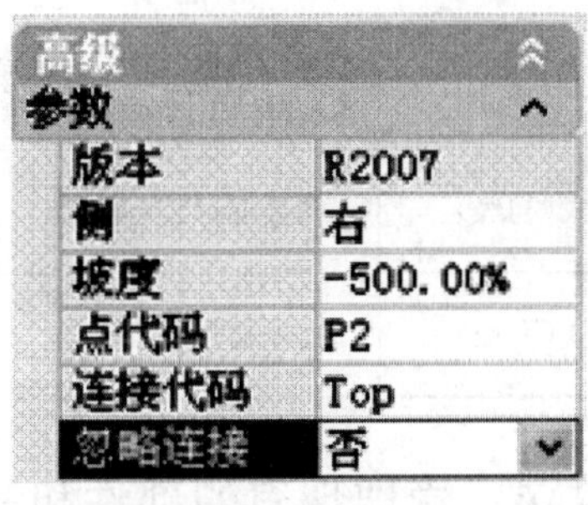
高级

参数

版本	R2007
侧	右
坡度	-500.00%
点代码	P2
连接代码	Top
忽略连接	否

图 7-11 参数设置

■ 将此部件添加到前一个部件上。此时的装配应如图 7-12 所示。

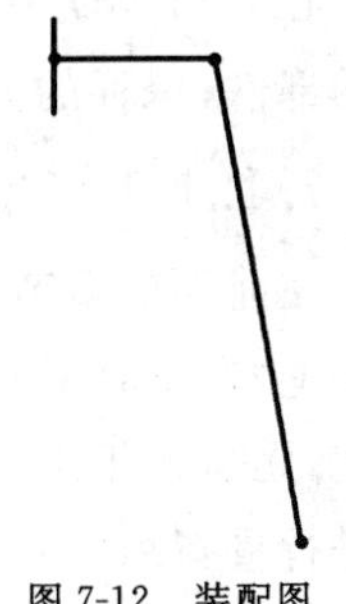

图 7-12 装配图

■ 按照对称的方式，在装配的左侧继续添加部件。（除了将"左侧"改为"右侧"，其他参数均相同。）

■ 菜单"道路->创建简单道路"。当提示选择基准路线、纵曲线、装配时，分别输入回车，并从对话框中选择"路线(1)"、"纵曲线(2)"、"装配(1)"。然后在"目标映射"对话框中选择"目标曲面"为"山地"。点击【确定】。

■ 现在，注意到左侧视口中生成了一个简单大坝模型，如图 7-13 所示。

从上面的例子可见，设计人员在使用初级工具式部件时，也能通过修改设计参数来灵活的搭建出任意横断面形状，甚至创建带有逻辑目标的对象（如边坡等）。但与高级工具式部件（如车道或路肩等）不同，这些部件本身没有工程含义，也没有绑定代码，因此用户需要为每个几何单元手动指定代码，以便正确地构建出道路模型对象。

总之，在 Civil 3D 中的部件可分为三类，归纳如表 7-2 所示。

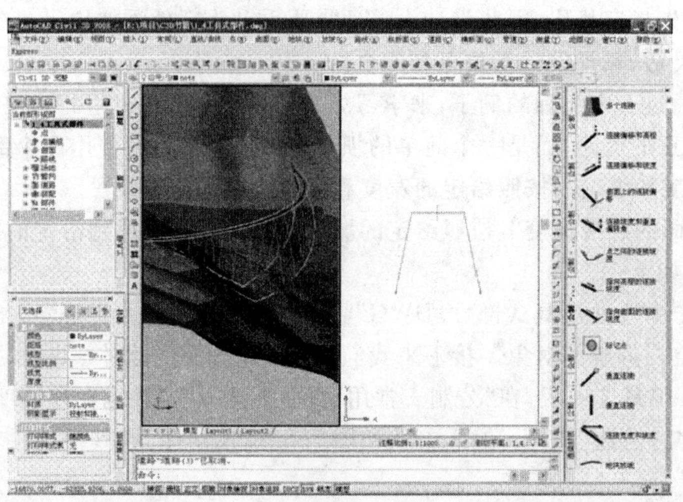

图 7-13　简单大坝模型

主要部件类型　　表 7-2

类　　型	创 建 方 式	指 定 代 码	灵 活 性	来　　源
图形式	使用多段线创建，不需学习编程知识就能快速创建	需要在创建后手动添加代码	形状固定，不能修改	产品中无预置
工具式(初级)	需要通过编程创建	需要在创建后手动添加代码	参数化，较为灵活	产品中预置
工具式(高级)	需要通过编程创建	预先绑定代码，不需人工干预	参数化，较为灵活	产品中预置

7.1.4　管理现有的部件和装配

在 Civil 3D 中的部件和装配，我们可以将其保存起来以供以后重复使用。针对不同类型的部件，保存的方式也有所区别。

7.1.4.1　管理工具式部件

在前面的章节中，我们已经看到如何从工具选项板上调用 Civil 3D 预置的工具式部件。事实上，在安装 Civil 3D 软件的过程中，已经自动将所有预置的工具式部件安装到工具选项板上，无需人工干预。但在有些情况下(例如，不慎删除了工具选项板或者希望对工具选项板进行重新组织)，我们需要重新把这些部件安装到工具选项板上，这是就需要使用“部件目录”工具。

“部件目录”就好像一个仓库，分类存放了 Civil 3D 中所有的预置部件。在 Civil 3D 中点击菜单“道路->部件目录”，就可以打开目录浏览器。在目录中，可以看到现有的部件分成三个大类：公制(Metric)道路建模、英制(Imperial)道路建模、中国规范运输设计。前两者是 Civil 3D 标准产品中提供的部件，后者是安装中国版本地化扩展包后提供的部件。每个大类下面再分小类管理所有部件。以“公制道路建模”为例，进入大类后看到的小类目录如

图 7-14 所示。

图 7-14　部件目录

继续点击相应的目录，即可进入部件列表。例如，在“C3D 公制快速入门部件目录”中列出的部件如图 7-15 所示。

图 7-15　C3D 公制快速入门部件目录

注意：每个部件图标的右下角都有一个蓝色的圆形①图标。当我们需要将部件从目录中安装到 Civil 3D 工具选项板时，只需在目录中选中要安装的部件（提示：按住 CTRL 键可选择多个），然后按住蓝色①图标将其拖放到工具选项板即可。

除了使用预置部件之外，用户也可以通过编程创建新的工具式部件，并将其添加到部件目录中。具体介绍不在本书的范围中，如有需要可查阅 Civil 3D 2008 帮助文件《AutoCAD Civil 3D 2008 Developer’s Guide》

7.1.4.2 管理自定义的图形式部件

正如前面小节中所述，普通用户要在 Civil 3D 中创建自定义部件，最简单的方式是使用多段线创建图形式部件。我们也可以把创建好的部件保存起来以供以后重复利用，这时就要利用 AutoCAD 的图块和设计中心功能。简单来说，就是把创建好的部件定义成图块保存起来。具体的操作是：

■ 在 Civil 3D 中创建好要使用的部件，包括指定好代码。

■ 输入 BLOCK 命令，将该部件创建为图块。给该图块指定一个名称，并且指定部件原点为图块基点。

■ 保存当前图文件。

在以后进行工程设计时，如果要在其他图文件中使用该部件，就可以通过 AutoCAD 设计中心来访问这个 DWG 文件，并把图块插入到当前图形中。操作方法是：

■ 菜单“插入->设计中心”。

■ 在设计中心的左侧文件夹列表中找到图块所在的 DWG 文件。展开该文件名称前的 [+] 号，然后点击其下的“块”结点。在右侧视图区域中即可看到该文件中定义的所有图块。

■ 选中要使用的部件图块，拖拽到当前图形区域中即可(图块的插入比例均为 1)。

■ 在图形区域中选择该图块，使用 EXPLODE 命令炸开，即将其还原成部件对象。

■ 选中该部件，右键菜单“添加到装配”，然后按照提示，选择要添加到的装配中的标记点，就把该部件附着到装配了。

为了便于对自定义部件进行查找和管理，我们推荐的方式是把所有的自定义部件都保存在一个专门的 DWG 文件中，即把它当成一个自定义的部件库。

另外，为了方便调用，我们也可以把一些常用的自定义部件添加到工具选项板上。操作方法是：

■ 打开部件图块所在的 DWG 文件(该文件应该已经保存过)。在图上选中部件图块，用鼠标拖放到工具选项板上(除了夹点之外，按住任何一点拖放即可)。这样就在工具选项板上创建了该部件的图标。

■ 以后要使用时，在工具选项板上点击该部件的图标，然后在图上点击空白处，就可以将部件图块插入到图上。最后炸开还原成部件对象。

需注意的是，在上述过程中，实际上是把该图块的访问路径(而不是完整的图块)添加到工具选项板上。因此，不能删除用于保存该图块的源图形文件，也不能改变路径，否则就找不到这个图块了。

7.1.4.3 管理装配

在实际的工程设计中，我们往往见到很多的道路项目，它们的横断面装配是完全一样的，或者只有部分参数不同。对于这种情况，我们还可以把做好的装配保存起来，以后在其他项目中直接调入该装配，无需重复创建。在 Civil 3D 中要调用以前的装配，有两种方式：同时打开当前设计的 DWG 文件(简称 DWG_1)和包含以前装配的 DWG 文件(简称 DWG_2)。从 DWG_2 的工具空间选项板上选中要复用的装配，然后将其拖拽到 DWG_1 的作图区域即可，如图 7-16 所示。

按照与管理自定义的图形式部件相似的方式，将所有可重用的装配制作成图块，保存在一个专门的DWG文件中。以后使用时，通过AutoCAD设计中心或工具选项板来访问。

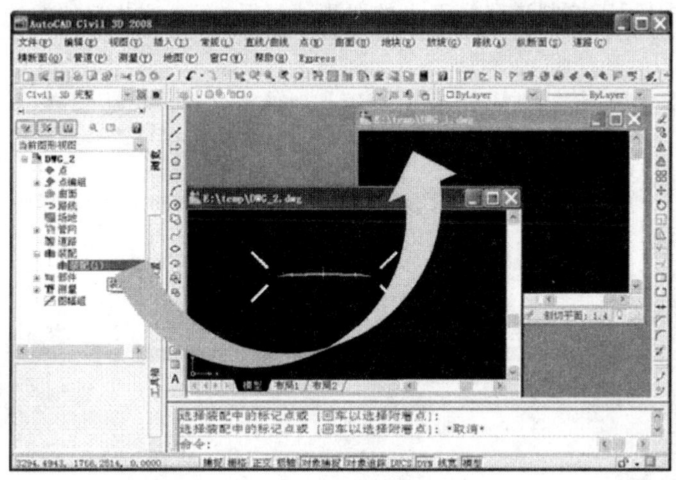

图7-16　拖拽装配

7.2　代码集的应用

7.2.1　代码集与代码映射

在Civil 3D中，也能够控制部件、装配、甚至道路模型和道路横断面的显示外观。但与Civil 3D中的其他对象不同，我们不是直接为这些对象指定样式，而是通过代码映射的方式进行控制。由于这几种对象都是由基本几何单元（点、连接、造型）组成的，通过代码映射，可以控制其中每个几何单元的显示，进而控制整个对象的显示。

在Civil 3D工具空间的设置选项板上，展开"基本"结点下的"多用途样式"，我们可以看到下面列出了标记样式、连接样式、造型样式等类型，它们分别用于点、连接和造型这三种几何单元的显示。而在Civil 3D图上，每个几何单元使用什么样式，是根据这个单元的代码决定的。简单来说，我们预先把每个代码关联到一个样式，当Civil 3D显示每个几何单元时，就会根据它的代码使用相应的样式。例如，假设把点的"路拱"代码关联到标记样式"标准"，并且把连接的"顶部"代码关联到连接样式"无显示"，那么当Civil 3D显示一个装配时，就会把该装配中所有的代码为"路拱"的点用"标准"样式显示，而把所有的代码为"顶部"的连接用"无显示"样式显示出来。这就是代码映射的基本原理。

预先指定的代码映射关系被保存在"代码集"中。图7-17所示是一个Civil 3D中国样板文件中预置的"路面与标签"代码集，我们可以看到其中的代码映射，除了连接的"顶部"代码之外，其他所有的代码都被关联到"无显示"样式。这意味着，除了道路顶部表面之外的所有几何单元在图上都不显示出来。此外，每个代码集中还有"＜无代码＞"和"＜默认设置＞"两项。前者对应于没有添加任何代码的部件，而后者对应于未在列表中列出的所有其他代码。

从图 7-17 可见，每种代码除了映射到样式之外，还有多种其他的对应关系，包括标签样式(用于在横断面图上自动创建标签)、渲染材质(用于道路模型的三维渲染)、材质面积填充样式和要素线样式(用于控制道路模型上的要素线显示)等。这些其他的选项我们将在后面逐渐介绍。

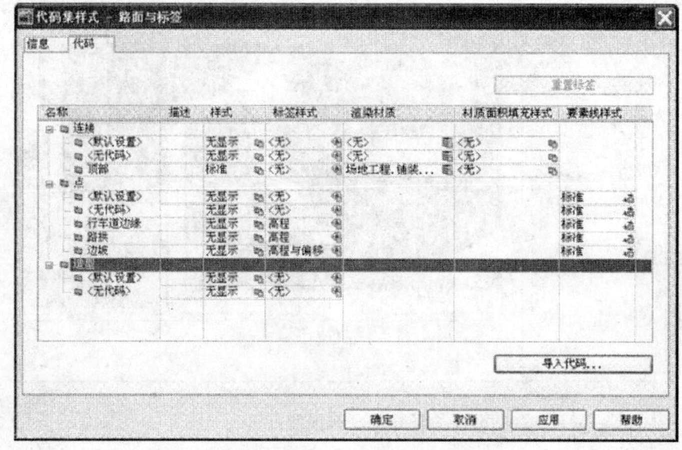

图 7-17 【代码集样式】对话框

所有已定义的代码集都存储在工具空间设置选项板的"基本->多用途样式->代码集样式"下面。例如，在 Civil 3D 2008 的中国样板文件中，就预置了图 7-18 所示的几种代码集。

图 7-18 预置的代码集样式

这几种代码集的用途和使用场合如下：

■ **标准**：未列出任何代码。使用标准样式显示所有几何单元，不添加任何横断面标签和渲染材质。适用于大多数常见场合的缺省代码集。

■ **所有代码**：列出所有代码。使用标准样式显示所有几何单元，不添加任何横断面标签和渲染材质。与"标准"相比，用户可以更容易的在"所有代码"的基础上进行定制。

■ **路面与标签**：专用于道路横断面成图的样式。在横断面图上仅显示路面顶部，并自动添加标签。

■ **无显示**:用于道路平面图,不显示道路的装配(横向分隔线),仅显示纵向的道路要素线。

■ **All Codes**:与“所有代码”相同,但列出所有英文代码。适用于从英文版 Civil 3D 生成的道路模型。

在下面的小节中,我们将更加详细的介绍如何使用代码集来控制道路模型在平面图、三维视图、横断面图上的显示和标注。

7.2.2 控制道路的平面外观

道路模型在平面图上的显示,主要由三部分内容组成:装配、要素线、坡型。下面依次介绍它们的控制方式。

7.2.2.1 道路模型中的装配

缺省情况下,道路模型使用的是“标准”代码集。这个代码集使用“标准”样式显示装配中的所有几何单元。因此,在平面图上可以看到道路模型中每个装配的插入位置上都有横线显示,如图 7-19 所示。

图 7-19 插入装配的位置

如果不希望在平面图上显示道路中的装配,那么可以使用“无显示”代码集。这个代码集使用“无显示”样式显示所有几何单元,因此它在平面图上不显示道路中的装配,但在三维视图中照常显示。具体的操作方式是:

■ 在图中选中道路模型,单击右键菜单“道路特性...”。

■ 在【道路特性】对话框中,选中“代码”页面,将“代码集样式”下拉框改为“无显示”,【确定】即可,如图 7-20 所示。

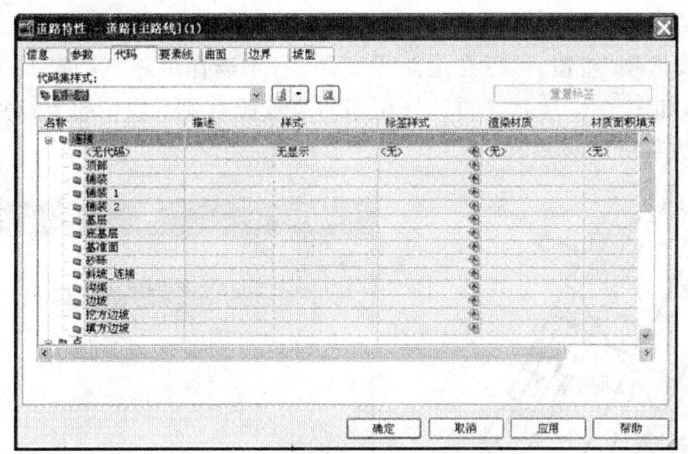

图 7-20 代码集样式“无显示”

7.2.2.2 道路模型中的要素线

要素线即是道路模型中的纵向线,它是由装配中的相同代码的点单元连接而成。缺省

样式下，道路模型中的要素线都是用白色实线显示。如果要为每条要素线指定不同的线型或颜色，我们可以在道路特性中选择要使用的要素线样式。具体的操作方式为：

■ 在图中选中道路模型，单击右键菜单“道路特性...”。

■ 在【道路特性】对话框中，选中“要素线”页面。在这个列表上，可以为每条要素线(要素线代码对应于装配中的点单元)选择显示样式。如有需要，还可以创建新的样式，参见图 7-21。

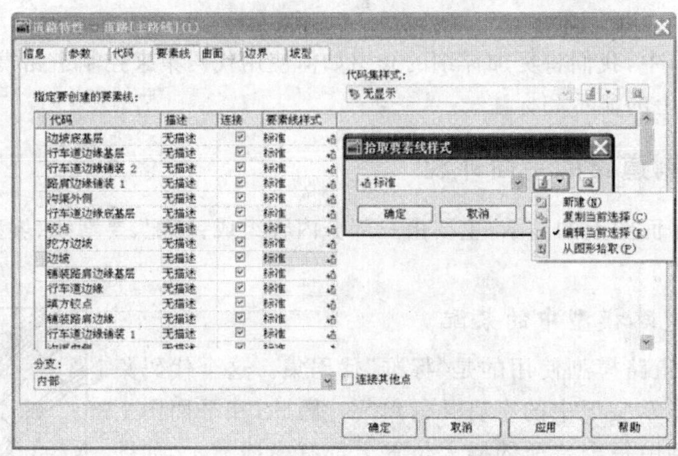

图 7-21 创建新的代码集样式

7.2.2.3 道路模型中的坡型

为了达到出图要求，我们还可以在平面图上为道路边坡添加锯齿状的示坡线，即坡型(参见图 7-22)。

坡型是一种特殊的填充样式，其作用是为了使道路图纸更美观。添加坡型时，需要指定它的边界要素线——通常是边坡和边坡铰点(即边坡与路面的邻接点)。具体的操作方式为：

■ 在图中选中道路模型，单击右键菜单“道路特性...”。

■ 在【道路特性】对话框中，选中“坡型”页面。

■ 点击“添加坡型”按钮，然后在道路平面图上，先选择道路右侧挖方区域的边坡要素线(“挖方边坡”)，如图 7-23 所示。再选择相邻的边坡铰点要素线(“挖方铰点”)。这样就添加了道路右侧挖方部分的坡型。

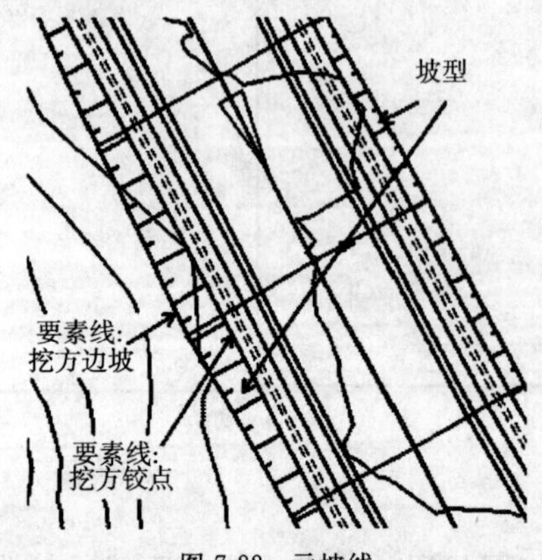

图 7-22 示坡线

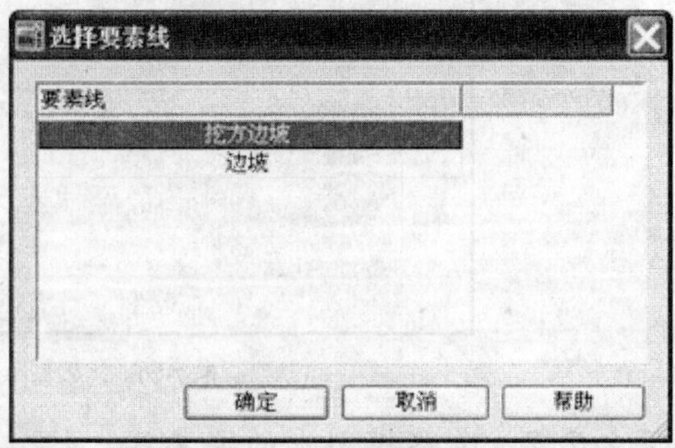

图 7-23 选择要素线

■ 为了更好的控制坡型的效果，道路两侧应分别添加坡型，而每一侧的挖方、填方区域也需分别添加坡型，因此一条道路上通常需指定四个坡型。继续重复第三步的操作，为道路右侧的填方区域、道路左侧的挖方、填方区域分别添加坡型，如图 7-24 所示。

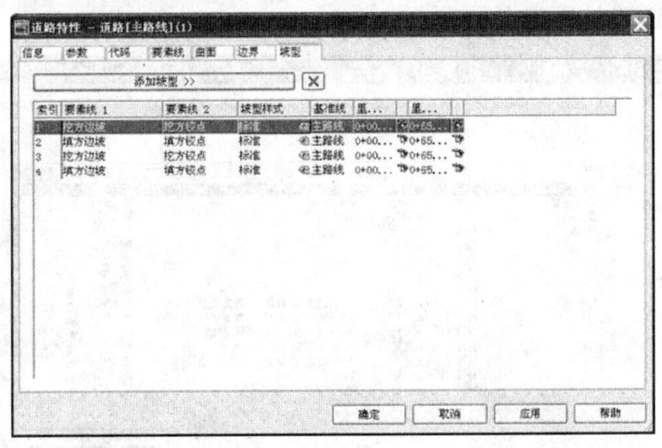

图 7-24　添加坡型

完成上述操作后，我们就为道路创建了平面图上的坡型填充。

7.2.3　控制道路的曲面和渲染

使用道路的代码，还可以用来控制道路曲面的创建。具体操作步骤在第 6 章中已经介绍。通过选择合适的代码，设计者可以从道路模型中任何一条连接创建曲面，无论是道路的上表面还是铺装层的分界线。道路曲面在可视化和土方计算中都非常有用。而在本节中，我们介绍 Civil 3D 2008 版中引入的一项新功能，即直接通过代码集样式控制道路的可视化外观。

其具体的操作方式为：

■ 打开图文件，在图中选中道路模型，单击右键菜单“道路特性...”。

■ 在【道路特性】对话框的“代码”页面上，单击“编辑当前选择”按钮，现在我们要对代码集设置进行修改，如图 7-25 所示。

■ 在【代码集样式】对话框的“代码”页面上，单击“导入代码”按钮，然后在图上选择该道路对象，回车后如图 7-25 所示。

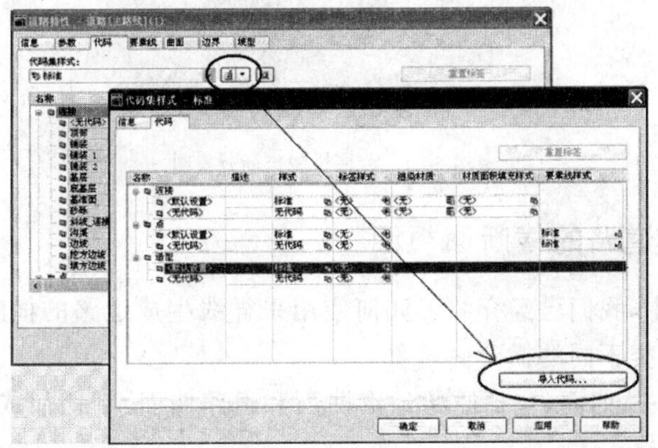

图 7-25　导入代码

■ 在【代码集样式】对话框的“代码”页面上，单击“导入代码”按钮，然后在图上选择该道路对象，回车。

■ 在对话框中，为合适的连接（对应着道路中的各个区域）选择想要的材质。例如，图7-26是一种常见的道路材质组合。

图 7-26　常见的道路材质组合样式

■ 材质指定完成后，点击【确定】两次，就完成了这一操作。效果如图 7-27 所示。

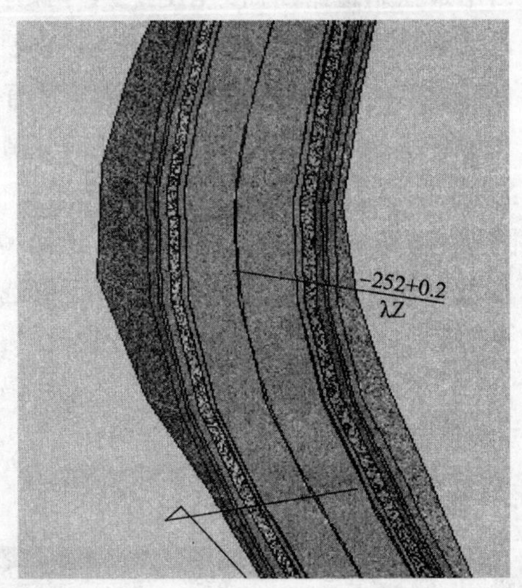

图 7-27　材质设置后的效果图

7.2.4　控制道路的横断面视图

在前面的章节中，我们已经介绍了如何使用采样线生成道路的横断面图。在横断面图上，我们可以创建两类不同的横断面对象：

■ **曲面横断面**：从曲面（包括原始地形曲面和道路曲面）剖切而成，使用样式控制它的显示外观。

■ **道路横断面**:从道路模型剖切而成,使用代码集控制它的显示外观。

曲面横断面的样式设置非常简单,因此不再详细介绍。这里着重介绍如何使用代码集控制道路横断面的显示,并自动创建标签。

7.2.4.1 控制道路横断面显示

在缺省状况下,道路横断面是使用"标准"代码集显示。该代码集使用"标准"样式显示装配中的所有几何单元。因此,在横断面图上我们可以看到道路装配的详细构造(如图 7-28 所示)。

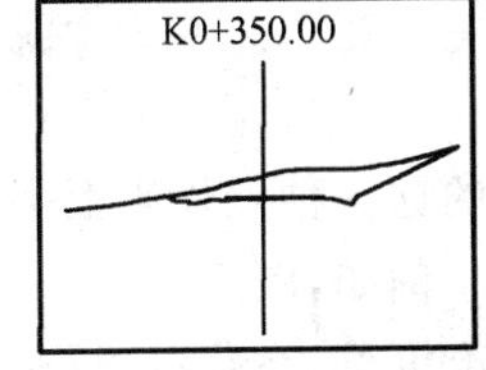

图 7-28 装配详细构造

但按国内一般习惯,在横断面图上并不需要显示详细的路面构造,而只显示道路的表面。因此,在 Civil 3D 的中国样板文件中预置了"路面与标签"这个代码集,专门用来控制道路横断面的显示和标注。

在图 7-29 中,我们可以看到"路面与标签"代码集的定义。在这个代码集中,除了"顶部"之外的任何代码都被关联到"无显示"样式,即在二维图上不显示出来。

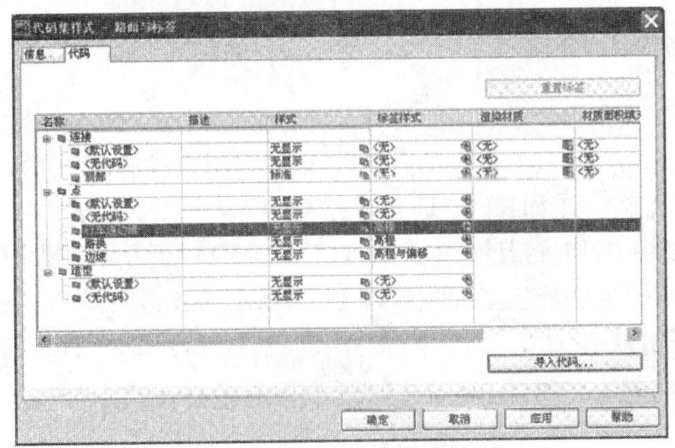

图 7-29 "路面与标签"代码集

要使用这个代码集显示道路横断面,只需在创建横断面或横断面图时,在对话框中指定即可。例如,图 7-30 是在【创建多个横断面图】对话框中指定代码集样式。

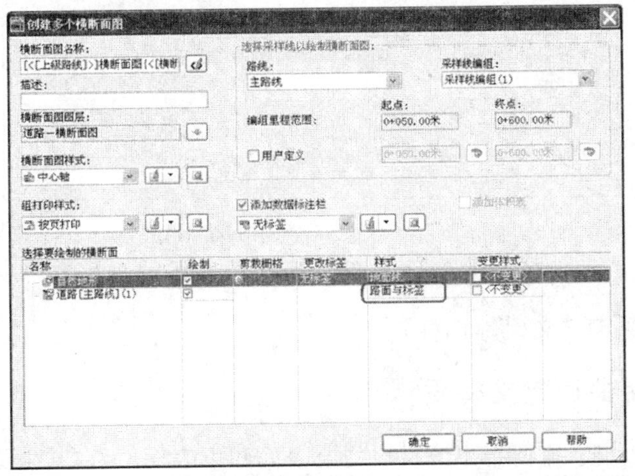

图 7-30 指定代码集样式

7.2.4.2 控制道路横断面标签

使用代码集，不仅可以指定几何单元的样式，还可以自动为几何单元在横断面图上添加标签。在 7.2.4.1 中我们看到了“路面与标签”代码集的定义，其中对于“行车道边缘”、“路拱”、“边坡”这三个点代码，除了指定标记样式以外还指定了标签样式。这意味着，在横断面图的这三种点代码上会自动附着相应的标签。

例如，图 7-31 是一个使用该代码集的横断面实例。从图上可见，在路拱、行车道边缘上都自动标注了高程，而在边坡点上同时标注了高程和偏移(相对道路中心线)。当然，如果预置的标注格式不能满足要求，也可以在此基础上进行自定义。(关于标签样式的自定义方式，请参阅第 9 章。)

使用这种方式，每当创建横断面图时，就会自动在图上添加横断面的标注，无需人工干预，因此非常方便。

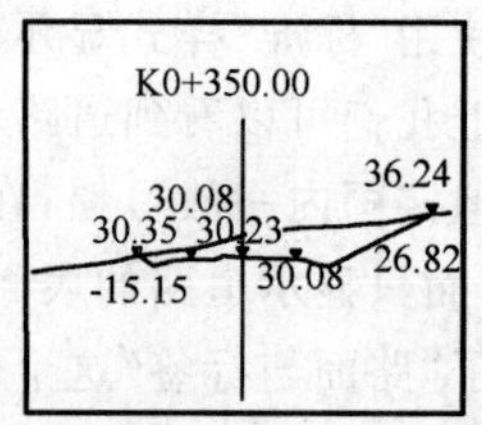

图 7-31 使用该代码集的横断面实例

7.3 道路的土方计算

在前面的章节中，我们已经学习了如何对道路进行土方计算，以及在横断面图上生成土方计算表。Civil 3D 中的土方计算具有极大的灵活性，能根据用户需求，自由的定义计算的方式和内容(这称为土方计算规则)。正如我们前面看到的，Civil 3D 中已经预先定义了常用的规则可以直接使用。而在这一节中，我们将帮助大家深入理解 Civil 3D 中土方计算规则的含义。

我们先看一下 Civil 3D 中预定义的“标准”土方规则。在工具空间的设置选项板上，展开目录“土方计算->土方计算规则”，然后双击“标准”结点将其打开，弹出的对话框如图 7-32 所示。

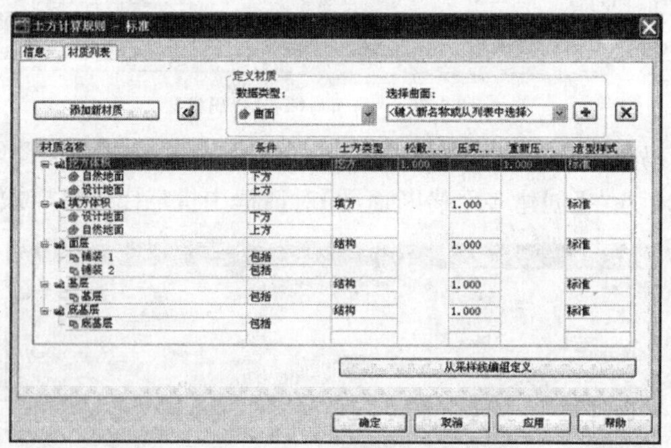

图 7-32 【土方计算规则】对话框

在这个对话框中我们可以看到，Civil 3D 中定义的土方材质分为两类：通过曲面定义(图标)和通过造型定义(图标)。

7.3.1 使用曲面定义材质

使用曲面定义材质，需要指出该材质的上表面和下表面。例如，上面对话框中的“挖方体积”被定义为：位于“自然地面”下方、“设计地面”上方的材质。而“填方体积”正好相反(参见图 7-33)。

于是,Civil 3D 通过曲面之间的空间计算来求出相应的土方体积。当我们要计算整个道路对象的挖填方量时,这种方式非常方便。

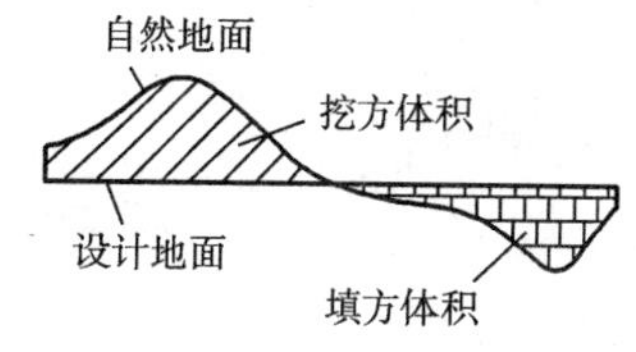

图 7-33　填、挖方体积示意

例如,要计算道路中的挖方体积,添加材质定义的操作步骤如下:

■ 先点击“添加新材质”按钮,下方列表中就出现新的材质(单击材质名称即可重命名)。

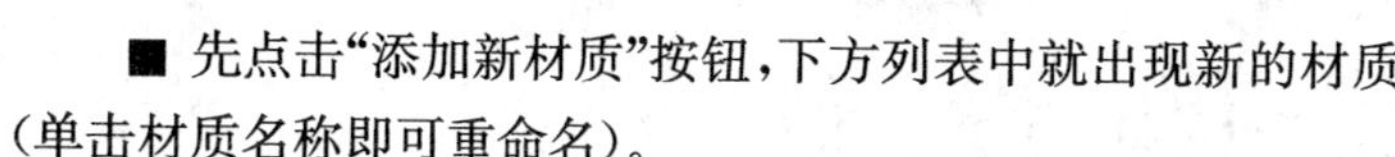

■ 在材质列表中指定土方类型为“挖方”。如果需要考虑挖填过程中的土方体积变化,还可以指定挖方的松散系数(及填方的压实系数)。

■ 在右上方的“定义材质”区域中,选择数据类型为“曲面”,然后再分别输入“自然地形”和“设计地形”作为两个曲面名称,点击“+”号将其添加到材质定义中。

■ 在材质定义的列表中,针对两个曲面,分别指定合适的条件(上方/下方)。

这样就定义了一个新的材质。同样的,还可以再定义一个材质作为填方体积。

注意:在 Civil 3D 2008 中,也可以指定材质的土方类型为“土方”,并且输入“自然地形”作为土方计算的基点曲面,输入“设计地形”作为土方计算的比较曲面。这样只需定义一个材质即可同时计算挖方和填方量,如图 7-34 所示。

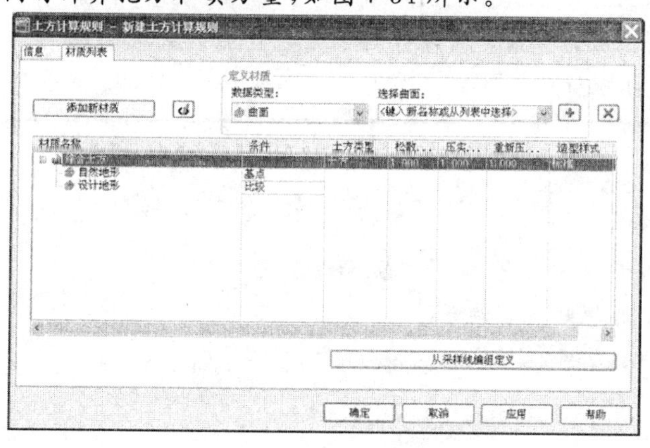

图 7-34　新建土方计算规则

7.3.2　控制道路横断面显示

有些情况下,我们希望求出道路结构中某一特定材质的使用量,如路表沥青(铺装层)的总用量等。这时可以直接使用部件中的造型代码来定义材质。例如,图 7-3 就是一个典型的多层车道部件的示意图。假设我们希望求出“铺装 1”材料的体积,即可定义一个材质对应于“铺装 1”代码。具体操作方式与上面(1)中的相似,但需选择定义材质的数据类型为“道路造型”,同时在材质列表中选择土方类型为“结构”。

定义了土方计算规则之后,就可以在创建道路横断面时选择合适的规则进行计算,并且在横断面图纸上自动生成道路土方表。

第 8 章 管网设计

本章简介

➤基本概念：三维管网概念、管网的设计流程、零件列表、管网设计规则。

➤创建管网：平面图上创建管网、纵断面图上调整管网、横断面图上绘制管网。

➤编辑管网：根据规则校核管网，自动干涉检查。

➤零件生成器：修改和创建零件的基本概念。

➤管网标签：添加和调整管网零件标签。

本章主要介绍 AutoCAD Civil 3D 2008 的三维管网概念和绘制方法，并且利用规则和干涉检查功能快速识别管网可能存在的冲突并且加以编辑调整，最后通过基于样式的标签功能自动添加相应标签。

学习要点

➤重点理解三维管网的概念，设计流程和绘制方法。

➤理解管网的设计规则和自动干涉检查。

➤掌握添加管网的零件标签

➤了解零件生成器。

管网设计是 AutoCAD Civil 3D 2008 针对地下管网（如雨水管、生活污水管等）的设计功能。其通常的设计流程是，在已建立好的三维地形曲面上，按照设计规则，使用管网零件，进行三维管网布局；然后在自动生成的，并且与平面图动态关联的纵、横断面图上精确调整管网零件；最终以三维方式审核管网的设计，自动进行零件之间的碰撞检查，再添加上相应的管网标签，完成整个管网的设计。

在这一章用户不仅可以学习到如何一步步地进行管网设计，还可以了解到零件生成器的基本概念为用户修改和创建零件打下基础。

8.1 基本概念

AutoCAD Civil 3D 2008 是一款拥有动态关联特性、智能化的三维建模设计软件。在前面的章节中大家已经学习了如何利用三维建模原理来进行道路设计。与道路设计相类似，管网的设计同样也是基于三维建模。所以，在学习《管网设计》这一章时，我们需要重点掌握，管网设计中的相应术语和概念。只要概念理解清晰了，那么操作是很容易上手的！

8.1.1 Civil3D 中的管网概念

管网，在 AutoCAD Civil 3D 中是一个包含整个设施系统（如雨水管网络、生活污水管网络等）的网络，用于管理形成管网的管道对象和结构对象，可以被当作一个容器。

通常，我们在创建了管网后，管网会被列在【工具空间】的【浏览】选项卡中的【管网】下的【网络】集合中，以自定义的网络名称来管理其下的管道对象和结构对象。

8.1.1.1 管网对象

我们把组成管网的管道和结构称为管网零件或管网要素。一般情况下，管网都是由管道与结构互相连接形成的，当然也有特殊的情况，如只有管道，那么下面我们就分别来解释一下管网中几个对象的概念。

■ 管道简单的解释就是用来表示设施网络（如雨水管网或者污水管网）中的直管或弯管，在图形中的三维管道，横截面的造型和现实中的一样也分为圆形，矩形等，材料也有很多种（如混凝土、PVC 等），如图 8-1 所示。

图 8-1　管道对象

另外在 AutoCAD Civil 3D 中，管道对象有以下常用的术语：

◇ **管底内壁**：管道内侧底部的高程。也称为流线。

◇ **拱顶**：管道内侧顶部的高程。

◇ **管道中心线高程**：管道中心线的高程。

◇ **覆盖层或深度**：是指管道最顶部外部上方的材质的深度。

◇ **坡度**：表示管道的陡峭程度的测量单位。对于管道，坡度由通过垂直高度比水平宽度来定义，其中垂直高度是指沿管道长度上水平宽度的高程差（水平测量）。坡度通常以百分比表示。例如，管道坡度为 2%表示对于每 100 英尺管道水平长度，管道上升 2 英尺。

> **注意**：在 AutoCAD Civil 3D 中，坡度可以在图形的对话框或标签中以多种方式表示。（如："垂直高度：水平宽度"、"水平宽度：垂直高度"、"百分比"）

■ 结构

结构是用来表示设置在网络中的，有某种用途的项目（如检修孔、滤污器和端壁等），如图 8-2 所示。

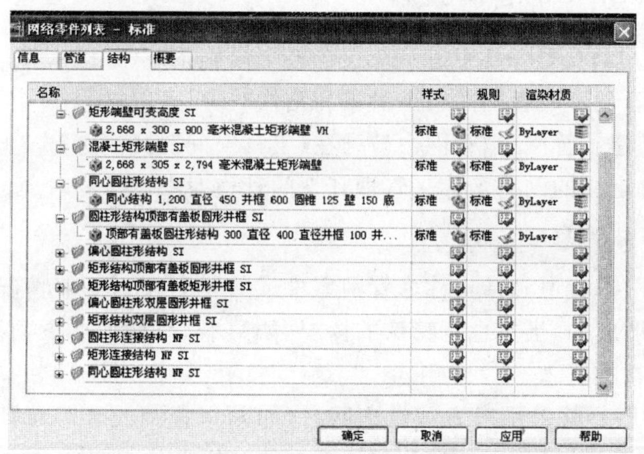

图 8-2　结构对象

结构造型本身比管道造型更加复杂，如图 8-3 显示了典型连接结构上组件的位置和术语。

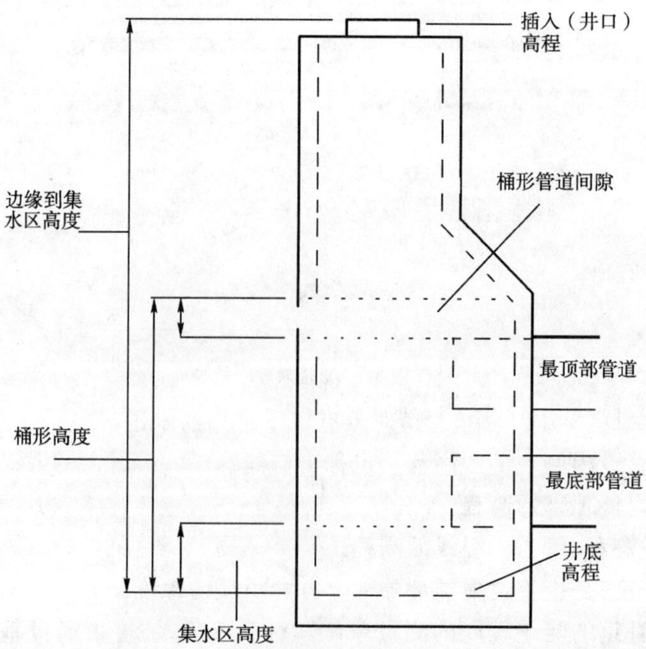

图 8-3　典型连接结构

◇ **井口**:检修孔或集水池(连接)结构的顶部高程。

◇ **框架**:检修孔上覆盖层的支撑物或集水池的格栅。框架、覆盖层和格栅的顶部高程通常与插入(井口)高程重合。

◇ **覆盖层**:检修孔的顶部入口覆盖层,用于维修或检查检修孔。覆盖层通常为圆形,也可以为三角形,以便在将其卸下时,其不会落入检修孔中。此覆盖层位于框架中且通常由铸铁制成,俗称井盖。

◇ **格栅**:集水池的顶部开口,通常包含许多开口,以使曲面上的水可以流入结构。格栅位于框架中且通常由铸铁制成。格栅可以是各种造型,但通常为圆形或正方形。

◇ **井底**:井底是指连接结构内侧上的管底内壁区域或小室,如集水池。井底有时用作收集碎屑的蓄水池。

◇ **井底深度**:是指从结构内侧最底部到连接到它的所有管道最低管底内壁之间的距离。特定类型结构的井底深度可以根据设计需求变化。通常,检修孔没有井底深度。

■ 空结构

空结构是一种特殊类型的结构对象,顾名思义,没有任何实际的结构造型,只是起到连接的作用。例如,将一个管道直接连接到另一个管道时,会自动在两个管道之间插入空结构。

> **技巧**:在 AutoCAD Civil 3D,空结构的对象和其他类型的结构对象一样,但是我们可以将某个样式指定给空结构,以使它们在图形中不可见。

■ 零件目录

AutoCAD Civil 3D 附带了一个管网零件目录,其中包含了可以插入到图形中的所有管网零件的定义。我们可以用表 8-1 来清晰的表示组成管网的,以造型和零件材料来组织的各种管道造型和结构造型。

Civil3D 默认零件目录组织表　　表 8-1

管网对象	零件域	零件类型	零件造型	零件族(材料)
管道	管道	管道	圆形	混凝土
				铸铁
				PVC
			卵形	混凝土
			椭圆形	混凝土
				混凝土水平
			矩形	混凝土方形
结构	结构	入水/出水口	矩形	混凝土可变高度
				混凝土
		带框架的连接	矩形	顶部有盖板的圆形框架
				顶部有盖板的矩形框架
				双层圆形框架

续上表

管网对象	零件域	零件类型	零件造型	零件族(材料)
结构	结构	带框架的连接	圆柱形	顶部有盖板的圆形框架
				同心
				偏心
				偏心双层圆形框架
		无框架的连接	矩形	矩形
			圆柱形	同心
				圆柱形
空结构	结构	无	无	无

8.1.1.2　管网样式

在 AutoCAD Civil 3D 中，我们设计的管网都是利用管网零件来绘制的，而上面我们已经看到了管网零件都是具有三维造型的。当首次创建管网时，管道对象和结构对象将通过它们所参照的零件列表中的定义，来获取它们的默认显示样式和渲染材质，在将管道和结构插入到图形中后，可以使用【管道特性】或【结构特性】对话框来更改管道或结构对象的样式；也可以分别指定管道和结构在平面图、纵断面图和横断面图中的各种样式和显示特性。

在 AutoCAD Civil 3D 2008 的中国样板文件中已经附带了常用的管网样式，如图 8-4 所示，是附带的管道样式。

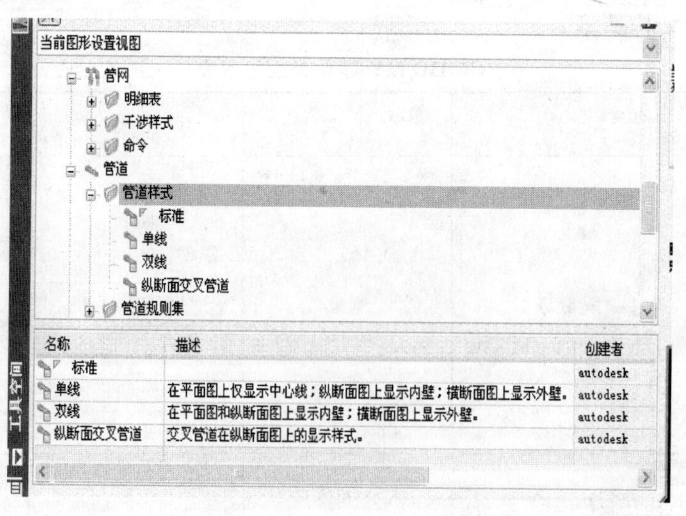

图 8-4　附带的管道样式

如图 8-5 所示，是附带的结构样式。

我们可以直接使用这些样式来有效地控制管网对象的图形显示，满足不同用户和不同项目阶段的需要。

8.1.2 管网设计流程

在 AutoCAD Civil 3D 中，管网的设计分解成多个步骤，首先在进行设计前，我们应该具有相应的基础数据(如三维地形曲面和路线)，同时按照设计需要指定管道和结构的显示样式；然后在指定的零件列表中选择合适的零件进行绘制，在平面图上布置完管网后，可以将管网显示在纵断面图和横断面图中；最后检查管网是否有零件冲突，并根据需要调整编辑管网。

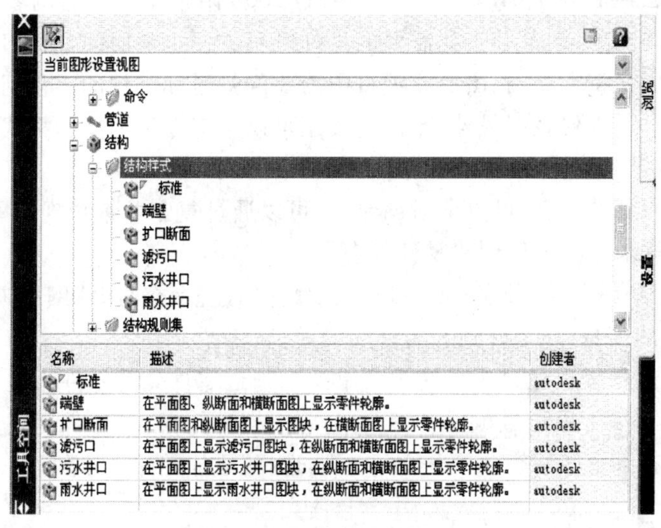

图 8-5　附带的结构样式

一下图 8-6 概括了管网设计的基本流程。

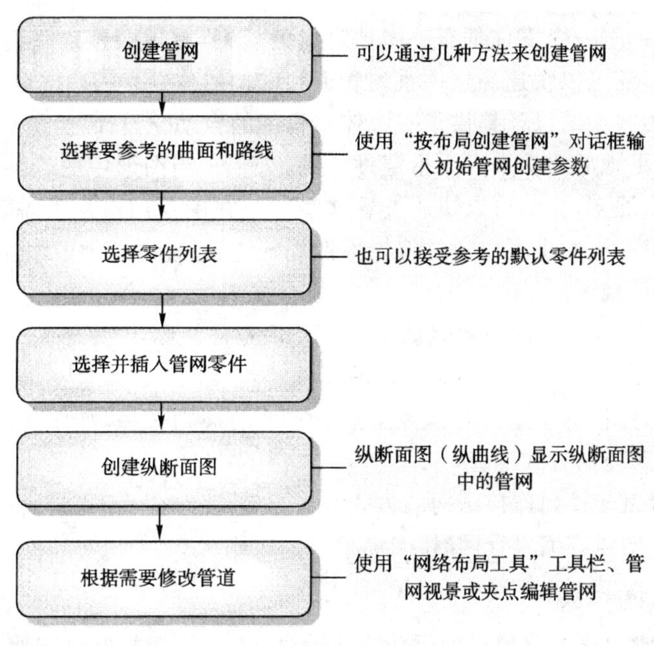

图 8-6　管网设计基本流程

> **注意**：我们可以通过 LandXML 功能把已有的管网数据导入 AutoCAD Civil 3D 中生成管网，当然也可以通过 LandXML 功能导出管网数据。

8.1.3 定义零件列表

在前面我们已经看到了 AutoCAD Civil 3D 2008 附带了一个管网零件目录，但是这个零件目录包含了许多项，浏览和查找需要的零件既不方便也费时间，所以可以根据设计需要来创建一组仅包含在特定管网、图形或项目中需要的管道和结构的零件列表，也可以根据项目的不同创建多个零件列表。另外，零件列表还可以指定零件的显示样式、渲染材质和设计规则的默认值，这样对我们设计可以起到事半功倍的效果。

定义一个新的零件列表，可以全新创建，也可以通过复制并编辑现有零件列表得到一个新的列表。下面就来看看如何创建零件列表：

■ 选择下拉菜单【管道】下的【零件列表】下的【创建】命令打开【网络零件列表】对话框。

■ 输入相应的信息，如零件列表名称和描述。

■ 在【管道】选项卡里通过鼠标右键菜单添加管道零件到此零件列表里。

■ 在【结构】选项卡里通过鼠标右键菜单添加结构零件到此零件列表里。

■ 然后可以在某个零件族上单击鼠标右键，选择【添加零件尺寸】，添加需要的零件尺寸。

8.1.4 设计规则

设计规则就是指在创建、移动或编辑管网零件时，需要遵循的行为方式特性，也称为零件规则。

在零件列表中的每一个零件都有一组预定义的规则，零件的预定义规则能够为管网设计确定良好的起点，还可以快速确定一系列管道和结构的位置是否确实可构建，自动验证管网的设计，这样就为我们的设计提供了一个较高程度的自动化设计，当然我们还是可以根据自己的判断或特殊场地的要求来人为指定设计的。例如，当图形中的管网零件违反了规则参数值时，将会发出通知，我们可以快速查看这些冲突并确定用户是否需要编辑图形，或者是允许这些规则冲突；我们也可以通过编辑零件规则值、通过向零件中添加规则或从零件中删除规则来更改默认规则。

AutoCAD Civil 3D 中管网对象以以下方式使用零件规则：

■ 用于确定在创建管道和结构时它们的高程。

在创建零件时，零件的特定高程行为是基于零件的规则选择，如定义结构的最小坡度、最小覆盖层及所需落差的方式等。

■ 用于确定管道连接到连接结构的方式。

■ 用于警告在创建或编辑管网时，未满足特定规则。

8.1.4.1 管道规则

管道规则就是管道所需要遵循的行为方式特性，主要用于控制创建管道对象时确定管道对象高程的方式；还用于标志超出特定值（如最大长度）的状态，如图 8-7 所示。

在 AutoCAD Civil 3D 2008 中预制了四种管道规则，分别如下：

■ 覆盖层和坡度规则

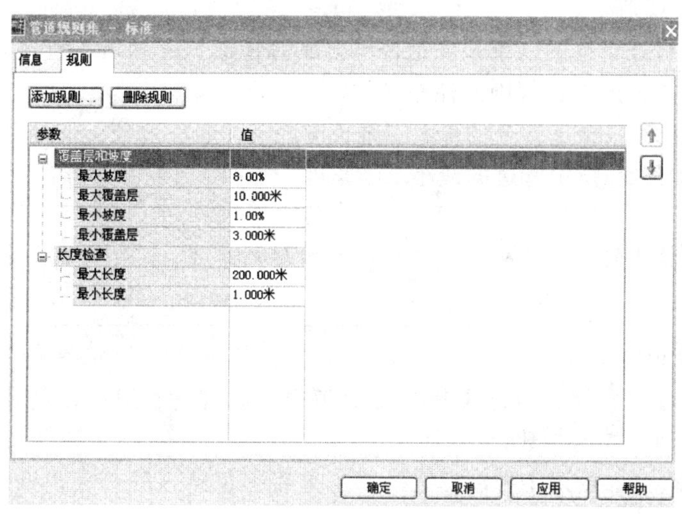

图 8-7　管道规则

此规则用于确保管道正确倾斜，当管道放置到距离地面曲面过近的位置(小于最小覆盖层)时发出警告。绘制管道时，管道将尝试处于最小和最大覆盖层值范围内，除非达到了最小或最大坡度。这时，如果违反了此规则，则将超出最大覆盖层距离以满足最小坡度的要求。

下面是覆盖层和坡度规则的控制参数，我们逐一来解释：

◇ **最大覆盖层**：指定管道长度上土壤的最大覆盖层(基于该管道所参考的曲面)。

◇ **最大坡度**：指定管道的最大坡度，以百分比表示。如果管道坡度大于最大值，则该对象将出现违反规则的情况。

◇ **最小覆盖层**：指定管道上土壤的最小覆盖层(基于该管道所参考的曲面)。

◇ **最小坡度**：指定管道的最小坡度，以百分比表示。

当管道与结构连接时，此规则将确保以下内容，并且第一个管道具有最高优先级：

◇ 结构的连接位于结构规则指定的位置(如果已指定)；

◇ 管道始终使用最小坡度以正确的方向倾斜，除非这与连接的结构冲突；

◇ 最小覆盖层将保持不变，除非这与连接的结构冲突。

■ 仅覆盖层规则

此规则顾名思义，主要控制管道满足管道长度内的高程在最大和最小覆盖层之间，并且还可以验证沿管道的任何长度是否与最小和最大覆盖层的值冲突。下面是仅覆盖层规则的控制参数：

◇ **最大管道覆盖层**：指定管道上土壤的最大覆盖层(基于该管道所参考的曲面)。

◇ **最小管道覆盖层**：指定管道上土壤的最小覆盖层(基于该管道所参考的曲面)。

◇ **起点覆盖层**：指定管道起点处的覆盖层。

◇ **终点覆盖层**：指定管道终点处的覆盖层。

> **注意**：对于延伸的管道，也将被适用于【起点覆盖层】和【终点覆盖层】两个参数。

■ 长度检查规则

此规则用于检查管道的二维长度是否超出最大管道长度和最小管道长度，如超出将会发出通知。下面是长度检查规则的控制参数：

◇ **最大管道长度**：指定管道的最大二维长度。

◇ **最小管道长度**：指定管道的最小二维长度。

> **注意**：对于管道的测量是从管道的起点到管道的终点，不是从结构的内侧边缘开始测量。

■ 管道到管道匹配规则

此规则用于仅包含管道的管网中，控制管道插入到现有管道中以断开管道时确定管道的高程。主要有两个控制参数：

◇ **匹配位置**：此参数用于控制插入的管道是否保留管道的管底内壁、拱顶或中心线高程（位置）。

◇ **落差值**：落差值允许在管道到管道的连接处指定附加落差量。

一般在以下条件过程中才应用此规则：

◇ 创建仅包含管道（没有结构）的管网。

◇ 使用另一管道断开现有管道。

◇ 将管道连接到空结构（管道到管道的连接，没有结构）。

◇ 将管道连接到现有管道终点。

8.1.4.2 结构规则

结构规则主要用于控制在管网对象创建过程中如何放置结构对象并调整它们的大小，还可以确定连接管道的高程。还有一种规则用于标志由于太粗而无法连接到结构的管道，如图 8-8 所示。

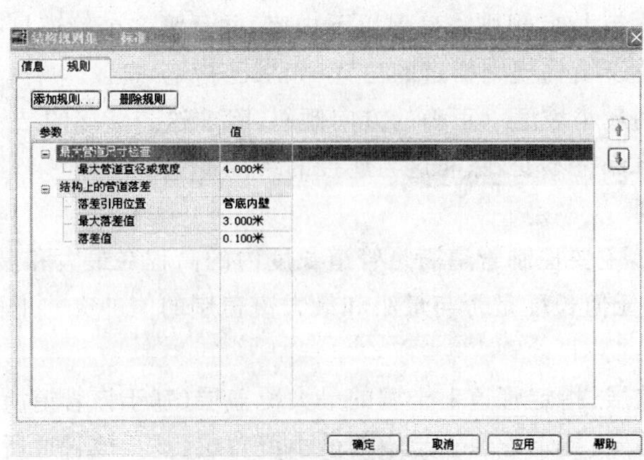

图 8-8 结构规则

在 AutoCAD Civil 3D 2008 中预制了三种结构规则，分别如下：

■ 结构上的管道落差规则

此规则用于控制进入和退出单个结构的所有管道之间的落差值，落差基于管道的拱顶、管底内壁或中心线之间的对照，并且满足下面的条件：

◇ 退出结构的管道不能高于进入结构的最低管道，如图 8-9 所示。

◇ 进入结构的管道不能低于退出结构的最高管道，如图 8-10 所示。

◇ 在最低引入管道和最高引出管道之间始终有一个指定的最小落差距离，如图 8-11 所示。

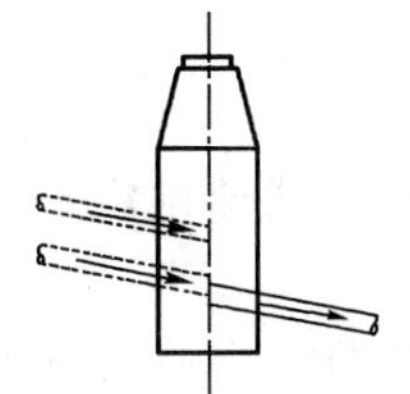

图 8-9　管道落差规则示例一

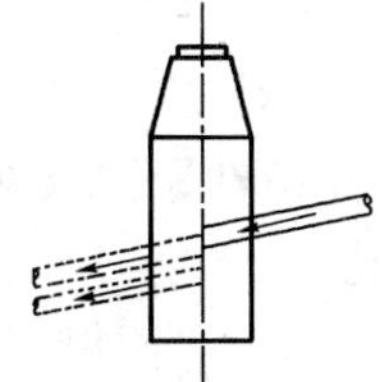

图 8-10　管道落差规则示例二

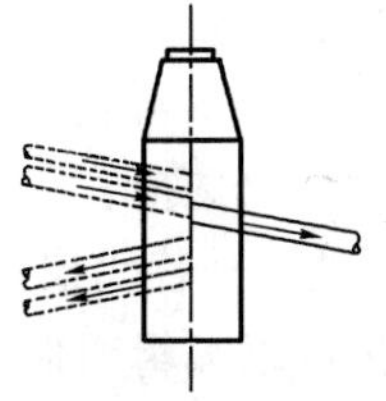

图 8-11　管道落差规则示例三

控制此规则的参数如下：

◇ **落差参照位置**：通过引用管道的管底内壁、拱顶或中心线高程来指定落差位置。

◇ **落差值**：指定最低引入管道与连接到结构的最高引出管道之间的落差值。

◇ 最大落差值：指定最低引入管道与连接到结构的任何引出管道之间的最大落差值。

◇ 最大管道尺寸检查规则

此规则用于查看进入结构的管道是否具有超出所指定最大值的直径或宽度。所以它的参数为：

◇ **最大管道直径或宽度**：对于圆形管道，此参数用于测量管道直径。对于矩形管道，其用于测量宽度。

■ 设置井底深度规则

此规则将根据用户定义的参数设置连接结构的井底高程以及附着到结构的管道的管底内壁高程。应用此规则时，通过从结构中最低管底内壁的高程中减去用户定义的井底深度来计算结构内侧底部(井底)的高程。参数如下：

◇ **井底深度**：指定井底深度，或从附着到结构的最低管道管底内壁到结构内侧底部的垂直距离

8.1.4.3　规则集

在上面我们已经看到管道和结构都有预制的“规则”，那么规则集就是一个零件设有多个规则，它的作用类似于一种样式。我们可以创建规则集来控制和自定义创建管网零件的规则行为，还可以添加或排除特定规则、编辑特定规则的值，或更改在零件上处理规则的顺序，可以将所有这些更改保存到指定的规则集中，更重要的在于我们还可以根据需要替代值。这样我们就能更好的按照自己的规范来创建管网。

■ 创建规则集

◇ 在【工具空间】的【设置】选项卡上，展开【管道】或【结构】集合；

◇ 在【管道规则集】或【结构规则集】上单击鼠标右键。单击【新建】;

◇ 在【规则集信息】选项卡上,输入此新规则集的名称;

◇ 在【规则】选项卡中,单击【添加规则】以添加规则;

◇ 最后点击【确定】保存。

■ 应用规则集

在创建管网时,规则会自动应用于管网零件,以确保将零件放置到正确的位置。当管网零件参数值未达到或超出特定规则限制时,我们就称之为违反规则,程序会向您发出通知,并且在【管网视景】(【全景】窗口或【工具空间】项目视图)中显示为警告。如果要解决违反规则的情况:

◇ 可以编辑规则值列中的值(编辑规则)或删除规则。

◇ 可以选择管网中的零件,在【零件特性】里的【规则】选项卡里清除【使用规则集中的值】复选框,来替代控制该零件的规则值。

◇ 可以编辑图形中的管道或结构对象本身,以便使其不再违反规则。例如,可以将管道移动到不同的高程,以便使其不再违反"最小覆盖层"规则。

为了在编辑管网中,确保得到正确的结果,以下的情况中,可能需要重新应用规则:

◇ 由于已移动管网零件而更改了管网零件的高程时。

◇ 更改了某个零件的规则值时。

◇ 从零件中添加或删除了规则时。

◇ 更改了在零件上处理规则的顺序时。

重新应用规则的方法也很简单,只需要选择相应的管网零件,在鼠标右键菜单中点击【应用规则】即可。

注意:重新应用规则并不会自动解决违反规则的问题,可能会导致更多违反规则的情况。

8.2 创建管网

基于前面的概念,我们创建管网是比较简单的,一般我们遵循:在平面图上创建管网;在纵断面图上调整管网;在横断面图上绘制管网的流程来进行设计。当然创建管网之前,需要一些基本的数据,如地形曲面、路线及自定义零件列表等。

8.2.1 在平面图上创建管网

在平面图上,我们可以通过几种方法来创建管网。首先,可以使用"网络布局工具"工具栏创建管网:其次,可以选择图形中现有的线型图元来转换生成管网;再次,就是可以使用LandXML 导入功能将已有的管网数据导入到当前的图形中。

8.2.1.1 网络布局工具创建管网

■ 选择下拉菜单【管道】里的【布局创建管网】;或者在【工具空间】中【浏览】树里展开【管网】中的【网络】,鼠标右键菜单选择【布局创建管网】。

■ 在【创建管网】的窗口中设置好相应的信息。

定义管网的名称，也可以根据需要对创建的管网加上一个描述，以区别其他的管网；选择创建管网的零件列表、曲面、路线和标签样式。这其中设置的曲面将会关联到创建管网零件的相应设计规则。路线的设置可以帮助我们以路线的里程精确的定位管网的结构零件。路线和标签也可以以后设置，如图 8-12 所示。

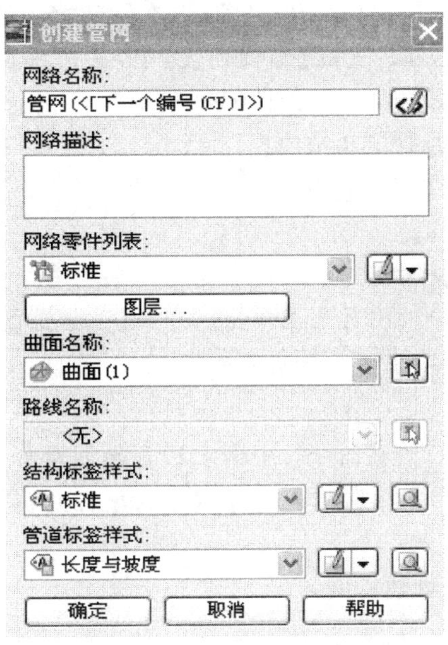

图 8-12　创建管网窗口

■ 在【网络布局工具】的工具条上选择好要绘制的结构零件和管道零件，就可以开始绘制管网。绘制管网的方式如同画多段线，线段代表管道，节点代表结构，如图 8-13 所示。

图 8-13　网络布局工具条

> **技巧：**如果我们设置好了相应的路线，我们就可以在绘制时输入透明命令【'SO】，再输入路线的里程值和相对路线的偏移值（沿前进方向左正右负）精确定位结构零件的位置。

■ 在绘制管网的同时，我们可以随时点击图标旁边的向下箭头，设置成【管道和结构】或【仅管道】、【仅结构】的绘制模式。

■ 我们也可以点击图标，切换准备绘制的管道是上坡还是下坡。

> **技巧：**在绘制管道时，我们只要输入命令参数“C”即可绘制弯管，再次输入命令参数“1”即可回到绘制直管。

练习 8-1　利用布局创建管网

主要练习在已有路线的情况下使用透明命令【'SO】精确的定位结构零件和绘制弯管。

■ 打开本书光盘的练习文件"8_1_创建管网.dwg"。

■ 选择下拉菜单【管道】里的【布局创建管网】。

■ 在【创建管网】的窗口中设置好相应的信息。特别是在【网络零件列表】中，选择"常用"；在【曲面名称】列表中，选择"ROAD1_SURF"；在【路线名称】列表中，选择"ROAD1"。

■ 在【网络布局工具】工具栏上的【结构列表】中，选择"同心结构 1200 直径 450 框架 600 圆锥"；在【管道列表】中，选择"500 毫米 PVC 管道"。

■ 确保绘制模式是【绘制管道和结构】。

■ 确保将【上坡/下坡】选项设置为"下坡"。

■ 在命令行中输入【'SO】。

■ 根据提示选择路线"ROAD1"。

■ 在命令行中分别输入"700"作为里程，输入"－15"作为偏移，放置第一个结构。

■ 然后继续使用偏移"－15"在里程 800、950、1100 和 1250 处创建其他结构。按 Enter 键结束【'SO】里程偏移命令。

■ 保持绘图命令仍在运行，在命令行中输入 C 开始创建弯管。

■ 在命令行中输入【'SO】，然后输入"1300"作为里程并输入"－15"作为偏移，在弯管终点处创建结构。

■ 连续按 Enter 键结束创建管网。

8.2.1.2　从对象创建管网

我们可以利用当前图形中的直线、二维多段线、三维多段线、圆弧和要素线来转化生成管网，甚至可以选择外部参照中的线型对象来创建。

> **注意**：从对象创建管网的方法仅在【管道和结构】的绘制模式下使用，线的端点将自动转化成指定的结构，如要创建"仅管道"或"仅结构"的管网，只能在创建后删掉相应的零件。

■ 选择下拉菜单【管道】里的【从对象创建管网】；或者在【工具空间】中【浏览】树里展开【管网】中的【网络】，鼠标右键菜单选择【从对象创建管网】。

■ 在图形中选择线型对象，并确定管道的流向。

■ 在【创建管网】的窗口中设置好相应的信息。

其中，如勾选【删除现有图元】，将会在生成相应的管网零件后删除原有线型图元；【使用顶点高程】选项是用于创建管道时是否用三维多段线顶点的高程来定义管道的高程，选中此选项，创建的零件将不会应用设计规则，如图 8-14 所示。

8.2.1.3　平面图上编辑管网

在初步绘制好管网后，我们往往还需要对管网进行平面上的相应编辑，如增减零件、移动位置、连接或断开管网等操作。

首先，我们可以利用【工具空间】中【浏览】树里【管网】中【网络】的项视图或者使用【网络布局工具】工具栏上的【管网示景】窗口修改相应零件的可编辑参数；其次，我们也可以直接在图上利用图元对象的夹点对零件进行移动、缩短或拉伸，甚至可以更改管道的径向尺寸。如图 8-15、图 8-16、图 8-17、图 8-18 所示。

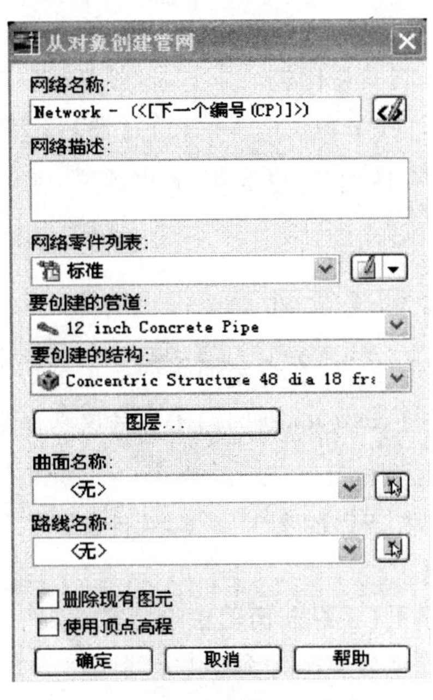

图 8-14　从对象创建管网窗口

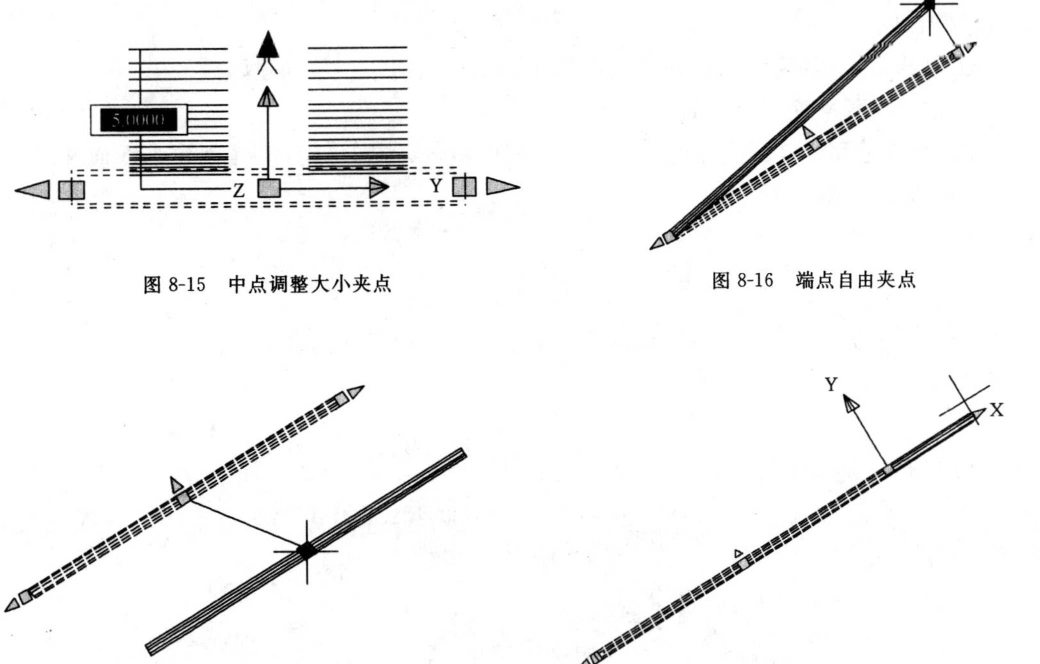

图 8-15　中点调整大小夹点

图 8-16　端点自由夹点

图 8-17　中点自由夹点

图 8-18　长度约束夹点

> **注意**：使用夹点来编辑连接到某个结构的管道时，该结构不会随管道一起移动；使用夹点来编辑结构的位置，连接到该结构的所有管道终点都将随该结构一起移动。

有时候，我们重新布置管网，可能会添加新的零件，也可能会把原来零件断开，甚至是替换成新的零件尺寸。这些操作其实是比较简单的，一般只需要选择要编辑的零件，在鼠标右键菜单中，单击相应命令即可，如【编辑网络】、【管道特性】、【交换零件】、【从零件断开】、【连接到零件】。特别是添加新零件时要注意显示出来的连接标记 和管道断开标记 。

8.2.2 在纵断面图上调整管网

在平面图上创建管网后，我们可以在纵断面图中显示选定的管网零件或整个管网；而且当我们在平面图中对管网进行了更改，纵断面图上也会反映出这些更改。

8.2.2.1 绘制管网纵断面图

如果平面图上创建的管网有所需的参考路线，并且有此路线的纵断面图，那么我们可以在纵断面图上直接显示出管网。

■ 选择下拉菜单【管道】里的【在纵断面图中绘制零件】。

■ 选择图形中的管网零件或者输入命令参数【E】选择整个管网。

■ 选择一个纵断面图即可。

如果平面图上创建管网时没有指定参考路线，那么我们也可以一次性的生成管网路线及其纵断面图。

■ 选择下拉菜单【管道】里的【实用程序】中的【从网络零件创建路线】。

■ 依次选择平面图上的管网零件。

■ 在【创建路线-从管网】窗口中设置好相应参数，特别是勾选上【创建纵断面和纵断面图】选项，如图 8-19 所示。

图 8-19 创建路线-从管网

■ 确定后，依照创建纵断面和创建纵断面图的步骤，生成管网的纵断面图。

■ 在【创建纵断面图】窗口中，我们仍然可以在【管网显示】选项卡中选择要在纵断面图上显示的管网和管网零件，如图 8-20 所示。

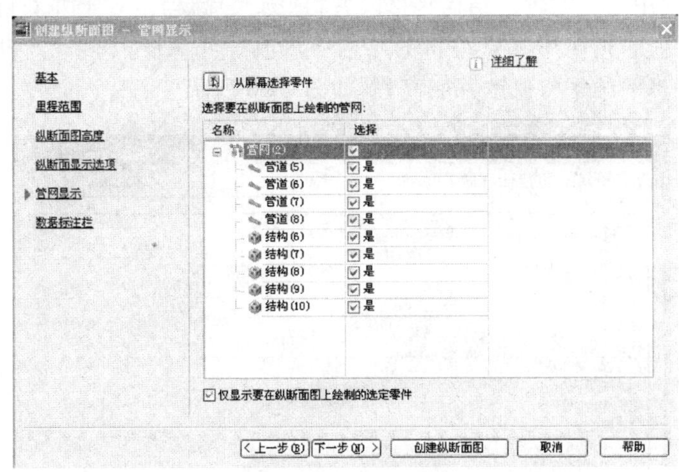

图 8-20 创建纵断面图—管网显示

■ 最后单击【创建纵断面图】即可。

纵断面图创建之后，管网零件可以在纵断面图中同时显示为投影版本和交叉版本。实际上，根据水平简图和垂直简图组合将管道投影到纵断面上时，我们看到图中显示的管道总是被表示为从管道起点到管道终点的一条直线。管道各处将会进行一些垂直偏转角，甚至当管道实际上是直管而且其长度方向上没有任何坡率变化时也是如此。这对于弯管尤其正确，如图 8-21 所示。

8.2.2.2 纵断面图上调整管网

在生成了管网的纵断面图后，我们就可以在纵断面图上对相应零件进行调整，尤其是调整零件的高程，编辑对象特性或调整零件大小。

调整纵断面图中的零件我们仍然可以使用图元对象的夹点。特别是对于结构零件，可以使用结构的井口和井底深度夹点来调整井口和井底深度，如图 8-22 所示。

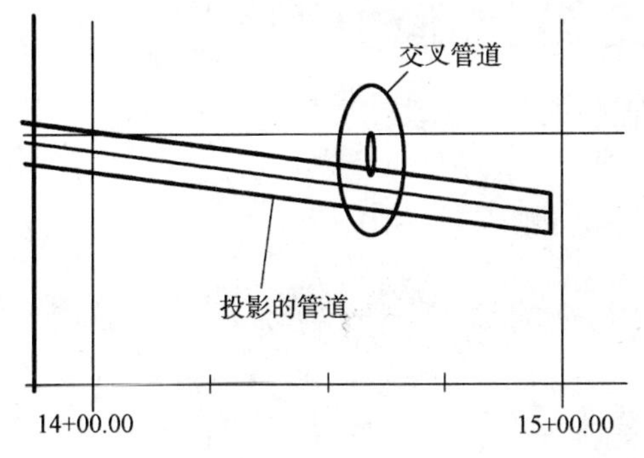

图 8-21 投影管道和交叉管道的显示

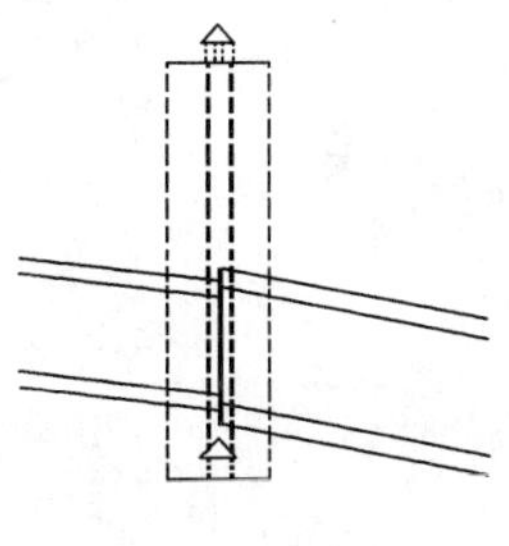

图 8-22 结构夹点

井口夹点位于结构的顶部，井底深度夹点位于结构底部的正上方，结构夹点的调整结构零件的方式取决于结构的插入(井口)和井底行为特性的设置方式。例如，如果已启用结构的“自动曲面平差”特性，则使用夹点编辑的结构将修改曲面平差因子；如果已禁用“自动曲面平差”特性，则使用夹点编辑的结构将修改井口(插入)高程。对于井底行为特性，如果已启用“井底深度”特性，则使用夹点编辑的结构将修改井底深度；如果已启用“井底高程”特性，则使用夹点编辑的结构将修改井底高程，如图 8-23 所示。

图 8-23　结构特性

我们还可以在【结构特性】对话框中【连接的管道】选项卡中编辑连接到单个结构的多个管道，也可以快速匹配多个连接管道的高程。

■ 选择【结构特性】对话框中【连接的管道】选项卡。

■ 选择需要匹配高程的管道，鼠标右键菜单选择:【匹配拱顶】、【匹配中心线】或【匹配管底内壁】。

■ 在【匹配高程】对话框中，单击要将拱顶、中心线或管底内壁高程匹配到的管道，如图 8-24 所示。

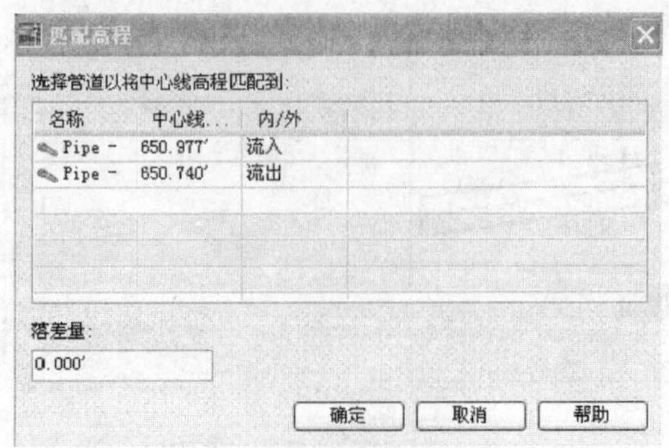

图 8-24　匹配高程

■ 还可以直接输入【落差量】，指定管道之间的落差值。

■ 单击【确定】即可。

8.2.3 在横断面图上绘制管网

我们可以在横断面图中绘制管网零件，但是在之前，要确保已经创建了沿参考路线采样的采样线和横断面图。

■ 单击下拉菜单【横断面】里的【创建采样线】。

如同创建道路的采样线一样，把要生成横断面的里程处创建采样线。在【选择要采样的数据源】里选上管网。

■ 单击下拉菜单【横断面】里的【创建横断面图】。

■ 在屏幕空白处单击，以放置横断面图，如图 8-25 所示。

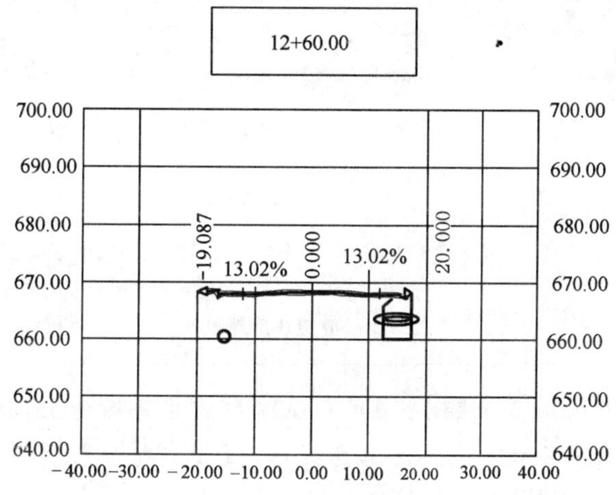

图 8-25 管网横断面

只有与采样线交叉的管网零件才会显示在横断面图中，与采样线交叉的管道和结构将作为零件的交叉版本显示在横断面图中。

**注意：**我们无法在横断面图中使用夹点来编辑结构零件。

8.3 编辑管网

当管网绘制完成后，我们可以利用零件的设计规则和三维干涉检查来审核我们的管网设计，快速检查出不满足设计要求的零件及其参数，从而对症下药，编辑和调整管网相应部分，最终达到设计要求。

8.3.1 根据规则进行设计校核

在前面的零件设计规则中，我们已经知道，我们选用的零件本身是带有零件规则的，它

会影响管网零件的创建、移动和相关编辑行为。当管网零件的参数值未达到或超出零件的规则值时，就是违反了规则。例如，违反了最小或最大覆盖层限制或者违反了最大长度限制等。当由于违反规则而出现警告时，警告将在【管网视景】(【全景】窗口或【工具空间】项目视图)中显示为警告图标。违反规则的信息还将显示在【管道特性】或【结构特性】对话框的【规则】选项卡上的“状态”列中，如图 8-26 所示。

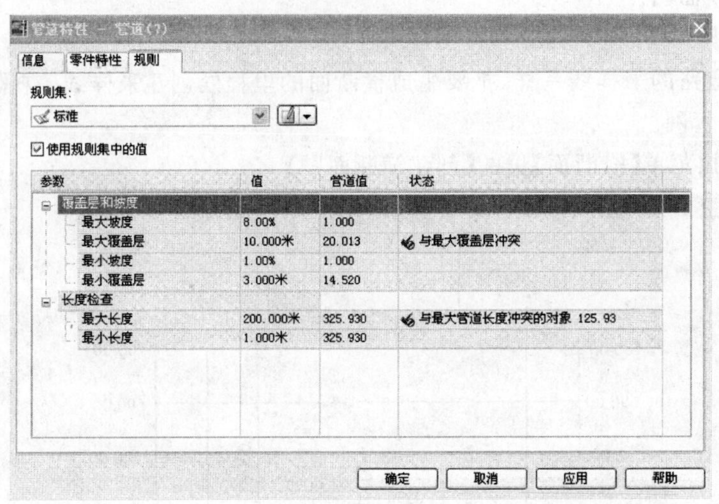

图 8-26 管道违反规则

技巧：将鼠标指针放置到【浏览】列表视图中的警告图标上，将显示描述此警告(违反规则)情况的工具提示文本。此工具提示与【管道特性】或【结构特性】对话框中【规则】选项卡上的【状态】列中显示的违反规则文本相同。

管网规则功能的这种直观标识机制，使我们快速地知道了管网零件违反设计规则的地方。那么，要解决违反规则的情况，可以按几种不同方式来解决。首先，可以编辑规则值，让规则满足实际情况。

- 在【工具空间】里的【设置】树下，【管道】或【结构】下【规则集】集合中，如图 8-27 所示。
- 可以为特定的规则集添加规则、删除规则或直接编辑规则值。

其次，也可以编辑图形中的管道或结构对象本身，以便使其不再违反规则。例如，可以将管道移动到不同的高程，以便使其不再违反“最大覆盖层”规则。

在某些情况下，我们也可以选择管网中的零件并替代控制该零件的规则值，使警告标志消除。只需清除【零件特性】对话框中【规则】选项卡上的【使用规则集中的值】这个选项，就可以更改规则值，以满足特殊的情况。

8.3.2 干涉检查

干涉检查功能是以实际三维模型的方式比较管网零件，快速识别零件之间存在的冲突。例如，零件重叠、物理相交或者过于接近，如图 8-28、图 8-29 和图 8-30 所示。

干涉检查时，将创建一个干涉检查对象，并且此对象将显示在【浏览】树的【管网】里的【干涉检查】集合中。

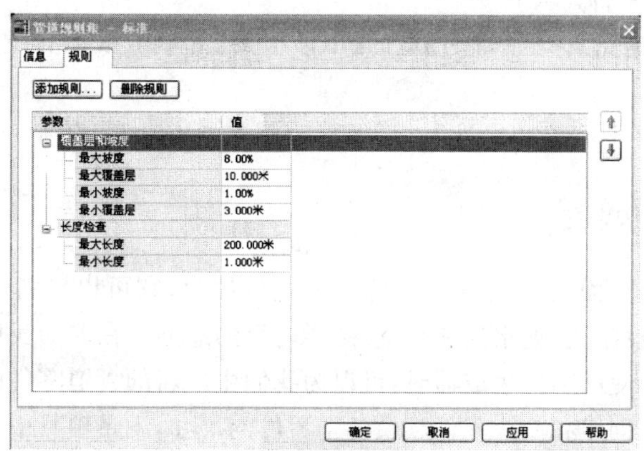

图 8-27　管道规则集

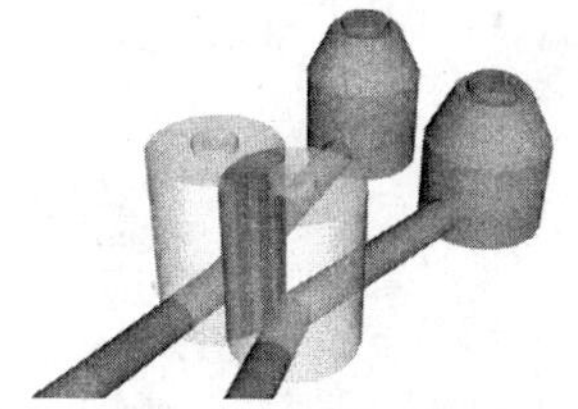

图 8-28　零件重叠

图 8-29　管道相交

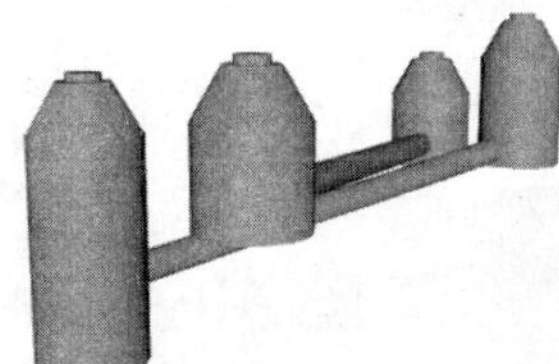

图 8-30　零件过于接近

■ 单击下拉菜单【管道】里的【实用程序】中的【创建干涉检查】。

■ 根据提示选择一个管网或者两个管网进行干涉检查。

■ 在【创建干涉检查】窗口中设置好相应信息，如图 8-31 所示。

■ 也可以选中【三维近似检查规则】设置检查两个不同类型的网络之间的距离要求，如图 8-32 所示。

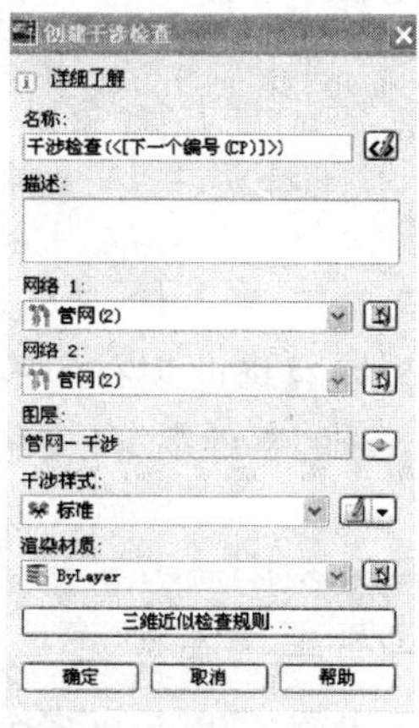

图 8-31　创建干涉检查

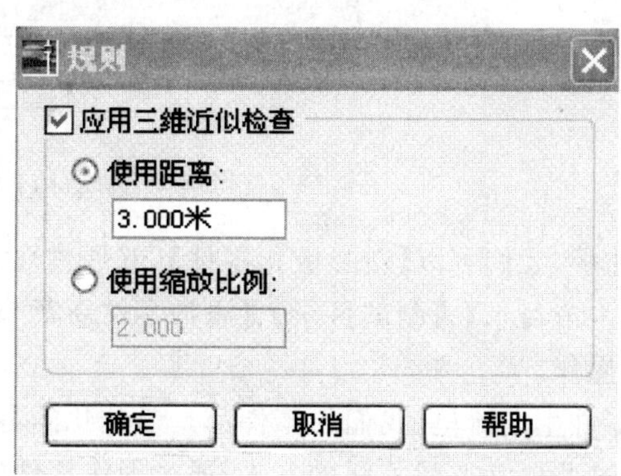

图 8-32　三维近似检查规则

■ 确定运行检查,程序将显示出检查到的干涉数目。

运行干涉检查后,在【浏览】树的【管网】里的【干涉检查】集合中可以查看到结果,我们以此来调整相应的管网零件。

■ 然后可以在【浏览】树的【管网】里的【干涉检查】上单击鼠标右键菜单的【重新运行干涉检查】重新检查。

我们还可以使用【干涉检查特性】对话框更改干涉检查选项、规则及其他特性。

8.4 零件生成器

零件生成器,主要是面向高级 AutoCAD Civil 3D 用户,它可以让我们设计和编辑表示真实管网零件(如管道、检修孔、集水池和端壁)图形内容的造型。在前面我们看到的零件目录里已经有了很多的零件,使用零件生成器时,可以为我们生成新的管道零件的二维模型和结构零件的三维模型,也可以创建和修改零件族及各个零件的尺寸,满足项目中特殊零件的需要。

■ 在菜单【管道】下点击【零件生成器】,就会显示出【快速入门-目录屏幕】窗口,如图 8-33 所示。

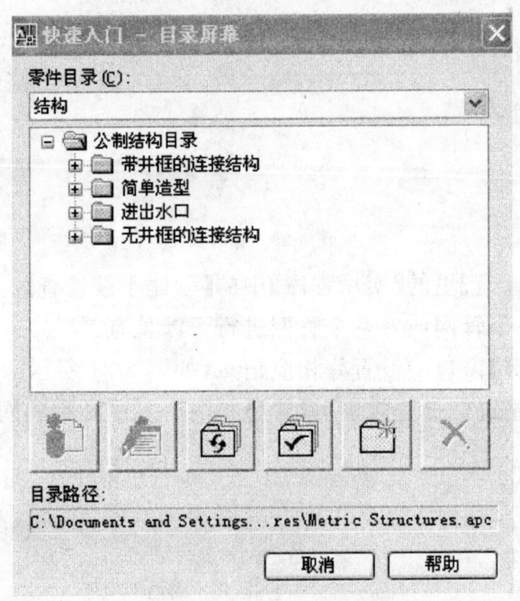

图 8-33 快速入门-目录屏幕

在这里,我们可以【新参数化零件】(就是建立一个新的零件尺寸)、【修改现有的零件尺寸】、【重生成目录】、【测试目录】、【添加零件新章节】(就是建立一个新的零件类型)、【删除零件】这些操作。

在零件生成器里,我们的零件都是参数化的零件,所以创建管网零件,要定义零件的要素,以及这些要素彼此关联的方式,通过创建零件的三维模型并指定变量或参数来定义参数化零件,以控制其造型和尺寸。每一个管网零件均表示唯一的零件族,它可以包含多个尺寸的零件。在模型中定义的要素将决定创建多个零件尺寸的灵活性。所以新建一个零件族,应着眼于创建的整个零件，决定如何将其分解成简单的造型，然后确定在不同造型之间建立可以运行检查的关系。那么创建零件的流程如下：

■ 在【快速入门—目录屏幕】窗口点击【新参数化零件】，就会显示出包含多种要素的参数化建模环境—【内容生成器】窗口，如图 8-34 所示。

■ 在此环境中结合绘图环境，可以根据零件要素的尺寸、造型和位置来定义创建二维管道零件或三维结构零件的模型，并使用这些模型动态生成零件的二维视图。

■ 通过模型的快照来生成零件的预览图像，并指定零件用于放置在图形中的插入位置。

■ 在完成模型后，必须验证并检测零件模型无效的所有错误，然后成功保存零件，就可将其添加到图形中。

8.5 管网标签

在管网设计时或在完成后，我们都可以通过使用随图形对象的更改而动态更新的标签来注释 AutoCAD Civil 3D 中的管网零件，并且可以分别指定管网零件在平面视图或纵断面视图和横断面视图中的标签样式。

在创建管网时，我们一般可以直接在【创建管网】对话框中设置管网标签样式。即在绘制零件时，就自动的添加上标注，如图 8-12 所示。当然，也可以在管网设计完成后在分别对平面图、纵断面图和横断面图中的管网零件进行标注件。如果需要特定的管网标签，我们也可以创建和修改管网的标签样式。

在平面图、纵断面图和横断面图中标注整个管网标签步骤如下：

■ 单击下拉菜单【管道】里的【添加管网标签】中的【添加管网标签】。

■ 在【添加标签】对话框中，设置相应的选项。例如，选择网络还是单个零件、选择平面还是断面，如图 8-35 所示。

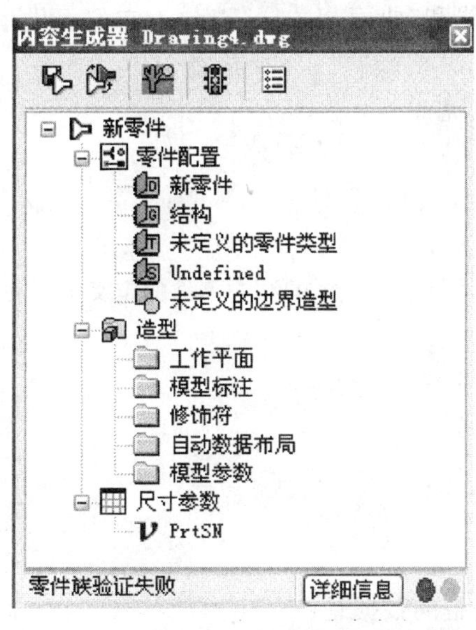

图 8-34 内容生成器

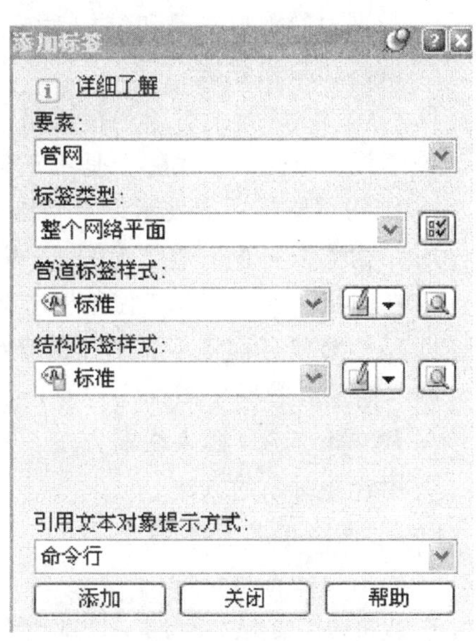

图 8-35 添加标签

■ 单击【添加】,选择要标注的管网或零件。还可以使用单个管道标签标注一系列连续连接的管道。

■ 单击下拉菜单【管道】里的【添加管网标签】中的【延伸管道】。

■ 按照提示选择管网零件。

■ 分别点击管道的起点和终点

■ 在延伸管道上指定标签位置。

延伸标签没有定位到任何特定的管道或结构。可以将它们自由移动到延伸部分中任何连接的管道或结构上,只要单击标签的菱形夹点,如要恢复,就单击圆形夹点可以将拖曳标签恢复为默认状态。如果要删除标有延伸标签的管道,有可能会把延伸标签也删除。

8.6 本章练习

1. AutoCAD Civil 3D 2008 软件创建管网零件时有哪些规则?(　　)

A. 管道最小覆盖层、最大覆盖层

B. 最小或最大坡度、最大管道长度

C. 结构集水区深度、结构边缘调整

D. 以上都是

2. 管网零件有哪些特性?(　　)

A. 常规、标注　　B. 物理、模型

C. 附加的特性　　D. 以上都是

3. 关于管网对象的描述哪个是不正确的?(　　)

A. 管网对象用于管理互相关联以表示管道系统的管道对象和结构对象的集合

B. 通常情况下,管道与结构互相连接,从而形成单个管道段或管网

C. 管网中的管道对象和结构对象通常与路线和/曲面相关联,以便为它们提供里程偏移和高程数据

D. Civil 3D 的管网对象是指道路中的排水系统

4. 关于管道结构的描述哪个是不正确的?(　　)

A. 结构对象是用来表示设置网络中所用项目的图形造型

B. 结构造型与管道造型无关

C. 在图形中,管道结构三维结构造型通过从零件目录中选择的结构零件的定义来定义

D. 结构对象名称将不显示在信息浏览树中

5. 如何向现有管网中添加零件?(　　)

A. 用 AutoCAD 插入块的方法

B. 用合并对象的方法

C. 用“网络布局工具”工具

D. 以上说法都不正确

6. 在纵断面图上显示管网零件或整个管网所必备的数据是(　　)。

A. 纵断面图、在平面图中绘制的管网零件、管网零件的有效里程偏移数据

B. 纵断面图、在平面图中绘制的管网零件、管网零件的有效里程偏移数据、设计竖曲线

C. 纵断面图、在平面图中绘制的管网零件

D. 纵断面图

7. 在横断面图上显示管网零件或整个管网所必备的数据是(　　)。

A. 包含管道交叉或结构交叉的采样线和横断面图、在平面图中绘制的管网零件、管网零件的有效里程偏移数据

B. 横断面图、在平面图中绘制的管网零件、管网零件的有效里程偏移数据、设计竖曲线

C. 包含管道交叉或结构交叉的采样线和横断面图、在平面图中绘制的管网零件

D. 包含管道交叉或结构交叉的采样线和横断面图

第 9 章 样式与自定义

本章简介

- Civil 3D 2008 的自定义功能,自定义工作界面。
- 自定义 Civil 3D 2008 中各对象的样式及标签样式。
- 使用 Civil 3D 2008 的组合标签,调整路线对象的样式。
- 定义自己的工作模板。

学习要点

- 理解工作空间及自定义工作空间。
- 掌握自定义对象样式及对象标签样式。
- 掌握自定义项目模板。

通过前面几章的介绍,对 Civil 3D 2008 的相关功能已经有了较为深入的了解。作为土木行业的基础平台软件,Autodesk Civil 3D 2008 提供了强大的自定义功能,可以自定义 Civil 3D 2008 的个性化操作界面及所有对象的表现样式、标签样式及表格样式。本章将介绍如何利用 Autodesk Civil 3D 2008 的自定义功能,自定义 Civil 3D 2008 的工作界面及对象的表现样式。

9.1 自定义 Civil 3D 2008 的工作空间

Autodesk Civil 3D 2008 与 AutoCAD 2008 实现了无缝集成。Civil 3D 2008 通过被称为工作空间的界面组织方式,如对工具栏、工菜单位置等操作界面实现个性化,使 Civil 3D 2008 能适应不同人的工作习惯。在 Civil 3D 2008 中,通过"自定义工作空间"可以根据自己的需要定制属于自己的工作平台。

9.1.1 认识 Civil 3D 的工作空间

Civil 3D 2008 预设了五种工作空间：Civil 3D 完整、设计、标记和制图、测量和地形、可视化和渲染。利用“工作空间”工具栏，可以方便的在不同的工作空间中进行切换，如图9-1所示。

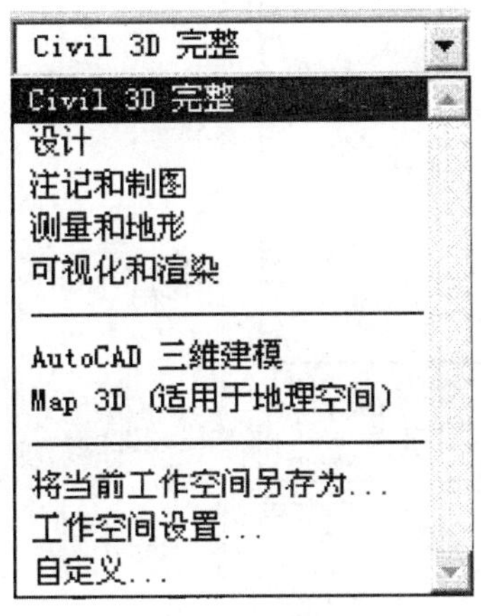

图 9-1　Civil 3D 2008 的工作空间

注意：什么是工作空间？工作空间是 AutoCAD 自 AutoCAD 2006 引入的全新的概念。用于组织和自定义不同的工作界面，方便每个人自定义和使用自己的工作环境。

Civil 3D 2008 不同的工作空间将显示不同的菜单与工具栏。例如，可以将自己常用的命令集中存放到一个自定义的工具条上，这样可大大提高操作 Civil 3D 的速度；还可以将定义好的工具条、界面保存为自己的工作空间，方便随时切换。

9.1.2 建立自己的工作空间

在 Civil 3D 中，可以使用利用工作空间中的“自定义”项或输入 CUI 命令，Civil 3D 将进入【自定义用户界面】对话框，如图 9-2 所示。在此界面中，可以轻松定义自己的工作空间。

【自定义用户界面】对话框包括【自定义】与【传输】两个选项卡。在【自定义】选项卡中，存储了所有可自定义的内容。例如，在该选项卡中列举了工作空间的名称、所有可用工具栏、所有可用菜单选项、面板信息、所有可用的命令列表等内容。在该选项卡中，可以对每一项内容进行自定义与管理。

9.1.2.1 建立新的工作空间

在【自定义用户界面】对话框的【工作空间】选项卡的“工作空间”卷展栏中，列出了 Civil 3D 2008 当前所有已经定义好的工作空间。可以在这里建立自己的工作空间。

■ 在“工作空间”卷展栏类别上点击鼠标右键，在弹出菜单中选择“新建工作空间”，如图 9-3所示。

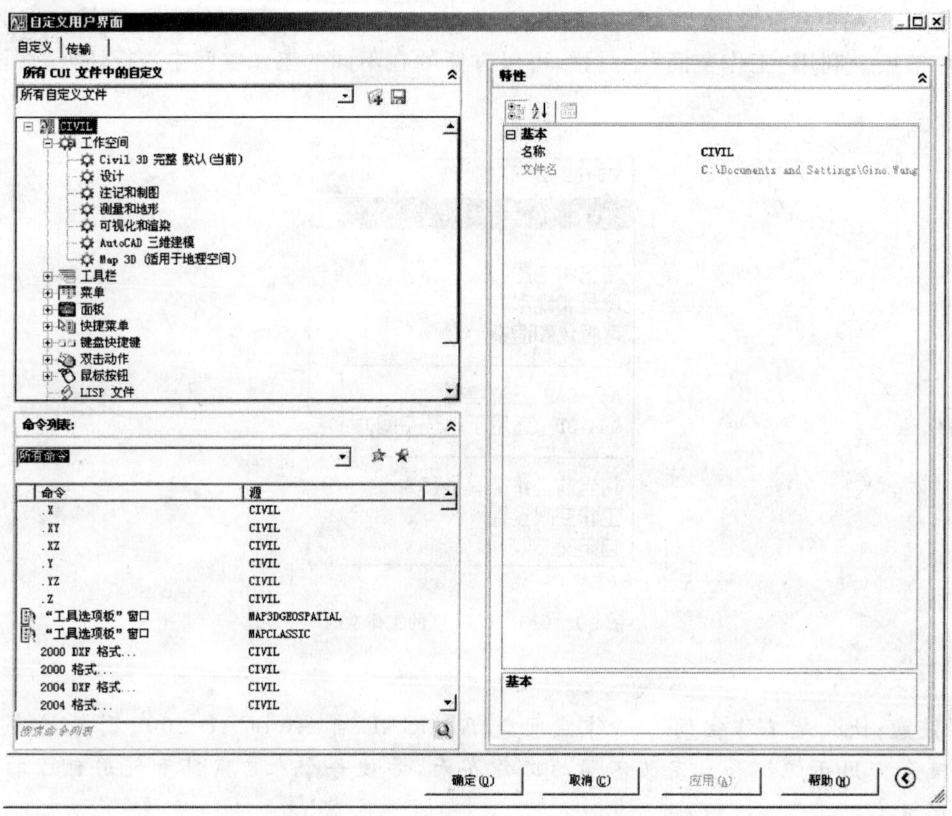

图 9-2 Civil 3D 2008 的自定义工作空间

■ 工作空间列表中，将出现新建的工作空间，并自动命令为“工作工间 1”。在该工作空间上点右键，并选择重命名，修改工作空间的名称，如“自定义的工作空间”。

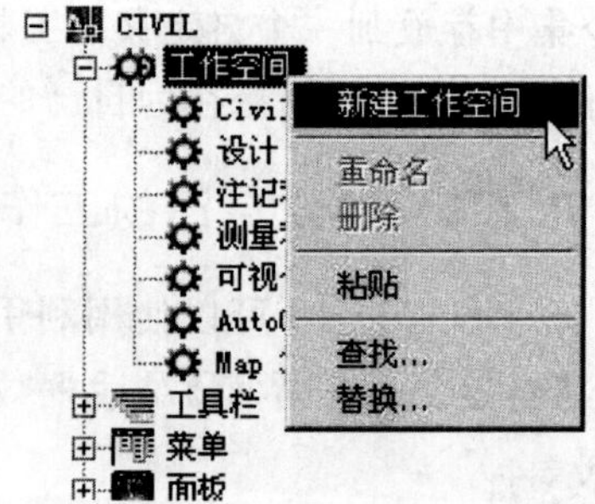

图 9-3 自定义工作空间时弹出的右键菜单

■ 点击【自定义用户界面】对话框右侧的“工作空间内容”一栏中的“自定义工作空间”按钮 自定义工作空间(C) ，Civil 3D 2008 将进入工作空间的自定义模式。

■ 分别展开左侧工具空间列表中的工具栏及菜单卷展栏，选择需要出现在该工作空间的工具栏和菜单。选择完成后，点击工作空间内容的“完成”按钮 完成(D) ，如图 9-4 所示。

■ 在刚才自定义的工作空间上点击右键，在弹出菜单中选择“置为当前”，点击确定按钮完成并退出“自定义用户界面”。

如图 9-5 所示，Civil 3D 将会以全新的面貌出现。该界面中将只包含在自定义 CUI 时所选择的菜单和工具栏项。

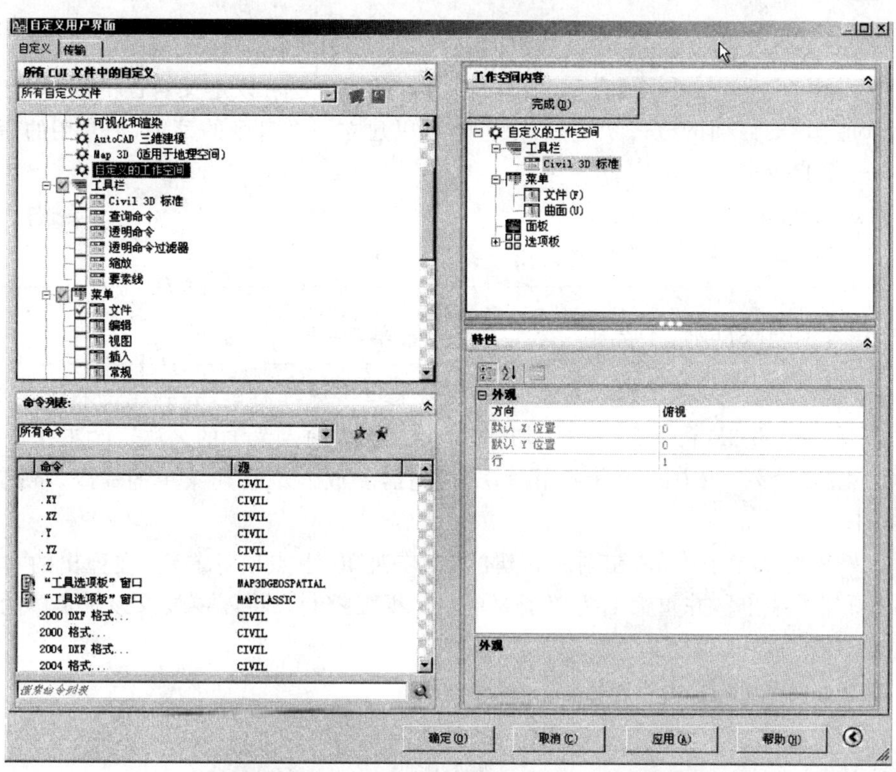

图 9-4 选择在工作空间中需要出现的菜单及工具栏

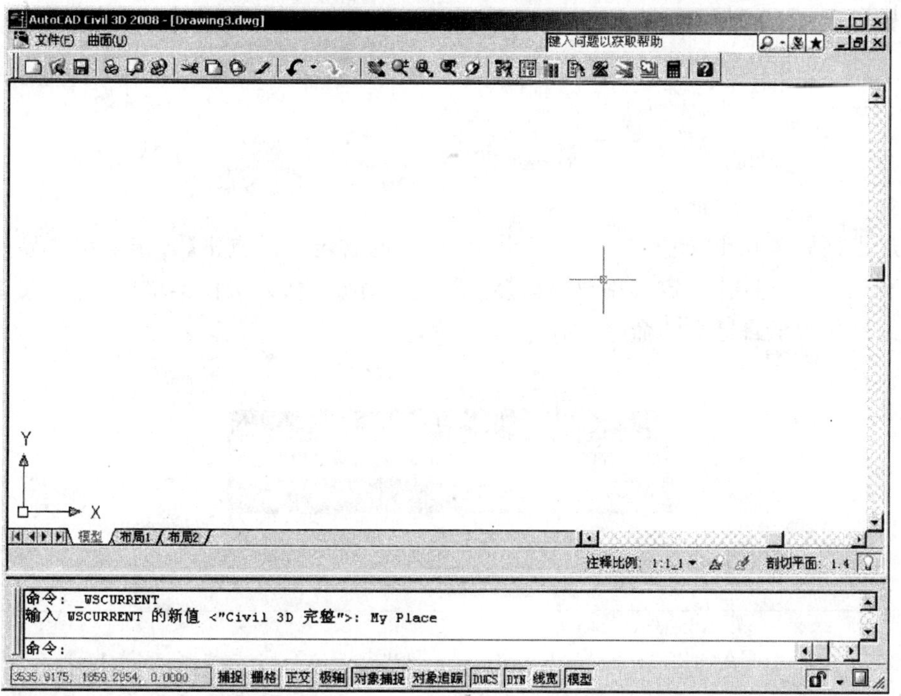

图 9-5 应用了新定义的工作空间后的 Civil 3D 界面

9.1.2.2 自定义菜单与工具条

在 Civil 3D 2008 中，利用【自定义用户界面】对话框，还可以定义自己的菜单与工具条，实现对 Civil 3D 的界面的进一步定制。例如，可以建立一个自己的菜单，把常用的命令和工具组织在一个自定义的菜单中。

■ 自定义菜单

◇ 输入“CUI”命令，打开【自定义用户界】面对话框。

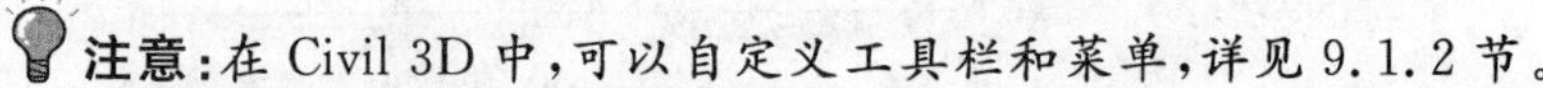

注意：在 Civil 3D 中，可以自定义工具栏和菜单，详见 9.1.2 节。

◇ 在【自定义】选项卡的【菜单】卷展栏项目上单击鼠标右键，在弹出的右键菜单中，选择“新建菜单”，Civil 3D 将在列表中增加新建立的菜单，输入菜单的名称，如“工作菜单”。

◇ 浏览【命令列表】中的所有可用命令，找到需要放入该新建菜单的命令，将其拖动到菜单中项中。

◇ 如果需要创建子菜单，在刚才新建的“工作菜单”上点鼠标右键，在弹出的右键菜单中，选择“新建子菜单”，并重命名为该子菜单，如：视图控制。将需要放入该子菜单的命令拖入该子菜单即可，如图 9-6 所示。

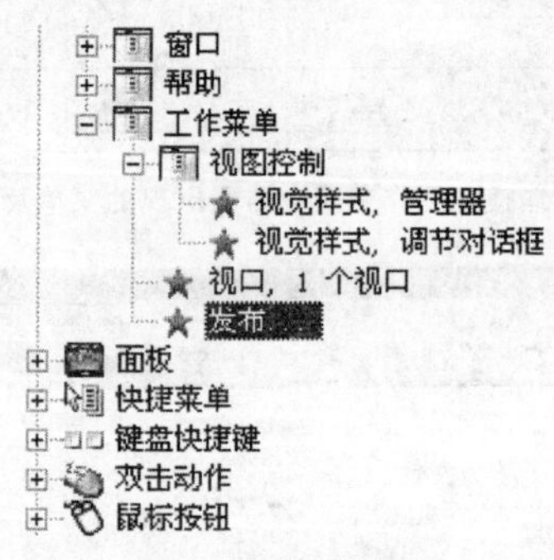

图 9-6 为菜单加入命令

经过上面简单几步，便完成了对 Civil 3D 菜单的自定义。点击【自定义用户界面】对话框的【确定】按钮，退出【自定义用户界面】对话框，刚才新建的“工作菜单”出现在菜单栏上，并且该菜单包含了自定义的命令，如图 9-7 所示。

图 9-7 自定义的菜单及子菜单

注意：在 AutoCAD 2006 之前，AutoCAD 是以.mnu 等文本格式存储其菜单配置文件。由于以.mnu 方式存储的菜单自定义起来较为复杂，现在已实现全部在工作空间中进行自定义操作。

> **技巧**：可以通过"命令列表"提供的下拉菜单将命令按类别进行过滤。点击选择框后的按钮，Civil 3D 会打开命令查找对话框，可以快速输入命令的名称中的关键字来实现快命令速定位。使用如："导入"，Civil 3D 会自动将所有包括"导入"的命令查找出来。Civil 3D 的命令查找功能不支持通配符。

9.1.2.3 自定义工具条

与自定义菜单的方法类似，在【自定义用户界面】对话框中，还可以非常方便的定义自己的工具条。下面以自定义名称为"编辑工具"工具条为例，说明自定义工具栏的一般过程。该工具条将包括几个常用的编辑工具及一个弹出式按钮。

■ 定义工具栏

◇ 输入 CUI 命令，打开【自定义用户界面】对话框。

◇ 在【自定义】选项卡的【工具栏】卷展栏项目上单击鼠标右键，在弹出的右键菜单中，选择"新建工具栏"，Civil 3D 将在列表中增加新建立的工具栏。重命名工具栏的名称为"编辑工具"。

◇ 浏览【命令列表】中的所有可用命令，找到需要放入该新建菜单的命令，将其拖动到菜单中项中。

◇ 与自定义菜单时子菜单概念类似，Civil 3D 2008 的工具栏有"弹出式工具栏"的概念。要创建弹出式工具栏，在新建的"编辑工具"工具条上单击鼠标右键，在弹出菜单中选择"创建弹出"，Civil 3D 会自动建立一个弹出工具栏，重命名该工具栏为"视图控制"，将命令列表中需要放置在该弹出的命令拖动到"视图控制"工具栏下即可，如图 9-8 所示。

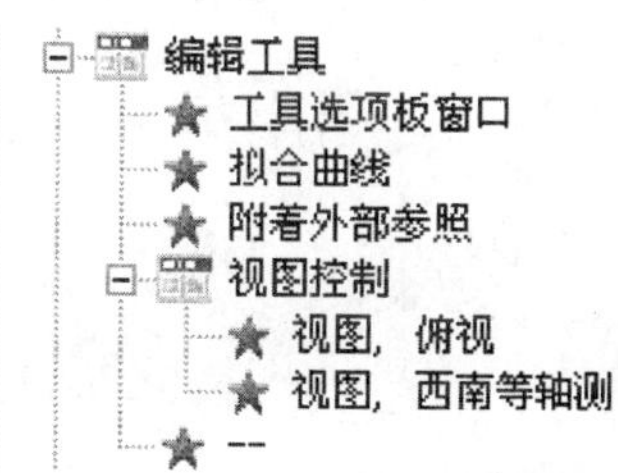

图 9-8 创建工具栏和弹出工具栏

> **注意**：什么是弹出式工具栏？在 Civil 3D 中的工具栏中，可以将工具组织成如图所示的形式，可以将同一类别的命令组织在工具栏的同一位置上。在弹出式工具栏上，会有一个黑色的三角形表示该命令图标下还包括其他可用命令。如图 9-9 所示工具栏的视图控制部分。

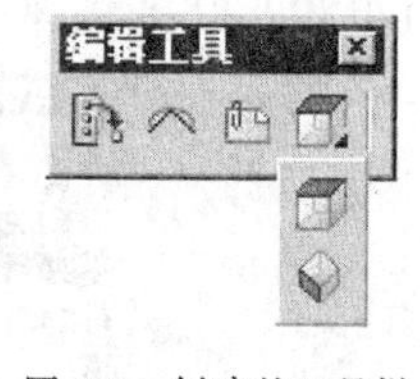

图 9-9 创建的工具栏

经过以上几步操作，就可以完成 Civil 3D 中工具栏的自定义了。如图 9-9 所示，为创建的"编辑工具"工具栏，在该工具栏中，还包括了一个"视图控制"的弹出式工具栏。

利用工作空间，可以自定义出各种自己适合自己的工作界面和工具组织，合理的定义工作空间，可以使自己的工作更高效。同时，还可以将定义好的工作空间以. xml 文件形式保存为外部文件，方便移植和备份。

由于 Civil 3D 和 AutoCAD 的紧密集成，除上述的自定义用户界面外，所有适用于 AutoCAD的自定义选项在 Civil 3D 中都适用，如自定义命令快捷键、文字样式、标注样式等。由于这部分的操作与 ACAD 中的操作完全相同，这里不再赘述。读者可参考其他 AutoCAD书籍来详细了解这些自定义的操作方法。

9.2 Civil 3D 2008 项目级别的自定义

Civil 3D 2008 允许用户为项目中各种要素进行设置，如项目的默认长度单位、角度度量形式、使用的地理坐标等信息。由于这些设置会影响项目图形中所有的对象的默认值，因此，Civil 3D 将这个设置称之为“图形设置”。

在工作空间选项板中，切换到【设置】选项卡，调整“视图列表”为“当前图形设置视图”，此时，Civil 3D 2008 将列出当前项目图形的名称，以及该图形中所有可用对象设置的列表，如图 9-10 所示。

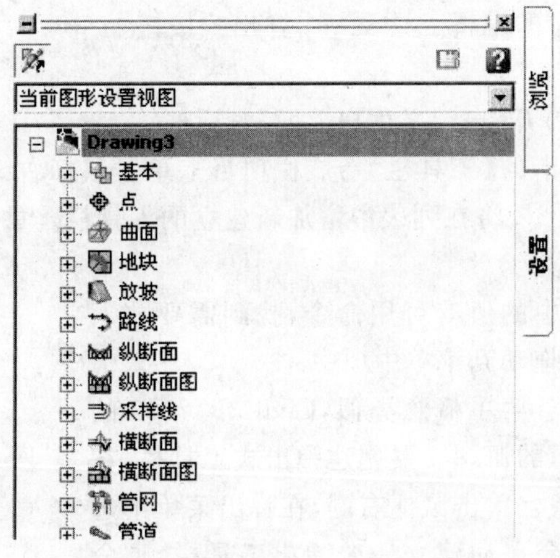

图 9-10 Civil 3D 2008 工作空间的设置选项卡

在最顶级的项目名称级别上，单击鼠标右键，在弹出的菜单中选择“编辑图形设置”，Civil 3D 2008 将弹出“图形设置”对话框，并在该对话框上显示当前项目的名称。如图 9-11

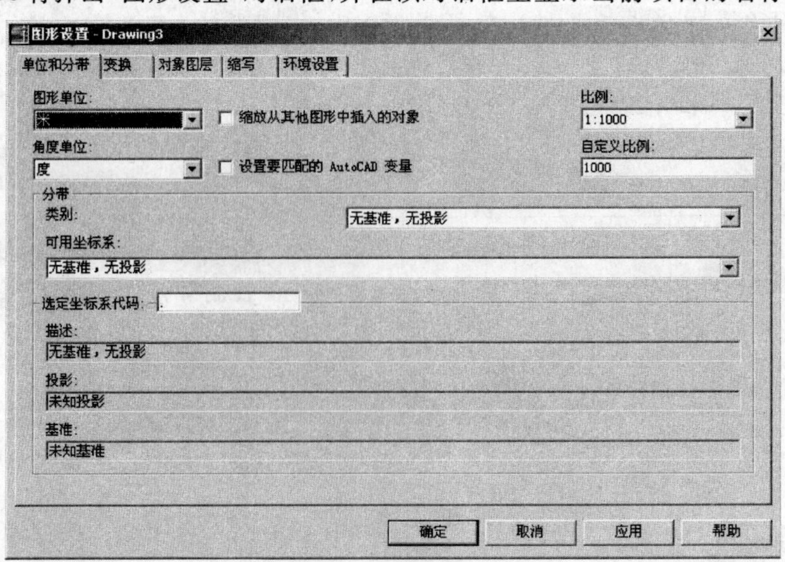

图 9-11 图形设置对话框

所示，该对话框包括“单位和分带”、“变换”、“对象图层”、“缩写和环境变量”共五个选项卡，分别对项目图形中的各项内容进行设置和调整。

■ **单位和分带**：在该选项卡中可对项目使用的测量单位、所使用的坐标系统等进行设置。此对话框的设置比较简单，可以根据项目的实际情况进行设置。

■ **变换**：当在【单位和分带】选项卡中指定了坐标系后，可以在该选项卡中对项目的坐标系统进行转换。例如，是否对栅格的方向进行旋转和缩放。点击帮助可以获得对该选项卡中的每一项的详细说明。

■ **对象图层**：用于指定项目中各对象的默认图层位置。如图 9-12 所示，在该项目中，“道路”对象将被放置到名称为“道路”的图层中。可以通过指定“修饰符”栏内的类型，如前缀或后缀，并在“值”一栏中输入 *（星号），实现为每个对象创建不同的图层。例如，在图9-12中的“道路横断面”对象，设置了修饰符为“后缀”，并输入了“－*”作为修饰符，则当在项目中创建一个名称为“公路横断面”的横断面对象时，它将被自动放在“道路-横断面-公路横断面”图层上。已锁定中的锁头符号，表示该设置是否可以在对象设置中被修改。

图 9-12　对象图层设置

■ **缩写**：在该选项卡中可对项目中各要素的缩写值进行修改。例如，对于路线中的“曲线-切线相交”，将其值修改为“YZ”，Civil 3D 将在使用标签显示这些路线点时显示相应的缩写值，如图 9-13 所示。

■ **环境设置**：在该选项卡中，可以对 Civil 3D 2008 中当前项目的运行环境变量进行详细的设置，如图 9-14 所示。例如，对距离的单位及显示精度、标注的单位及显示精度进行具体的设置。

在 Civil 3D 中，对于要素级别的设置与在项目级别的设置方法基本类似，本书将不再赘述此过程。图 9-15 说明了各种级别设置的区别。

单位和分带 | 变换 | 对象图层 | 缩写 | 环境设置

特性	值
⊟ **普通文本**	
无穷大	{\fSimplex|b0|i0|c0|p0;\U+221E}
左侧	L
右侧	R
⊟ **路线形状点文字**	
里程断链减少	长
里程断链增加	短
路线终点	EP
路线起点	BP
切线-切线相交	ZD
切线-曲线相交	ZY
曲线-切线相交	YZ
反转曲线-曲线相交	FGQ
切线-缓和线相交	ZH
缓和线-切线相交	HZ
曲线-缓和线相交	YH
复合曲线-曲线相交	GQ
缓和线-曲线相交	HY

图 9-13　缩写设置

单位和分带 | 变换 | 对象图层 | 缩写 | 环境设置

特性	值	变更	子变更	锁定
符号	负号"-"			
⊟ **距离**				
单位	米			
精度	3			
舍入	正常取整			
符号	负号"-"			
⊟ **标注**				
单位	毫米			
精度	3			
舍入	正常取整			
符号	负号"-"			
⊟ **坐标**				
单位	米			

图 9-14　环境设置对选项卡

注意：Civil 3D 的设置共有三个级别：由高到低依次为图形级别、对象（或者叫要素）级别和命令级别。高级别的设置可以被低级别的设置代替。在设置时，"锁定"选项的作用即用来设置该设置是否可以被低级别的设置代替。例如，如果在环境设置中，将距离单位设置为米，且被锁定，则在编辑要素设置时，这个距离单位将不可修改。

通过这些设置，可以对 Civil 3D 2008 中的项目和元素进行设计前的基本设置；还可以将这些设置定义在后缀名为.dwt 的 Civil 3D 模板文件中，当每次使用这包含了这些定义的模板建立新的项目时，就不必再针对每一个项目进行设置和调节了。在后面的章节中，会有关于如何建立模板的信息。

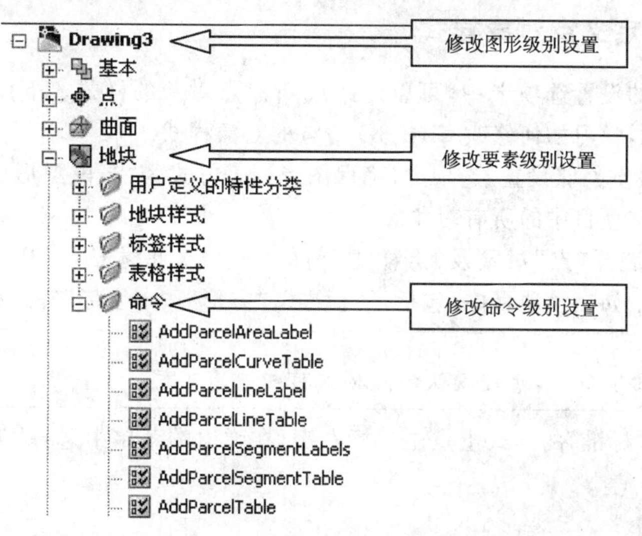

图 9-15　Civil 3D 2008 中不同级别的设置

9.3　自定义 Civil 3D 的点样式及点标签样式

9.3.1　认识 Civil 3D 的对象样式和标签样式

Civil 3D 使用对象样式机制来控制对象的显示与和设计特性。Civil 3D 中所有的对象都可以使用样式来控制其在二维和三维显示的方式。例如，对于同一个 Civil 3D 的曲面对象，可以使其在平面上显示为方格网或者是高程彩图，但不论表现成如何，曲面对象本身的特性并没有变化。可以为对象建立多个不同的对象样式，但只能设置一个样式作为对象的表现样式。

Civil 3D 使用不同的标签样式来实现对对象的注释表达。例如，可以使用点标签来表达点的高程程信息。

Civil 3D 虽然有众多对象，且每个对象又包括若干不同的样式，为方便操作，Civil 3D 中的样式设置保持了高度的一致性。只要理解了 Civil 3D 中其中一个对象的样式设置方法，其他对象的样式便可触类旁通，自由定义。

通过 Civil 3D 的工具空间，可以对当前项目中的样式进行浏览和修改。如图 9-16 所示，每一种 Civil 3D 的对象的类别下，都有一个名称为“样式”的子类别，在其中存放了该项目中已经定义好的对象样式。在图 9-16 中，显示了在当前项目中“点”对象的所有可用的预定义样式。其中，斜三角标记表明正在使用中的样式名称。可以直接对对象的样式进行修改或建立新的样式。

技巧：如果 Civil 3D 没有显示“工具空间”，请在“常规”菜单中点击“工具空间”命令，或直接输入“showTS”命令即可。

9.3.2 自定义点对象样式

在工具空间的设置选项卡中,可以修改或新建点对象的样式。下面以修改名称为"标准"的点样式为例,学习如何修改 Civil 3D 中点的对象样式。

■ 切换【工具空】到【设置】选项卡,确保图形列表方式为"当前图形设置"视图,Civil 3D 将按类别列出当前项目中的所有对象。

■ 依次点击展开"点"对象及"点样式"前的"+"号,此时 Civil 3D 将显示所有可用的"点"对象的样式。如在该项目中,包括了"标准"、"方形"、"十字形"等六种可用的样式。

注意:不同的项目中,此处默认的点样式可能会有不同。

■ 在名称为"标准"的样式上点击鼠标右键,在弹出的菜单中选择"编辑...",如图 9-17 所示。

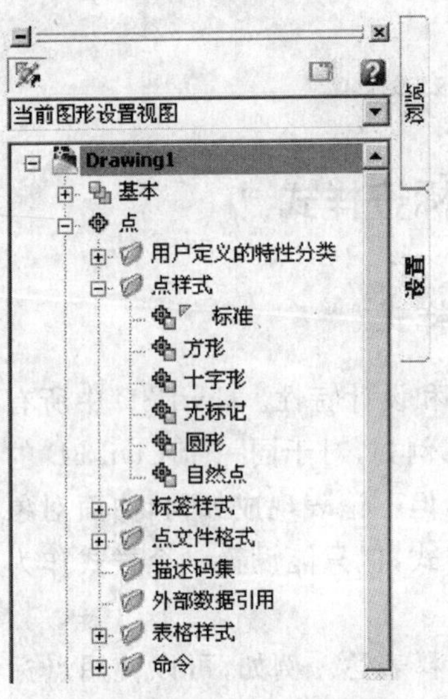

图 9-16 对象及其包括的样式设置

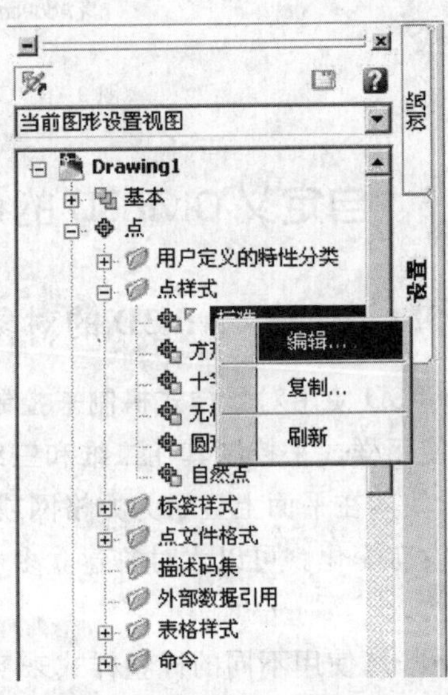

图 9-17 编辑点样式

技巧:如果希望以"标准"为模板建立新的样式,则在此选择"复制..."项。

■ Civil 3D 将弹出【点样式】编辑对话框,如图 9-18 所示。该对话框包括四个选项卡:"信息"、"标记"、"三维形状"、"显示"和"概要"。"信息"选项卡中,显示了当前点样式的名称,可以在名称栏对点样式的名称进行修改;还可以对该样式的简要描述及创建者等信息修改。

■ 在【标记】选项卡中,可以对点的标记样式进行修改。例如,对于点对象,希望显示为"□"形式,则可在该选项卡中,选择"使用自定义标记"方式,并在"自定义标记"样式中设置合适的组合。如图 9-19 所示,还可以对标记的角度、大小等进行调整,仅需在右侧"大小"栏目的参数框中输入适当的值即可。如果在大小中,使用"固定比例"类型,则"固定比例"选项变为可调,可输入该符号 X、Y 方向的放大比例。

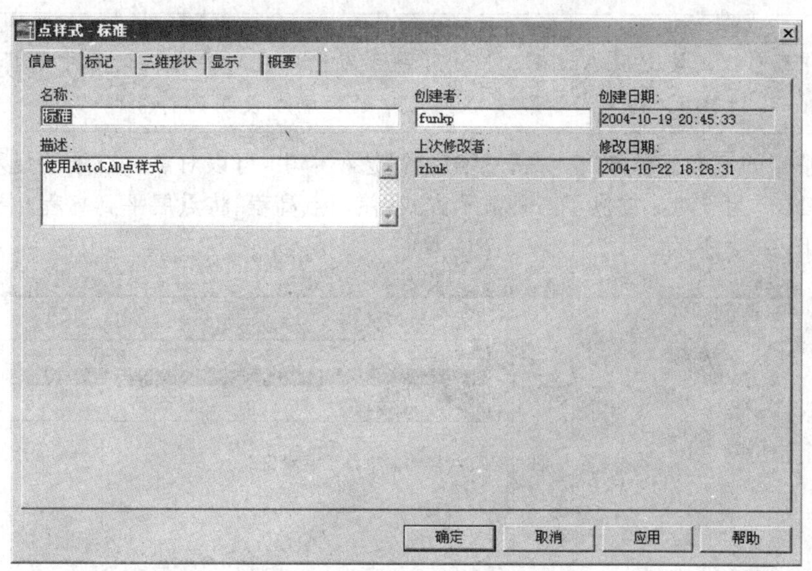

图 9-18　点样式对话框

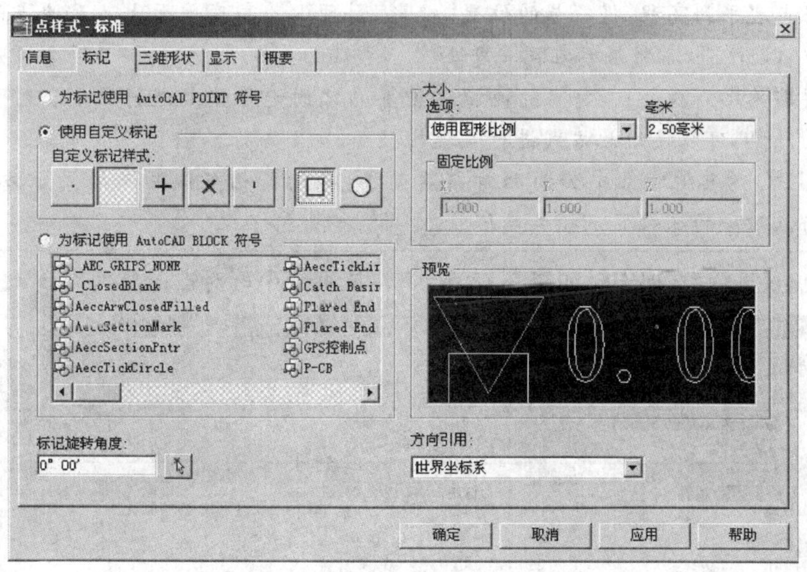

图 9-19　点样式对话框标记选项卡

提示:在"使用自定义标记"设置中,通过左右两侧符号的组合可以组合出 15 种不同的点样式。右侧的方形和圆形符号可以复选,如图 9-20 所示。

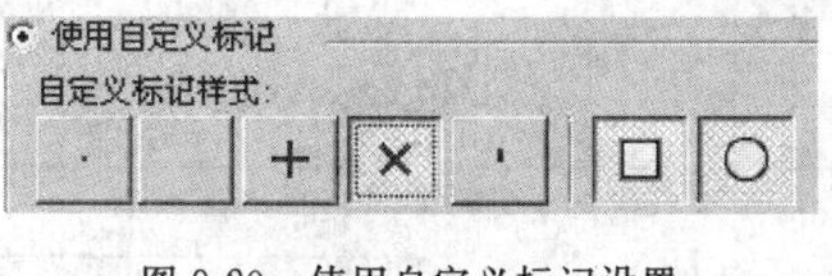

图 9-20　使用自定义标记设置

注意：还可以直接使用 AutoCAD 的图块做为标记。只要在标记页中选择“为标记使用 AutoCAD BLOCK 符号”项，并在列表中选择需要使用的符号即可。

■ 调整点的三维显示方式。在【三维形状】选项卡中，可以对点在三维的显示方式进行调节。Civil 3D 为点对象提供了三种显示方式：使用点高程、将点展平到高程和按缩放比例放大点，如图 9-21 所示。

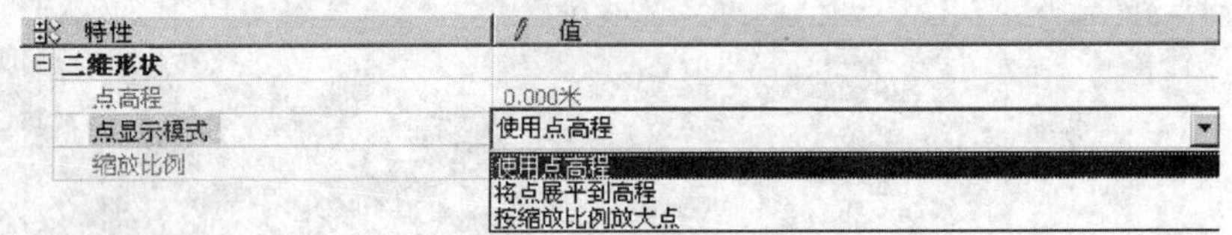

图 9-21　点样式的三维形状设置

注意：

■ 使用点高程：以真实的点高度在三维视图中显示“标记”页中定义的符号位置。

■ 将点展平到高程：将符号的位置“投影”到预设的高度平面上。无论点的实际高程是多少，Civil 3D 都将显示在同一平面上。

■ 按缩放比例放大点：将点的高程按设置的比例进行放大进行显示。对于高程差异较小的点集，可以使用此方式进行直观的显示。

Civil 3D 的其他对象中如曲面对象设置中，也包括相类似的三维显示方式控制。其含意与点对象的三维显示模式类似。

■ 切换至【显示】选项卡。如图 9-22 所示，在该页卡中可对点对象的“2D”(二维平面显

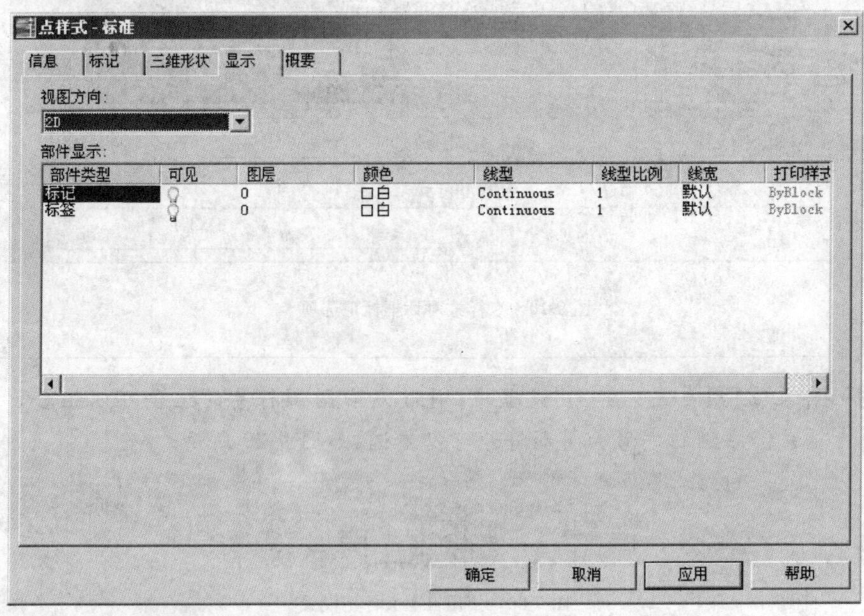

图 9-22　点标签的显示控制

示)与“3D”(三维显示)的显示内容进行控制。对于点对象,通过可见性的灯泡开关,可分别控制点的“标记”和“标签”两个点样式组成部件在 2D 与 3D 的可见性。可以分别修改各部件在 2D 与 3D 时所在的图层、颜色、线形、线宽等。这个操作很类似于在 AutoCAD 中图层的设置。

■ 设置好以上内容后,点击【确定】按钮,完成点对象样式的修改。Civil 3D 将自动修正所有应用了该样式的点对象。

> **注意:**【概要】选项卡将当前样式的所有设置进行总结。即在该选项卡中,归类显示了【点样式】设置对话框前面四个选项卡中所有设置的值。

9.3.3 设置点的标签样式

点的标签样式是控制点注释信息的显示方式。例如,显示点的高程值、点的编号等。点的标签显示的内容由点的标签样式控制。

9.3.3.1 修改点标签样式

点的标签样式修改过程与点对象样式修改过程有些类似。

■ 切换【工具空间】为【设置】选项卡,依次展开“点”→标签样式前的“+”号,Civil 3D 将列出项目中所有可用的点标签样式。

■ 在名称为“标准”的标签样式上点击鼠标右键,在弹出的菜单中选择“编辑...”,Civil 3D 将弹出【标签样式生成器】对话框,如图 9-23 所示。

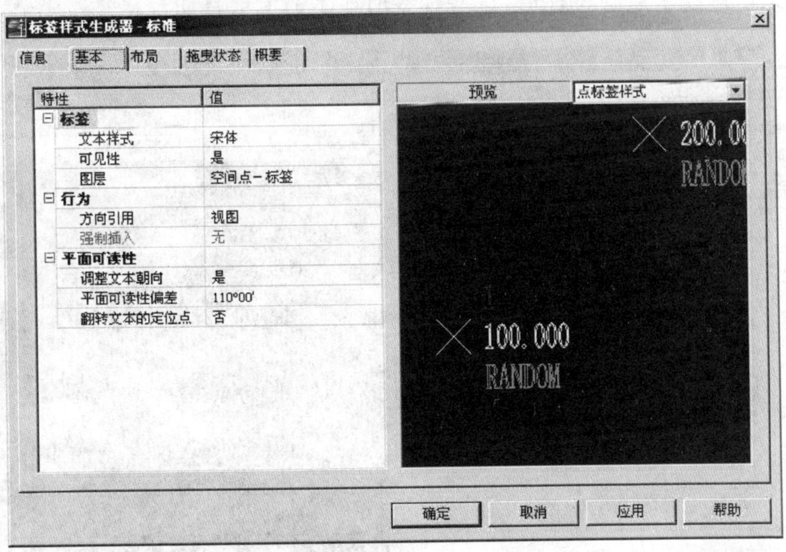

图 9-23 标签样式生成器的基本选项卡

■【标签样式生成器】对话框包括“信息”、“基本”、“布局”、“拖曳状态”和“概要”五个选项卡。在【信息页】中,可对标签样式的名称和作者信息等进行修正,操作过程与点样式设置类似。

■ 在“基本”选项页中，可为标签的字体、所在图层进行设置。这里的“可见性”选项控制着此标签的内容是否显示。显示行为控制着标签的显示方式：Civil 3D 提供了三种方式进行标签的显示：对象、视图和世界坐标系。

> **注意：**关于视图方向的解释：
>
> ■ **对象：**标签的文字随对象的方向变化而变化。例如，如果对点进行旋转，则标签也会旋转。
>
> ■ **视图：**Civil 3D 会保持标签的方向与视图的方向平行，不论对象的方向如何。这是最常用的一种设置方式。
>
> ■ **世界坐标系：**与当前视图和 Civil 3D 的世界坐标系有关系。和用户自定义的坐标无关。

> **技巧：**文本样式的值取决于 AutoCAD 文字样式设置中所预定义的文字样式的名称。可能通过输入 style(默认缩写 ST)来查看和修改 AutoCAD 的文字样式。

■ 对点标签样式的布局进行调整。【布局】选项卡的内容是定义标签样式的核心。一个点标签可以显示多种信息：如点高程值、点编号、点描述信息等。在 Civil 3D 中，每一个信息被称为一个组件，即一个标签样式是由多种“组件”构件成的组合式注释内容。例如，在图 9-24 所示的“标准”标签样式中，定义了点编号、点高程和点的描述值这三个组件。只要在点对象的定义中修改了点的特性值，这些标签所显示的值会自动修正。

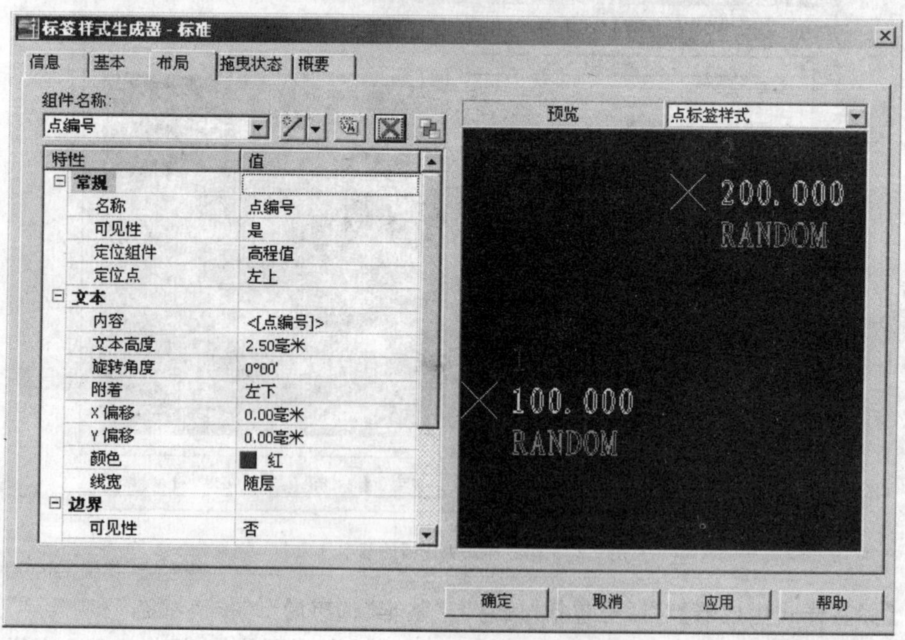

图 9-24　标签样式的布局

◇ **认识组件**:在点标签样式生成器中,Civil 3D 2008 提供了三种组件:文本、直线和块。每种组件都可以定义其名称和该组件在标签中单独的可见性。点击组件名称下拉框后的第一个按钮,可以查看到所有可用于点标签样式定义的组件。布局对话框中提供了一组组件控制工具。从左到右分别是:添加组件、复制当前组件、删除组件和调整组件显示顺序,如图 9-25所示。

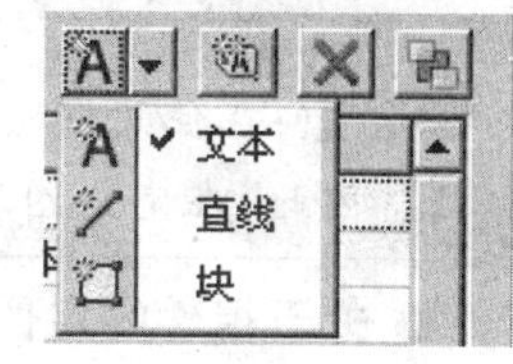

图 9-25 点标签样式组件

> **注意**:【标签样式生成器】对话框的【基本】选项卡中的"可见性"用于控制整个标签样式的是可见性,【布局】选项卡设置中"组件"的可见性,仅针对该组件的可见性进行。

● **文本组件**:可以手动输入文字或添加点对象的特性字段内容。使用文本组件时,点击"内容"项后的▤按钮,Civil 3D 将弹出【文本部件编辑器】对话框。如图 9-26 所示,在该对话框中的"特性"选项卡中,可手动输入文字值,或直接在"特性"列表中选择相应的特性字段,点击"特性"列表后面的➡按钮,将特性字段添加到文字内容中。

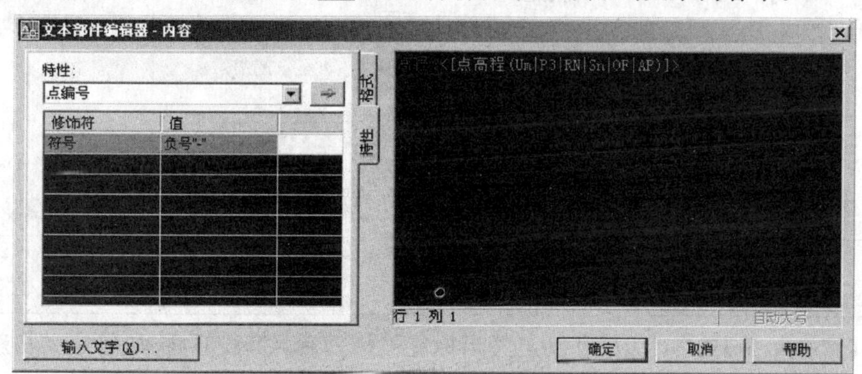

图 9-26 文本部件编辑器

> **注意**:"特性"对话框中的特性字段与点定义时点的特性字段的内容是一一对应的。在【文本部件编辑器】对话框中,插入"特性"列表中的特性字段作为文本组件的内容时,标签所显示的值才会随对象特性的变化自动修正。如果使用手动输入的文字,则该文字的内容不会修改;还可以使用手动输入文字与特性字段组合使用的方式。操作页面中,红色的字为手动输入,绿色的字为插入的特性字段,应用该标签样式时,每个点的高程前都会带有红色的"高程"字样。
>
> 在"文本部件编辑器"中的"格式"选项页中,可对输入的文字或特性字段的格式——如颜色、是否加粗、是否加下划线等进行进一步修改。

● **直线**:直线对象为标签中加入不同长度和角度的直线。利用直线组件,可以加入各种角度和长度的直线组件。在使用该组件时,在标签样式生成器中通过调节直线的长度、角度、所在图层等参数,可对直线的状态进行进一步的调节。

● **图块**:在标签中插入 AutoCAD 的图块。类似于使用点样式定义中的 AutoCAD 图块,可以把任何 AutoCAD 的图形使用 Block 命令定义为图块,再应用到这里。

> **注意**:在使用图块作为标签样式时,Civil 3D 会自动以块的基点作为定位点进行定位。因此,在定义图块时,请注意设置块的基点。

● **关于组件的定位**:Civil 3D 利用组件或对象要素本身为标签组件进行定位。在 Civil 3D 中,通过定位组件与组件附着两个参数来进行组件的定位。如图 9-27 所示,名称为“点编号”的文本组件是以名称为“高程值”的组件进行定位;并且,以“高程值”的左上角点对齐“点编号”的左下角点。(即定位点参数和附着参数。)

特性	值
⊟ **常规**	
名称	点编号
可见性	是
定位组件	高程值
定位点	左上
⊟ **文本**	
内容	<[点编号]>
文本高度	2.50毫米
旋转角度	0°00'
附着	左下
X 偏移	0.00毫米
Y 偏移	0.00毫米
颜色	■ 红
线宽	随层
⊟ **边界**	
可见性	否

图 9-27 组件的定位

> **注意**:作为定位组件的组件是无法删除的。

■ 在【拖拽状态】选项卡中,可以定义当标签被拖动后,Civil 3D 将如何定义从新的标签位置指向点对象的箭头,如图 9-28 所示。经过前面的设置后,点击【确定】退出【标签样式生成器】对话框,完成点标签样式的设置。

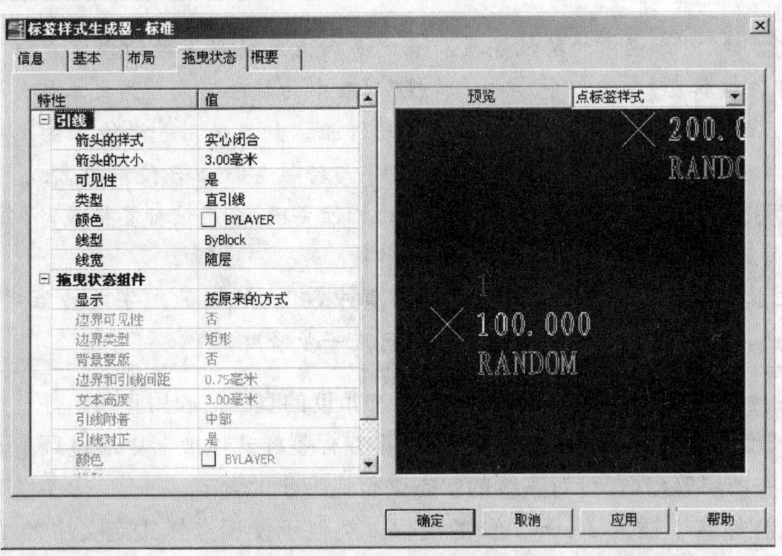

图 9-28 定义标签的拖拽状态

**注意**:点标签的显示控制还与【点样式设置】对话框中标签值的显示控制有关。

9.3.3.2　建立新的标签样式

点的标签样式设置看起来十分复杂,事实上,只要理解了其中各选项的含意后,会很容易自定义点的标签样式。以下练习将新建一个名称为"点高程样式"的点标签,最终的标签样式如图 9-29 所示。

22.55

19

图 9-29　点高程样式表现

■ 切换【工作空间】至【设置】选项卡,确认将视图列表方式设置为"当前图形设置视图"。依次展形点→标签样式。

■ 在标签样式栏上单击鼠标右键,在弹出的右键菜单中选择【新建】,Civil 3D 将弹出【标签样式生成器】对话框,并默认将标签样式名称设置为"新建点标签样式",重命名该名称为"点高程样式"。

■ 设置【基本】选项卡中的文字样式为"仿宋体",可见性为"是"。其他设置如图 9-30 所示。

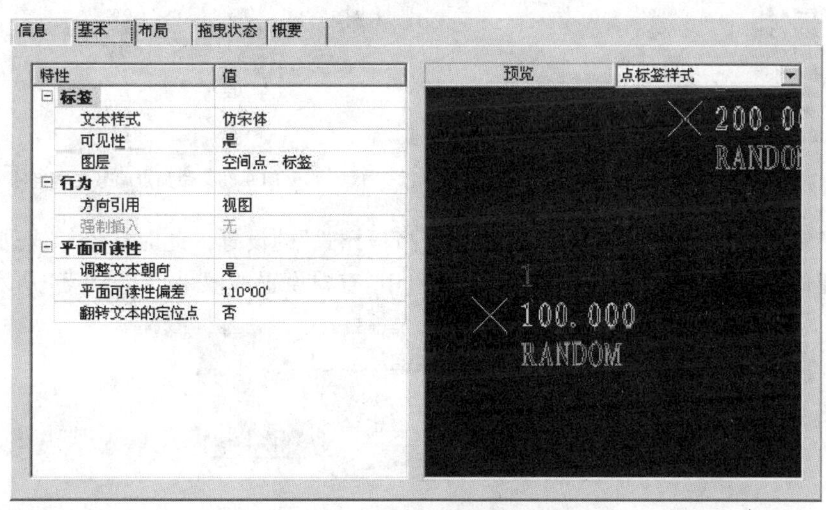

图 9-30　设置标签的基本选项卡

特性	值
常规	
名称	点高程
可见性	是
定位组件	<要素>
定位点	右上
文本	
内容	{\fÿ□_GB2312|b0|i0|c...
文本高度	3.00毫米
旋转角度	0°00'
附着	左下
X 偏移	0.00毫米
Y 偏移	0.00毫米
颜色	BYLAYER
线宽	随层
边界	
可见性	否

图 9-31　添加点高程文本组件

■ 切换至【布局】选项页,点击按 按钮删除提供的所有默认组件。点击 ,为标签添加一个文本组件,并重命名为"点高程值"。设置定位组件为"<要素>",并将定位点设置为"右上",设置文本高度为 3.000 毫米,附着方式为"左下"(即文本的左下角点位于点的右上角点进行定位)。点击文本项"内容"栏后的 按钮,在文本部件编辑器中,删除默认提供的样例文字,在特性下拉框中找到"点高程",在并设置好格式、精度等信息,按 按钮添加到文本框中。修改格式中的文本对齐方式为"居中"。点击【确定】完成文本输入。其他参数可参见图 9-31 中所示。

■ 点击的下拉箭头，并在其中选择“直线”组件，以“点高程”的“左下”为起点定位组件，以“点高程”的“右下”作为终点定位组件。调节直线组件的特性如图 9-32 所示。

■ 再次点击向标签中添加文本组件，并将命名为“点编号”，使用刚才建立的直线组件做为定位组件。将该文本的内容修改为点特性的“点编号”字段。其他定位设置如图9-33所示。

**注意**：如果使用组件进行定位，则被作为定位的组件无法再进行重命名。

特性	值
⊟ 常规	
名称	直线.1
可见性	是
起点定位组件	点高程
起点定位点	左下
使用终点定位	是
终点定位组件	点高程
终点定位点	右下
⊟ 直线	
长度	30.00毫米
角度	0°00'
起点 X 偏移	0.00毫米
起点 Y 偏移	0.00毫米
终点 X 偏移	0.00毫米
终点 Y 偏移	0.00毫米
颜色	■ 红
线型	ByBlock
线宽	随层

图 9-32　添加直线组件

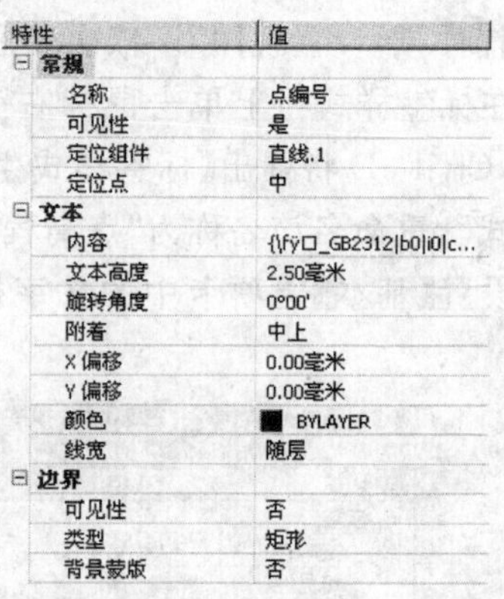

特性	值
⊟ 常规	
名称	点编号
可见性	是
定位组件	直线.1
定位点	中
⊟ 文本	
内容	{\fÿ口_GB2312|b0|i0|c...
文本高度	2.50毫米
旋转角度	0°00'
附着	中上
X 偏移	0.00毫米
Y 偏移	0.00毫米
颜色	■ BYLAYER
线宽	随层
⊟ 边界	
可见性	否
类型	矩形
背景蒙版	否

图 9-33　添加点编号文本组件

■ 设置完成后，点击【确定】按钮，完成“点高程样式”的设置。此时标签样式列表中将增加刚才新建的标签样式。将此项目应用至项目中，查看设置的效果，如图 9-34 所示。

图 9-34　应用新设置的点标签样式

技巧：在点特性对话框中，可以通过点击点样式和点标签样式后的进入点样式或点标签样式编辑模式。

9.3.4　定制生点的表格样式

在 Civil 3D 中，利用点菜单中的“添加表”工具，可以为项目中的点进行列表统计。在使用该工具时，Civil 3D 将会弹出【点表格创建】对话框，如图 9-35 所示。在该对话框中，需要对点的表格样式进行指定。本部分内容将介绍如何自定义点的表格样式。

注意：点的统计表格，是按点的标签样式来对点进行分类和列表统计的。

9.3.4.1 设置点的表格样式

Civil 3D 利用表格样式来定义和管理点统计表的内容与表格形式。在【点表格创建】对话框中，直接点击表格样式后的，可直接进入【表格样式】对话框中进行表格样式的编辑；也可以利用工具空间的设置选项页，依次展开“点”→“表格样式”，在“表格样式”列表中，双击要修改的样式即可。

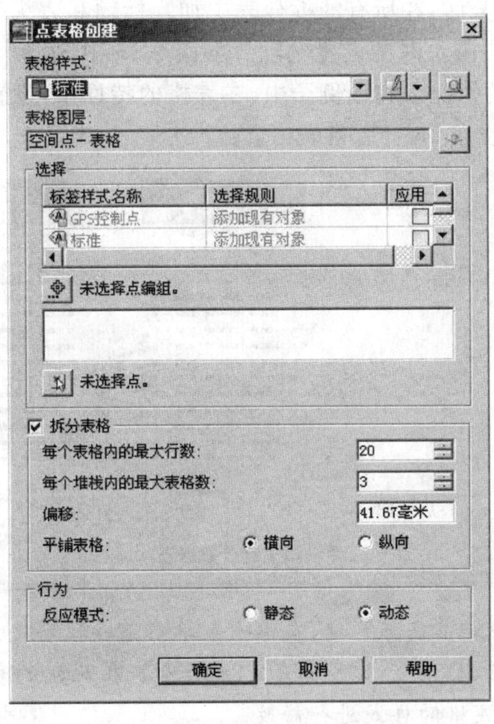

图 9-35 点表格创建

如图 9-36 所示，在【表格样式】对话框中，依次包括：“信息”、“数据特性”、“显示”和“概

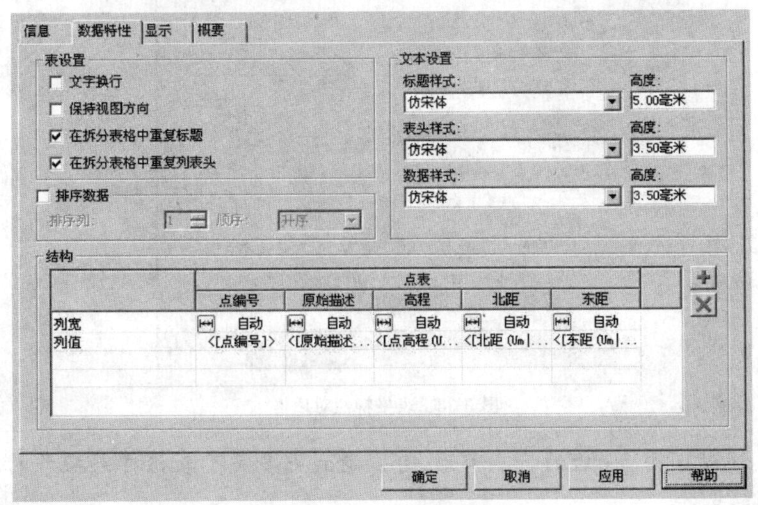

图 9-36 【表格样式】对话框

要”四个设置选项页。其中,“信息”、“显示”和“概要”选项页的内容与点标签样式生成器对话框中的相应选项卡功能类似,在此不再赘述。

点表格样式设置中的最重要的一项属“数据特性”选项卡,如图 9-36 所示。

■ **表的一般设置**:在数据特性设置页中,“表设置”栏可对表的一般特性进行设置,例如,设置表格中的文字是否根据表格的大小自动换行,是否在改变视图的方向时,表格自动重新调整方向,是否将表格拆分后,在所有的拆分表中加入标题和表头等。这些设置内容,类似于 Microsoft word 中当表跨页时的设置选项。如图 9-37 中,显示了表在三维显示时,启用了“保持视图方向”选项的情况。在该例子中,在表格的特性中,设置了“每个表内的最大行数”为 15,因此表会自动将在 15 行后将表格进行拆分。

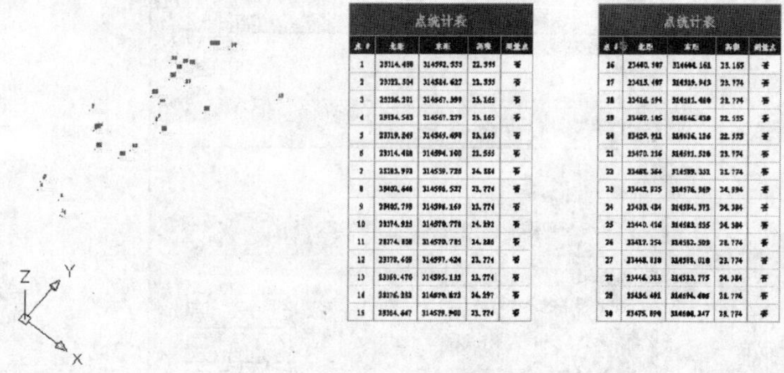

图 9-37　拆分数据表

注意:选择表格后并点击鼠标右键,在弹出菜单中可以找到“表格特性”命令,可以设置拆分表格的最大行数,其设置选项如图 9-38 所示。在此处的表格样式中,也可以进入表格样式定义中,对表格的样式进行修改。

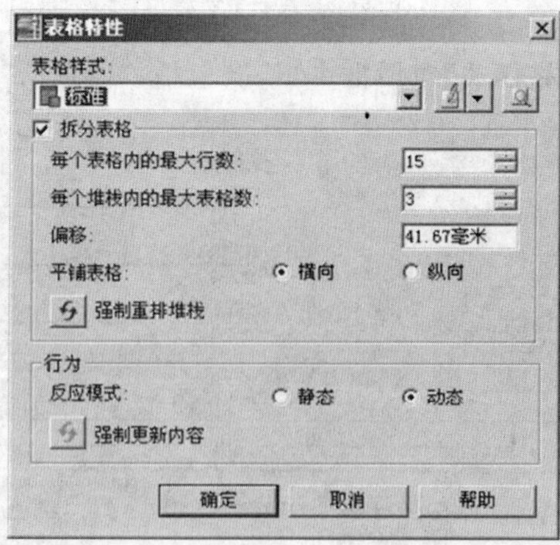

图 9-38　表格特性对话框

技巧:通过点击后的下三角形,可以看到更多关于表格样式操作的选项,如建立新的表格样式等。

■ **表的文字样式设置**:文本设置列中,可以分别对表格的标题、表头和数据内容的文字样式和文字大小进行设置。只需要在文字样式列表中选择相应的文字样式,并在后面的文字大小对话框中,输入该项目的文字高度即可。

■ **表结构设置**:结构栏内容决定着表格的名称和内容的具体定义。如图 9-39 所示,该栏从上至下的内容分别代表:表格名称、表头文字及对象字段。

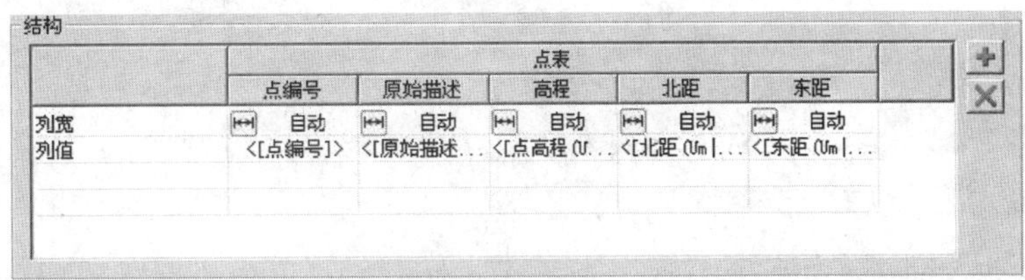

图 9-39　表结构设置

■ 以该结构生成的表格形式如图 9-40 所示。

在栏目定义中,可以双击表格名称栏及表头栏,对该栏目的文字名称进行自定义;还可以利用右边的✕和✚为表格添加或删除列。

9.3.4.2　建立新的点表格样式

为帮助读者更好的理解点表格样式的定义过程,下面以定义如图 9-41 所示的"点统计表"为例,说明在 Civil 3D 中新建一个名称为"点统计表"的自定义点表格样式的一般步骤。

点　表				
点编号	原始描述	高程	北距	东距
1		22.555	23314.488	314592.555
2		22.555	23322.504	314584.627
3		23.165	23326.291	314567.399
4		23.165	23324.563	314567.279
5		23.165	23319.249	314569.698

图 9-40　Civil 3D 中生成的表

点统计表				
点 #	北距	东距	高程	测量点
1	23314.488	314592.555	22.555	否
2	23322.504	314584.627	22.555	否
3	23326.291	314567.399	23.165	否
4	23324.563	314567.279	23.165	否
5	23319.249	314569.698	23.165	否

图 9-41　点统计表样式

■ 切换【工具空间】至【设置】选项卡,确认将视图列表方式设置为"当前图形设置视图"。依次展开"点"→"表格样式"。

■ 在表格样式上单击鼠标右键,在弹出的菜单中选择"新建"。

■ Civil 3D 将弹出【点表格样式】对话框。在该对话框的【信息】选项卡中,修改表格样式的名称为"点统计表"。如有必要,输入描述内容和作者信息,如图 9-42 所示。

■ 点击【数据特性】选项卡,切换到【数据特性】选项卡。确保"表设置"栏中的选项内容不变,调整"文本设置"的内容如下:设置字体样式均为"仿宋体",标题样式高度为 6.00 毫米,其余样式的字体高度设置为 3.50 毫米,如图 9-43 所示。

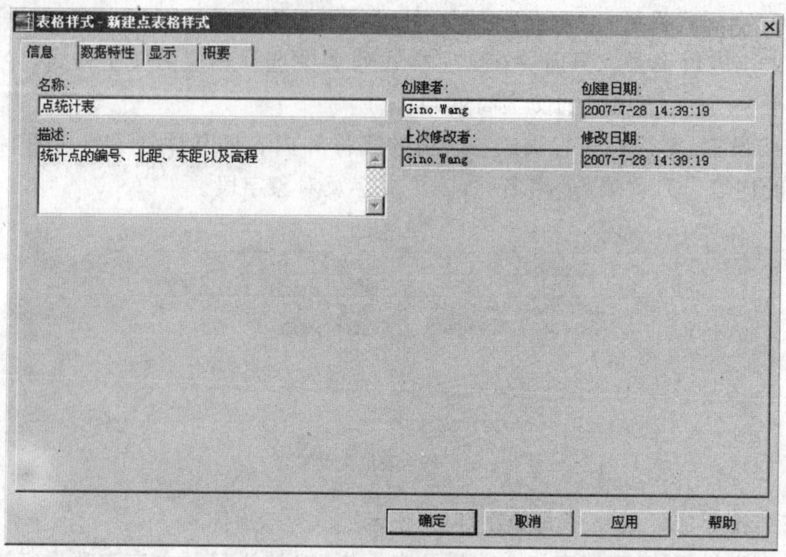

图 9-42　表格样式对话框

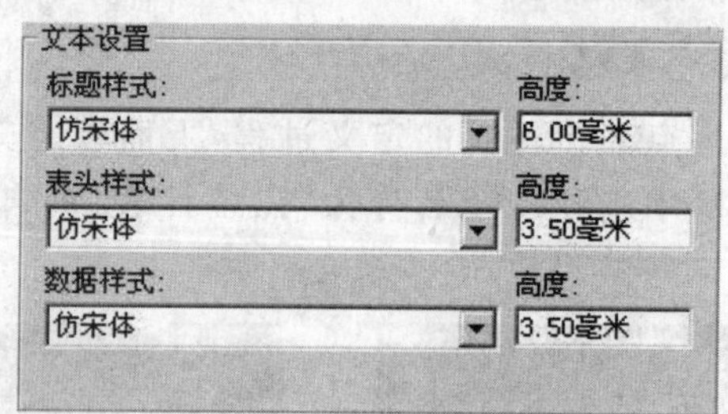

图 9-43　字体的设置

■ 在【数据特性】选项卡中，双击“结构”栏中“表格标题”列，Civil 3D 弹出“文字部件编辑器”，删除输入框中原有文字，修改文字颜色为绿色，并输入“点统计表”，作为表格的标题，输入完成后点击【确定】按钮，完成表格标题的设置，如图 9-44 所示。

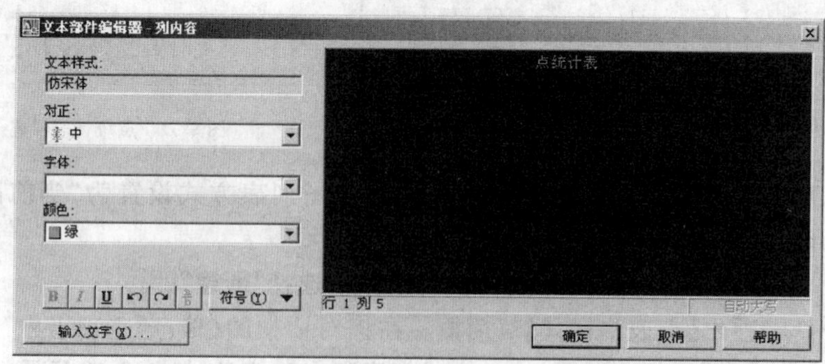

图 9-44　设置表格标题

■ 单击选择“原始描述”列标题，选择原始描述列，点击表格右侧☒将该列删除。

■ 单击选择“高程”列标题，按住鼠标左键不放，向右侧拖动该列至“东距”后，松开鼠标左键，将“高程”列放置在表格最后。

■ 点击右侧，为表格添加新列，并修改列标题为“测量点”。

■ 双击新添加的“测量点”下的列值，在弹出文本部件编辑器中，选择特性列表中的“测量点”字段，点击将其添加到右侧输入框中，调整格式中的文字对正方式，使测量点字段居中。设置完成后点击【确定】按钮，如图 9-45 所示。

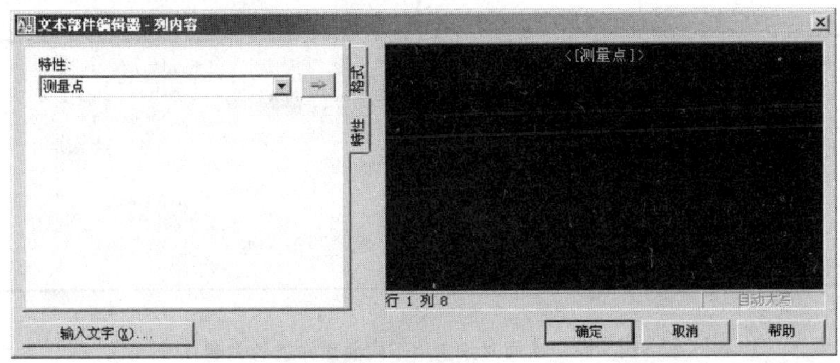

图 9-45 加入测量点字段

■ 此时，表格样式的结构应如图 9-46 所示。

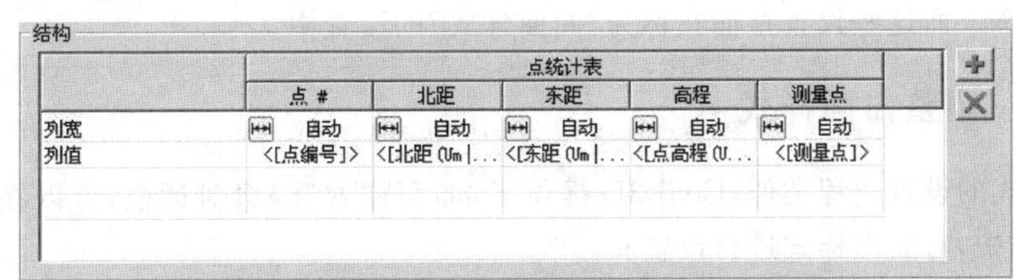

图 9-46 表格结构

■ 点击【显示】选项卡，调整表格在 2D 及 3D 视图中的显示方式，设置视图方向为 2D，确保数据面积填充项牌关闭状态。设置视图方向为 3D，关闭所有选项的显示，即该表在 3D 视图中不显示。设置好后，点击【确定】按钮完成表格样式的设置。

在本节中介绍了如何利用 Civil 3D 的自定义功能，自定义点对象的点样式、点的标签样式及点的表格样式。事实上，在 Civil 3D 中，其他样式的制定与点的各种样式的定义有许多相似之处。学会了如何自定义点这些特性，在进行其他样式的定义时，都将遵循类似的操作方式。

9.4 自定义曲面标签和样式

9.4.1 理解曲面及曲面样式

Autodesk Civil 3D 采用样式来定义对象的具体表现。对于曲面对象，同上一节中介绍的点对象类似，Civil 3D 也提供了可供设置的样式来控制曲面的外观，满足不同工程中曲面不同表现的需求。如图 9-47 所示，为同一曲面对象采用不同的曲面样式所表现的不同样式。

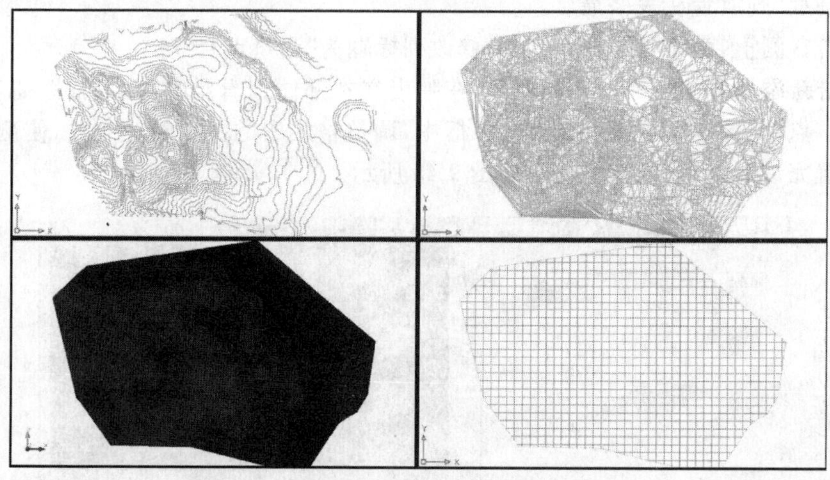

图 9-47　曲面对象应用不同曲面样式的表现

Civil 3D 的曲面对象样式由以下几种要素构成：边界、等高线、栅格、点、三角形（三角网）、流域、分析方式。可以分别对曲面这些要素的特性及显示进行控制，组合出各种需要的曲面表现形态。而这些设置存储在称为"曲面样式"的设置中。

9.4.2　调整曲面样式

和点样式的设置过程类似，Civil 3D 提供了"曲面样式"编辑对话框，可以在【曲面样式编辑】对话框中，对曲面样式进行设置和修改。

9.4.2.1　曲面样式的修改

下面以名称为"标准"的曲面样式为例，对曲面样式的修改和设置进行说明。

■ 点击【工具空间】的【设置】选项卡，切换至"设置"选项页。

■ 依次展开"曲面"→"曲面样式"，并在所有列出的曲面样式中找到名称为"标准"项，并双击打开"曲面样式"编辑器。

■ "曲面样式"编辑器中，包括除包括【基本信息】、【显示控制】和【概要统计】几个选项卡外，还包括控制曲面样式的所有元素，即【边界】、【等高线】、【栅格】、【点】、【三角形】（三角网）、【流域】和【分析方式】，Civil 3D 分别将它们列为单独的选项卡，以便对每一个选项进行设置和调节，如图 9-48 所示。

■ 在选项卡中，分别针对每一个要素的选项进行调节。如图 9-49 所示，对等高线要素特性进行设置，则切换到【等高线】选项卡，可修改"次等高线间隔"的值来调整等高线的间距。如果需要对等高线进行平滑，则在等高线平滑中进行调节。具体每个参数的含意，可参见 Civil 3D 的帮助，这里不再详述。

■ 切换至【显示】选项卡，可对对曲面样式各种要素进行显示控制。同点"中样式"设置类似，可分别控制曲面要素的 2D 与 3D 视图的显示的显示特性。例如，在 2D 状态下，仅显示等高线和栅格，而在 3D 状态下，显示高程分析彩图，如图 9-50 所示。

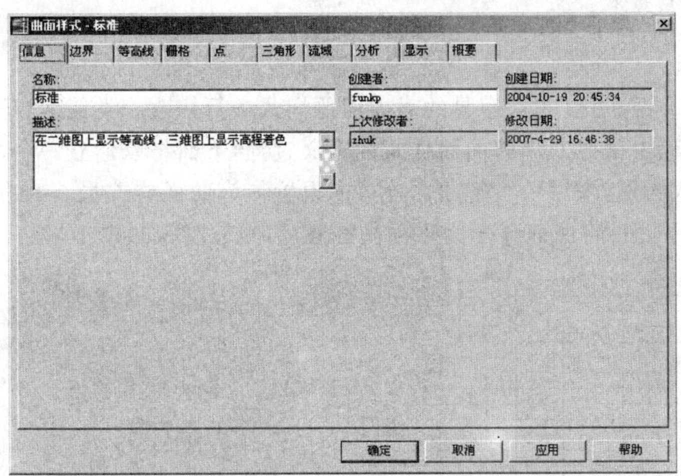

图 9-48　曲面样式设置对话框

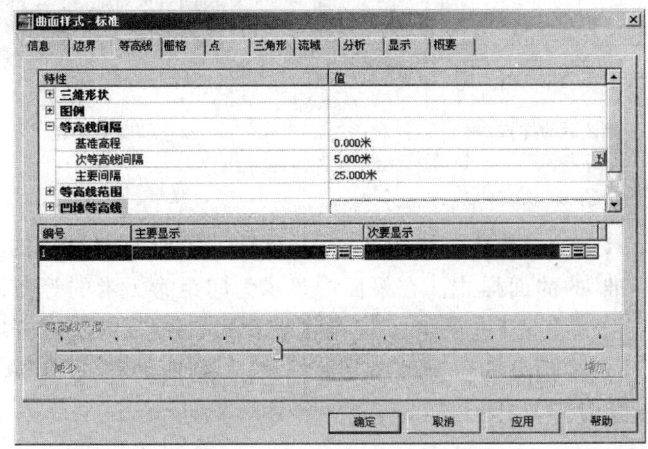

图 9-49　等高线调节选项

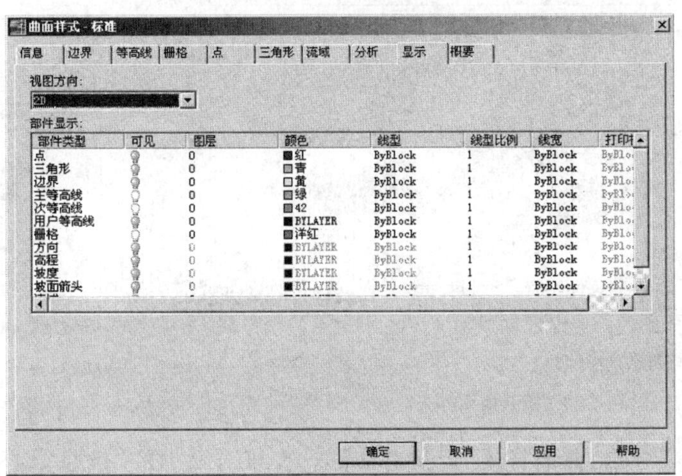

图 9-50　曲面样式显示控制

■ 设置完成后，点击【确定】按钮，完成曲面样式的修改。则此时在 2D 视图中，曲面表现如图 9-51 所示。

通过上面的介绍，可以非常容易的对曲面的样式进行修改。类似地，还可以新建一个曲面样式。为帮助读者都好的理解曲面样式的定义过程，下面将以建立一个名称为“平面高程分析”的曲面样式为例，来深入了解曲面样式的设置。该曲面样式最终将在 2D 上显示为如图 9-52 所示，在平面中将曲面显示为平面高程着色，在三维视图中不显示。

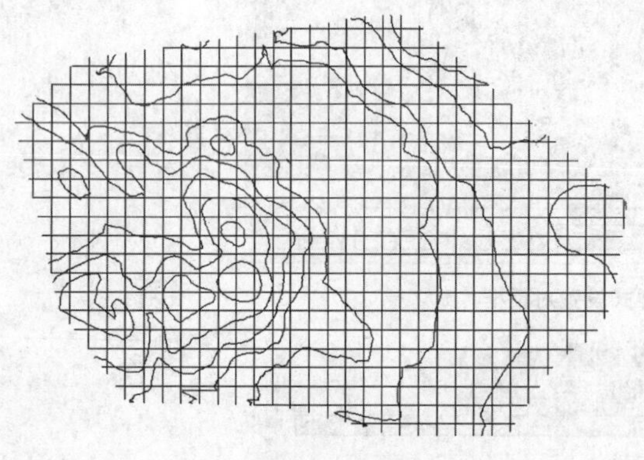

图 9-51　修改后的样式

图 9-52　平面高程分析样式表现

9.4.2.2　建立新曲面样式

■ 打开文件“surf_style. dwg”，如图 9-53 中所显示的曲面由导入的文本点形式生成。并应用了名称为“标准”的曲面样式。在平面中显示为间距为 1 米的等高线。

■ 点击工具空间的【设置】选项卡，切换至【设置】选项卡，依次展开“曲面”→“曲面样式”，列表中显示了项目中预设的所有可用曲面样式。在“曲面样式”上单击鼠标右键，在弹出的菜单中选择“新建...”，如图 9-54 所示。

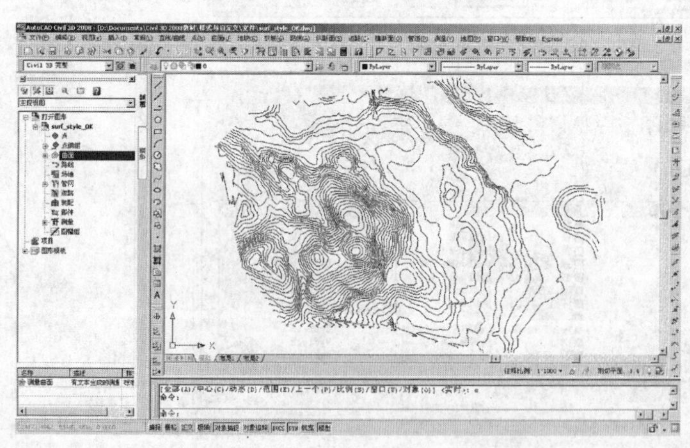

图 9-53　默认曲面样式

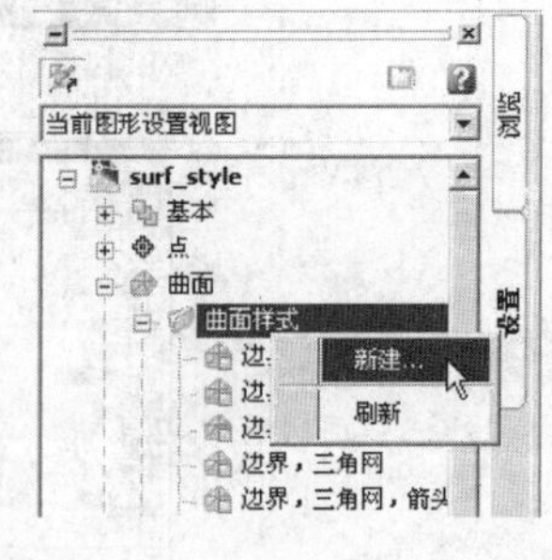

图 9-54　新建曲面样式

■ Civil 3D 将弹出“曲面样式”定义对话框。在该对话框的“信息”选项页中，输入曲面样式名称为“平面高程分析”，如有必要，可以在描述框中输入该样式的描述信息，如图 9-56 所示。

注意：也可以直接在窗口中选择曲面，点击鼠标右键，在弹出的关联菜单中选择“曲面特性”，点击曲面特性对话框中曲面样式后的 的小三角，在弹出的菜单中选择“新建”，建立新的曲面样式，如图 9-55 所示。

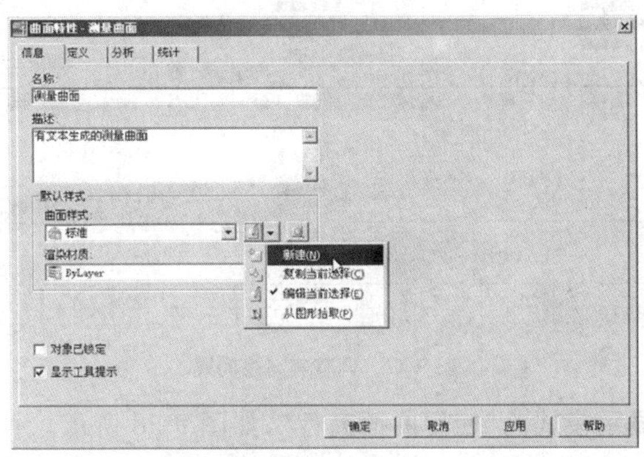

图 9-55　表格特性对话框

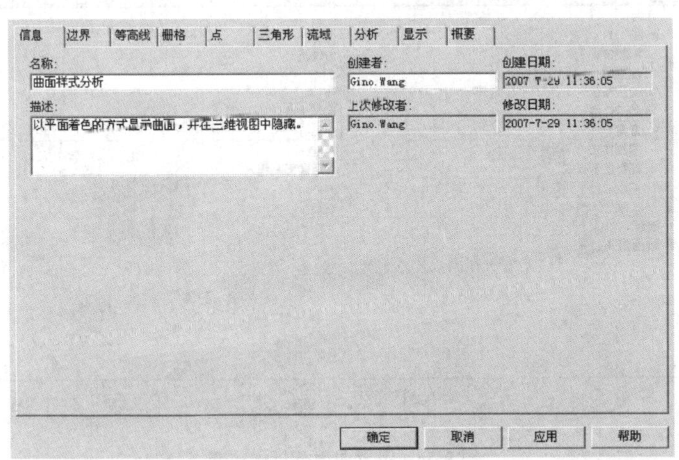

图 9-56　为曲面样式命名

■ 点击【等高线】标签，打开等高线选项页，展开“等高线间隔”选项，修改“次等高线间隔”(即首曲线间隔——等高距)为 0.5 米，确认修改“主要间隔”(即计曲线间隔)为 2.5 米，其他选项采用默认值不变，如图 9-57 所示。

注意：三维形状类别中设置等高线的显示方式，类似于点样式设置中的三维形状，参见 9.3.2 节“点样式”设置。图例一栏用于设置曲面关于统计等高线内容表格的样式；等高线范围主要用于设置对等高线的高程进行分析时的显示方式。关于等高线的分析，Civil 3D 单独将其列入等高线的设置内容，而未放入【分析】选项卡。

■ 点击【分析】选项卡，打开分析选项页，展开“高程”栏，设置“编组依据”为“分位点”，设置范围数为 12，设置范围精度为 0.1，显示类型设置为“图案填充实体”，方案设置为“Pastels

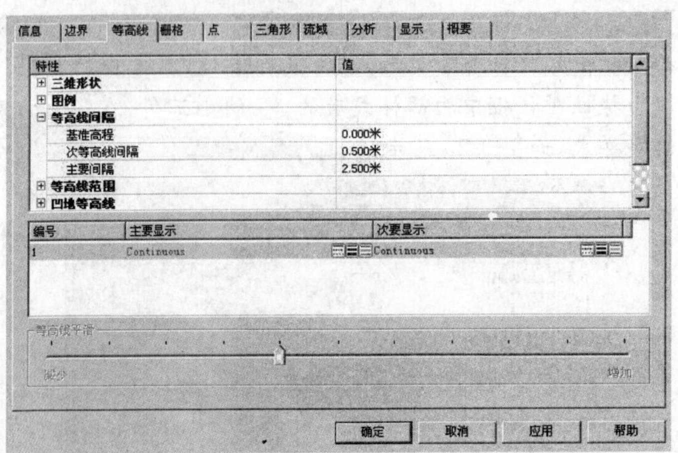

图 9-57　调节等高线间隔

(淞蓝系)”,确保高程显示模式为“使用曲面高程”,如图 9-58 所示。

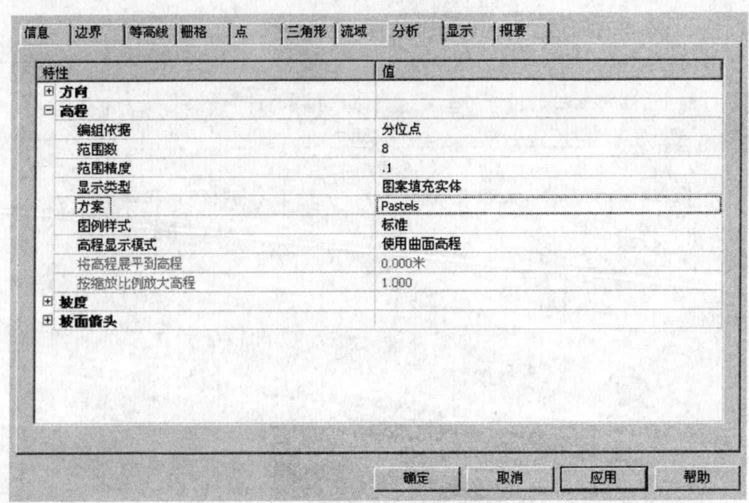

图 9-58　设置曲面分析样式选

注意：

■ 关于编组依据。Civil 3D 提供了三种分析曲面数据的方式：相等间隔、分位点和标准差。相等间隔会将曲面高程范围按指定的数量进行均分显示分析结果；分位点按手动指定的范围来显示分析的高程范围；标准差是以数据值与算术平均值的差值来计算和定数等分数据。

■ 关于显示类型。Civil 3D 提供了四种显示类型：三维面、二维实体、图案填充实体和栅格。三维面以三角网面的形式显示不同高程的不同颜色；栅格以三维网格的方式显示不同高程的不同颜色，这两种均有利于在三维视图下对进行分析显示。二维实体和图案填充实体将以平面填充颜色的方式对高程分析颜色进行显示，不同之处在于，图案填充实体还将生成规则的三角网。图例样为曲面高程表的样式名称。

■ 单击【显示】标签，进入显示控制选项卡，在视图方向为 2D 模式下，确保显示主等高线、次等高线和高程。切换视图方向为 3D 模式，关闭所有曲面要素的显示。

■ 选择曲面，点击鼠标右键，在弹出菜单中选择“曲面特性”，将弹出【曲面特性】对话框，如图 9-59 所示。在该对话框的【信息】选项卡中设置“曲面样式”为刚才定义的“平面高程分析”，切换至【分析】选项卡，设置分析类型为“高程”，范围编号为“12”（注意，这里的范围编号不要超过曲面样式在高程分析中定义的范围数，否则 Civil 3D 将无法自动区别多于该范围数的颜色），点击[图标]将分析内容添加到“范围详细信息”列表中。完成后点击【确定】按钮，则曲面将表现为图 9-51 所示的“平面高程分析”样式。

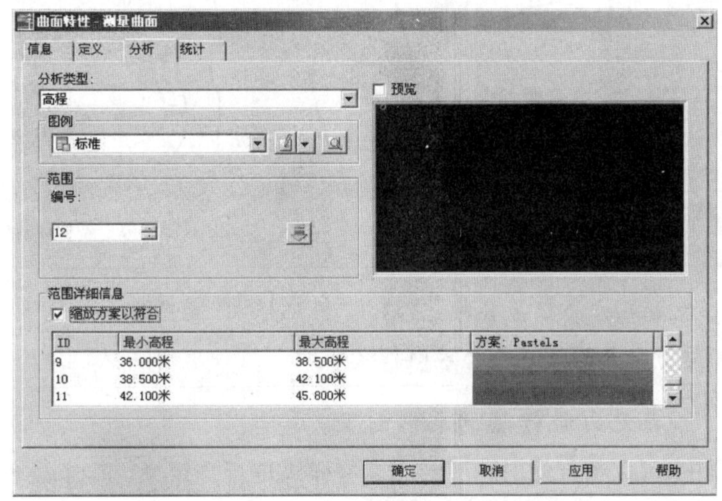

图 9-59　设置曲面特性

> **注意**：在曲面特性的分析类型设置对话框中，分析方案取决于曲面样式设置中分析标签页中的相应类型的分析方式。

9.4.3　自定义曲面标签

9.4.3.1　认识曲面标签

在实际工作过程中，除需要将曲面对象以“曲面样式”所定义的图形方式表达之外，还需要在以文字注释的形式表达曲面对象中不同类型的数据和信息。例如，在曲面对象中显示等高线高程、显示曲面的高程点的高程值等。可以利用“曲面标签样式”实现对曲面中高程数据的表达。

Civil 3D 提供了“添加曲面标签”（菜单：【曲面】→【添加曲面标签】→【添加曲面标签】）工具，可以直接为曲面添加相应类型的标签，来达到提取曲面数据的目的。如图 9-60 所示，为曲面添加点位置的曲面高程标签。

> **注意**：添加标签对话框不仅可为曲面对象添加点高程标签，事实上，利用该对话框可以为 Civil 3D 中几乎所有对象添加注释和标签，如路线和场地等。可以通过选择“要素”列表中的对象来进行标签对象的切换。

在 Civil 3D 中，将曲面标签按曲面对象要素的类别进行了分类：等高线、坡度、点位高程和流域，分别对应于曲面的不同注释类别。在每个类别中，可以定义不同类型的标签，以满足不同制图规范下的标签类型。例如，对于同一曲面同一等高线上的高程点的标签，可以采用不同的高程点标签样式，添加为如图所示的不同样式，如图 9-61 所示。

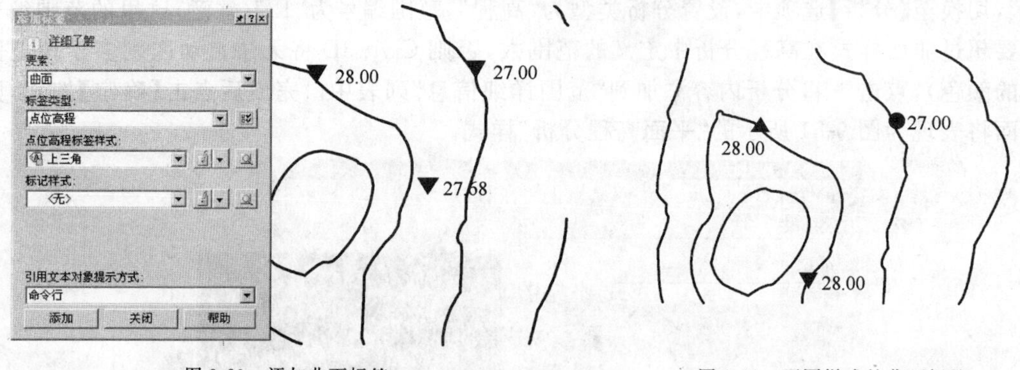

图 9-60　添加曲面标签　　　图 9-61　不同样式的曲面标签

> **技巧**：在使用点位高程标签时，可以将“标记样式”设置为无。这样，在提取 Civil 3D 的曲面高程时，添加的标签将不会附加点标记。

9.4.3.2　自定义曲面标签的一般过程

在 Civil 3D 中，可以很方便的对不同的标签样式进行自定义。这个过程非常类似于点标签样式的定义过程。基本过程如下：

■ 点击工具空间的设置选项板，依次展开“曲面”→“标签样式”，可以看到 Civil 3D 针对不同用途的标签进行了分类，在 Civil 3D 2008 中，提供了四种不同类别的曲面标签：等高线、坡度、点位高程和流域。

■ 根据需要，在适当的类别中点击右键，在弹出的右键菜单中选择“新建”。例如，要提取曲面中任意一点的高程的标签，则在“点位高程”类别上点击鼠标右键，选择“新建”即可。Civil 3D 将弹出【标签样式生成器】对话框。

> **技巧**：在“添加曲面标签”对话框中，点击相应标签样式后的按钮，也可实现对标签样式的新建或修改。

■ 如图 9-62 所示，曲面的标签样式生成器对话框与 9.3.3 节中“点标签样式”生成器类似，【标签样式生成器】对话框分为：信息、基本、布局、显示和概要五个选项卡。每个选项卡的定义方式与 9.3.3 节中介绍的点【标签样式生成器】定义完全一致，这里不再详述每一项的具体过程。

9.4.3.3　建立新的曲面标签样式

下面将以新建一个名称为“室外高程点”的点位高程标签样式为例，说明在 Civil 3D 中新建曲面标签的过程。该曲面标签将显示所拾取的曲面点高程，并显示为如图 9-63 所示的高程点标记。

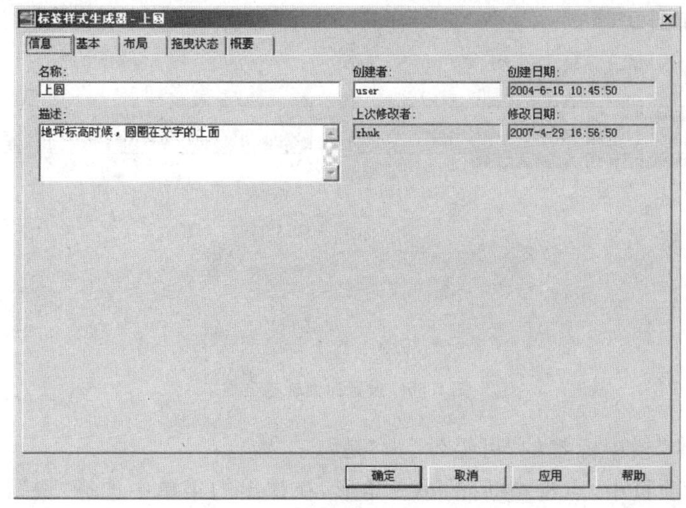

图 9-62　曲面标签样式生成器

■ 使用 AutoCAD 的绘图工具绘制如图 9-63 所示的标记，大小如图 9-64 上标记所示。

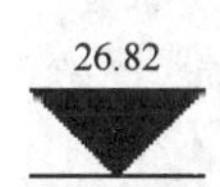

图 9-63　高程点标记

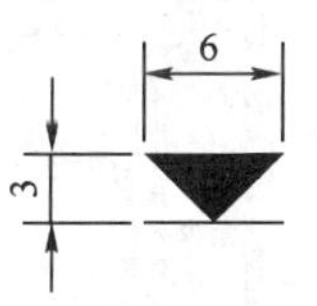

图 9-64　点标记

■ 使用 AutoCAD 的 Block 命令，将该图形定义为块，将基点指定为三角形正下方的顶点，并指定块的名称为“室外高程点”，如图 9-65 所示。

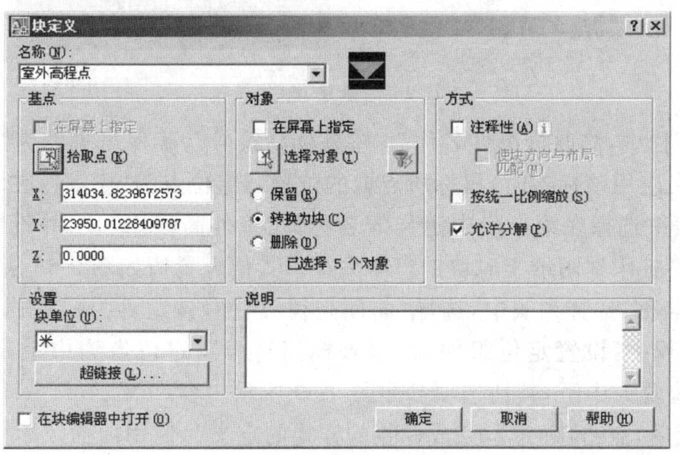

图 9-65　AutoCAD 的块定义对话框

■ 切换到【工具空间】的【设置】选项卡，展开“曲面”→“标签样式”，并在“点位高程”上点击鼠标右键，在弹出的菜单中选择“新建”

■ 在弹出的“标签样式生成器”的基本页中，输入标签的名称为“室外标高点”，输入描述信息等内容，如图 9-66 所示。

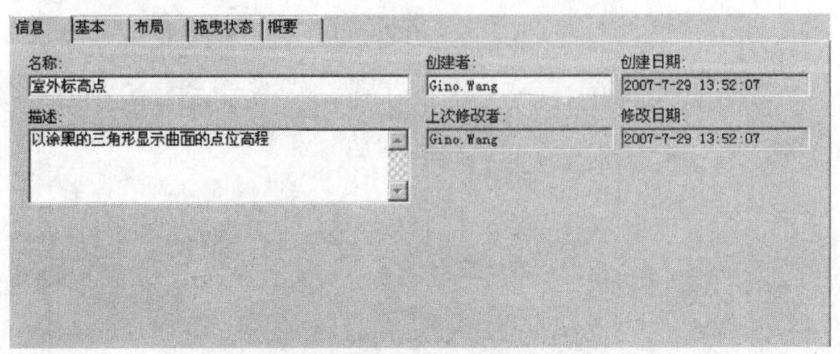

图 9-66　设置曲面标签名称

■ 确保“基本”栏中标签的“可见性”为“是”。

■ 在布局选项页中，点击A▾后的小三角形，在弹出的菜单中选择“块”，新建一块类型组件，如图 9-67 所示。

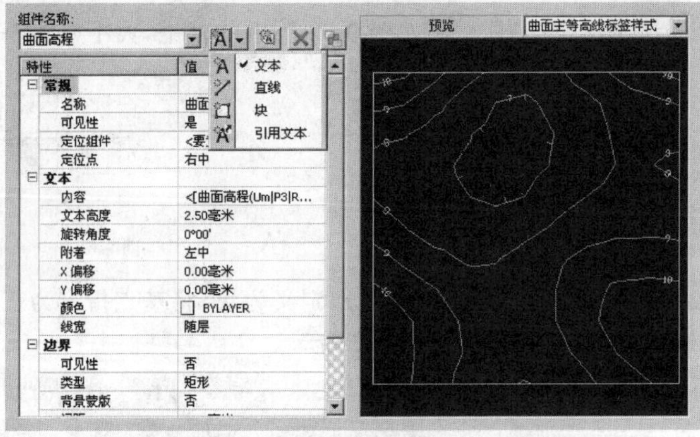

图 9-67　新建“块”组件

■ 在“特性”栏中，修改该组件名称为“室外标高符号”，确保可见性为“是”，定位组件为“＜要素＞”(即在应用该标签时，鼠标所点取的位置)，定位点为“中下”；在块类别中，点击块名后的▤，在列表中选择在第二步中定义的名称为“室外高程点”块，并设置块高度为 3.00 毫米(此值为最终打印到图纸上时块的打印大小)，其他设置值如图 9-68 所示。

■ 在“组件名称”选择列表中，选择“曲面高程”组件，该组件为标签样式生成器默认自带的组件。在常规中，设置定位组件为“室外标高符号”，定位点为中上，设置文本高度为 3.00毫米，附着位置为中下，其他选项参照图 9-69 所示内容。

■ 设置完成后，点击【确定】，完成标签的样式的定义。使用曲面菜单中的“添加曲面标签”“添加曲面标签”功能，将刚才自定义的曲面标签添加到项目中，如图 9-70 所示。

9.4.4　自定义曲面数据报表的表格样式

同点统计表格的表格样式类似，Civil 3D 的曲面对象也可以使用表格将其数据进行统计。根据曲面不同的要素特性，Civil3D可分别对曲面的方向、高程、坡度、坡面箭头、等高

特性	值
⊟ 常规	
名称	室外标高符号
可见性	是
定位组件	<要素>
定位点	中下
⊟ 块	
块名	室外高程点
块高度	3.00毫米
旋转角度	0°00'
附着	插入点
X 偏移	0.00毫米
Y 偏移	0.00毫米
颜色	☐ BYLAYER
线型	ByBlock
线宽	随层

图 9-68 块组件设置

特性	值
⊟ 常规	
名称	曲面高程
可见性	是
定位组件	室外标高符号
定位点	中上
⊟ 文本	
内容	<[曲面高程(Um|P3|RN|S...
文本高度	3.00毫米
旋转角度	0°00'
附着	中下
X 偏移	0.00毫米
Y 偏移	0.00毫米
颜色	☐ BYLAYER
线宽	随层
⊟ 边界	
可见性	否
类型	矩形
背景蒙版	否
间距	0.75毫米
颜色	☐ BYLAYER
线型	ByBlock
线宽	随层

图 9-69 文本组件设置

线、流域及用户自定义等高线类别分别进行列表统计。而这些不同的类别中，又可以使用不同的表格样式对该类别的数据内容进行自定义。

图 9-70 曲面标签的表现

如果需要自定义表格样式，仅需在【工具空间】的【设置】选项页中相应的曲面要素类别中选择表格样式的名称，双击打开"表格样式"进行修改即可。这个过程与第一节中介绍的自定义点的表格样式完全一致。

> **注意：**Civil 3D 的表格内容，与曲面特性中设置的"分析"的设置有关。如果在"分析"选项卡中设置的分析类型为"坡度"，但在添加表格时却使用"高程"类别的表格，则该表格中将无法显示出高程分析的结果。因此，在使用曲面菜单的"添加图例表"工具之前，必须先设置好曲面特性中的分析选项，Civil 3D 才能得出正确的数据。

在曲面特性的分析选项卡中，"图例"选项的内容即为该分析类型下的表格样式的内容。勾选右侧的预览前的复选框，可以将所选的表格样式进行预览。

可以对曲面将曲面的任意一种或几种数据类型进行分析，即选择相应的分析类型，将设置好分析范围，将其添范围信息栏中即可。例如，对于一个曲面，可以同时对它进行坡度与高程的分析，这样就可以为曲面同时添加坡度和高程两种表格。

以规划设计中常用的地形高程范围内土方统计表为例，学习如何在 Civil 3D 中自定义曲面的表格样式：该表格样式中将被命名为曲面体积，并且计算高程范围内的土方体积。

建立新的曲面表格样式：

■ 打开文档"surf_ansys. dwg"，该文件中包括一个已经建立好的地形曲面，并应用"标准"曲面样式平面显示为等高线。

■ 切换至设置面板，并展开"曲面"→"表格样式"。

■ 在高程类别上单击鼠标右键，在弹出菜单中点击"新建"。

■ 在弹出的表格样式对话框的信息页输入表格样式的名称——曲面体积。

■ 在数据特性中，确认文本设置的字体均为仿宋体，标题样式的字体高度为 6 毫米，表头样式和数据样式的文字高度设置为 3.5 毫米。

■ 在结构列表中，修改表格的标题为"体型体积表"，按添加新列，将列标题修改为"范围内体积"，修改该列的字段为"曲面范围三维体积"。根据需要调整各列在表中的位置，如图 9-71 所示。

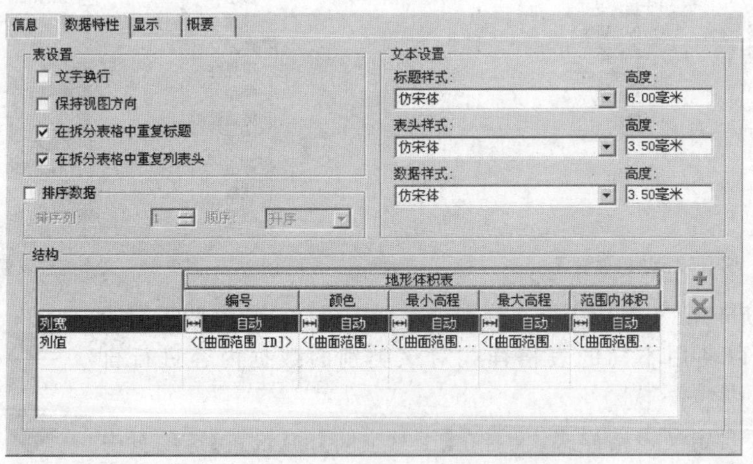

图 9-71　数据特性设置

■ 根据需要，在显示菜单中调整表格在 2D 与 3D 视图中的显示内容。设置完成后点击【确定】完成设置。

■ 选择曲面，并单击鼠标右键，在弹出菜单中选择"曲面特性"，设置分析类型为"高程"，设置图例项的表格样式为前面新建的"曲面体积"，设置范围为 12，并按添加到范围详细列表中，根据实际需要，修改曲面的最大和最小范围值，如图 9-72 所示。

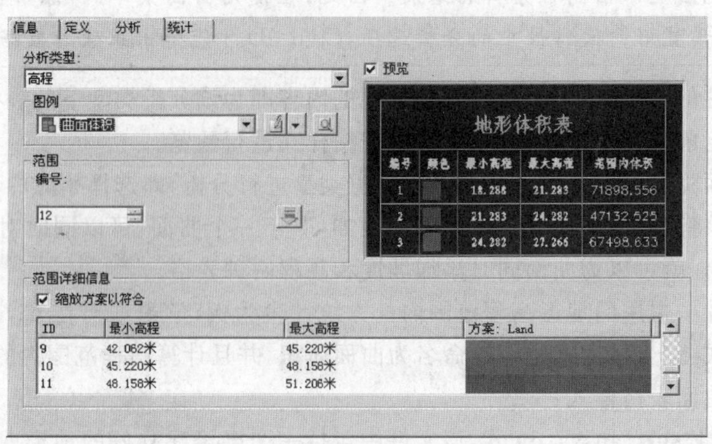

图 9-72　曲面分析设置

■ 点击菜单：曲面、添加图例表，并选择“高程”类图例表，在空白处点击插入。插入的表格形式如图 9-73 所示。

地形体积表				
编号	颜色	最小高程	最大高程	范围内体积
1		18.288	21.283	71898.556
2		21.283	24.282	47132.525
3		24.282	27.266	67498.633
4		27.266	30.134	40636.291
5		30.134	33.246	19328.458
6		33.246	36.268	19502.746
7		36.268	39.220	24384.188
8		39.220	42.062	15023.179
9		42.062	45.220	15069.405
10		45.220	48.158	13520.648
11		48.158	51.206	14623.454
12		51.206	54.254	5134.301

图 9-73　插入曲面表格

技巧：同点表格类似，对于曲面数据表格，也可设置其拆分属性。请参照 9.3.4 一节所述内容。

在本节中，介绍了如何自定义曲面的对象样式、标签样式和表格样式。比较点和曲面两种对象的设置过程，在 Civil 3D 中，定义曲面对象的样式和定义点的样式过程基本类似，不同的仅是曲面对象所包括的内容远比点对象要复杂、丰富。因此，在 Civil 3D 中提供了不同的类别来存储相关功能的样式。有了这个基础，在后面的学习中会发现，Civil 3D 中所有的对象样式定制过程都类似。在后面的介绍中，将仅针对样式中的不同之处进行详细说明，其具体的操作过程，将不再赘述。

9.5　放坡、场地样式及标签样式设置

Civil 3D 中进行任何对象样式的设置基本过程都是类似的。在本节中将放坡、场地、管道等几个对象的样式设置放在一起进行介绍。由于这些设置的基本过程与点对象和曲面对象的操作过程基本类似，这里不再具体列出每一步的具体操作步骤。本节将重点介绍每种对象样式内的特殊定义。

9.5.1　了解地块的标签与样式

Civil 3D 中的地块对象的“地块样式”决定地块的显示行为，地块的“标签样式”决定着地块中信息的表达方式。在 Civil 3D 中，地块的“标签样式”根据不同的功能被分为三类：面

积、直线和曲线。面积类型的标签用于标识地块的面积属性，而直线和曲线类别标签则用于标识和注释地块的边界信息。

在 Civil 3D 中，可为地块同时应用多个标签样式，在地块对象中单击鼠标右键，在弹出的快捷菜单中选择“地块特性”，在 Civil 3D 弹出如图 9-74 所示的【地块特性】对话框的【组合】选项卡中，在面积标签样式栏内，使用 来添加其他面积标签样式即可。使用 可将组合面积标签中的内容删除。

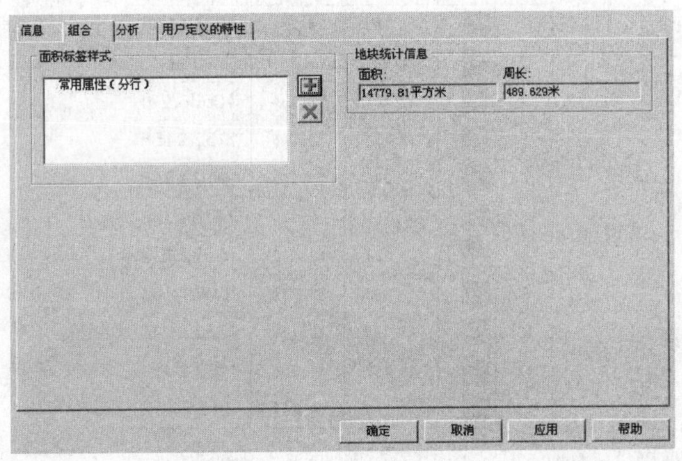

图 9-74　设置地块的组合标签

> **注意：**任何地块的面积标签样式中，都必须包括最少一个标签样式。

9.5.1.1　自定义地块标签

自定义面积类标签样式与前面介绍的曲面标签样式和点标签样式类似。图 9-75 中仅显示了地块编号标签样式的定义对话框。

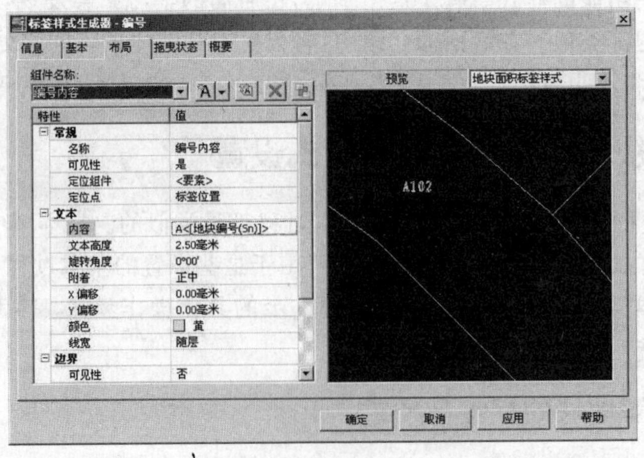

图 9-75　自定义地块标签样式的布局

9.5.1.2　自定义地块样式

地块样式决定着地块的显示方式，如地块的填充图案等。

■ 在【地块样式】对话框中，【设计】选项卡用于调节地块样式的图形方式及应用了该样式后是否按设置的名称模板重新对地块的命名进行重命名，如图 9-76 所示。如果选中“观察填充距离”，并指定填充距离的值，则 Civil 3D 会以地块边界向内填充由“填充距离”组成的边界范围。例如，如果将观察填充距离选项选中，并设置填充距离为 20 米，则 Civil 3D 会自动将应用该样式的地块向内 20 米范围内进行填充，其效果如图 9-77所示。

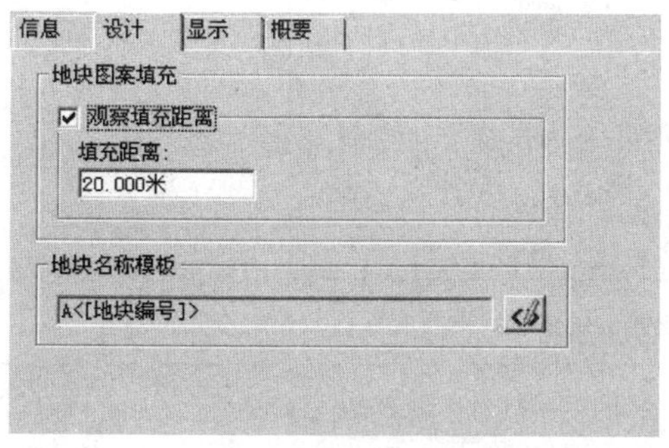

图 9-76　编辑地块的表现方式

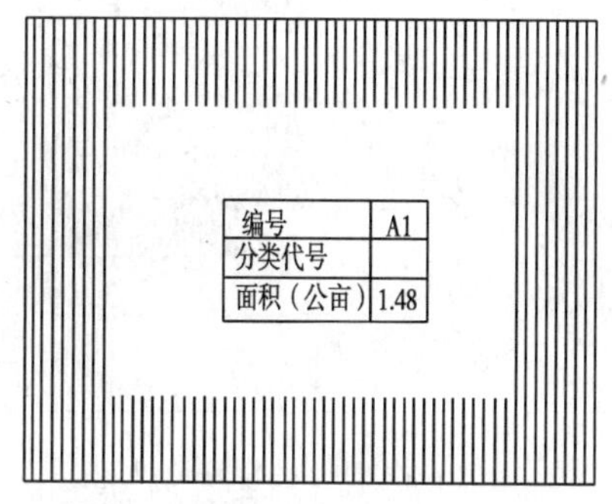

图 9-77　启用“观察填充距离”

地块名称模板用于确定使用该样式的地块的命名规范。点击模板后面的，可以对模板的具体内容进行编辑，在弹出的如图 9-78 所示的名称模板对话模式中，选择合适的特性字段，并点击插入将其插入到名称栏中，Civil 3D 会自动以该模板定义的内容重新命名该地块。

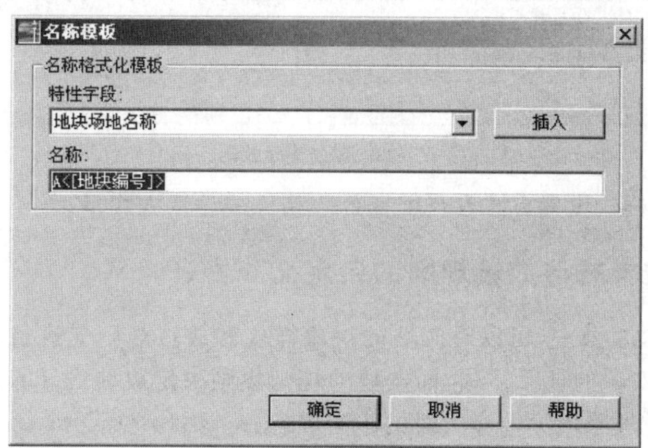

图 9-78　地块名称模板

■ 显示控制及填充图案的控制。在【地块样式】对话框中，切换至【显示】选项卡，可以控制地块部件在 2D 与 3D 视图的显示特性进行。在底部的“部件图案填充显示”栏，可以设置地块样式中的填充图案的样式及填充比例，如图 9-80 所示。

注意：只有当地块特性中勾选“在地块样式中使用名称模板”，Civil 3D 才会自动根据样式中定义的名称模板的内容将地块进行自动命名，如图 9-79 所示。此时，名称栏将变为灰色不可编辑状态。

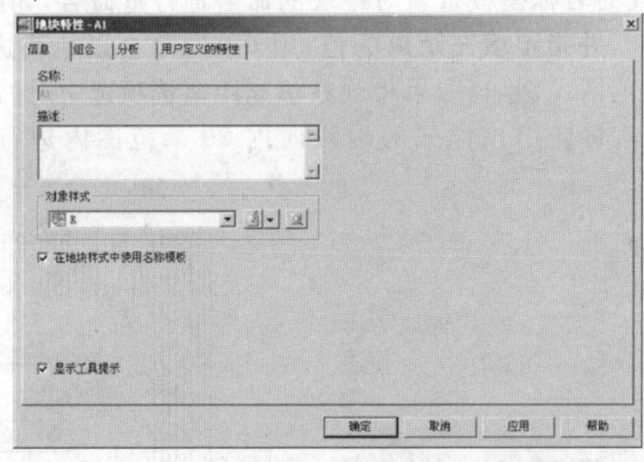

图 9-79　启用名称模板

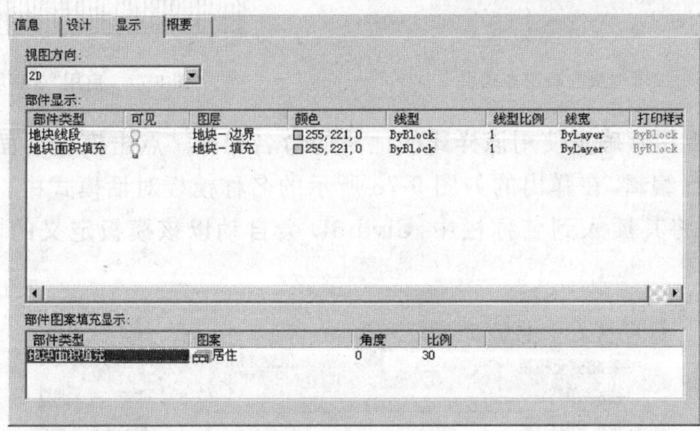

图 9-80　地块显示控制

■ 地块的表格样式设置方式参见曲面的表格样式设置方式。

9.5.2　放坡样式与放坡规则的自定义

Civil 3D 的放坡对象中，可以对放坡的对象样式和放坡规则集进行自定义。放坡的对象样式决定放坡的对象的显示样式，而放坡的规则集则决定放坡的计算方式与方法。如图 9-81 所示，为同一放坡采用不同样式时的不同表现。

图 9-81　放坡样式表现

9.5.2.1 自定义放坡样式

放坡样式的自定义与 Civil 3D 其他对象的自定义过程类似，如图 9-82 所示。在【放坡样式】对话框中，包括信息、中心标记、坡型、显示和概要等五个选项卡。本文将仅针对中心标记和坡型两个选项卡的内容进行解释。

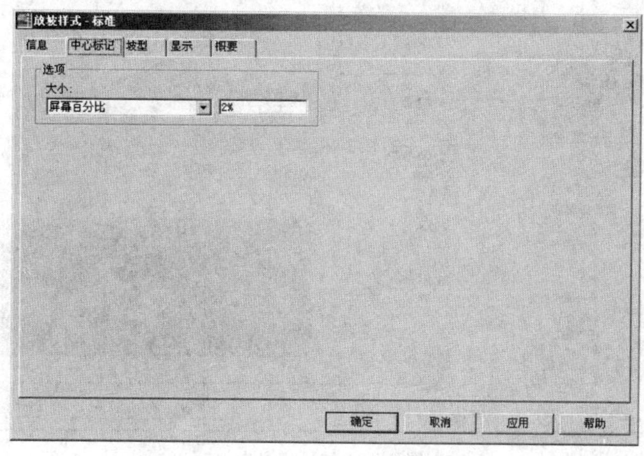

图 9-82 放坡对象样式对话框

■ 中心标记项用于定义放坡的中心标记的显示方式，Civil 3D 提供了三种方式进行中心标记大小的调节：屏幕百分比、打印大小和固定大小。屏幕百分比会种中心标记以相对于屏幕的大小自动进行缩放，而大小则会根据设置的项目比例值，自动调节其在模型空间中显示的大小，而固定大小则不论如何调节屏幕的范围和项目比例，该标记的大小都将是固定的。

■ 切换到【坡型】选项卡。如图 9-83 所示，在坡型设置中，设置 Civil 3D 中放坡的坡型的图例样式。在该设置对话框中，嵌套了一个称为"坡型"的"坡型样式"。另外，在坡型中还可以指定要出现"坡型样式"的坡度范围。当所定义的放坡坡度满足此处的坡型显示条件时，Civil 3D 才会显示坡型样式。

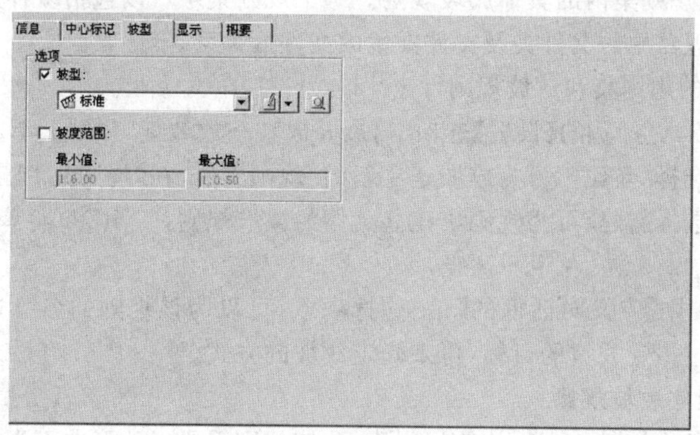

图 9-83 坡型定义选项

◇ **自定义坡型**：点击"坡型"列表后的按钮，可打开【坡型样式】编辑器。如图 9-84 所示，在该编辑器中，可以在【信息】选项卡中对坡型样式进行命名，在【布局】选项卡中指定坡型的部件类型。坡形样式可用部件仅为一组可定义长度的直线。可以通过“坡度线符号”项，为坡型样式加入更复杂的 AutoCAD 图块。点击 ，Civil 3D 将会弹出【新建坡型部件】对话框，在该对话框中，选择要参照的坡型部件即可插入新坡型部件。

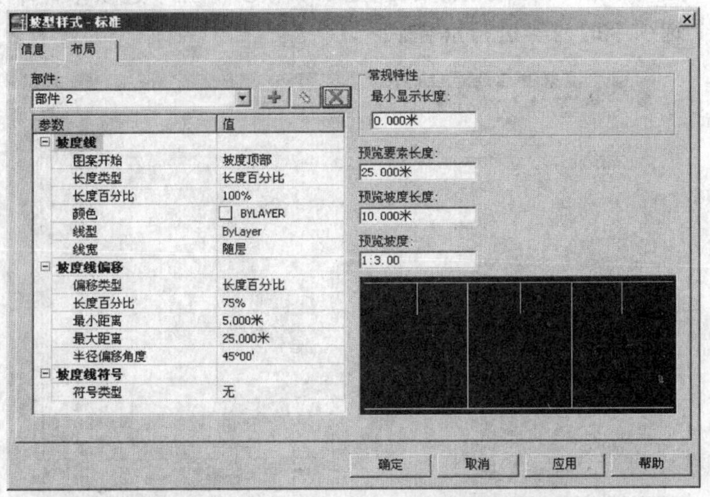

图 9-84　坡形定义布局

> **注意:**【坡型样式】对话框中，坡度线偏移表示沿放坡要素线方向如何放置该部件。Civil 3D 提供了长度百分比、距离和分割三种类型。其中，“分割”类型用于在有两种或两种以上部件时，部件将按等分数放置在被参照的部件之间。此时，将无法删除被参照的部件。

9.5.2.2　自定义放坡规则集

Civil 3D 利用放坡规则集来存储不同功能和类型的放坡规则。在 Civil 3D 中，可以自定义规则集，以及规则集内的具体放坡规则。一个规则集中可以包括多种放坡规则，类似于 windows 资源管理器中的文件夹及文件夹里的文件的关系。

■ 建立自己的规则集和放坡规则

◇ 切换至【工具空间】的【设置】选项卡，展开放坡→放坡规则集，上单击鼠标右键，在弹出的右键菜单中选择“新建”，可为放坡建立新的“规则集”。在“规则集”上点击右键，并在弹出的右键菜单中选择新建，可为规则集建立具体的放坡规则，Civil 3D 将弹出【放坡规则】定义对话框。

◇ 在【放坡规则】定义对话框的【信息】选项卡，可以为该规则的名称进行修改。在【规则】选项卡中，通过指定放坡的目标，再来确定放坡的方式。

练习 9-1　建立放坡规则

以建立一个名称为“填方”的放坡规则为例，该规则需要以地形曲面为目标进行填方，其操作步骤如下：

■ 展开放坡→放坡规则集，建立规则集后，在规则集上点击鼠标右键，在弹出的右键菜单中选择新建，Civil 3D 将弹出【放坡规则】对话框。

■ 在弹出的【放坡规则】对话模式中，切换至【信息】选项卡，修改规则的名称为曲面“填方”。

■ 切换至【规则】选项卡，在“放坡方法”栏目中，将目标设置为“曲面”，即该规则是针对曲面进行的放坡规则。将投影模式(即针对曲面的操作方式)为填方坡度；设置斜坡投影的格式为坡度，其他选项不变，如图 9-85 所示。

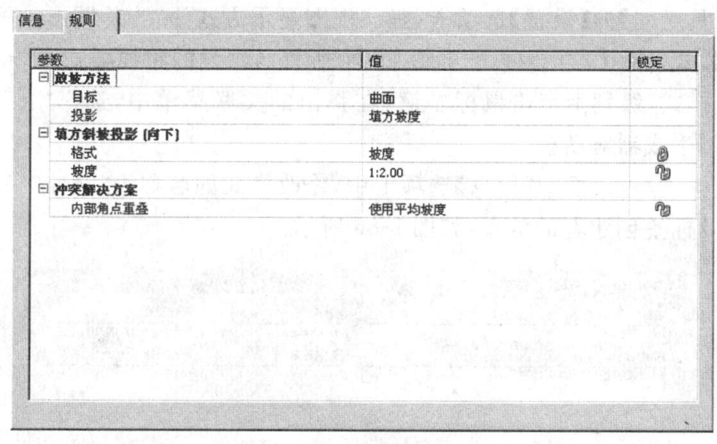

图 9-85　放坡规则设置

■ 设置完成后，点击【确定】，完成放坡规则的设置。

> **注意**：在放坡规则集的锁定一栏，会显示出锁定与开锁的状态。如果该栏目显示为被锁定，则在放坡过程中应用该规则时，将无法修改该集。例如，如果将规则中的坡度设置为锁定状态，则在应用该规则时，Civil 3D 将不再提示输入填方坡度，而直接以规则中预设的值进行放坡。单击后面的锁定符号可以在锁定与解锁状态进行切换。

9.6　Civil 3D 中复杂对象样式标签样式定义，自定义路样式与标签

在本节中，将学习 Civil 3D 中最复杂的对象样式：道路类型对象的自定义，包括道路路线、纵断面和纵断面图、横断面和横断面图的对象样式及标签样式的自定义。

在 Civil 3D 中，一个完整的道路对象由路线对象、纵断面对象和装配对象组成。因此，对于道路的对象和标签样式，也将分别针对这几种不同的对象进行自定义。

9.6.1　自定义路线的对象样式和标签样式

9.6.1.1　路线的对象样式

在 Civil 3D 中，一个完整的路线对象由缓和曲线、圆曲线、直线和路线点等部件组成。在路线的样式中，可以分别针对这些部件的样式进行自定义，使路线显示为任何需要的样式，以适应不同行业对于路线对象的要求。

> **技巧**：Civil 3D 中的路线对象不仅用于生成道路，在任何带状的对象设计时，如管线、渠道等，都可以使用路线对象。

路线样式的自定义过程，与 Civil 3D 中其他对象的定义的自定义过程基本类似，下面将以自定义名称为“设计中心线”的路线样式为例，说明在 Civil 3D 中新建路线样式的一般过程与步骤。使用“设计中心线”样式中，将以绿色虚线表示路线的直线部分，以蓝色虚线显示缓和曲线部分，以红色虚线显示圆曲线部分。

练习 9-2　建立路线样式

■ 点击【工具空间】的【设置】选项卡，确认视图显示方式为“当前图形设置视图”，依次展开路线→路线样式，Civil 3D 会列出当前项目中所有已预设的路线样式。

■ 在“路线样式”级别上点击鼠标右键，在弹出的关联菜单中，选择“新建”，Civil 3D 将弹出【路线样式】生成器对话框。

■ 在【路线样式】对话框中【信息】选项卡中，修改样式的名称为“设计中心线”，根据需要输入描述信息及标签创建者的信息，如图 9-86 所示。

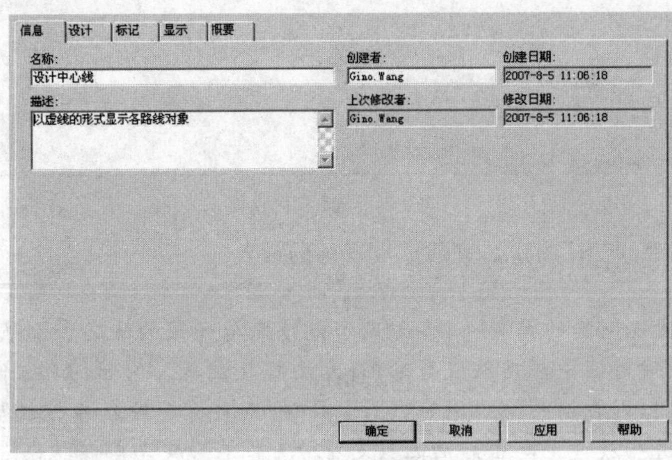

图 9-86　路线样式名称设置

■ 在【设计】选项页中，可以设置对应用该样式的路线进行夹点编辑时，是否启用半径捕捉，以及启用捕捉时的捕捉增量值。本例中，确保不勾选“启用半径捕捉”，不启用该功能，如图 9-87 所示。

图 9-87　路线样式设置的设计选项卡

注意：应用不同的样式时，可以指定路线在夹点编辑时具有不同的捕捉增量。

■ 切换到【标记】选项页，该选项页中，可以对路线上的路线点样式进行设置。在该表中列举了 Civil 3D 中路线对象所具备的所有路线点进，如交点、直线和缓和曲线交点等。可以指定每一个路线点的点样式。双击每个路线点后的“标记样式列”，将弹出“拾取标记样式”对话框，可以在已有的路线点样式列表中，选择适当的样式。在本例中，全部设置为“无”，即不对任何路线点做标记。该选项页中的“箭头”栏，可对路线样式中的路线箭头样式和大小进行设置。本例中设置为“实心闭合”，尺寸选项设置为“使用图形比例”，大小为0.010，如图 9-88 所示。

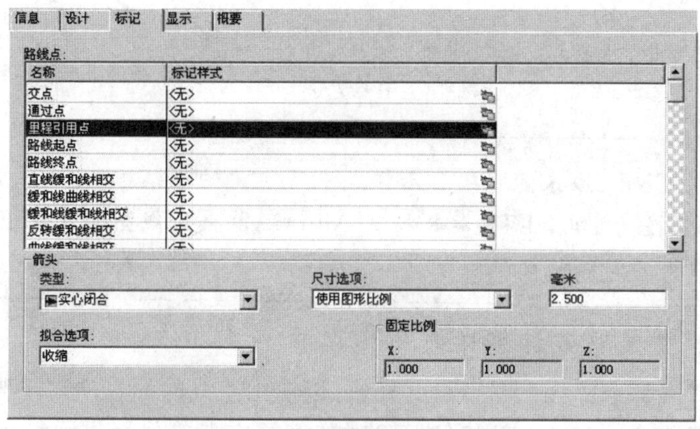

图 9-88　路线点标记设置

注意：通过“拾取标记样式”对话框，可以建立新的路线点样式，如图 9-89 所示。路线点样式的定义过程同 9.3 节中点样式的定义完全相同，这里不再赘述。“拾取标记样式”对话框的路线点样式列表并非项目中定义的点样式列表。修改路线点样式仅会影响路线点，不会影响已定义的点样式。

图 9-89　指定路线点标记

■ 切换至【显示】选项卡，如图 9-90 所示，切换视图方向为 2D 模式，确认所有部件的显示可见性为开，设置图层为“道路—路线”，分别调节直线、曲线、缓和曲线的颜色为绿、蓝、红

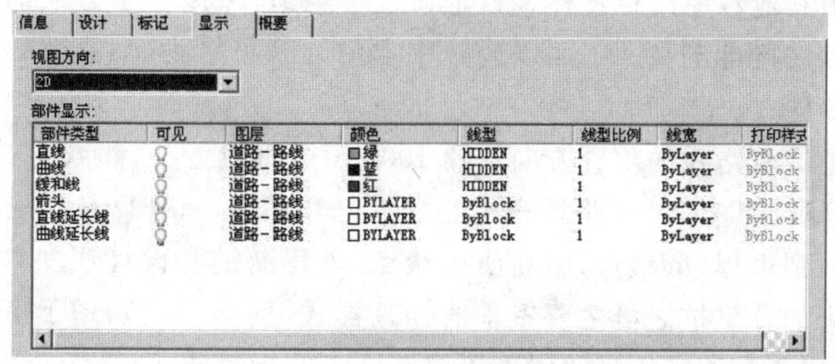

图 9-90　设置路线样式的显示方式

色，线形设置为 HIDDEN，切换视图方向为 3D 模式，确保所有部件的可见性为关，并设置图层为"道路路线"，设置完成后，点击【确定】，完成路线样式的设置。

■ 设置路线特性，修改路线的样式为"设计中心线"，点击【确定】完成，观察"设计中心线"路线样式产生的效果，如图 9-91 所示。

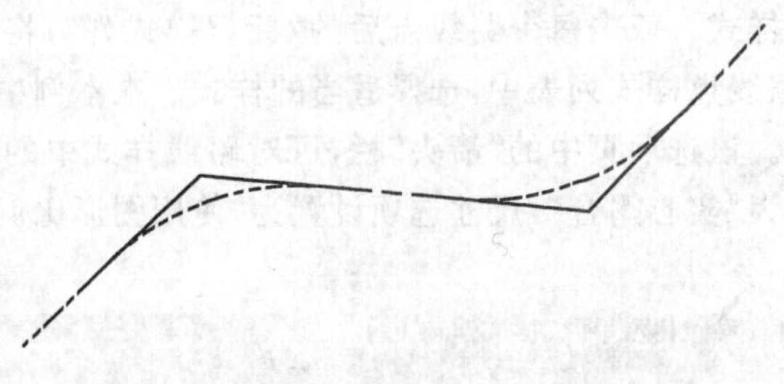

图 9-91 设计中心线样式

技巧：如果 Civil 3D 未能正确显示样式中所定义的虚线，可输入 LTS 命令，修改 LTS 参数值，如修改为 100，LTS 参数控制 AutoCAD 全局线型的比例值。该值越大，虚线显示在屏幕上的间隔长度就越大。

9.6.1.2 自定义路线标签样式

除使用路线样式控制路线的显示样式外，可以使用路线的标签样式，控制路线中注释数据的显示，例如，对于公路需要在公里桩、百米桩、直缓交点等位置显示里程标记。Civil 3D 中，使用路线的标签样式控制这些信息的显示。

在 Civil 3D 中，路线的标签样式按照标签的功能，被分为里程、里程偏移、直线、曲线、缓和曲线、切线交点共六大类别。回忆曲面样式设置一节中，曲面的标签分类，这里的分类方式便很容易被理解。但与曲面的标签样式不同，在一条路线中，可能需要同时显示这些类别中的一个或几个标签，例如，对于公路线，需要同时显示里程桩（包括公里桩和百米桩）、交点位置、里程断链等信息。因此，Civil 3D 引入"标签集"这个概念，把在一条路线上需要同时显示的不同类别的标签样式组织整理在一起，如图 9-92 所示。

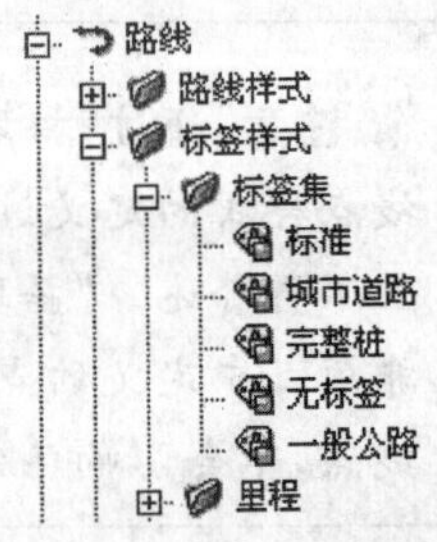

图 9-92 路线的标签集

同 Civil 3D 中其他对象的标签样式自定义过程类似，可以非常方便的对 Civil 3D 中路线的各类别的标签进行自定义。下面以公路中常用的公里桩为例，介绍如何在 Civil 3D 中自定义路线的标签样式。

由于公里桩是沿着路线的前进方向每隔 1000 米进行放置，因此该类别属于上述类别的"里程"类别。展开【工具空间】的路线→标签样式→里程，Civil 3D 又为里程根据不同的功能细分为：主里程、副里程、形状点、纵断面形状点、里程断链和设计速度六个子类别。主里程主要用于存储诸如公里桩之类主要里程的标签样式，副里程类别用于定义储如百米桩的标签样式；形状点用于存储和管理路线上不同路线点的标签样式；纵断面形状点用于存储和管理当在纵断面上加入如变坡点等形状点时，在路线平面中是否显示该点及该点在平面中显示的标签样式；里程断链当路线中设计了断链时，断链的标签样式；设计速度用于定义在平面中如何显示路线特性中设置的速度参数的值。

练习 9-3　自定义路线标签样式

■ 切换【工具空间】至【设置】选项卡，依次展开路线→标签样式→里程→主里程，列表中显示了当前项目中已经预定义好的主里程标签样式。

■ 在主里程级别上点击鼠标右键，在弹出右键菜单中，选择新建，Civil 3D 将弹出【标签样式生成器】对话框。

■ 在【信息】选项页中，修改该标签样式的名称为"公里桩"，根据需要修改"描述"信息和作者信息，如图 9-93 所示。

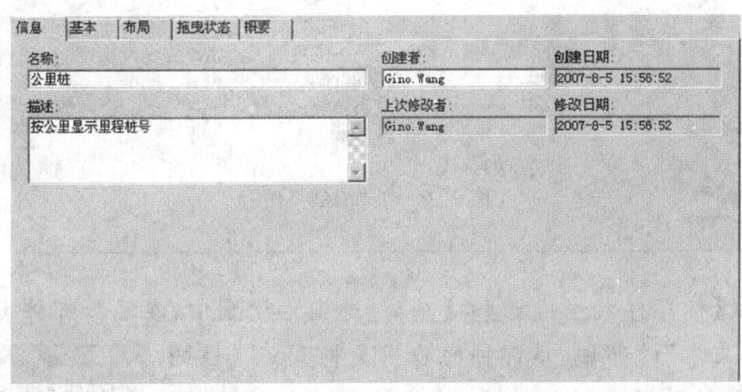

图 9-93　修改路线标签样式名称

■ 切换到【基本】选项卡，修改标签文本样式为"仿宋体"，确认可见性设置为"是"，设置图层为"道路-标签"层，确认显示的方向为"对象"方式，即标签的显示将随路线的方向的变化而变化。其他设置参照图中选项，如图 9-94 所示。

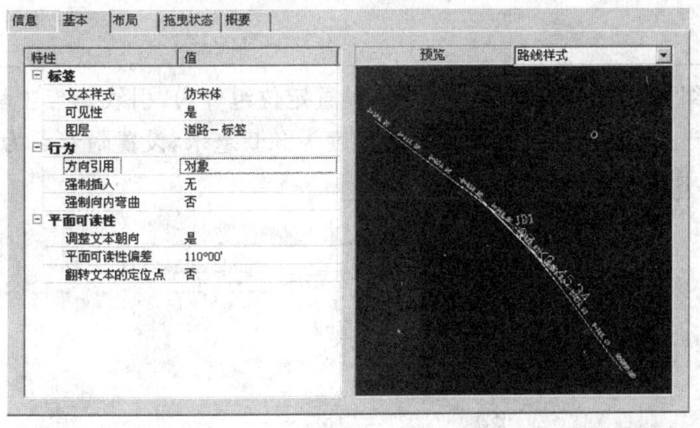

图 9-94　设置标签的基本信息

■ 切换至【布局】选项卡，点击 ，删除所有已有部件。为标签加入直线部件，并命名为"引线"。设置"起点定位组件"为"要素"，设"使用终点定位组件"为"否"，设置直线的长度为 10 毫米，与相对路线对象的角度为 90 度，即垂直于路线。其他参数参照图 9-95 所示。

特性	值
⊟ 常规	
名称	引线
可见性	是
起点定位组件	<要素>
起点定位点	定位里程
使用终点定位	否
终点定位组件	<要素>
终点定位点	定位里程
⊟ 直线	
长度	10.00毫米
角度	90°00'
起点 X 偏移	0.00毫米
起点 Y 偏移	0.00毫米
终点 X 偏移	0.00毫米
终点 Y 偏移	0.00毫米
颜色	洋红
线型	ByBlock
线宽	随层

图 9-95　加入直线部件

注意：在路线【标签样式生成器】的【布局】选项卡设置中，在添加部件类型时，增加了一项名为“引用文本”的部件。该部件的作用是将 Civil 3D 的其他对象特性进行引用。例如，在为路线添加里程的同时，还需要显示该里程处的原始地面高程，便可通过“引用文本”部件来引用曲面的高程特性。使用该文本类型部件时，Civil 3D 将弹出【选择类型】对话框，如图 9-96 所示。它允许用户添加路线对象以外的其他相关对象的特性标签，如曲面的高程。

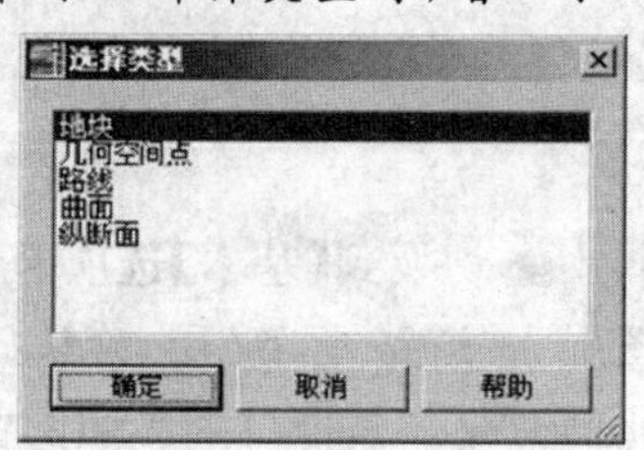

图 9-96　引用文本部件

■ 添加图块组件，并命名为“公里符号”，设置定位组件为“引线”，点击块名栏后的▤，在弹出的块列表中选择“公里符号”，设置旋转角度为 3.0 毫米，设置附着点为“插入点”。其他参数参照图 9-97 所示。

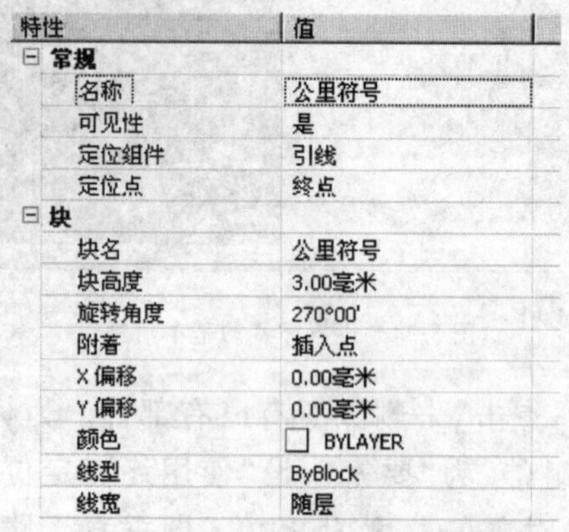

特性	值
⊟ 常规	
名称	公里符号
可见性	是
定位组件	引线
定位点	终点
⊟ 块	
块名	公里符号
块高度	3.00毫米
旋转角度	270°00'
附着	插入点
X 偏移	0.00毫米
Y 偏移	0.00毫米
颜色	BYLAYER
线型	ByBlock
线宽	随层

图 9-97　设置块部件

**注意**：针对不同的项目，可能需要使用定义块命令自定义一个“公里符号”的块。

■ 添加文本组件，并命名为“里程”。设置定位组件为“公里符号”，定位点为“中上”，修改文字内容，点击其后的▤打开文本部件编辑器，删除所有现有文字，手动输入字母 K，并在其后插入“里程值”特性，修改“里程值”字段的单位为“米”，“输出”方式为“里程字符左侧”，设置文本的对齐方式为“居中”，其余选项不变，如图 9-98 所示。点击【确定】完成文本部件内容的修改，返回到【标签样式生成器】对话框，调整文本的高度为 3 毫米。其余参数按默认值。

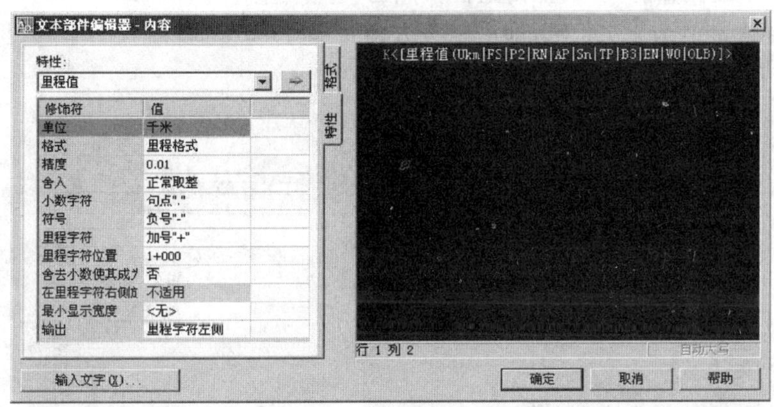

图 9-98 设置文本部件

■ 设置完成后，点击【确定】，完成“公里桩”标签样式的设置。此时，在路线标签样式列表中将新增“公里桩”标签样式。

**注意**：需要将自定义的样式定义到规则集中，才会在路线上显示出该标签。

通过上面的步骤可以看到，在 Civil 3D 中，定义里程桩的标签样式的过程与上几节介绍的 Civil 3D 其他对象标签样式的过程类似。值得注意的是，在里程桩的定义中，对于“里程”字段来讲，可以通过在“文本部件编辑器”中调整特性属性的方式，来实现不同的输出样式。例如，本例中设置了“输出”项为“里程字符左侧”，实现了对公里桩的仅显示桩标号的显示。在设置的过程中，可以随时通过预览窗口，查看调节的参数对显示的影响。

关于路线的其他类别标签样式的自定义，与上述的方法基本相同，仅需要对每一个部件的参数进行调节即可。

9.6.1.3 定义标签集

在 Civil 3D 中，无法直接将和类型的标签直接应用到路线对象中，必须通过“标签集”将一组标签样式应用到路线对象中。通过“标签集样式”，可对标签集中针对路线的每一个特性所采用的标签进行自定义。

练习 9-4 自定义路线标签集样式

以建立一个名称为“公路常用标签”为例，说明在 Civil 3D 中建立路线标签集的一般步骤。

■ 在工具空间的设置选项卡中，展开路线→标签样式→标签集，Civil 3D 将列出当前项目中所有已预定义的标签集的样式名称。

■ 在“标签集”级别上点击鼠标右键，在弹出的菜单中选择“新建”，Civil 3D 将弹出“路线标签集”定义对话框。

■ 在该对话框的“信息”选项卡中，修改标签集的名称为“公路常用标签集”。根据需要修改该标签集的描述信息及作者信息。

■ 切换至“标签”选项卡，在该选项卡中对标签集的具体内容进行详细的定制。标签集的“类型”列表中，列举了路线里程标签中对应的六种部件的类型。在类型列表中选择“主里程”，并设置主里程标签的样式为“公里桩”，点击 添加 >> 将其加入到下面的列表框中。在列表框中调整增量值为 1 000 米，即沿路线方向每隔 1 000 米将放置一个“公里桩”标签样式，如图 9-99 所示。

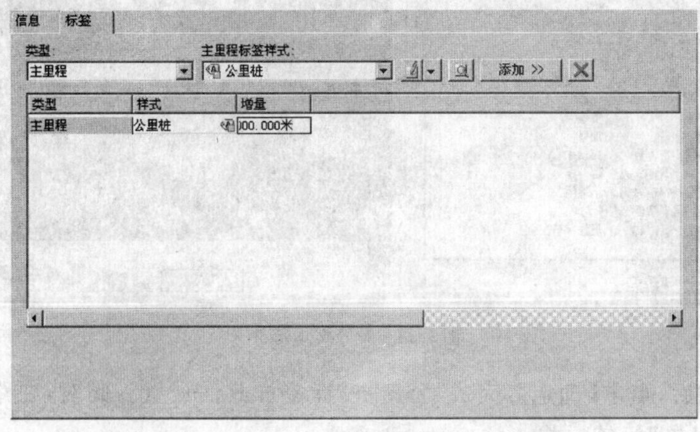

图 9-99　添加主里程标签

> **注意**：标签集仅引用路线的“里程”类别中的预定义好的标签样式。如果安装本地化包，并使用本地化模板建立的路线样式中，将始终显示交点的代号“JD”，且会始终显示“曲中”QZ 路线点标签。此设置已通过二次开发内嵌于模板之中，无法手动修改或隐藏。

■ 在类型列表中选择副里程，选择副里程标签样式为“百米桩”，并添加到列表中，设置增量为 100 米，如图 9-100 所示。

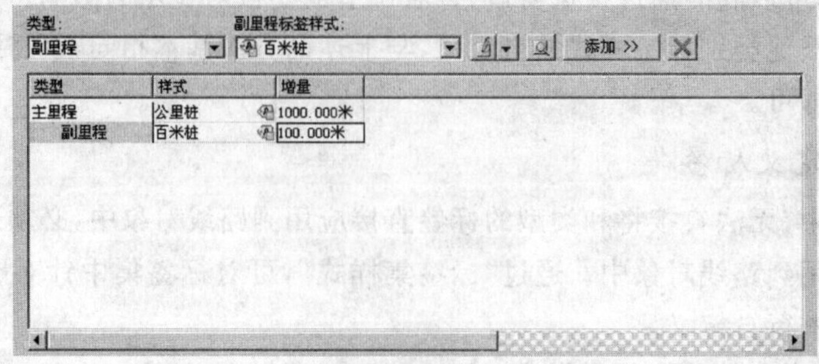

图 9-100　添加副里程标签

■ 依次添加几何点和里程断链类型，分别设置其标签样式为“记号、名称”和“断链标注（直线引出）”，如图 9-101 所示。设置完成后，点击【确定】，完成路线标签集的设定。

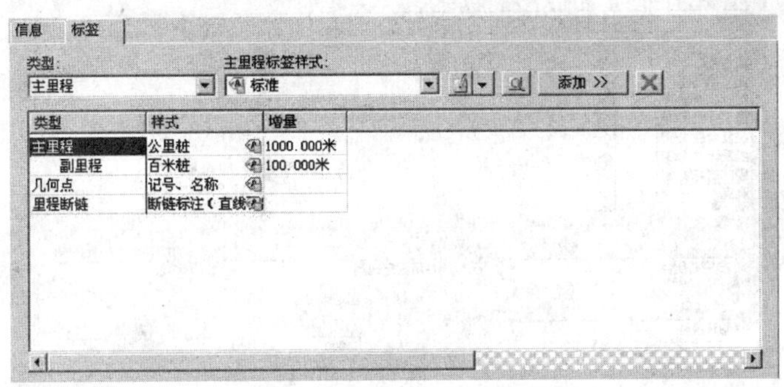

图 9-101 添加其他路线标签

■ 选择路线，点击鼠标右键，在弹出的菜单中选择“编辑路线标签”，在路线标签对话框中，点击下方的 导入标签集... 按钮，在“选择样式集”列表中选择刚才建立的名称为“公路常用标签集”的标签集，并点击【确定】。则该标签集将被加载到当前列表中。点击【确定】，完成路线标签的修改。

> **提示：**除类型为主里程和副里程的标签样式可以设置增量外，其余类型的标签将无法调节增量值。

9.6.1.4 自定义路线表格样式

Civil 3D 的路线的表格样式分为直线、缓和曲线、圆曲线和线段共四种类型。每种类型的表格样式可以对该类型的数据进行列表统计。这一点非常类似于曲面的表格样式，其定义过程与其他表格样式的定义过程一致，在此不再赘述。

> **注意：**使用 Civil 3D 菜单中路线→添加表→添加直曲表、添加超高表、添加加宽表等功能的表格样式无法自定义表格样式，这是 Civil 3D 在本地化包中通过二次开发引入的 AutoCAD 的表格。

9.6.2 自定义纵断面与纵断面图

9.6.2.1 纵断面样式

Civil 3D 中自定义纵断面样式同自定义路线样式类似，通过设置调整纵断面样式编辑器的相关选项，可以设置纵断面点、纵断面部件显示的样式，如图 9-102、图 9-103 所示。具体操作方法，请参见“路线样式设置”。

9.6.2.2 自定义纵断面标签样式与纵断面标签集

有了前面路线标签样式和路线标签集的基础，可以非常容易的理解纵断面的标签和纵断面标签集。在 Civil 3D 中，纵断面的标签被分为里程、坡度转折、直线、曲线四大类别。分

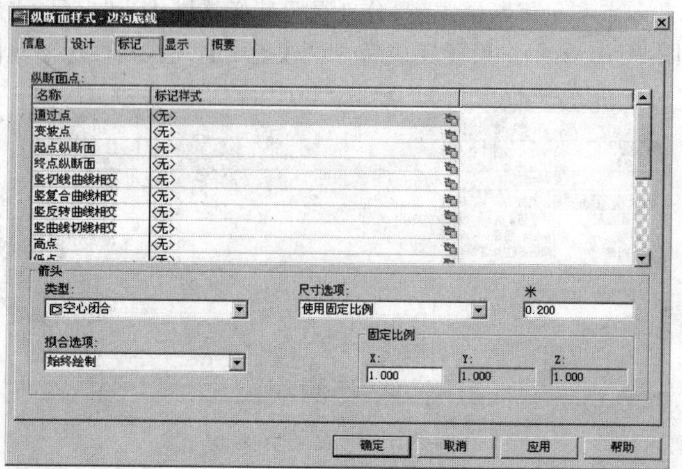

图 9-102　纵断面样式

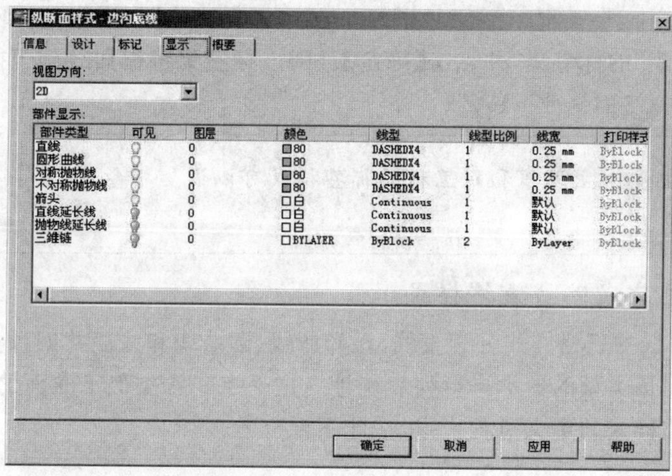

图 9-103　控制纵断面显示

别针对纵断面的不同功能将标签按功能归类，通过标签集，将纵断面标签样式应用到纵断面中，其定义如图 9-104 所示。

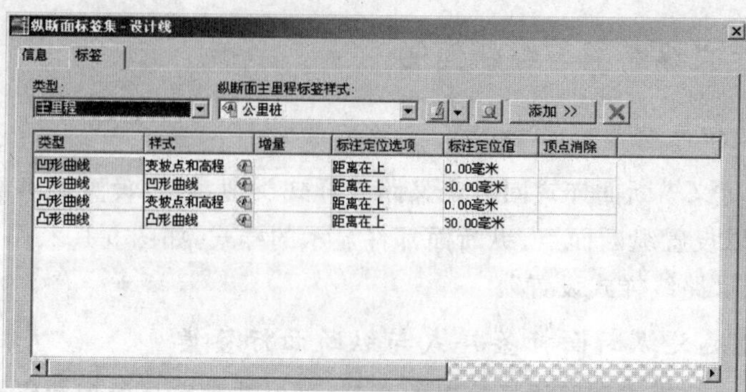

图 9-104　纵断面标签集

注意：这里所说的纵断面，并非指 Civil 3D 的纵断面图，它是传统意义上纵断面设计时的“拉坡线”。

Civil 3D 中未提供对纵断面中的部件信息进行统计的功能。因此，未提供“纵断面表格样式”。在纵断面菜单中“添加竖曲线表”功能为 Civil 3D 的本地化扩展包根据中国公路设计制图规范提供的二次开发的工具。

9.6.2.3 自定义 Civil 3D 的纵断面图

Civil 3D 可以自动生成道路的纵断面图。在 Civil 3D 中，纵断面图由纵断面和纵断面标签栏两部分组成，可以分别对这两部分的样式进行单独的定义。如图 9-105 所示，栅格部分包括标题名称，由“纵断面图样式”控制。下方的标签栏内容的样式由“标注栏样式”控制。

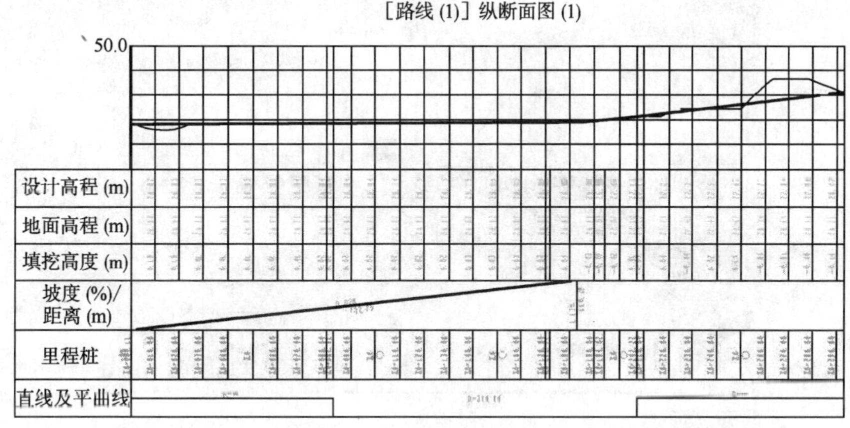

图 9-105　Civil 3D 纵断面图样式

练习 9-5　新建纵断面图样式

■ 切换【工具空间】至【设置】选项卡，依次展开“纵断面图”→“纵断面图样式”，Civil 3D 将列出当前项目中预设的所有可用纵断面图样式。

■ 在“纵断面图样式”上单击鼠标右键，在弹出的菜单中选择新建，Civil 3D 将弹出【纵断面图样式】定义对话框。

■ 在该对话框的【信息】选项卡中，修改纵断面图样式的名称，根据需要修改该样式的描述信息和作者信息。

■ 切换至【图表】选项卡，在该选项卡中，设置纵断面图的垂直比例放大的倍数为 10 倍。Civil 3D 为更直观的反映高低起伏，将该图在纵断面图竖向进行按比例放大。设置纵断面图的绘制方向为从左到右，即纵断面图中的左侧对应路线的起点，如图 9-106 所示。

■ 切换至【栅格】选项卡。该选项卡主要控制纵断面图中栅格的表现状态，如图9-107所示。如果勾选了剪裁垂或水平直栅格，Civil 3D 将在纵断面图中将垂直或水平栅格按规则进行裁剪。栅格填充用于设置栅格在绘图范围之外的范围大小(单位是格，即具体的大小会视后面的水平轴与垂直轴的间距而定)。在本例中，确认不对栅格进行剪裁，将栅格填充均各方向设置为 0,即不进行栅格填充。轴偏移用于布局时相对于图纸的原点的偏移值,在本例中也设置为 0。

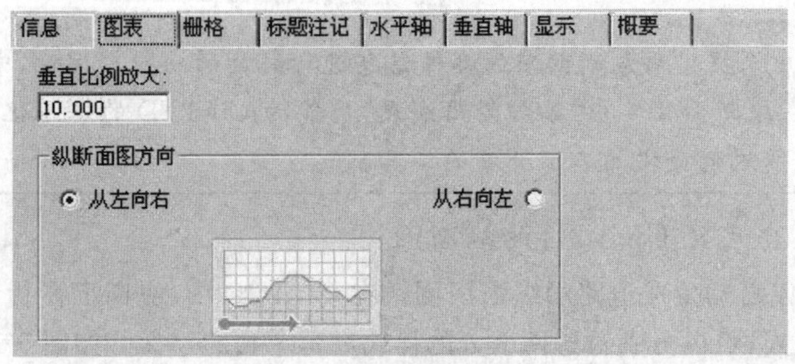

图 9-106　调节纵断面图的垂直放大比例

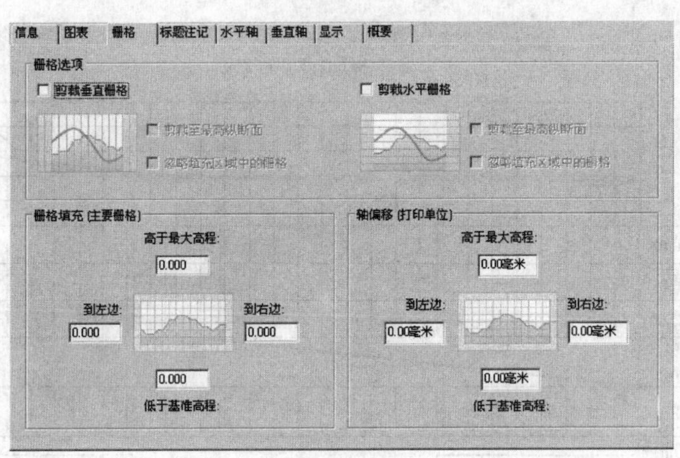

图 9-107　调整栅格的裁剪范围

■ 切换至【标题注记】选项卡。在该选项卡中,可以对纵断面图的标题样式进行设置。如图 9-108 所示,设置图形标题字体为“仿宋体”,文本高度为 5 毫米,将位置设置为在纵断面图之上,并向上偏移(Y 方向)15 毫米,勾选“标题四周边界”,在标题文字周围绘制矩形方框。在标题文本中,可以对纵断面图的上、下、左、右四个方向的标题的名称和字体样式分别进行设置。如图 9-108 所示,注意设置左轴标题文本字体样式为“仿宋体”,文本高度为 3.5 毫米。

■ 切换至【水平轴】选项卡,在该选项卡中,可对水平轴网的具体信息进行设置。如图 9-109所示,调整主栅格和次栅格的间距、标题、文本的样式等。在本例中,设置主栅格的间距为 50 米,次栅格的间距为 10 米。

注意:由于在本例的纵断面图样式中,将会在【显示】选项设置中关闭单个栅格显示标记,因此,此处仅需设置好主栅格和次栅格的间隔,其他可以采用默认值即可。

■ 切换到【垂直轴】选项卡,同水平轴选项卡内容相同,设置主栅格的垂直间隔为 5 米,次栅格的间隔为 1 米。其余项可采用默认值,如图 9-110 所示。

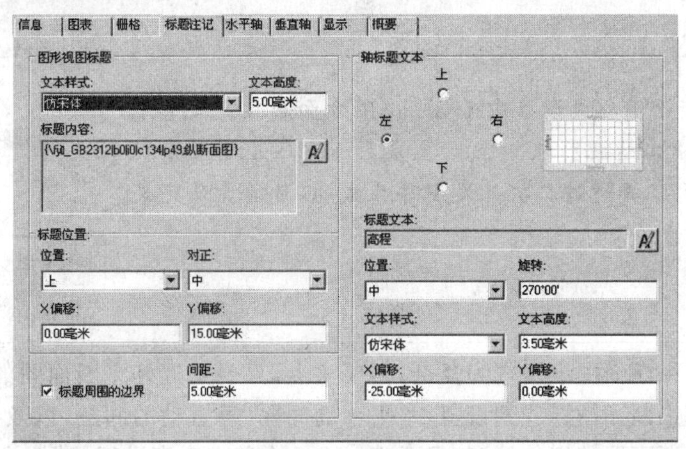

图 9-108　标题注记设置

图 9-109　水平轴标记设置

图 9-110　垂直轴标记设计

■ 切换至【显示】选项卡，在 Civil 3D 中，由于纵断面图的组件非常多，因此此处要仔细设置。Civil 3D 中可以分别控制水平和竖直栅格及栅格标记的上、下、左、右的显示，以及各栅格标记的上、下、左、右的显示。因此，可按类别和实际的需要，对这些组件的显示行为进行控制。在本例中，仅打开图表标题、左轴、主要左轴标记、次要左轴标记、主要水平栅格、次要水平栅格、主要垂直栅格、次要垂直栅格部件的显示。设置完成后，点击【确定】，完成纵断

面图的样式设置。

注意：纵断面图样式设置中无3D视图方向属性。安装本地化包后，使用本地化样板建立的生成的如图9-111所示纵断面图中的标尺，是通过二次开发程序生成的，目前无法定义此标尺的样式。

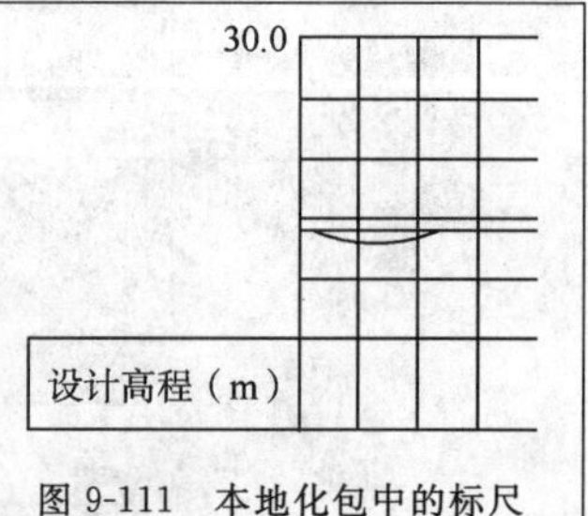

图 9-111　本地化包中的标尺

虽然看起来纵断面图设置较为复杂，但事实上，只要把握好纵断面图的几个基本要素，就可以完全掌握纵断面图样式的设置：水平轴的间隔、垂直轴的间隔，以及各部件的显示控制。虽然构成纵断面图的组件较多，只要将以上几个基本内容进行把握，就可以轻松完成对设置的工作。

9.6.2.4　自定义纵断面图中的标注栏样式

可以对Civil 3D中的标注栏，即如图9-112所示的纵断面图中下方的数据栏的的文字样式、数据内容及数据格式等内容进行自定义。

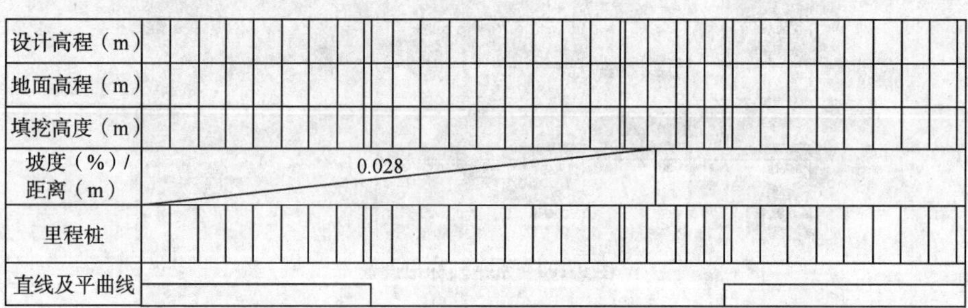

图 9-112　纵断面标题栏

由于Civil 3D的纵断面图中需要显示多个不同类别的标注栏，这些标注栏同样被组织成为"标注栏集"的样式集，方便对纵断面视图的管理。每个标栏集中，包含一个或多个不同类别的标注栏样式。

■ 自定义标题栏样式

Civil 3D中，标栏样式根据功能和作用的不同，被组织为纵断面数据、垂直简图、水平简图、超高数据、横断面数据和管网共计六大类别。下面以定义一个名称为"原始地面高程"为例，说明在Civil 3D中建立"纵断面数据"类标题栏样式的步骤。

练习 9-6　建立新的标题栏样式

■ 点击【工具空间】的【设置】选项卡，切换至【设置】选项卡，展开"纵断面图"→"标注栏样式"，在纵断面数据类别上点击鼠标右键，在弹出的关联菜单中选择"新建"，Civil 3D将弹出【纵断面数据标注栏样式】对话框。

■ 在【纵断面数据标注栏样式】对话框的【信息】选项卡中，设置该标注样式的名称为"原始地面高程"。

■ 点击【标注栏详细信息】选项卡，切换至标注栏详细信息选项页。设置左边标注栏内标题文字的字体为“仿宋体”，点击“标题文本”中的“设计标签”按钮，Civil 3D 将弹出“标签样式生成器”对话框，在此定义标注栏标题文本的标签样式。此处的用法在前面几节的自定义标签中已经出现多次，本例中仅需修改标签的文本内容为“原始地面高程”即可。设置完成后，点击【确定】返回【纵断面数据标注栏样式】对话框，调整布局的大小和位置，如图9-113所示。

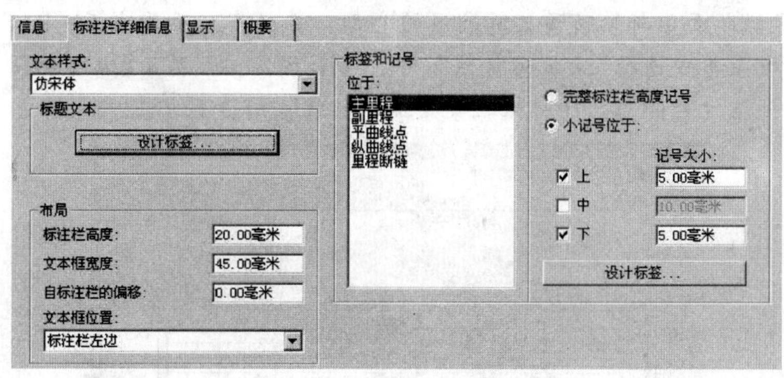

图 9-113　标注栏设置

■ 设置标签和记号位于分别为不同的纵断面点指定不同的记号和标签集。例如，在路线点为“主里程”时，显示“完整标注栏高度标记”，(即显示一条与标注栏同高的贯穿标注栏的垂直直线)，点击右侧的“设计标签”按钮，弹出如图 9-114 所示的【标签样式生成器】对话框。为主里程处需要显示的标签样式进行设置，本例中仅使用“纵断面 1 高程”，字体大小为 3 毫米。

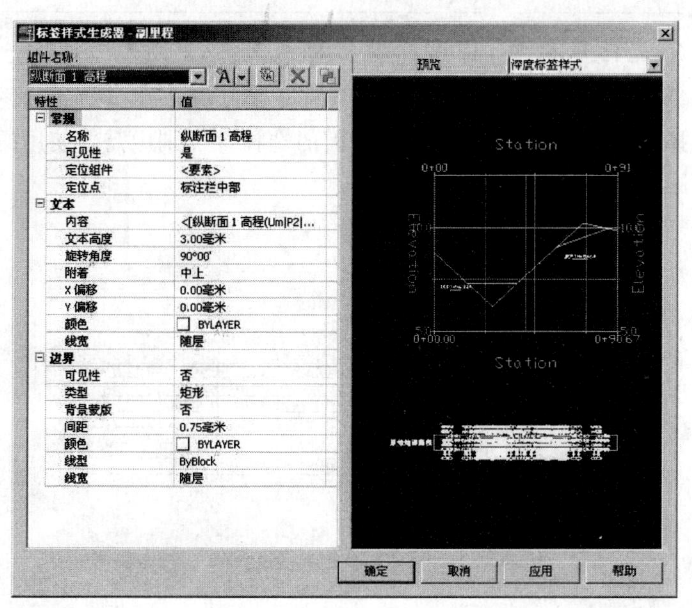

图 9-114　添加主里程标签

■ 分别设置副里程、平曲线点、纵曲线点、里程断链处的标记和标签，均使用“完整标注栏高度记号”，标签均使用“纵断面 1 高程”。

■ 切换至【显示】选项卡，确保在2D视图模式下显示所有部件。点击【确定】完成标题栏样式的设置。

注意：在纵断面数据类别中，可以添加"纵断面1高程减纵断面2高程"字段作为标签，可实现对储如原始地面高度与设计曲面高度的差值的计算。这需要在纵断面特性中，分别指定纵断面1与纵断面2所采用的曲面。选择纵断面图之后，点击鼠标右键，在弹出的右键菜单中选择"纵断面特性"，可打开如图9-115所示【纵断面图特性】对话框。注意此处标注栏的与后面标题栏集定义中标注栏的区别。

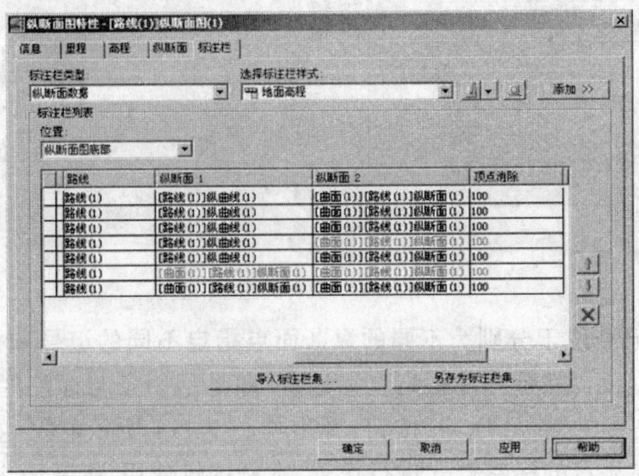

图9-115　纵断面图特性设置

9.6.2.5　定义标题栏集，应用标题栏样式

标题栏集的设置过程与路线的标签样式集的设置过程非常类似。如图9-116所示，在标注栏样式中选择相应的标注栏类别后，在后面的选择该类别中需要使用的标注栏样式，点击后面的"添加"即可。

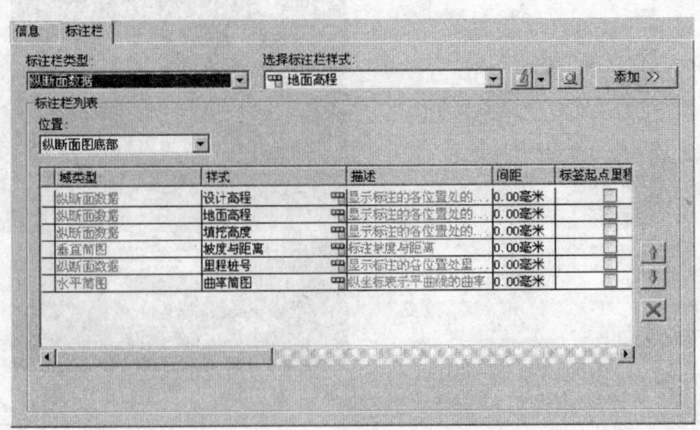

图9-116　定义标注栏集

通过上面的学习，已经掌握Civil 3D中最复杂的样式的定义定义方法。其实，在Civil 3D中，不论多复杂的样式，都是由简单的样式嵌套和拼凑在一起组成。只要了解了"标签

集”和“标注栏集”的概念,就可以轻松定义出任何你需要的纵断面图样式。

有了前面的基础,Civil 3D 中的横断面、横断面图样式的定义与纵断面完全一致。本书中,将不再逐一对这些样式的自定义进行介绍。读者可以自行尝试定义出自己的采样线、横断面、横断面图的样式。

9.7 自定义 Civil 3D 的模板

前面介绍了如何在 Civil 3D 中定义各种对象的标签样式和表格样式。但是,这些样式都是基于当前项目做的自定义,这些对象样式等仅能在当前项目中发挥作用。如果经常在工程实际中用到这些样式,是不是需要针对每个项目都要重新定义呢?答案是否定的。可以将这些样式定义为 Civil 3D 的模板,再以这个模板为基础建立项目,项目中即可以继承和使用这些定义在模板中的样式和信息。

**注意**:Civil 3D 的模板与 AutoCAD 的模板通用,都以.dwt 格式存储。

9.7.1 建立样板文件

在 Civil 3D 中,新建空白项目,按本章前述内容,对项目的基本信息、图层设置、对象的样式等进行设置。例如,常用的曲面样式、常用的曲面标签样式、常用的放坡规则集等进行设置,如图 9-117 所示,为预设好的常用的曲面样式列表。设置完成后,点击【文件】→【另存为】,在弹出的【图形另存为】对话框中,选择文件类型为“AutoCAD 图形样板(*.dwt)”,并指定文件的名称即可,如图 9-118 所示。

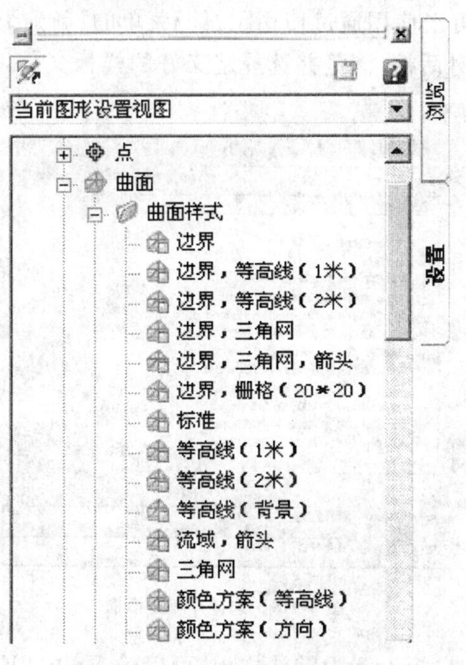

图 9-117 设置常用对象样式

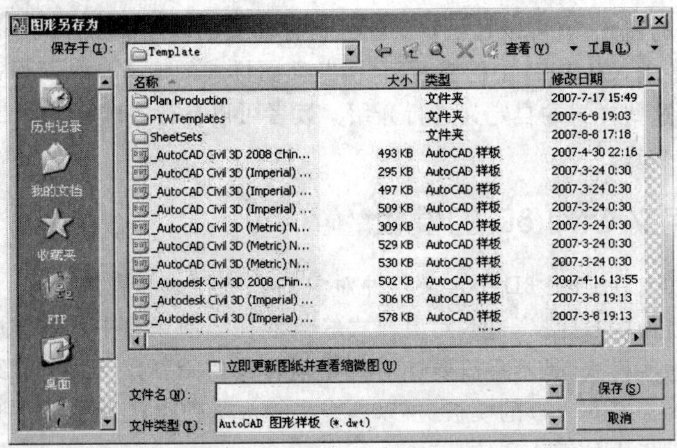

图 9-118　图形另存为样板文件

> **技巧:**谁该定义 Civil 3D 的模板?事实上,并非每一个从事 Civil 3D 的工程师都有能力定义一个完整的 Civil 3D 的模板。对于设计院来讲,从事标准化工作的人,可以定义好 Civil 3D 的模板后,供各专业的设计师使用,这样可更好的将各专业的设计进行协调。当然,购买 Civil 3D 产品时,Autodesk 会随产品附送一个适合中国绝大多数土木设计行业规范的模板——中国样板。该文件在随产品附送的本地化包中。

9.7.2　使用样板文件建立新的项目

定义了样板文件后,可以使用通过使用【文件】菜单的【新建】命令,Civil 3D 将弹出如图 9-119 所示的【选择样板】对话框,浏览并选择定义好的样板文件,则项目将自动继承样板中定义的所有设置与样式定义。

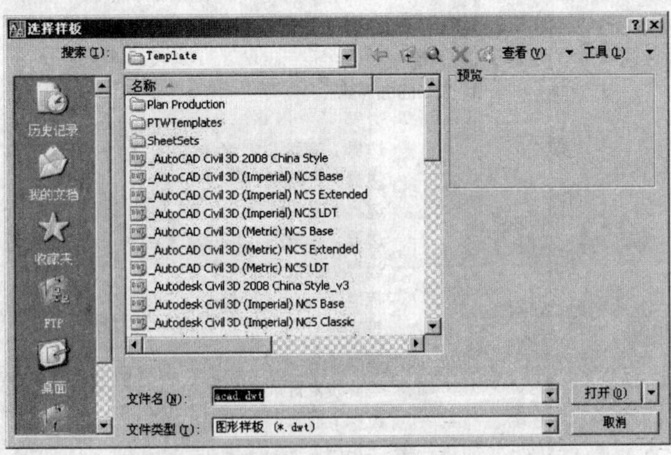

图 9-119　选择样板对话框

如果希望将自定义的样板设置为默认样板,可以输入 OPTIONS 命令,Civil 3D 将弹出【选项】对话框。如图 9-120 所示,在【选项】对话框的【文件】选项板中,展开列表中的“样板设置”→“快速新建的默认样板文件名”，双击下面的路径列表，在弹出的【选择文件】对话框中指定为自定义的样板名称，完成后单击【确定】即可。以后，只要点击工具栏上的新建按钮，Civil 3D 便会自动以该样板新建项目。

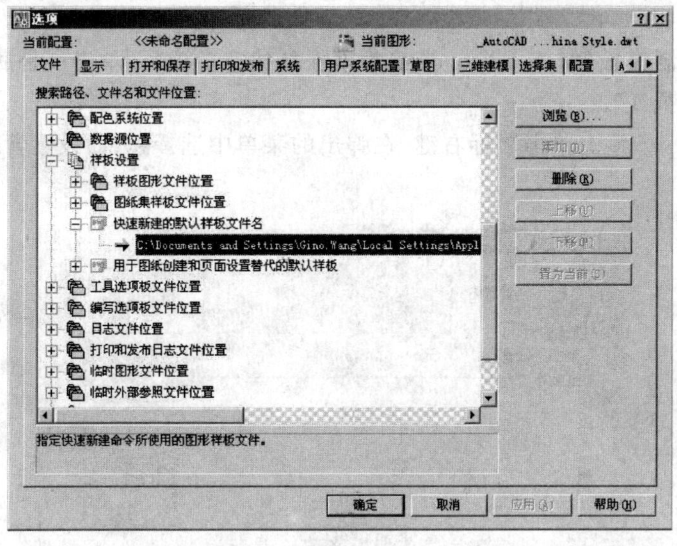

图 9-120　设置默认样板文件

9.7.3　自定义图纸样板

Civil 3D 2008 新增了“创建施工图工具”，利用该工具可以快速完成对路线的分图布图操作，如图 9-121 所示。使用该工具时，需要指定“用于平面图纸和纵断面图纸的模板”。该模板的设置决定在执行分图操作时所使用的图幅与出图的图框等信息。

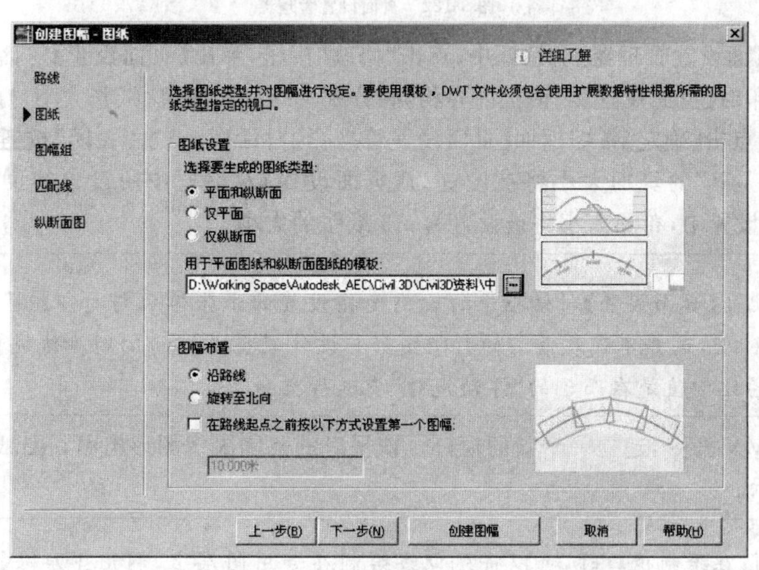

图 9-121　创建图幅对话框

事实上，Civil 3D 的图纸模板来自于模板中定义的“布局”。关于布局的应用，从 AutoCAD 2000 开始，就已经成为 AutoCAD 中出图、打印、图纸管理中的重要内容，读者可自行参考 AutoCAD 的书籍来了解更多关于布局的知识。本章中，仅就如何自定义 Civil 3D 的图纸模板进行说明。

■ 以任一公制模板(如 Acadiso. dwt)为模板新建空白项目，单击屏幕底部的“布局 1”选项卡，切换至“布局 1”。

■ 在“布局 1”标签上单击鼠标右键，在弹出的菜单中选择【页面设置管理器】，如图9-122所示。

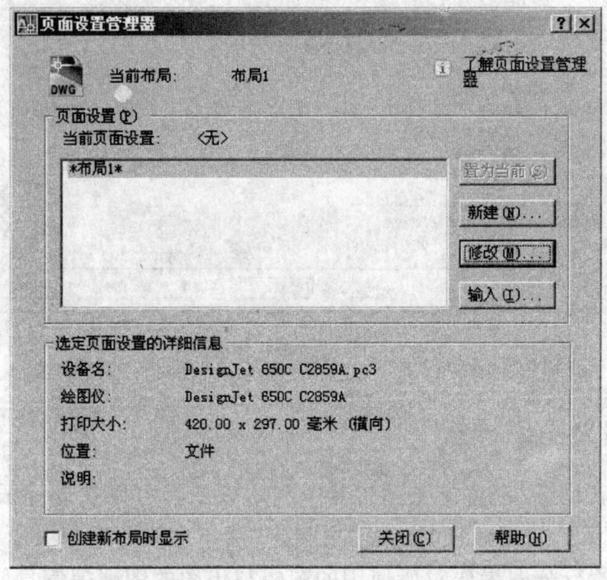

图 9-122　页面设置管理器

■ 在【页面设置管理器】对话框中，点击“修改”按钮，弹出【页面设置】对话框，该对话框的设置与打印时【页面设置】对话框内容相同，分别选择好打印机、纸张大小、打印比例、打印样式等参数，点击【确定】按钮返回【页面设置管理器】对话框，点击“关闭”按钮，返回操作界面。此时“布局 1”的页面大小将被设置为【页面设置】对话框中所设置的页面大小，如图9-123所示的设置中，布局大小将被设置为 A3 纸张的大小。

注意：此处【页面设置】对话框中的比例是指设置的纸张单位与打印纸张的比例，通常设置为 1∶1，这并不代表最终的打印图形与设计模型之间的比例。传统意义上的图纸与模型的比例值是在而已的“浮动视口”中进行控制。

■ 使用 MV 命令，建立一个新的视口。该视口的范围决定图形出面在图纸上的范围，如图 9-124 所示。

技巧：在绘制视口时，可以将视口线绘制在专用图层上，利用图层来控制视口可见性与打印属性。

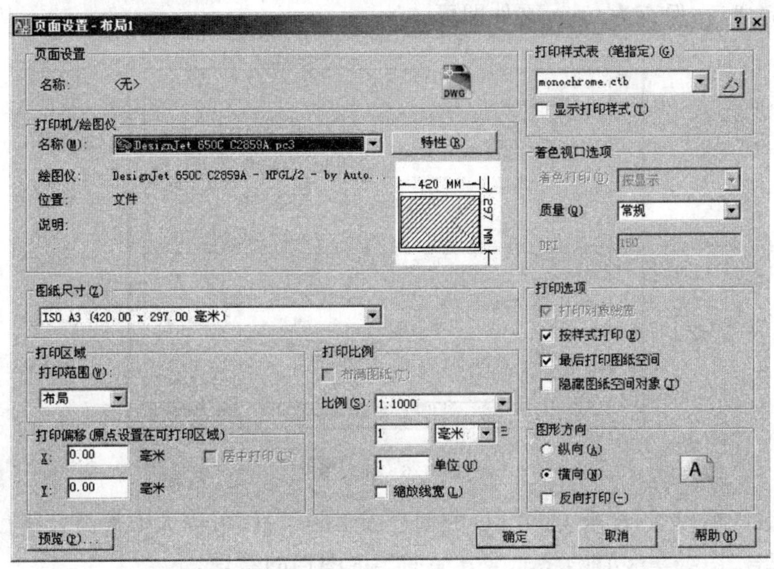

图 9-123　页面设置

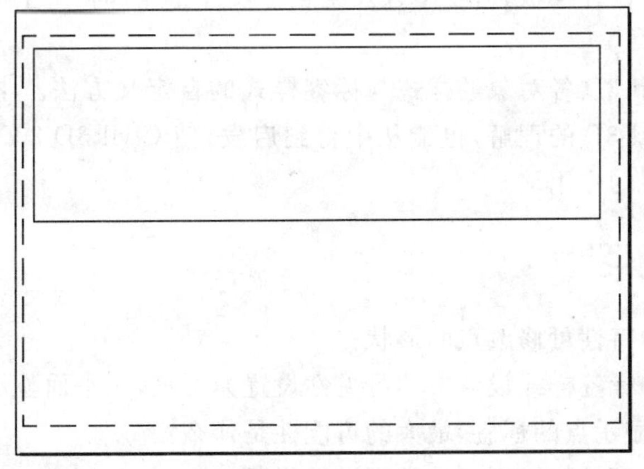

图 9-124　绘制视口

■ 选择绘制的视口线，按键盘组合 Ctrl+1，弹出“特性”窗口如图 9-125 所示，修改标准比例或自定义比例值，以确定模型与图纸之间的比例值。该比例值为传统意义上的“打印比例”值。在最底部的“视口类型”选项中，选择要出现在该视口中 Civil 3D 的对象类型是平面还是纵断面。

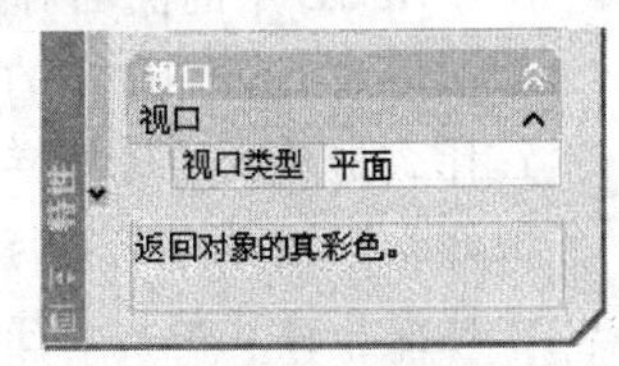

图 9-125　视口特性设置

■ 根据图纸的需要，可以加入更多视口，并插入标准图框，如图 9-126 所示。在图示布局中，上面的视口用于显示 Civil 3D 的平面路线数据，下面的视口被定义为显示对应的纵断面图形。

 **技巧：**可以为布局重命名，以方便知道该布局的特性。

■ 设置完成后，保存为.dwt 文件即可。

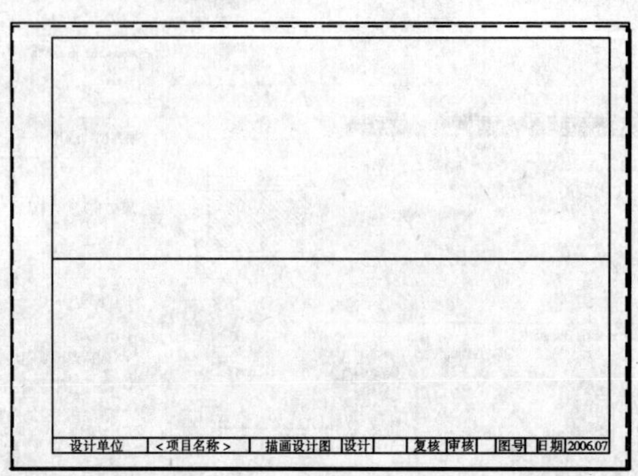

图 9-126　插入图框

定义了图纸模板后，配合 Civil 3D 的创建施工图工具，可以大大提高公路行业图纸的出图速度；再配合“图纸集”功能，将非常方便的实现图档的管理。

本节利用前面所述的自定义功能，介绍了如何自定义自己的设计样板，来加速自己的设置。合理设置和利用设计样板，对于个人及至整个设计企业都将产生极大的影响，大大提高设计的效率。

本章介绍了 Civil 3D 各对象的样式与标签样式的自定义方法。学习如何自定义，可以更进一步加深对 Civil 3D 的理解，也能从中得到启发，使 Civil 3D 2008 能在更多更广的领域中发挥越来越重要的作用。

9.8　本章练习

1. 修改点的何种特性可修改点的形状？

2. 已经确定点的标签样式设置中的可见性设置为可见，在平面显示时，给点编组应用了标签样式后，却无法显示点的标签，最大的可能性是什么？

3. 点的列表是以何种特性对点的类别进行判断？

4. Civil 3D 中添加图例表时，默认的图例表样式在哪里设定？

5. Civil 3D 中的曲面对象样式由哪些要素组成？

6. 如何对 Civil 3D 中的曲面对象进行分析？

7. 什么是路线的标签样式，在路线对象中起到什么作用？

8. 修改标注栏样式集与修改纵断面特性中的标注栏样有何不同？

9. 标注栏样式集与标注栏样式有何关系？

10. Civil 3D 的样板文件是什么格式的文件？

11. 如何自定义图纸模板？

第10章 专题应用

本章简介

➤本章挑选了AutoCAD Civil 3D 2008的六个典型应用案例。介绍如何运用前面几章学习过的Civil 3D功能,解决实际工作中涉及的问题。

学习要点

➤掌握运用LandXML功能处理大数据地形。

➤掌握道路交叉口设计原理。

➤掌握运用道路建模原理进行沟渠设计。

➤掌握带平台和马道的土坝设计。

10.1 大数据量的地形处理

在土木行业中,经常会遇到很庞大的原始地形数据,几十兆甚至上百兆的DWG地形勘测图纸是经常会有的,那么我们使用Civil 3D对这样庞大的地形数据进行处理,国内的计算机硬件配置就显得偏低了。因为前面已经了解到,使用Civil 3D进行设计,其前提是需要提取、获取原始地形数据,然后转换为三维数字地形模型,然后在上面做我们要做的设计。而我们大多数设计院里所接触的数据就是DWG,那么我们就需要将这几十兆、上百兆的DWG转化为三维数字地形模型,这个过程就会产生非常大的数据量,很容易出现Civil 3D运行速度缓慢,或者在运行一个命令后长时间无响应的情况。这就影响到了Civil 3D的设计效率。那么面对这种大数据量的地形,我们应该如何应对呢?有没有办法优化Civil 3D的地形处理过程呢?这就是本小节需要介绍的内容。

10.1.1 Civil 3D基本操作优化

在这节要介绍Civil 3D在处理大数据量地形时每个流程所需要注意的问题及优化数据处理的方法。

10.1.1.1 Civil 3D 版本比较

通过对 Civil 3D 2006、Civil 3D 2007、Civil 3D 2008 三个版本在使用同一台笔记本电脑上、生成同一个 40MB 纯散点地形图的项目作比较，得到的数据如表 10-1 所示。

表 10-1

功能 \ 时间	Civil 3D 2006	Civil 3D 2007	Civil 3D 2008
转换文本点	96 分钟	28 分钟	5.7 分钟
生成地形曲面	28 分钟	13 分钟	2.8 分钟

从上表中可以看出，Civil 3D 2008 在速度方面有了很大的跃进，因此在处理大型地形时，推荐大家使用新版本的 Civil 3D，可以节约大量的数据计算时间。

10.1.1.2 机器硬件配置

Civil 3D 推荐的硬件环境比较，在处理大型项目时，不要吝啬对机器硬件的配置，做专业的项目当然最好使用专业的软件用专业的机器，因此推荐大家使用图形工作站来处理大型地形数据。

10.1.1.3 操作优化

那么，是不是没有专门的高配置机器或者工作站就做不了大数据量地形呢？当然不可能。为了项目运行得顺畅，除了进行优化软硬件配置的方法以外，我们还可以在操作上进行优化：

■ 在用原始 DWG 地形图生成了三维数字地形模型以后，以前的 DWG 原始地形图就没有用处了，因此可以把这些不需要的数据从 Civil 3D 里剔除掉，从而保证文件里没有不需要的重复数据。

一定要注意，剔除的方法在这个步骤里非常的重要。这里的剔除并不是指直接删除，如果直接删除曲面的数据源，那么在更新以后会曲面会消失掉。因此需要按以下步骤操作：

◇ 首先，需要将生成的地形曲面以 LANDXML 的形式导出，有关 LANDXML 的介绍和用法在前面章节中已经介绍过了。导出方法为：在工具空间中选择生成的原始地形曲面，点右键，选择“导出到 LANDXML”。这时会弹出一个窗口，勾选需要导出的曲面，单击【确定】选择输出 XML 文件的位置，如图 10-1 所示。

◇ 在导出原地形以后，地形曲面就单独的被提取出来了，然后我们用 Civil 3D 中国本地样板新建一个文件，使用文件菜单里的“导入→导入 LANDXML”命令，选择刚刚导出的 XML 文件，进入导入 LANDXML 窗口，如图 10-2。

在这里务必注意一点，导入时一定要点开“编辑 LANDXML 设置”按钮，如图 10-3 所示。

在这里，一定要将“在图形中创建源数据”给关掉，否则在输入 XML 时，Civil 3D 将把原有生成曲面的所用到的所有原始 DWG 数据，连同曲面一起导入到新文件当中。因此，为了不将不需要的数据导入文件，请在导入时务必关掉此选项。

图 10-1　导出 LANDXML

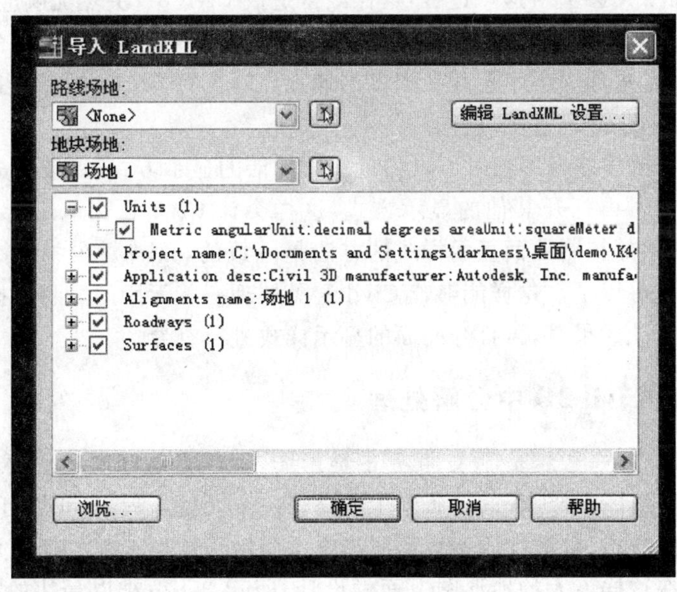

图 10-2　导入 LANDXML

■ 在得到原始地形曲面以后，就将要在上面做设计。因为大数据量的地形图一般是因为原始地形图精确造成的，也就是说，越同样范围的地形图，越精确的地形图，那么它的文件数据量也就越大，所以在设计时，请尽可能少地打开对象捕捉命令。特别是在平面图上进行设计时，如道路选线或者放坡时，千万不可开着捕捉用鼠标在平面图上面晃。这是因为在我们生成的地形曲面中，会让对象捕捉命令找到太多的捕捉点，这时 Civil 3D 需要进行极为繁复的计算，在众多捕捉点中选出与鼠标最为接近的一个点，并且当我们稍微移动一下鼠标的

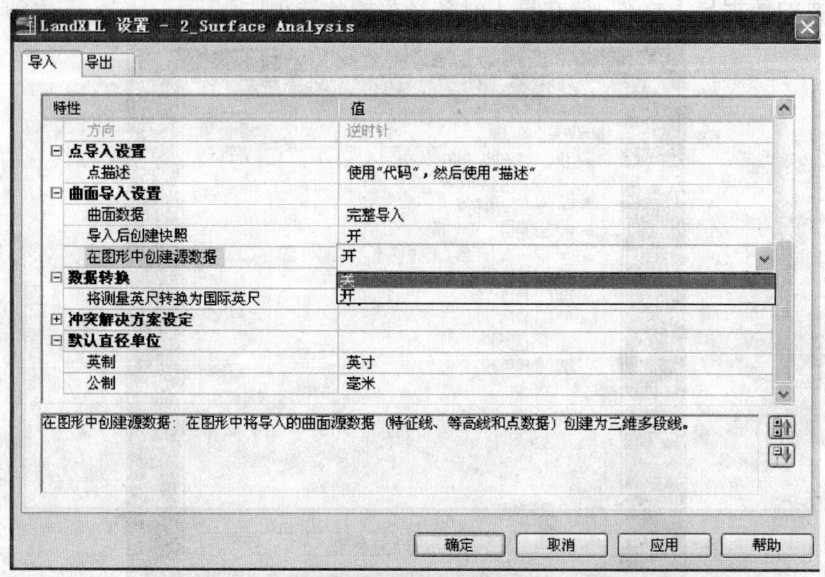

图 10-3 编辑 LANDXML 设置

位置，对象捕捉命令又会重新这一过程，这样经常造成 Civil 3D 突然无响应的情况。这时请关掉对象捕捉，一切就会正常。如果一定要在平面地形图中使用对象捕捉命令，请把地形曲面放大查看，在确定鼠标周围不会存在太多的捕捉点时再打开对象捕捉，当完成捕捉以后切记先关上捕捉，再缩小屏幕范围进行查看。

■ 在处理大数据量的地形图时可以尽量使用简洁的显示方式，一般只显示曲面边界，要需要查看或者使用时再打开其他的显示方式，这样会让 Civil 更快地运行。具体的操作方式，跟前面章节介绍的控制曲面显示样式的方法是一致的，只需要在曲面特性窗口中，把曲面样式改为边界就可以了。这样能够让 Civil 避免处理一些无用的显示数据，当最后完成设计以后需要查看设计成果时，再打开曲面的显示样式进行查看。

10.1.2 在 Civil 3D 中分解处理

在我们的项目中，一般越是庞大、精密的地形图，就越是意味着我们要在上面做一个复杂的设计。例如，设计一个工程的多条施工道路。一个大型工程中，我们可能会面临需要设计很多条施工道路交错、分散在原始地形图当中。而由于这种工程本身较大，原始地形图也就会异常庞大。在这样庞大的地形图上面做设计，Civil 3D 很难以最快的速度来对我们的项目进行设计。这种情况怎么解决呢？

这时，我们可以通过对这样一个庞大的项目进行分解，然后单个处理分解后的对象，从而达到提高 Civil 3D 速度的目的。

分解的方式一般有以下两种：

10.1.2.1 使用 LandXML 分别处理道路

下面以一个需要设计多条道路的地形为例。我们可以将原始地形图作为一个母板，在原始地形图上当做出了一条道路以后，可以把单独的这一条道路及生成的道路曲面导出为成 XML。然后重新打开原始地形图做第二条道路，这样做一条路导出一条路，就保证了文件不会继续增大，如图 10-4 所示。

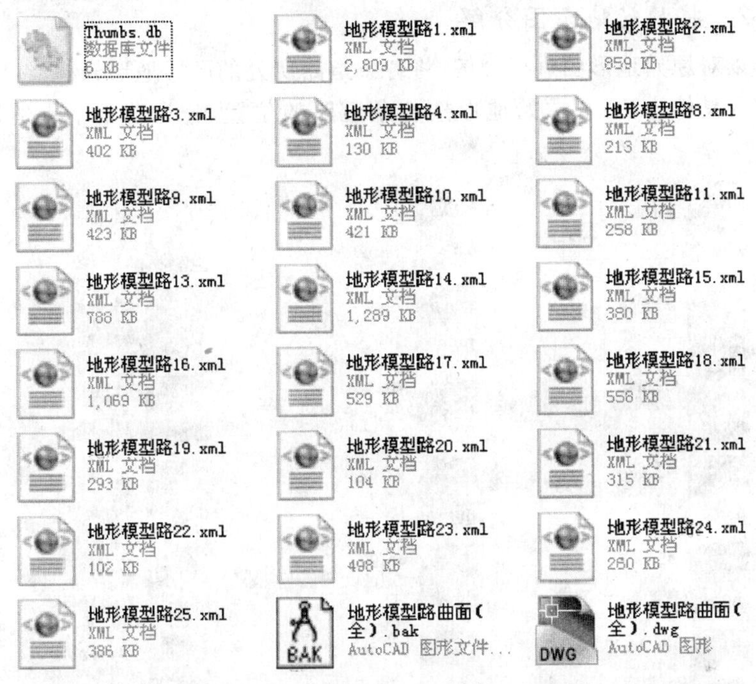

图 10-4　将所有道路导出为单独的 LANDXML

而到最后将生成的道路曲面再一条一条地导入进来跟原地形曲面粘贴在一起就可以了，如图 10-5 所示。

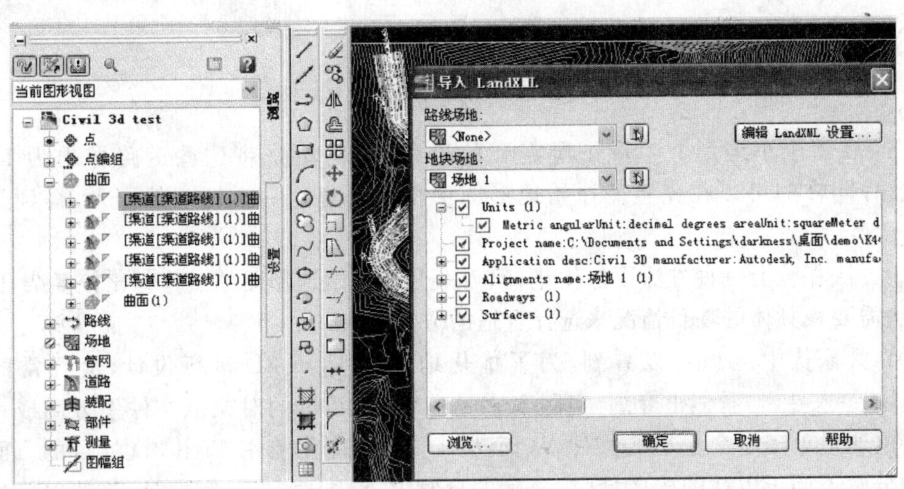

图 10-5　一次导入分开生成的多条道路

这样做虽然麻烦了一点，但是导出为 LandXML 以后，每一条路的路线、道路、曲面都在一个文件里，我们能够很好的去查找、管理它们，而且因为将做好的道路单个导出以后就不需要备份单条道路的模型和曲面文件了，导出单个道路又比保存整个地形文件要快得多。

10.1.2.2 将原始地形图分解

我们也可以对原始地形图进行分解，将各条道路所处的原始地形分解，然后分开为所有道路进行处理。具体方法：将原始地形按各条道路的位置，分为若干个小地形，如图 10-6 所示。

图 10-6 将原始地形图分解为多个 DWG

这样，在每个小地形上生成了所需要的道路后，仍然是将这些道路导出为 LANDXML，最后同样的可以在完整的原始地形图中将所有道路一次性全部导入，得到最后的成果。

这个方法相较上一种方法更加优化，但因为分解原始地形图的工作也比较复杂，因此这两种方法需要视具体的项目情况来选择合适的方法。

小结：大家从中应该可以看到，为了优化地使用 Civil 3D 进行设计，会经常的用到 LandXML 导入导出，看似很麻烦，实际上它是在将 Civil 里的对象从文件里分离成一个个的小文件，通过处理每个极小的文件，从而达到了最佳优化使用 Civil 3D 的目的。而这种 XML 的分解不同于以往的按区域、按坐标的分解，LANDXML 分解的是 Civil 3D 对象，因此当处理完这些小文件以后，它又将这些小文件无缝的连接在一起，组成我们需要的最终结果。活用 LANDXML 可以大幅优化 Civil 3D 的设计运用，因此当遇到大数据量地形处理起来遇到问题时，要注意 Civil 3D 的导入导出 LANDXML 格式功能。

10.2 在 Google Earth 集成

10.2.1 Google Earth 简介

Google Earth(简称 GE)是美国 Google (谷歌)公司于 2005 年 6 月推出的全球地理信息系统搜索软件,可以方便快速地搜索到地球上任一地点的影像。

Google Earth 是全球最大的搜索 Google Earth 是一款由 Google 公司开发的虚拟地球软件,是 Google 公司提供的地图服务,包括局部详细的卫星照片。Google Earth 使用了公共领域的图片、受许可的航空照相图片、KeyHole 间谍卫星的图片和很多其他卫星所拍摄的城镇照片,通过 Google Earth,可以使用户足不出户,浏览世界各地的高清晰卫星照片,可以不用花一分钱做一次“虚拟旅游”。图 10-7 为 Google Earth 中显示的法国艾菲尔铁塔的清晰照片。

图 10-7 Google Earth 中显示的法国艾菲尔铁塔的清晰照片

Google Earth 不是一个简简单单的地图查看工具,而是提供了强大的可供查询使用地理信息数据库。Google Earth 在城市规划设计、水利工程管理、森林消防管理等方面取得了深入的应用。现在,随着 Autodesk AutoCAD Civil 3D 2008 的推出,更是可以直接利用 Google Earth 的数据生成三维数字曲面,直接将 Google Earth 引入至规划设计、道路设计等设计行业中,甚至可以直接将 Civil 3D 中进行的设计直接发布到 Google Earth 中,深入研究设计与周边环境的关系。

10.2.2 Google Earth 操作简介

10.2.2.1 认识 Google Earth 的操作界面

秉承了 Google 搜索的简洁风格,Google Earth 的界面极为简单易用。如图 10-8 所示为 Google Earth 的操作界面,分别为:

■ 搜索栏
■ 3D浏览窗口
■ 导航器
■ 状态栏

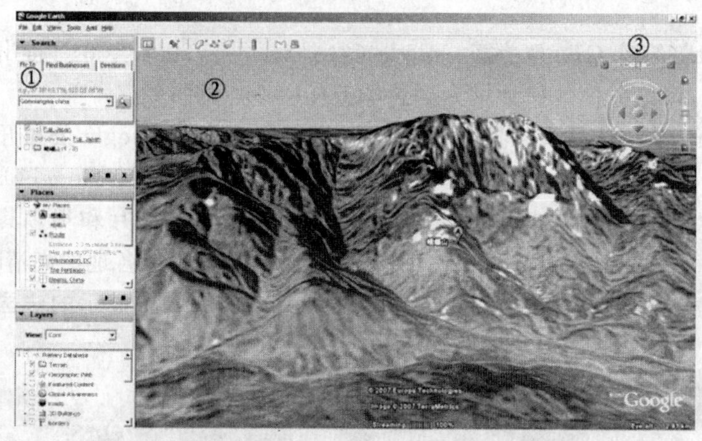

图 10-8　运行中的 Google Earth 界面

10.2.2.2　搜索定位

使用 Google Earth 搜索栏的 Fly To 选项，可快速搜索并定位至需要查找的位置。如图 10-9 所示，可以像在搜索引擎中进行搜索一样，直接输入地理位置关键字进行地图索引。在 Google Earth 4.0 版中，可以直接支持中文索引。例如，输入峨嵋山，并点击搜索按钮 ，Google Earth 会列出所有符合该关键字的地标位置。在双击列表中双击地理标记，Google Earth 会自动飞行到该位置。

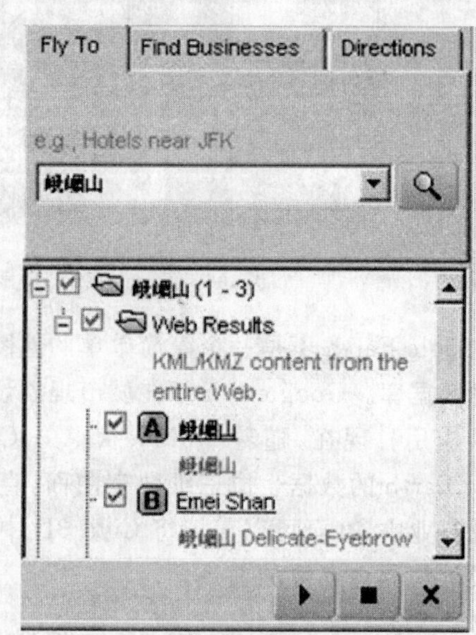

图 10-9　Google Earth 的位置搜索

如果知道该位置的经纬度，还可以直接输入该地点的经纬度值，该址以 MDS (度分秒)格式输入。例如，输入大地坐标北纬 37 度 25 分 19.07 秒，西经 122 度 05 分 6.24 秒，可以直接输入 37 25′19.07″N，122 05′06.24″W 或 37 25 19.07 N，122 05 06.24W。如果查找的地点在美国或加拿大，还可以直接输入街道的名称或邮政编码来进行查询，由于该功能在中国尚未启用，本文将不再赘述。具体操作方式可以查看 Google Earth 的帮助文档。

> 技巧：在找到需要的地点和位置的地标后，可以直接按键盘的 Ctrl+Shift+S，将当前位置存储在 Place 面板的“My Place”项目中。Google Earth 中的 My Place 类似于浏览器的收藏夹，它可以将任何位置的地标收藏于此，方便以后快速定位而不必再次搜索。当然，也可以将当前地理位置信息以 kmz 或 kml 文件的形式存储为本地文件，可以与他人进行地标文件交流。

如果在搜索时并未找到该位置，可以在浏览到该位置后，手动为该位置添加“位置标签”(Place Marker)，便可将该位置进行收藏了。

10.2.2.3 使用导航

Google Earth 的右上角提供了导航功能操作图标。如图 10-10 所示，导航罗盘的代表北方的位置标记为“N”，在任何时候，可以双击“N”标记，Google Earth 会自动调整浏览视图的角度，使屏幕的正上方为“正北方”。控制罗盘并拖动，可实现 Google Earth 地球的旋转。调整软盘中间的平移按钮，可实现对地图的平移。

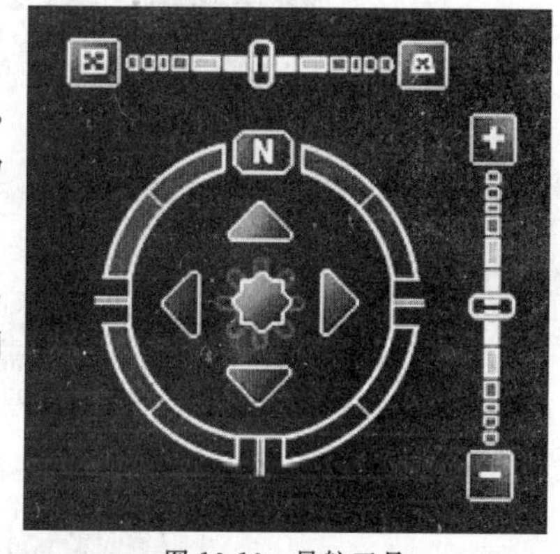

图 10-10 导航工具

右侧滑块，可调节视点的高度，即实现地图的放大与缩小操作。正上方的倾斜滑块用以实现视点与地面的夹角，以实现透视的三维显示效果。

10.2.3 在 Civil 3D 中使用 Google Earth 数据

通过前面的介绍，已经了解到，Google Earth 集成了海量的地球表面数据信息。对于土木工程师来说，如果能在方案的初期应用 Google Earth 提供的地形数据作为地面测量数据，无疑会大大提高设计效率。

Civil 3D 2008 提供了三种导入 Google Earth 数据的方式：导入 Google Earth 图像、导入 Google Earth 曲面、导入 Google Earth 图像和曲面。

■ 导入 Google Earth 图像：将 Google Earth 当前窗口所显示的图像以图片的形式导入到 Civil 3D 中。

■ 导入 Google Earth 曲面：将 Google Earth 当前窗口所显示的地形数据导入到 Civil 3D 中，并利用这些数据生成 Civil 3D 的曲面。

■ 导入 Google Earth 图像和曲面：将 Google Earth 当前窗口所显示的地形图像以图片的形式导入到 Civil 3D 中，并利用 Google Earth 中当前窗口的地形数据在与图像相同的基点生成 Civil 3D 曲面。

如图 10-11 在 Civil 3D 2008 的文件菜单的导入项中，列出了 Civil 3D 中所有可用的导入 Google Earth 数据的选项。在工作中，如果只需要生成地形曲面而不需要精确贴图，则可以使用“导入 Google Earth 曲面”选项，来生成 Civil 3D 的曲面；如果还需要做精确的地形贴图，则可以使用“导入 Google Earth 图像和曲面”选项。

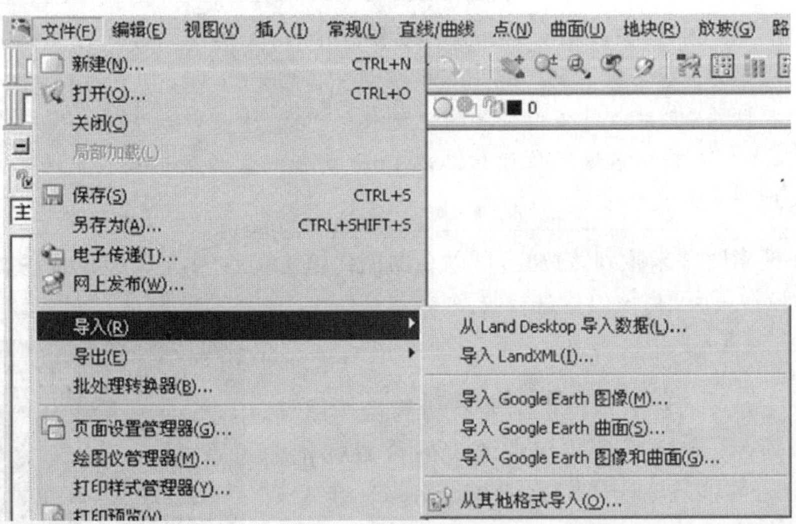

图 10-11　Civil 3D 2008 提供的导入 Google Earth 工具

◇ 在 Google Earth 中，打开需要的地理位置。例如，在这里打开涪陵附近的一片山区，该位置大约位于 29°18′N，102°26′E，如图 10-12 所示。

图 10-12　要导入的地理位置

◇ 确保 Google Earth 窗口不关闭，打开 Civil 3D 2008。点击【文件】菜单，【导入】→【从 Google Earth 导入图像和曲面】命令。

◇ Civil 3D 提示指定插入的基点，可以直接在屏幕上指定插入基点或用手动输入精确的坐标点。

> 技巧：如果已经使用了“从 Google Earth 导入图像”导入了 Google Earth 的图像，可以使用“从 Google Earth 导入曲面”命令，来导入 Google Earth 的曲面。此时需要与导入的 Google Earth 图像对齐，可以直接输入参数 I，再用鼠标拾取相应的图像来定位。

◇ 指定导入曲面的旋转角度，如果不需要进行旋转，可输入角度 0。

◇ Civil 3D 2008 将出现【创建曲面】对话框。在该对话框中输入将要创建的曲面名称，调整曲面样式，并指定曲面材质。设置完成后，单击【确定】按钮。

◇ 经过几秒钟的运算，Civil 3D 会自动生成 Google Earth 所显示区域的 Civil 3D 数字化曲面。如图 10-13 所示，显示的导入 Civil 3D 的图像和曲面，并以 5 米等高距显示的导入的地形的 Civil 3D 表现情况。

图 10-13 生成的 Civil 3D 曲面

◇ 如果使用的是"导入 Google Earth 图像和曲面"的方式，Civil 3D 还会自动以当前 Google Earth 的图像为贴图的材质贴图，并使导入的图像自动覆盖到曲面上，形成如图 10-14所示的效果。

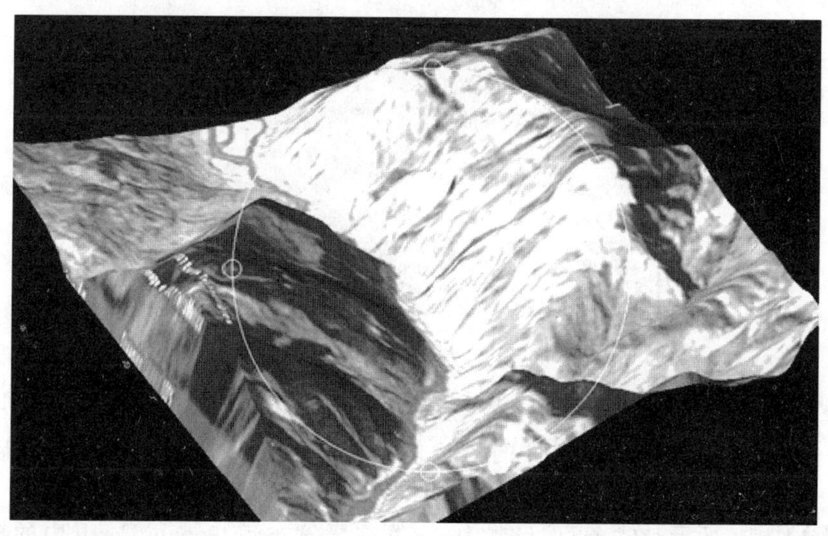

图 10-14 曲面覆盖图像

注意:如果利用 Civil 3D 分别从 Google Earth 中导入了图像及曲面,可以利用 Civil 3D 2008 新增的"覆盖图像"工具,实现图像与曲面的贴合。注意:请将 Civil 3D 的曲面样式设计为"三角网"。

10.2.4 从 Civil 3D 2008 发布到 Google Earth

在 Civil 3D 进行完设计后,还可以利用 Civil 3D 的"发布到 Google Earth"功能,将设计的成果以.KMZ 文件形式发布至 Google Earth 中。利用 Google Earth 强大的真实的地理数据进行设计的比较与环境分析等。

将 Civil 3D 的数据文件发布到 Google Earth 的过程如下:

◇ 点击菜单【文件】→【发布到 Google Earth 】,Civil 3D 将打开【将 AutoCAD DWG 发布到 Google Earth 上】对话框,如图 10-15 所示。

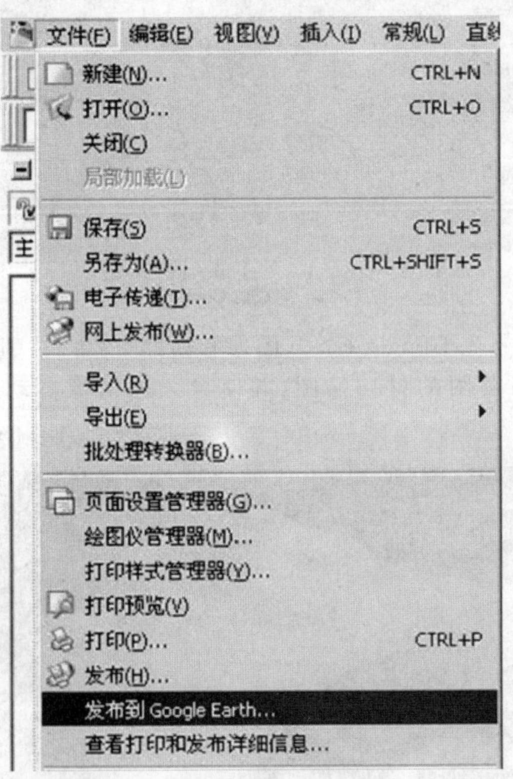

图 10-15 发布到 Google Earth

◇ 如图 10-16 所示,在该对话框的【描述】项中,输入该 Google Earth 模型的地标名称,还可根据需要,输入该地标文件的描述信息,以及 URL 信息。设置完成后点击"下一步"。

◇ 如图 10-17 所示,在"条目"设置中,设置需要发布到 Google Earth 中的模型对象,可以将项目中所有模型发布,也可以手动指定需要发布的模型图元,点击 [+],可回到

Civil 3D 的工作窗口，用鼠标选择要发布到 Google Earth 中的对象。“发布文本”与“发布图元信息”复选框用于定义是否需要发布图形中的文本数据及图元信息数据。完成后点击“下一步”。

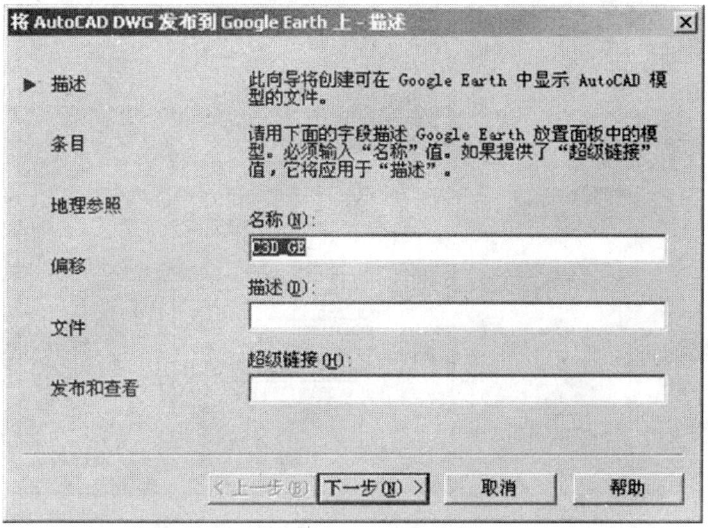

图 10-16　将 AutoCAD DWG 发布到 Google Earth 上描述页

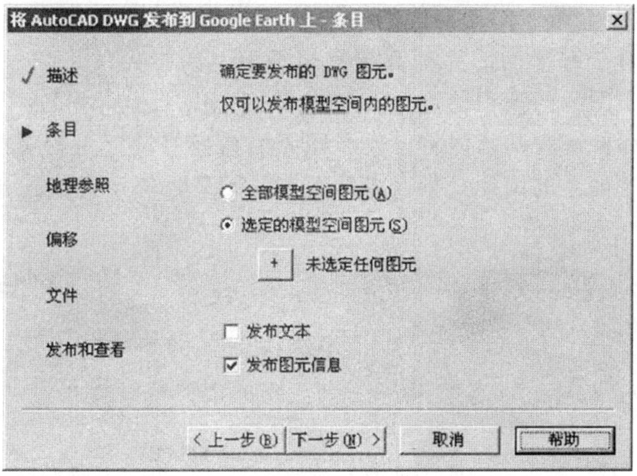

图 10-17　发布选项

> 注意：发布文本，用于发布图形中的文字信息；发布图元信息用于随模型一起发布模型的属性信息，如圆的直径、道路的转弯半径等。

◇ 如图 10-18 所示，在“地理参照”设置中，用于定义 Civil 3D 中的世界坐标与 Google Earth 中的大地测量坐标的对应关系，此设置关系最终发布到 Google Earth 中的模型的位置。可以直接将 Civil 3D 的世界坐标系 X、Y 位置对应为 Google Earth 中的相对经度、纬度位置。如果在导入 Google Earth 的曲面数据的同时导入了 Google Earth 的图像，可以直接利用“从图像中收集”来自动进行坐标转换。设置完成后单击“下一步”按钮。

将 AutoCAD DWG 发布到 Google Earth 上 - 地理参照
√ 描述
√ 条目
▶ 地理参照
偏移
文件
发布和查看
图形坐标系转换(S)
用户定义的转换(U)
从图像中收集(C)
DWG 位置(D):
X: 3638.90
Y: 931.95
Earth 位置 (以十进制度数表示)(E):
经度(G): 102.77566
纬度(T): 29.31194
DWG Y 轴相对于北向的方位(O):
0.00000
<上一步(B) 下一步(N)> 取消 帮助

图 10-18 地理参照设置

◇ 如图 10-19 所示，在“偏移”页面中，对该 DWG 图元的位置进行微调，以 DWG 图形为单位为单位进行调节。对于高程的基准方式，Civil 3D 提供了三种定位方法：相对于地平面的高程、相对于海平面的高程和覆盖地平面上的图元。其中，相对于地平面的高程，是指以将已发布图元的高程值设置为相对于 Google Earth 中 DWG 模型位置处的地平面；相对于海平面的高程是指以将已发布图元的高程值设置为相对于 Google Earth 中的海平面；覆盖地平面上的图元是指以将已发布图元高程值设置成位于该图元正下方的地面高程。

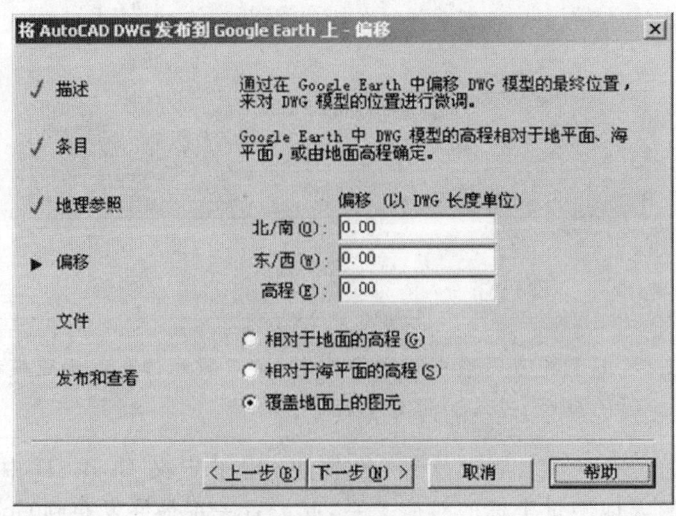

图 10-19 对地标文件进行微调

◇ 如图 10-20 所示，在“文件”菜单选项中，指定将要导出的 KMZ 文件的存储位置。点击【发布】按钮，完成将 Civil 3D 的模型导出到 Google Earth 的操作。

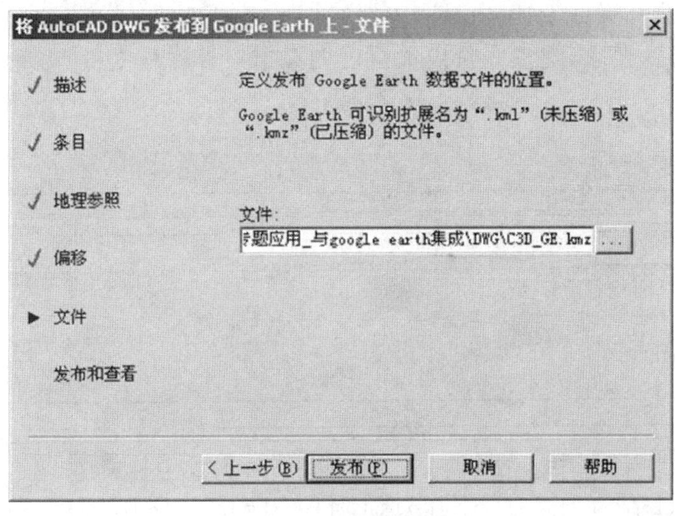

图 10-20　文件设置

◇ 点击【关闭】退出【将 AutoCAD DWG 发布到 Google Earth 上】对话框，Civil 3D 将自动调用 Google Earth 来显示刚刚发布的地标文件；也可以通过 Google Earth 的打开命令来打开 kmz/kml 文件。

10.3　利用道路模型进行沟渠设计

AutoCAD Civil 3D 道路设计功能给我们提供了一种基本的设计思路，我们可以将其扩展应用到水利渠道设计、江河大堤设计等其他设计领域，设计思路和方法相同，不同的是纵断面纵曲线及其标注域、标准横断面装配的部件及样式。

本节来看一个利用道路设计功能进行渠道设计的典型案例。

渠道设计和道路设计主要有以下三点不同：

■ 纵断面设计

道路纵断面图一般包含地面和道路两条纵曲线，而渠道纵断面图则有地面高程、设计渠底、最小水位、设计水位、加大水位、设计堤顶六条纵曲线。所以，纵断面标注栏中的内容也有所不同，图 10-21 为渠道设计的标准纵断面图。

■ 标准横断面设计

渠道的标准横断面部件使用“公制-常用”中的“连接宽度和坡度”“指向曲面的连接坡度”等，如图 10-22 所示。创建装配时，需要手动设置连接代码和点代码，而道路标准部件不需手动设置。

■ 横断面图设计

渠道的横断面图中要求标注渠底、堤顶的高程、内外斜坡坡度等参数值，如图 10-23 所示。因为创建了自己的连接和点代码，所以要实现自动标注需要创建自己的代码集样式并设置其标签样式。

10.3.1 自定义渠道设计样板文件

由于渠道设计与道路设计纵、横断面图标注栏的不同要求，以及横断面图上标注数值的大小、位置等特殊要求，建议先自定义自己的渠道设计样板文件，事先设置好纵断面图

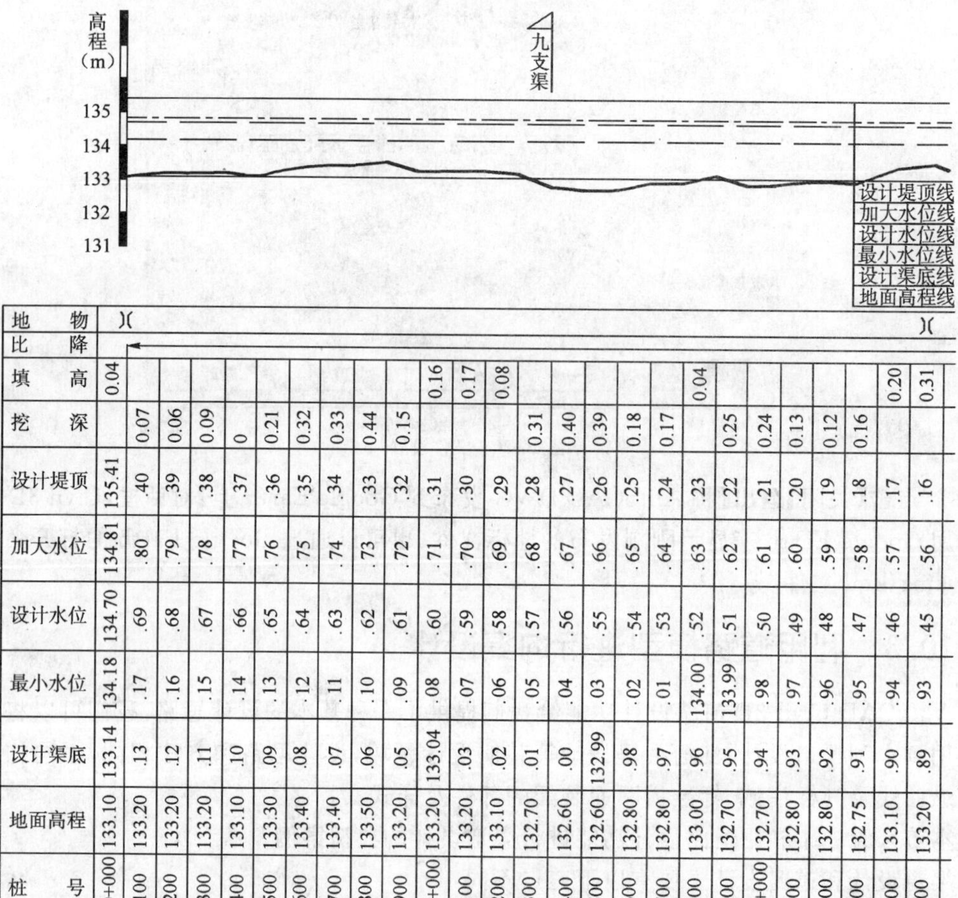

地物	)(																									)(
比降																										
填高	0.04										0.16	0.17	0.08						0.04						0.20	0.31
挖深		0.07	0.06	0.09	0	0.21	0.32	0.33	0.44	0.15				0.31	0.40	0.39	0.18	0.17		0.25	0.24	0.13	0.12	0.16		
设计堤顶	135.41	.40	.39	.38	.37	.36	.35	.34	.33	.32	.31	.30	.29	.28	.27	.26	.25	.24	.23	.22	.21	.20	.19	.18	.17	.16
加大水位	134.81	.80	.79	.78	.77	.76	.75	.74	.73	.72	.71	.70	.69	.68	.67	.66	.65	.64	.63	.62	.61	.60	.59	.58	.57	.56
设计水位	134.70	.69	.68	.67	.66	.65	.64	.63	.62	.61	.60	.59	.58	.57	.56	.55	.54	.53	.52	.51	.50	.49	.48	.47	.46	.45
最小水位	134.18	.17	.16	.15	.14	.13	.12	.11	.10	.09	.08	.07	.06	.05	.04	.03	.02	.01	134.00	133.99	.98	.97	.96	.95	.94	.93
设计渠底	133.14	.13	.12	.11	.10	.09	.08	.07	.06	.05	133.04	.03	.02	.01	.00	132.99	.98	.97	.96	.95	.94	.93	.92	.91	.90	.89
地面高程	133.10	133.20	133.20	133.20	133.10	133.30	133.40	133.40	133.50	133.20	133.20	133.20	133.10	132.70	132.60	132.60	132.80	132.80	133.00	132.70	132.70	132.80	132.80	132.75	133.10	133.20
桩号	20+000	100	200	300	400	500	600	700	800	900	21+000	100	200	300	400	500	600	700	800	900	22+000	100	200	300	400	500

图 10-21　渠道纵断面图

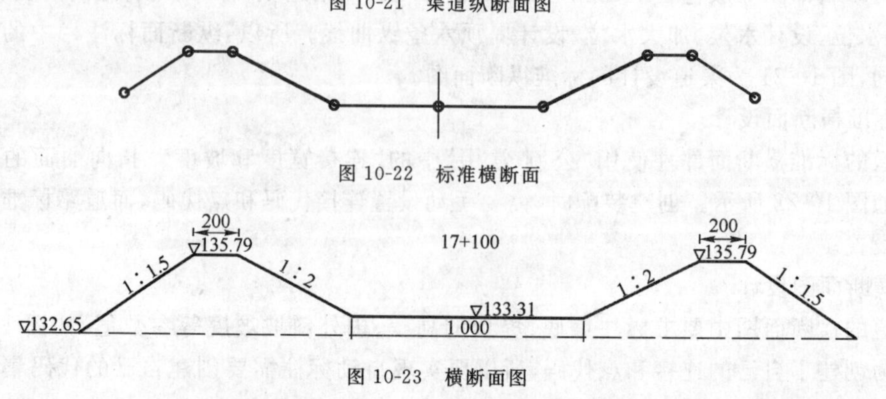

图 10-22　标准横断面

图 10-23　横断面图

标注栏样式、标注栏集样式、横断面图代码标签样式等。在以后的设计中就以该样板文件为模板新建项目，这样就可以自动生成要求的纵横断面图及其标注，而不需要每次都手动调整。

因为 AutoCAD Civil 3D 带有很多.dwt 标准样板文件，其图层、线型、颜色、文字样式、单位、比例等都已经设置为统一标准，所以在自定义自己的样板文件时，建议直接打开系统自带的标准样板文件，在标准样板文件的基础上做自己专业的特殊设置。这样可以极大地提高效率，并可以有效保证设置的统一性。

下面的内容为自定义渠道样板文件的基本流程，可以跳过此节内容，直接进入 10.3.2 做渠道平面路线设计。需要时再详细了解本节内容。

练习 10-1　自定义渠道样板文件

■ 打开标准模板文件：下拉菜单【文件】中选择【打开】命令。在【选择文件】对话框中先设置"文件类型"为"图形样板(＊.dwt)"，系统自动定位到标准样板文件夹"Template"，选择"_Autodesk Civil 3D 2008 China Style_v3.dwt"后单击【打开】按钮，打开中国样板文件。

■ 复制标准模板文件：下拉菜单【文件】中选择【另存为】命令。在【图形另存为】对话框中输入新的文件名"_ Autodesk Civil 3D 2008 China Style-渠道.dwt"，保存路径接受系统默认的"Template"文件夹，单击【保存】。在【样板选项】对话框中单击【确定】，新建了渠道样板文件。

■ 设置 1：新建纵断面图标注栏样式。

■ 在【工具空间】的【设置】选项卡中，如图 10-24 所示，展开"纵断面图"及其下面的"标注栏样式""纵断面数据"节点。

■ 选择"纵断面数据"下的样式"设计高程"，单击鼠标右键，从右键菜单中选择【复制】命令，打开【纵断面数据标注栏样式】编辑对话框。

■ 在【信息】选项卡中输入标注栏样式名称"设计渠底"，及创建者名称，如图 10-25 所示。

图 10-24 【工具空间】

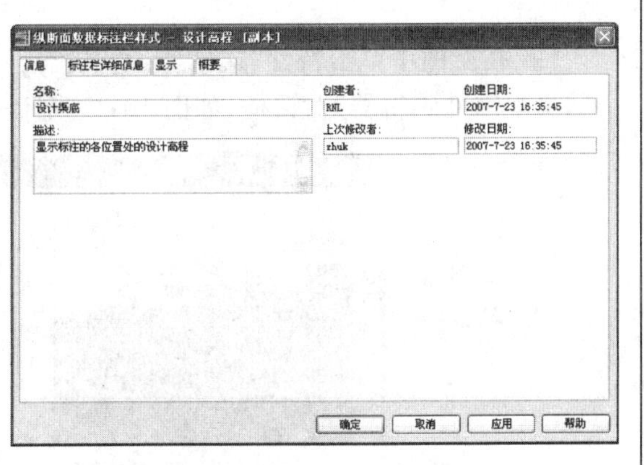

图 10-25 【纵断面数据标注栏样式】

■ 单击“标注栏详细信息”打开【标注栏详细信息】选项卡，如图 10-26 所示。

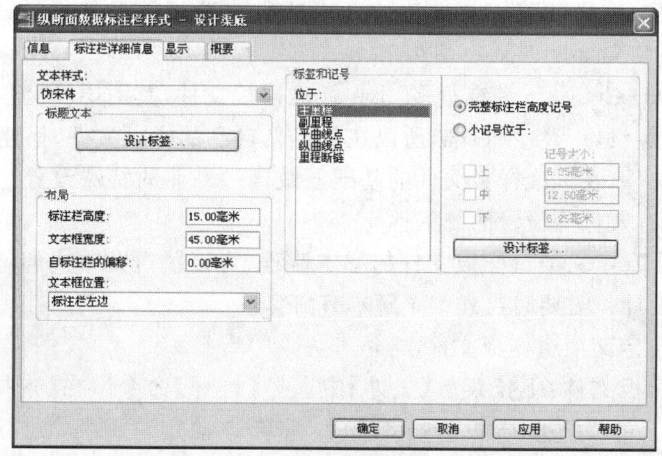

图 10-26 【纵断面数据标注栏样式】

■ 单击“标题文本”下的【设计标签】按钮，打开【标签样式生成器】，如图 10-27 所示。

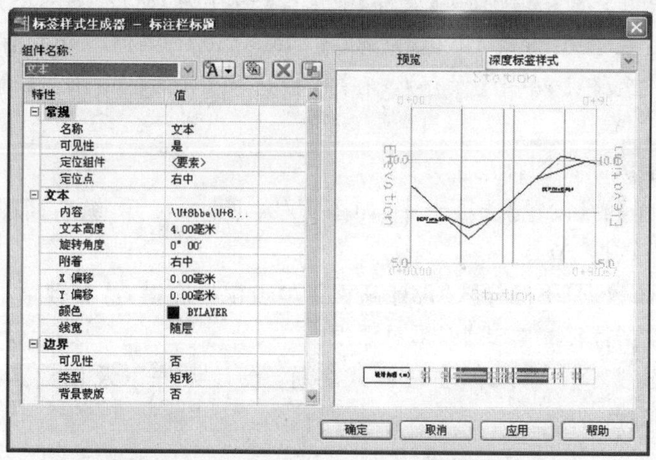

图 10-27 【标签样式生成器】

■ 在上图中单击特性“文本”下的“内容”参数值单元格，后面出现一个⋯按钮，单击打开【文本部件编辑器】对话框，如图 10-28 所示。

图 10-28 【文本部件编辑器】

■ 选择右侧栏顶部的标题文字中的“设计高程”，输入新的标题“设计渠底”。

■ 三次单击【确定】关闭所有对话框。【工具空间】中“纵断面数据”节点下多了一个新的样式“设计渠底”。

■ 重复前面的“复制-编辑”过程，再复制“设计高程”四次，分别设置新的标注栏样式名称为“最小水位”、“设计水位”、“加大水位”、“设计堤顶”，并设置对应的标题栏标题文本内容。

■ 这样就新建了五种新的纵断面图标注栏样式，结果如图 10-29 所示。

■ 下面用新创建的标注栏样式，创建新的标注栏集。

■ 在【工具空间】的【设置】选项卡中，展开“纵断面图”及其下面的“标注栏样式”“标注栏集”节点。

■ 选择标注栏集“完全”，单击鼠标右键，从右键菜单中选择【复制】命令，打开【标注栏集】编辑对话框。

■ 在【信息】选项卡中输入新的名称“渠道数据”，及创建者名称。

■ 单击“标题栏”打开【标题栏】选项卡，如图10-30所示。

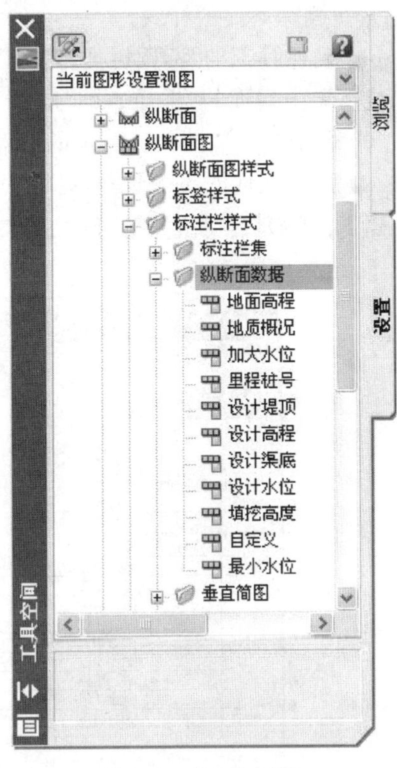

图 10-29 【工具空间】

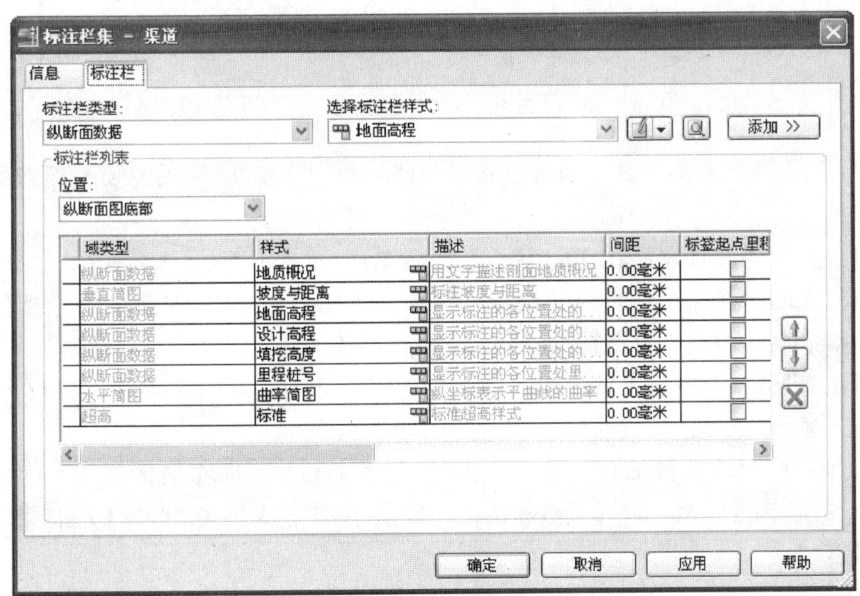

图 10-30 【标题栏集】

■ 在下面的“标题栏列表”中分别选择样式“标准”“曲率简图”“设计高程”，单击后面的 ☒ 按钮删除不要的样式。

■ 确保顶部的“标题栏类型”为“纵断面数据”，从“选择标题栏样式”下拉列表中选“加大水位”，单击后面的“添加>>”按钮，将样式加入到下面的列表中。修改后面的“间距”值为“0.00 毫米”，并取消勾选后面的“标签起点里程”“标签终点里程”。

■ 重复上面的添加步骤，将样式“设计水位”“最小水位”“设计堤顶”“设计渠底”全部加入到下面的列表中。并用后面的“上移”⇧和“下移”⇩按钮按实际要求调整各样式的前后顺序，结果如图 10-31 所示。

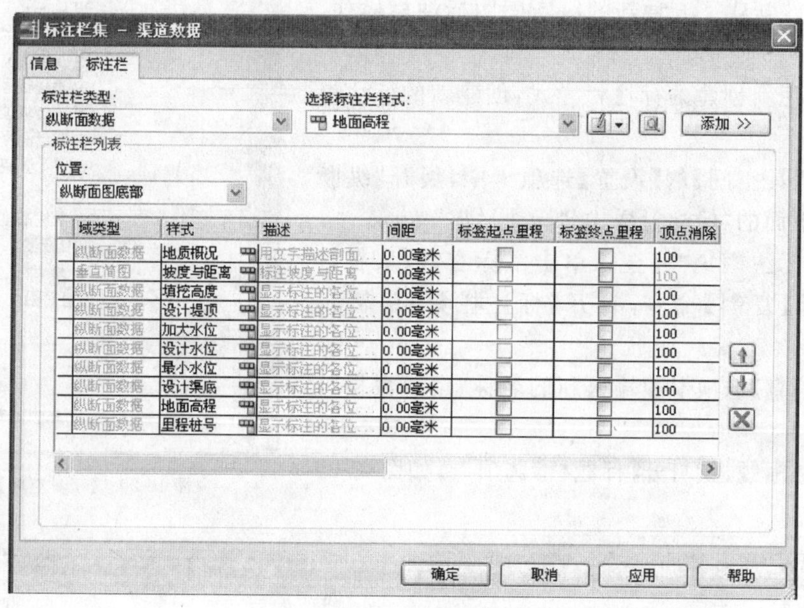

图 10-31 【标题栏集】

■ 设置 2：新建纵断面样式。因为三条水位线的线型为虚线，所以需要创建新的纵断面样式“水位线”。

■ 在【工具空间】的【设置】选项卡中，展开“纵断面”及其下面的“纵断面样式”节点。

■ 选择“纵断面样式”下的样式“设计线”，单击鼠标右键，从右键菜单中选择【复制】命令，打开【纵断面样式】编辑对话框。

■ 在【信息】选项卡中输入新的样式名称“水位线”，及创建者名称，如图 10-32 所示。

■ 单击“显示”打开【显示】选项卡，如图 10-33 所示。

■ 按 Ctrl 键，单击选择部件类型“直线”、“圆形曲线”、“对称抛物线”、“不对称抛物线”，再单击后面的“线型”值“Continuous”，从打开的【选择线型】对话框中选择“DASHEDX6”。

■ 两次单击【确定】关闭所有对话框。【工具空间】中“纵断面样式”节点下多了一个新的样式“水位线”。

■ 设置 3：横断面图代码标签样式。为了能自动标注渠道横断面图中的渠底、堤顶高程、内外斜坡坡度等参数值，先设置好其标签样式以供直接选用。

■ 在【工具空间】的【设置】选项卡中，展开"基本"及其下面的"标签样式""标记"节点。

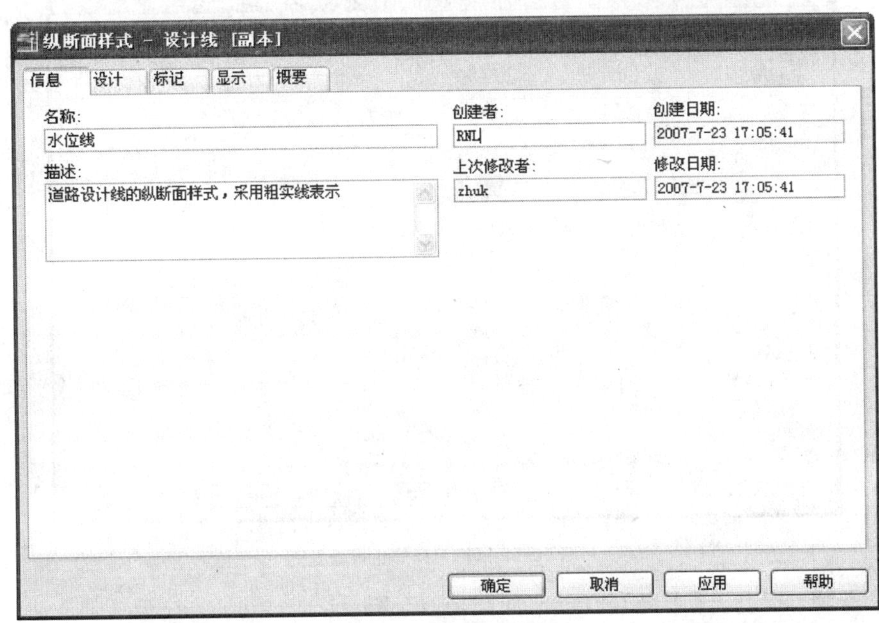

图 10-32 【纵断面样式】

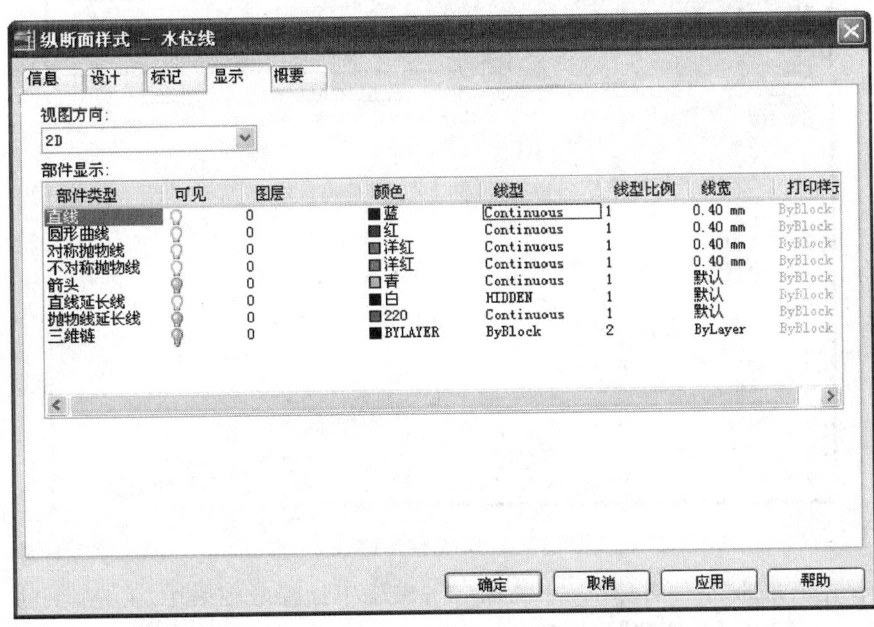

部件类型	可见	图层	颜色	线型	线型比例	线宽	打印样式
直线		0	蓝	Continuous	1	0.40 mm	ByBlock
圆形曲线		0	红	Continuous	1	0.40 mm	ByBlock
对称抛物线		0	洋红	Continuous	1	0.40 mm	ByBlock
不对称抛物线		0	洋红	Continuous	1	0.40 mm	ByBlock
箭头		0	青	Continuous	1	默认	ByBlock
直线延长线		0	白	HIDDEN	1	默认	ByBlock
抛物线延长线		0	220	Continuous	1	默认	ByBlock
三维链		0	BYLAYER	ByBlock	2	ByLayer	ByBlock

图 10-33 【纵断面样式】

■ 选择"标记"下的样式"高程"，单击鼠标右键，从右键菜单中选择【复制】命令，打开【标签样式生成器】对话框。

■ 在【信息】选项卡中输入新的样式名称“渠道高程”及创建者名称，如图 10-34 所示。

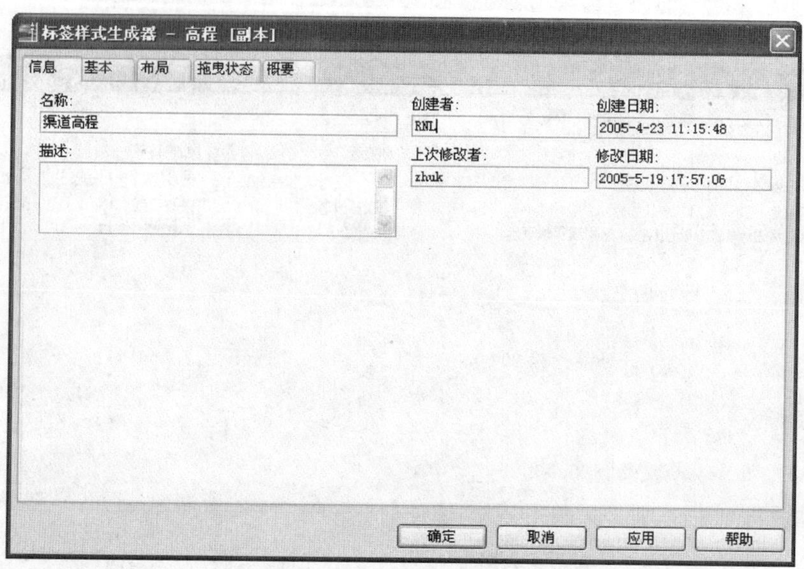

图 10-34 【标签样式生成器】

■ 单击“布局”打开【布局】选项卡，如图 10-35 所示。

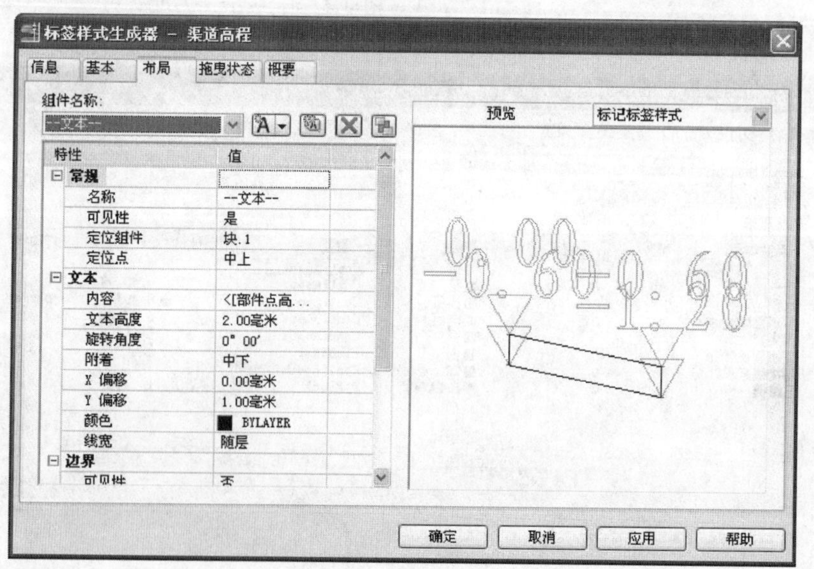

图 10-35 【标签样式生成器】

■ 确保左上角的“组件名称”为“--文本--”。编辑下面参数列表中“文字”下的“文本高度”值为“0.30 毫米”，“X 偏移”值为“0.10 毫米”。

■ 从“组件名称”下拉列表中选“块.1”。编辑下面参数列表中“块”下的“块高度”值为“0.30 毫米”。

■ 注意观察右侧的预览框中文本大小和位置发生了变化。单击【确定】后【工具空间】中

“标记”节点下多了一个新的样式“渠道高程”。

■ 同样方法，在【工具空间】的【设置】选项卡中，展开“基本”及其下面的“标签样式”“连接”节点。

■ 选择“标记”下的样式“标准”，单击鼠标右键，从右键菜单中选择【复制】命令，打开【标签样式生成器】对话框。

■ 在【信息】选项卡中输入新的样式名称“渠道坡率”，及创建者名称。

■ 单击“布局”打开【布局】选项卡，如图 10-36 所示。

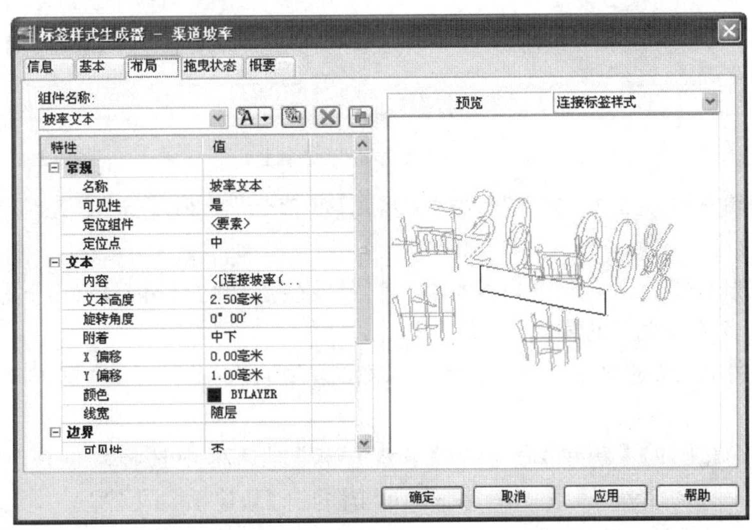

图 10-36 【标签样式生成器】

■ 在上图中单击特性“文本”下的“内容”参数值单元格，后面出现一个按钮，单击打开【文本部件编辑器】对话框，如图 10-37 所示。

图 10-37 【文本部件编辑器】

■ 先在右侧文本框中单击鼠标右键，从右键菜单中选择【选择全部】命令，选择文字“<[连接坡率(FP|P2|RN|Sn|OF|AP)]>”。

■ 然后在左侧的参数列表中单击参数“格式”的值“百分比”，从下拉列表中选择“垂直高度:水平高度”；设置“符号”的值为“取消符号”。并单击按钮，替换右侧文本框中的值。

结果如图 10-38，单击【确定】。

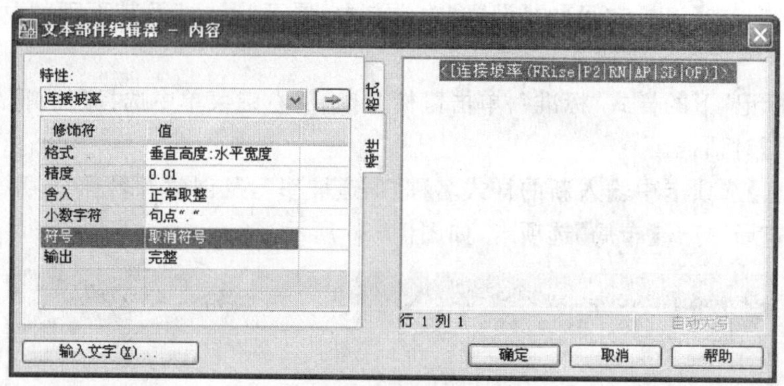

图 10-38 【文本部件编辑器】

■ 最后编辑参数列表中"文字"下的"文本高度"值为"0.30 毫米"，"X 偏移"值为"0.10 毫米"。

■ 注意观察右侧的预览框中文本大小和位置发生了变化。单击【确定】，【工具空间】中"连接"节点下多了一个新的样式"渠道坡率"。

■ 保存文件，结果请参见本书光盘练习文件"_ Autodesk Civil 3D 2008 China Style-渠道.dwt"。

■ 下拉菜单【文件】-【新建】命令，在【选择样板】对话框中选择刚创建的"_ Autodesk Civil 3D 2008 China Style-渠道.dwt"文件，单击【打开】新建项目文件。

至此，我们定义了自己的渠道设计标准样板文件，并以它为样板新建了项目文件，这样我们在后面的设计当中就可以自动计算标注纵、横断面图中的注释内容了。

本节详细讲述了自定义样板文件的基本流程，供其他专业或有特殊需求的样板文件自定义提供参考。

10.3.2 渠道设计

下面我们来完成渠道设计的具体案例：本案例将使用本书光盘中的练习文件"渠道设计.dwg"文件完成，图中已经包含了地形曲面。

练习 10-2 渠道设计

1.渠道平面路线设计

■ 下拉菜单【文件】—【打开】命令，定位到本书光盘练习文件"渠道设计.dwg"文件，单击【打开】。

■ 下拉菜单【路线】—【按布局创建路线】命令，在【创建路线-布局】对话框中输入路线名称"干渠"，选择"场地"为"场地 1"，"路线样式"为"标准"，"路线标签集"为"无标签"，如图10-39所示。单击【确定】弹出【路线布局工具】工具栏。

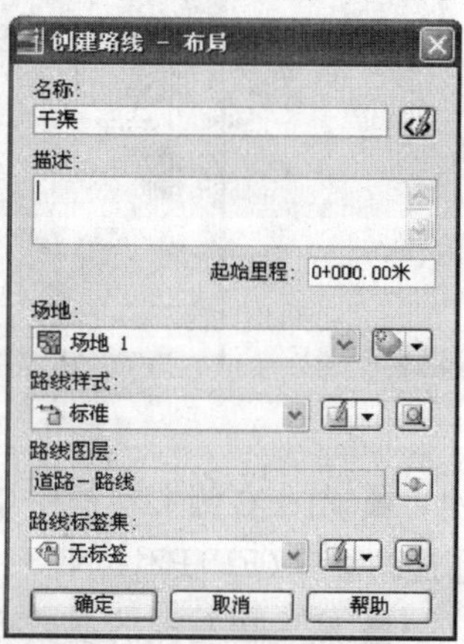

图 10-39 【创建路线 - 布局】

■ 在布局工具栏中单击按钮的三角下拉箭头，从列表中选择【曲线和缓和线设定】命令。设置曲线半径为"100.000

米”，如图 10-40 所示。单击【确定】。

■ 在布局工具栏中单击 按钮的三角下拉箭头，从列表中选择【切线-切线(带有曲线)】命令，在图中依次捕捉节点 A、B、C，按回车结束命令。Civil 3D 自动创建了带圆曲线的渠道路线。

■ 关闭【路线布局工具】工具栏，保存文件。

2. 渠道纵断面设计

■ 下拉菜单【纵断面】—【从曲面创建纵断面】命令，在【创建曲面的纵断面】对话框中选择曲面“自然地形”，单击“添加＞＞”按钮，加入到下面的纵断面列表中，如图 10-41 所示。

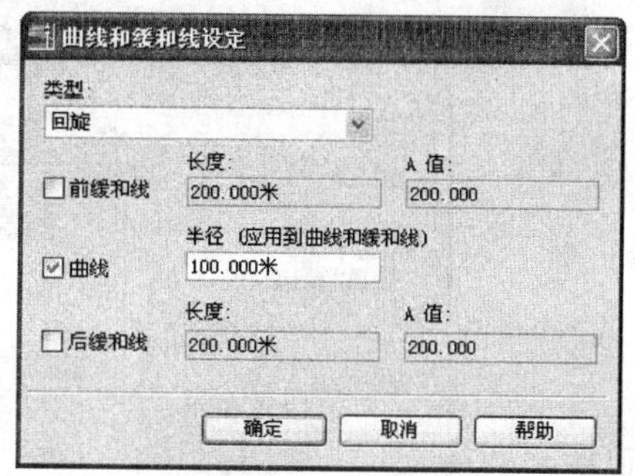

图 10-40 【曲线和缓和线设定】

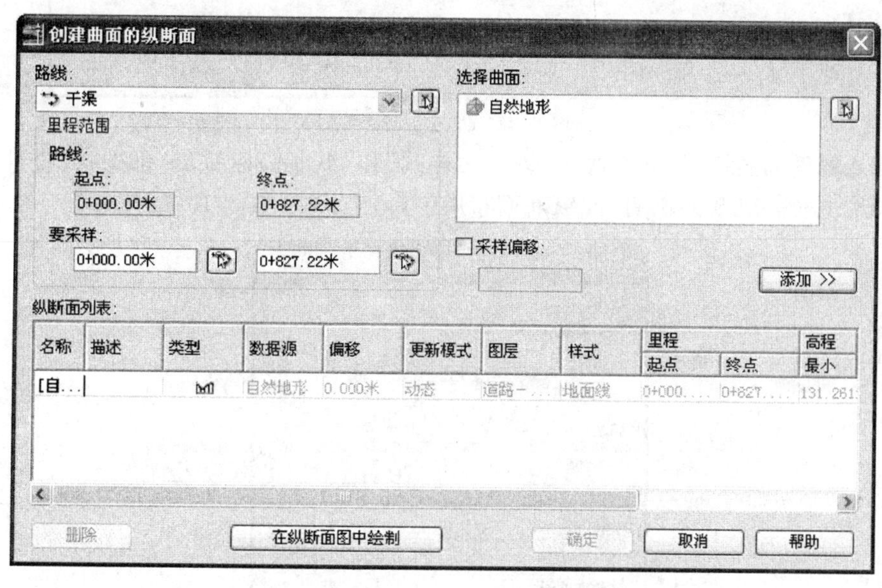

图 10-41 【创建曲面的纵断面】

■ 单击【在纵断面图中绘制】按钮打开【创建纵断面图】向导。在“基本”“里程范围”“纵断面图高度”“纵断面图显示选项”页面中接受默认设置，并单击【下一步】最后打开“数据标注栏”页面。

■ 在“数据标注栏”页面：从“选择标注栏集”的下拉列表中选择“渠道数据”(在自定义样板中定义好的)；标注栏列表“位置”选“纵断面图底部”。可以看到，在下面的列表中有了需要的设计水位、最小水位、加大水位等内容，如图 10-42 所示。

■ 单击【创建纵断面图】按钮，在图中单击捕捉一点作为纵断面图的原点，自动创建曲面纵断面图。

■ 下拉菜单【纵断面】—【按布局创建纵断面】命令，命令行提示：“选择纵断面图以创建纵断面：”。光标在刚创建的纵断面图上单击选择纵断面图，打开【创建纵断面-新绘制】对话框。

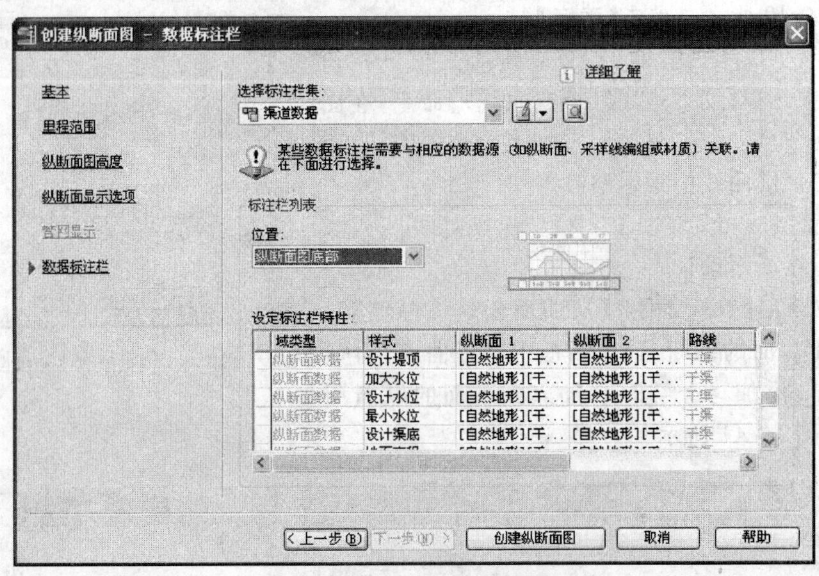

图 10-42 【创建纵断面图】

■ 输入纵断面名称“设计渠底”,“纵断面样式”和“纵断面标签集”都选择“设计线”,如图 10-43 所示。单击【确定】,打开【纵断面布局工具】工具栏,如图 10-44 所示。

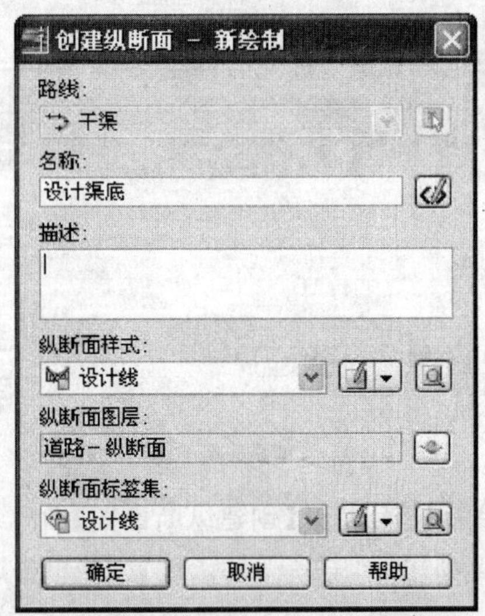

图 10-43 【创建纵断面—新绘制】

图 10-44 【纵断面布局工具】

■ 单击布局工具栏 按钮的三角下拉箭头,选择【绘制切线】命令,命令行提示:“指定起点:”,在纵断面图左侧竖轴上捕捉 131 米高程点作为起点;命令行提示:“指定终点:”,在纵断面图右侧竖轴上捕捉 131 米高程点作为终点;按回车结束绘制。绘制了一条水平纵曲线,作为设计渠底。

■ 再次使用【按布局创建纵断面】命令,重复创建“设计渠底”纵曲线的步骤,在 134 米高程位置创建水平的“设计堤顶”纵曲线。纵断面图如图 10-45 所示。

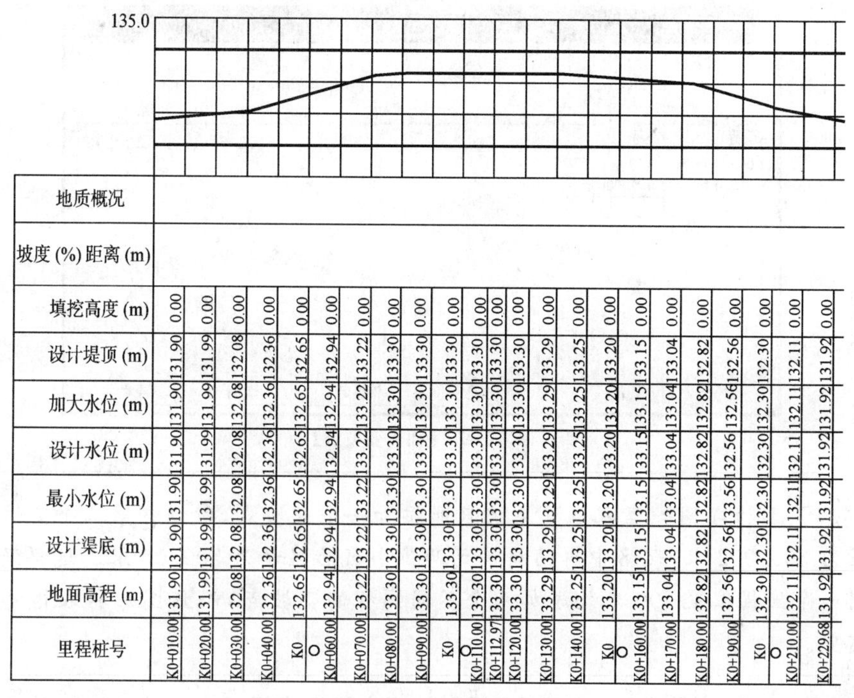

里程桩号	K0+010.00	K0+020.00	K0+030.00	K0+040.00	K0 ○	K0+060.00	K0+070.00	K0+080.00	K0+090.00	K0 ○	K0+110.00	K0+112.97
地质概况												
坡度 (%) 距离 (m)												
填挖高度 (m)	0.00	0.00	0.00	0.00	0.00	0.00	0.00	0.00	0.00	0.00	0.00	0.00
设计堤顶 (m)	131.90	131.99	132.08	132.36	132.65	132.94	133.22	133.30	133.30	133.30	133.30	133.30
加大水位 (m)	131.90	131.99	132.08	132.36	132.65	132.94	133.22	133.30	133.30	133.30	133.30	133.30
设计水位 (m)	131.90	131.99	132.08	132.36	132.65	132.94	133.22	133.30	133.30	133.30	133.30	133.30
最小水位 (m)	131.90	131.99	132.08	132.36	132.65	132.94	133.22	133.30	133.30	133.30	133.30	133.30
设计渠底 (m)	131.90	131.99	132.08	132.36	132.65	132.94	133.22	133.30	133.30	133.30	133.30	133.30
地面高程 (m)	131.90	131.99	132.08	132.36	132.65	132.94	133.22	133.30	133.30	133.30	133.30	133.30

里程桩号	K0+120.00	K0+130.00	K0+140.00	K0 ○	K0+160.00	K0+170.00	K0+180.00	K0+190.00	K0 ○	K0+210.00	K0+229.68
地质概况											
坡度 (%) 距离 (m)											
填挖高度 (m)	0.00	0.00	0.00	0.00	0.00	0.00	0.00	0.00	0.00	0.00	0.00
设计堤顶 (m)	133.30	133.29	133.25	133.20	133.15	133.04	132.82	132.56	132.30	132.11	131.92
加大水位 (m)	133.30	133.29	133.25	133.20	133.15	133.04	132.82	132.56	132.30	132.11	131.92
设计水位 (m)	133.30	133.29	133.25	133.20	133.15	133.04	132.82	132.56	132.30	132.11	131.92
最小水位 (m)	133.30	133.29	133.25	133.20	133.15	133.04	132.82	133.56	132.30	132.11	131.92
设计渠底 (m)	133.30	133.29	133.25	133.20	133.15	133.04	132.82	132.56	132.30	132.11	131.92
地面高程 (m)	133.30	133.29	133.25	133.20	133.15	133.04	132.82	132.56	132.30	132.11	131.92

图 10-45 纵断面图局部

■ 再次使用【按布局创建纵断面】命令,选择纵断面图后,在【创建纵断面-新绘制】对话框中输入纵断面名称“设计水位”,“纵断面样式”为“水位线”,“纵断面标签集”选择“无”,如图 10-46 所示。单击【确定】。

■ 按前面的方法选择【绘制切线】命令在 133 米高程位置创建一条水平模拟“设计水位”纵曲线。

■ 由于在总干渠和支渠交点处,水位会有很小的局部损失,而且沿水流方向会有一个很小的坡度,所以真正的设计水位线并不是一条水平线。下面我们就来用参数精确设计水位线的局部损失和坡度。

■ 选择刚创建的“设计水位”纵曲线,单击鼠标右键,从右键菜单中选择【编辑纵断面形状】命令,打开【纵断面布局工具】工具栏,如图 10-44 所示。

■ 单击“插入变坡点-表格”命令,打开【插入变坡点】对话框。在“里程”单元格中输入“500”,“高程”单元格中输入“133”。系统自动显示为标准格式(0+500.00 米、133.000 米),在 500 米处添加了第一个变坡点。

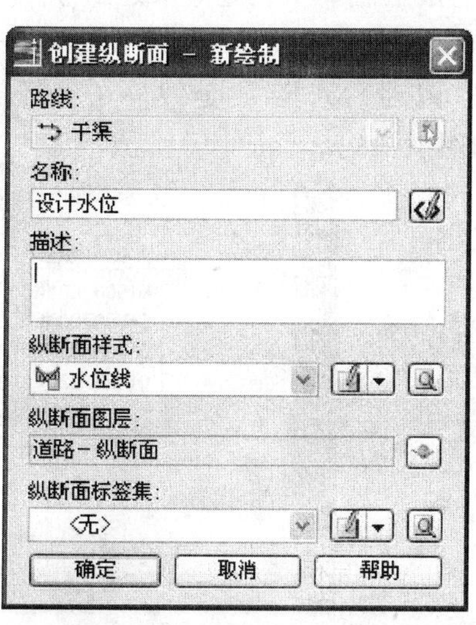

图 10-46 【创建纵断面-新绘制】

■ 在表格第二行的“里程”单元格中输入“500.001”，“高程”单元格中输入“132.9”。系统自动显示为标准格式(0+500.00 米、132.900 米)，在 500 米处添加了第二个变坡点。结果如图 10-47 所示。

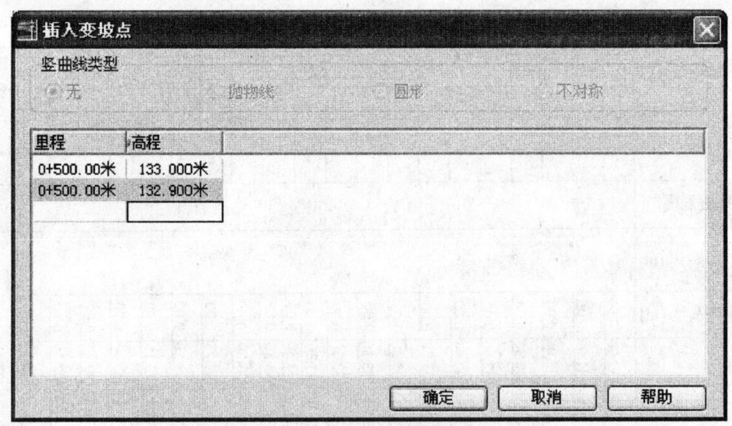

图 10-47 【插入变坡点】

> **技巧**：因为在同一里程位置系统只能添加一个变坡点，所以在第二个变坡点里程位置设为 500.002 米，表格中自动精确到两位小数后显示为 500.00 米。这样既能在图形中同一个里程位置 500 米处添加两个不同高程的变坡点，而且图形和表格都满足设计的需要。

■ 单击【确定】关闭【插入变坡点】对话框。观察图形中设计水位线 500 米处出现了一段 90 度的折线。

■ 在设计水位线处于选择状态下，继续单击【纵断面布局工具】中的“纵断面表格视图”命令，打开纵断面【全景】窗口。

■ 在窗口中设置 0 米处 1 号“变坡点高程”为 133 米，其“后坡度”为－0.01％，系统自动计算 2 号“变坡点高程”为 132.950 米；设置 3 号“变坡点高程”为 132.850 米(水位局部损失 0.1 米)，其“后坡度”为－0.01％，系统自动计算 4 号“变坡点高程”为 132.817 米。结果如图 10-48 所示。

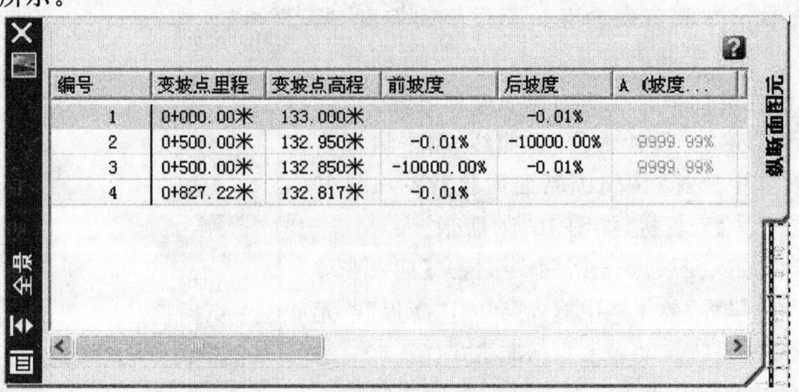

图 10-48 纵断面【全景】

技巧：本例是从起点水位高程值开始，设置后坡度，自动计算后面变坡点的高程值，然后减去局部损失得到3号变坡点高程，并设置其后坡度，自动计算后面变坡点的高程值。采用了从前往后推的方式。实际设计中，可以根据已知参数值，合理选用从前往后设置后坡度、从后往前设置前坡度、从中间往两头设置前后坡度的方式，用表格参数精确设计水位纵曲线。

■ 关闭纵断面【全景】窗口，完成创建设计水位纵曲线。

■ 选择刚创建的设计水位线，用 AutoCAD 的【复制】命令，分别垂直向上移动 5 个单位、垂直向下移动 10 个单位复制两条水位线“设计水位（1）”和“设计水位（1）（1）”。

注意：复制后三条水位线的名称和顺序可能不是我们需要的从上到下的“加大水位”“设计水位”“最小水位”，需要手动修改。

■ 分别选择中间的三条水位线，单击鼠标右键，从右键菜单中选择【纵断面特性】命令，在【纵断面特性】的【信息】选项卡中分别修改其名称从上到下为“加大水位”“设计水位”“最小水位”（可以根据设计需要按前面的方法用参数精确设计各水位线的高程与坡度等参数值）。水位线最后形状如图 10-49 所示。

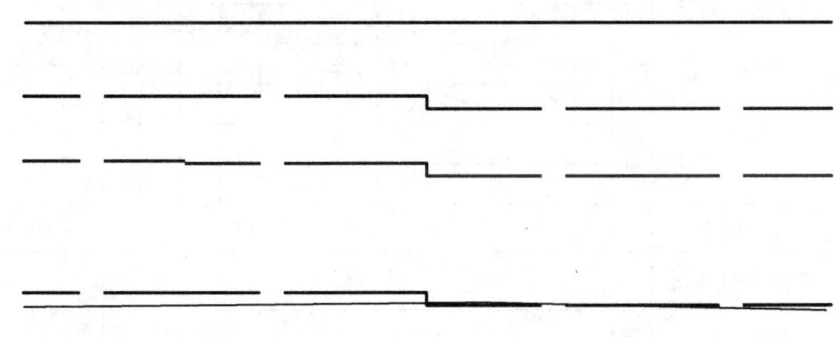

图 10-49　水位线局部损失形状

这样就创建了设计堤顶、加大水位、设计水位、最小水位、设计渠底、地形表面六条纵曲线。下面我们来设置纵断面图的标注栏参数。

■ 选择纵纵断面图，单击鼠标右键，从右键菜单中选择【纵断面图特性】命令，打开【纵断面图特性】对话框的【标注栏】选项卡。

■ 按图 10-50 所示，从单元格下拉列表中选择各样式对应的“纵断面 1”“纵断面 2”名称。例如：“设计水位”样式对应的“纵断面 1”“纵断面 2”名称全选“设计水位”（及前面创建的“设计水位”纵曲线）。

■ 单击【确定】完成设置。观察纵断面图中各行标注栏的参数值自动发生变化。这极大地提高了我们的设计效率。

■ 最终的纵断面图局部如图 10-51 所示。保存文件。

图 10-50 【纵断面图特性】

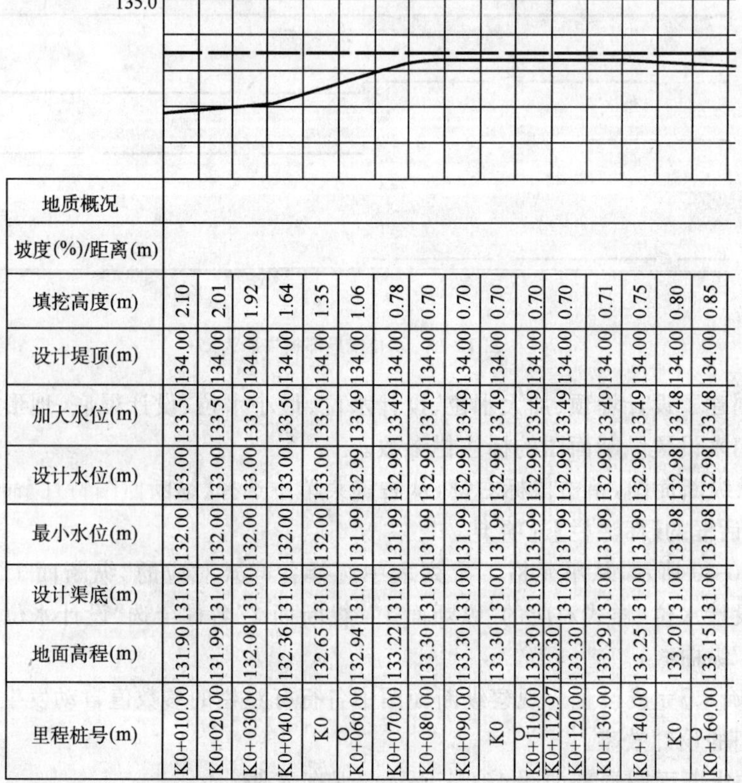

图 10-51 纵断面图局部

技巧：为了绘制纵曲线时捕捉方便，本例的纵断面图样式选用了“轴线和完成栅格”。在实际出图时如果不需要显示栅格仅要轴线的话，可以选择纵断面图，单击右键，从右键菜单中选择【纵断面图特性】命令，在【信息】选项卡中设置其【对象样式】为“轴线和平曲线点”，即可关闭栅格显示。

3.渠道标准横断面设计

■ 下拉菜单【道路】—【创建装配】命令，打开【创建装配】对话框。输入装配名称“干渠标准横断面”、“装配样式”和代码集样式为“标准”，如图10-52所示。单击【确定】。

■ 在图形中空白位置单击鼠标左键，将在图形中插入一条中部带有圆形标记的垂直线，并自动将图形缩放到合适大小使其居中。这是装配的基准线位置点。

■ 打开【工具选项板】的【公制-常用】选项卡，选择部件“连接宽度和坡度”，系统自动打开该部件的【特性】窗口。设置其参数“宽度”为5米，“坡度”为0%，“点代码”为“Bottom”，连接代码为“Bottom、Face”，如图10-53所示。

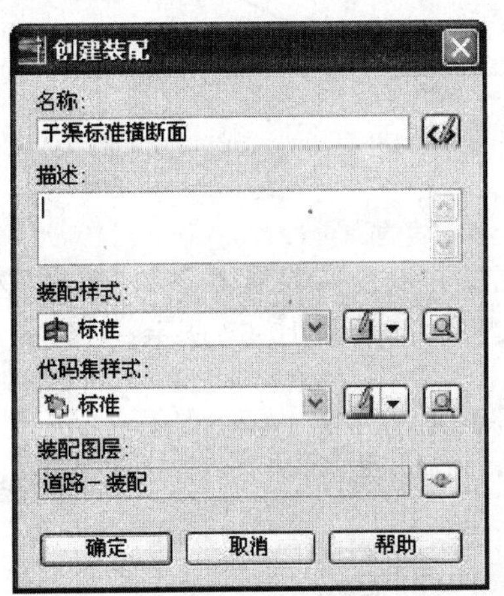

图10-52 【创建装配】对话框

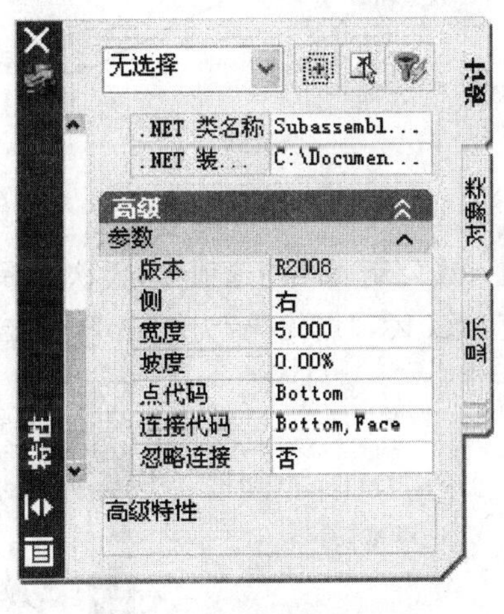

图10-53 部件【特性】窗口

■ 命令行提示：“选择装配中的标记点或（回车以选择附着点）:”，按回车，光标单击拾取装配基准线圆形标记的右侧，附着该部件。

■ 在部件【特性】窗口中设置【侧】值为“左”，按回车，光标单击拾取装配基准线圆形标记的左侧，附着该部件。装配如图10-54所示。

图10-54 渠道装配

■ 在【公制-常用】选项卡，再次选择部件“连接宽度和坡度”，设置其参数“宽度”为5米，“坡度”为50%，“点代码”为“Side1”，连接代码为“Side1、Face”，如图10-55所示。

■ 命令行提示：“选择装配中的标记点或（回车以选择附着点）:”，按回车，光标单击拾取装配最右侧的圆形标记，附着该部件。

■ 在部件【特性】窗口中设置【侧】值为“左”，按回车，光标单击拾取装配最左侧的圆形标记，附着该部件。装配如图10-56所示。

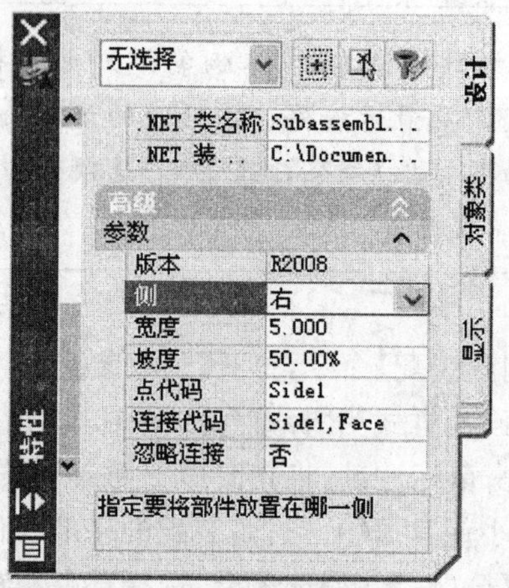

图 10-55 部件【特性】窗口

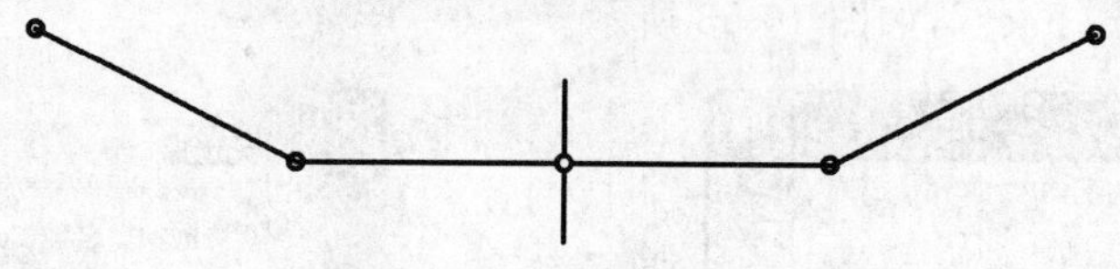

图 10-56 渠道装配

■ 在【公制-常用】选项卡，再次选择部件“连接宽度和坡度”，设置其参数“宽度”为 2 米，“坡度”为 0%，“点代码”为“Top”，连接代码为“Top、Face”，如图 10-57 所示。

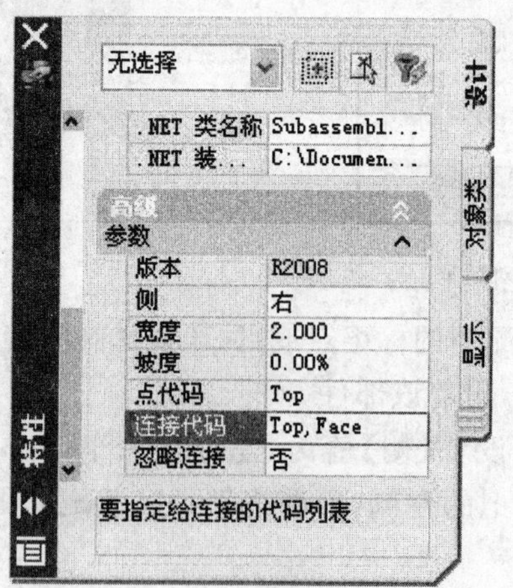

图 10-57 部件【特性】窗口

■ 命令行提示：“选择装配中的标记点或(回车以选择附着点)：”，按回车，光标单击拾取装配最右侧的圆形标记，附着该部件。

■ 在部件【特性】窗口中设置【侧】值为“左”，按回车，光标单击拾取装配最左侧的圆形标记，附着该部件。装配如图 10-58 所示。

■ 在【公制-常用】选项卡，选择部件“指向曲面的连接坡度”，设置其参数“坡度”为

－66.66％,“点代码”为“Side2”,连接代码为“Side2、Face”,如图 10-59 所示。

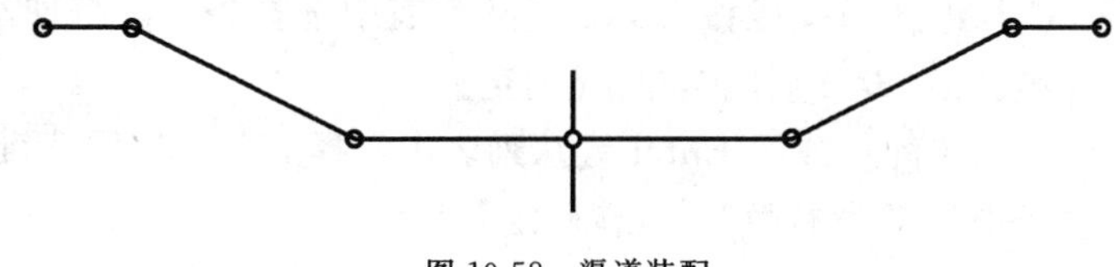

图 10-58　渠道装配

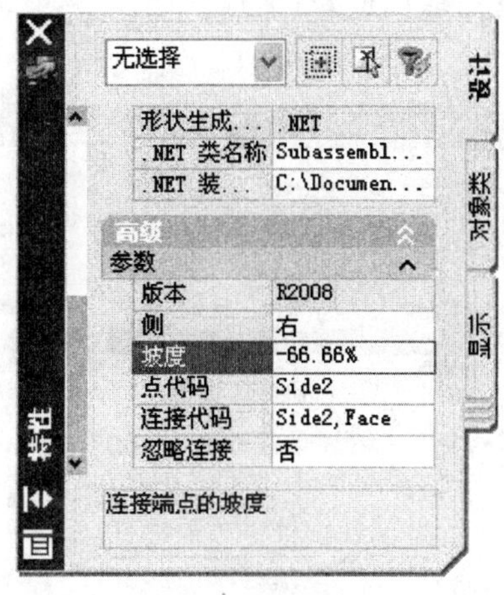

图 10-59　部件【特性】窗口

■ 命令行提示:“选择装配中的标记点或(回车以选择附着点):”,按回车,光标单击拾取装配最右侧的圆形标记,附着该部件。

■ 在部件【特性】窗口中设置【侧】值为“左”,按回车,光标单击拾取装配最左侧的圆形标记,附着该部件。

■ 按两次回车结束命令,最终干渠的标准横断面装配如图 10-60 所示。

图 10-60　渠道装配

> **技巧:**请注意本例中部件的“连接代码”有两个:一个独立代码如“Top”,一个公用代码“Face”。这样设置的目的是:公用代码 Face 用来生成完整的干渠模型曲面,独立代码用来生成干渠模型曲面边界和分别设置横断面图的各连接的标签样式。

4.创建干渠模型

■ 下拉菜单【道路】中选择【创建简单道路】命令,打开【创建简单道路】对话框。输入道路名称“干渠”,设置道路样式为“标准”。单击【确定】。

■ 命令行提示“选择基准线＜或按 Enter 键从列表中选择＞:”。按回车键,在【选择路线】对话框中选择路线“干渠”，单击【确定】。

■ 命令行提示“选择纵断面<或按 Enter 键从列表中选择>:”。按回车键，在【选择纵断面】对话框中选择纵断面“设计渠底”，单击【确定】。

■ 命令行提示“选择装配<或按 Enter 键从列表中选择>:”。按回车键，在【选择装配】对话框中选择装配“干渠标准横断面”，单击【确定】。

■ 在【目标映射】对话框中，点击“曲面”节点所对应行的“对象名称”单元格“<单击此处以全部设置>”。在弹出的【拾取曲面】对话框中选择“自然地形，并单击【确定】。结果如图 10-61 所示。

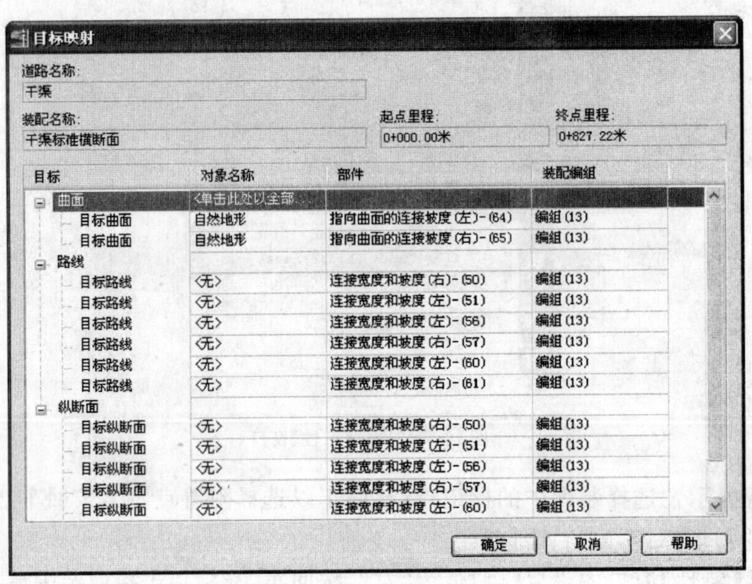

图 10-61 【目标映射】对话框

■ 再次单击【确定】，Civil 3D 自动创建干渠模型。保存文件。

5. 创建干渠曲面

■ 选择图中的干渠模型，单击鼠标右键，从右键菜单中选【道路特性】命令，打开【道路特性】对话框，切换到【曲面】选项卡。

■ 单击左上角第一个按钮【创建道路曲面】命令，在下面的曲面列表中先创建一个空的道路曲面“[干渠]曲面(1)”。

■ 单击曲面样式，打开【拾取道路曲面样式】对话框，从下拉列表中选择“标准”，单击【确定】关闭对话框。

■ 在“添加数据”栏中设置“数据类型”为“连接”，“指定代码”为“Face”(连接公用代码名称)，然后单击后面的“添加曲面项目”按钮，结果如图 10-62 所示。

■ 单击【应用】，系统自动创建干渠曲面。

6. 定义干渠曲面边界、坡型、代码集样式

■ 在前面的【道路特性】对话框中，切换到【边界】选项卡。

■ 在下面的列表中选择“[干渠]曲面(1)”，单击鼠标右键选择【自动添加】—【Side2】，为曲面创建了一个外部边界。

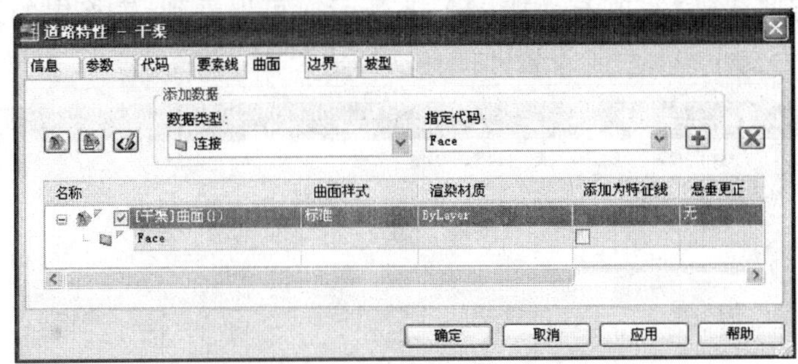

图 10-62　创建道路曲面

■ 在【道路特性】对话框中，切换到【坡型】选项卡，为渠道的四个内外斜坡添加坡面线。

■ 单击【添加坡型＞＞】按纽，在图形中单击两次拾取渠道外侧斜坡的两条要素线 Side2 和 Top，自动回到【道路特性】对话框，列表中添加了一个坡型。同理再添加另外三个坡型，结果如图 10-63 所示。

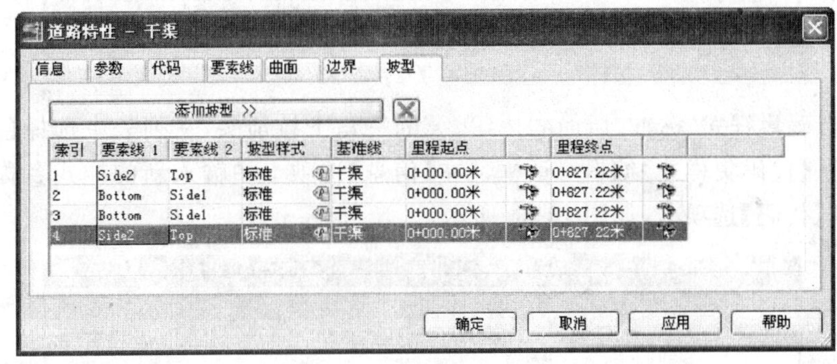

图 10-63　【道路特性】

■ 单击【确定】，Civil 3D 自动为干渠曲面添加了边界和坡型。最终的干渠平面图形如图 10-64 所示，保存文件。

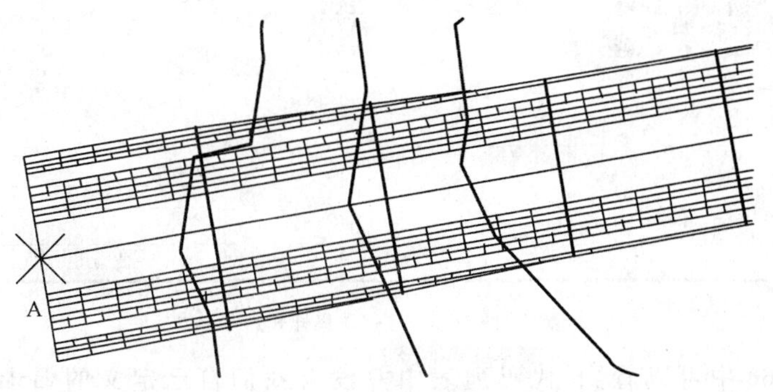

图 10-64　干渠平面图局部

由于渠道横断面需要自动标注渠底、堤顶高程、内外斜坡坡度等参数值，所以在创建横断面图之前，需要先给干渠模型选择需要的“代码集”标注样式。

■ 在图形中选择干渠模型，单击右键，从右键菜单中选择【道路特性】命令，打开【道路特性】对话框，切换到【代码】选项卡，如图 10-65 所示。可以看到，表格中的连接和点代码的“标签样式”全部为空。需要手工设置才能自动标注。

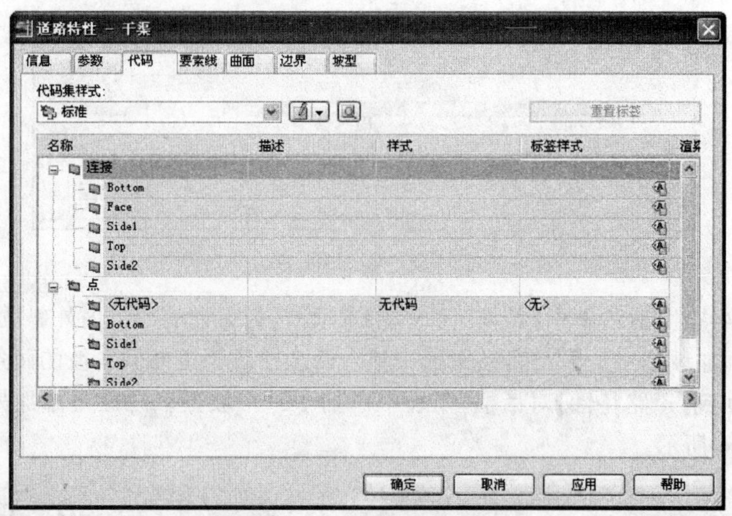

图 10-65 【道路特性】

■ 单击代码集样式“标准”后面的按钮的三角下拉箭头，从列表中选择【复制当前选择】命令，打开【代码集样式】编辑对话框。在【信息】选项卡中输入新的样式名称“渠道横断面”。切换到【代码】选项卡，如图 10-66 所示。

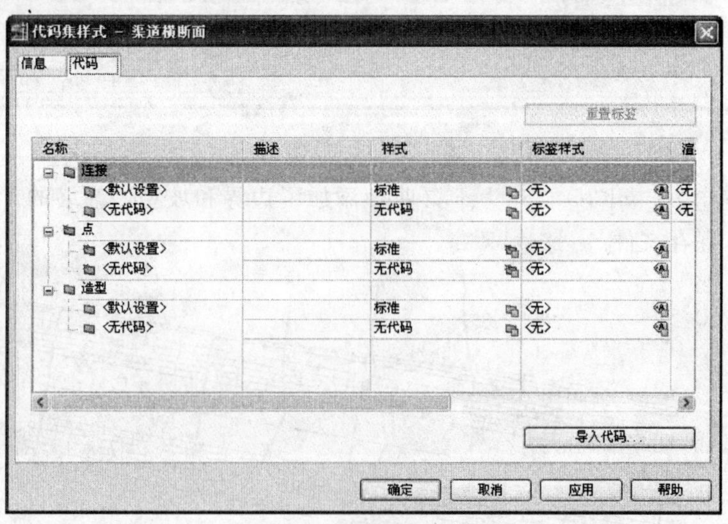

图 10-66 【代码集样式】

■ 从图 10-66 中可以看到，代码列表中并没有我们自己定义的 Bottom、Side1、Top、Side2 等代码，需要手工导入再设置参数。

■ 单击【导入代码】按钮，在图形中框选干渠装配所有的部件，按回车返回到【代码集样式】对话框中。可以看到，代码列表中导入了我们自己定义的 Bottom、Side1、Top、Side2 等代码，如图 10-67 所示。

■ 单击“连接”下面的代码“Side1”后面的“标签样式”单元格最后面的按钮，从弹出的【拾取样式】列表中选择“渠道坡率”(自定义的标签样式)，单击【确定】。代码“Side2”同样设置。

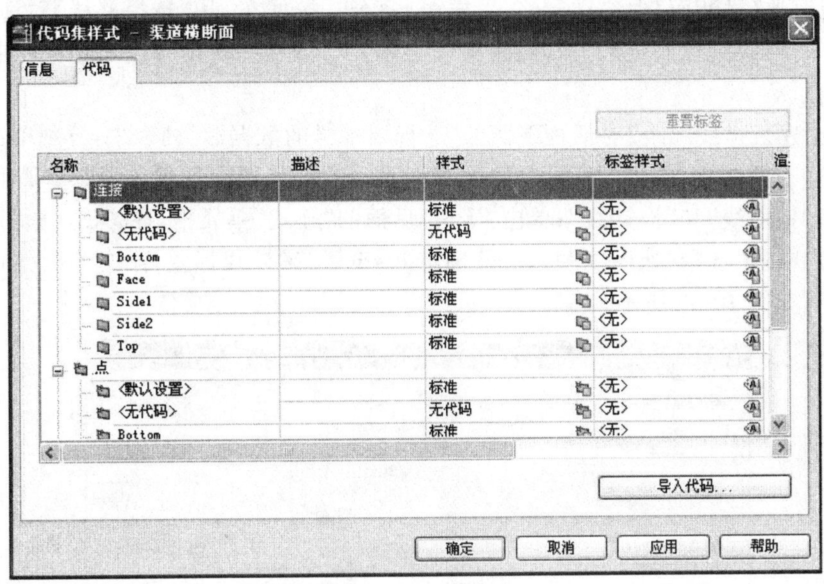

图 10-67 【代码集样式】

■ 单击“点”下面的代码“Bottom”后面的“标签样式”单元格最后面的按钮，从弹出的【拾取样式】列表中选择“渠道高程”(自定义的标签样式)，单击【确定】。代码“Top”同样设置。

■ 单击“点”下面的代码“＜默认设置＞”后面的“样式”单元格最后面的按钮，从弹出的【拾取标记样式】列表中选择“无显示”，单击【确定】。其他代码“＜无代码＞”“Side1”“Side2”“Top”同样设置。结果如图 10-68 所示。

图 10-68 【代码集样式】

■ 单击两次【确定】关闭所有对话框完成设置。

7. 创建采样线、定义材质列表

■ 下拉菜单【横断面】中选择【创建采样线】命令。按回车，从【选择路线】对话框列表中选择路线“干渠”，单击【确定】。打开【采样线工具】工具栏，并自动弹出其中的【创建采样线编组】对话框。

■ 在【创建采样线编组】对话框下面的“选择要采样的数据源”列表中，分别单击“自然地形”和“干渠[干渠]曲面(1)”后面的“样式”单元格，在弹出的【拾取横断面样式】对话框下拉列表中选择“地面线”和“设计线”；单击“干渠”后面的“样式”单元格，在弹出的【代码集样式】对话框下拉列表中选择“地面线”并单击【确定】。设置“采样线标签样式”为“无”，其他按默认设置，结果如图 10-69 所示。

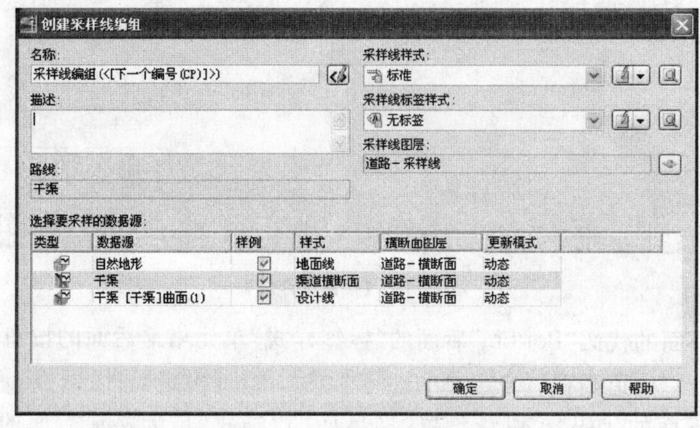

图 10-69 【创建采样线编组】

■ 单击【确定】关闭【创建采样线编组】对话框。

■ 在【采样线工具】工具栏中，单击【采样线创建方式】按钮的下拉箭头，从列表中选择【按里程范围…】命令，如图 10-70 所示。

图 10-70 【采样线工具】

■ 在弹出的【创建采样线-按里程范围】对话框中设置左右样本宽度为 20 米，采样增量参数“沿切线的增量”为 50 米，“沿曲线的增量”和“沿缓和线的增量”为 10 米。其他按默认设置。

■ 单击【确定】，沿平面路线自动创建采样线。回车结束命令。

■ 下拉菜单【横断面】中选择【计算材质】命令。在【选择采样线编组】对话框中，从下拉列表中分别选择路线“干渠”和采样线编组“采样线编组(1)”，单击【确定】。

■ 在【计算材质】对话框中设置“土方计算规则”为“标准”。在下面的列表中单击曲面

“原始地面”节点右侧的“对象名称”单元格“＜单击此处以全部设置＞”，从下拉列表中选择“自然地形”；单击曲面“设计地面”节点右侧的“对象名称”单元格“＜单击此处以全部设置＞”，从下拉列表中选择“干渠[干渠]曲面(1)”。其余按默认设置，结果如图 10-71 所示。

图 10-71 【计算材质】

■ 单击【确定】，自动创建材质列表。保存文件。

8. 创建横断面图和土方报告

■ 下拉菜单【横断面】中选择【创建多个横断面图】命令。

■ 在【创建多个横断面图】对话框中设置“路线”为“干渠”、“采样线编组”为“采样线编组(1)”、“横断面图样式”为“中心轴”、“组打印样式”为“标准”、取消勾选“添加数据标注栏”和“添加体积表”。在下面的“选择要绘制的横断面”列表中只勾选“自然地形”“干渠”和“干渠[干渠]曲面(1)”，其余按默认值。结果如图 10-72 所示，单击【确定】。

图 10-72 【创建多个横断面图】

■ 命令行提示："识别横断面图原点："，在图形顶部空白处单击拾取一点作为横断面图原点位置，系统自动创建所有横断面图，如图 10-73 所示。

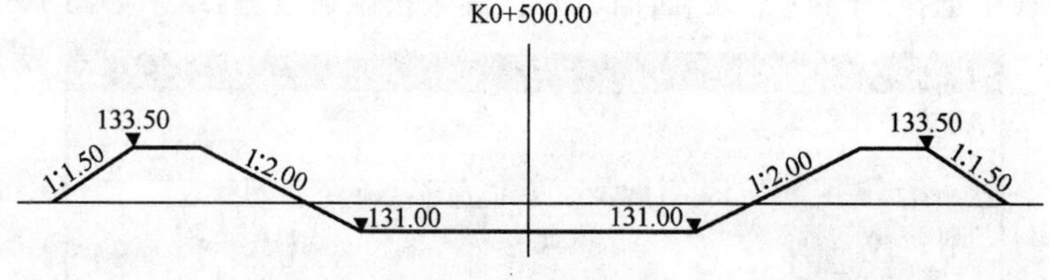

图 10-73　横断面图

■ 下拉菜单【横断面】中选择【生成体积报告】命令。

■ 在【报告土方】对话框中接受默认设置，单击【确定】，输出体积报告，如图 10-74 所示。

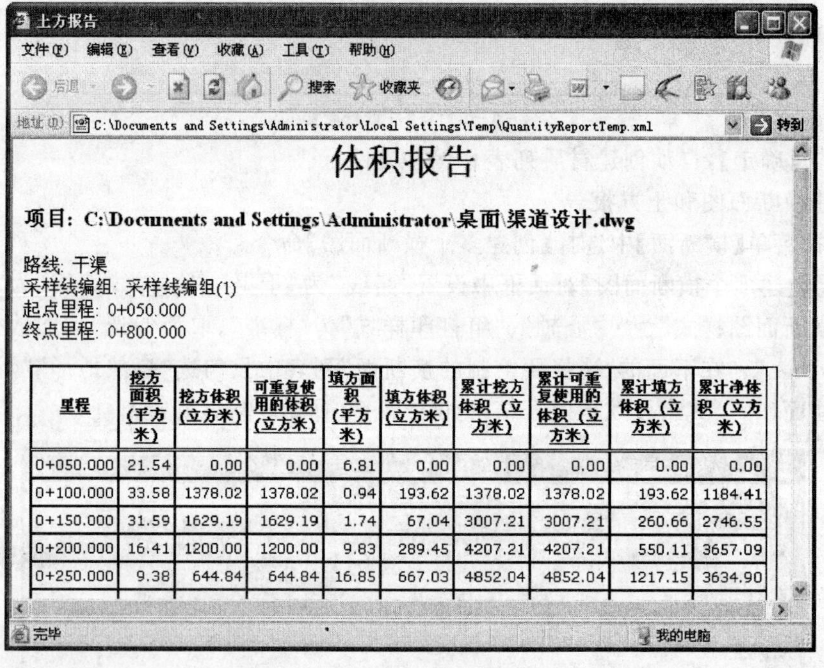

土方报告

文件(F)　编辑(E)　查看(V)　收藏(A)　工具(T)　帮助(H)

地址(D) C:\Documents and Settings\Administrator\Local Settings\Temp\QuantityReportTemp.xml

体积报告

项目：C:\Documents and Settings\Administrator\桌面\渠道设计.dwg

路线：干渠
采样线编组：采样线编组(1)
起点里程：0+050.000
终点里程：0+800.000

里程	挖方面积（平方米）	挖方体积（立方米）	可重复使用的体积（立方米）	填方面积（平方米）	填方体积（立方米）	累计挖方体积（立方米）	累计可重复使用的体积（立方米）	累计填方体积（立方米）	累计净体积（立方米）
0+050.000	21.54	0.00	0.00	6.81	0.00	0.00	0.00	0.00	0.00
0+100.000	33.58	1378.02	1378.02	0.94	193.62	1378.02	1378.02	193.62	1184.41
0+150.000	31.59	1629.19	1629.19	1.74	67.04	3007.21	3007.21	260.66	2746.55
0+200.000	16.41	1200.00	1200.00	9.83	289.45	4207.21	4207.21	550.11	3657.09
0+250.000	9.38	644.84	644.84	16.85	667.03	4852.04	4852.04	1217.15	3634.90

完毕　　我的电脑

图 10-74　体积报告

■ 保存文件。结果请参见本书光盘练习文件"渠道设计_完成.dwg"。

本节主要讲述了使用 AutoCAD Civil 3D 的道路设计功能，做水利渠道设计的主要流程和技巧。重点在于自定义样板文件、水位线等纵曲线精确设计、横断面图代码集样式等内容，请大家仔细体会。

10.4　曲面转换实体

在 Autodesk Civil 3D 中提供了三种不同的实体对象：Civil 曲面、体量元素（来源于 ADT）、AutoCAD 三维实体。同一类对象之间可以相互操作，例如，可以把两个曲面对象合并，或者把两个 AutoCAD 三维实体进行交集/并集运算，而不同类型的对象不能相互操作。

但在需要时，可以把 Civil 曲面转换成其他两种对象。具体操作步骤如下：

■ 新建一个 Civil 曲面，确保曲面对象用等高线方式显示。

■ 选中曲面对象，连续炸开(Explode)两次，得到分散的多段线。

■ 切换视图到三维视角。

■ 输入命令 “-drape”(AutoCAD 内部命令)。

◇ 选中所有等高线对象，而不要选中别的对象；

◇ 定义转换的矩形范围(选择两个对角点)；

◇ 输入网格尺寸(即纵横方向各划分多少个网格)和厚度(最好经过尝试和计算以便得到最合适的网格尺寸)。

该命令将多段线转换成为体量元素对象。接下来，可以进一步将体量元素转换为三维实体。

■ 选中该体量元素对象，右键单击，在快捷菜单中选择“转换为->三维实体”。如要同时删除体量元素，输入“Y”，否则输入“N”。回车【确定】。

转换过程现已完成。接下来可以使用 AutoCAD 三维建模面板上的实体操作功能对它进行修改或几何运算。另外，使用 AutoCAD 命令“查询->面域/质量特性”(massprop)，还可以查询该三维实体的质量、体积、惯性矩等几何特性。

注意：

■ 为提高转换的质量，建议先为曲面添加一个矩形的外部边界。

■ 如要在转换时保留曲面对象，需要在炸开之前对曲面进行原地复制。步骤：

◇ 选中曲面对象，点击右键，在快捷菜单中选择“剪贴板->复制”；

◇ 再次点击右键，在快捷菜单中选择“剪贴板->粘贴”，输入插入点为 0,0；

◇ 将复制出的新曲面(可在工具空间中看到名称)按前面步骤进行转换即可。

10.5 道路交叉口的设计

在道路设计，特别是城市道路设计中，交叉口设计是一个非常基本同时也非常重要的环节。交叉口设计的主要目的有两个。第一，确保交叉口排水顺畅，不会引起积水；第二，使各相交路线在纵向上相互协调，保证行车舒适。

使用 Civil 3D，可以构建各种复杂的交叉口 3D 模型。这样不但直观，而且便于修改。

本节着重介绍使用 Civil 3D 构建交叉口的工作流程。通过一个 T 型交叉口的实例，我们可以学习到这种行之有效的方法。这种设计方法同时适用于各种更加复杂的交叉口类型。

■ 利用交叉口转弯曲线创建交叉口道路(如图 10-75 所示)

利用交叉口转弯曲线创建交叉口道路需要：

◇ 两条相交的主路线；

◇ 两条交叉口转弯路线；

◇ 一条喇叭口路线；

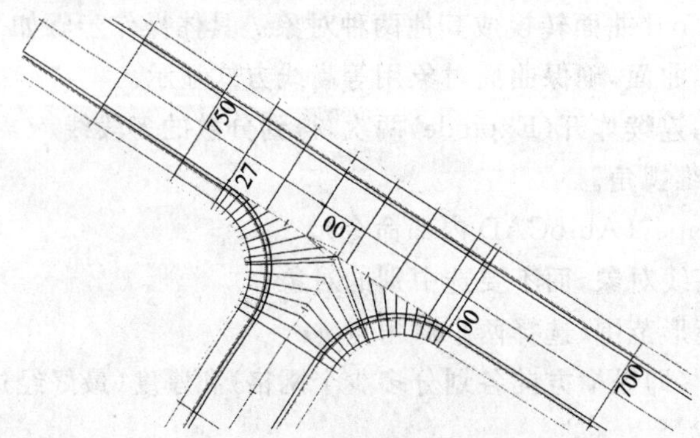

图 10-75 【交叉口道路曲面】

◇ 三种道路装配。

以上各元素如图 10-76 所示。

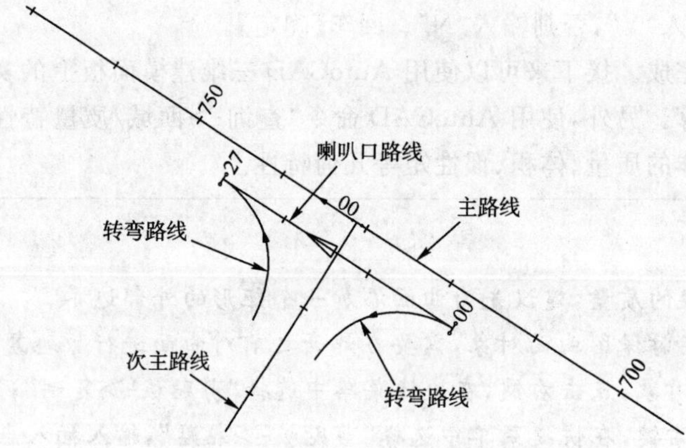

图 10-76 【交叉口道路元素】

练习 10-3 T 型交叉口设计

■ 下拉菜单【文件】—【新建】命令，定位到本书光盘练习文件"_Autodesk Civil 3D 2008 China Style_v3. dwt"文件，单击【打开】。

■ 设计相交道路中心线如图 10-77 所示。

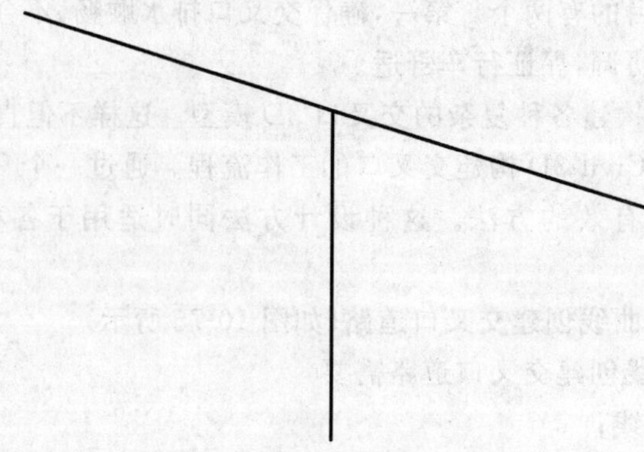
图 10-77 设计相交道路中心线

■ 使用 AutoCAD 偏移命令设置道路宽度，使用圆倒角命令设置交叉口转弯半径，如图10-78 所示。

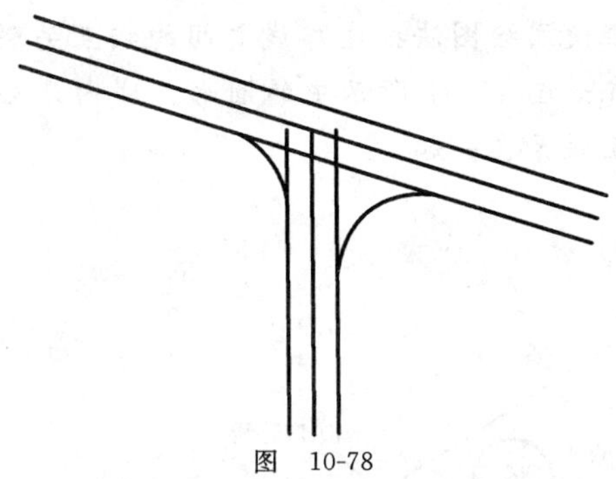

图 10-78

■ 修剪并删除不需要的线条，得到两条用于定义交叉口转弯形状的圆曲线和一条喇叭口直线，如图 10-79 所示。

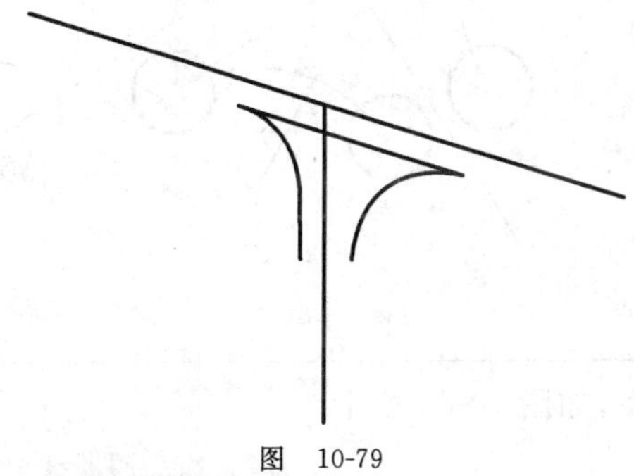

图 10-79

> **注意**：交叉口左边缘线由一段圆曲线和一段直线组成，直线的起点和交叉口右边缘圆曲线起点在同一水平线上。

■ 把直线和圆曲线转换为多段线。

■ 把多段线转换为 Civil 路线，并给出合适的名称，如图 10-80 所示。

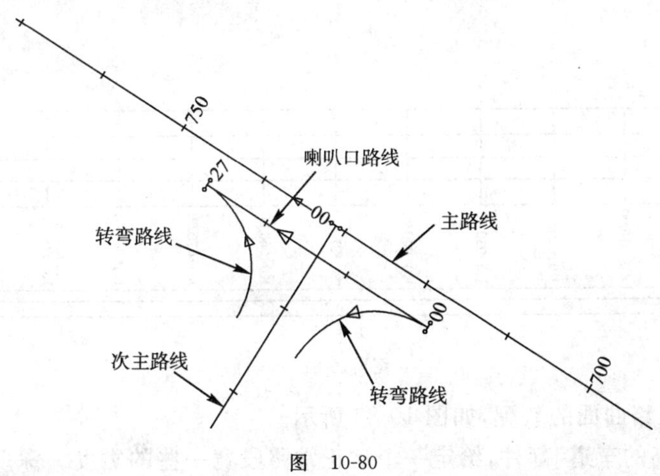

图 10-80

注意：现在我们要做的就是为这些路线设计纵断面。纵断面设计有很多方法。

本文介绍的工作流程使用绘图法描述路线之间的相互关联；利用临时道路曲面定义坡度信息。坡度信息在如图 10-81 所示中的圆形区域内是必需的，这些圆确保所有路线与其他别的路线相互联系在一起。

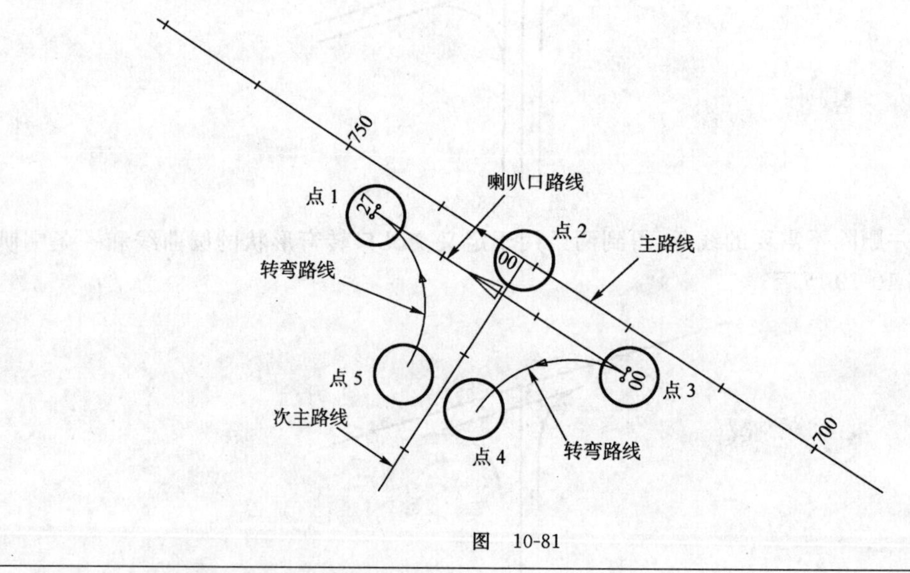

图 10-81

■ 设计主路线的纵断面，如图 10-82 所示。

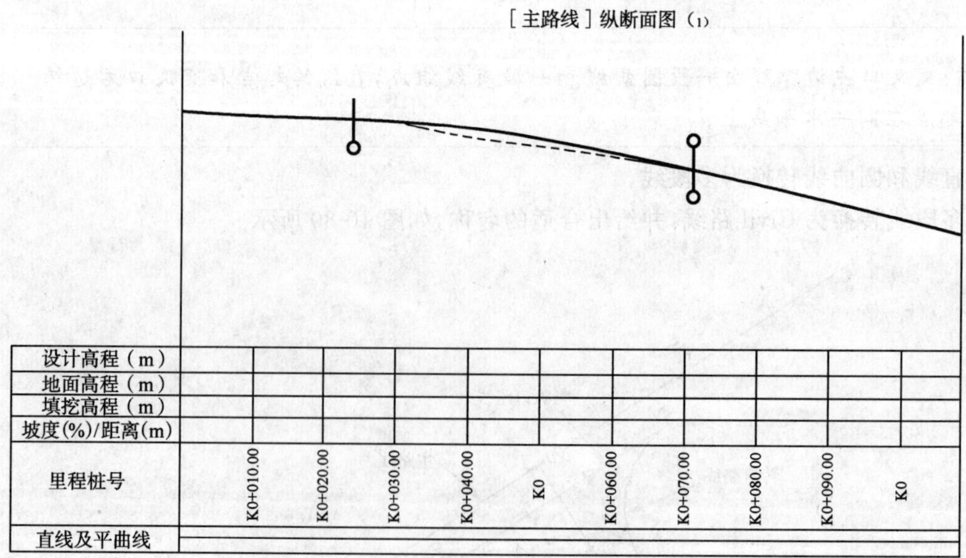

图 10-82

■ 创建临时道路曲面的装配，如图 10-83 所示。

使用“外部超高的车道”部件，给定一个比正常路段宽一些的宽度。深度指定为 0，忽略不需要的基层数据。

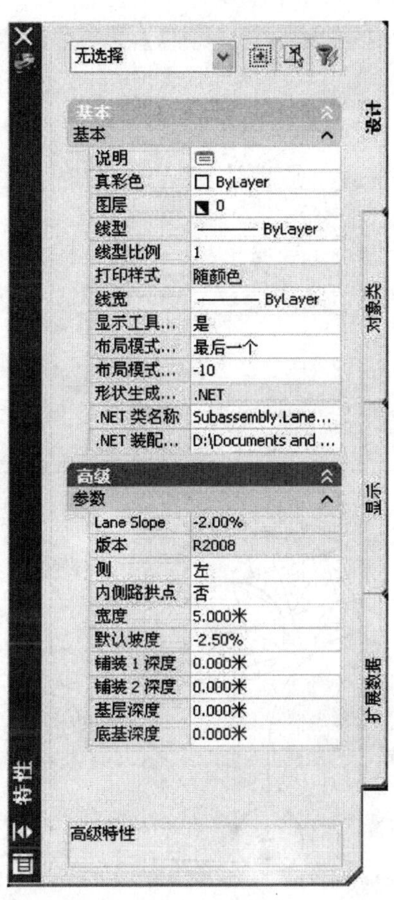

图 10-83

■ 创建临时道路，覆盖路线相交区域(点 1、点 2、点 3)，如图 10-84 所示。

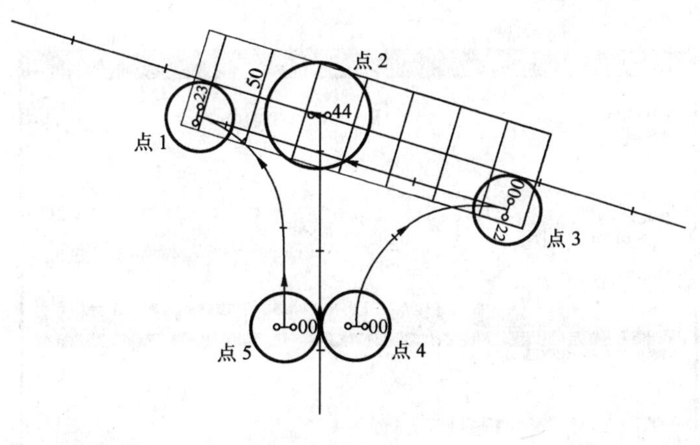

图 10-84

■ 创建临时道路曲面(如图 10-85、图 10-86 所示)。

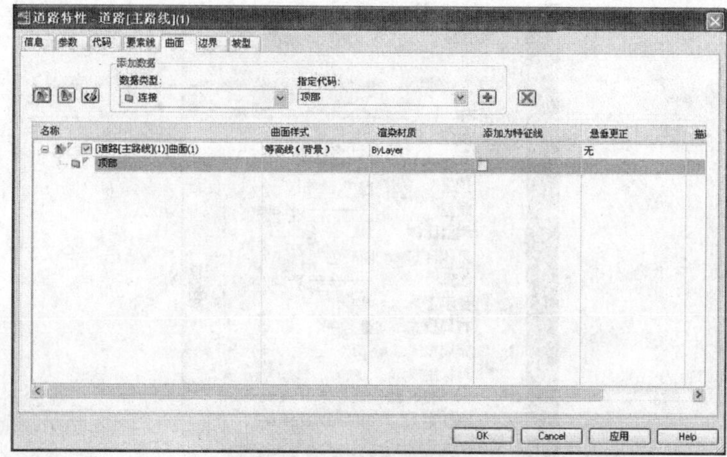

图 10-85

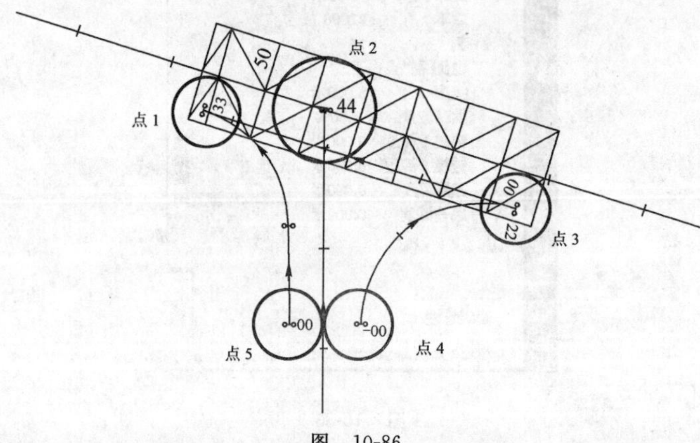

图 10-86

■ 从原始曲面和刚创建的临时道路曲面取得地面线,设计侧路线的纵断面,如图10-87、图 10-88 所示。

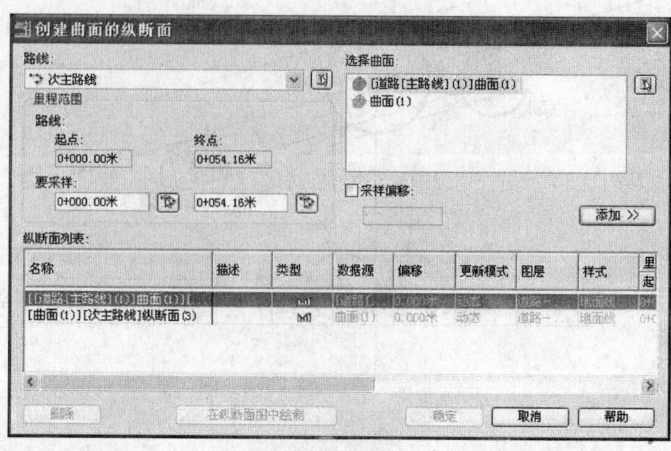

图 10-87

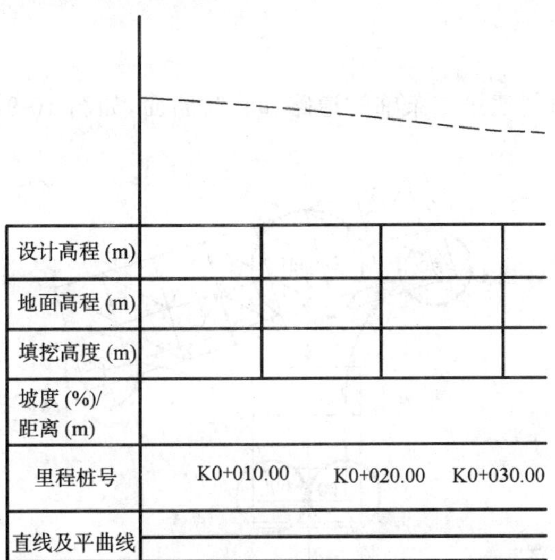

图 10-88

图 10-88 中纵断面图中的线条就是剖切主道路曲面所得。可以以此为参照设计侧路线的纵断面，把主道路和侧道路协调地联系在一起，如图 10-89 所示。

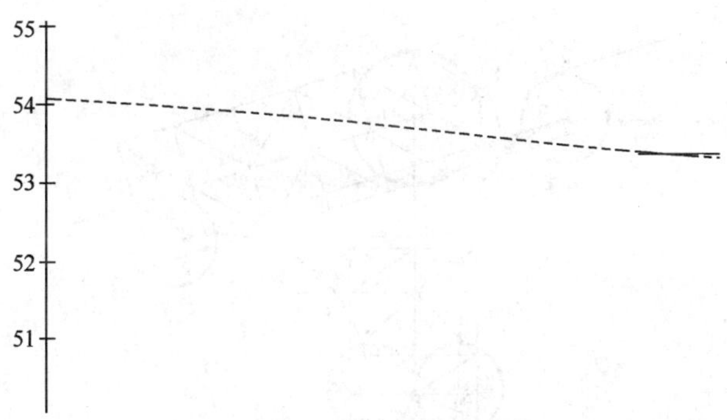

图 10-89

选取合适的圆曲线半径，设计纵断面。确保设计纵曲线中有一部分与原有线条基本重合，如图 10-90 所示。

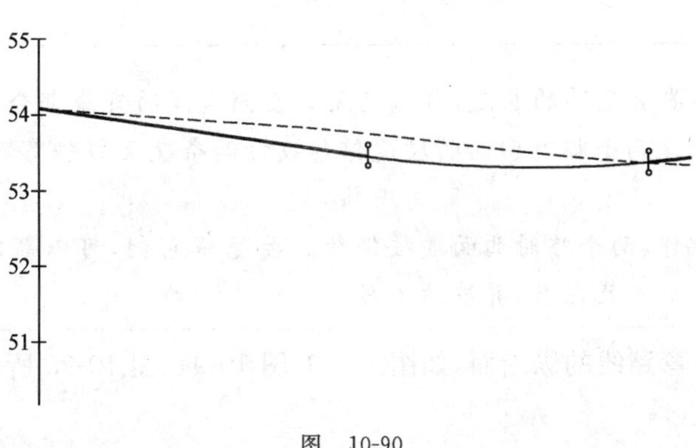

图 10-90

按照前面两个步骤创建第二条临时道路和临时曲面，如图 10-91、图 10-92 所示。

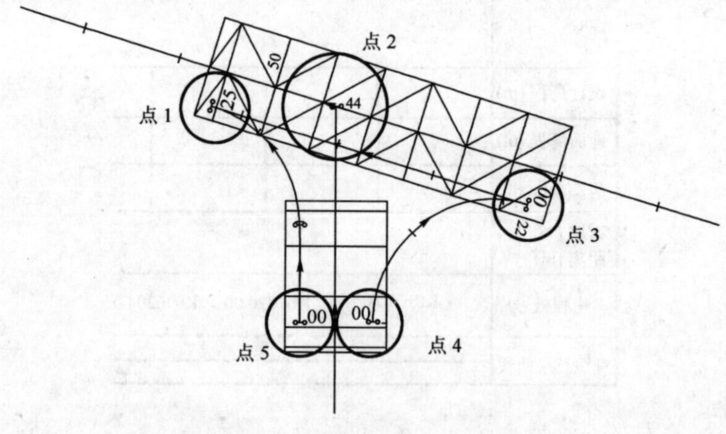

图 10-91

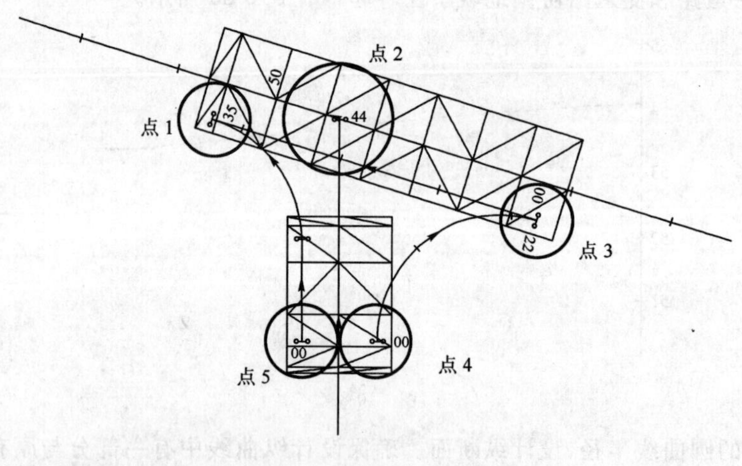

图 10-92

注意：这条道路要有足够的长度，覆盖交叉口左侧边线的直线部分，伸入平曲线段。

我们需要利用这两个临时曲面的坡度信息设计两条交叉口转弯路线和喇叭口路线的纵断面。

为了后面的操作，两个临时曲面要被保留。要隐藏它们，可以新建一个图层，把临时道路和临时曲面加入此图层，并冻结图层。

■ 设计交叉口转弯路线的纵断面，如图 10-93、图 10-94、图 10-95 所示。

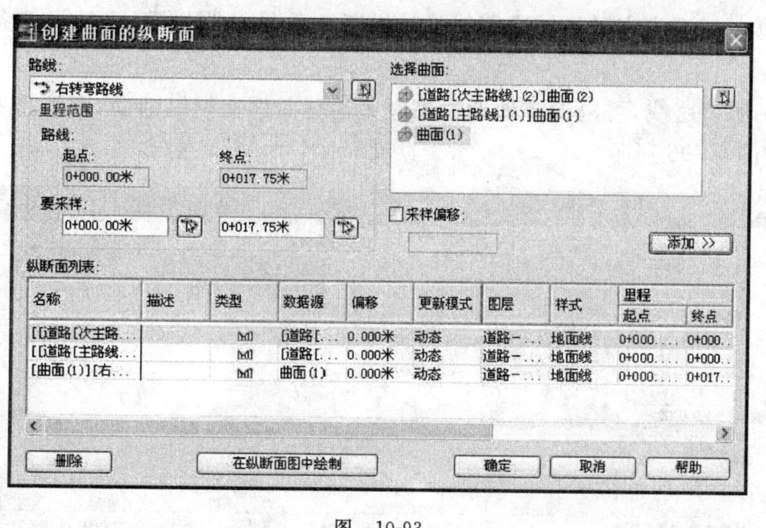

图 10-93

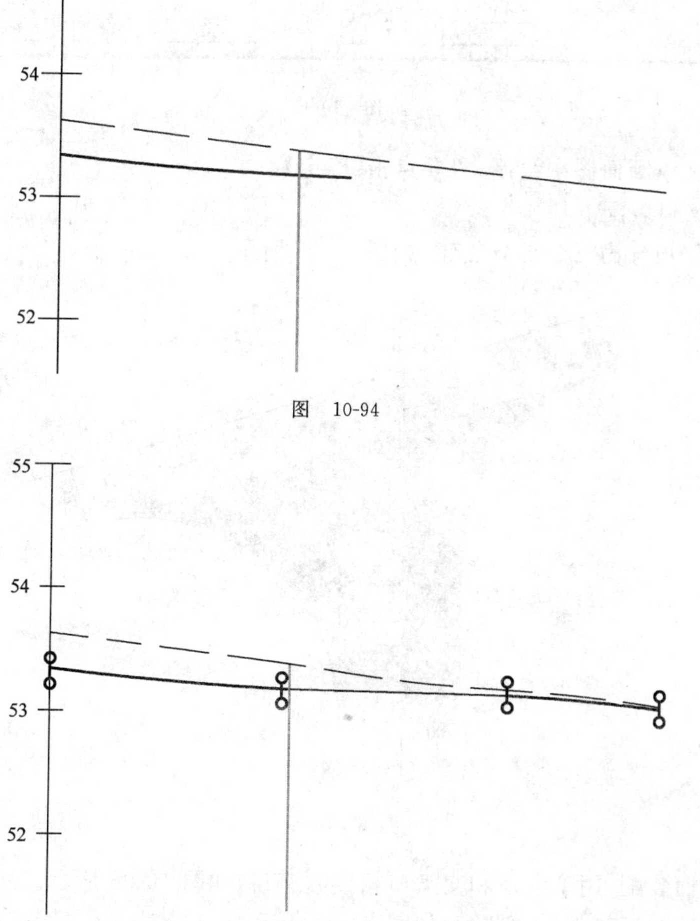

图 10-94

图 10-95

使用合适的线型为交叉口转弯路线设计纵断面重复以上步骤,设计另一条交叉口转弯路线的纵断面。

■ 对于喇叭口路线,可以简单地通过临时主道路曲面取得纵断面,而不需要运用几何学方法创建,如图 10-96 所示。

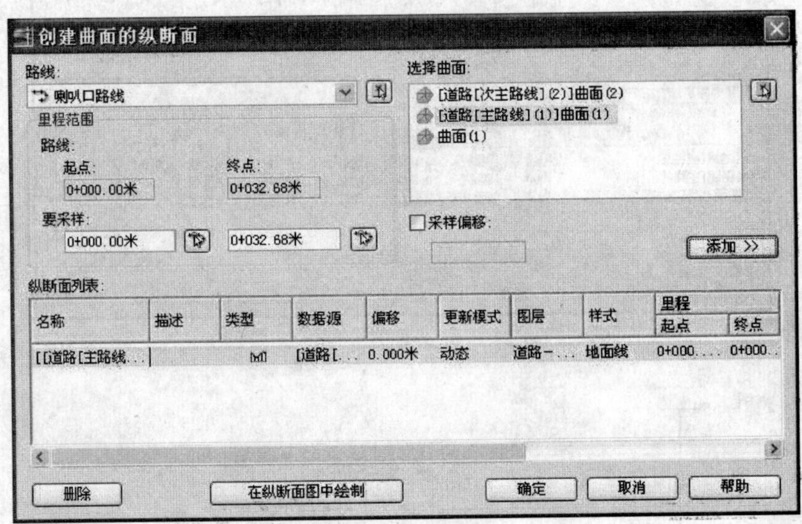

图 10-96

也不需要在纵断面图中绘制,只要点击【确定】。

■ 创建交叉口装配。

交叉口道路被分为三个部分创建,如图 10-97 所示。

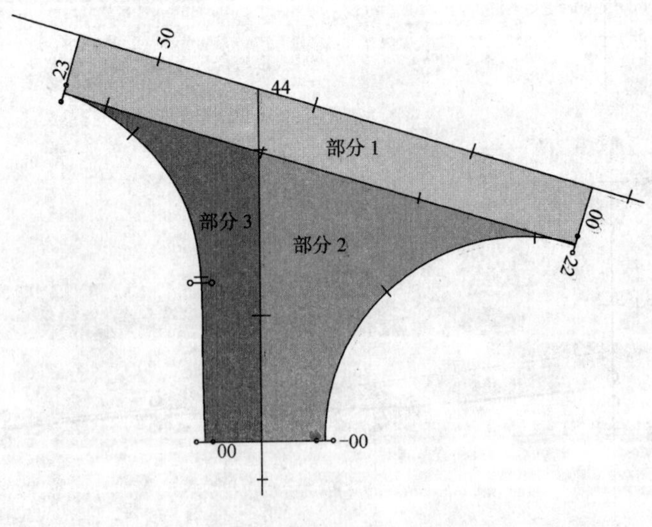

图 10-97

标准横断面装配,用于创建和交叉口相接的道路,如图 10-98 所示。

左侧没有路缘石等部件的装配,如图 10-99 所示。

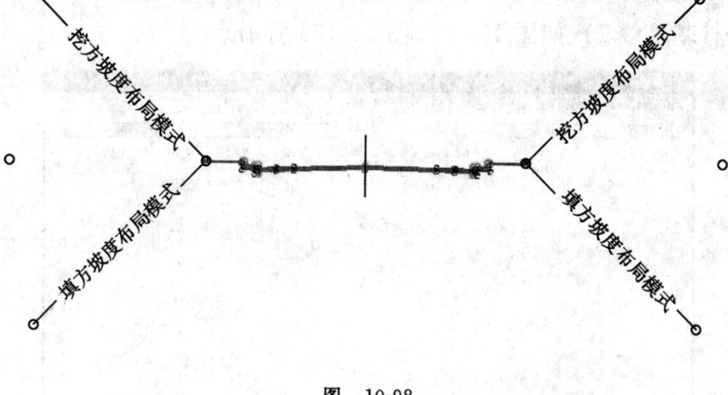

图 10-98

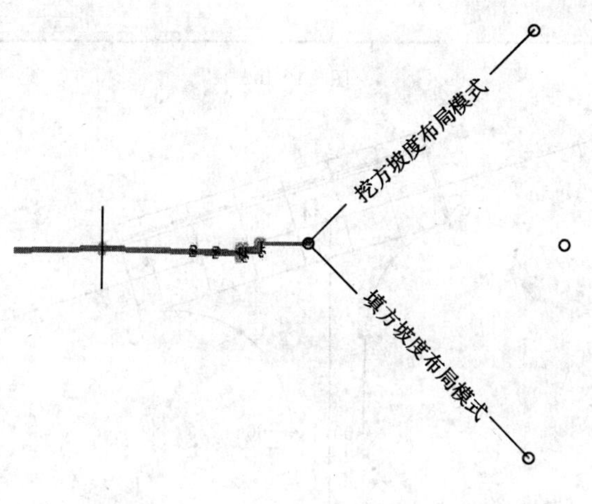

图 10-99

交叉口左侧转弯道路装配，如图 10-100 所示。

交叉口右侧转弯道路装配，如图 10-101 所示。

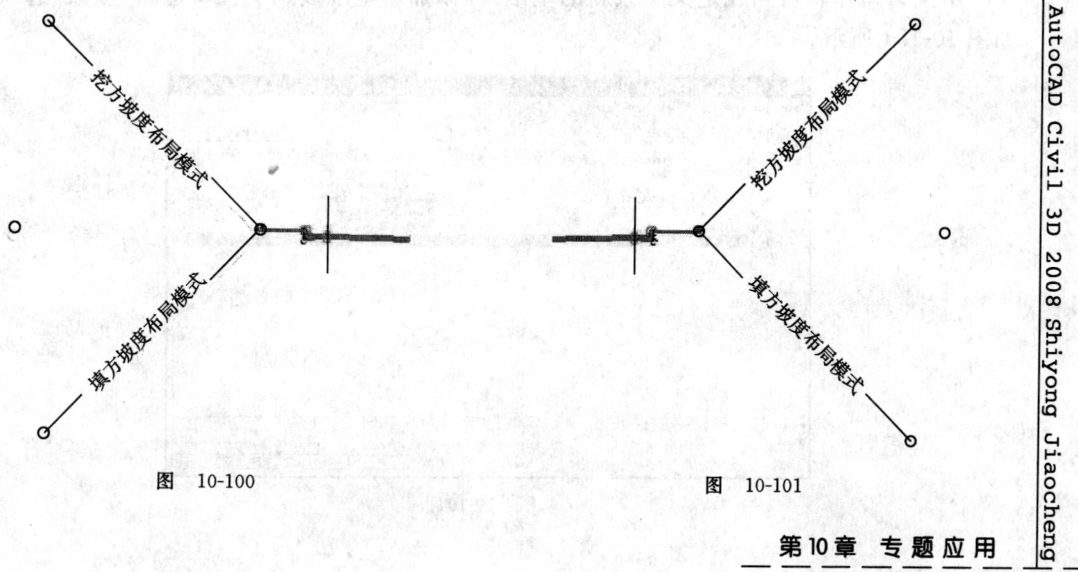

图 10-100

图 10-101

■ 创建交叉口装配。

◇ 部分 1—(基准线 1)(如图 10-102、图 10-103 所示)

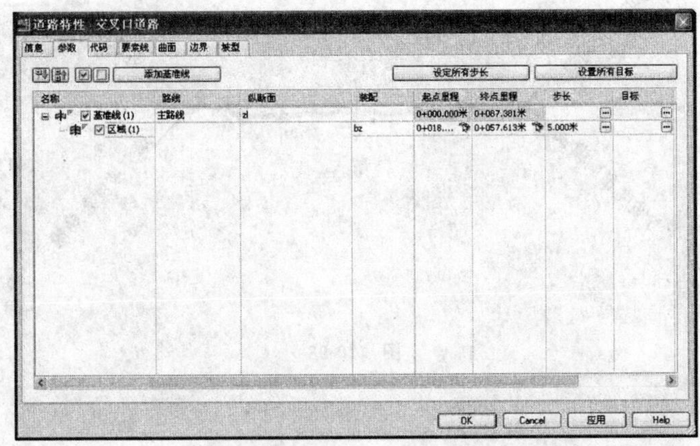

图 10-102

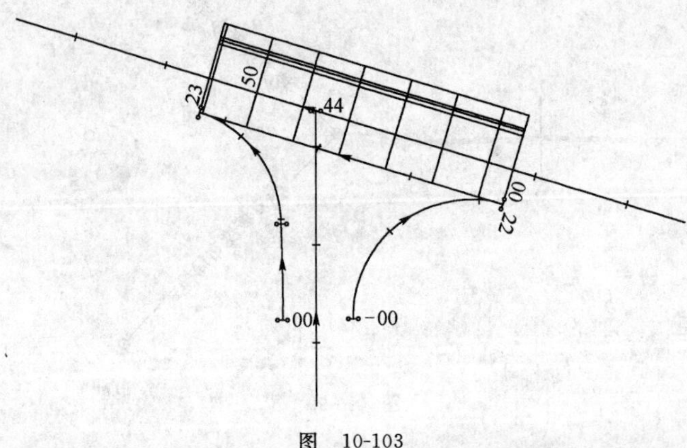

图 10-103

◇ 部分 2—(基准线 2)

由交叉口左转弯路线定义一条新的基准线,添加新基准线到交叉口道路"参数"选项板,如图 10-104 所示。

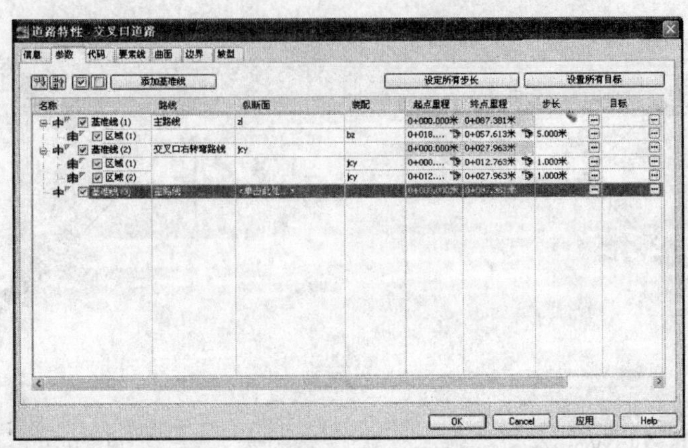

图 10-104

区域 1 在侧路线和喇叭口路线交点处结束，如图 10-105 所示。

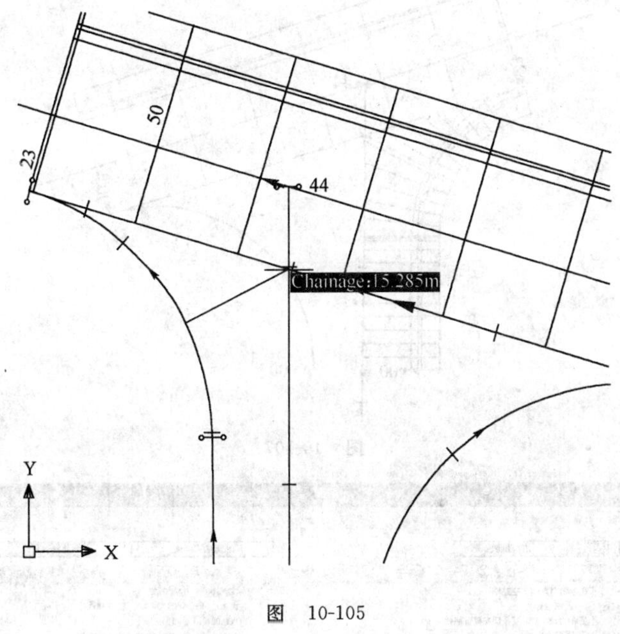

图 10-105

在区域 1 的“目标”选项里，设置宽度路线为侧路线，外侧高程纵断面为侧路线的设计纵断面，如图 10-106 所示。

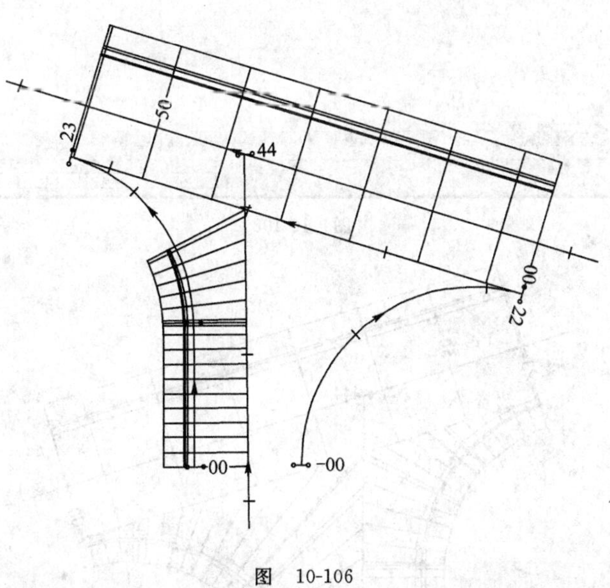

图 10-106

添加区域 2，在平曲线终点结束，宽度路线设置为喇叭口路线，如图 10-107 所示。

◇ 部分 3—(基准线 3)

添加第 3 条基准线，重复以上步骤，使用交叉口右转弯路线完成最后一个部分，如图 10-108、图 10-109 所示。

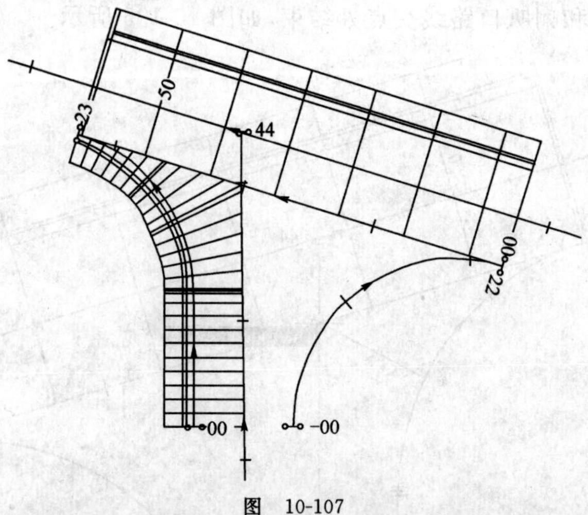

图　10-107

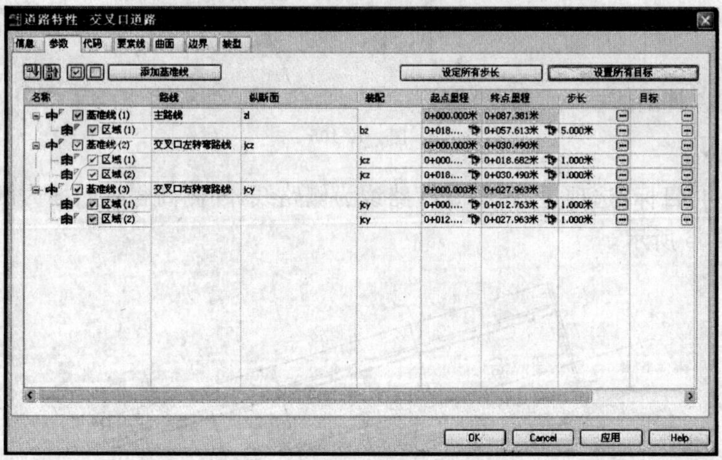

名称	路线	纵断面	装配	起点里程	终点里程	步长	目标
基准线 (1)	主路线	zl		0+000.000米	0+087.381米		
区域 (1)			bz	0+018....	0+057.613米	5.000米	
基准线 (2)	交叉口左转弯路线	jcz		0+000.000米	0+030.490米		
区域 (1)			jcz	0+000....	0+018.682米	1.000米	
区域 (2)			jcz	0+018....	0+030.490米	1.000米	
基准线 (3)	交叉口右转弯路线	jcy		0+000.000米	0+027.963米		
区域 (1)			jcy	0+000....	0+012.763米	1.000米	
区域 (2)			jcy	0+012....	0+027.963米	1.000米	

图　10-108

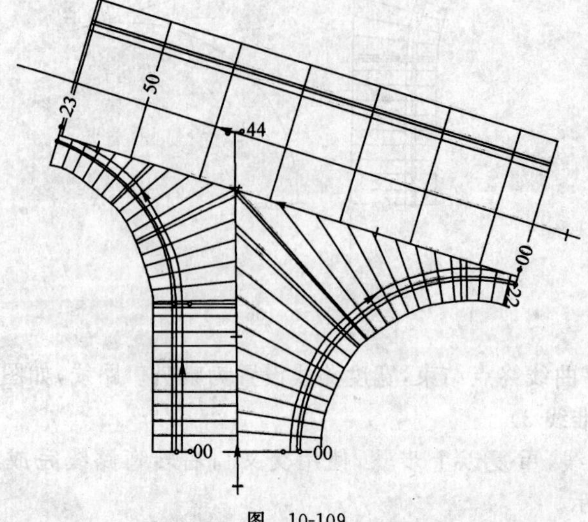

图　10-109

最后，在“设置所有目标”里，把目标曲面设置为原始地形曲面，以完成交叉口道路，如图10-110所示。

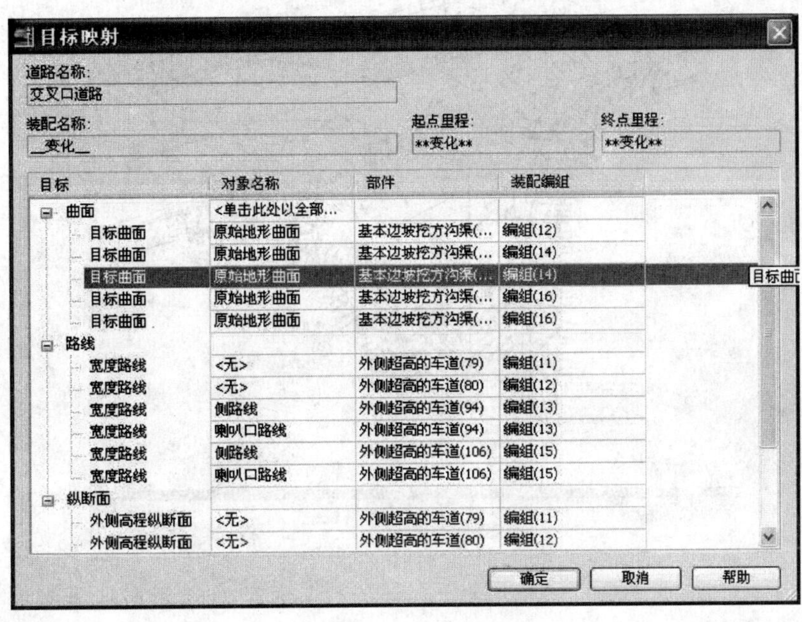

图 10-110

■ 使用标准横断面装配添加道路剩余的部分(如图10-111所示)。

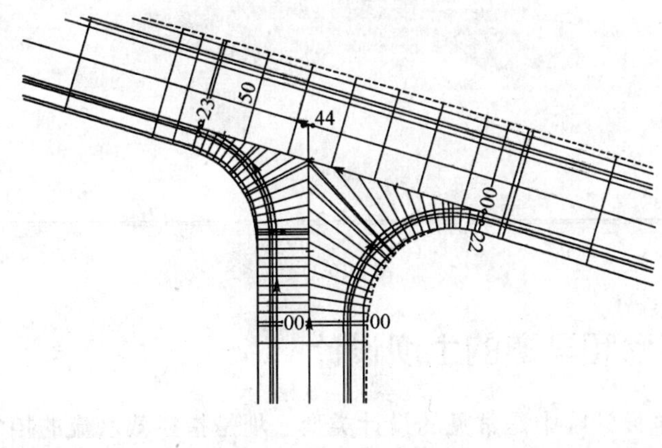

图 10-111

■ 生成完整的道路曲面，修改曲面样式，对曲面做坡度分析、流域分析等各种曲面分析(如图10-112所示)。

■ 在对象查看器中展示交叉口的三维模型(如图10-113所示)。

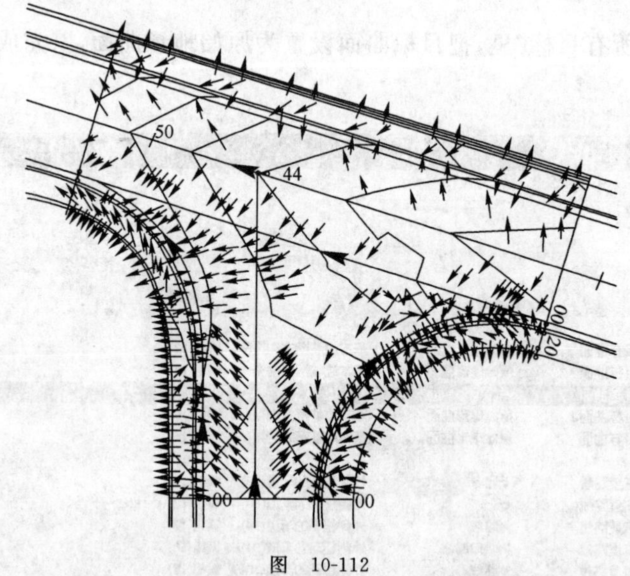

图 10-112

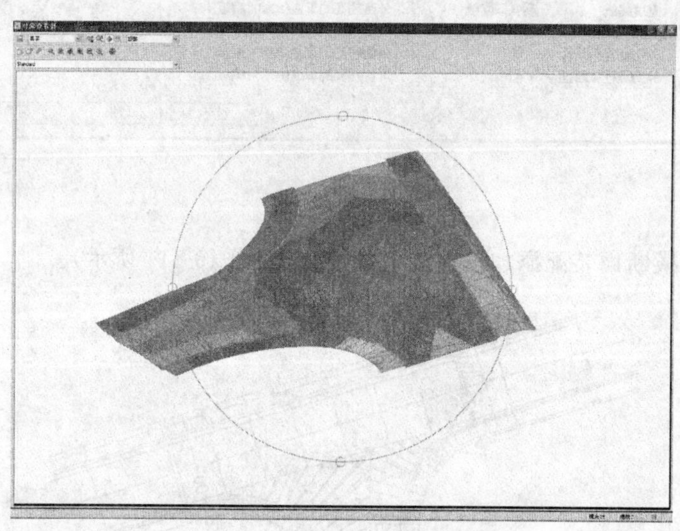

图 10-113

10.6 带平台和马道的土坝设计

大坝在水利水电设计院中是常见的设计类型。坝是指拦截水流的挡水建筑物。通常我们按筑坝材料又分为混凝土坝、浆砌石坝、土石坝等。其中，土石坝又被称为当地材料坝，分为土坝和堆石坝。坝体断面通常为上窄下宽的梯形，边坡较缓，靠自重维持稳定。按坝的高度分为高坝、中坝和低坝。对于较高的坝体，一般都会在离坝顶高程每隔 15～20 米之间设置平台或马道，如图 10-114 所示。

在前面的章节中大家已经了解到，AutoCAD Civil 3D 软件有强大的参数化放坡工具和三维道路建模工具。我们可以使用这些工具建立任意我们所需要的三维模型，这其中包括土坝。由于我们设计的土坝常常都是带有平台和马道的，单一的使用放坡或者道路的功能很难直接得到我们想要的设计。在这里，我们将介绍一种方法，把道路和放坡的功能结合起来使用，快速的生成土坝曲面，并由此得到土坝的土石方量和土坝的开挖线，以及土坝的纵横断面等设计所需数据。

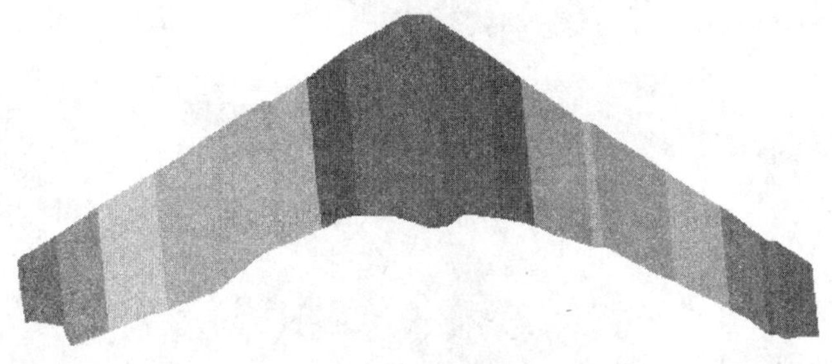

图 10-114　带平台的土坝曲面

10.6.1　处理初始数据

在进行土坝的设计之前，我们一般已经有了相应的原始地形数据，同时也已经确定了土坝的坝轴线，如图 10-115 所示。

图 10-115　设计初始数据

■ 把原始数据生成三维的地形曲面，如图 10-116 所示。

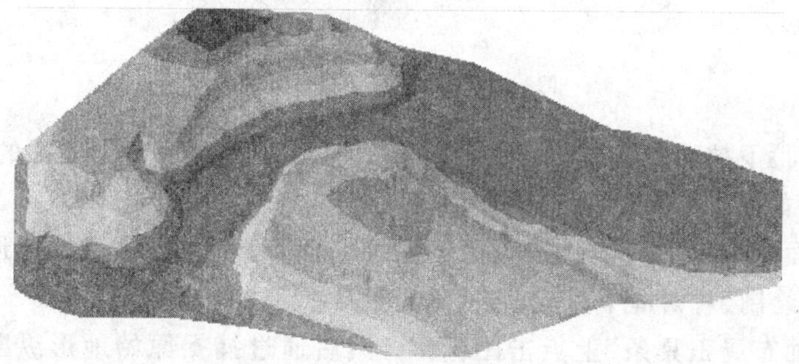

图 10-116　原始地形三维曲面

■ 确定坝轴线，并把坝轴线从中间合适的位置断开，如图 10-117 所示。

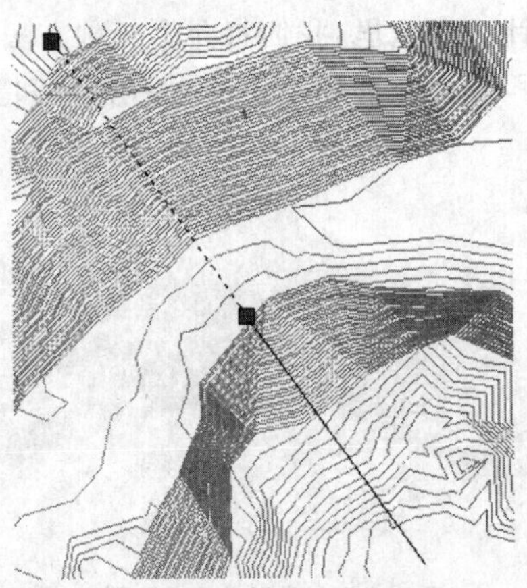

图 10-117　断开的坝轴线

10.6.2　利用道路功能生成土坝的断面轮廓线

■ 在【路线】下拉菜单选择【从多段线创建路线】。

■ 选择图面上的坝轴线。

■ 在【创建路线-从多段线】对话框中直接按【确定】生成路线，如图 10-118 所示。

图 10-118　坝轴线生成的路线

■ 在【纵断面】下拉菜单选择【从曲面创建纵断面】，创建原始地形曲面的纵断面图（参数都用默认设置），如图 10-119 所示。

■ 在【纵断面】下拉菜单选择【按布局创建纵断面】，然后选择“原始地形纵断面图”，在【创建纵断面-新绘制】对话框中直接点击【确定】。

■ 在“纵断面布局工具条”上点击图标 ，然后通过捕捉原始地形纵断面线的两个端点，绘制坝顶纵曲线，如图 10-120 所示。

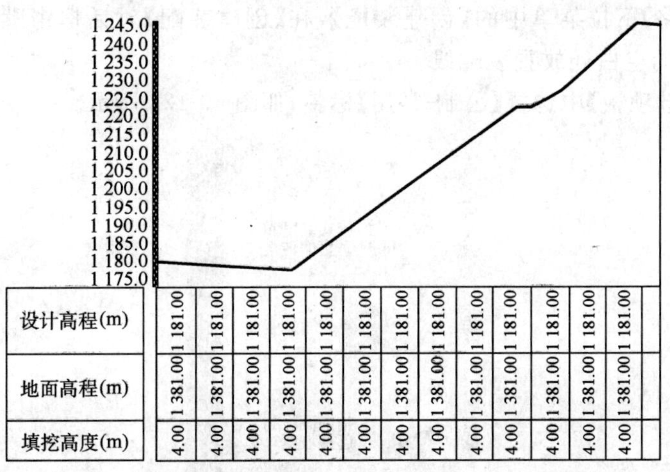

图 10-119　原始地形纵断面图

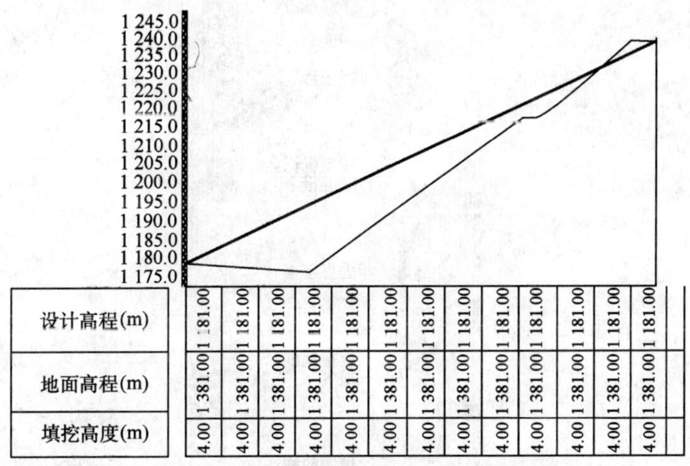

图 10-120　绘制了坝顶纵曲线的纵断面图

■ 选择纵断面图上的坝顶纵曲线，鼠标右键菜单中选择【编辑纵断面形状】，在出现的"纵断面布局工具条"上点击图标，在表格中修改边坡点高程（一般坝顶是平的，所以把两个变坡点高程值都改成设计的坝顶高程），如图 10-121 所示。

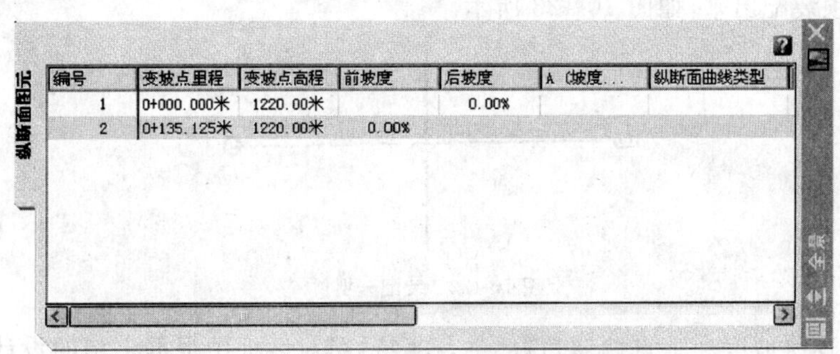

图 10-121　修改坝顶纵曲线参数的表格

■ 选择【道路】下拉菜单中的【创建装配】，在【创建装配】对话框中默认参数，点击【确定】，在绘图区域的空白处放置装配线。

■ 在【工具选项板】中选择【公制-常用】标签，如图 10-122 所示。

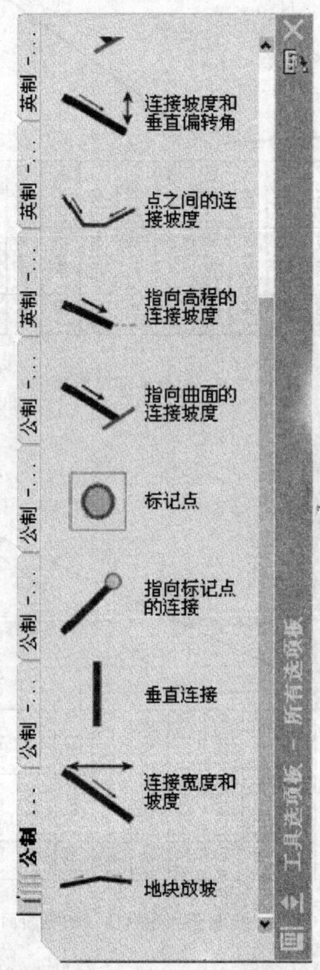

图 10-122　工具选项板【公制-常用】标签

■ 在这里选择【连接宽度和坡度】部件，然后在【特性】对话框中根据土坝的设计参数进行调整，把坝顶装配出来，如图 10-123 所示。

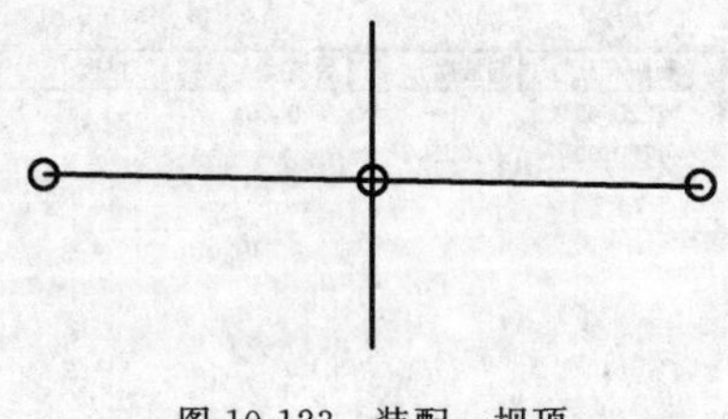

图 10-123　装配—坝顶

■ 选择【连接坡度和垂直偏转角】部件，在【特性】对话框中根据土坝的设计坡度参数进行调整，添加进入装配中。

■ 选择【连接宽度和坡度】部件，在【特性】对话框中根据土坝平台的设计参数进行调整，添加进入装配中。

■ 选择【指向曲面的连接坡度】部件，在【特性】对话框中根据土坝的设计坡度参数进行调整，添加进入装配中。最终生成出来的装配如图 10-124 所示。

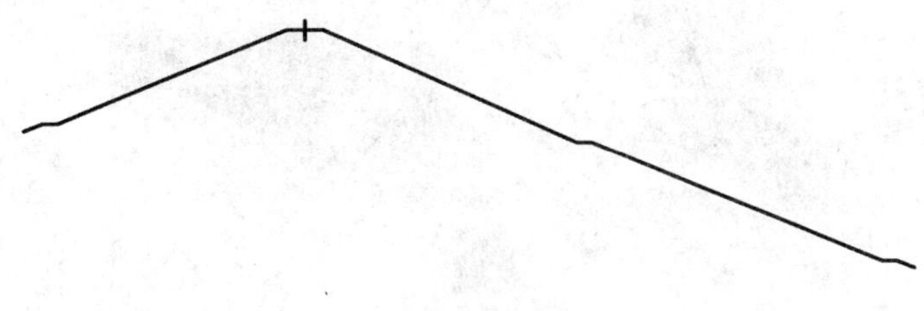

图 10-124　最终装配

> **技巧：**生成的装配可以保存起来，下次的项目可以把“装配”拷贝粘贴到新图纸中，修改参数后即可使用，不用重新制作。

■ 选择【道路】下拉菜单中的【创建简单道路】，根据提示选择平面路线、坝顶纵曲线和装配，在目标映射中指定“原始地形曲面”，生成道路模型，如图 10-125 所示。

图 10-125　生成的道路模型

10.6.3　通过放坡工具生成土坝曲面

■ 选择【放坡】下拉菜单中的【绘制要素线】，在【创建要素线】对话框中默认参数，并点击【确定】，然后以捕捉方式描画出要素线，如图 10-126 所示。

> **注意：**【绘制要素线】时要选择命令参数【高程】，使得自动捕捉到相应正确的高程值。

■ 选择要素线，鼠标右键菜单中选择【高程编辑器】，查看相应节点的高程，如有错误即可修改，最终要素线如图 10-127 所示。

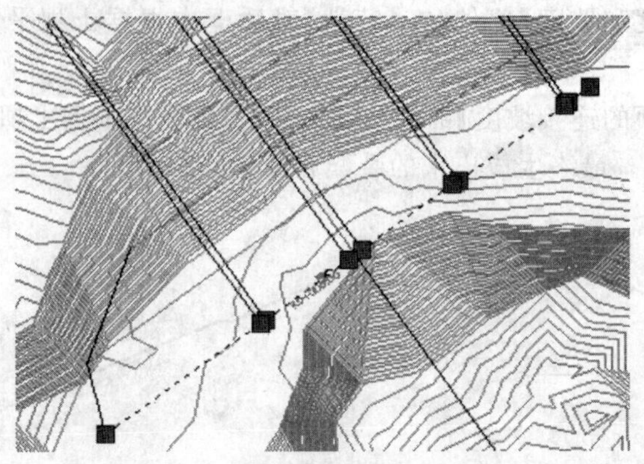

图 10-126　描画出的要素线

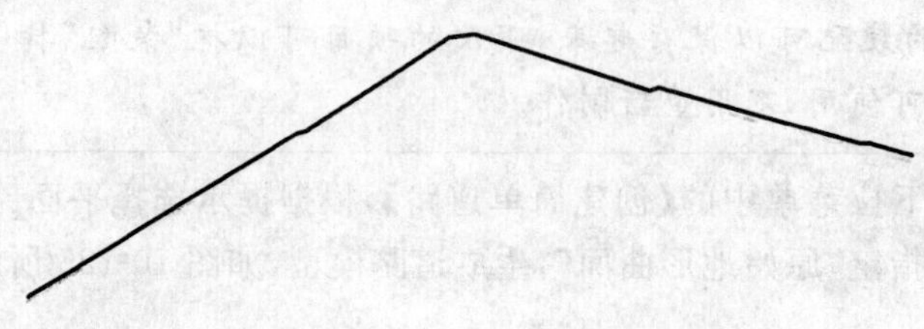

图 10-127　要素线三维查看

■ 选择【放坡】下拉菜单中的【创建放坡】，在【创建放坡组】对话框中勾选参数，并点击【确定】，如图 10-128 所示。

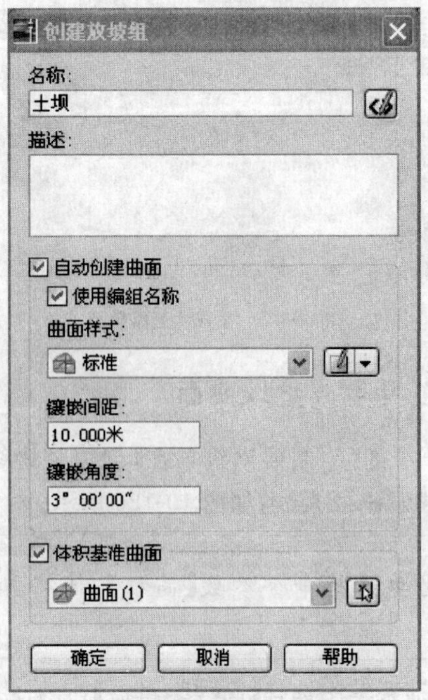

图 10-128　创建放坡组

■ 选择【放坡创建工具条】中的图标 ，选择放坡规则集【目标：曲面】，同时设置为【曲面-填方坡度】。

■ 选择【放坡创建工具条】中的图标 ，选择【创建放坡】命令，并且在图面上选择绘制好的要素线，根据提示默认设置参数，在提示【填方坡度】时设置成“10000”，如图 10-129 所示。

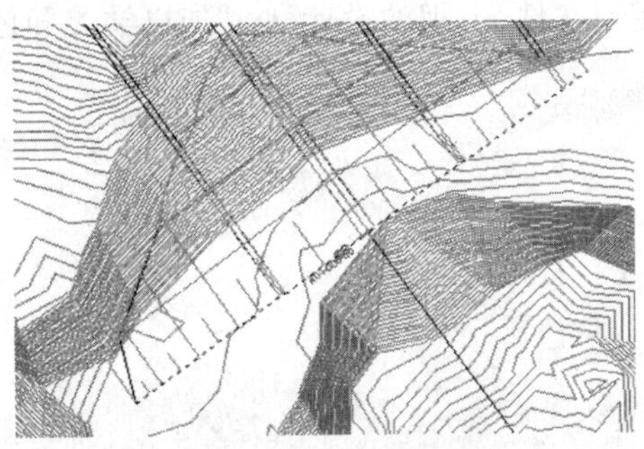

图 10-129 创建了一半的放坡

■ 继续在图面上选择绘制好的要素线，根据提示默认设置参数，在提示【填方坡度】时设置成“10000”，进行另外一边的放坡，并且可以把道路的模型删除掉，最终如图 10-130 所示。

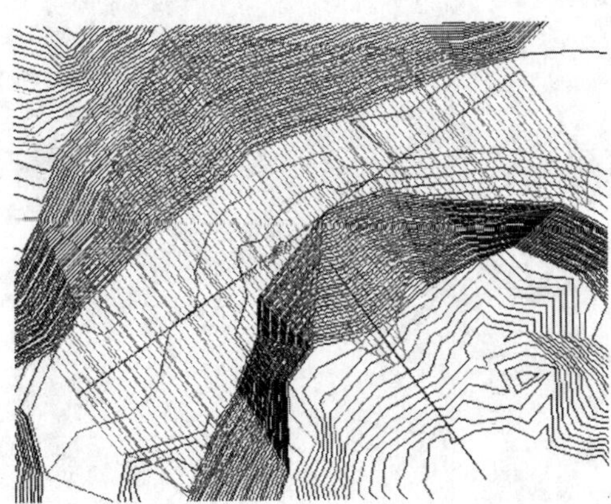

图 10-130 土坝放坡组

■ 至此土坝的三维曲面即已生成，如图 10-131 所示。

图 10-131 土坝曲面三维显示

土坝曲面生成后，就得到了土坝的开挖轮廓线，在放坡体积工具中可以得到土方量，只要再根据需要给出相应的路线，就可剖切出断面图。

这种方法主要是联合了软件几个部分的功能制作出所需要的内容。当然，设计带平台和马道的土坝的方法不止这一种，这也是抛砖引玉，重点告诉大家的是，我们实际的设计肯定会千变万化，大家需要根据软件的功能灵活运用，制作出我们的设计内容。如有不详之处，可以参考光盘所带的视频文件“土坝的设计.avi”加以学习和体会。